BASIC ELECTRICAL ENGINEERING

기초 전기공학

김갑송 지음

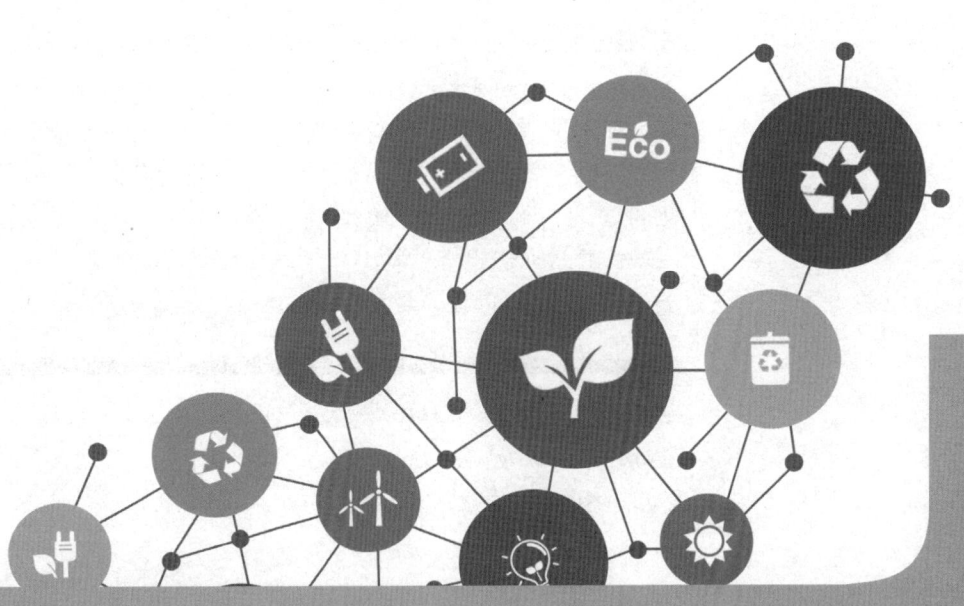

BM (주)도서출판 성안당

■ **도서 A/S 안내**

성안당에서 발행하는 모든 도서는 저자와 출판사, 그리고 독자가 함께 만들어 나갑니다.

좋은 책을 펴내기 위해 많은 노력을 기울이고 있습니다. 혹시라도 내용상의 오류나 오탈자 등이 발견되면 **"좋은 책은 나라의 보배"**로서 우리 모두가 함께 만들어 간다는 마음으로 연락주시기 바랍니다. 수정 보완하여 더 나은 책이 되도록 최선을 다하겠습니다.

성안당은 늘 독자 여러분들의 소중한 의견을 기다리고 있습니다. 좋은 의견을 보내주시는 분께는 성안당 쇼핑몰의 포인트(3,000포인트)를 적립해 드립니다.

잘못 만들어진 책이나 부록 등이 파손된 경우에는 교환해 드립니다.

본서 기획자 e-mail : coh@cyber.co.kr(최옥현)

홈페이지 : http://www.cyber.co.kr

전화 : 031) 950-6300

머리말

　우리가 사는 현대사회에서 절대 빼놓을 수 없는 것이 전기입니다. 그래서 전기가 널리 이용되고 있는 현대에는 누구에게나 전기에 대한 지식이 필요합니다. 그러나 전기는 눈에 보이지 않는 전자의 행동으로서 근본적으로 이해하기는 어렵습니다.

　전기는 빛과 열, 그리고 힘으로 우리 생활에 여러 가지로 도움을 주고 있습니다. 하지만 우리는 전기가 하는 일을 이용하면서 평소 전기를 거의 의식하지 못합니다. 그러나 전기가 하는 일들에 대한 기본적인 원리를 익히고 나서 전기가 하는 일을 보면 전기가 보일 것입니다.

　이에 이 책은 전기란 무엇이고 전기가 어떻게 발생하는지부터 전자의 흐름, 전자와 전위차, 전기저항, 전기에너지, 교류 등을 전기에 입문하는 초보자도 누구나 쉽게 이해할 수 있도록 설명하였습니다.

　그리고 전기이론의 본질을 정확히 이해할 수 있도록 필요에 따라 그림과 수식을 사용하여 학문으로서 전기공학의 기초를 공부할 수 있게 하였습니다. 이 책 한 권이면 전기의 기초부터 대학에서 공부하는 전문분야까지 접할 수 있도록 이해하기 쉽고 간결하게 수록하였습니다.

　이 책으로 독자 여러분은 전기의 기초를 습득하고 이를 바탕으로 고도의 전기기술을 학습할 수 있을 것입니다.

　끝으로 이 책을 읽는 여러분 누구든지 전기를 이해하고, 전기에 한층 더 흥미를 갖길 바랍니다.

차 례

Section 01_전기란 무엇인가? 1
Section 02_전기는 어떻게 발생되는가? 9
Section 03_마찰은 어떻게 전기를 발생시키는가? 11
Section 04_압력은 어떻게 전기를 발생시키는가? 19
Section 05_열은 어떻게 전기를 발생시키는가? 20
Section 06_빛은 어떻게 전기를 발생시키는가? 21
Section 07_화학 작용은 어떻게 전기를 발생시키는가? : 1차 전지 23
Section 08_화학 작용은 어떻게 전기를 발생시키는가? : 2차 전지 27
Section 09_자기는 어떻게 전기를 발생시키는가? 30
Section 10_전류란 무엇인가? 42
Section 11_자계(magnetic field) 51
Section 12_전류는 어떻게 측정하는가? 60
Section 13_계기는 어떻게 동작하는가? 74
Section 14_무엇이 전류를 흐르게 하는가? : 기전력 83
Section 15_전압은 어떻게 측정하는가? 88
Section 16_무엇이 전류의 흐름을 조정하는가? : 저항 98
Section 17_회로(circuit)란 무엇인가? 125
Section 18_직류 직렬 회로 131
Section 19_옴의 법칙(Ohm's law) 148
Section 20_전력(electric power) 166
Section 21_직류 병렬 회로 179
Section 22_옴의 법칙과 병렬 회로 197
Section 23_직류 직렬·병렬 회로 214
Section 24_키르히호프의 법칙(Kirchhoff's law) 227
Section 25_교류란 무엇인가? 242
Section 26_교류 계기 263
Section 27_교류 회로의 저항 272
Section 28_교류 회로의 인덕턴스(inductance) 284
Section 29_유도 회로의 전력 313
Section 30_교류 회로의 커패시턴스 318
Section 31_커패시터와 용량성 리액턴스 334

▶ 부록 / 시퀀스 제어
▶ 찾아보기

Section 01 전기란 무엇인가?

1 전자론(electron theory)

전기의 모든 작용은 전자(electron)라고 불리워지는 작은 입자가 존재한다는 가정하에서 설명될 수 있다. 이 전자론을 사용함으로써 과학자들은 불과 수년 전만해도 불가능한 것같이 보였던 것을 예측하고 발견할 수 있었다. 전자론은 모든 전기 및 전자 장치에 대한 설계의 기초가 될 뿐만 아니라 화학 작용을 설명하고, 화학자들로 하여금 새롭고 놀라운 화학 약품들을 예측하고 만들게 했다.

전자가 존재한다는 것을 가정한 이래로 전기공학·전자공학·화학 및 원자물리학에 있어서 많은 중요한 발견들이 이루어졌으며, 따라서 전자가 실제로 존재한다는 것을 입증할 수 있게 되었다. 전기를 전반적으로 연구하려면 전자론에 기초를 두어야 할 것이다. 전자론은 모든 전기 및 전자 작용은 이 전자가 한 장소로부터 다른 장소로 움직이는 것에 기인되며, 장소에 따라서 더 많은 혹은 더 적은 전자가 존재함에 기인된다는 것을 가정하고 있다.

〈전자가 움직이면 기기가 동작한다.〉

우리는 전기라는 것은 한 지점에서 다른 지점으로 이동하는 전자의 작용이며, 물체 내에는 전자의 과잉 또는 부족상태가 생긴다는 것을 종종 들어왔다. 우리가 전기를 공부하려면 먼저 전자라는 것은 무엇이며, 무엇이 전자를 물체 내에서 움직이게 하는가를 알아야 할 것이다.

전자를 움직이게 하기 위해서는 어떤 형태의 에너지가 전기로 전환되어야 한다. 여러 가지 형태의 에너지가 사용될 수 있으며, 각각의 에너지는 전원이 된다고 생각될 수 있다.

그러나 전자를 움직이게 하는 각종의 에너지를 공부하기 전에 우리는 전자가 무엇인가를 알아야 한다.

전자는 원자의 한 부분이기 때문에, 우리는 물질의 구조에 대하여 좀 더 알 필요가 있다.

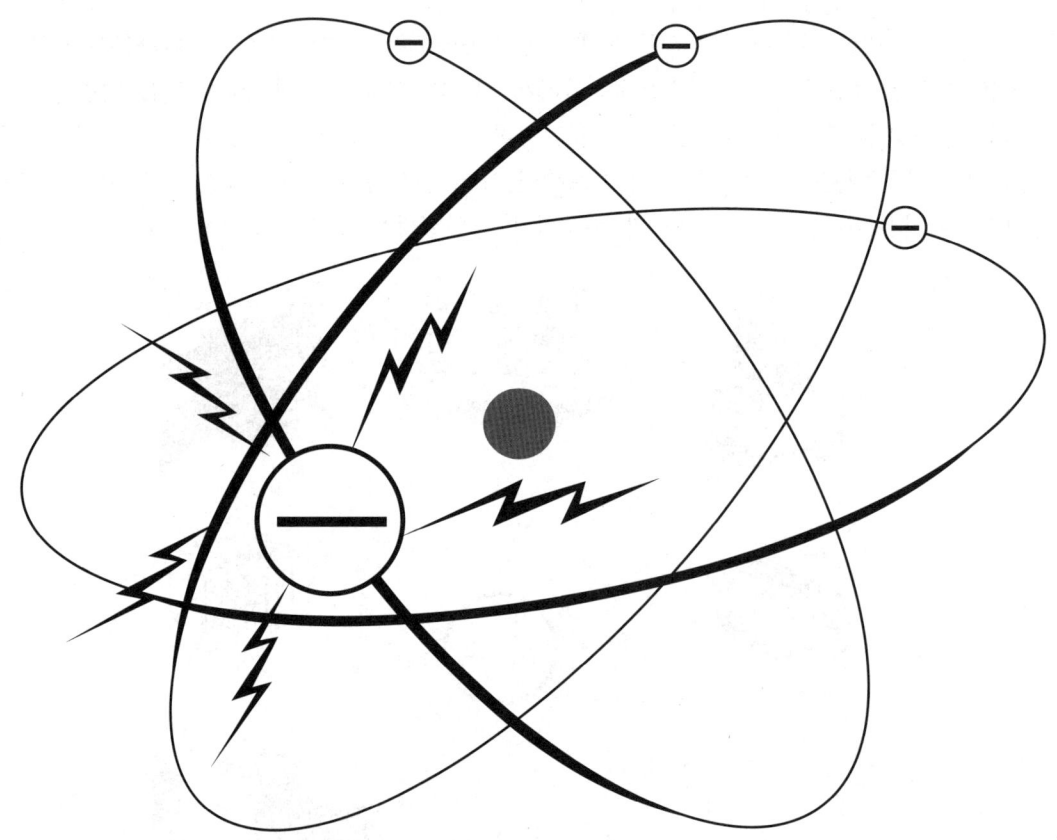

<전자는 전기다.>

2 물질의 분할

우리는 전자는 전기의 작은 입자(particle)라는 말을 듣는다.

그러나 전자가 우리들 주위에 있는 모든 물체들을 만드는 데에 작용한다는 말은 이해가 잘 안될지도 모른다. 우리는 한 일반적인 물질을 검사함으로써 전자에 대하여 알 수 있다. 한 예로서 물방울을 생각해 보자.

만일, 한 방울의 물을 가지고, 이것을 더 작은 두 개의 물방울로 나누는 과정을 여러 번 반복한다면, 우리는 대단히 작은 물방울을 얻을 것이다. 이 작은 물방울은 너무나 작기 때문에 지금까지 만들어진 가장 정밀한 현미경을 갖지 않으면 볼 수 없을 것이다.

〈물방울을 쪼갠다.〉

그러나 이 작은 물방울은 아직 모든 화학적 특성을 그대로 가지고 있을 것이다. 이 물방울은 화학자가 검사한다고 하더라도 보통 유리잔에 있는 물과 어떤 차이도 발견할 수 없을 것이다.

이 작은 물방울을 다시 계속해서 절반으로 나누어 간다면 결국은 현미경으로도 그 것을 볼 수 없게 될 것이다. 만일 우리가 원하는대로 수천 배로 확대를 더 할 수 있는 특별한 성능의 현미경을 갖게 된다면 계속해서 더욱 작은 물방울로 나눌 수 있을 것이며, 이것은 여전히 물의 모든 화학적 특성을 지니고 있을 것이다.

그러나 이 작은 물방울을 너무 작게 나누면 결국은 물의 화학적 특성을 잃어버리게 된다. 이와 같이 하여 화학적 성질을 잃어버리기 직전까지의, 즉 물방울로서는 가장 작은 방울을 분자라고 한다. 더욱 더 확대를 할 수 있는 현미경으로 물분자를 검사하여 본다면, 그것은 아주 밀접하게 결합된 세 가지 부분으로 이루어졌다는 것을 알 수 있을 것이다.

〈들여다 보고 있는 것은 무엇일까?〉

3 분자의 구조

현미경의 확대율을 더욱 더 증가시켜 물분자를 본다면, 물분자는 작은 두 개의 똑같은 성분과 이 두 개와 다르고 더 큰 하나의 성분으로 이루어졌다는 것을 알 수 있다. 이들 작은 성분들을 원자라고 한다.

두 개의 똑같은 작은 원자는 수소 원자이며, 다른 더 큰 것은 산소 원자이다. 두 개의 수소 원자가 하나의 산소 원자와 결합할 때에 물의 분자가 이루어진다.

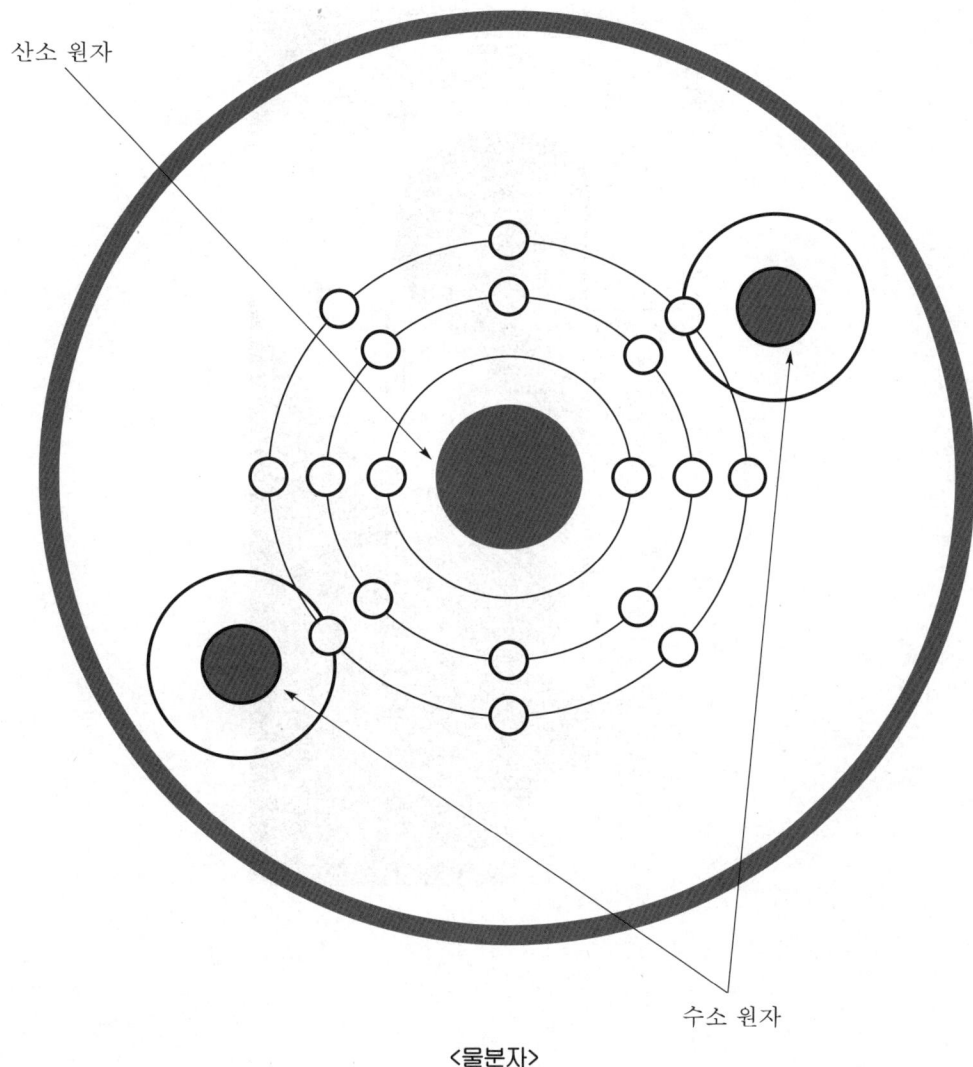

〈물분자〉

물분자는 다만 산소와 수소라는 두 종류의 원자들로 구성되어 있으나, 여러 많은 물질들의 분자들은 더욱 복잡한 구조를 가진다. 셀룰로오스(cellulose) 분자(나무의 기본적인 분자)는 세 개의 다른 종류의 원자 즉, 탄소·수소·산소로써 구성되어 있다. 모든 물질은 물질의 분자를 형성하는 여러 가지 원소의 결합으로 이루어져 있다. 원자는 약 100종류가 있으며, 이것을 원소(element)라고 한다. 즉 산소·탄소·철·금·질소는 모두 원소이다.

사람의 신체로 말하면 모든 복잡한 근육·뼈·이 등은 오직 15종의 원소로 되어 있으며, 이 중에서 6종을 제외하고는 그 양이 극히 적다.

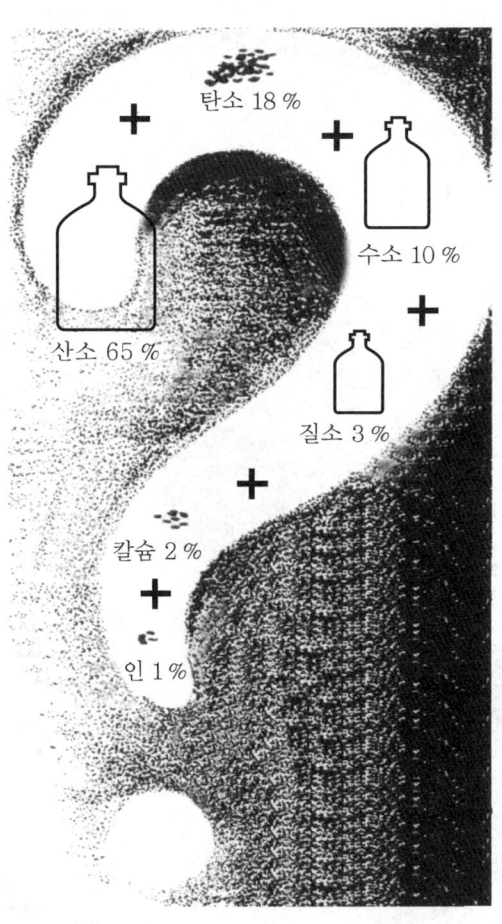

4 원자의 구성

이상에서 모든 물질은 약 100종류의 원자가 여러 가지 형태로 결합되어 구성된 분자로 만들어져 있다는 것을 알았을 것이다. 그러면, 이와 같은 모든 원자의 결합이 전기와 어떠한 관계가 있는가를 알아보기로 하자.

가령, 강력한 배율을 갖춘 현미경을 가질 수 있어서, 상상할 수 없을 정도로 작은 물질을 볼 수 있다고 하면 물 분자 속에서 원소를 발견할 수 있을 것이다.

원자 중에서 가장 작은 것은 수소 원자이다. 이것을 세밀히 검사하여 보면 수소 원자는 태양과 그 주위를 돌고 있는 하나의 유성과 같은 것이다. 즉, 전자는 유성, 원자핵은 태양과 같은 것이다.

전자는 음전하(negative charge)의 전기를 가지고 있으며, 원자핵은 양(positive)전하의 전기를 가지고 있다. 원자에 있어서 핵 주위를 돌고 있는 음으로 대전된 전자의 총수는 핵 내의 잉여 양전하 수와 똑같다. 이 양전하를 양성자(proton)라고 부른다. 원자핵은 양성자 이외에도 중성자라고 불리우는 전기적으로 중성인 입자를 가지고 있다. 이 중성자는 양성자와 전자가 결합된 것이다.

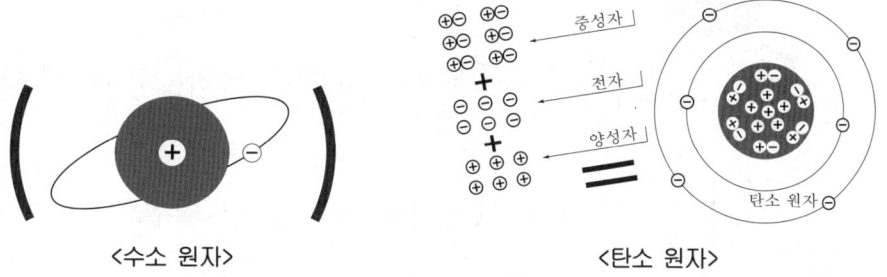

<수소 원자> <탄소 원자>

여러 가지 원소의 원자는 핵 내에 각각 다른 중성자 수를 가지고 있으나 핵 주위를 돌고 있는 전자 수는, 항상 핵 내에 있는 자유 양성자 수와 똑같다. 원자의 외곽 궤도에 있는 전자는 원자핵에 가까이 있는 전자보다 핵에 끌리는 힘이 약하다. 이 외곽 궤도에 있는 전자는 자유전자라고 불리워지며 자기 궤도로부터 쉽게 벗어날 수 있다. 한편 내부 궤도에 있는 전자는 구속전자라고 불리우며 자기 궤도로부터 쉽게 벗어날 수 없다. 이 자유전자의 이동이 전류를 흐르게 하는 것이다.

5 전기에 대한 복습

위에서 배운 전기 및 전자론에 대하여 복습하여 보자.
그런 다음 전기가 어디서 발생하는 가를 배우게 될 것이다.

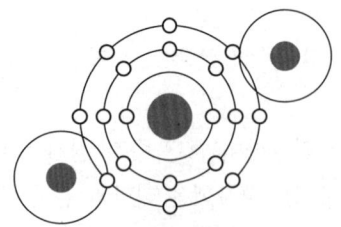

① **분자** : 두 개 이상의 원자의 결합

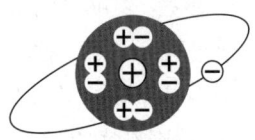

② **원자** : 더 이상 분할될 수 없는 한 원소의 가장 작은 입자

③ **핵** : 무겁고 양으로 대전된 움직이지 않는 원자의 일부분

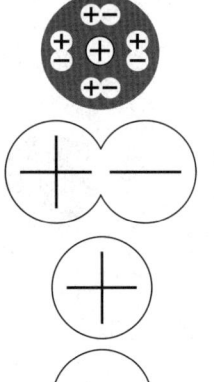

④ **중성자** : 양성자와 전자로 구성된 핵 내의 무거운 중성 입자

⑤ **양성자** : 핵 내에 있는 무겁고 양으로 대전된 입자

⑥ **전자** : 거의 무게가 없고 핵 주위를 도는 음으로 대전된 대단히 작은 입자

⑦ **구속전자** : 원자의 내부 궤도에 있는 전자로서 쉽게 자기 궤도로부터 벗어날 수 없는 것
⑧ **자유전자** : 원자의 외곽 궤도에 있는 전자로서 쉽게 자기 궤도로부터 벗어날 수 있는 것
⑨ **전기** : 한 점에서 다른 점으로 이동하는 전자의 효과, 즉 물질 내의 전자의 부족 및 과잉에 의한 효과

Section 02 전기는 어떻게 발생되는가?

1 여섯 가지 전원

전기를 발생시키기 위해서는 전자의 작용을 일으키게 하기 위하여 일정한 형태의 에너지를 사용하여야 한다. 사용할 수 있는 여섯 가지의 에너지는 마찰, 압력, 열, 빛, 자기, 화학 작용 등이다. 이들 에너지원을 공부하려면 우선 전하(electric charge)에 대하여 알아야 할 것이다.

2 전하(electric charge)

전자는 원자핵 주위를 돌며, 또 원자핵 내의 양전하의 인력에 의하여 그 궤도를 유지한다. 전자를 자기 궤도 밖으로 벗어나게 할 수 있다면, 그때 전자의 작용은 우리가 보통 말하는 전기가 될 것이다.

어떤 방법으로, 전자가 궤도로부터 벗어나게 된다면, 그 물질 내의 전자는 부족하게 될 것이고, 전자가 튀어나와 머문 곳에는 전자가 과잉하게 될 것이다. 이와 같이 어떤 물질 내에서의 전자의 과잉을 음(-)전하라고 부르며, 또 한편으로 전자의 부족을 양(+)전하라고 부른다.

이와 같이 전하가 존재할 때 우리는 이것을 정전기(static electricity)라 한다. 양(+)전하 또는 음(-)전하를 일으키게 하기 위해서는 전자를 이동시켜야 한다. 그러나, 원자핵 내의 양(+)전하는 움직이지 않는다. 양(+)전하를 가진 물질은 어느 것이나 핵 내에 정상적인 수의 양(+)전하는 가지고 있으나 전자는 잃거나 부족하게 된다. 그러나, 음(-)으로 대전된 물질은 실제로 과잉된 전자를 갖게 된다. 우리는 이제 마찰로써 어떻게 하여 이와 같은 전자의 과잉 또는 부족을 만들어서 정전기를 일으키는가를 알아보기로 하자.

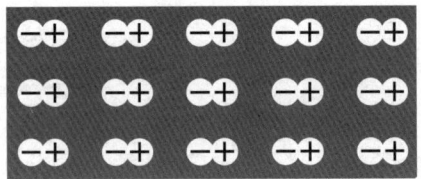
대전되지 않은 금속판

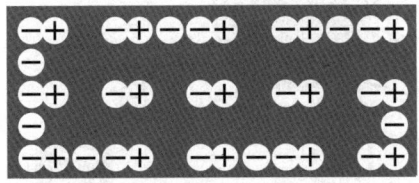
음(-)전하 전자의 과잉

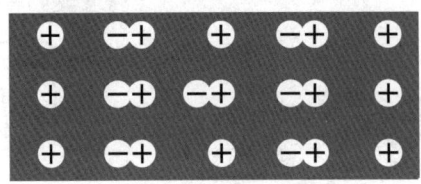
양(+)전하 전자의 부족

Section 03 마찰은 어떻게 전기를 발생시키는가?

1. 마찰(friction)에 의한 정전하

우리들은 전자와 양전하, 음전하가 무엇인가를 알았으므로 이들 전하가 어떻게 하여 발생하는지를 알아보도록 하자.

우리가 이용하는 정전기의 발생원은 마찰이다. 두 개의 다른 물질을 서로 마찰시키면, 전자가 한 물질에서 그 궤도를 벗어나서, 다른 물질로 옮겨가게 된다. 이때, 전자를 얻은 물질은 음전하를 가지게 되며, 전자를 잃은 물질은 양전하를 가지게 된다. 두 개의 물질을 마찰시킬 때는, 마찰 접촉에 의하여, 물질의 어느 전자 궤도가 서로 교차하게 되고, 한 물질은 다른 물질에 전자를 넘겨주게 된다. 이렇게 되면, 두 개의 물질에 정전하가 발생되며 따라서 마찰은 전기 발생의 근원이 되는 것이다. 우리가 발생시킬 수 있는 전하는 어느 물질이 좀 더 자유로이 전자를 버릴 수 있느냐에 따라서 양이나 음으로 될 수 있는 것이다. 쉽게 정전기를 발생시킬 수 있는 물질은 유리·호박·경질고무·초·플란넬·명주·인조견사·나일론 등이다. 경질의 고무막대를 털가죽과 마찰시킬 때, 털가죽은 양으로 대전되고, 명주는 음으로 대전된다. 우리는 정전하가 마찰에 의하지 않고도 한 물질로부터 다른 물질로 전달될 수 있으나, 이 정전하의 근원은 마찰이라는 사실을 알 수 있을 것이다.

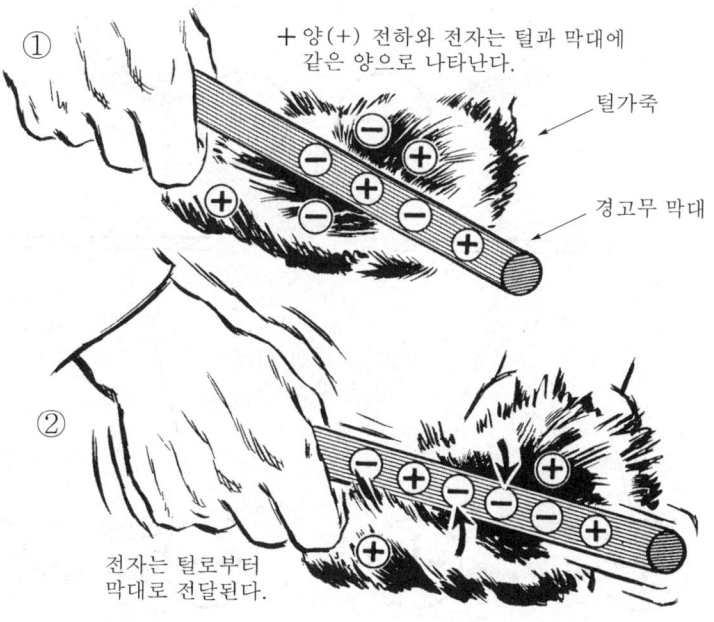

2 전하의 흡인(attraction) 작용과 반발(repulsion) 작용

물질이 정전기로 대전될 때에는 이들은 보통 때와는 다른 작용을 한다. 예를 들면, 양(+)으로 대전된 한 개의 공을 음(-)으로 대전된 다른 공에 가까이 놓으면, 이들은 서로 끌어당긴다. 만약 전하가 충분한 크기이고, 이들 공이 가벼워서 자유로이 움직인다면 둘은 서로 붙게 된다. 이들은 자유로이 움직이든지, 안 움직이든지 간에, 서로 다른 전하 사이에는 흡인력이 항상 존재한다. 이 흡인력은 음전하의 과잉전자가 전자를 필요로 하는 곳을 찾으려 하기 때문에 발생하는 것이다.

만약, 서로 다른 전하를 가진 두 물질을 가까이 놓으면, 음전하의 여분의 전자는 전자가 모자라는 물질로 옮겨가게 된다.

이 음전하로부터 양전하로의 전자의 이전(transfer) 즉, 옮겨감을 방전(dischrge)이라고 부른다. 한편 양이든 음이든 같은 종류의 전하를 가진 두 개의 공을 이용하여, 이들이 서로 반발함을 알 수 있다.

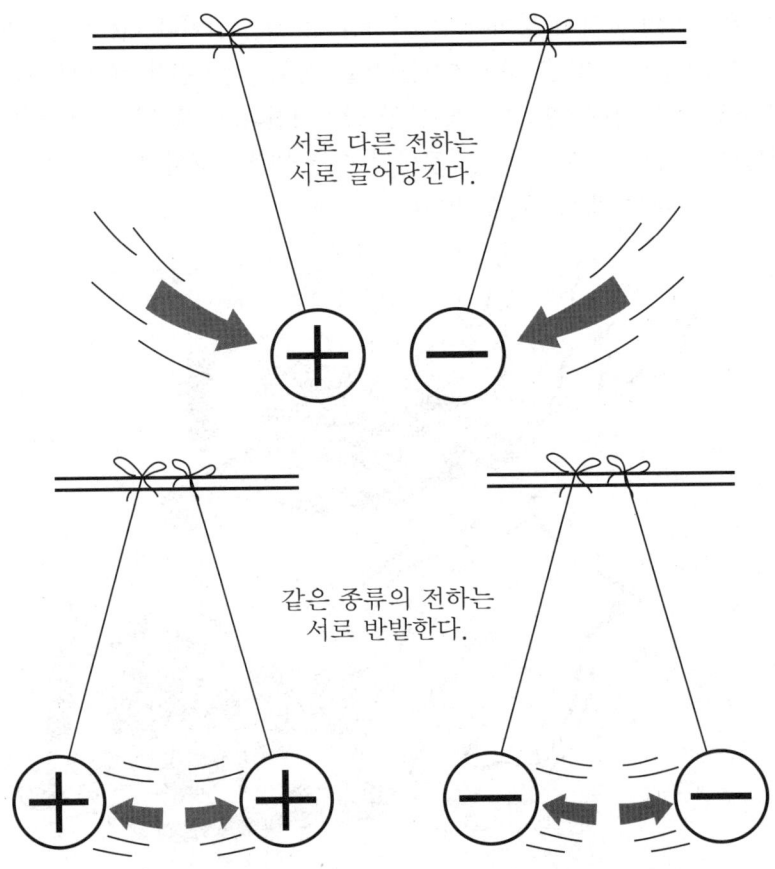

접촉(contact)을 통한 정전하의 이전(transfer)

　대부분의 정전하는 마찰에 의해서 발생되지만 우리들은 또한 다른 방법에 의해서도 발생시킬 수 있음을 알 수 있다. 만약, 한 개의 물체가 정전하를 가지고 있다면, 이는 주위에 있는 모든 다른 물체에 대하여도 영양을 미치게 된다. 이 영양은 직접적인 접촉(contact)이나 유도(induction)를 통하여서도 나타난다.

　양전하는 전자의 부족을 의미하고, 따라서 항상 전자를 끌어들인다. 그러나 음전하는 반대로 전자의 과잉을 의미하며, 항상 전자를 반발한다.

　만약, 우리가 양으로 대전된 막대를 대전되지 않은 금속판에 가져간다면 그 막대는 접촉 부분에서 금속판 안의 전자를 끌어당긴다. 이들 전자의 약간은 금속판을 떠나서 막대로 들어가서 금속판을 양으로 대전하도록 하며, 따라서 막대의 양전하는 감소된다.

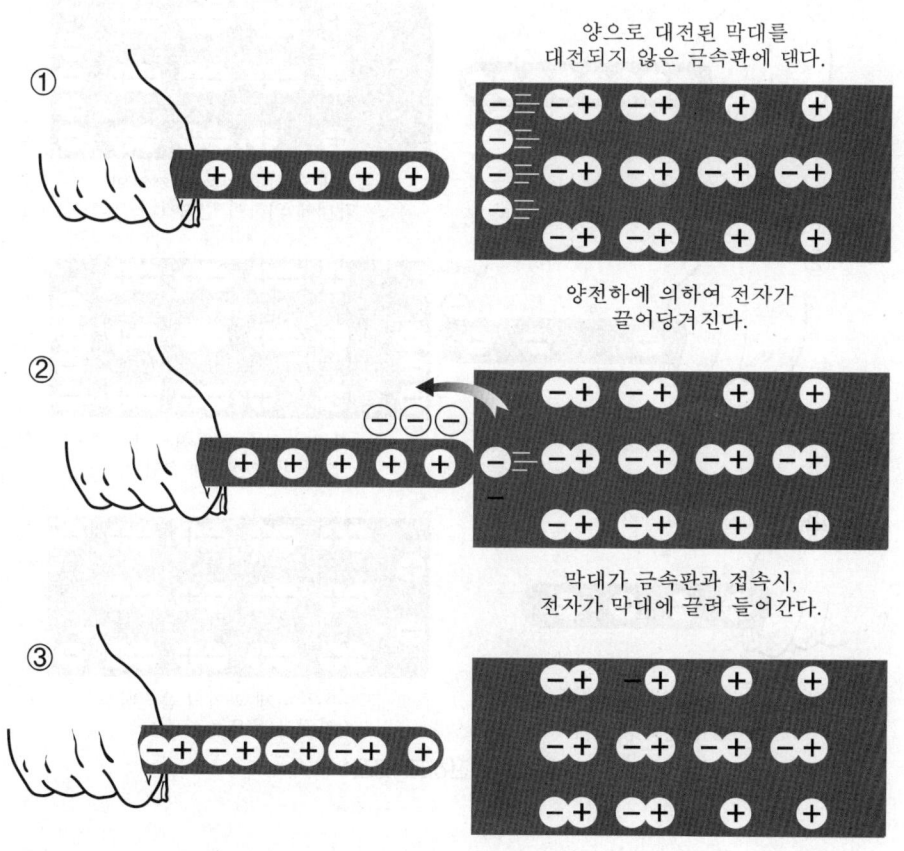

<금속판을 양전하로 대전>

음(-)으로 대전된 막대를 대전되지 않은 판에 갖다 댐으로써, 이 판을 음으로 대전되도록 할 수 있다. 음으로 대전된 막대를 대전되지 않은 판에 가까이 가져갈 때, 막대에 가까운 부분의 판의 금속전자는 막대의 반대편 쪽으로 밀려가게 된다. 이때 막대에 가까운 판의 부분은, 양(+)으로 대전될 것이며 반대쪽은 음으로 대전될 것이다. 막대가 판과 닿으면, 음으로 대전된 막대 안의 과잉전자는 관 내의 양전하를 중화하기 위하여 흘러 들어가나, 판의 반대쪽은 음전하를 그대로 유지하게 된다. 막대를 판으로부터 떼어냈을 때에는 이 음전하는 그 판 안에 남고, 막대는 아직도 음으로 대전되어 있지만, 아주 적은 양의 과잉 전자만을 갖게 된다.

대전된 물체가 대전되지 않은 물체에 접촉할 시는, 서로 같은 양을 가질 때까지 그 전하를 대전되지 않은 물체한테 빼앗긴다.

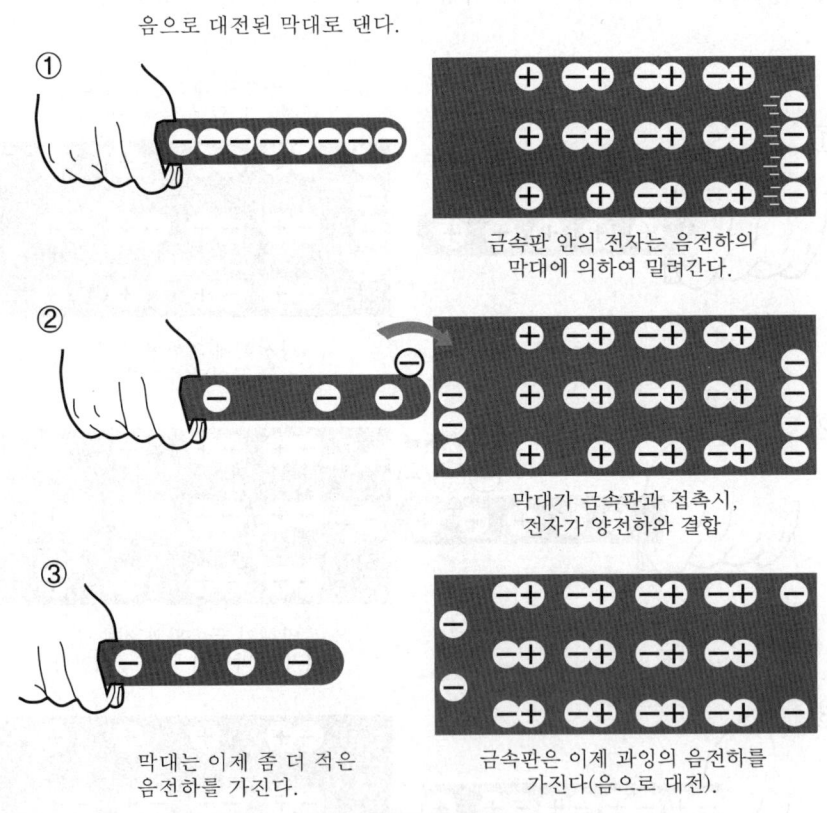

〈판을 음전하로 대전〉

Section 03. 마찰은 어떻게 전기를 발생시키는가? **15**

4 유도로 인한 정전하의 이전

　우리는 금속판을 양(+)으로 대전된 막대에 갖다 대었을 때 무엇이 일어나는지를 배웠다. 막대 안에 있는 약간의 전자는 금속판에 전달되고 금속판은 대전된다. 이 금속판을 막대에 접촉시키는 대신, 다만 이 양으로 대전된 막대를 판 가까이 가져갔다고 생각하여 보자. 이 경우, 이 금속판 안의 전자는 막대 가까운 점으로 끌려가며 음(-)전하를 발생하게 된다. 금속판의 반대측은 다시 전자가 부족하게 되어 양으로 대전하게 된다. 그리하여 3가지의 전하가 존재하게 되는데 즉, 막대 안의 양전하, 금속판 안의 막대 가까운 부분의 음전하와 금속판의 막대 반대편의 양전하가 그것이다. 외부로부터 전자를 금속판의 양극쪽으로 흘러 들어가게 함으로써(예를 들면, 여러분의 손끝을 댄다) 이 금속판을 음전하로 대전시킬 수 있다.

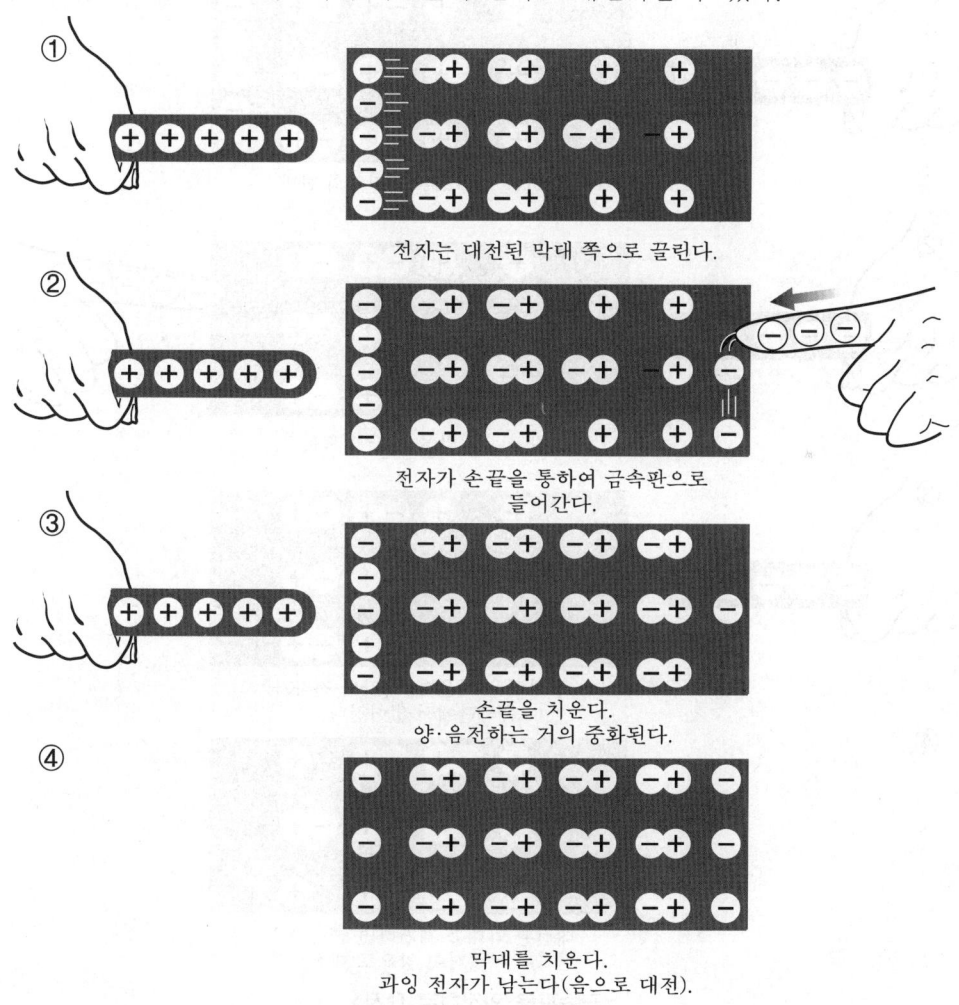

<금속판을 음전하로 대전>

막대를 금속판에 가까이 가져갔을 때 그것이 음(-)으로 대전된다면, 막대에 가까운 금속판 끝으로 양(+)전하가 유도될 것이다. 막대의 이 부분의 전자는 반발당하여 금속판의 반대편으로 옮겨갈 것이다. 원래 막대에 있던 음전하는 이때 새로운 두 가지의 전하를 발생시킨다. 하나는 양전하이고 또 하나는 음전하이다.

음으로 대전된 끝의 과잉전자는 금속판을 중화시키기 위하여 흘러 들어오므로 막대를 치우면 금속판은 대전되지 않고 원상태로 돌아간다. 그러나, 만일 막대를 움직이기 전에 음으로 대전된 금속판의 전자가 흘러갈 통로를 만들어 주면 전체의 금속판은 막대가 제거된 후 양으로 대전될 것이다.

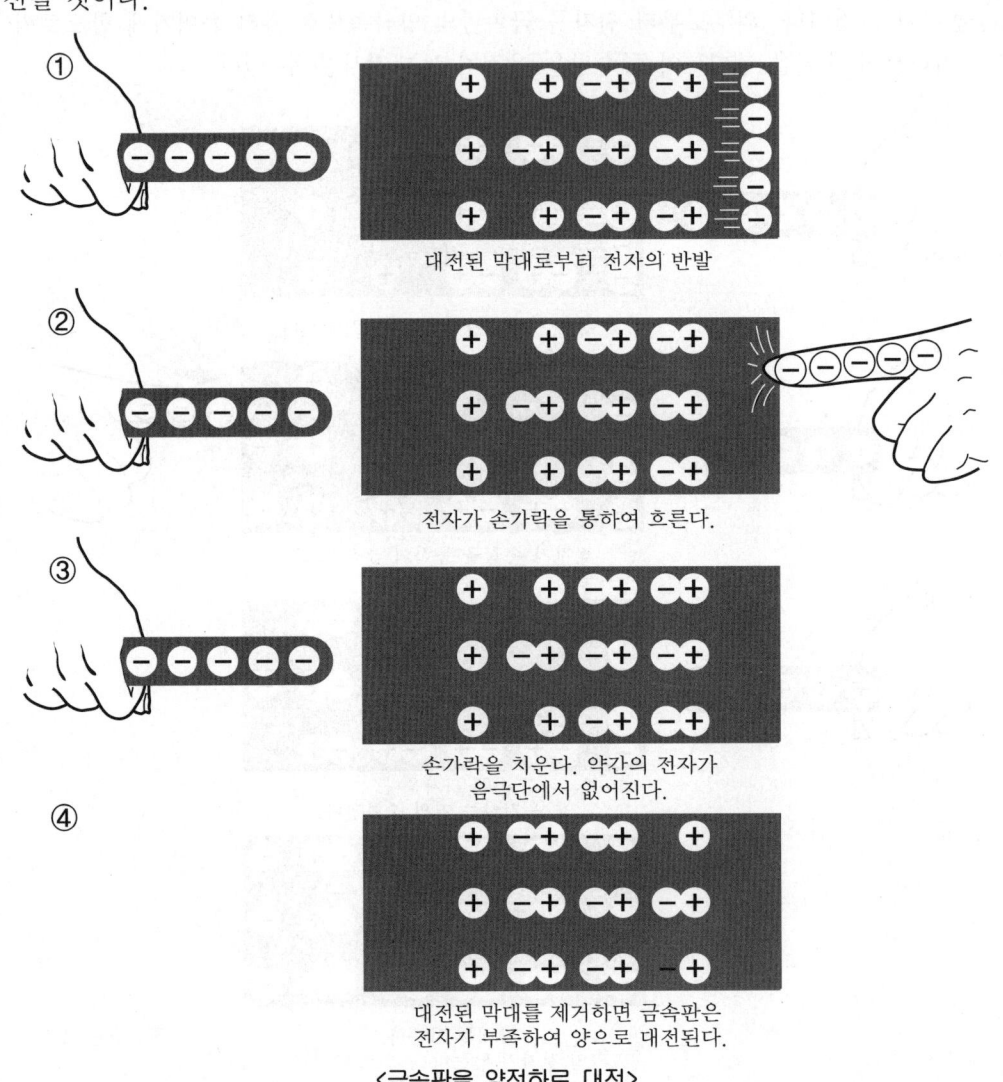

대전된 막대로부터 전자의 반발

전자가 손가락을 통하여 흐른다.

손가락을 치운다. 약간의 전자가 음극단에서 없어진다.

대전된 막대를 제거하면 금속판은 전자가 부족하여 양으로 대전된다.

〈금속판을 양전하로 대전〉

Section 03. 마찰은 어떻게 전기를 발생시키는가?   17

우리는 정전하가 마찰, 접촉 또는 유도 등에 의하여 발생될 수 있다는 사실을 발견하였다. 그러나 이제 어떻게 하여 대전된 물체의 전자의 과잉 또는 부족현상이 중화되거나 방전되는가를 알고 있어야 한다.

5 정전하의 방전

두 개의 물체가 각각 다른 전하로 대전되어 서로 가까이 놓여진 때에는 음(-)으로 대전된 물질의 과잉전자는 양(+)으로 대전된 물질쪽으로 끌려간다. 한 물체에서 다른 물체로 전선을 연결함으로써, 양전하가 건너가는 음전하의 전자를 위한 통로를 만들 수 있으며 전하는 증가될 것이다. 이것은 전선으로 연결하지 않고 직접 연결시켜도 가능하다.

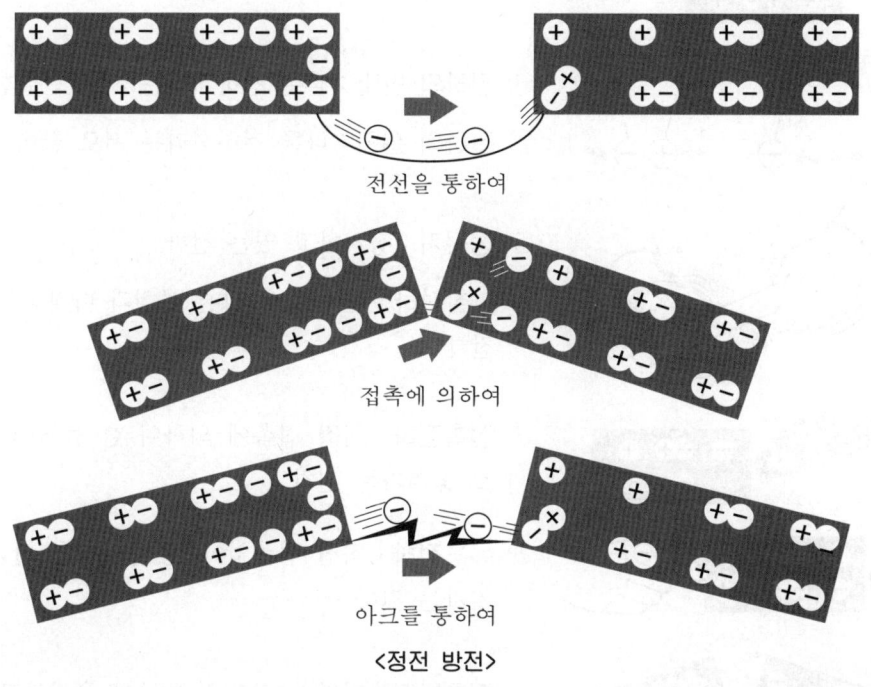

<정전 방전>

만약 강한 전하를 가진 물체를 이용한다면, 두 물체가 실제로 접촉되기 전에 전자가 음전하에서 양전하를 향하여 튀어 나가게 될 것이다. 이 경우 우리는 아크 형태의 방전을 볼 수 있을 것이다. 전하가 아주 강한 경우에는 수 피트 길이의 아크를 형성함으로써 정전기는 큰 간격을 넘어서까지 방전할 수 있다. 번개는 구름이 공기를 통하여 움직일 때, 구름 안의 정전하의 축적으로 인한 정전기 방전의 한 본보기이다. 자연적인 정전하는 움직이는 구름이나 강한 바람과 같은 공기 분자 사이에 마찰이 일어나는 곳에서 형성된다. 그리고, 이러한 전하는 아주 건조한 기후에서나, 습도가 아주 낮은 곳에서 최대가 되는 것을 알게 될 것이다.

6 마찰 및 정전하에 대한 복습

정전기의 발생원으로서 마찰을 알았으며, 정전하가 어떻게 발생하며, 대전된 물질과 대전되지 않은 물질에 대한 영향을 살펴보았다. 그리고, 또한 접촉이나 유도에 의하여 정전하가 어떻게 전달되는가를 살펴보았으며, 약간의 정전기의 이용을 배웠다. 전기의 다른 발생원을 배우기 전에 이미 배운 사실을 복습하여 보기로 한다.

① 음(-)전하 : 전자의 과잉

② 양(+)전하 : 전자의 부족

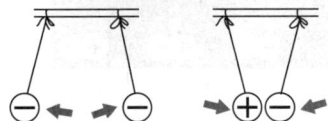

③ 전하의 반발 : 같은 전하끼리는 서로 반발한다.

④ 전하의 흡인 : 다른 전하끼리는 서로 끌어당긴다.

⑤ 정전기 : 정지하고 있는 전하

⑥ 마찰전하 : 한 물질을 다른 물질과 마찰하여 발생하는 전하

⑦ 접촉전하 : 직접 접촉에 의하여 한 물질에서 딴 물질로 옮겨가는 전하

⑧ 유도전하 : 직접 접촉없이 한 물질에서 딴 물질로 옮겨가는 전하

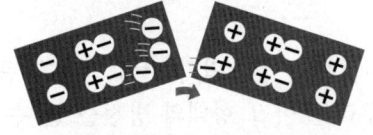

⑨ 접촉방전 : 전자가 접촉을 통하여 음전하로부터 양전하로 넘어가는 현상

⑩ 아크 방전 : 전자가 아크를 통하여 음전하에서 양전하로 넘어가는 현상

마찰과 정전하에 대한 복습을 마치면, 전기의 발생원으로서의 압력에 대하여 배우게 된다.

Section 04 압력은 어떻게 전기를 발생시키는가?

1 압력(pressure)에 의한 전하

우리들이 전화기나 또는 다른 종류의 송화기에 대고 말을 할 때는 언제나 음성파에 의하여 진동판이 움직이게 된다. 어떤 경우에 있어서는 자석에 붙은 코일을 움직여서 전기 에너지를 발생시키며 이것은 선로를 통하여 수화기에 전달된다. 확성기나 라디오 송신기에 사용되는 마이크는 때때로 이 원리에 따라 동작한다. 그러나, 어떤 마이크는 음성파를 직접 전기로 변화시킨다.

어떤 물질의 결정체는 압력이 가하여지면 전하를 발생시킨다. 즉 수정, 전기석(tourmaline), 로셀염(Rochelle salts) 등은 전원으로서의 압력의 원리를 잘 설명하여 주는 물질인 것이다. 이러한 물질로 만들어진 크리스털을 두 개의 금속판 사이에 놓고 양 금속판에 압력을 가하면 전하가 발생된다. 양 금속판 사이에 발생된 전하의 크기는 가하여진 압력에 따라 달라진다.

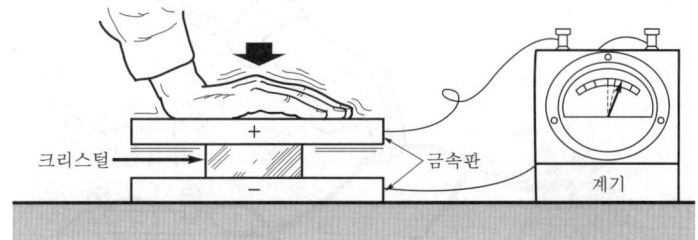

<압력에 의한 전하>

또한, 크리스털은 전하의 양이나 종류에 따라 팽창 또는 수축하므로 이 크리스털은 양 금속판에 전하를 줌으로써 전기적 에너지를 기계적 에너지로 변환시키는 데 사용될 수 있다.

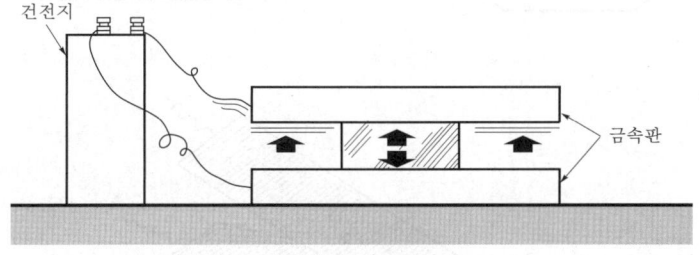

<전하에 의한 압력>

그러나, 전원으로서의 압력의 실제적 이용은 대단히 낮은 전력에 국한되며, 우리는 여러 가지 많은 종류의 장치에서 그 이용을 찾아볼 수 있을 것이다. 크리스털 송화기, 크리스털 수화기, 전축의 픽업(pickup), 음파 탐지기 등은 압력으로 전하를 발생시키는 데 크리스털을 사용하고 있다.

Section 05 열은 어떻게 전기를 발생시키는가?

1 열에 의한 전하

전기를 얻는 또 하나의 방법은 두 개의 서로 다른 금속의 접합점을 가열함으로써 열을 직접 전기로 변환하는 방법인 것이다. 예를 들면, 철선과 동선을 서로 꼬아서, 이 접합점을 가열하면, 전하가 발생한다. 발생된 전하의 양은 두 선의 접합점과 반대쪽 두 끝 사이의 온도 차에 따라 달라진다. 큰 온도 차는 큰 전하를 발생한다.

이런 형태의 접합점을 열전대(thermocouple)라 하고, 열이 가해지면 전기를 발생한다.

서로 꼰 선은 열전대를 형성할 수 있으나 좀 더 효과적인 열전대는 두 조각의 서로 다른 금속을 같이 리벳(rivet)하거나, 용접하여서 만들 수 있다.

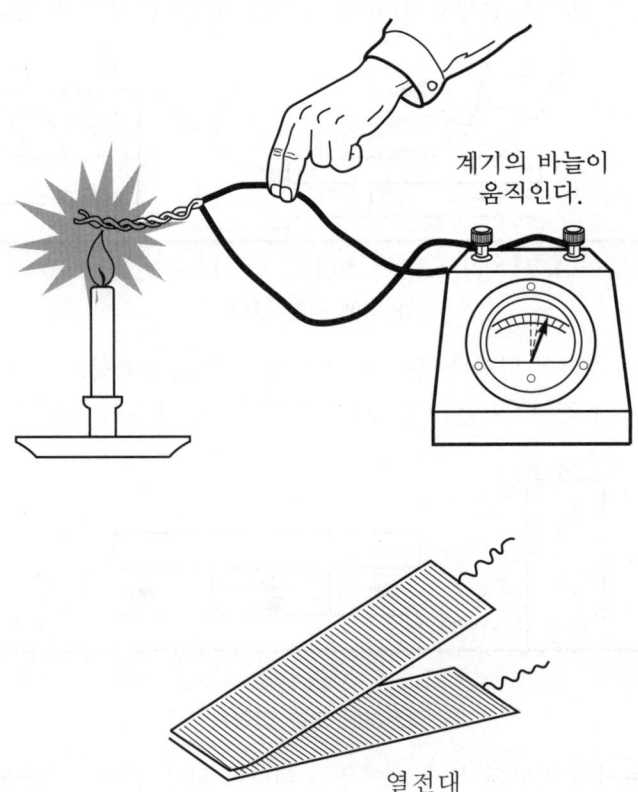

계기의 바늘이 움직인다.

열전대

열전대는 큰 전하의 양을 공급할 수 없고, 전력을 얻기 위하여 사용할 수도 없다. 이들은 온도로 직접 표시된 계기를 동작시키기 위한 온도 지시계기와 연관시켜서 사용된다.

Section 06 빛은 어떻게 전기를 발생시키는가?

1 빛에 의한 전하…광전 효과

　에너지원을 전원으로 변환할 때 빛을 사용하여도 전기를 발생시킬 수 있다. 빛이 어떤 물질에 비칠 때 용이하게 전하를 발생시키며 자유전자를 방사하고 빛을 열로 전환시킬 수 있다.
　이 효과 중 가장 효과적인 것은 빛이 전지 내에 있는 감광성 물질에 비칠 때 광전지에 의하여 전하를 발생시키는 것이다.
　광전지란 금속 샌드위치와 같이 세 개의 금속층으로 되어 있는 원반인 것이다. 이것의 외부층의 하나는 철로 만들어져 있으며 또 하나는 빛을 통과시킬 수 있는 엷은 막(film)의 반투명체로 되어 있다. 그리고 가운데 층은 셀렌 합금으로 되어 있다. 두 개의 외부층은 전극과 같은 역할을 하며, 빛이 반투명체를 통하여 셀렌 합금에 집중될 때에는 두 외부층 사이에서 전하가 발생한다. 만일 계기를 이 외부층을 통하여 접속한다면, 전하의 총량을 측정할 수 있을 것이다. 이 종류의 광전지는 사진을 찍을 때 나타나는 빛의 양을 측정하는 데 사용되는 것으로 보통 사용하는 광도계(photometer)를 말한다.

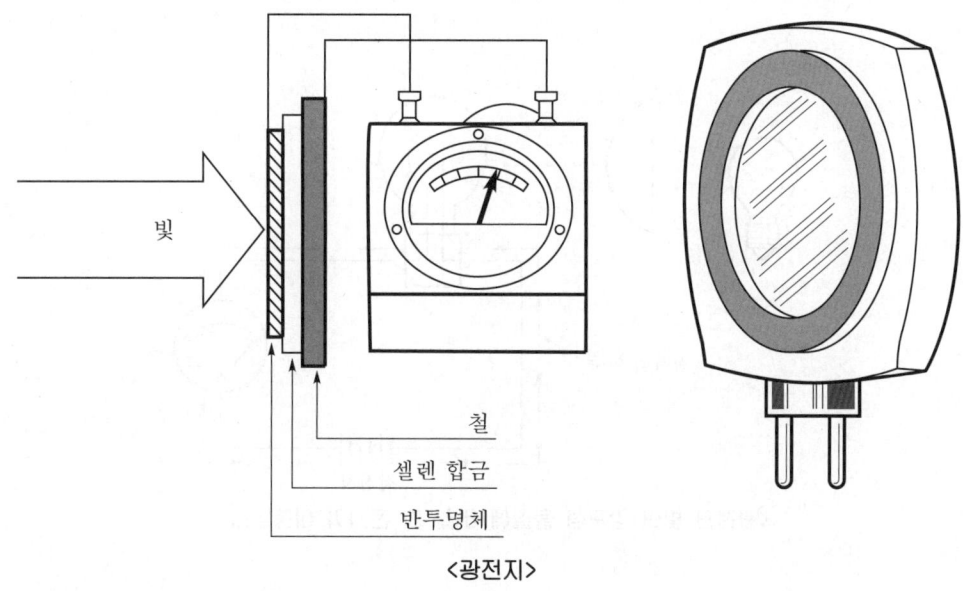

〈광전지〉

광전관은 보통 전기눈 또는 PE전지라고 불리며 광전지의 원리에 따라 동작한다. 그러나, 광전관은 빛에서의 검출하는 동작이 전지 또는 그 밖의 전원의 종류에 따라 달라진다. 광전관 또는 광전지는 많은 용도를 가지고 있으며 그 중 자동차 헤드라이트의 자동 제광 장치, 영사기, 자동 출입문, 음료수 분수 장치 등에 사용된다.

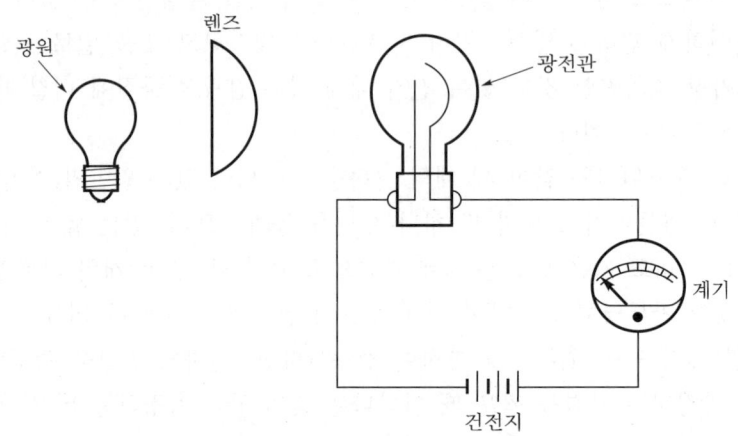
〈빛을 받지 않고 있는 광전관〉

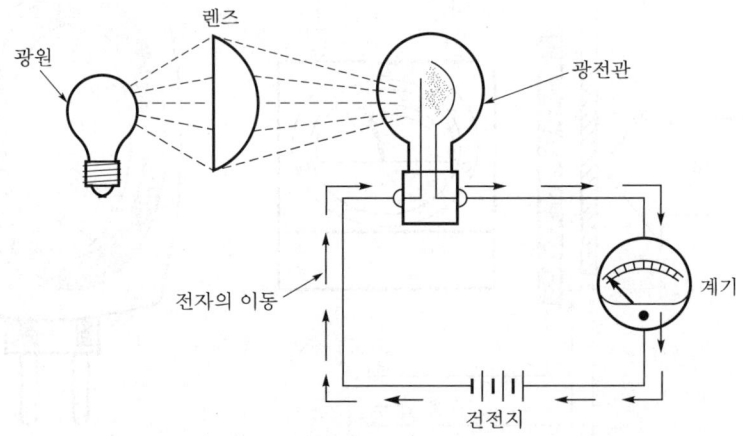
〈광전관 빛이 감광성 물질에 비칠 때 전자가 이동한다.〉

Section 07 화학 작용은 어떻게 전기를 발생시키는가? : 1차 전지

 **1 화학 작용에 의한 전기**

지금까지 우리는 전기가 무엇이며, 몇 가지 에너지원이 전기를 발생시키는 데 사용되고 있다는 것을 배웠다. 일반적으로 사용되는 또 하나의 전원은 전지에서의 화학 작용인 것이다.

전지는 보통 비상용 또는 휴대용 전력으로 사용된다. 우리들이 조명용 비상등이나 휴대용 장치를 사용할 때에는 언제나 전지가 쓰여지며 전지는 또한 현재 잠수함의 주동력인 것이다. 이외에도 평상시 또는 비상시 전원으로서 전지를 사용하는 장치가 널리 보급되고 있다.

수명이 다 된 전지는 일반 기계 장치의 고장의 원인이 되며 이와 같은 고장은 대단히 심각하게 될 수도 있다. 전지는 우리들이 사용하는 대부분의 장치보다 더 주의를 요하고 유지보수를 필요로 한다.

비록 우리들이 전지를 많이는 사용하지 않는다 할지라도 이것이 어떻게 작용하는가, 어디서 사용되는가, 또 이것을 어떻게 주의하여 취급하여야 하는가를 안다면 많은 시간을 절약하고 많은 노고를 덜 수 있을 것이다. 이제 우리는 화학 작용이 전기를 일으키는 방법, 적당한 용법 및 이 화학 작용을 내포하고 있는 전지에 대한 주의 사항을 알아보기로 하자.

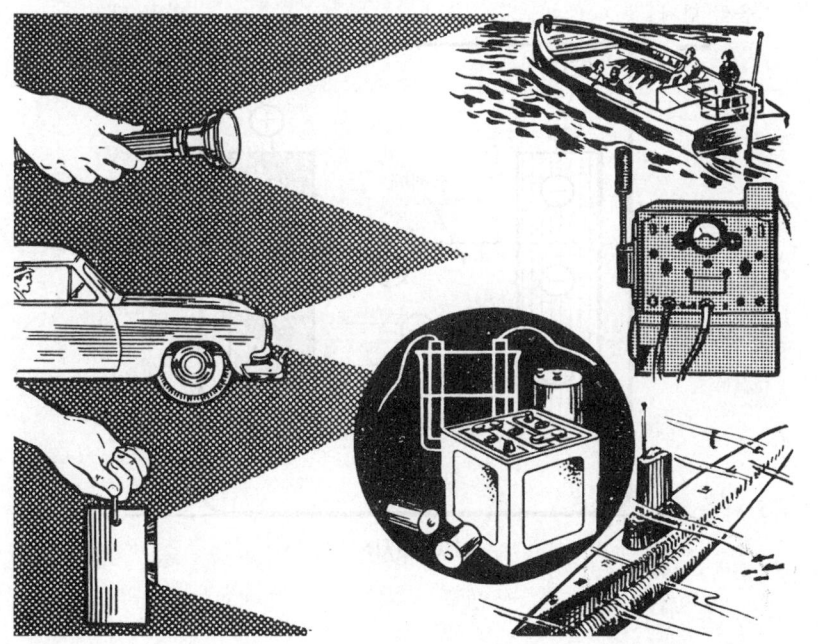

2. 1차 전지란 무엇인가?

전지 내에서 화학 작용이 어떻게 이루어지는가를 알기 위해서는 1차 전지 내에서의 전자의 존재와 이들 전자에게 발생하는 작용을 상상해 볼 필요가 있다. 화학 작용에 의하여 생기는 기본적인 전원은 전지이며, 두 개 이상의 전지가 결합되어 하나의 전지로 사용되는 경우가 많다.

지금 우리가 전지의 내부를 관찰할 수 있다면 거기서 볼 수 있는 것은 무엇일까? 우선 우리는 전지의 각 부분과 이들 사이의 관계를 관찰하여야 할 것이다. 용기 내에는 서로 격리되어 있는 각기 다른 금속으로 된 두 극판이 용기를 채우고 있는 용액 속에 담겨져 있다는 것을 알 수 있다.

전지 내의 각 부분과 전지 내에 있는 전자를 관찰하여 보면 전해액이라고 불리워지는 용액의 전자를 두 극판 중의 한 극판으로 떠밀고 다른 판으로부터는 전자를 유리시킨다는 것을 알 수 있다. 이 작용은 양 극판 중 한 극판에 전자의 과잉 또는 음전하가 나타나는 결과가 되며 따라서, 여기에 연결된 도선을 음극 단자라고 한다. 또 다른 한 극판은 전자를 잃어서 양전하로 대전되므로 이 극판에 연결된 도선을 양극 단자라고 한다. 이와 같이 하여 한 극판으로부터 다른 극판으로 전자를 운반하는 전해액의 작용은 실제적으로 전해액과 양 극판 사이에서 일어나는 화학 반응인 것이다. 이 반응으로 화학적 에너지는 전지의 양 극판과 단자에서 전하로 변환하는 것이다.

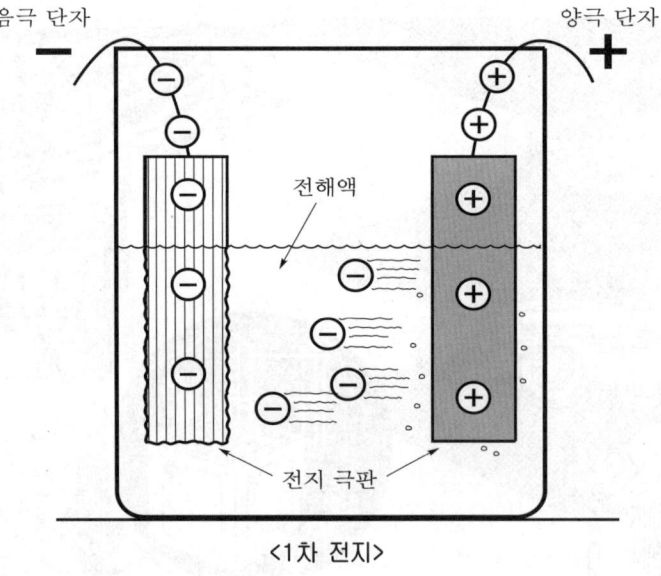

<1차 전지>

3 1차 전지에서의 화학 작용

전지의 단자에 아무것도 연결하지 않으면 전자는 더 이상 들어갈 여유가 없을 때까지 음극판으로 밀어내진다. 전해액은 양극판으로부터 충분한 전자를 취해서 음극판으로 밀어냈던 전자를 보충한다. 그러면 양 극판은 충분히 충전되며 아무 전자도 양 극판 사이에서 이동되지 않을 것이다.

지금 전지의 양극 단자와 음극 단자 간에 도선을 연결하면 음극 단자에 있는 전자는 그 단자를 떠나 도선을 거쳐서 양극 단자로 이동한다. 그러면, 음극 단자에는 더 많은 여유가 생기므로 전해액은 더 많은 전자를 양극판으로부터 음극판으로 운반하게 된다. 전자가 전지 외부에서 음극 단자를 떠나서 양극 단자로 이동하는 동안 전해액은 전지 내부에서 전자를 양극판으로부터 전해액이 전자를 운반하는 동안 음극판은 소모되고 양극 단자에서 기포가 생기는 것을 볼 수 있을 것이다. 드디어는 음극판은 전해액 내에서 화학 작용에 의하여 갈아 넣을 때까지는 전자를 공급할 수 없게 된다.

이런 이유로, 이런 종류의 전자를 1차 전지라고 부르며 이것은 한 번 완전히 방전하면 새로운 물질을 사용하지 않고는 다시 충전할 수 없다는 뜻이다. 1차 전지의 극판에는 탄소와 대부분의 금속들이 사용될 수 있고 전해액으로는 산이나, 염기(salt)가 사용될 수 있다. 휴대용 전등에서 사용되는 건전지는 바로 1차 전지인 것이다.

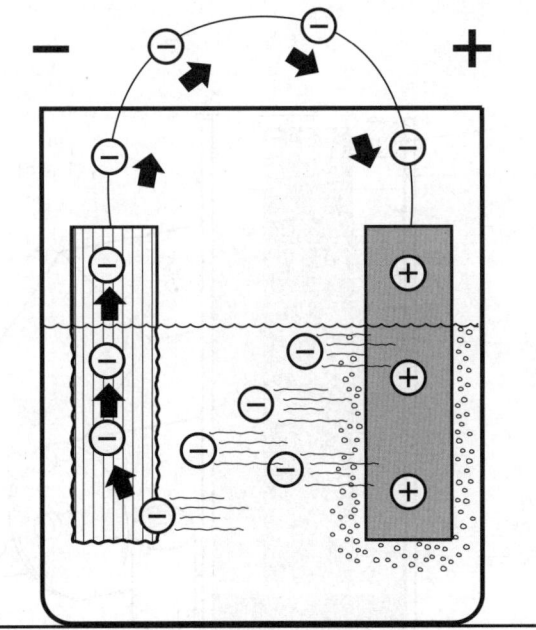

<1차 전지 극판이 서로 연결될 때>

4 건전지

대부분의 금속, 산 및 염은 1차 전지에 사용될 수 있으며, 많은 종류의 1차 전지가 실험실이나 특별 용도에 사용되고 있으나 우리들이 가장 흔히 사용하고 있는 것은 건전지이다. 우리들이 사용하고 있는 건전지는 연필 크기만한 회중전지로부터 비상등에 사용되는 아주 큰 전지에 이르기까지 여러 종류의 크기·모양·무게 등을 가지고 있다. 모든 전지에 사용되는 물질이나 작용은 크기에 관계없이 똑같다. 우리가 건전지의 내부를 볼 수 있다면 건전지는 음(-)극판으로 사용되는 아연 케이스, 케이스 중앙에 있는 양(+)극판으로 사용되는 탄소봉, 전해액으로 사용되는 염화암모늄 용액으로 구성되어 있다는 것을 알 수 있다. 탄소봉이 아연 케이스에 닿지 않도록 콜타르를 칠한 종이 와셔가 아연 케이스 밑에 사용된다. 케이스의 상부는 톱밥·모래·피치(pitch)의 3개의 층이 있으며 이 3 개의 층은 탄소봉이, 제 위치에 있게 하고 전해질의 누출을 방지한다.

전지가 전기를 공급함에 따라 아연 케이스와 전해액은 점차 소모되어 버리고, 이것이 모두 소모되어 버린 후에는 전하를 공급할 수 없으므로 새로운 것으로 대체하지 않으면 안 된다. 이 종류의 전지는 밀봉되어 있으며 손실없이 일정 기간 동안 저장될 수 있다. 이와 같이 몇 개의 전지가 서로 연결되어 한 개의 건전지로 사용된다. 건전지는 많은 전력을 공급하는 데에 사용할 수 없으며 따라서 우리는 비상용으로 사용하는 장소에서만 건전지를 볼 수 있다.

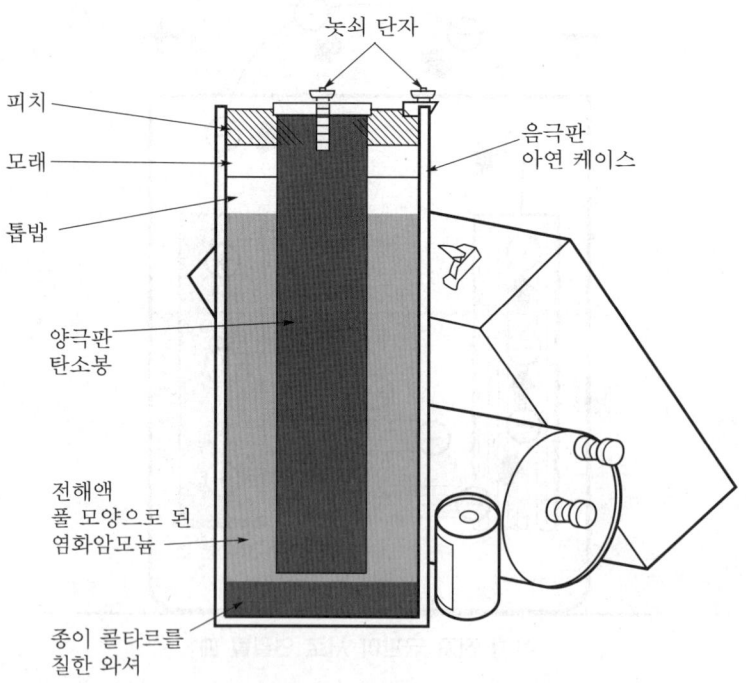

Section 08 화학 작용은 어떻게 전기를 발생시키는가? : 2차 전지

1 2차 전지란 무엇인가?

1차 전지에 있어서 화학 작용은 보통 비상등 또는 휴대용 기기의 전력원으로서 사용되고 있다고 하였다. 그러나 1차 전지는 적은 양의 전력만을 공급할 수 있을 뿐이며 다시 충전할 수 없다.

2차 전지 즉 축전지는 짧은 시간 동안에 많은 양의 전력을 공급할 수 있고 또 다시 충전할 수 있다. 이 종류의 전지는 짧은 기간 동안에 다량의 전기를 필요로 하는 기기에 널리 쓰이며, 건전지보다 더 많은 정비와 주의가 요구된다.

축전지로 사용되는 2차 전지는 산화납(lead-acid)으로 되어 있다. 이 축전지에서는 전해액은 황산이고 양(+)극판은 과산화납, 음(-)극판은 납으로 되어 있다.

축전지가 방전하는 동안은 산성은 점점 희박하여지고 두 극판은 황산납으로 변한다. 산화납(보통 납축전지라 함)의 케이스는 경질 고무와 유리로 만들어져 있으며 부식이나 산이 새는 것을 막는다. 축전지는 밑바닥에 있는 공간에는 전지가 사용될 때 형성되는 침전물이 모이게 된다. 케이스 덮개는 떼어낼 수 있으며 두 극판을 지지하는 역할을 한다.

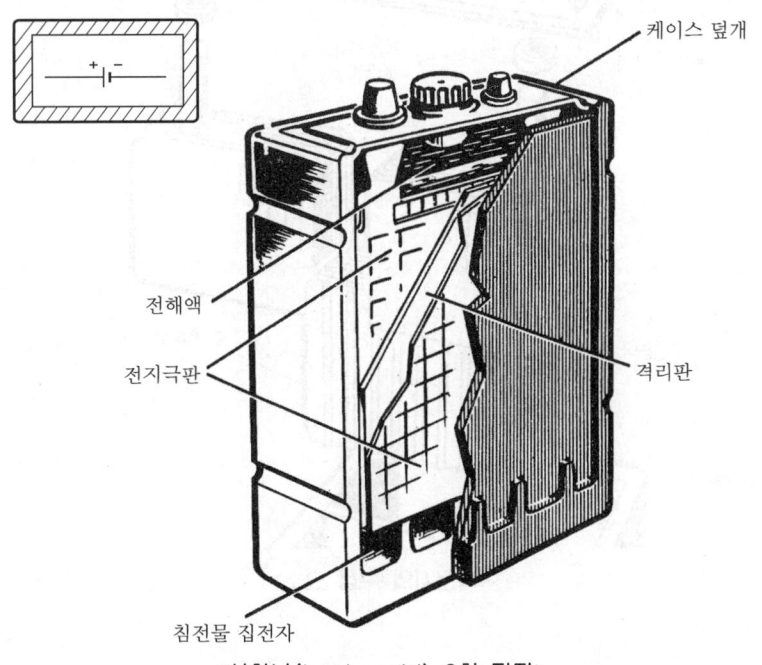

<산화납(lead-acid) 2차 전지>

활성 물질은 그것만으로는 조립하기에 충분히 견고하지 못하므로 특별한 그리드 구조(grid : 창살 모양으로 된 것)로 비활성 금속이 이들 물체를 지지하기 위하여 사용된다. 다량의 화학 작용을 하게 하기 위해서는 극판이 커야 하며, 따라서 각 양극판은 음극판 사이에 끼워져 있다. 대표적인 축전지에서는 7개의 양(+)극판이 이와는 별도의 지지체에 부착된 8개의 음(-)극판 사이에 끼워져 있는 것이다. 나무 또는 다공성 유리로 만들어진 격리판은 각 양극판과 음극판을 격리시키고 있다. 그러나 전해액만은 자유로이 통할 수 있도록 되어 있다.

양극판과 음극판은 케이스 덮개에 붙어 있으며, 특별히 산에 강한 콜타르로 밀착되어 있다. 덮개에 구멍이 있어서 증발되는 물을 보충하기 위하여 전해액에 물을 부어 넣을 수 있도록 되어 있다. 이 구멍의 마개에는 작은 통기 구멍이 있어서 전지가 방전할 때 양극판에서 발생하는 가스를 배출하도록 되어 있다.

이 축전지는 다량의 전기를 공급할 수 있는고로 큰 단자와 리드선이 필요하다. 연결판과 단자는 납으로 만들어져 있는데 이것은 다른 금속을 사용하면 산성의 전해액으로 말미암아 급속히 부식되기 때문이다.

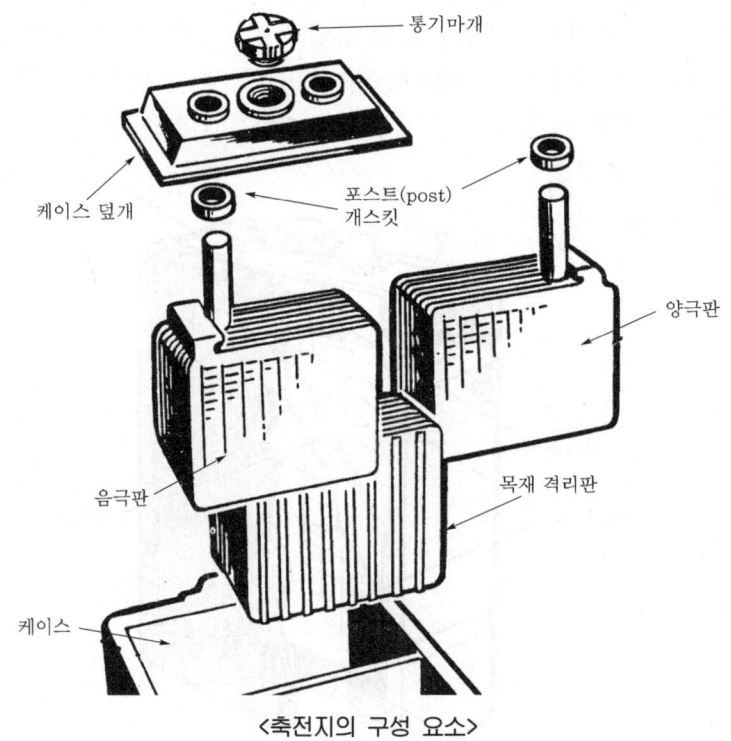

〈축전지의 구성 요소〉

2 축전지

두 개 이상의 2차 전지를 함께 연결하면 한 개의 축전지를 형성한다. 이 축전지는 전기를 저장하고 방전한 후에는 다시 충전할 수 있다. 대부분의 축전지는 한 케이스 내에 직렬로 연결된 3 개의 산화납(cell)으로 구성되고 있다. 개개의 전지는 대략 2 V이므로 하나의 축전지는 6 V의 전압을 가지고 있다.

2차 전지의 기호는 1차 전지의 기호와 똑같으며 축전지는 직렬로 연결된 개개의 전지로 표시한다. 축전지와 2차 전지는 병렬로 연결하여서는 안 된다. 왜냐하면 그 중의 약한 전지는 강한 전지로 하여금 방전을 일으키게 하여 사용하지 않을 때에도 전지가 소모되기 때문이다.

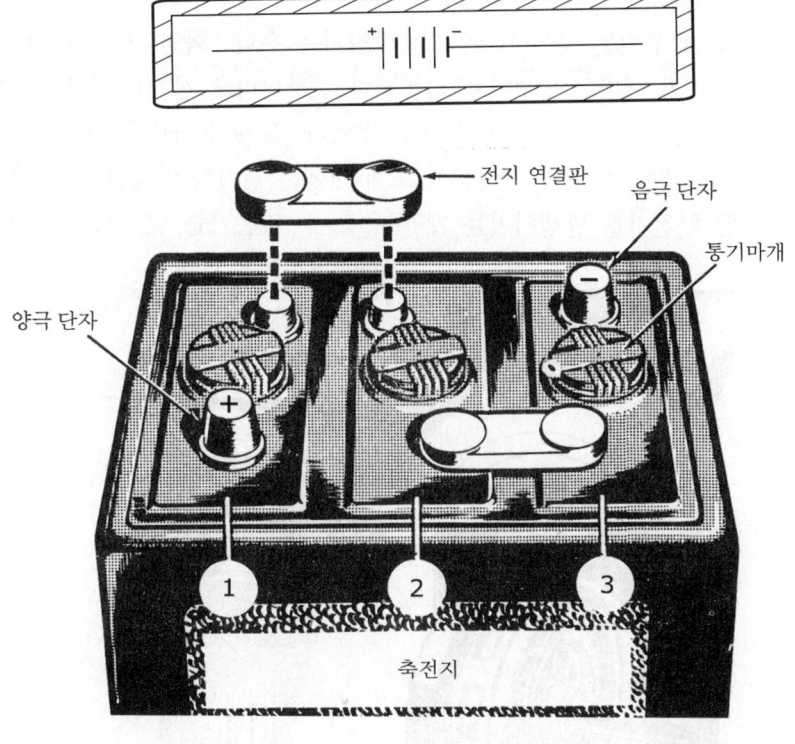

축전지

Section 09 자기는 어떻게 전기를 발생시키는가?

1 자기에 의한 전력

전력으로 사용되는 가장 일반적인 전기를 발생시키는 방법은 자력을 이용하는 것이다. 전기를 공급하는 데에는 전하를 이용하기 때문에 전원은 언제나 큰 전하를 유지할 수 있지 않으면 안 된다. 마찰·압력·열·빛 등도 모두 전원인 것이나, 전력을 공급하는 데 충분히 큰 전하를 유지할 수 있는 능력이 없기 때문에 특별한 용도에만 국한될 뿐이다.

우리가 사용하고 있는 모든 전력은 비상용 및 휴대용 기기에 관한 것을 제외하고는 본래 발전소의 발전기로부터 발생되는 것이다. 이러한 발전기는 수력·화력, 또는 내연기관에 의하여 가동되고 있다. 발전기가 어떠한 방법으로 가동된다고 하더라도 전력을 발생시키는 것은 발전기 내에 있는 도체와 자석 상호간의 작용에 의한 것이다. 도체가 자력을 통과하든가 자석이 도체를 통과하면 자성체 내에 있는 자기 때문에 도체 내에는 전기가 발생한다. 그러면 자기가 무엇이며 그것이 어떻게 전기를 발생시키는 데 이용될 수 있는가를 알아보기로 하자.

〈자기(magnetism)〉

자기(magnetism)란 무엇인가?

옛날에 희랍인들은 소아시아의 마그네시아(Magnesia)시 근방에서 발견된 어떤 암석이 철편을 끌어당겨 달라붙게 하는 힘이 있다는 사실을 발견하였다.

그들이 발견한 암석은 마그네타이트(magnetite)라 불리우는 철광석의 한 종류이며, 이 끌어당기는 힘을 자기(magnetism)라 부른다. 이 끌어당기는 힘, 즉 흡인력을 가진 광석을 내포한 암석을 천연 자석(natural magnet)이라 한다.

<천연 자석>

천연 자석이 실제로 이용되기 시작한 것은, 그것이 자유롭게 회전할 수 있도록 설치되었을 때 그 한쪽 끝은 항상 북쪽을 가리키게 된다는 사실이 발견되고 나서부터이다. 줄로 매단 마그네타이트(magnetite)의 조각은 안내하는 돌이란 뜻인 로데소톤(lodestone)이라 불리워졌고, 약 2,000년 전 중국 사람들이 사막을 여행하기 위한 천연 나침반으로 사용되었다. 옛날의 탐험여행에서 선원들은 천연 자석으로 만든 나침반을 사용했었다.

지구 자체는 하나의 큰 천연 자석이며, 자석이 움직여서 북극을 가리키는 것은 이 자력 즉, 다른 흡인력에 의해서 일어난다.

<옛날의 나침반>

천연 자석을 사용하다가 천연 자석과 부딪친 철편이 자화되어 인공 자석이 되는 것을 발견하였다. 인공 자석은 전기적으로 만들 수도 있으며, 강한 자석을 만들기 위하여 철 이외의 재료가 쓰여지는 수도 있다. 니켈(nickel)과 코발트(cobalt)를 포함한 강철 합금은 양질의 자석이 되고, 보통 강한 자석에 이용된다.

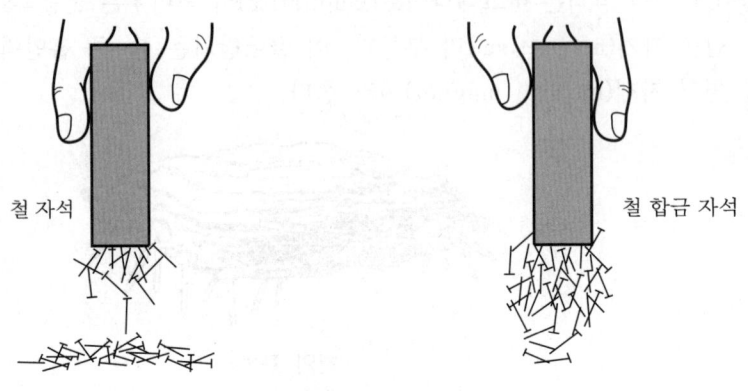

<자석의 세기>

철은 다른 물질보다 쉽게 자화되나 쉽게 그 자성을 잃으므로, 연철의 자석은 일시 자석이라 불리워진다.

강철 합금으로 된 자석은, 그 자성을 오랜 기간 보유하므로 영구 자석이라 불리워진다. 자석 중의 자력은, 보통 자석의 양쪽 끝의 두 점에 집중되어 있다. 이 점을 자석의 극이라 하며, 한 쪽은 북극, 다른 한 쪽을 남극이라 한다.

북극은 자석이 자유롭게 회전할 수 있도록 했을 때 북쪽을 가리키는 자석의 끝에 있고 남극은 그 반대쪽 끝에 있다. 자석은 여러 가지 모양과 크기 및 세기로 만들어진다. 영구 자석은 보통 강철 합금으로서, 막대나 말굽 모양으로 만들어진다.

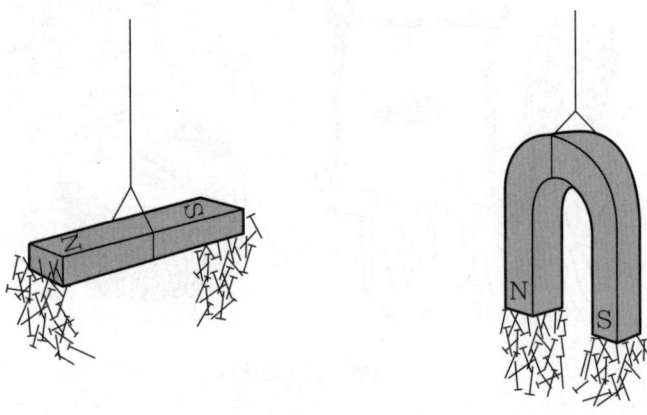

<자극>

자기는 눈으로 볼 수 없는 힘이며, 다만 그것이 일으키는 작용에 의해서 알 수 있다. 예컨대, 바람은 거대한 힘을 가지고 있으나, 눈에 보이지 않는 것이다. 마찬가지로 자력은 느낄 수는 있으나 볼 수는 없다.

자석 주위에 생기는 자계는 눈에 보이지 않는 역선(line of force)으로 설명될 수 있을 뿐이다. 이들 보이지 않는 역선을 자력선(flux line)이라 하며, 이들이 차지하는 범위의 형태를 자속 모형이라고 한다. 단위면적(m^2)당 자력선의 수(자속수)를 자속 밀도라 한다. 자력선이 나오거나 들어가는 점을 극이라 한다. 자기 회로는 자력선의 통로이다.

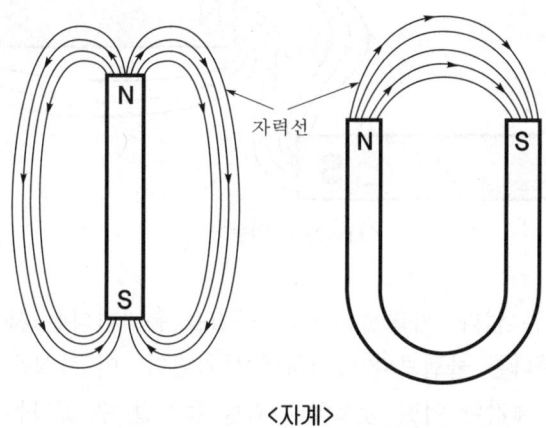

〈자계〉

만약 두 개의 자석을 그 북극이 서로 마주 닿도록 한다면, 이 극들 사이에는 반발력이 작용함을 알 수 있을 것이다. 남극을 서로 같이 놓으면 반발력이 작용하나, 북극을 남극 가까이 가져가면 흡인력이 작용한다. 이 점에 있어서 자극은 정전하와 대단히 유사하다. 동일한 전하나 자극은 서로 반발하고 서로 다른 전하나 자극은 흡인한다.

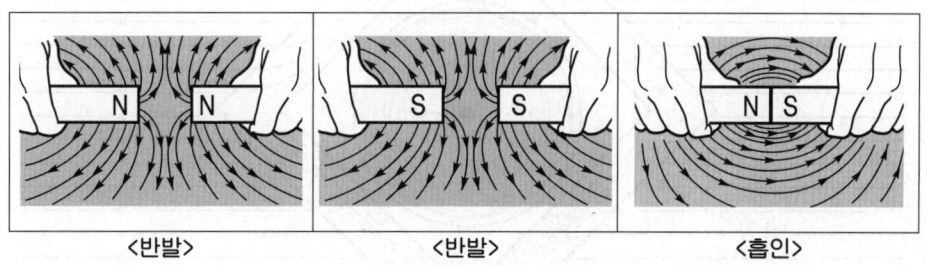

〈반발〉 〈반발〉 〈흡인〉

이와 같이 서로 흡인·반발하는 자극의 작용은 자석 주위의 자장 때문이다. 이미 설명한 바와 같이, 눈으로 볼 수 없는 자계는 북극에서 나와서, 남극으로 들어가는 자력선으로 표시된다. 자석 안에서는 이 자력선은 남극에서 나와 북극으로 들어가며 자력선은 연속적이고 중단되지 않는다.

자력선의 한 특성은 이들이 서로 반발하며 결코 교차하거나 결합되지 않는다는 것이다. 두 개의 자석으로 된 아래 그림과 같은 두 개의 자장이 서로 가까이 놓여졌다면, 이 자계는 서로 결합되지 않고, 다만 자력선의 모양을 달리 형성할 뿐이다. 자력선이 서로 교차하지 않는 것에 주의하라.

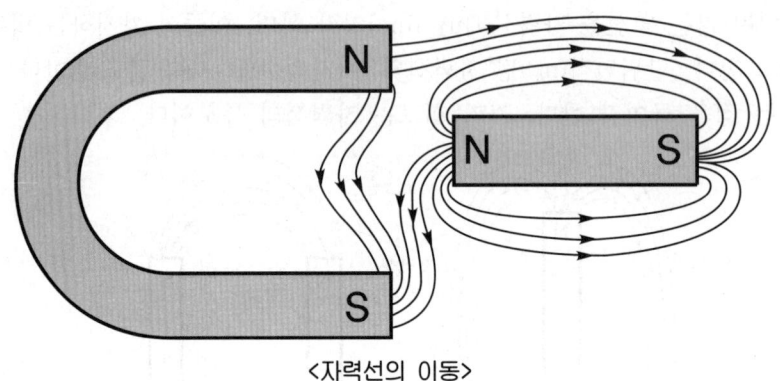

<자력선의 이동>

자력선에 대한 절연체는 없다. 자력선은 모든 물질을 통과한다는 사실이 알려졌다. 그러나 이들은 어떤 물질에서는 다른 물질보다 용이하에 통과한다. 이 사실은 자력선을 일정한 곳으로 집중시킬 수도 있고, 계기나 어떤 장소의 주위를 돌아갈 수 있다는 것을 의미한다.

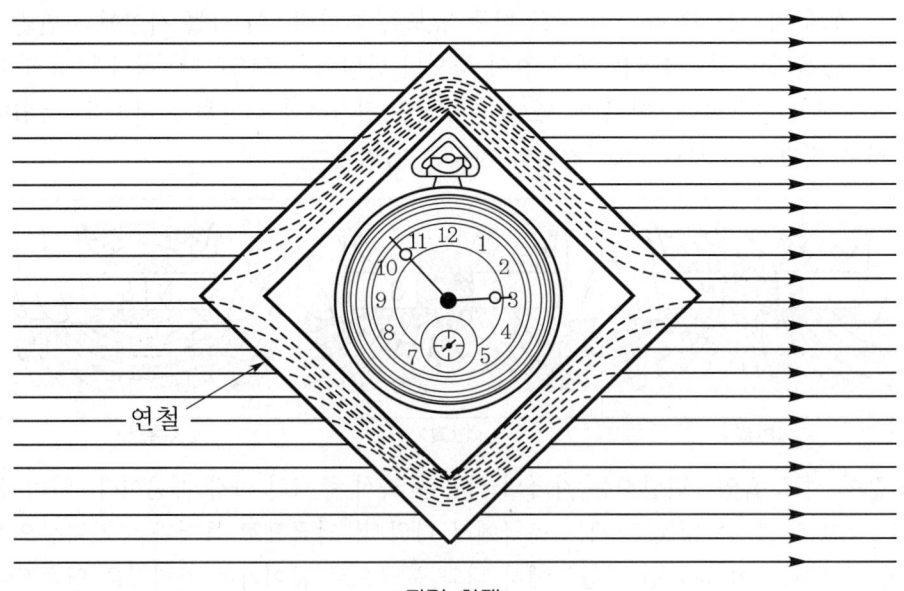

<자기 차폐>

위에서 우리는 자력선이 어느 물질 내에서는 보다 쉽게 통과한다는 것을 알았다. 자력선을 쉽게 통과시키지 않는 물질, 또는 이 자력선의 통과를 방해하는 것처럼 보이는 물질을, 자계에 대한 비교적 큰 저항을 가졌다고 한다.

자력선을 통과시키는, 또한 자력선의 통과를 방해하지 않는 물질을, 자기에 대하여 낮은 저항을 가졌다고 말한다. 자기 회로에 관계된 저항은 전기 회로를 생각할 때의 전기 저항과 대략 같은 것이다.

자력선은 저항이 최소인 통로를 취하게 된다. 예를 들면, 자력선은 공기보다도 철을 쉽게 통과한다. 공기는 철보다 아주 큰 저항을 갖기 때문에 공기에 비하여 철에서는 자장의 집중 현상이 생긴다. 이것은 철에서는 자기 저항이 감소하기 때문이다. 바꾸어 말하면, 자기 회로에 철을 넣으면 이용할 자장을 효과적으로 모이게 할 수 있다.

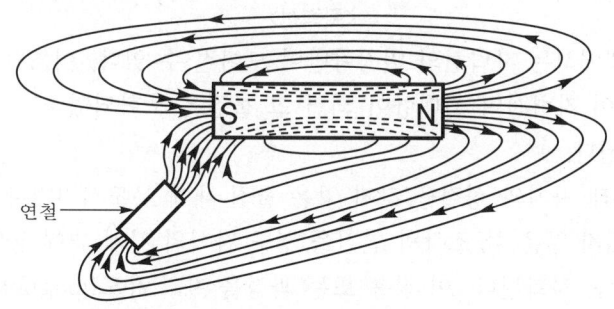

<자장 내에 있어서 연철의 영향>

자력선은 잡아 늘인 고무줄과 같은 작용을 한다. 아래 그림은 왜 이러한 특성이 특히 공극 (air gap) 가까이에서 존재하는가를 나타낸다. 약간의 자력선이 북극에서 남극으로 옮겨갈 때에 공극 외부쪽으로 곡선을 이루고 있는 것을 주의하라. 이 외향성 곡선(outward curve) 또는 신장 효과(stretch effect)는 자력선의 그 인접 자력선으로부터 반발력을 받기 때문에 나타난다. 그러나, 한편 자력선은 신장 효과를 방해하는 경향도 있으므로 마치 잡아늘인 고무줄과 비슷하다.

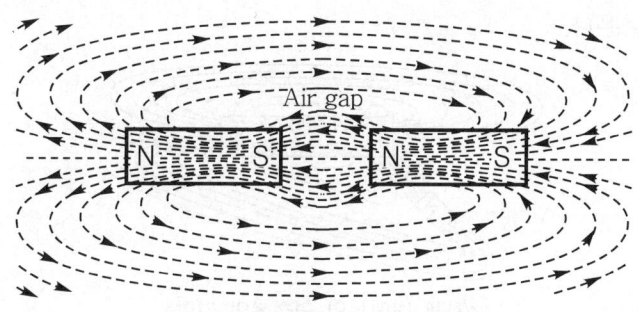

<서로 다른 극끼리는 흡인한다.>

이미 설명된 것 같이 자력선은 서로가 반발하는 경향이 있다. 다음 그림에서 표시된 동일한 극을 가진 두 개의 자석의 자력선을 따라가 보면 왜 이런 특성이 존재하는가를 알 수 있다.

두 개의 자석이 이루는 자계간의 반작용(reaction)은 자력선이 서로 교차할 수 없기 때문에 일어난다. 그러므로 이 자력선은 옆으로 돌아서 두 자석의 극면 사이에서는 같은 방향으로 지나간다. 이와 같이 작용하는 자력선은 서로 멀리 미는 경향이 있기 때문에 자석은 서로 반발한다.

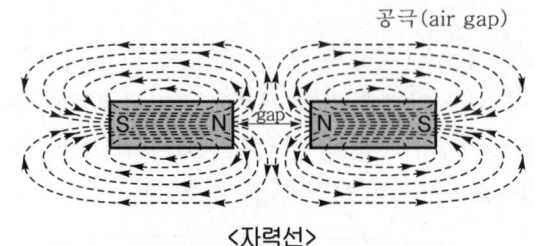

〈자력선〉

한 조각의 물질 내에서는 자력선의 일정량만이 모여질 수 있다. 이 양은 물질의 각각의 종류에 따라 달라지나, 이 자력선이 최대량이 되면 그 물질은 포화되었다고 하며, 이 현상은 많은 전기기기에서 이용된다.

자기의 특성은 본래 자기의 성질을 갖지 않은 물질 내에 유도시키거나 집어 넣을 수도 있는 것이다. 만일 자화되지 않은 한 조각의 연철을 영구 자석의 자계 내에 놓았다면 연철은 자기의 성질을 갖게 된다. 즉, 자화된다. 이 작용 또는 과정을 자기 유도(magnetic induction)라 칭하는데, 이는 자력선이 그 통로에서 제일 적은 자기 저항을 제공하는 물질을 통하여 흐르려는 경향이 있기 때문이다.

자계의 자력선이 연철봉(아래 그림)을 통하여 통과할 때에는 연철의 분자가 자력선과 평행하게 하고 자력선이 연철을 통과하여 나오는 곳이 연철의 북극이 된다. 이렇게 자기는 연철에 유도되며 또 극성도 나타낸다.

영구 자석이 제거되면, 이 연철봉은 대부분의 자기적 성질을 잃어버릴 것이다. 이때 남는 자기의 양을 잔류 자기(residual magnetism)라 한다. 잔류 자기란 술어는 본 교재 후반 및 DC 발전기에서 다시 나온다.

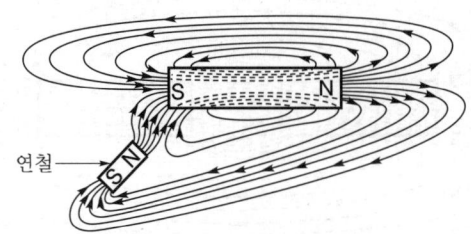

〈자계 내에서의 연철봉의 영향〉

실습···자계

 서로 다른 극이 끌어당기는 것을 보여주기 위하여 한 자석의 북극이 다른 자석의 남극에 닿도록 두 개의 막대 자석을 서로 가까이 가져가 보자. 이때 두 자석이 서로 쉽게 합쳐질뿐만 아니라, 강하게 흡인한다는 것을 주의하여 보면 서로 다른 극은 흡인함을 볼 수 있다. 그러나 두 개의 자석을 서로 반발하는 동일한 극끼리 가까이 가져갈 때에는 이 자석을 합치게 하는 것은 매우 어렵다. 이는 같은 극끼리는 서로 반발함을 나타낸다. 말굽 자석을 이용하여 이 실험을 반복할 때에도 그 결과는 동일하다. 즉 동일한 극은 반발하고 서로 다른 극은 흡인한다.

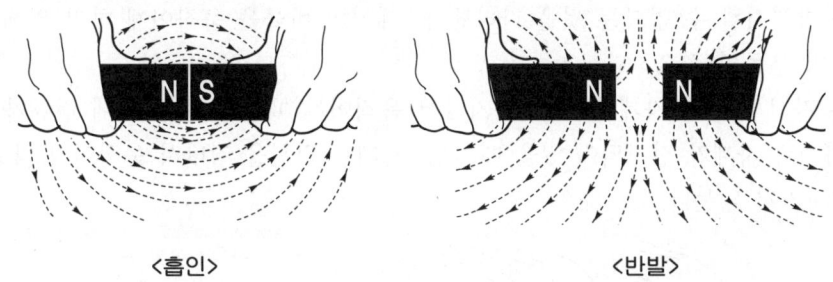

〈흡인〉　　　　　〈반발〉

 자력선이 자석 주위에 어떻게 자계를 형성하는가를 보기 위하여 막대 자석, 말굽 자석, 쇳가루를 이용하여 자계의 모형도를 그려보자. 자석 위에 한 개의 투명한 플라스틱 판을 놓고, 플라스틱 판에 쇳가루를 뿌린다. 이때 쇳가루가 유리판을 균일하게 덮지 않는 것을 관찰하자. 쇳가루가 일정한 모양으로 정돈되지 않고, 다른 곳보다 자극에 많이 모인다. 또한 쇳가루가 극 주위에 일련의 선으로 배열되어, 자계의 자력선의 모양을 보여주는 것을 알 수 있다.

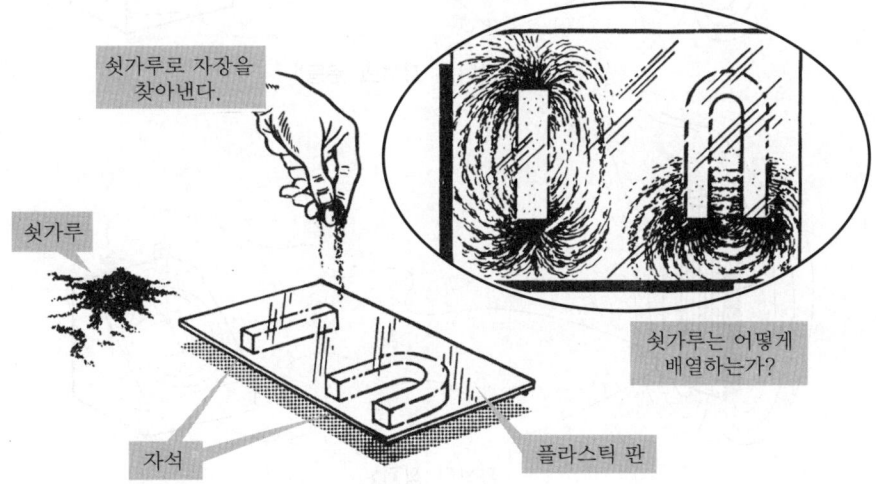

4 전선을 지나는 자석의 운동

자기로 전기를 발생시키는 한 가지 방법은, 고정된 전선 위로 자석을 이동시키는 방법이다. 고정된 전선의 양 끝에 아주 감도가 좋은 계기를 연결한 다음, 전선 위를 통과하여 자석을 움직여 준다면, 계기의 바늘이 움직인다. 이 바늘의 움직임은 전선 안에 전기가 발생함을 나타낸다. 이 동작을 되풀이하면서 계기를 주의 깊게 관찰하면 계기의 바늘은 자석이 전선 가까이 지나가고 있는 동안만 움직인다는 것을 알 수 있을 것이다.

전선 가까이에 자석을 정지한 상태로 둔다면, 계기도 움직이지 않는다는 것을 관찰할 수 있다. 그러나 이 위치로부터 자석을 움직이면 계기의 바늘이 움직이는데, 이는 자석과 전선만으로는 전기를 발생시킬 수 없다는 것을 나타낸다. 계기의 바늘을 움직이게 하기 위해서는 전선 위로의 자석의 운동이 필요하다.

이 동작은 자석 주위의 자계가 전선을 지나서 움직이는 때에만 전선 내에 전류가 발생하기 때문이다. 자석과 자계가 정지되어 있을 때에는, 자계는 전선을 지나서 움직이지 않고, 전자의 이동도 발생시키지 않는다.

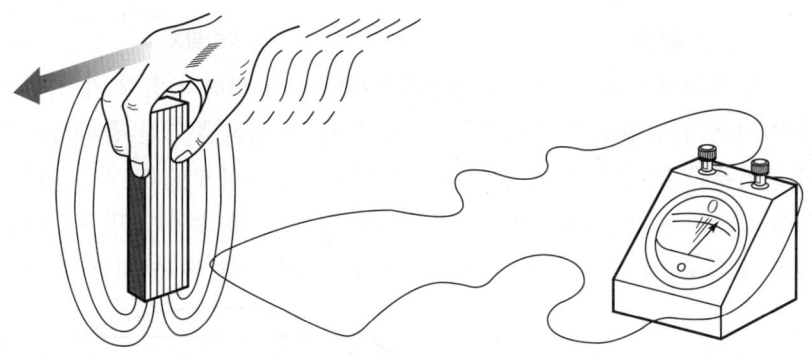

<전선을 지나는 자석의 운동>

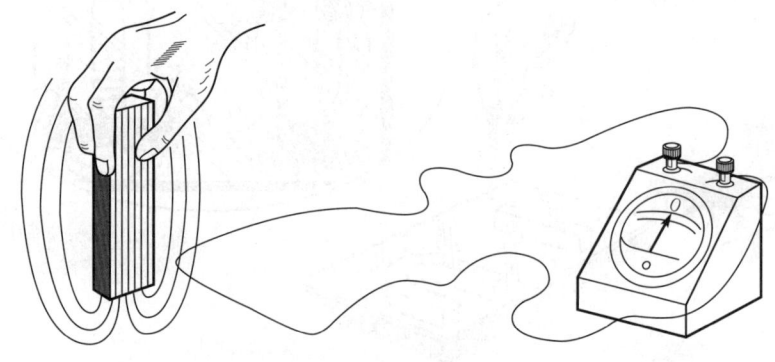

<자석의 정지>

5 자석을 지나는 전선의 운동

우리는 전선 위로의 자석의 운동을 공부할 때, 자석과 그 자계가 실제로 전선을 지나서 움직이는 동안만 전기가 발생한다는 사실을 발견하였다. 만약, 고정된 자석 위로 통과해서 전선을 움직여 준다면, 이때에도 계기의 바늘이 움직임을 발견하게 될 것이다.

이 바늘의 움직임은 전선이 자계를 통하여 움직이고 있는 동안에만 발생할 것이다.

전기를 발생하는 데 자기를 이용하기 위해서는 전선을 통하여 자계를 움직여 주거나 자계 내를 전선이 지나가도록 움직여 주어야 할 것이다.

또, 연속 운동을 하기 위해서는, 전선 또는 자석은 전후로 연속적으로 움직일 필요가 있다. 실질적인 방법으로서는 자계 내에서 전선이 원을 그리며 움직이도록 하는 것이다. 전기 발생을 위한 이 방법(자석을 지나는 전선의 원 운동)은 발전기의 원리이며 이렇게 하여 대부분의 전력용 전원이 만들어진다.

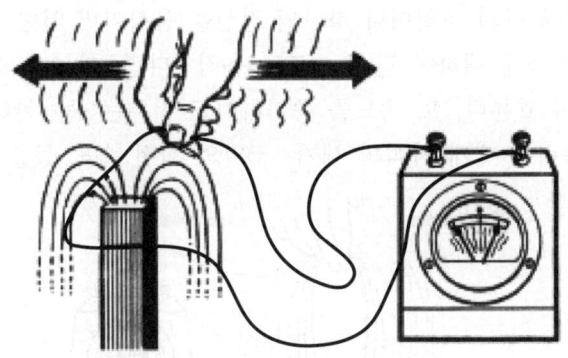

<자석 위에서 전선을 전후로 움직인다.>

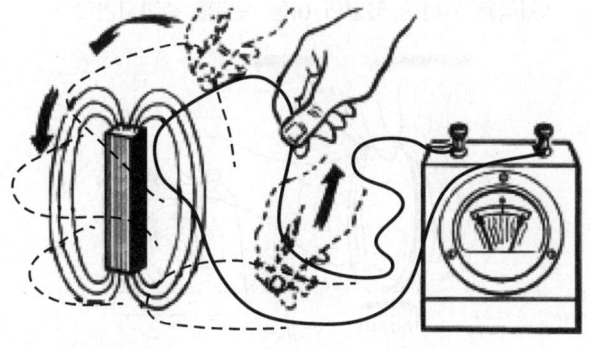

<자석 주위에 전선을 원 운동을 시킨다.>

자석 위로 통과하여 전선을 움직임으로써 발생시킬 수 있는 전기량을 증가하기 위해서는 자계를 통하여 지나가는 전선의 길이를 증가시키고, 또 강한 자석을 쓰고, 전선을 빨리 움직여야 한다. 전선의 길이는 코일(coil)이 되게 몇 바퀴 감아서 증가시킬 수 있는데, 이 코일을 자석에 대하여 움직여 주면 하나의 전선인 때보다 계기의 바늘이 많이 움직일 것이다. 한 바퀴 전선을 더 감으면 그 만큼 전기량이 증가할 것이다.

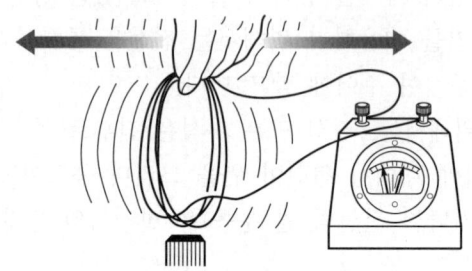

<자석을 지나서 움직이는 코일(coil)>

약한 자석에 대하여 하나의 코일이나 하나의 전선을 움직이면 약한 전류가 흐른다. 같은 코일이나 전선을 강한 자석에 대하여 같은 속도로 움직인다면, 계기의 움직임으로 나타난 바와 같이 보다 많은 전류가 흐른다. 또 속도를 증가하여도 전류는 증가한다. 전력의 발생(발전)에 있어서는 발전기의 출력은 대개 자석의 세기, 코일의 회전 속도 등을 변화시켜 조정한다.

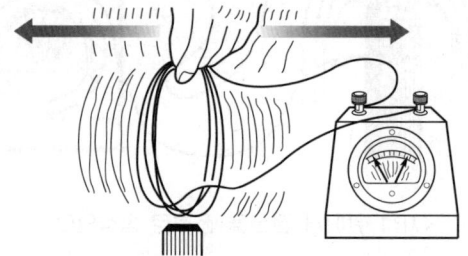

<자석을 지나는 코일의 이동 속도를 증가시킨다.>

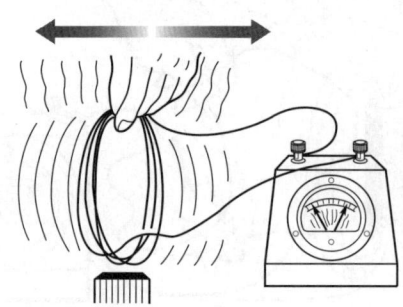

<강한 자석을 이용한다.>

6 전기 및 그 발생 방법에 대한 복습

전기가 어떻게 발생되는가에 대한 공부를 끝냄에 있어 전기와 그 근원에 대하여 배운 것을 간단히 복습하기로 하자.

전기는 전자가 원자핵 주위의 정상 궤도로부터 벗어나는 작용이다. 전자가 전원이 될 수 있도록 자기 궤도로부터 벗어나게 하려면 일정한 종류의 에너지가 필요하다.

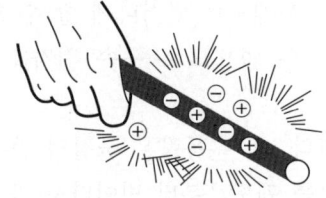
① 마찰 : 두 개의 물질을 같이 마찰시켜서 발생하는 전기

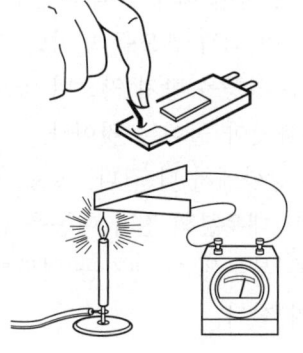
② 압력 : 어떤 물질의 결정체에 압력을 가함으로써 발생되는 전기

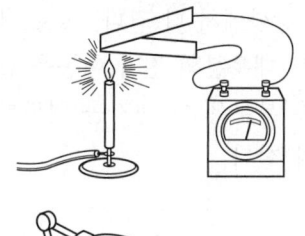
③ 열 : 열전대의 접합점을 가열함으로써 발생되는 전기

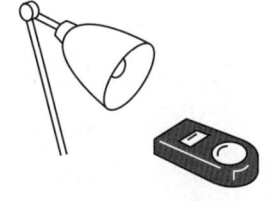
④ 빛 : 감광 물질에 빛을 비춰서 발생하는 전기

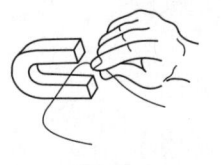
⑤ 자기 : 자력선을 끊은 결과 나타나는 자석과 전선의 상대적 운동으로 발생되는 전기

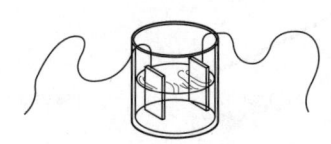
⑥ 화학 작용 : 전지 내에서 화학적 반응으로 발생되는 전기

〈전기 발생에 이용되는 6가지 에너지〉

Section 10 전류란 무엇인가?

1 전자의 운동

원자의 제일 바깥쪽 궤도의 전자(electron)는 원자핵(nucleus)에 가까운 궤도에 있는 전자보다 원자핵쪽으로 끌리는 힘이 약하다. 이 외곽 전자들은 쉽게 그 궤도를 벗어나게 할 수 있다. 그러나, 좀 더 안쪽 궤도의 전자는 그 궤도를 벗어나게 할 수 없으므로 구속 전자(bound electron)라 한다.

물질 내에 원자나 분자는 연속적으로 불규칙적인 운동을 한다. 이 운동량은 물질의 종류 온도 및 압력에 따라 결정된다. 이 불규칙적인 운동은 외곽 전자를 궤도로부터 벗어나서 자유 전자가 되게 한다. 자유 전자는 전자를 잃어버린 다른 원자에 끌려 물질 내에서 원자에서 원자로 연속적인 전자의 이동을 가져오게 한다. 모든 전기적인 효과는 이 외곽 궤도를 벗어난 자유 전자에 의하여 생긴다. 다만 원자 자신은 전자를 잃음으로써 아무 영향을 받지 않으며 양으로 대전되고 잃어버린 전자를 대치하기 위하여 다른 자유 전자를 빼앗아 들이는 것이다.

이 자유 전자의 원자에서 원자로의 불규칙적인 운동은 모든 방향에서 다 같다. 고로, 물질의 어떤 특정한 부분만이 전자를 빼앗거나 얻을 수는 없는 것이다. 대부분의 전자 이동을 같은 방향으로만 일어나도록 해서 물질의 한 부분은 전자를 잃고 다른 부분은 이 전자를 얻도록 했을 때에 우리는 이 실제의 전자 이동 또는 전자의 흐름을 전류라 한다.

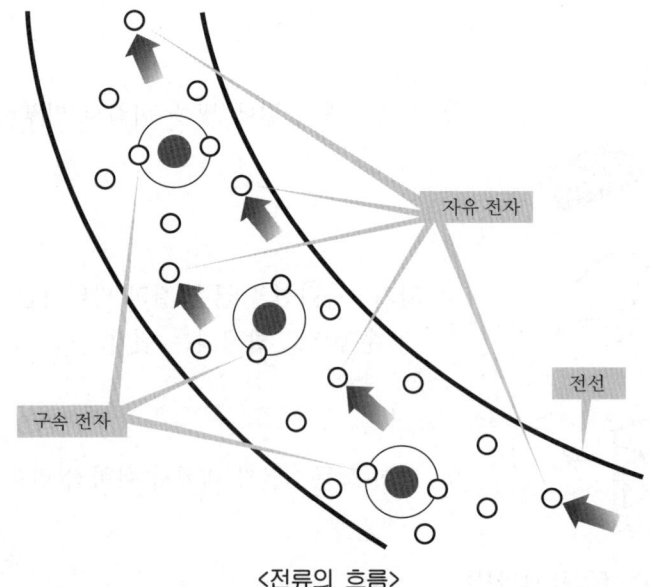

〈전류의 흐름〉

전자의 흐름이 시작할 때, 물질 내부에 무엇이 일어나는가를 주의 깊게 조사하여 보자. 우리는 한 원자가 몇 개의 중성자·양성자 및 전자들로 되어 있다는 것을 이미 배웠다. 양성자는 양전하를 가지고 있으며, 전자는 음전하를 가지고 있고, 중성자는 전하를 갖지 않는다. 원자의 핵은 중성자와 양성자를 가지고 있고, 양성자의 수와 같은 양전하를 갖는다. 정상적인 조건에서는 원자핵 주위를 도는 전자의 수는 원자핵 중의 양성자 수와 같다. 따라서 원자 전체로서는 전하를 띠지 않은 것이 된다.

만약 한 원자가 수 개의 자유 전자를 잃어버린다면, 이때는 양성자 수가 전자 수보다 많기 때문에 양전하를 가지게 된다. 우리는 앞에서 동일한 전하끼리는 서로 반발하고 다른 전하끼리는 서로 흡인한다는 것을 배웠다. 양 또는 음전하에 대하여 보이지 않는 전력선이 모든 방향으로 방사한다. 그리고, 이런 전력선이 차지한 부분을 "전계"라고 부른다. 이렇게 하여 운동하고 있는 한 전자가 다른 전자에 접근하게 되면 이 두 전자가 서로 닿지 않도록 앞의 전자는 뒤의 전자를 밀어내게 될 것이다.

이와 마찬가지로 전자가 양전하 가까이 가면, 두 개의 전계가 작용하여 이들 사이에 약간의 거리가 있어도, 서로 끌어당기게 된다. 물질의 전기적 특성을 결정하는 것은 원자핵의 양전하와 외곽 전자 사이의 흡인력이다. 만약 물질의 원자가 양의 원자핵과 외곽 전자 사이에 아주 작은 흡인력만이 존재하도록 구성되었다면 외곽 전자가 전계의 영향하에 놓여 있을 때는 자유로이 원자를 벗어난다. 이런 조건은 금속 내에서 존재하며 은·동과 알루미늄 등은 원자핵과 외곽 전자 사이에 극히 약한 흡인력만이 존재한다. 유리·플라스틱·목재·구은 흙 등은 원자핵과 외곽 전자 사이에 아주 큰 구속력을 가지고 있다. 그리고 이들 전자는 아주 강한 전계를 가하지 않는 한 원자 밖으로 벗어나지 못한다.

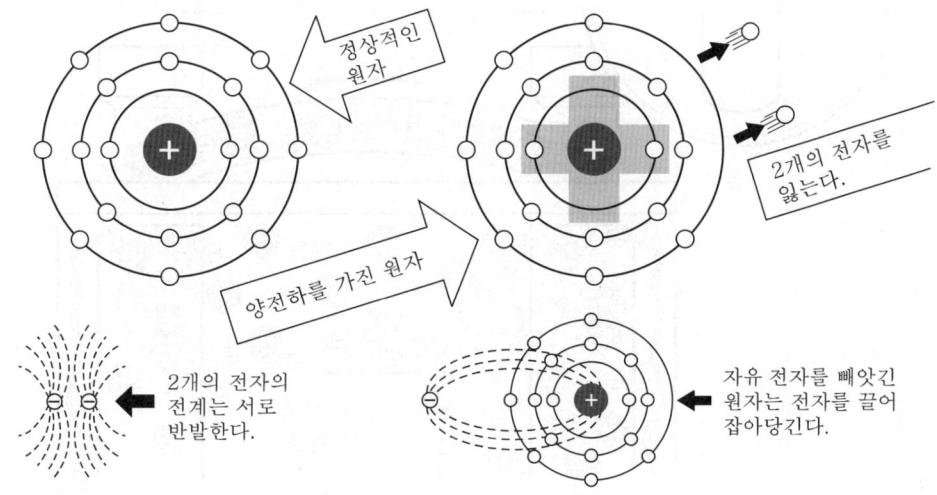

우리는 건전지의 음(-)극에는 전자가 너무 많고, 양(+)극에는 전자가 부족하다는 특성을 가지고 있는 것을 알고 있다. 건전지의 양 단자를 금속선으로 연결하였을 때 어떤 현상이 일어나나 조사하여 보자.

전지를 손으로 연결하는 순간, 음극 끝에는 과잉된 전자가, 양극 끝에는 전자의 부족된 상태가 존재할 것이다. 전자는 서로 반발하며, 전자가 부족된 장소로 끌린다는 사실을 기억하자. 건전지의 음극 끝에 있는 과잉된 전자는 이제 갈 곳이 생겼으며, 이들 전자의 전계는 전선의 원자 내에 있는 전자를 밀어내어, 이들 외곽 전자의 약간은 원자로부터 밀려나게 된다. 이들 자유 전자는 음극 전계가 음극에 모여있는 전자로부터 자유 전자를 밀어내기 때문에 원래 있었던 곳에 남아 있을 수가 없다. 그래서 전자들은 음극으로부터 밀려나가게 되는 것이다. 이들 새로운 자유전자가 다음 원자에 도착했을 때에는 이 자유전자가 차례로 다음 원자의 외곽 전자를 원자로부터 벗어나도록 하는데 이 과정이 연속적으로 일어나는 것이다.

또, 전선의 양극 끝에서는 전자가 부족하므로 양극과 가까운 원자의 외곽 전자 간에는 강한 흡인력이 존재한다. 이들 외곽 전자의 전계는 양극의 전계에 의하여 강하게 흡인되어 약간의 전자는 원자를 떠나 양극 끝을 향하여 이동하는 것이다. 이들 전자가 그들의 원자를 떠날 때에는 원자는 양(+)으로 대전되고 다음 원자의 전자가 양극 끝을 향하여 흡인되는데 이러한 과정이 계속되는 것이다.

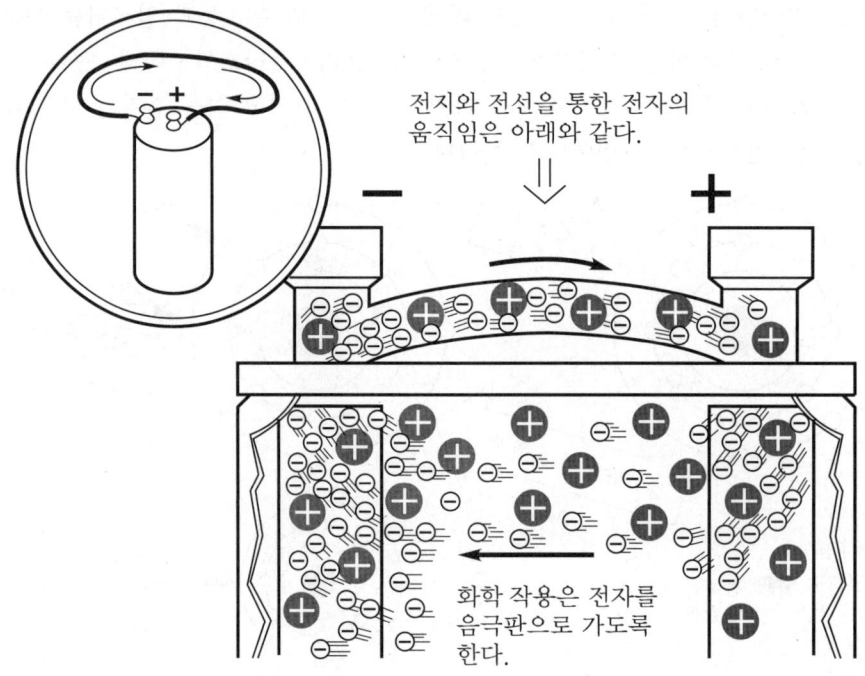

전지와 전선을 통한 전자의 움직임은 아래와 같다.

화학 작용은 전자를 음극판으로 가도록 한다.

만약 전선 양단에 있는 전자의 과잉과 부족 상태가 한정된 양이라면 모든 과잉 전자가 전선을 통하여 양(+)극 끝으로 이동하기까지는 극히 짧은 시간만이 필요할 것이다. 그러나, 건전지는 계속하여 한 극에는 과잉 전자를 공급하고 다른 한 극에서는 전자를 이탈시키므로 두 극은 건전지의 수명이 다 할 때까지는 항상 양극과 음(-)극으로 남아 있게 되는 것이다. 이러한 조건하에서는 전선이 전지에 연결되는 순간부터 끊임없이 전자가 전선을 통하여 흐르기 시작한다.

음극에 끊임없이 도달하는 전자는 도선 내에 있는 자유 전자를 계속 밀어내고, 양극으로 부터의 끊임없는 전자의 이탈은 계속 자유 전자를 끌어들인다.

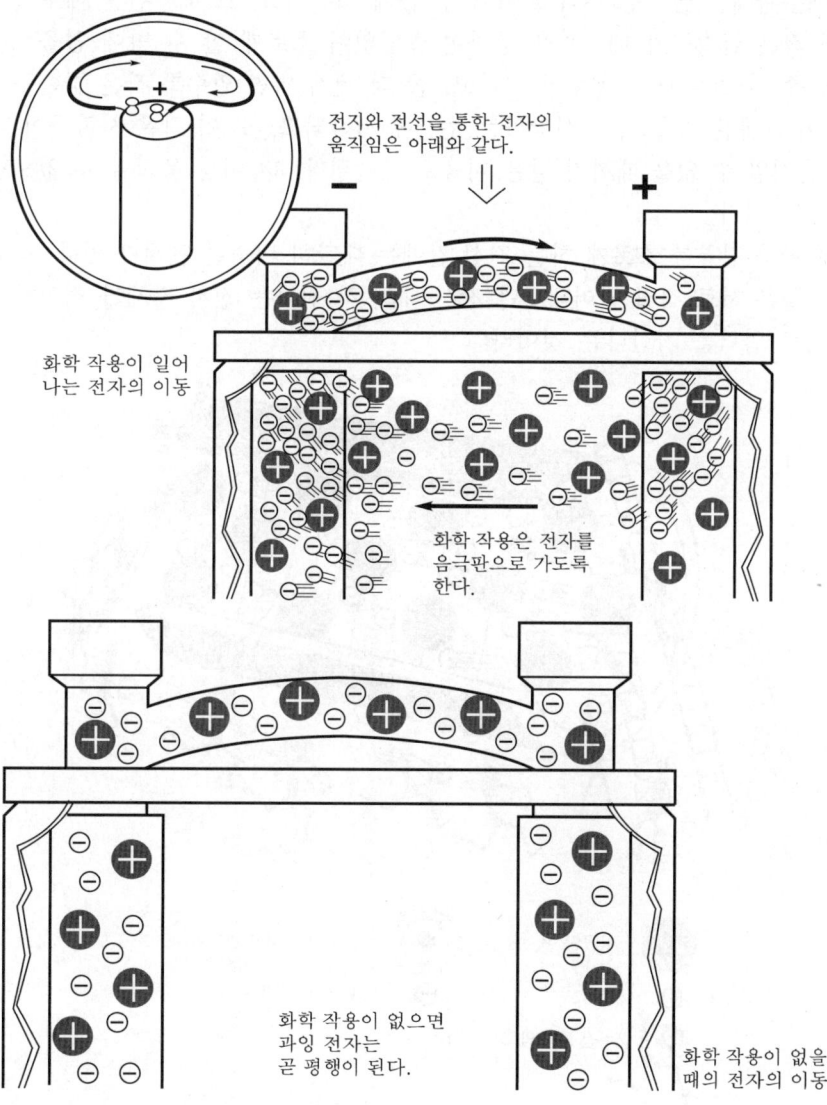

만일 전선 내부에서 일어나는 현상을 상상하기에 어렵다면 이것과 아주 비슷한 요소를 이용한 알기 쉬운 예를 들어 실험하여 보기로 하자. 많은 골프공을 줄로 매달고 이것을 긴 배수관 안에 넣는 경우를 생각하여 보자. 여기서, 각 골프공은 구속전자를 갖는 한 원자를 나타내는 것이다. 지금 다시 골프공 사이의 모든 공간을 공기총알만한 크기의 금속구로써 채운다고 하자. 여기선 이 작은 금속구는 자유 전자를 나타내는 것이다. 지금 조그마한 사람의 무리가 배수관의 한쪽 끝에서는 작은 금속구를 꺼내고, 다른 한쪽 끝으로는 집어넣는다고 생각하자. 여기서 사람들은 건전지를 나타내는 것이다.

이때 배수관에는 금속구가 더 들어갈 수 없게 채워지고, 또 배수관은 매우 튼튼해서 터지지 않는다면 작은 금속구가 배수관을 통하여 끊임없이 흐르게 할 수 밖에 없을 것이다. 이 작은 사람들이 좀 더 일을 빨리 할수록 그리고, 좀 더 세게 밀면 밀수록 작은 금속구의 흐름은 커질 것이다. 이 흐름은 일을 하기 시작하는 순간에 시작되고, 또 이 작은 사람들이 너무 지쳐서 그 이상 더 움직일 수 없을 때까지 같은 비율로 계속된다. 더 이상 움직일 수 없으면 그때 건전지의 수명이 끝난다.

이 배수관과 전류를 흐르게 하는 전선 간에는 대단히 비슷한 관계가 있다. 중요한 배수관 내의 금속구들은 서로 직접 밀어내지만 전선 내의 각 전자는 전자 자체가 접촉하는 것이 아니고 전계가 서로 압력을 가한다는 것이다.

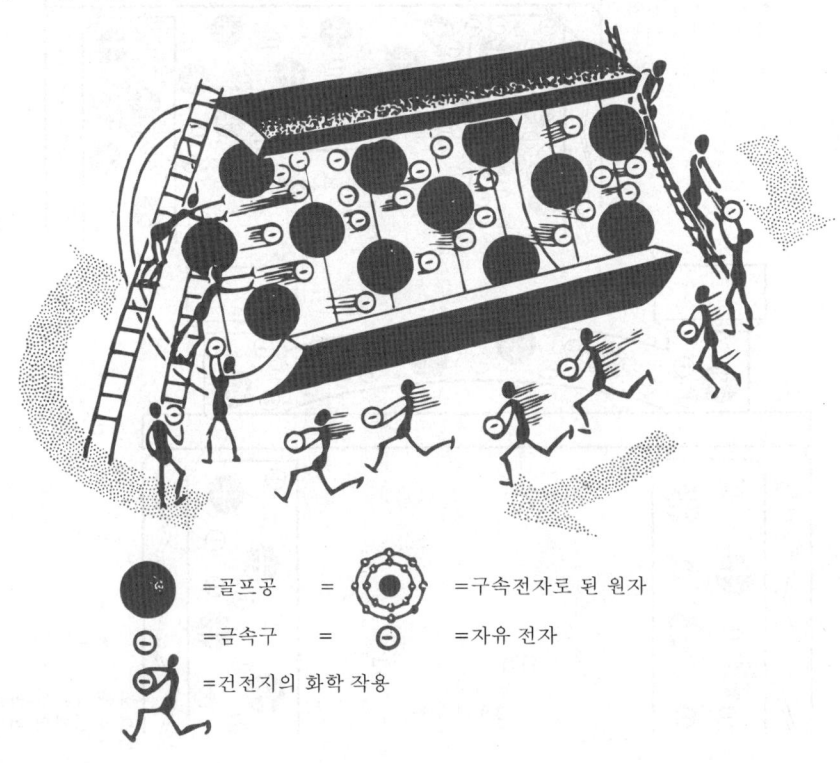

Section 10. 전류란 무엇인가?

　전류의 흐름이 한 전선 내에서 시작될 때는 전자는 마치 하나의 긴 열차의 각 칸들이 함께 출발하고 정지하는 것처럼, 전선을 통하여 동시에 움직이기 시작한다.

　만약 열차의 한 칸이 움직이면 이는 열차의 모든 칸을 같은 양 만큼 움직이게 하는데 자유 전자도 이와 같은 방법으로 전선 내에서 작용한다. 자유 전자는 항상 전선을 통하여 나타나는데 각 전자가 약간만 움직일 때에도, 다음 전자에 대하여 하나의 힘을 가하게 되어 그를 약간 움직이게 하고 차례로 그 다음 전자에 대하여 그 힘을 가해 주는 것이다. 이 효과는 전선을 통하여 계속된다.

　전자가 전선의 한 끝에서 이동하여 나갈 때에는 전선은 양(+)으로 대전되고 이 전선 내의 모든 자유 전자를 이 방향으로 움직이도록 한다. 전선을 통하여 동시에 일어나는 이 운동은 전선의 다른 끝으로부터 전자가 떠나게 하고 또 동시에 전자가 더 전선으로 들어가도록 한다.

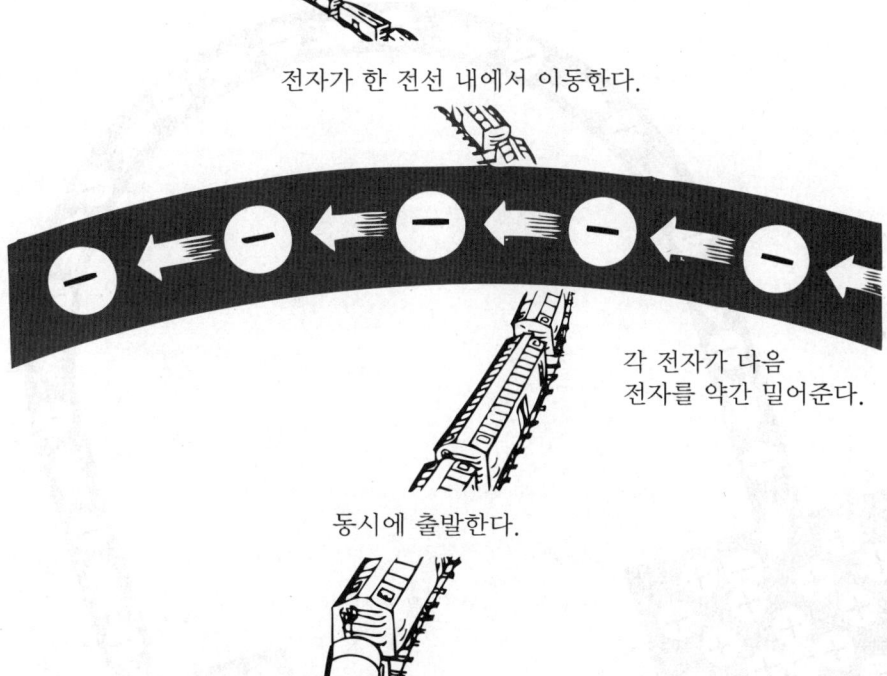

전자는 서로 반발하고 양(+)전하에 의해서 흡인되기 때문에 전자가 과잉된 곳으로부터 부족한 곳을 향하여 움직이려고 하는 경향을 항상 가지고 있다. 우리는 이미 정전하의 방전에 대한 공부에서 양전하가 음(-)전하와 연결되었을 때에는 음전하의 과잉 전자는 양전하 쪽을 향하여 이동한다는 것을 배웠다. 만약 전자가 동선의 한 끝에서 나가면, 양전하가 되고 전선 내의 자유 전자를 그 끝쪽을 향하여 이동하도록 하는 원인이 된다.

만약 전자가 이 전선의 다른 쪽 끝에 공급되면, 이는 음으로 대전하게 하는 원인이 되고, 연속적인 전자의 이동이 이 전선의 음으로 대전된 끝에서부터 양으로 대전된 끝을 향하여 일어날 것이다. 이 전자의 흐름이 전류이고, 전선의 한 끝에서 전자가 공급되고 다른 끝에서 전자가 제거되는 한 전류는 계속하여 흐를 것이다.

전류는 자유 전자가 존재하는 어떤 물질에서도 흐른다. 그러나 우리는 금속선 안에 흐르는 전류에만 관심이 있는 것이다.

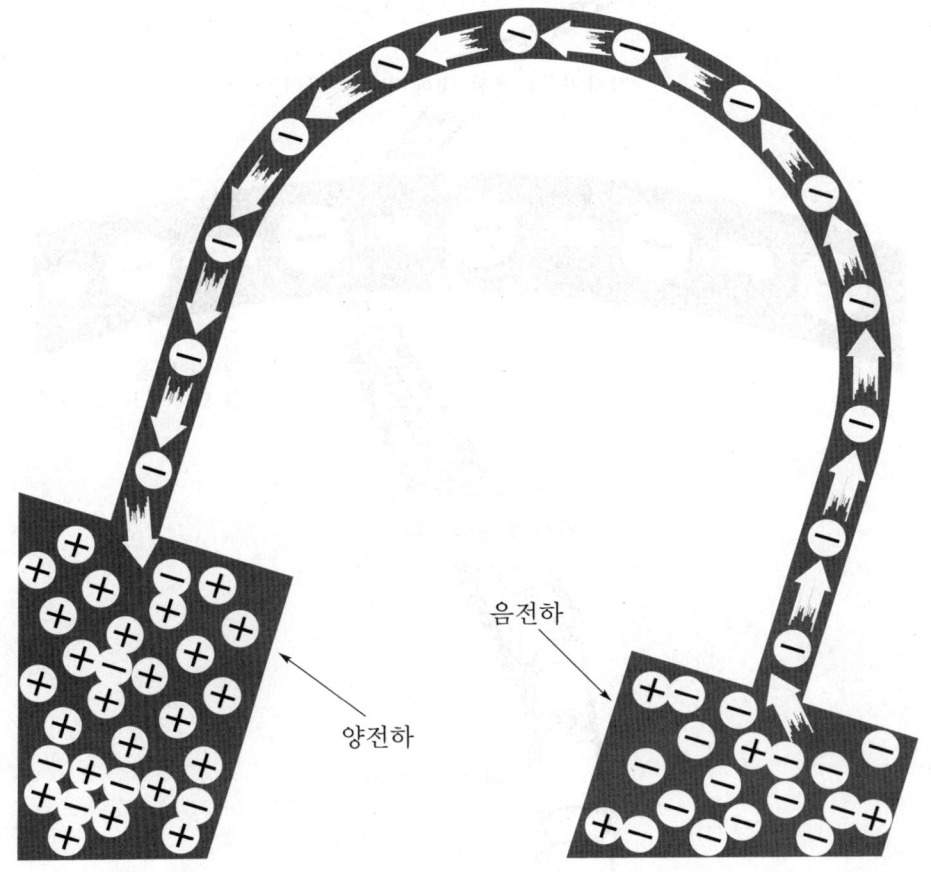

<전선에 전류가 흐른다.>

2 전류의 방향

전자론에 의하면, 전류는 항상 음(-)전하로부터 양(+)전하를 향하여 흐른다. 그래서, 만약 전지의 극 사이에 전선이 연결된다면 전류는 (-)극에서 (+)극을 향하여 흐르게 될 것이다.

전자론을 알기 전에는 전기는 전등을 켜고, 전동기를 돌리기 위하여 쓰여졌었다. 전기는 동력화되었지만, 아무도 어떻게 하여 또는 왜 작용하는지 알지 못했었다. 무엇인가가 전선 내에서 양(+)에서 음(-)으로 이동한다고 믿었다. 전류에 대한 이 관념은 관습적 전류의 흐름이라고 불리워진다. 전류가 음(-)에서 양(+)으로 흐른다는 전자론은 이미 인정된 이론이다. 그러나 어떤 형의 기계를 다루는 데 있어서 전류가 양(+)에서 음(-)으로 흐른다는 관습적 전류의 흐름이 이용되고 있음을 알 수 있다.

우리가 하고 있는 전기 공부를 위해서는, 전류의 흐름은 전자의 흐름과 같다. 즉 전류는 음(-)에서 양(+)으로 흐른다고 규정키로 한다.

〈전자론의 전류의 흐름〉　　　〈관습적인 전류의 흐름〉

3 전류에 대한 복습

전류는 간단한 전구이든 라디오 수신기나 송신기 같은 좀 복잡한 전자 기계이든 간에 전기 기계의 동작과 관계되는 모든 일을 하는 것이다. 전류가 흐르게 하기 위해서는, 전하의 두 극 사이에 연속된 통로를 갖추어 주지 않으면 안 된다. 이제 전류의 흐름에 대하여 우리가 알아온 것들을 복습하여 보기로 하자.

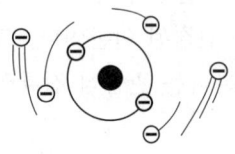
① **구속 전자** : 쉽게 그 궤도에서 벗어나게 할 수 없는 원자의 내부 궤도의 전자

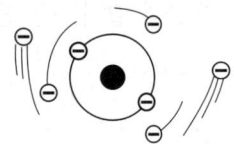
② **자유 전자** : 쉽게 그 궤도를 벗어나게 할 수 있는 원자의 외곽에 있는 전자

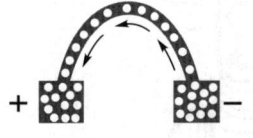
③ **전류** : 한 물질 내에서 동일한 방향으로 움직이는 자유 전자의 이동

④ **전자류** : 음전하에서 양전하로 흐르는 전류

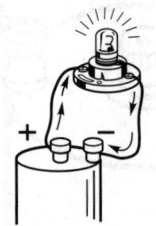
⑤ **관습적 전류** : 양전하에서 음전하로 흐르는 전류

⑥ **전류계** : 암페어 수를 측정하는 데 사용되는 계기

Section 11 자계(magnetic field)

1 전자기(electromagnetism)

우리는 이미 코일을 자계를 통하여 자력선을 끊도록 움직이면 전류를 발생시킬 수 있다는 중요한 사실을 배웠다. 또 이것이 가정·공업·선박 등에 쓰이는 전기를 발생시키는 데 가장 널리 이용되는 방법이라는 것도 배웠다.

자계가 만들어지면 전기를 발생할 수 있으므로 전기가 자계를 만들 수 있는지 어떤지에 관하여 생각해 볼 수도 있는 것이다. 본 장에서 우리는 그것이 확실히 행하여진다는 것을 알 수 있다.

우리는 바로 전에 영구자석을 사용하여 전류를 일으킨다는 것을 배웠으며, 자계의 세기를 증가시킴으로써 더 많은 전기를 발생시킬 수 있다는 것을 배웠다. 실제 발전기에 있어서는 이들 두 가지 조건을 만족시킨다는 것은 간단한 문제이나, 영구자석에 자계의 세기를 어떠한 한도 이상으로 증가시킨다는 것은 매우 어려운 것이다. 다량의 전기를 발생시키기 위해서는 더욱 강력한 자계가 사용되어야만 한다. 그것은 전자석을 사용함으로써 성취할 수 있는 것이다. 전자석은 도체의 코일을 통하여 전류를 흐르게 하면 자계가 발생할 수 있다는 간단한 원리에 의하여 만들어진다.

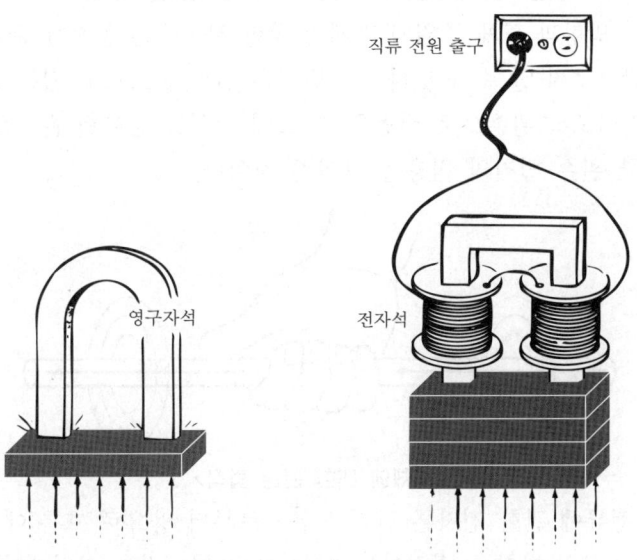

〈전자석은 자계의 강도를 증가시킨다.〉

전자계란 도선 내에 흐르는 전류에 의하여 발생되는 자계인 것이다. 전류가 흐르면 언제나 도체 주위에는 자계가 생기며 이 자계의 방향은 전류의 방향에 따라 결정된다. 아래 그림은 여러 도체에 각각 다른 방향으로 전류가 흐르는 것을 나타낸 것이다.

그림과 같이 왼쪽으로부터 오른쪽으로 전류가 흐르면 자계의 방향은 시계의 반대이고, 전류의 방향이 반대가 되면 자계의 방향도 반대로 된다. 도체 주위에 생기는 자계의 단면도에 있어서 원의 중심에 그려진 ⊙점은 전류가 흘러나오는 것을 표시하고 ⊗는 전류가 흘러 들어가는 것을 표시하는 것이다.

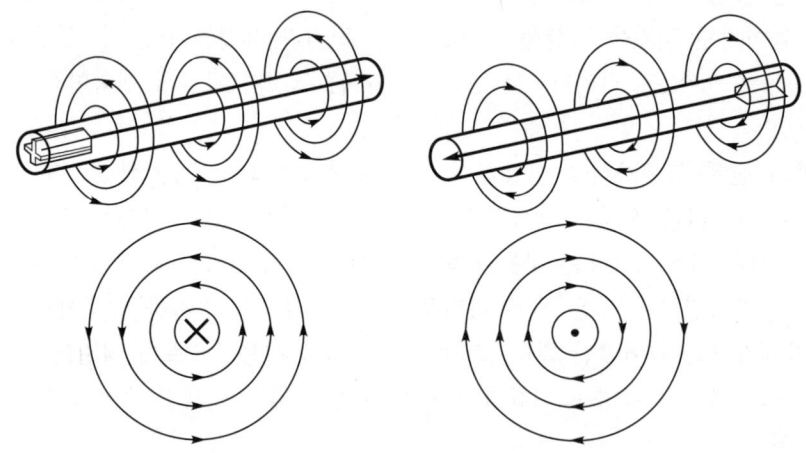

〈전기가 흐르고 있는 도체 주위에 생기는 자계〉

도체 내의 전류의 방향과 도체 주위의 자계의 방향 사이에는 일정한 관계가 있다. 이 관계는 왼손 법칙을 사용함으로써 알 수가 있다. 이 법칙은 전류가 흐르고 있는 도체를 엄지손가락이 전류의 방향을 가리키도록 왼손으로 쥐었을 때 도체 주위를 감아쥔 손가락들은 자력선의 방향을 결정시키기 위한 왼손 법칙의 적용을 보여준 것이다.

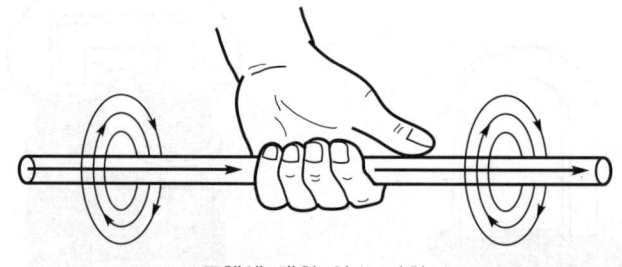

〈도체에 대한 왼손 법칙〉

이 왼손 법칙은 전류에 관한 전자론(전류가 음으로부터 양으로 흐름)에 기초를 두었다는 것과 전자계 내의 자력선의 방향을 결정하는 데 사용된다는 것을 기억해야 한다.

2 루프(loop) 또는 코일의 자계

전류를 통하고 있는 도선의 코일이 자석과 같은 역할을 한다는 매우 중요한 사실을 우리는 곧 알게 될 것이다. 전류를 통하고 있는 도체를 루프를 형성하도록 둥글게 구부리면 도체 주위에 있는 자력선은 모두 루프의 한쪽으로부터 나와서 다른 한쪽으로 들어간다. 이와 같이 전류를 통하고 있는 도선의 루프는 북극과 남극을 가진 하나의 약한 자석과 같은 작용을 한다. 이때 북극은 자력선이 루프를 나오는 쪽에 나타나고 남극은 자력선이 루프로 들어가는 쪽에 나타난다.

더욱 강한 루프의 자계를 만들려면 아래 그림과 같이 도체를 많은 루프로 만든 코일로 형성하면 될 것이다. 이때 각 루프의 자계는 직렬로 되어 있어서 루프의 외부와 내부에는 강한 자계를 형성하고 루프들 사이의 자력선은 서로 반대로 되어서 상쇄된다. 따라서 코일은 하나의 강한 막대자석과 같은 역할을 하며 여기서 북극은 자력이 나가는 끝쪽에 있게 된다.

 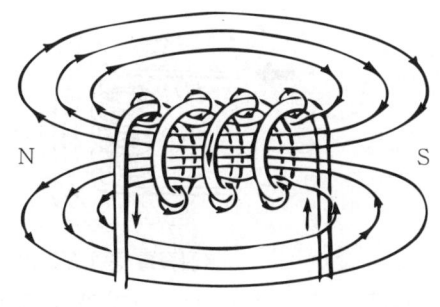

<루프와 코일 주위의 자계>

왼손 법칙은 코일에 관한 자계의 방향을 결정하는 데에도 적용된다. 왼손의 각 손가락이 전류가 흐르는 방향을 가리키도록 코일 주위를 잡았을 때 엄지 손가락이 코일 북극 끝을 가리킨다.

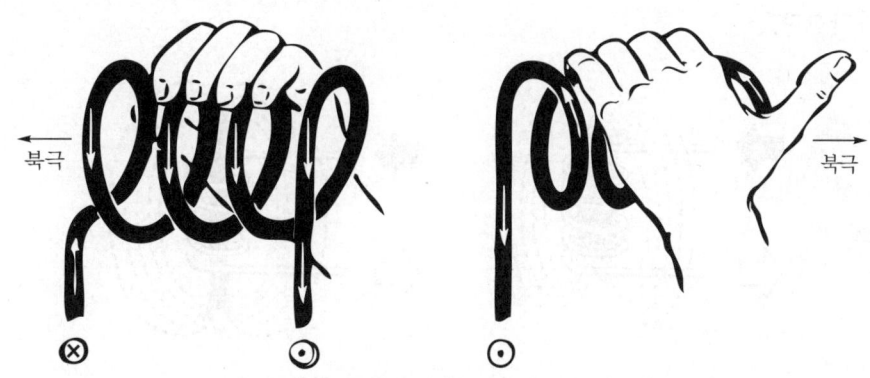

<코일에 관한 왼손 법칙>

3 전자석

전류가 통하고 있는 코일의 권수를 증가시키면 자력선의 수는 증가하고 이것은 강한 자석과 같이 작용하게 된다. 또한 전류를 증가시켜도 자계를 강하게 하므로 강한 전자석을 만들려면, 코일의 권수를 많게 하여 많은 전류를 흐르게 하면 된다. 철심이 같거나 비슷한 코일들을 비교하는 데에는 암페어 횟수(ampare-turn)라는 단위를 사용한다. 이 단위는 암페어로 표시된 전류와 도선의 권수를 서로 곱한 것이다.

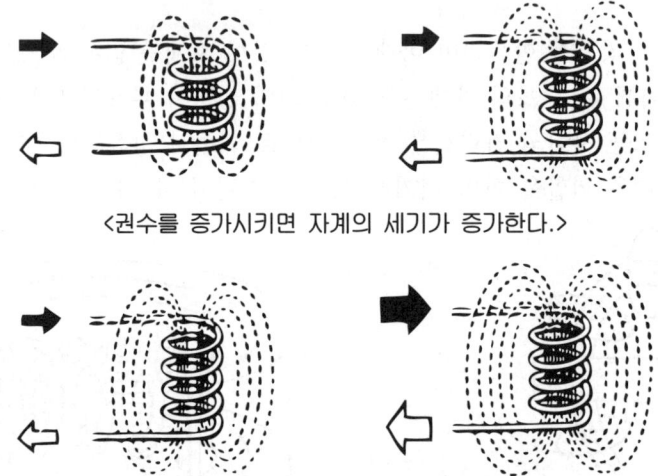

<권수를 증가시키면 자계의 세기가 증가한다.>

<전류를 증가시키면 자계의 세기가 증가한다.>

많은 전류를 흐르게 하거나 코일의 권수를 많게 하여 전자석의 자계의 세기를 증가시킬 수 있다고 하였으나, 이 두 가지 요소만 가지고는 실제 발전소에서 사용하는 데 충분한 자계를 제공하지는 못한다. 자속 밀도를 더욱 증가시키기 위해서는 철심을 코일 내에 넣어 주어야만 한다. 철심은 자력선에 대하여 공기보다 더 적은 자기 저항을 가지고 있기 때문에 자속 밀도는 현저히 증가한다.

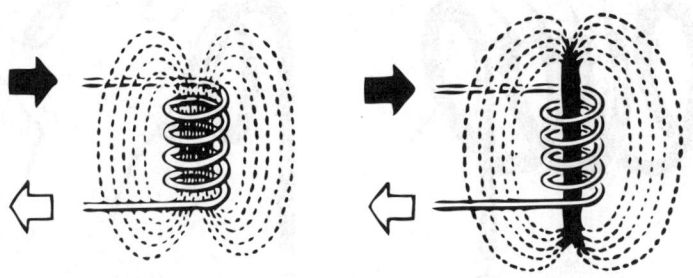

<코일 내에 철심을 넣으면 자속 밀도가 현저히 증가한다.>

그림과 같이 철심을 말굽 모양으로 구부려서 두 개 코일 중의 하나를 각각 말굽 모양을 한 철심의 양쪽 다리에 감으면 자력선이 말굽 철심의 내부와 공극을 통과하게 되고 공극에 집중 자계를 만든다. 공극이 짧으면 짧을수록 양극 간의 자속 밀도는 증가한다.

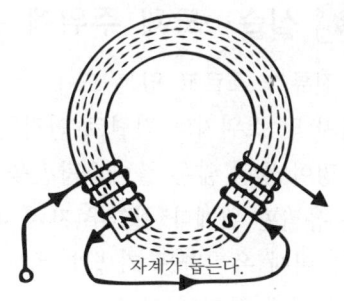

〈말굽형 철심 전자석〉

이와 같은 자계를 일으키게 하기 위해서는 직렬로 연결된 후, 두 코일에 흐르는 전류가 철심의 양끝에서 반대되는 자극을 만들도록 되어야 한다. 만일 두 개 코일 중에 어느 한 코일을 반대로 감는다면 두 개의 자계는 서로 반대가 되므로 공극에서의 자계는 서로 상쇄된다.

〈자계의 반전(reversing)〉

전기 측정용 계기는 말굽형 영구 자석을 이용하여 만들어진 것이며, 전기 모터나 발전기도 또한 이와 비슷한 형의 전자석을 이용하여 만들어진다. 전자석을 이용하는 모든 기계에서는 자극 사이에 도선을 여러 번 감는 루프(loop) 즉, 코일을 넣어 두어야 한다.

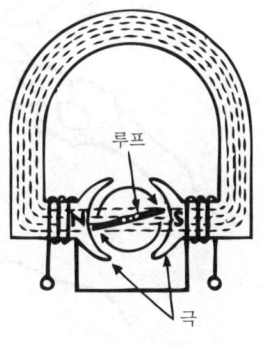

〈전자석의 극〉

4 실습…도체 주위에 생기는 자계

　전류가 흐르고 있는 도체 주위에 자계가 발생한다는 것을 실습하기 위하여 굵은 동선을 건전지 및 스위치와 직렬로 연결한다. 그리고, 동선의 밑을 구부려서 수직으로 세워 놓고 복판에 구멍이 뚫린 얇은 플라스틱판을 수평이 되게 이 동선에 끼워 넣는다. 다음엔 스위치를 닫고 얇은 유리판 위에다 쇳가루(자계 내에서 자력선에 따라 배열하는 특성을 갖고 있음)를 뿌려 놓는다. 이때 유리판을 가볍게 두드려서 쇳가루가 쉽게 자기 위치를 찾도록 한다.

　이렇게 하면 쇳가루는 동심원으로 배열되므로 이것은 자력선이 도체 주위에서 원형을 형성한다는 것을 보여주는 것이라 생각할 수 있다. 이 원형의 모양이 실제로 자계의 결과로 나타난다는 것을 보여주기 위해서는 스위치를 열고 판자에 쇳가루를 뿌린 후 위와 같은 실험을 반복하여 본다. 그러면 전류가 흐를 때마다 쇳가루가 자계를 나타내도록 배열한다는 것을 알 수 있을 것이다.

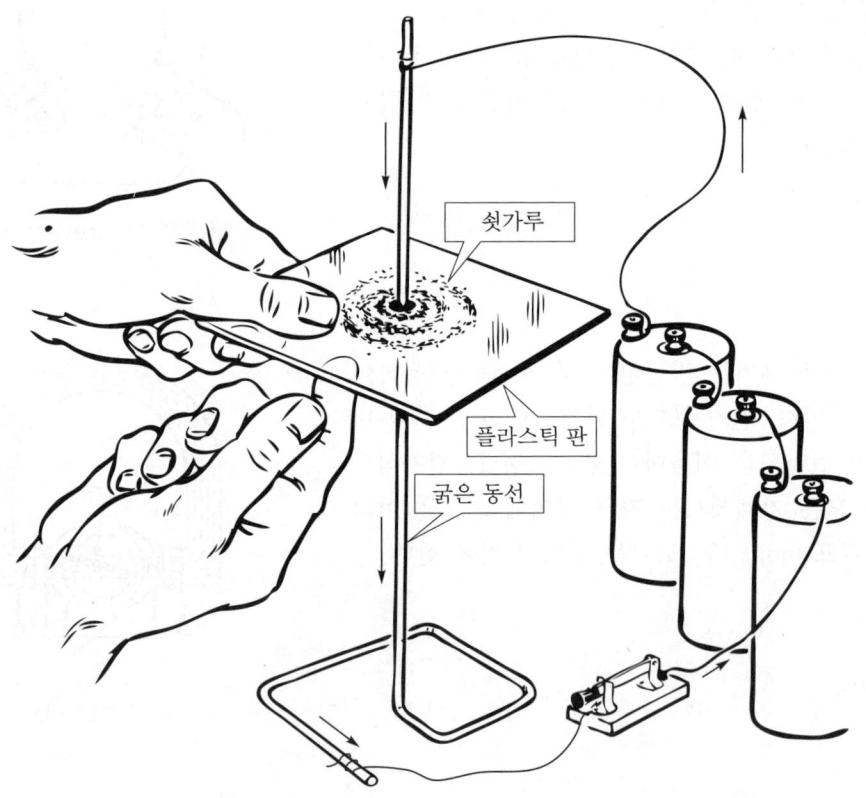

〈쇳가루는 자계 모양으로 원형을 나타낸다.〉

Section 11. 자계(magnetic field)

전류가 통하고 있는 도체 주위에 생기는 자계의 방향을 실험하기 위하여 지남침을 사용하기로 한다.

지남침(자침이라고도 함)은 작은 막대 자석과 다름 없는 것이며 자계 내의 자력선에 따라 방향을 지시하는 것이다. 전술한 실습에서 자계가 원형을 이룬다는 것을 알았을 것이다. 그러므로 지남침은 항상 전류가 통하고 있는 물체와 직각이 될 것이다.

쇳가루를 유리판에서 없애고 지남침을 도체로부터 5cm 가량 거리를 두고 유리판 위에 놓는다. 이때 전류가 흐르지 않으면 지남침의 북극 끝은 지구의 자북을 가리킬 것이며 도체를 통하여 전류가 흐르면 지남침은 도체로부터 그려진 반경과 직각이 될 것이다. 지금 도체 주위로 지남침을 이동시켰을 때 지남침이 항상 도체와 직각을 이루도록 유지되는가를 관찰하여 보자. 이것은 도체 주위에서 생기는 자력선이 원형을 이룬다는 것을 증명하여 주는 것이다.

왼손 법칙을 사용하여서도 지남침이 지시하는 자계의 방향을 조사할 수 있다. 도체 주위를 잡은 네 손가락의 방향이 지남침의 북극의 방향과 똑같은 것이다. 만일 도체로 흐르는 전류의 방향이 반대가 된다면 지남침도 반대 방향을 가리킴으로써, 자계의 방향도 반대로 된다는 것을 알려주는 것이다. 왼손 법칙의 적용은 이상과 같은 관찰을 증명하여 준다.

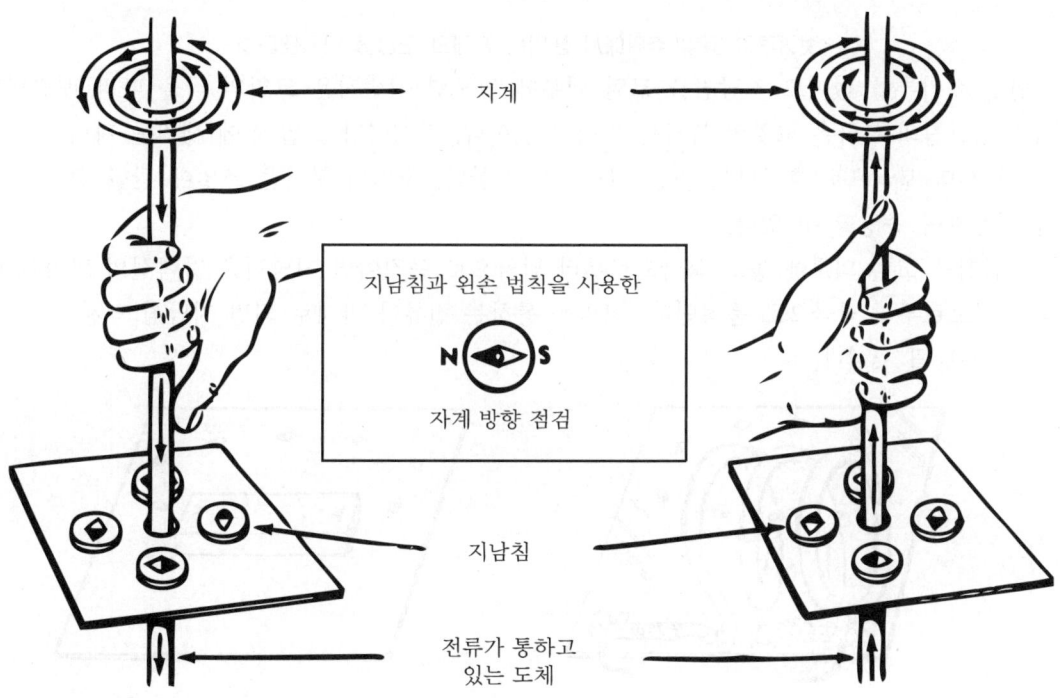

5 실습…코일 주위에 생기는 자계

코일에서 생기는 자계를 실험하기 위하여 아래 그림과 같이 유리판과 10번 동선을 사용하여 10번 동선이 유리판을 뚫고 코일을 형성하도록 한다. 기타 회로는 전술한 바와 같이 하고 플라스틱판 위에 쇳가루를 뿌린 후 코일을 통하여 전류를 흐르게 하고 다음은 플라스틱 판을 가볍게 두드리면 쇳가루는 자력선과 평형으로 배열된다. 즉, 쇳가루가 막대 자석 주위에서 발생되는 자계 모양을 취한다.

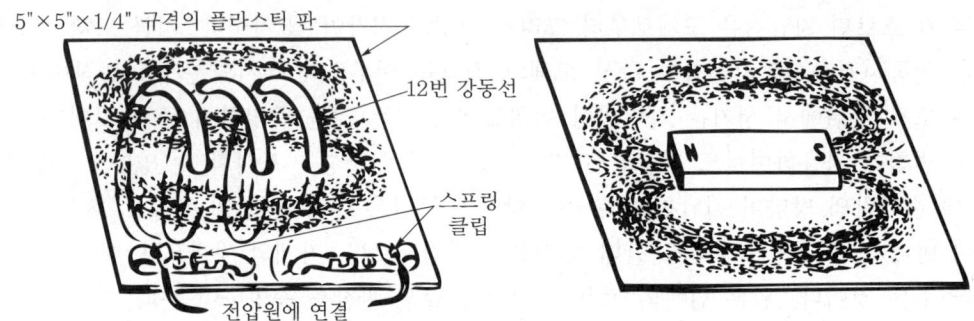

〈쇳가루가 코일 주위에서 생기는 자계의 모양을 나타낸다.〉

만일 쇳가루를 없애고 지남침을 코일 내부에 넣으면 지남침은 코일의 극을 따라 배열되며 이때 지남침의 북극은 코일의 북극을 가리킬 것이다. 자석이나 코일 안에 생기는 자력선은 남극으로부터 북극으로 흐른다는 것을 기억하여야 한다. 코일의 북극은 코일에 관한 왼손 법칙을 사용하여 증명할 수 있다.

지남침을 코일 외부에 놓고 북극으로부터 남극으로 움직이면 지남침은 자력선의 방향을 따라 북극으로부터 남극으로 움직인다. 코일을 통하는 전류가 반대로 되면 지남침 역시 그 방향이 반대로 될 것이다.

〈지남침을 사용한 자계의 방향 점검〉

6 전자기에 대한 복습

① 전자계

도선을 통하고 있는 전류는 자력을 발생하며 그 방향은 전류의 방향에 의하여 결정된다. 발생되는 자계의 방향은 전류가 통하는 도체에 관한 왼손 법칙을 적용함으로써 알 수 있다.

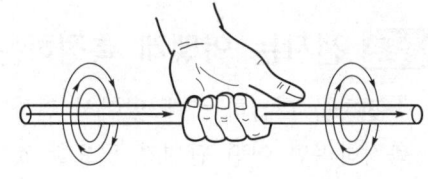

② 루프(loop) 또는 코일의 자계

도체의 루프는 막대 자석과 똑같은 자계를 발생한다. 많은 루프가 직렬로 연결되어 코일을 형성하면 강한 자계를 발생한다. 코일의 극성(polarity)을 결정하려면 코일에 관한 왼손 법칙을 적용한다.

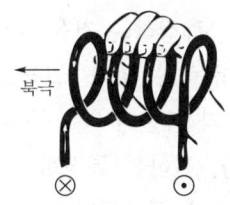

③ 자계의 세기

코일의 감은 횟수를 증가시키면 자계의 세기가 증가되고, 코일 전류를 증가시켜도 자계의 세기가 증가한다. 코일 양단에서 자계를 현저히 집결(자속 밀도를 증가)시키려면 코일 내에 철심을 넣어야 한다. 자계의 세기를 비교하는 데에는 암페어 횟수라는 단위를 사용한다.

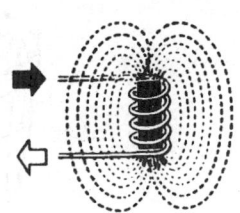

④ 영구 자석과 전자석의 자계

전자석은 영구 자석보다 자계가 더 강하며 대부분의 실용적인 전기 기계에 사용된다. 전자석을 사용할 때 자계의 강도는 계자(界磁 : field) 코일을 통하여 흐르는 전류의 양을 조정하여 변화시킬 수 있다.

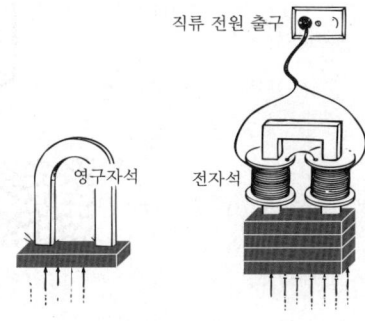

Section 12. 전류는 어떻게 측정하는가?

1. 전자는 어떻게 측정하는가?

전하를 취급하는 데 있어서 전하가 정지하고 있든 전류와 같이 움직이고 있든 간에 전하를 측정하려면 어떤 단위가 필요할 것이다. 전하의 기본 단위는 전자이나, 전하 그 자체는 극히 작고 또 전자도 그 자체가 매우 작기 때문에 그것을 볼 수 없으므로 측정을 하기 위해서는 더 실용적인 단위를 사용할 것이 필요하다.

곡물을 측정하는 것을 예로 든다면, 곡물의 낱알은 매우 작기 때문에 측정의 실용적인 단위로서는 사용될 수 없다. 그러므로 몇 만 개의 낱알을 담을 수 있는 말 같은 실용적인 단위가 사용된다. 이와 마찬가지로 물은 물방울을 세어서 측정할 수 없다. 그래서 리터(l)라고 하는 단위를 사용한다. 전하를 특정하는 데는 쿨롱(coulomb)이란 단위가 사용된다. 1 쿨롱은 6.28×10^{18} 개의 전자수에 해당된다. 쿨롱은 전하가 움직이고 있거나 정지하고 있거나에 관계없이 전하 또는 전자수를 측정하는 데 사용한다.

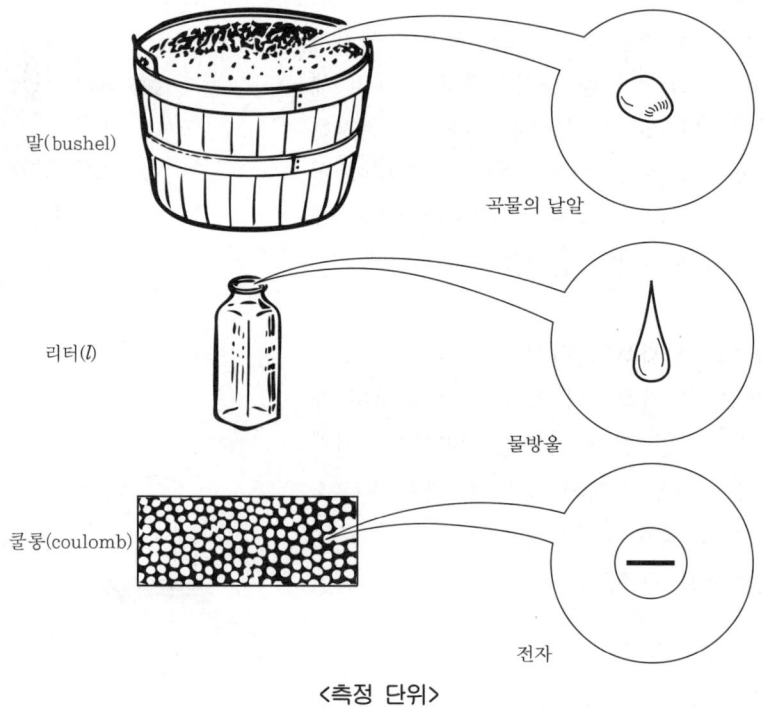

<측정 단위>

2 전류의 단위

전류란 일정한 시간 내에 얼마나 많은 전자가 물질을 통과하고 있는가에 대한 정도를 말한다. 쿨롱이란 전자수의 정도를 말하므로 일정한 시간 내에 통과하고 있는 쿨롱을 잼으로써 전류를 측정한다. 전류의 단위는 암페어(기호 : A)이며, 1 암페어의 전류란 1 초 동안에 1 쿨롱의 전자가 물질을 통과할 때의 흐름을 말하는 것이고 2 암페어란 매초 당 2 쿨롱이 통과하는 것을 말한다.

암페어란 매초 당 이동하는 쿨롱의 수를 의미하는 것이므로 전자가 물질을 통과하고 있는 시간적 비율을 말하는 것이다. 전하 내의 전자의 수를 나타내는 쿨롱은 수량의 한 척도이다.

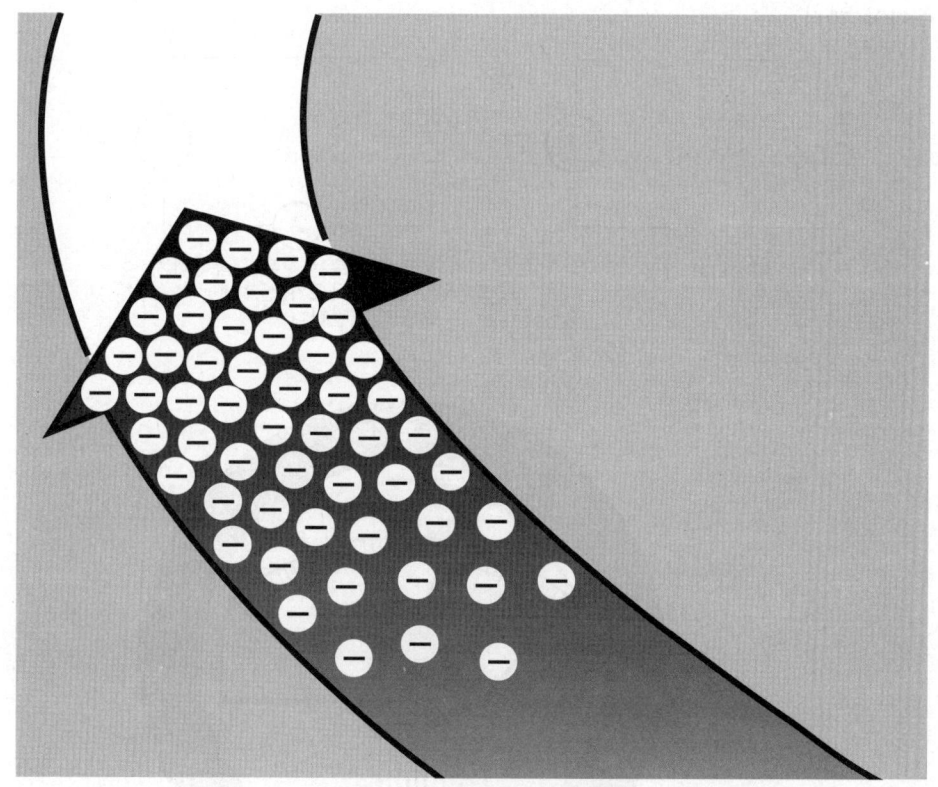

매초 당 1 쿨롱=1 암페어
〈전류는 전자 흐름의 시간적 비율이다.〉

3 전류의 측정 단위

전기를 취급하는 데 있어서는 어떤 물질을 통하여 흐르는 전류를 측정하는 방법을 알 필요가 있다. 암미터(전류계라고도 함)라는 계기는 1초 동안에 통과하고 있는 전자수를 암페어로 지시하도록 된 계기이다.

회로를 통과하고 있는 전류의 양을 측정하기 위하여 암미터를, 전류를 공급하는 선로와 직렬로 연결하여야 한다. 만일 암미터가 다른 방법으로 연결된다면 암미터는 손상을 입을 것이다. 수도의 계량기가 사용되는 물의 양을 시간적 비율로 표시하는 것과 같이, 암미터는 전자이동의 시간적 비율을 지시하기 때문에 전류의 양을 정확히 측정하기 위해서는 반드시 암미터가 선로에 연결되어야 한다는 것을 알아두어야 한다.(암미터를 연결할 때는 선로를 차단 또는 열어 주어야 한다.)

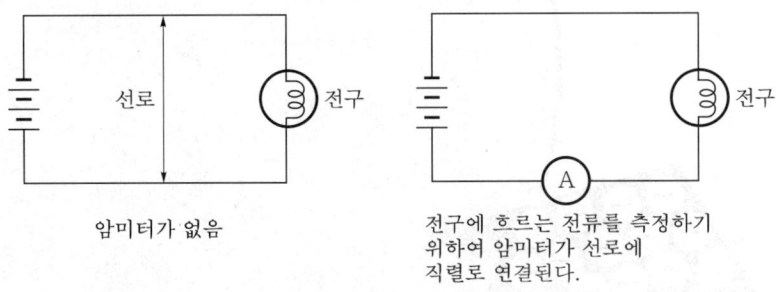

암미터가 없음

전구에 흐르는 전류를 측정하기 위하여 암미터가 선로에 직렬로 연결된다.

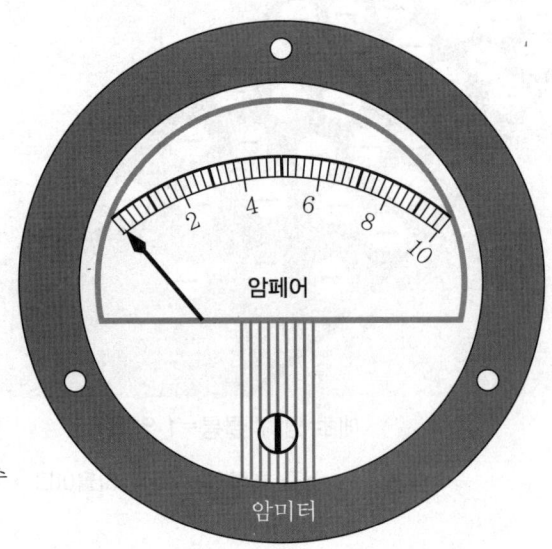

암미터를 사용할 때는 언제나 지침은 계기 눈금판 위에서 흐르고 있는 전류의 암페어 수 즉 매초 당 통과하는 쿨롱의 수를 지시한다.

4 적은 전류를 어떻게 측정할 것인가?

암페어는 전류를 측정하는 기본 단위이나 항상 사용하는 데 편리한 단위는 아니다. 1,000 A를 초과하여 흐르는 전류는 별로 많지 아니하나 1/1,000 A와 같은 적은 전류는 흔히 사용되는 일이 있다. 1 A 미만의 전류를 측정하기 위해서는 어떤 다른 단위가 필요하다. 한 잔의 물은 말로 측정할 수 없으며, 소화용 수도에서 나오는 물을 컵으로 측정할 수 없는 것과 같다. 어떠한 종류의 측정에 있어서나 쓸 수 있는 적당한 단위가 필요하다. 전류가 1,000 A를 초과하는 것은 매우 드문 일이므로 이것은 1 A를 초과하는 전류의 단위로서 충분히 측정할 수 있다. 그러나 암페어의 단위는 1 A 미만의 전류를 측정하는 단위로서는 사용하기 불편하다.

1/1,000 A로부터 1 A 사이의 측정 단위로서는 밀리암페어(기호 : mA)가 사용되며 이것은 1/1,000 A와 같다. 1/1,000 A보다 적은 전류에 관하여는 그 단위로서 마이크로암페어(기호 : μA)가 사용되며 1/1,000,000 A와 같다. mA 또는 μA를 측정하는 데 사용되는 계기를 각각 밀리암미터, 마이크로 암미터라고 한다. 이와 같은 방법으로 측정 단위를 다시 나누어서 하나의 단위로서 표시되는 양을 다른 단위 즉 더욱 큰 단위나 작은 단위로 바꿀 수 있도록 하고 있다. 전류의 여러 단위 간의 관계는 아래에 표시한 바와 같다.

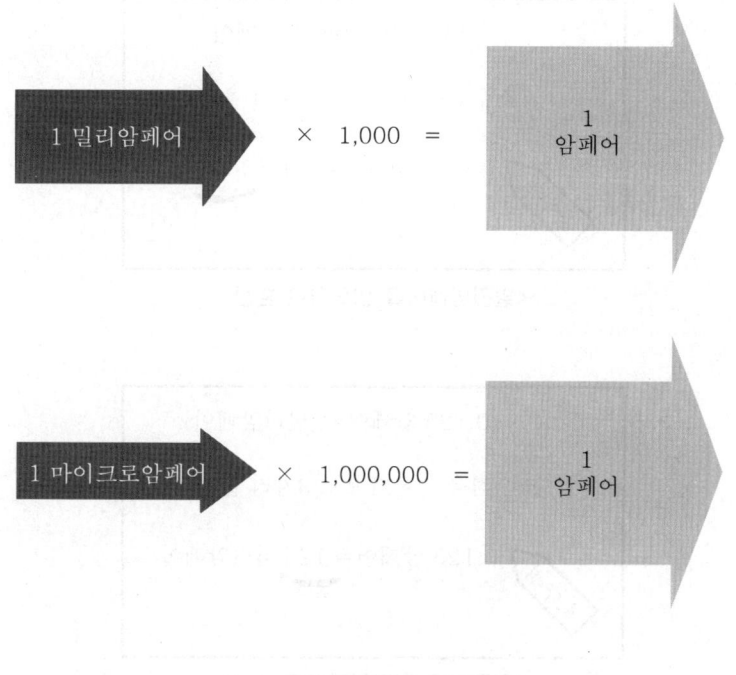

5 전류의 각 단위는 어떻게 환산하는가?

　전기를 취급하려면 전류의 어떤 단위를 다른 단위로 환산할 줄 알아야 한다. 1 mA는 1/1,000 A이므로 밀리암페어를 환산하려면 소수점을 왼쪽으로 3자리 옮기면 된다. 예를 들면 35 mA는 0.035 A와 같다.(정확한 답을 알기 위해서는 두 단계가 필요하며 우선 최초의 소수점의 위치를 확인하여야 하며 다음 mA로부터 A로 환산할 때 소수점을 왼쪽으로 3자리 옮겨야 한다. 숫자에 소수점이 표시되어 있지 않을 때에는 양을 표시하는 마지막 글자 뒤에 놓여져 있다고 생각하면 좋다.)

　앞에서 말한 예를 보면 소수점은 숫자 5 뒤에 있고 mA를 A로 환산하기 위하여 왼쪽으로 3자리 옮겨진 것이며, 소수점 왼쪽으로는 숫자가 2개 밖에 없으므로 셋째 자릿수를 채우기 위하여 숫자의 왼쪽에 영(0)을 첨가한 것이다.

　암페어를 밀리암페어로 환산하려면 소수점은 왼쪽 대신 오른쪽으로 옮겨야만 된다. 예를 들면 0.125 A는 125 mA와 같고 16 A는 16,000 mA와 같다.(이 예에서는 소수점이 오른쪽으로 3자리 옮겨졌으며, 두 번째 것은 필요한 소수점 자리를 마련하기 위하여 영(0)이 3 개 첨가되었다.)

```
35 밀리암페어 =? 암페어

소수점을 왼쪽으로 3자리 옮긴다.

35 밀리암페어 = 0.035 암페어
```

〈밀리암페어를 암페어로 환산〉

```
0.125 암페어 =? 밀리암페어

소수점을 오른쪽으로 3자리 옮긴다.

0.125 암페어 = 125 밀리암페어
```

〈암페어를 밀리암페어로 환산〉

125 μA의 전류를 암페어로 환산하려고 할 때를 생각하여 보자. 만일 큰 단위로부터 작은 단위로 환산하려고 할 때에는 소수점 자리를 오른쪽으로 옮겨야 하며 작은 단위로부터 큰 단위로 환산하려고 할 때에는 소수점 자리를 왼쪽으로 옮겨야 한다. 마이크로암페어는 백만분의 1 암페어이므로 암페어가 더 큰 단위이다. 마이크로암페어를 암페어로 환산하려면 작은 단위로부터 큰 단위로 환산하는 것. 즉, 백만분의 1 단위를 1 단위로 환산하는 것이므로 소수점을 왼쪽으로 6자리 옮겨야 되는 것이다. 125 μA는 0.000125 A와 같다. 125 μA의 소수점은 5 뒤에 있으므로 소수점을 왼쪽으로 여섯 자리 옮기기 위해서는 125 숫자 앞에 영(0) 3 개를 더 첨가하여야 한다. 마이크로암페어를 밀리암페어로 환산할 때에는 소수점을 3자리 왼쪽으로 옮겨야 한다. 그래서 125 μA는 0.125 mA와 같다.

최초의 전류가 암페어로 표시되었고 그것을 마이크로암페어로 고치려면 소수점을 오른쪽으로 여섯 자리 옮겨야 한다. 예를 들면 3A는 3,000,000 μA와 같고 3 뒤에 소수점을 오른쪽으로 여섯 자리 옮겨야 하기 때문에 필요한 자릿수를 채우기 위하여 영(0) 6 개가 첨가되었다. 밀리암페어를 마이크로암페어로 환산하기 위해서는 소수점을 오른쪽으로 3자리 옮기면 된다. 예를 들면 125 mA는 125,000 μA와 같다.

<전류의 단위 확산>

마이크로암페어를 암페어로 환산	소수점을 왼쪽으로 여섯 자리 옮긴다. 125 마이크로암페어=0.000125 암페어
마이크로암페어를 밀리암페어로	소수점을 왼쪽으로 세 자리 옮긴다. 125 마이크로암페어=0.125 밀리암페어
암페어를 마이크로암페어로	소수점을 오른쪽으로 여섯 자리 옮긴다. 3 암페어=3,000,000 마이크로암페어
밀리암페어를 마이크로암페어로	소수점을 오른쪽으로 세 자리 옮긴다. 125 밀리밀리암페어=125,000 마이크로암페어

6 밀리암미터와 마이크로암미터

0~1 A의 눈금 범위를 가지고 있는 암미터는 실제로 0~1,000 mA의 눈금 범위를 가진 밀리암페어와 같은 것이다. 전기에서는 분수를 사용하는 일이 별로 없으므로 0~1 A의 범위를 가진 계기는 1/2 A 대신에 0.5 A 또는 500 mA로 표시된다. 1 A 이하의 범위에 대하여 전류를 측정하는 데에는 밀리암미터 또는 마이크로암미터가 사용된다. 또 1 mA 내지 100 mA까지의 전류를 측정하는 데에는 밀리암미터가 사용된다.

1 μA 또는 그 이하가 되는 매우 적은 전류를 측정하는 데에는 검류계(갈바노미터)라고 부르는 특별한 실험실용 계기를 사용한다. 전기 기계에서 사용되는 전류는 100 mA 내지 100 A 정도 까지이므로 이것은 정확한 측정 범위를 가진 마이크로암미터, 밀리암미터, 암미터를 가지고 측정할 수 있으므로 검류계는 보통 사용되지 않고 있다. 밀리암미터, 마이크로암미터의 측정 눈금 범위는 암미터와 같이 5 또는 10의 배수로서 되어 있는데 이것은 쉽게 다른 단위로 환산할 수 있기 때문이다.

전류를 측정하기 위하여 계기를 사용할 때에는 계기의 최대 눈금이 측정하려고 하는 최대 전류값보다 항상 높은 계기를 사용하여야 한다. 즉, 정확한 계기를 선택함에 있어 측정코자 하는 값보다 더 큰 눈금 범위를 가진 계기를 가지고 시작하는 것이 전류 측정에서 안전한 방법이다.

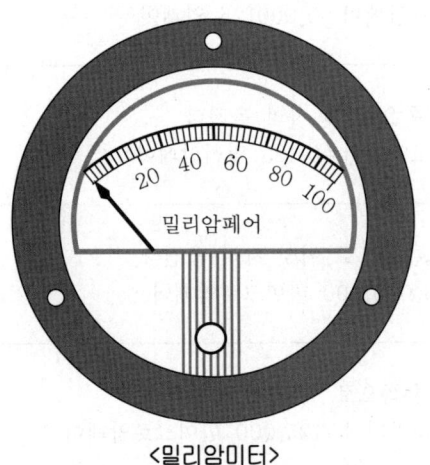
<밀리암미터>

<마이크로암미터>

7 계기의 눈금은 어떻게 읽어야 하는가?

전기를 사용하여 작업할 때에는 계기를 정확하게 읽는 것이 무엇보다 필요하다. 그래야만 기계가 정상적으로 작용되고 있는지, 않는지를 확인할 수 있으며 또한 정상적으로 작용되지 않는 기계에 있어서는 어디에 고장이 일어났는가를 발견할 수 있게 된다. 계기를 정확하게 읽을 수 없게 하는 요인은 여러 가지가 있으므로 계기를 취급할 때에는 항상 이와 같은 것을 염두에 두지 않으면 안 된다. 계기의 측정 눈금 범위의 양쪽 끝에서는 측정치를 나타내지 못하므로 가장 정확한 측정치는 대개 눈금의 중앙에서 얻을 수 있는 것이다. 각종 암미터를 가지고 전류를 측정할 때에는 계기의 지시치가 가능한 한 중앙 눈금 가까이에서 얻을 수 있도록 범위를 선택하는 것이 좋다.

모든 계기는 수평·수직, 양 위치에서 함께 사용할 수 없다. 그것은 대부분의 계기는 기계적인 구조 때문에 계기의 위치에 따라 정확도가 변화되기 때문이다.

보통 배전판과 같은 패널에 달린 계기는 수직 위치로 사용토록 눈금이 새겨지고 조정되어 있다. 많은 시험용 장치나 전기 장치에서 사용되는 기계는 수평 위치에서 사용되도록 만들어져 있다.

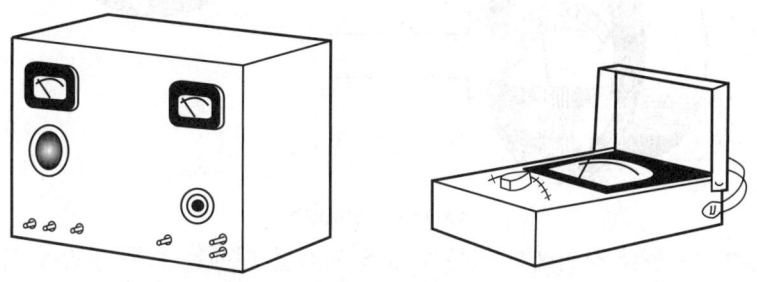

〈계기의 위치에 따라 정확도가 변한다.〉

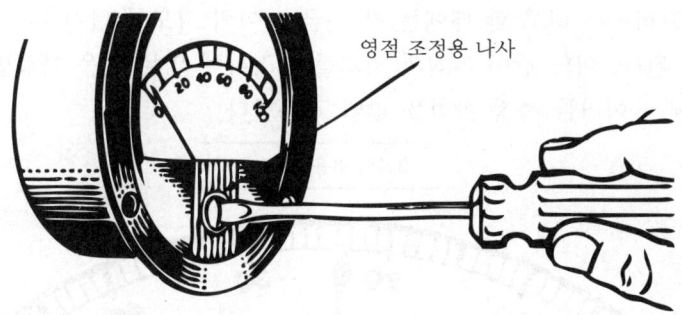

〈계기의 영점을 맞춘다.〉

계기의 전면에 있는 영점 조정자는 전류가 흐르고 있지 않을 때에 계기의 지침을 눈금의 영 위치로 맞추는 데 사용된다. 이 영점은 작은 드라이버(screw driver)로 조정하며 계기 사용시 특히 계기의 수직 또는 수평 위치가 변경되었을 때에는 영점 조정을 확인하여야 한다.

전류를 측정하는 데 사용되는 계기의 눈금은 동일한 간격으로 나누어져 있으며(교류 계기 눈금은 그렇지 않은 것이 많다), 총 30 개 내지 50 개의 눈금을 갖는 것이 보통이다. 계기의 지침을 읽을 때에는 항상 눈이 계기면에서 직각으로 읽어야 한다. 계기의 눈금 간격은 대단히 작고 계기의 지침은 눈금 위에 올라와 있기 때문에 만일 계기면에서 어떠한 각도를 갖고 지침의 눈금을 읽으면 흔히 한 눈금 만큼의 오차를 가져온다. 이와 같은 종류의 읽음의 오차를 시차라고 말한다. 대부분의 계기는 구조에 기인된 약간의 오차를 갖고 있으며 거기에다 시차로부터 생기는 오차로 말미암아 매우 큰 오차를 초래하는 결과를 가져오는 일이 있다.

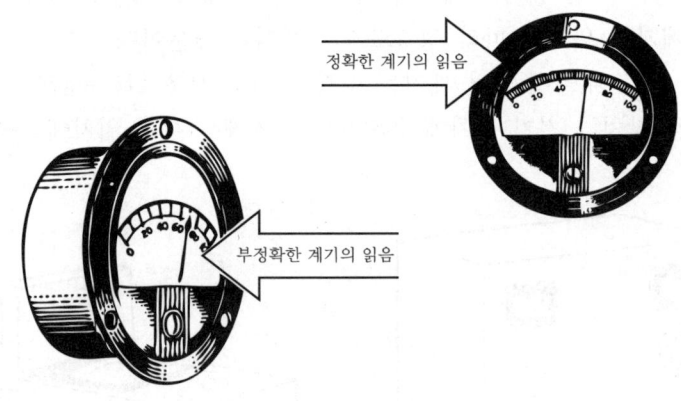

<시차(parallax)>

계기의 지침이 두 눈금 사이에서 전류의 값을 지시할 때에는 보통 지침에 가장 가까운 눈금을 읽는다.

그러나, 더 정확히 읽으려고 할 때에는 각 눈금 사이의 각도를 다시 더 작게 나누어 위치를 추정하여 읽으면 된다. 이와 같이 지침의 위치를 추정하여 읽는 것을 보삽법이라고 부르며 전기를 취급할 때에는 이러한 측정 방법을 많이 사용한다.

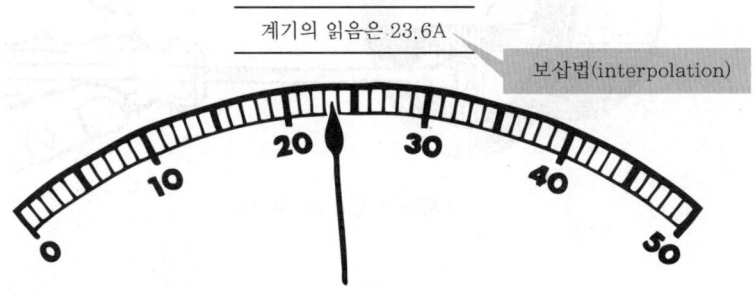

8 계기의 유효 눈금 범위

암미터의 눈금 범위란 그 계기로서 측정할 수 있는 최대 전류를 표시한 것을 말한다. 이 값을 초과하여 전류가 흐르면 계기는 심한 손상을 입게 된다. 즉 0~15 A의 측정 범위를 가진 암미터를 사용한다면 15 A를 초과하지 않는 전류는 임의로 측정할 수 있으나 15A를 넘는 전류는 계기를 손상시킨다.

계기의 눈금이 0~15 A의 측정 범위를 가진 계기라면 측정을 위하여 사용되는 유효한 범위는 1 A에서 14 A까지가 될 것이다. 이 계기가 15 A를 지시한다면 그 실제적인 전류의 값은 더 클지도 모르며 이 계기는 다만 그의 최대값을 지시할 뿐이다. 이와 같은 이유로 계기의 최대 유효 범위는 계기 눈금 범위의 최대값보다 조금 작은 것이다. 그리고 이 계기의 눈금 위에서 0.1 A를 읽는 것은 매우 어렵다. 그것은 0.1 A의 전류는 계기의 지침을 정확히 읽을 수 있도록 영점으로부터 충분히 움직이게 할 수 없기 때문이다.

또 0.0001 A와 같이 더욱 적은 전류는 이 계기 지침을 움직이게 할 수 없으며, 이 계기로서 전연 측정할 수 없는 것이다. 계기의 최소 유효 범위는 결코 영(0)점은 들어갈 수 없으며 영점으로부터 좀 떨어진 위치 즉, 지침을 읽을 때 영점과 구별될 수 있는 점까지이다. 암미터의 범위는 보통 0~5 암페어나 0~50 암페어 등과 같이 5나 10의 배수이다. 100 암페어가 넘는 전류는 별로 사용되지 않으므로 0~100 암페어 이상의 범위는 드물다.

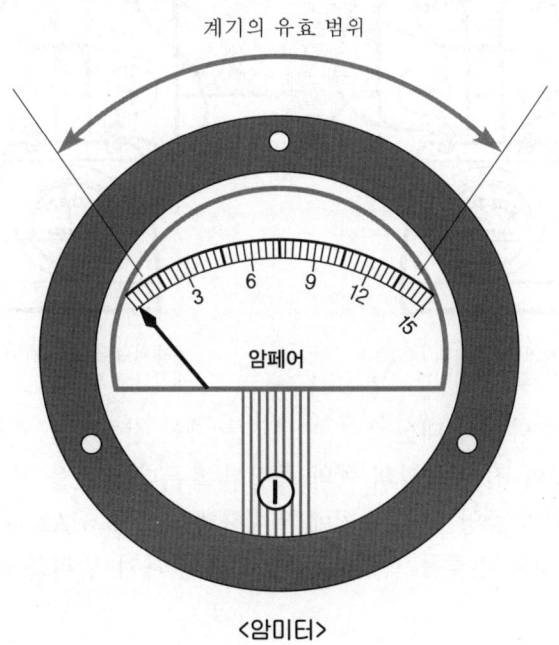

〈암미터〉

실습···전류계의 측정 범위

전류를 측정하는 데 적당한 범위의 계기를 선택하는 것이 얼마나 중요한가를 보여주기 위하여 우선 2개의 건전지를 직렬로 연결하여 전지를 만든다. 그리고 0~10 A의 범위를 갖는 전류계의 양(+)극 단자와 전지의 양(+)극 단자를 긴 도선을 가지고 연결한다. 다음 전구 소켓의 한쪽 단자는 전류계의 음(-)극 단자에, 또 다른 쪽 한 단자는 전지의 음(-)극 단자에 연결한다.

전류를 조정하기 위하여 전구를 스위치 대신 사용한다. 전구를 소켓에 꽂으면 불이 켜진다. 그리고 계기의 바늘은 조금 움직여 전류가 흐르는 것을 표시한다. 이런 측정 범위를 가진 전류계에 대해 전류는 대단히 낮은 값을 표시한다. 바늘은 계기의 낮은 눈금 근처에 있기 때문에 정확히 읽어낼 수 없다.

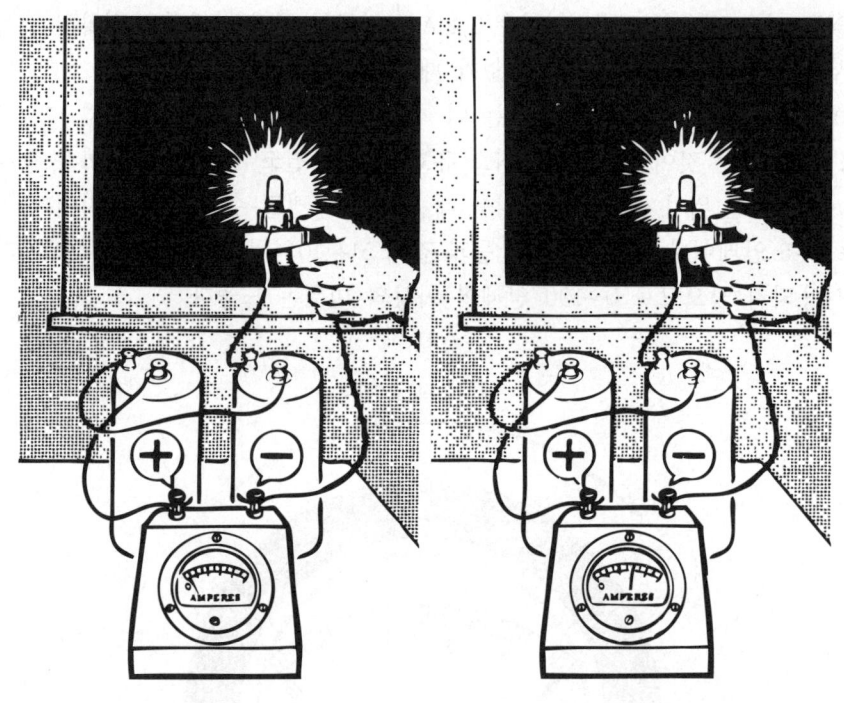

전류계의 측정 범위 0~10 A
바늘이 조금 움직인다.

전류계의 측정 범위 0~10 A
계기의 표시

다음 0~10 A 범위의 암미터 대신 0~1 A 범위를 가진 전류계를 사용하고 전구를 소켓에 꽂으면 전구의 밝기로 보아 전류는 앞의 예와 똑같이 흐른다는 것을 알 수 있다. 그러나 계기의 지침은 계기 눈금 범위의 중앙 부분 근처에 위치하게 되며 0.5 A보다 조금 많은 전류를 지시할 것이다. 따라서 이것은 전류를 측정하는 데 정확한 계기 범위를 갖는다고 할 수 있다.

대단히 작은 측정 범위를 가진 계기의 사용 결과를 보기 위하여 다음엔 0~1 A 대신 0~50 mA의 측정 범위를 가진 계기를 사용한다. 전류가 계기의 측정 범위보다 크기 때문에 바늘은 눈금판의 측정 범위를 넘게 되고 전류의 양을 읽을 수 없게 된다. 만약, 이 과대한 전류가 계기를 통하여 어느 시간 동안 흐른다면 계기에 손상을 입힌다. 이러한 이유로 계기의 측정 범위는 정확한 눈금을 읽기 위하여 충분히 큰 것을 택하는 것이 중요하다.

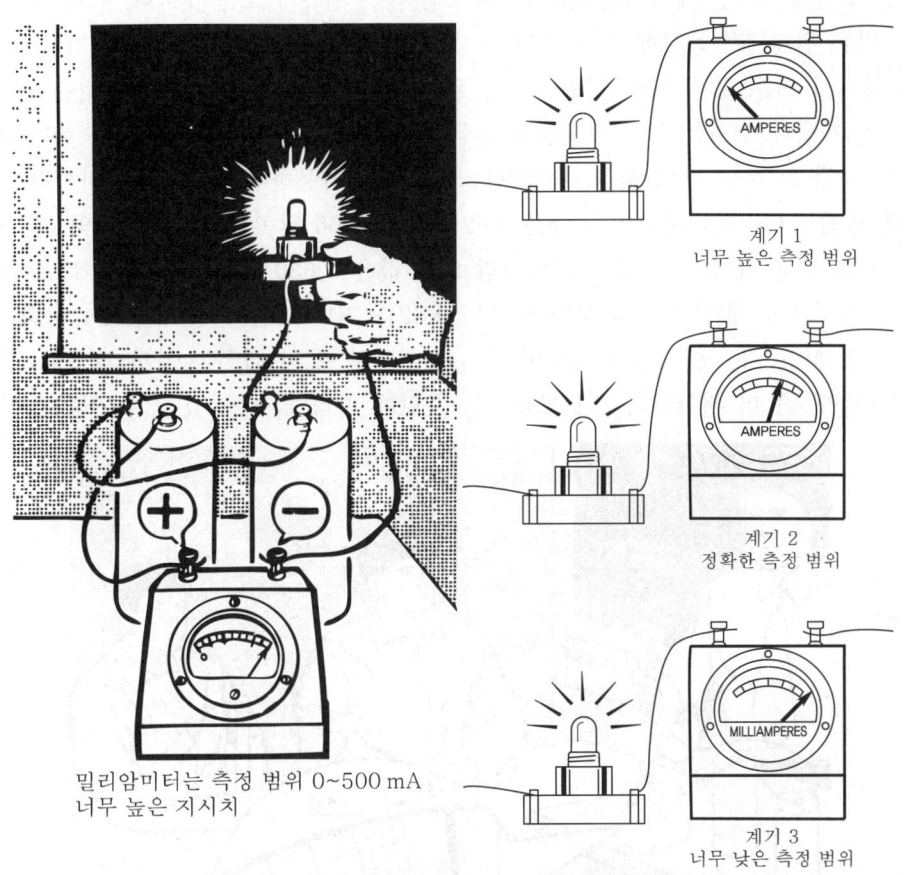

밀리암미터는 측정 범위 0~500 mA
너무 높은 지시치

계기 1
너무 높은 측정 범위

계기 2
정확한 측정 범위

계기 3
너무 낮은 측정 범위

〈정확한 계기의 측정 범위를 구한다.〉

예상되는 전류의 값을 알지 못하였을 때 정확한 계기의 측정 범위를 찾아내기 위해서는 우리는 최대 측정 범위를 가진 계기를 가지고 시작하고, 계기의 바늘이 눈금의 중앙부 가까이 올 때까지 점차적으로 좀 더 낮은 측정 범위를 가진 계기로 바꾸어 가야 한다.

10 실습···계기의 눈금 읽기

전등을 통하는 전류를 측정하는 데 사용될 정확한 전류계의 측정 범위는 0~1 A임을 보아왔다. 계기를 읽을 때 시차의 영향을 알아보기 위하여 0~500 mA의 측정 범위를 가진 계기 대신 0~1 A의 측정 범위를 가진 계기를 사용하여 보자.

전구를 소켓에 꽂으면 계기에는 0.5 A보다 조금 많은 전류가 흐를 것이다. 이때 여러 학생들에게 서로 다른 위치에서 동시에 이 계기의 지침을 읽고 기록케 한다. 그러면 계기면에 큰 각도를 가진 위치에서 읽은 값은 계기 전면에서 읽은 값과 상당히 차이가 있다는 것을 알 수 있다.

다음, 전 학급이 계기를 읽는데 눈금과 눈금 사이는 보삽법으로 추정하도록 한다. 계기의 눈금으로는 직접 그 눈금 밖에 읽을 수 없으나 보삽법을 사용하면 제3의 지시치까지 읽을 수 있다. 예를 들면 0.6과 0.7 사이의 눈금은 0.62, 0.64, 0.66 및 0.68들이다. 만약 계기의 바늘이 0.62와 0.64 눈금 사이의 꼭 중간에 있다면 읽는 값은 0.630 암페어이다. 0.62로부터 0.64까지 1/4 지점의 눈금 값은 0.625 암페어이다. 0.62를 지나 다음 눈금까지 3/4 지점의 눈금 값은 0.635 암페어이다. 각 개인에 의하여 얻어진 추정치 즉, 보삽치는 가장 가까운 실제 눈금을 읽은 값보다도 좀 더 정확하다. 이 보삽치는 사람에 따라 차이가 있을 수 있다.

〈계기를 읽을 때의 보삽법(interpolation)〉

Section 12. 전류는 어떻게 측정하는가? 73

11 전류의 측정 방법에 대한 복습

전류가 어떻게 측정되는지에 대하여 우리가 알고 있는 것을 복습하기 위하여 우리가 공부하고 또 보아온 주요한 사실들을 다시 생각해보자.

① **암페어** : 전자 흐름의 단위로서 초당 1 쿨롱의 전자 이동과 같다.

② **밀리암페어** : 전류의 단위로서 1/1,000 암페어와 같다.

$$1\,\mathrm{mA} = \frac{1}{1,000}\,\mathrm{A}$$

③ **마이크로암페어** : 1/1,000,000 암페어와 같다.

$$1\,\mu\mathrm{A} = \frac{1}{1,000,000}\,\mathrm{A}$$

④ **암미터** : 1 암페어 이상의 전류를 측정하기 위하여 사용되는 계기

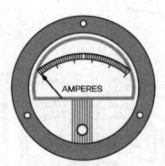

⑤ **밀리암미터** : 1/1,000 암페어와 1 암페어 사이의 전류를 측정하기 위하여 사용되는 계기

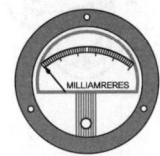

⑥ **마이크로암미터** : 1/1,000,000 암페어와 1/1,000 암페어 사이의 전류를 측정하기 위하여 사용하는 계기

⑦ **시차(parallax)** : 계기를 읽는 각도에 의하여 발생하는 오차

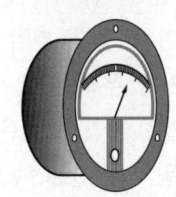

⑧ **보삽법** : 계기의 두 눈금 사이의 값을 추정하여 보다 정확하게 읽는 방법

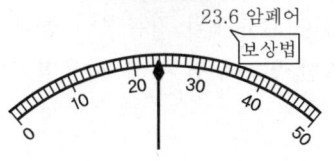

23.6 암페어
보삽법

Section 13 계기는 어떻게 동작하는가?

1 기본적인 계기 동작

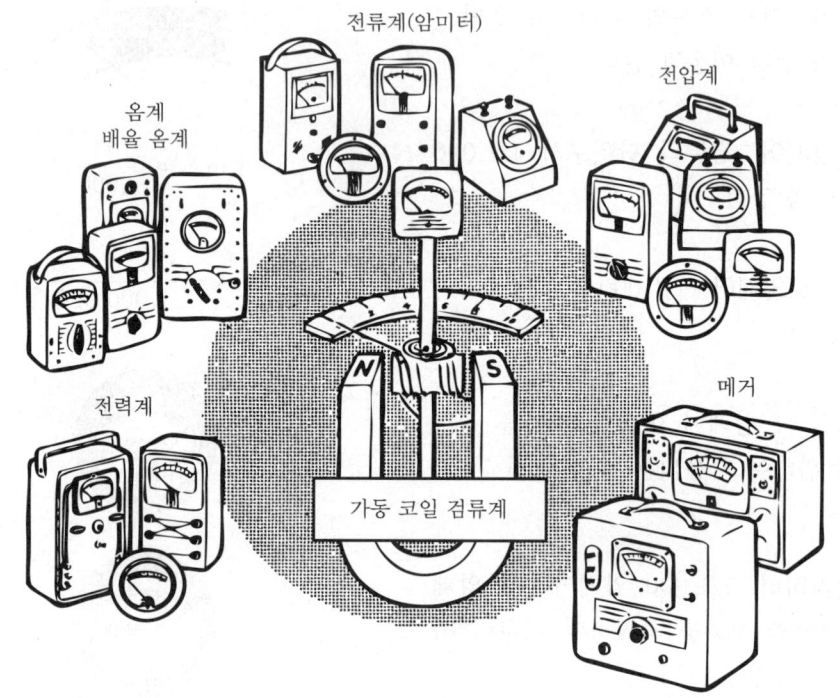

<전류의 강도를 측정하는 검류계(galvanometer)를 알면
대부분의 전기 계기를 쉽게 이해하게 된다.>

전류가 흐르고 있는지 안 흐르고 있는지, 또 얼마나 흐르고 있는지를 알기 위하여 우리는 때때로 계기를 이용한다. 우리는 전기에 대한 일을 배워 갈수록 더욱 자주 계기를 이용하게 된다. 계기는 전기나 전자 분야에서 일하는 사람들에 대하여 바른 손과 같이 중요한 역할을 한다. 그러므로 지금 우리는 계기가 어떻게 작용하는가를 알아야 한다. 우리가 이용하였고 또 앞으로 이용할 모든 계기는 같은 종류의 동작 원리로 만든다. 이 계기의 동작은 가동 코일형 검류계라고 불리워지는 전류 측정 장치의 원리에 기초를 둔 것이다. 거의 모든 최신형 계기는 가동 코일형 검류계의 기본적인 동작 원리를 이용한 것이다. 그러므로 어떻게 이것이 작용하는가를 일단 알아두면 장차 사용할 모든 계기를 이해하는 데 불편을 느끼지 않을 것이다.

검류계는 자기의 흡인과 반발의 원리에 따라 작용한다. 우리들이 이미 배운 이 원리에 의하면, 서로 같은 극끼리는 반발하고 서로 다른 극끼리는 흡인한다. 이것은 두 개의 자기의 북극끼리는 서로 반발한다는 것을 뜻한다. 두 개의 남극끼리도 마찬가지다. 그러나, 북극과 남극은 서로 흡인한다. 만약 하나의 막대 자석을 말굽 자석의 극 사이에 고정된 줄에 매달면 이 사실을 잘 알 수 있게 된다. 만일 막대 자석을 자유롭게 회전할 수 있도록 하면 막대 자석은 북극이 말굽 자석의 남극에, 막대 자석의 남극은 말굽 자석의 북극에, 가능한 한 가까워질 때까지 회전할 것이다.

만약, 막대 자석의 위치를 바꾸면 반대극이 서로 가까워지는 위치로 돌아가려고 하는 것을 알 수 있다. 막대 자석을 이 위치에서 더 돌리려고 하면 할수록 더 큰 힘이 필요한 것을 알 수 있다. 또 두 자석의 같은 극이 서로 가까워질 수 있는 위치에 막대 자석을 놓았을 때 가장 큰 힘을 느낄 수 있을 것이다.

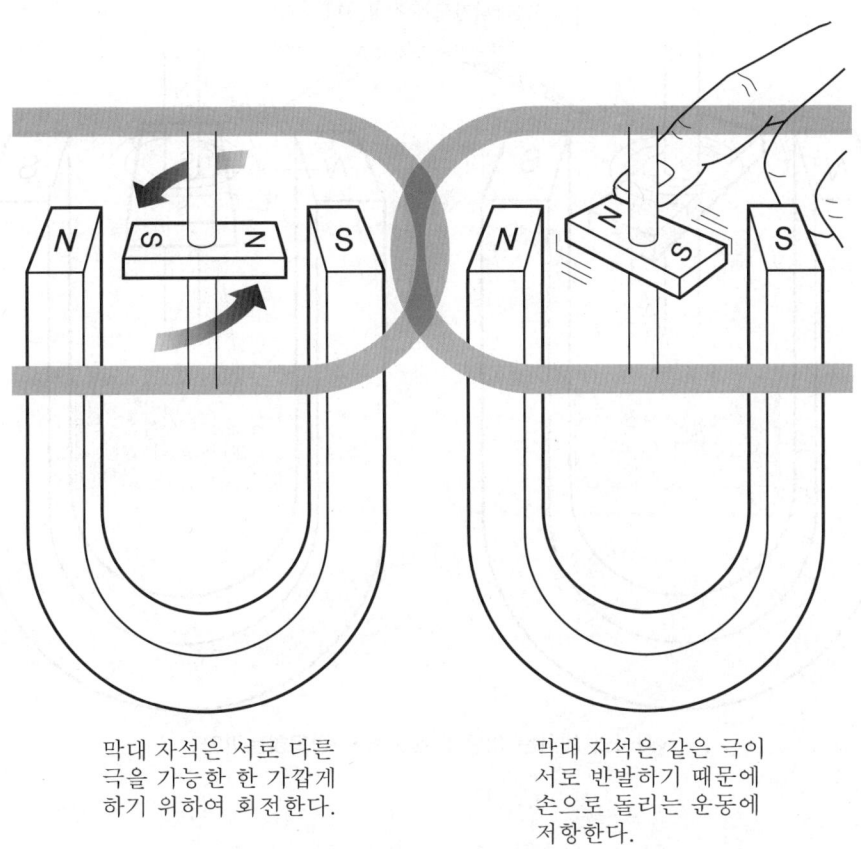

막대 자석은 서로 다른 극을 가능한 한 가깝게 하기 위하여 회전한다.

막대 자석은 같은 극이 서로 반발하기 때문에 손으로 돌리는 운동에 저항한다.

<어떻게 자극은 힘을 발휘하나?>

좀 더 강한 자석을 사용한다면 두 자극 사이의 반발력 및 흡인력은 더 커질 것이다. 지금 두 자석의 북극이 서로 가까워질 때에 스프링이 장력을 갖지 않도록 막대 자석에 스프링을 부착하면 다음과 같은 사실을 알 수 있을 것이다. 즉, 이 위치에서 스프링을 부착하지 않았다면 막대 자석은 가능한·한 그 북극이 말굽 자석의 남극에 가까이 갈 수 있는 위치까지 정상적으로 자유로이 회전할 것이다. 그러나 위와 같이 스프링을 부착했으므로 막대 자석은 도중까지만 회전할 것이며 막대 자석의 회전력이 스프링의 힘과 평형되는 위치에서 정지할 것이다. 만일 막대 자석 대신 더 강한 자석으로 바꾼다면 같은 극 사이의 반발력은 더 커지고 스프링의 힘을 이겨서 더 회전하게 될 것이다.

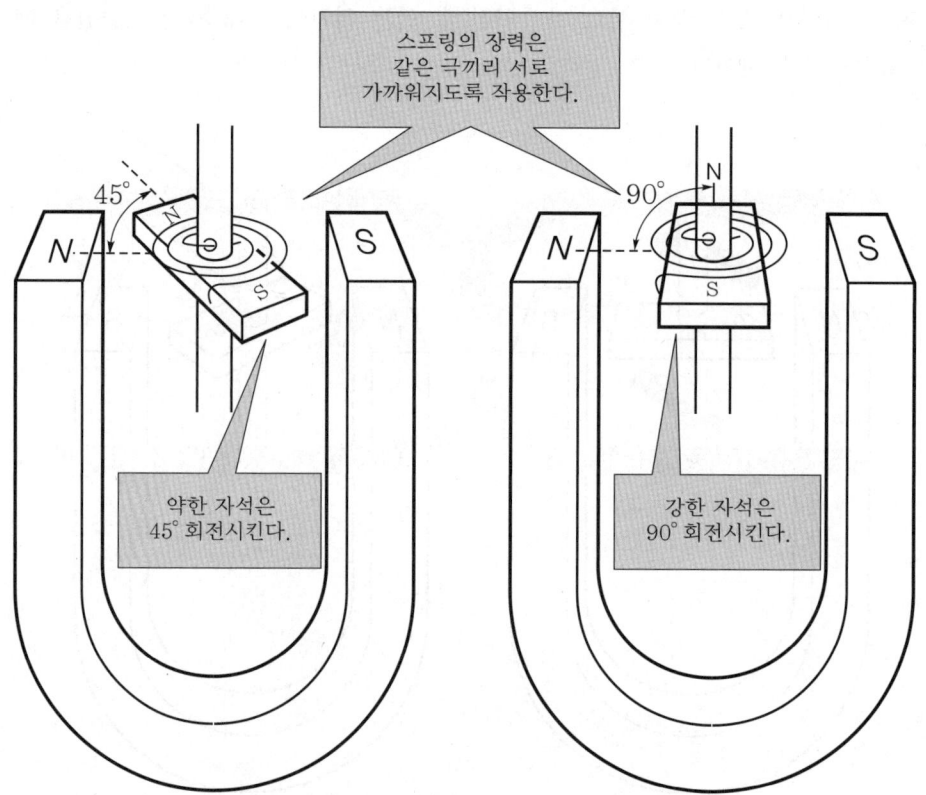

〈자석의 세기는 어떻게 회전력에 작용하는가?〉

만일, 막대 자석을 떼어내고 하나의 코일로 바꾼다면 검류계가 된다. 이 코일을 통하여 전류가 흐를 때에는 언제나 이 코일은 하나의 자석처럼 작용한다. 이 코일로 된 자석의 세기는 크기·모양 및 권수와 코일을 통하여 흐르는 전류의 양에 따라 달라진다. 만일 코일 자체를 그대로 둔다면 코일의 자계의 세기는 그 코일에 흐르는 전류의 크기에 따라 달라진다.

 코일 내에 흐르는 전류가 크면 클수록 코일의 자기의 세기는 더욱 더 커진다. 만약, 코일 내에 전류가 흐르지 않는다면 코일은 자력을 갖지 않고 스프링의 장력이 없는 위치로 돌아오게 된다. 코일을 통하여 적은 전류를 흐르게 한다면 코일은 하나의 자석이 되고 이 코일 자석과 말굽 자석 사이의 자기력은 자기적 회전력이 스프링의 장력과 평형될 때까지 코일을 회전시킨다. 코일을 통하여 더 많은 전류를 흐르게 한다면 코일의 세기는 증가되고 코일은 스프링의 장력을 이겨서 더 돌아간다.

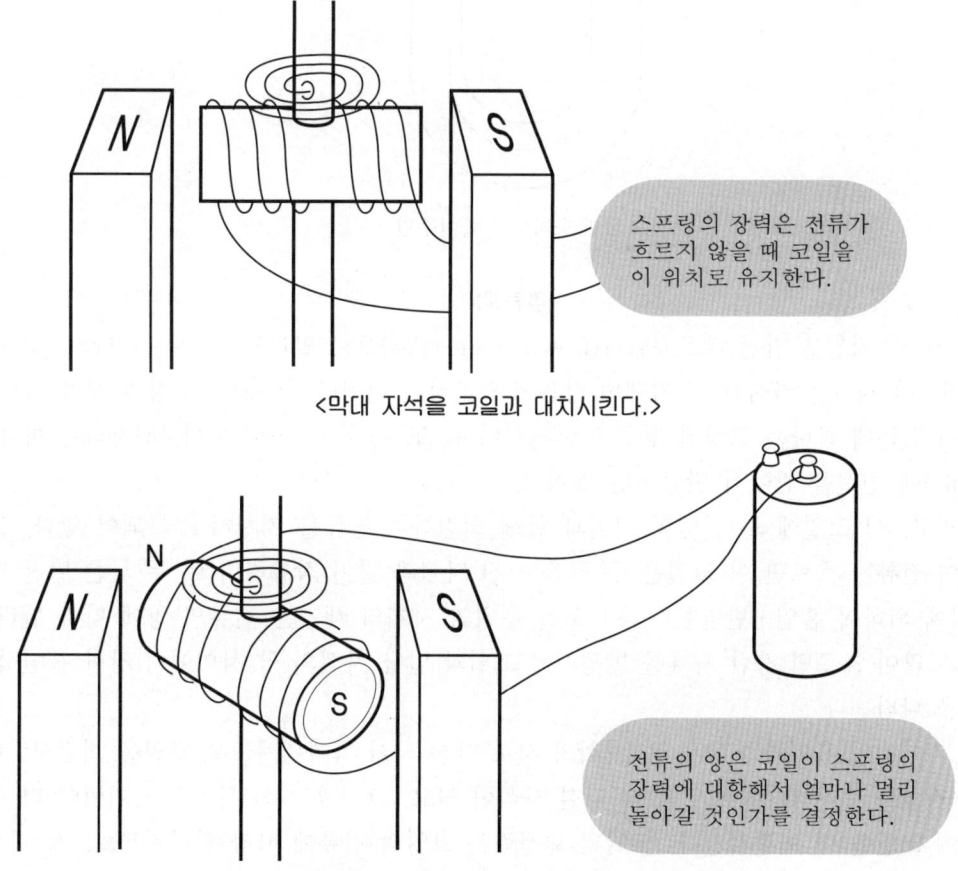

〈막대 자석을 코일과 대치시킨다.〉

스프링의 장력은 전류가 흐르지 않을 때 코일을 이 위치로 유지한다.

전류의 양은 코일이 스프링의 장력에 대항해서 얼마나 멀리 돌아갈 것인가를 결정한다.

〈전류가 흐를 때에는 코일은 하나의 자석처럼 작용한다.〉

어떤 전기 회로에 얼마나 많은 전류가 흐르고 있는가를 알고자 할 때에는 코일을 회로에 연결하고, 이 코일이 정지한 위치로부터 돌아간 각도를 측정하면 된다.

그런데, 이 각도를 재어서 코일을 이 각도 만큼 돌아가게 한 전류의 양을 계산한다는 것은 대단히 어려울 것이다. 그러나 이 코일에 하나의 지침을 연결하고, 지침이 통과하며 지시하도록 눈금판을 첨가하면 직접 눈금판으로부터 전류의 양을 읽을 수 있는 것이다.

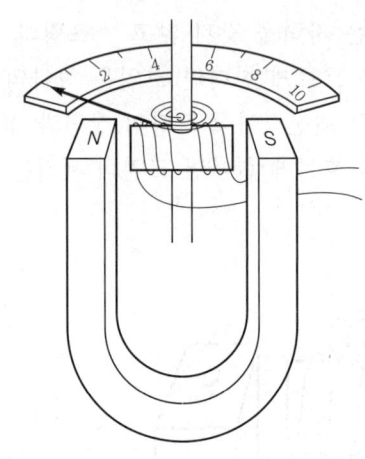

눈금판과 자침을 붙여주면
검류계가 된다.

<검류계>

눈금판과 지침을 가진 다르송발형(D'Arsonval-type)으로 알려지고 있는 하나의 DC 계기가 있는데, 이 계기는 자석과 그 자계의 작용에 의존하는 것이다. 실제로 이 형의 계기에는 2개의 자석이 있는데 하나는 고정된 영구 말굽자석이며, 또 하나는 전자석이다. 전자석은 하나의 틀(frame)에 전선을 감아서 만들어진 것이다.

그리고, 이 코일에 붙어 있어 코일과 함께 회전하며 전류를 지시하도록 되어 있다. 코일을 통하여 전류가 흐르면 이 코일은 두 극을 가진 자석과 같이 작용하며 이 두 극은 말굽 자석의 두 극에 의하여 흡인·반발한다. 이 코일 주위의 자계의 세기는 전류의 양에 따라 달라진다. 전류가 많이 흐르면 강한 자계를 발생시켜 코일과 말굽 자석의 극 사이에서 강한 흡인력과 반발력을 나타낸다.

이 자기적인 흡인력과 코일 및 자석의 서로 다른 극이 가까워지도록 코일을 회전시킨다. 코일의 전류를 증가시키면 코일은 더 강한 자석이 되고, 코일과 자석 사이의 자기력이 더 강하기 때문에 코일을 더 회전시킨다. 코일의 회전력은 코일의 전류에 따라 달라지므로, 계기는 전류를 직접 지시하는 것이다.

2 계기의 가동부에 대한 참고 사항

검류계는 실험실에서 극히 적은 전류를 측정하는 데 사용되나, 휴대할 수 없고 견고하지 못하며, 간편하지 못하여 군사용으로는 사용할 수 없다. 그러나, 이 검류계의 원리를 이용한 최신형 계기는 가지고 다닐 수 있고 간단하고 견고하며 읽기에 편리하도록 되어 있다. 코일은 견고하게 설치된 보석 베어링 사이에 장치된 하나의 축에 고정되어 있다. 또 전류의 양을 지시하기 위하여 아주 가벼운 지침이 코일에 붙어 있어 코일과 함께 회전한다.

축의 양단에 있는 두 평형용 스프링은 코일에 반회전력을 주며 스프링의 장력을 조정하므로 계기의 지침을 계기 눈금판의 영점으로 조정할 수 있다. 온도의 변화는 두 스프링에 균등하게 작용하므로 코일에 대한 스프링의 회전력의 오차는 서로 상쇄된다. 계기의 코일이 회전하면 한 스프링은 팽팽하여져서 억제하는 힘이 생기고, 또 하나의 스프링은 그 장력이 풀리게 된다. 장력을 주는 외에도 스프링은 계기의 단자로부터 가동 코일을 통하여 전류를 보내주기 위하여 사용된다.

전류가 증가할 때에 이 회전력이 균일하게 증가될 수 있도록 하기 위하여 말굽 자석은 반원 모양으로 되어 있다. 때문에 코일은 영구 자석의 남극과 북극에 대해 가장 가까운 위치에 놓이게 된다. 계기의 지침을 눈금판의 끝까지 돌도록 하는 데 필요한 전류의 양은 자석의 세기와 가동 코일의 권수에 따라 달라진다.

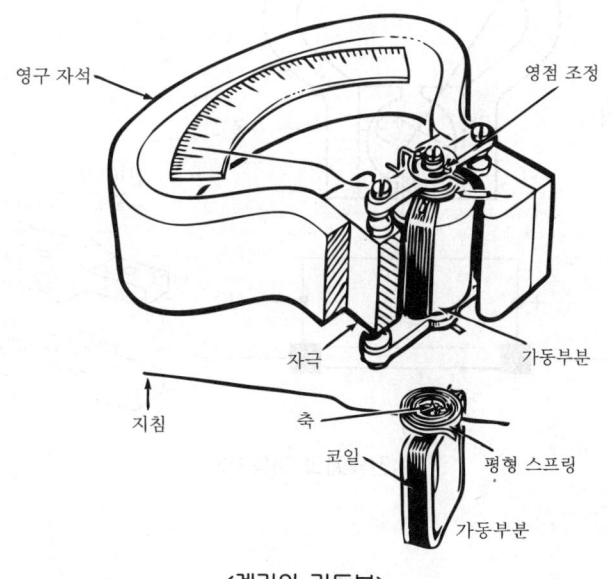

〈계기의 가동부〉

3 계기의 측정 범위를 어떻게 변화시키는가?

자석의 세기를 다른 것을 사용하거나 권수를 바꿈으로써 바늘을 끝까지 돌리는 데 필요한 전류를 바꾸게 되고, 따라서 계기의 측정 범위를 바꿀 수 있다. 그러나, 코일에 사용된 전선은 계기가 최대 전류를 충분히 흐르게 할 수 있을 정도로 언제나 굵어야 한다. 그런고로, 전선의 굵기를 바꾸는 것은 굵은 전선이 가동 코일로서 사용될 수 없으므로 적은 전류 범위에서만 실용될 수 있는 것이다.

전선의 크기 및 코일을 적게 하기 위하여 기본적 계기 가동부는 1 밀리암페어 또는 그 이하의 범위로 보통 제한된다. 또 계기를 2개 이상의 측정 범위에서 사용하기 위해서는 자석이나 코일을 범위가 바뀔 때마다 바꾼다는 것은 실제적인 것이 못된다.

측정 범위가 낮은 계기로 큰 전류를 측정하기 위해서는 분류기(shunt)가 사용되는데, 이 분류기는 계기의 단자를 통하여 연결된 굵은 전선으로서 여기에 대부분의 전류가 흐르도록 된 것이다. 따라서 이 분류기는 계기의 코일에서는 아주 적은 전류만이 흐르도록 한다. 보통 0~1 밀리암미터가 필요로 하는 측정 범위를 맞추기 위하여 적당한 규격의 분류기를 단자에 연결하여 사용된다. 0~1 밀리암미터는 기본적 계기이며 우리가 사용하는 각종 계기에서 볼 수 있는 것이다.

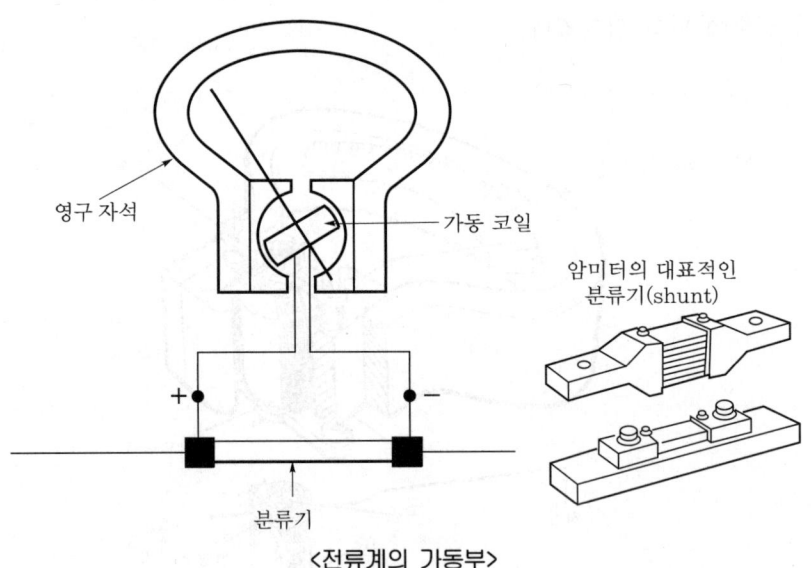

〈전류계의 가동부〉

4 배율 전류계

여러분은 분류기를 사용함으로써 전류계의 측정 범위를 바꿀 수 있는 것을 잘 알고 있다. 측정 범위는 분류기의 저항치에 의해서 변화한다. 어떤 계기는 여러 개의 분류기를 내부에 가지고 있으며, 광범위한 전류로 측정할 수 있도록 여러 개의 분류기를 병렬로 계기 가동부에 이어주는 스위치 장치로 되어 있다.

이와 같이 단 하나의 계기 가동 부분을 가지고도 배율 전류계로 사용할 수 있다. 각 측정 범위의 눈금이 눈금판 위에 그려져 있다. 아래 그림은 0~3, 0~30, 0~300 암페어 범위를 가진 배율 전류계이다. 이 세 가지 눈금이 눈금판 위에 그려져 있다.

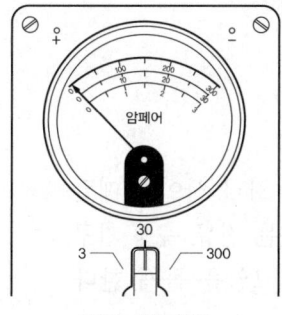

〈배율 전류계〉

배율 전류계로 크기를 알 수 없는 전류를 측정코자 할 때에는 가장 큰 범위에 놓고 사용하며 부적당할 때에는 다음 아래 범위로 차차 내려가면서 바늘이 눈금판 중앙에 오는 범위에서 측정한다. 이와 같이 함으로써 계기의 측정 범위를 초과하지 않도록 할 수 있게 되고 계기를 태우거나 바늘이 멈추는 장치에 부딪쳐 휘는 등의 실수를 하지 않을 것이다.

어떤 배율 전류계는 내부에 분류기나 스위치 장치가 없이 외부에 다른 분류기를 붙여 쓴다. 이와 같은 계기에서 측정 범위를 바꾸고자 할 때에는 적당한 분류기를 써야 한다. 그림은 30 암페어 분류기를 연결하여 30 암페어 눈금으로 고정하고 있다.

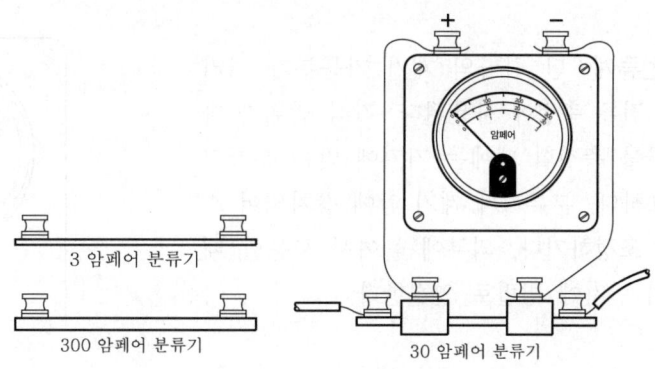

5 계기 가동부에 대한 복습

우리에게 필요한 것은 계기를 수리하는 일이 아니라 계기를 정확하게 쓰고 취급을 잘 하는 것이다. 우리는 계기의 동작을 알 필요가 있다. 우리가 공부한 것을 복습해 보자.

① **계기 코일** : 전류가 코일에 흐를 때에 자석과 같은 작용을 하는 가동 코일

② **계기의 가동부** : 말굽 자석의 자극 사이에 매달려 있는 가동 코일로 되어 있는 전류 측정 기구로서 코일에 흐르는 전류는 코일을 돌게 한다

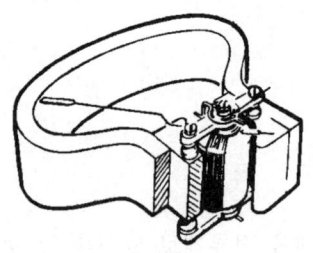

③ **기본적인 전류계의 가동부** : 측정 범위를 크게 하기 위하여 계기 단자 사이에 분류기를 붙인 0~1 mA 전류계

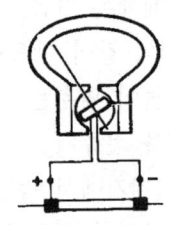

④ **배율 전류계** : 단 하나의 계기 가동부가 여러 범위의 전류 측정에 사용된다. 각각 범위가 다른 전류를 측정할 때에는 거기에 맞는 분류기가 필요하다. 분류기가 계기 안에 장치되어 스위치로 조정하거나, 외부에 붙여서 사용할 때는 계기 단자에 병렬로 연결한다.

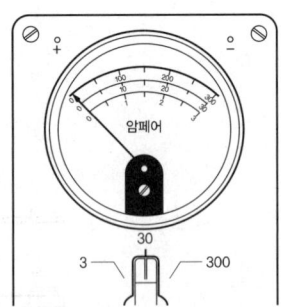

Section 14. 무엇이 전류를 흐르게 하는가? : 기전력

1. 기전력(EMF : ElectroMotive Force)이란 무엇인가?

물체 내에서 대부분의 전자가 동일한 방향으로 이동하면 전류가 발생한다. 전자는 음(-)전하로부터 양(+)전하로 이동하고 이 전자의 운동은 전하의 차가 존재할 동안만 일어난다. 전하를 만들기 위해서는 전자를 움직여서 전하가 존재하는 곳에 전자의 과잉 또는 부족 상태를 생기게 하는 것이다. 전하는 먼저 배운 바와 같이 여섯 가지 전원에 의해서 만들어진다. 이들 전원은 에너지를 공급하여 전하를 형성하는 운동 전자를 움직이도록 한다. 전하를 만드는 데 사용된 에너지의 종류에 관계없이 전하가 만들어지는 즉시 전하는 전기적 에너지로 변화한다. 전하 속에 있는 전기 에너지의 양은 전하를 만들 때 들어간 에너지의 양과 같다.

전류가 흐를 때 전하의 전기 에너지는 양(+)전하가 적은 곳으로부터 양전하가 많은 곳으로 전자를 움직이게 하는 데 이용된다. 이 전기 에너지를 기전력(EMF)이라 부르고, 이 기전력은 전류를 흐르게 하는 힘이다. 전자가 움직여서 전하를 발생케 하고, 전하는 전기의 여섯 가지 전원의 어떠한 것으로든지 만들어진다. 전류가 흘러 전자가 한 전하로부터 다른 전하로 움직일 때에 이 움직이게 하는 힘이 기전력이다.

〈증기의 힘은 증기 기관차를 움직인다.〉

〈EMF는 전자를 움직이게 하는 힘이다.〉

양(+)전하이거나 음(-)전하이거나 전하는 에너지의 보존을 나타내는 것이다. 이 보존된 에너지는 사용되고 있지 않는 한 전위(potential) 에너지라고 한다. 한 전하의 전위 에너지는 그 전하를 만드는 데 필요한 일의 총량과 같다. 전하를 만드는 데 필요한 일의 측정 단위는 볼트(Volt : 기호는 V)이다. 전하의 기전력은 전하의 전위와 같고 볼트(volt)로 표시한다.

서로 다른 두 개의 전하가 있을 때 전하 사이의 기전력은 두 전하의 전위의 차와 같다. 고로 각 전하의 전위는 볼트로 표시되고 전위의 차도 볼트로 표시된다. 두 전하 사이의 전위의 차는 두 전하 사이에 작용하는 기전력이고 보통 전압이라고 불리워진다. 전압 즉 전위차는 서로 다른 두 전하 사이에 존재한다. 대전되지 않은 물체라 할 지라도 대전된 물체에 대해서 전위차를 가지고 있다.

즉, 대전되지 않은 물체는 음전하에 대해서는 양(+)이고, 양전하에 대해서는 음(-)이다. 전압은 서로 같지 않은 두 양(+)전하 사이에나, 서로 같지 않은 음(-)전하 사이에도 존재한다. 이와 같이 전압은 순전히 상대적이며 전하의 양을 표시하지는 않고, 전하 상호간을 비교하는 것이며 비교되고 있는 2 개 전하 간의 기전력을 표시한다.

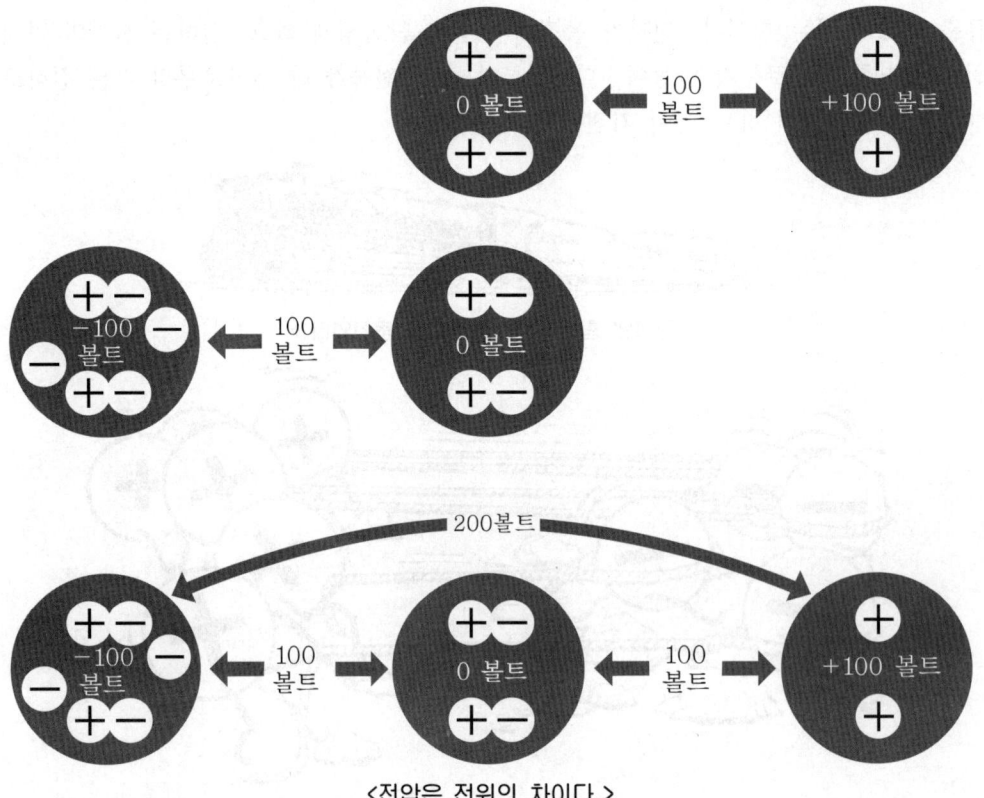

<전압은 전위의 차이다.>

2 기전력은 어떻게 유지되는가?

　전원의 여섯 가지 종류 중에서 일상적으로는 자기와 화학 작용만이 이용된다. 마찰·압력·열 및 빛에서 얻어진 전하는 특별한 곳에만 사용되고 결코 전력의 전원으로는 이용되지 않는다.
　전류를 계속 흐르게 하기 위해서는 전하는 언제나 같은 전위차가 지속되도록 유지되어야 한다. 전지의 단자에는 전지 내의 화학 작용에 의해서 상이한 전하가 생기고, 전류가 음극(-) 단자에서 양극(+) 단자로 흐를 때 전지의 화학 작용으로 전하 그 원래 값에 유지된다. 발전기도 전지에서와 같이 발전기의 각 단자에 일정한 전하를 유지하도록 코일이 자계를 통해 운동한다. 발전기의 코일이 자계를 통해 계속 움직이는 한, 또는 전지 내에서 화학 작용이 계속적으로 일어나는 한, 발전기나 전지의 단자의 전하는 같아지지 않으며 단자 전압은 일정하게 유지된다.

〈전지〉　　　〈전지의 방전〉　　　〈EMF는 지속된다.〉

　아래 그림에 표시한 대전된 두 막대의 경우와 같이 만일 전하가 단자에서 유지되지 않는다면 전류는 음(-)단자로부터 양(+)단자로 흘러 두 전하가 같게 된다. 이것은 음(-)전하의 남은 전자가 양(+)전하로 움직인 것과 같다. 단자 사이의 전압은 이때 0볼트로 떨어지고 전류의 흐름은 더 이상 일어나지 않는다.

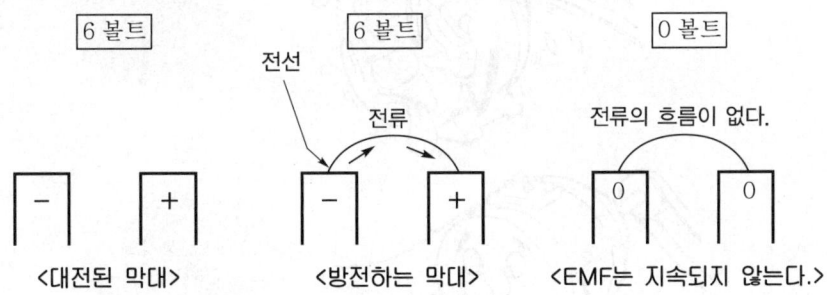

〈대전된 막대〉　　　〈방전하는 막대〉　　　〈EMF는 지속되지 않는다.〉

3 전압과 전류의 흐름

서로 다른 두 전하 사이를 연결하기만 하면 전류는 음(-)전하로부터 양(+)전하로 흐른다. 두 전하 사이의 전압 즉 기전력이 크면 클수록 전류의 흐름은 더욱 더 커진다. 모든 전기 기기는 일정량의 전류가 흘러야만 동작하도록 설계되어 있다. 그리고, 전류량이 규정치를 초과하면 전기 기기는 손상될 것이다. 우리가 보아온 전구·전동기·라디오 등과 같은 모든 전기 기기에는 정격 전압이 표시되어 있다. 그 정격 전압은 어떤 기기에서는 다른 것도 있지만 보통은 110 V, 220 V이다. 한 예로서 전구가 110 V로 정격되어 있다는 것은 110V일 때 적당한 전류가 흐른다는 것을 의미한다. 보다 높은 전압을 쓰게 되면 큰 전류가 흐르게 되고 전구가 파괴된다. 또 한편 전압이 낮으면 충분한 전류가 흐를 수 없게 된다.

만일 110 V에서 작용하도록 설계된 전동기를 220 V에 연결하였다면 전류의 과잉으로 인해서 전동기는 타게 된다. 같은 전동기를 50 V에 연결하면 충분한 전류가 흐르지 못하게 되어 작용할 수 없게 된다. 전류의 흐름으로 전기 기기가 일을 하게 되면 전류를 흐르게 하는 데는 기전력이나 전압이 있어야 한다. 전압의 크기는 전류를 얼마나 흐르게 하느냐에 따라 전류의 크기가 결정된다.

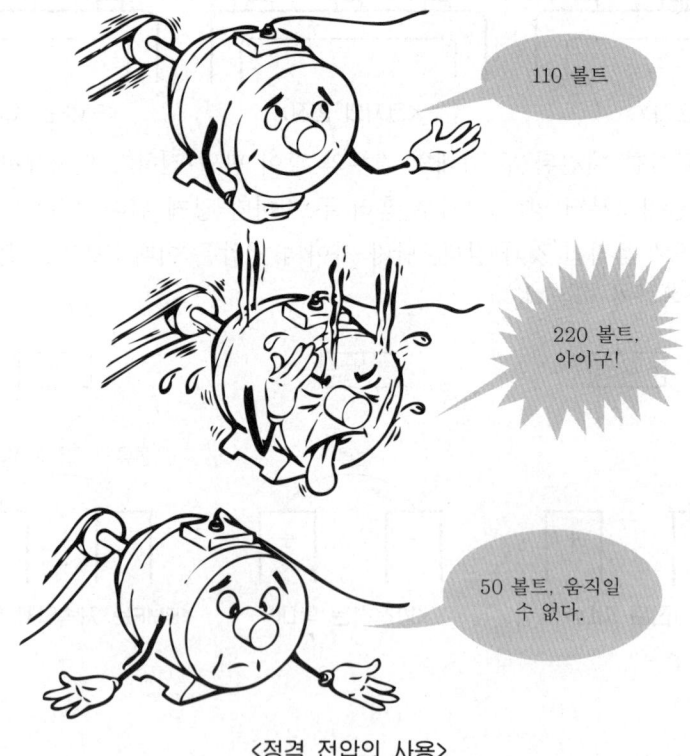

〈정격 전압의 사용〉

Section 14. 무엇이 전류를 흐르게 하는가 : 기전력

 기전력(전압)은 다른 형태의 힘과 같은 원리로 사용된다. 못을 박기 위해서 여러분은 어떠한 크기의 망치를 사용해도 좋으나, 어느 한 못에 대해서 가장 적절한 힘을 가할 수 있는 망치의 규격은 하나뿐인 것이다. 압핀을 박기 위해서 여러분은 쇠망치를 쓰지 않을 것이며, 큰 못을 박기 위해서 압핀을 박는 망치는 쓰지 않을 것이다. 못을 박기 위해 적당한 망치를 고르는 것은 일에 따라 적당한 못의 크기를 알아내는 것만큼 중요하다.

 이와 마찬가지로 전기 기기나 전기 장치는 적합한 전류가 흐를 때 가장 잘 동작한다. 그러므로 사용하려는 전기 기기와 전기 장치에 대해서 적합한 전류가 흐르도록 하는 적당한 전압을 골라야 한다. 전압이 너무 높을 때는 너무 많은 전류가 흐르고, 반대로 너무 낮은 전압일 경우에는 충분한 전류가 흐르지 못한다.

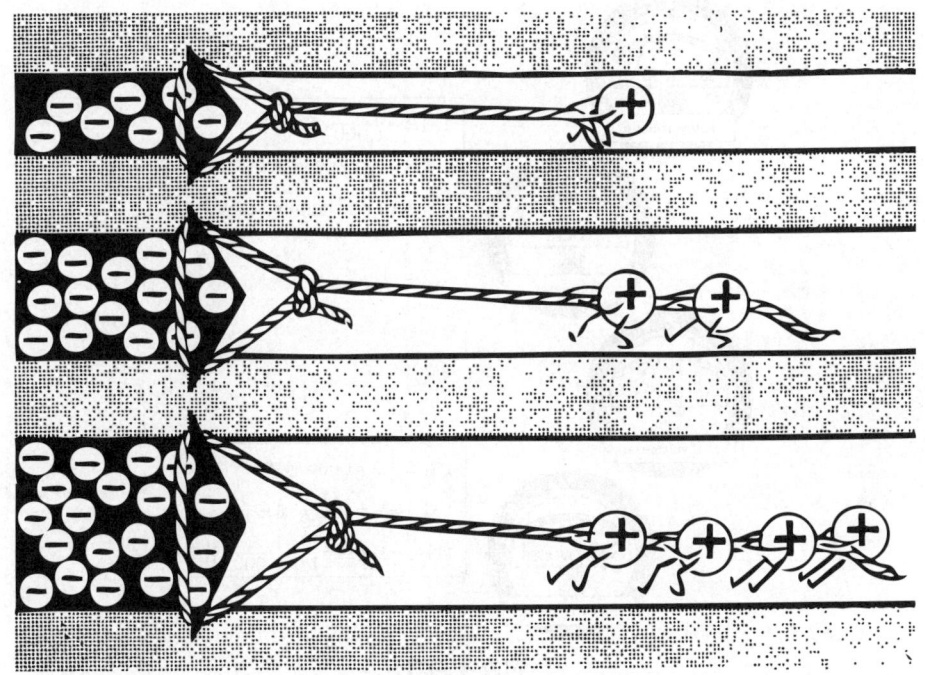

〈큰 못은 큰 망치를 필요로 하고, 더 많은 전류는 더 높은 전압을 필요로 한다.〉

Section 15. 전압은 어떻게 측정하는가?

1. 전압의 단위

서로 다른 두 전하 사이의 기전력은 보통 볼트로 표시된다. 그러나, 전압차가 극히 작거나 반대로 너무 커서 수천 볼트가 될 때에는 다른 단위가 사용된다. 전류에서 1 암페어 미만의 전류는 밀리암페어 또는 마이크로암페어로 표시한 바와 같이 1 볼트 미만의 전압에는 밀리볼트, 마이크로볼트가 쓰인다. 전류는 1,000 암페어를 초과하는 일이 드무나 전압은 때때로 1,000 볼트를 초과한다. 이때는 킬로볼트(1,000 볼트와 같다.)가 측정 단위로 사용된다. 두 전하 간의 전위차가 1,000분의 1 볼트와 1 볼트 사이 측정단위는 밀리볼트가 된다. 백만분의 1 볼트와 1,000분의 1 볼트 사이이면 단위는 마이크로볼트이다.

전압을 측정하는 데 사용되는 계기는 측정코자 하는 전압의 단위에 따라 마이크로볼트, 밀리볼트, 볼트 및 킬로볼트의 눈금 범위를 갖고 있다. 보통은 1 볼트에서 500 볼트 사이의 전압을 취급하며 측정 단위로서 볼트를 사용한다. 1 볼트 미만과 500 볼트 이상의 전압은 특별한 전기 기구를 제외하고는 사용하지 않는다.

1 볼트 = $\frac{1}{1,000}$ 킬로볼트

1 볼트 = 1,000 밀리볼트

1 볼트 = 1,000,000 마이크로볼트

1 킬로볼트 = 1,000 볼트

1 밀리볼트 = $\frac{1}{1,000}$ 볼트

1 마이크로볼트 = $\frac{1}{1,000,000}$ 볼트

<전압의 단위>

2 전압 단위의 환산

전압 측정의 단위는 전류의 단위 환산과 같은 방법으로 환산된다. 밀리볼트를 볼트로 환산할 때 소수점을 세 자리 좌로 옮기고, 볼트를 밀리볼트로 환산할 때는 그 소수점을 세 자리 우로 옮긴다.

같은 방법으로 마이크로볼트를 볼트로 환산할 땐 소수점을 여섯 자리 좌로 옮기고, 볼트를 마이크로볼트로 환산할 때 소수점을 우로 여섯 자리 옮긴다. 이와 같은 예는 단위 환산에 있어서 전압과 같이 전류에서도 소수점 옮기는 규칙이 적용된다.

킬로(1,000을 의미한다)는 전류에는 사용되지 않으며 전압에서 사용되어 왔다. 여러분은 킬로볼트에서 볼트로, 볼트에서 킬로볼트로의 환산을 알아야 한다. 킬로볼트에서 볼트로의 환산은 소수점을 우로 세 자리 옮기며, 볼트에서 킬로볼트로 환산할 때는 소수점을 좌로 세 자리 옮긴다.

예로서 5 킬로볼트는 5 뒤에 소수점이 오기 때문에 5,000 볼트와 같이 0 세 개의 자리를 마련하여야 한다. 또 450 볼트는 그 소수점을 좌로 세 자리 옮기므로 0.45 킬로볼트와 같다.

볼트를 킬로볼트로	킬로볼트를 볼트로
소수점을 좌로 3자리 옮긴다. 450 볼트=0.45 킬로볼트	소수점을 우로 3자리 옮긴다. 5 킬로볼트=5,000 볼트
볼트를 밀리볼트로	**밀리볼트를 볼트로**
소수점을 우로 3자리 옮긴다. 15 볼트=15,000 밀리볼트	소수점을 좌로 3자리 옮긴다. 500 밀리볼트=0.5 볼트
볼트를 마이크로볼트로	**마이크로볼트를 볼트로**
소수점을 6자리 우로 옮긴다. 15 볼트=15,000,000 마이크로볼트	소수점을 6자리 좌로 옮긴다. 3,505 마이크로볼트=0.003505 볼트

<전압 단위의 환산>

3 전압계는 어떻게 동작하는가?

전류계는 물체를 통하여 이동하는 전하의 이동률을 측정한다. 전류가 흐르는 율은 전하 간의 전압차에 따라 다르므로 어떤 일정한 물체에 흐르는 전류가 많을수록 물체의 양단의 전압은 더 커진다. 전압은 전압계로써 측정하며, 이것은 전압계에 직렬로 연결된 배율 저항기라고 하는 한 물체를 통해 흐르는 전류를 측정하는 것이다.

저항기와 저항에 대하여는 조금 후에 더 배운다. 일정한 배율 저항기를 사용할 때 계기는 전압이 높으면 큰 전류를 지시할 것이며 전압이 낮으면 적은 전류를 지시할 것이다. 이때 계기의 눈금은 볼트로 표시할 수 있다.

배율 저항기의 규격에 따라서 전압계의 측정 범위가 결정된다. 여러분들이 사용할 대부분의 전압계에는 배율 저항기가 포함되므로 간단히 연결만 하면 전압을 측정할 수 있다. 전원 전압 양극(+) 단자에 계기의 양극(+) 단자를, 전원 전압 음극(-) 단자에 계기의 음극(-) 단자를 연결하면(이외에 직렬로 연결된 것이 없다), 그 계기에서 전압을 직접 읽을 수 있다.

전압계 사용에 있어서는 정확한 계기 구성을 살피는 것과 우리가 예측한 최고 전압보다 더 큰 눈금을 가진 계기를 사용한다는 것이 가장 중요하다.

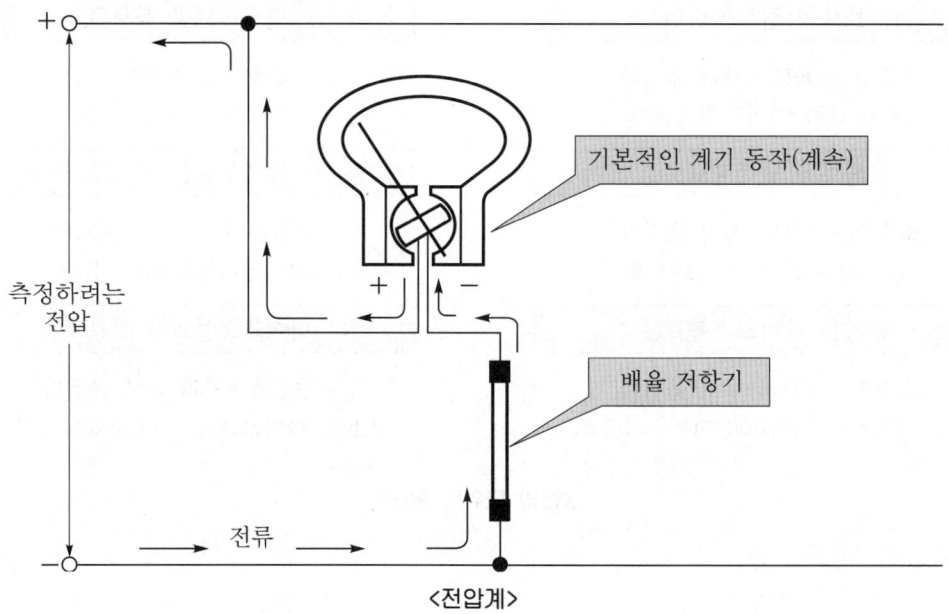

〈전압계〉

4 전압계는 어떻게 사용하는가

전압계(볼트미터라고도 함)는 회로 내의 모든 부분의 전압을 측정하는 데 사용된다. 전지와 같은 전원 전압을 측정하려면 항상 전압계의 음극(-) 단자를 전지의 음극(-) 단자에, 전압계의 양극(+) 단자를 전지의 양극(+) 단자에, 연결하여야 한다. 만일 이 연결을 반대로 하면 계기의 지침은 영점에서 왼쪽으로 움직이게 되어 전압의 값을 읽을 수 없게 될 것이다.

또 부하(load) 양단의 전압 강하를 측정하기 위하여 전압계를 사용할 때에는 전지나 전압계의 음극(-) 단자는 전자가 흘러 들어오는 부하의 한쪽 즉, 음(-)측에 연결하고, 양극(+) 단자는 전자가 흘러 나가는 부하의 다른 쪽 즉, 양(+)측에 연결하여야 한다.

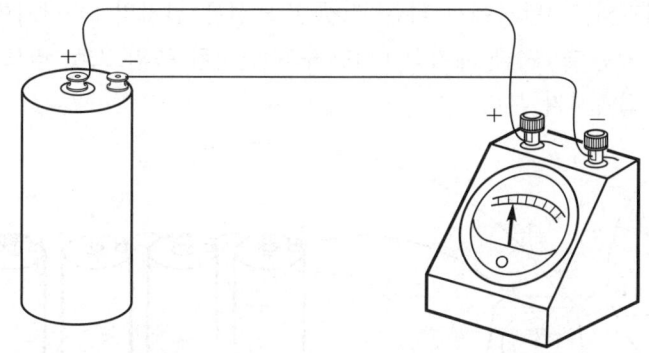

〈전압계 및 전지에서 각각 음극(-) 단자는 음극(-) 단자에, 양극(+) 단자는 양극(+) 단자에 연결〉

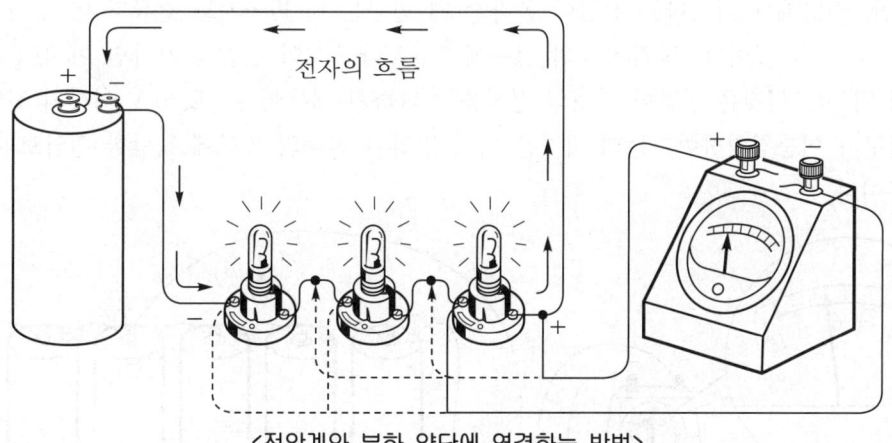

〈전압계와 부하 양단에 연결하는 방법〉

5 실습···전압과 전류의 흐름

전류에 대한 전압의 효과를 알아보기 위하여 6개의 건전지를 직렬로 연결하여 9 V의 전지를 만든다. 즉, 한 전지의 (+)를 다른 전지의 (-)에 각각 연결한다. 그리고 0~10 V의 전압계를 사용하여 전압계의 (-)단자를 전지의 (-)단자에 연결한다. 다음 도선으로 계기의 (+)단자를 순차적으로 각 전지의 (+)단자에 접촉시켜본다. 그러면, 각 전지 전압은 보태어지며 전지의 (-)단자와 여러 전지의 (+)단자 간에서는 전압이 각각 1.5 V, 3 V, 4.5 V, 6 V, 7.5 V 및 9 V가 됨을 알 수 있다.

다음, 두 개의 피복 도선을 가지고 전구 소켓의 양단에 연결하고 또 전압계는 소켓 양 단자에 연결시킨다. 계기의 (-)단자에서 나온 소켓 리드선은 전지의 (-)단자에 연결한다. 그리고 6V 전구를 소켓에 꽂는다. 지금 계기의 (+)단자와 연결된 측의 소켓 리드선을 순차적으로 각 전지의 (+)단자에 접촉시켜 본다.

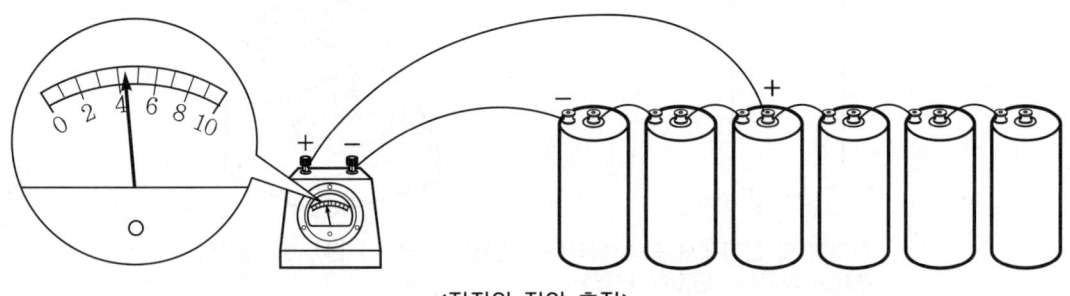

<전지의 전압 측정>

그러면, 전압계에 나타나는 전압이 올라갈 때 전구는 더 밝아지고 전류가 더 많이 흐른다는 것을 알 수 있을 것이다. 정격 6 V의 전구에 7.5 V나 9 V의 전압을 가하면 이 전구는 지나치게 밝게 되는데 이것은 전압이 전구의 정격을 초과하기 때문이다. 또, 6 V 이하의 전압을 사용하면 전구가 어둠침침하여지는데 이것은 역시 전압이 전구의 동작에 적당한 전압보다 너무 낮기 때문이다.

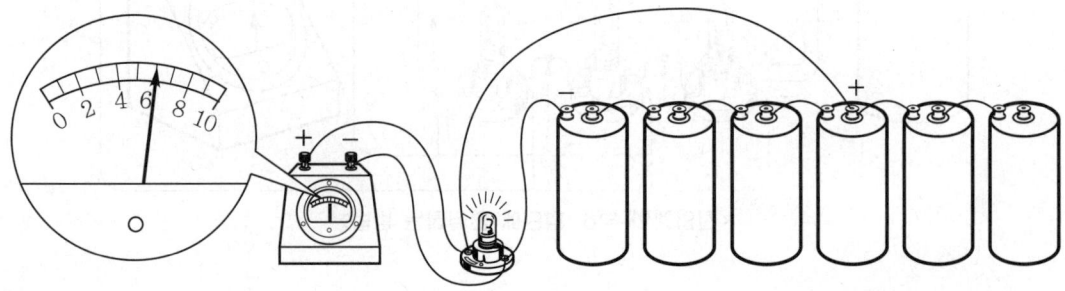

다음은 2개의 전지를 떼어내어 6 V의 전지로 만든다. 그리고 이 전지 양단에 전압계를 연결하고 계기의 극성이 정확한가를 확인한 후 전압계의 6 V를 지시하는가를 본다. 다음, 3개의 전구 소켓을 병렬로 연결하고 그 양단을 각각 6 V 전지 양단자에 연결한 후 전구를 소켓에 꽂는다. 그러면 전구 하나 하나를 순차적으로 소켓에 꽂을 때 각 전구는 첫 번째 전구와 똑같은 밝기로 빛을 내며 전지 양 단자에 흐르는 전류는 점차 증가하는 것을 볼 수 있다. 그러나 전지 양단 간의 전압은 충전 시에 약간 변할 뿐 그 후로는 거의 변하지 않는다.

〈병렬 전구와 전압〉

전압계의 연결을 정확히 하는 것이 매우 중요하다는 것을 강조해야 한다. 전압계는 항상 (+)단자가 측정 전압의 (+)단자에, (−)단자가 측정 전압의 (−)단자에 연결되도록 하여야 한다. 만일 연결을 잘못하면 지침은 측정 눈금 범위의 영점을 벗어나서 정확한 측정이 불가능할 뿐만 아니라 사용하고 있는 계기의 측정 범위가 측정 전압을 나타내는 데 충분한지 아닌지도 알 수 없을 것이다. 또한 계기의 연결을 비록 짧은 시간 동안만 반대로 한다해도 계기는 손상을 입을 것이다.

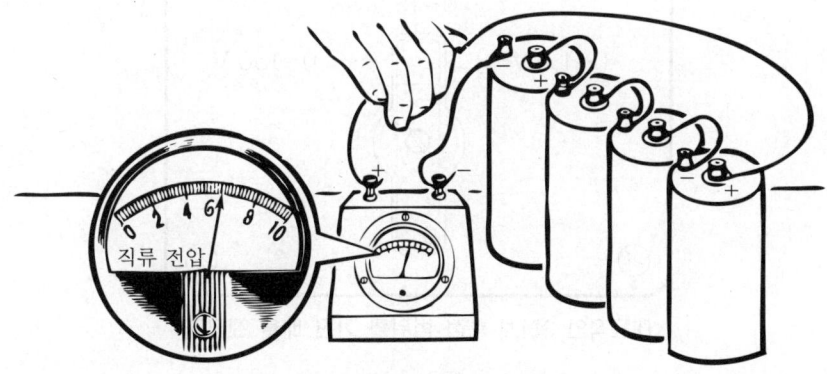

〈항상 이렇게 전압계를 연결한다.〉

6 배율 전압계(multi-range voltmeter)

전압계의 측정 범위는 전압 회로에 배율기라는 것을 기본 계기 가동부와 직렬로 연결함으로써 넓힐 수 있다. 배율기는 지침의 기울기를 감소 즉, 지침을 작게 돌아가도록 하는 것으로서 이미 그 값을 알고 있는 배율기를 사용하여 우리가 원하는 만큼의 기울기로 감소시킬 수 있다. 배율 전압계는 배율 전류계와 같이 우리들이 자주 사용하는 계기이다. 이 두 개의 계기는 암미터와 비슷한 모양이며, 배율기는 보통 계기 내부에 장치되어 있으며 측정 범위를 선택하기 위하여 선택 전환 스위치나 외부에 있는 여러 단자를 사용하도록 되어 있다. 적당한 측정 범위를 선택하고자 할 때에는 우선 가장 큰 값의 측정 범위로부터 시작하여 지침이 중앙 눈금에 가까이 올 때까지 점차적으로 측정 범위를 낮추어가며 선택하여야 한다.

이 계기는 가벼워서 가지고 다닐 수 있고, 또 간단히 스위치를 움직여 여러 가지 전압 범위를 측정할 수 있기 때문에 배율 전압계는 매우 유용한 것이다.

아래의 간단한 그림은 3단계 측정 범위를 가진 배율 전압계를 보여준 것이다.

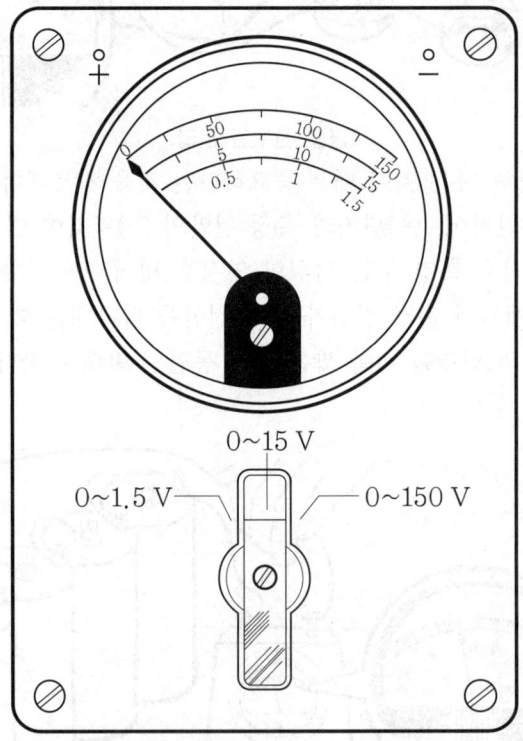

<대표적인 3단계 측정 범위를 가진 배율 전압계>

실습···전압계 측정 범위

직류 전압을 측정하는 데 전압계의 정확한 측정 범위를 선택하는 방법을 알아보기 위하여 각각의 도선을 전기의 (−)단자와 22.5 V 전지(+) 단자에 연결하고 이 두 도선을 순차적으로 각 전압계에 연결한다. 그러면 0~300 V 범위의 전압계에서는 지침의 기울기가 작기 때문에 올바르게 읽을 수 없으며, 0~10 V 범위의 전압계에서는 지침의 기울기가 계기의 최대 측정 범위를 넘어가며, 0~100 V 범위의 전압계에서는 지침의 기울기가 측정 범위의 5분의 1을 좀 넘는 계기의 유효 범위 내에 들어옴을 알 수 있다.

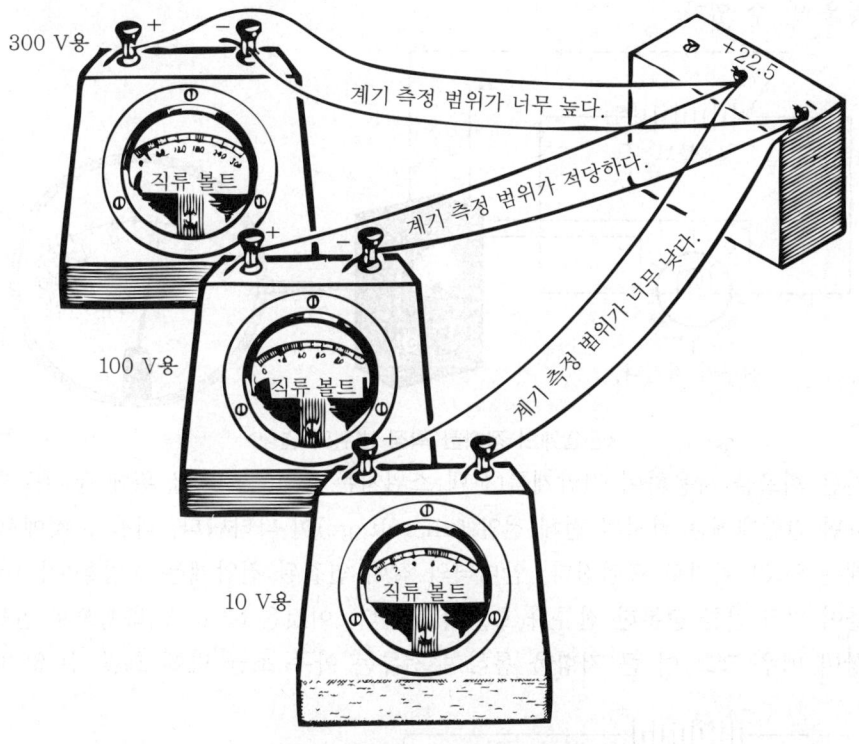

<전압계의 정확한 측정 범위의 선정>

계기의 범위를 정확히 선택하는 것이 중요하다는 것을 다시 강조하기 위하여 전지를 직렬로 연결하여 여러 가지 전압을 만들어 가지고 이 과정을 되풀이하여 보자. 우선 사용된 전압이 3 V 이든 135 V이든 간에 가장 높은 측정 범위를 가지고 시작하며, 차츰 적당한 측정 범위가 택하여질 때까지 계기의 범위를 낮추어 가야 한다.

다음 전압의 극성을 확인하기 위하여 낮은 전압에서는 높은 측정 범위를 가진 전압계를 사용한다. 이 극성을 확인하는 데 낮은 계기의 범위를 사용하여도 안 되며 계기의 지침이 오른쪽으로 돌아가는지의 여부를 조사하는 데 필요한 시간 이상으로 오랫 동안 연결해 두어도 안 된다.

실습···전압계의 측정범위 선택과 정확한 연결법

　배율 전압계의 정확한 측정 범위를 어떻게 선택하는가를 알아보기 위하여 네 개의 건전지를 직렬로 연결하여 6 V의 전지를 만들고 이 전지의 양 단자에 전구 소켓을 연결한다. 그리고 전구를 소켓에 꽂고 케이스 위에 선택 전환 스위치를 가지고 있는 0~1.5, 15, 150 V의 배율 전압계를 사용한다. 우선 선택 스위치를 0~150 눈금 위치에 놓고 전구 소켓의 단자, 다음은 전지의 단자 간의 전압을 측정한다. 다음, 선택 스위치를 0~15 V 눈금 위치에 놓고 앞의 과정을 되풀이 한다. 그러면 0~15 V 범위가 정확한 눈금 범위가 되고 전구 양단 전압이 전원 전압과 같다는 것을 알 수 있다.

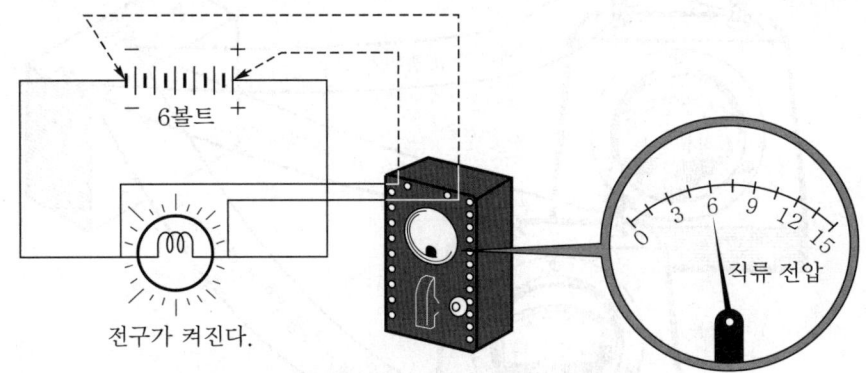

<전압계의 정확한 측정 범위의 결정>

　전과 같은 회로를 사용하여 전압계를(선택 스위치는 0~15 V 눈금 위에 둔 채) 회로에 직렬로 연결하면 전압계에는 전지의 전체 전압(full voltage)이 나타난다. 다음 소켓에서 전구를 빼면 전압계는 영(0) 위치로 떨어진다. 암미터와 같이 연결된 전압계는 전압을 지시하기는 하나 전등에 불이 켜질 만큼 충분한 전류가 흐르지 못한다. 이것은 0~15 V 측정으로 만들어진 배율기의 저항이 매우 크고 이 큰 저항을 통하여 전류는 아주 조금 밖에 흐를 수 없기 때문이다.

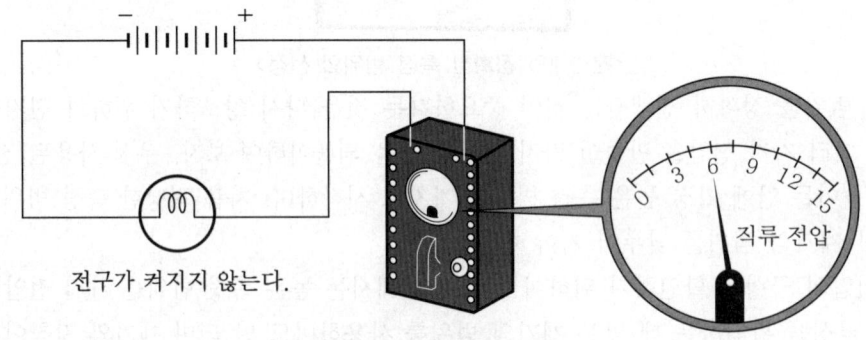

<전류계로서 연결된 전압계>

9 전압의 단위와 측정 방법에 대한 복습

전압의 단위와 전압 측정 방법에 대하여 배운 것을 다시 복습하여 보자.

① 전압의 단위

1 킬로볼트 = 1,000 볼트

1 밀리볼트 = $\frac{1}{1,000}$ 볼트

1 마이크로볼트 = $\frac{1}{1,000,000}$ 볼트

1 볼트 = $\frac{1}{1,000}$ 킬로볼트

1 볼트 = 1,000 밀리볼트

1 볼트 = 1,000,000 마이크로볼트

② 전압 단위의 환산

환 산	소수점의 이동
킬로볼트를 볼트로	오른쪽으로 3자리 옮긴다.
볼트를 킬로볼트로	왼쪽으로 3자리 옮긴다.
볼트를 밀리볼트로	오른쪽으로 3자리 옮긴다.
밀리볼트를 볼트로	왼쪽으로 3자리 옮긴다.
볼트를 마이크로볼트로	오른쪽으로 6자리 옮긴다.
마이크로볼트를 볼트로	왼쪽으로 6자리 옮긴다.
밀리볼트를 마이크로볼트로	오른쪽으로 3자리 옮긴다.
마이크로볼트를 밀리볼트로	왼쪽으로 3자리 옮긴다.

㉠ 전압계(볼트미터라고도 함) : 배율기와 직렬로 연결된 전압을 측정하기 위하여 사용되는 기본적인 계기

㉡ 밀리볼트미터 : 1 밀리볼트 이상 1 볼트 미만의 전압을 측정하기 위하여 교정된 전압계

㉢ 마이크로볼트미터 : 1 마이크로볼트 이상 1 밀리볼트 미만의 전압을 측정할 수 있도록 교정된 전압계

㉣ 배율기 : 전압계의 전압 측정 범위를 넓히기 위하여 기본적 계기 가동부(즉 전압 코일)와 직렬로 연결하여 사용되는 것

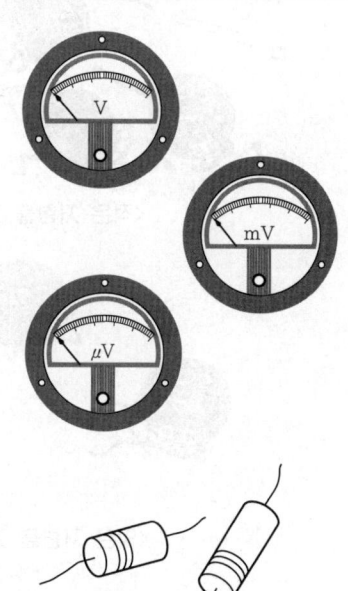

Section 16. 무엇이 전류의 흐름을 조정하는가? : 저항

1. 저항이란 무엇인가?

전류가 흐르는 것을 방해하는 성질은 모든 물질에 있어서 같지 않다. 전류 그 자체는 물질을 통과하는 자유전자의 이동이다. 그리고, 한 물질은 그 물질 내에 존재하는 자유 전자의 수에 따라서 전류에 반항하는 성질이 결정된다. 어떤 물질의 원자는 자기의 외곽 전자를 쉽게 버리는 성질이 있으며 이와 같은 물질은 전류에 반항하는 성질이 적어진다. 한편, 어떤 물질은 그들의 외곽 전자를 붙잡아 두려는 성질을 가지고 있으며, 이와 같은 물질은 전류에 반항하는 성질이 상당히 크게 된다. 모든 물질은 크든 작든 간에 전류에 반항하는 성질을 가지고 있으며 이 반항하는 성질을 저항이라고 부른다.

<저항은 자유 전자들에 의하여 결정된다.>

<적은 저항을 가진 물질은 많은 자유전자를 버린다.>

<많은 저항을 가진 물질은 적은 자유 전자를 버린다.>

더 알기 쉽게 저항을 묘사하기 위하여 이미 앞에서 배운 배수관을 다시 생각해 보자. 앞에서도 말한 바와 같이 배수관에 많은 골프공을 넣고 이것을 전선으로 단단히 묶어 놓는다. 이때 작은 이 골프공은 구속 전자를 갖는 원자를 나타낸다. 그리고, 골프공 사이의 공간에는 공기총 알만한 크기의 금속구로 가득 채운다. 이때 각 금속구는 자유전자를 나타낸다. 다음 금속구를 배수관의 한쪽 끝에서는 빼내고 한쪽 끝으로는 집어넣는다고 하면 이 금속구가 배수관 내에서 흐르기 시작한다.

지금 저항의 개념을 이해하기 위하여 각 골프공에 어떤 종류의 풀을 발랐다고 생각하자. 이때 이 풀은 공에서 떨어지지 않고 또한 금속구를 풀에 달라붙게 한다고 한다. 풀의 붙이는 힘은 사용되는 물질에 따라 변한다. 만일 그 물질이 구리(copper)라고 하면 그 풀의 힘은 대단히 약할 것이고 이 자유전자를 굳게 붙잡지 않을 것이다. 그러나 그 물질이 유리라면 그 풀의 힘은 대단히 강하여 자유 전자를 굳게 붙잡아 두게 하고 원자에서 떨어지지 못하게 할 것이다. 약한 풀을 사용한다면 미는 힘(전압)은 많은 수의 금속구를 밖으로 밀어내며, 강한 풀을 사용한다면 2, 3개 정도의 금속구만을 밀어낼 것이다.

금속의 저항은 바로 이야기한 풀의 힘과 같은 것이다. 미는 힘(전압)이 일정하게 유지되고 풀의 힘(저항)이 증가될 때에는 금속구(전자)가 더욱 적게 흐를 것이다.

원자는 풀을 갖고 있지 않으나 원자핵 내의 양전하의 전계가 위와 아주 똑같은 방법으로 외곽 전자를 유지한다. 이 흡인력은 원자의 구조(물질의 종류)에 따라 크기도 하고, 작기도 하게 된다.

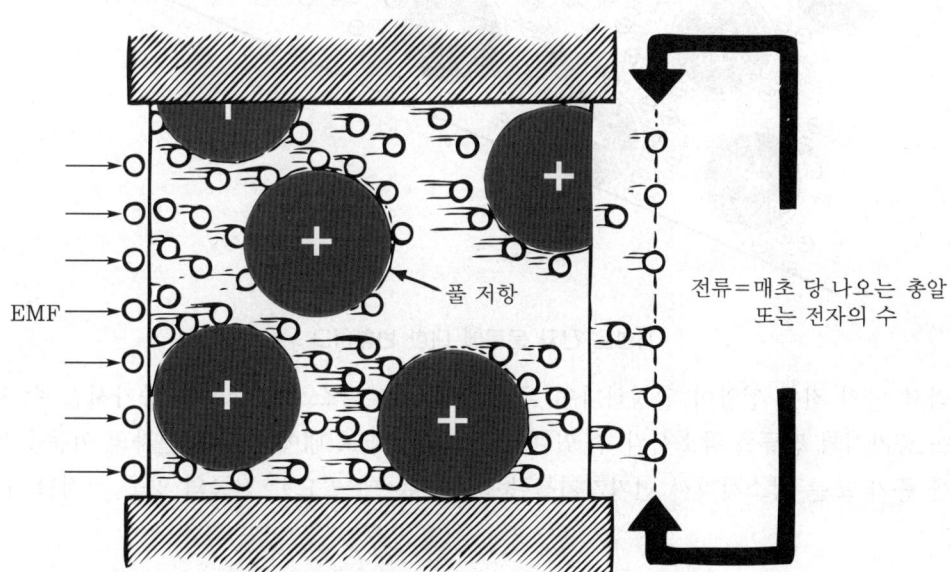

전류란 물질 내에서의 자유전자의 이동이며, 물질을 통하여 자유 전자를 이동하게 하기 위해서는 어떤 종류의 전원이 필요하기 때문에 전류는 단독으로는 흐르지 못한다는 것을 알았을 것이다. 또, 전원이 없어지면 전류가 계속하여 흐르지 못한다는 것도 알았을 것이다. 이러한 모든 것으로 미루어 보아 물질 내에는 전류의 흐름에 반항하는 무엇이 있으며, 그 무엇이란 바로 자유전자를 붙잡아 두는 것이며 충분한 힘이 여기에 가하여질 때까지는 자유전자를 버리지 못한다는 것을 알 수 있을 것이다.

　이와 같이 전류의 흐름에 반항하는 성질을 저항이라 한다. 이 저항은 전에 기술한 풀의 힘과 같은 것이다. 전기적인 힘(전압)을 일정하게 유지하고, 전류의 흐름에 대한 반항(저항)을 크게 하면 할수록 물질 내를 통과하는 전자수(전류)는 점점 적어질 것이다. 즉 같은 전원을 사용한다면 저항이 작으면 작을수록 전류는 커진다.

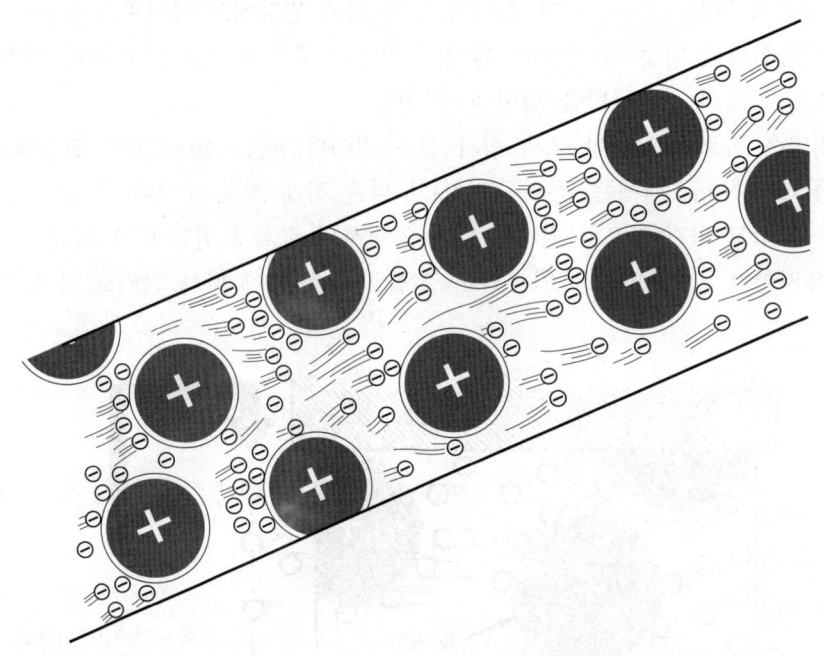

<저항은 전자 운동에 대한 반항이다.>

　따라서 만일 전원 전압이 일정하다면 우리는 저항을 감소시켜 전류를 증가시킬 수 있으며, 저항을 증가시켜 전류를 감소시킬 수 있다. 또 우리는 회로 내에서 저항(전자의 이동을 방해)의 크기를 증가 또는 감소시켜서 전기기기를 동작시키는 데 필요한 전류의 양을 조정할 수 있다.

2 도체와 절연체

우리는 도체(conductor)는 나쁜 절연체(insulator)이고, 절연체는 나쁜 도체라는 말을 듣는다. 이 표현이 도체와 절연체가 무엇인가를 정확히 말하여 주지는 못하지만 이것은 옳은 표현이다. 도체는 전류의 흐름을 거의 방해하지 않는 물질이므로 전기를 흐르게 하는 데 사용된다. 절연체는 전류의 흐름에 대하여 많은 방해를 하는 물질이므로 전류의 흐름을 차단 또는 절연하기 위하여 쓰인다. 도체와 절연체 양쪽 다 전류를 흐르게는 하지만 그 양에 있어서 대단히 다르다. 절연체 내에 흐르는 전류는 아주 적으므로 보통 영(0)과 같다고 생각한다.

양도체(good conductor)인 물질은 충분한 자유 전자를 가지나, 절연체는 그렇지 못한 까닭은 원자의 외곽 궤도에서 전자를 쉽게 버리지 못하기 때문이다. 금속(metal)은 가장 좋은 도체이며, 구리·알루미늄과 철선 등은 보통 전류를 흐르게 하기 위하여 사용된다. 탄소(carbon)와 보통의 물은 때때로 도체로 쓰여지는 비금속 물질이다. 유리·종이·고무·사기·플라스틱과 같은 물질들은 보통 절연체로 쓰여진다.

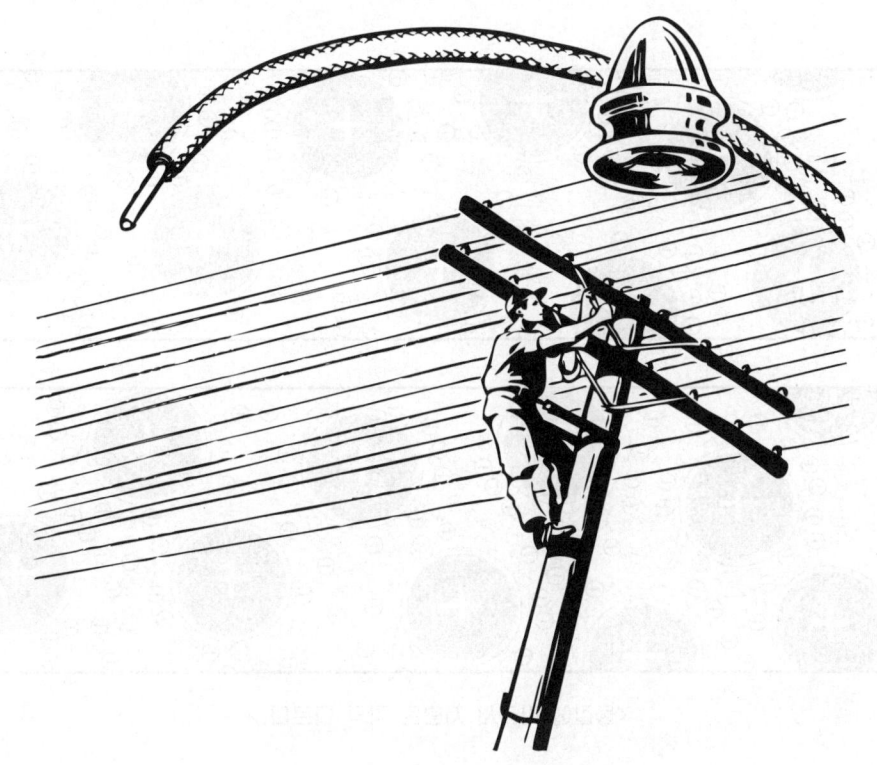

〈도체(conductor)와 절연체(insulator)〉

3 저항을 조정하는 요소…물질의 종류

가장 좋은 도체라 할지라도 그 안을 통하여 흐르는 전류를 제한하는 약간의 저항(resistance)을 가지고 있다. 어떤 물체의 저항(예를 든다면 하나의 전선의 저항)은 그것을 만든 물질의 종류·길이·단면적과 온도 등에 따라서 달라진다. 저항을 좌우하는 이들 요소의 각각에 대하여 조사하고 이들이 한 물체의 전체 저항에 어떻게 영향을 미치나 살펴보기로 하자.

한 물체의 재료는 그 물체의 저항에 영향을 미친다는 것을 이미 알고 있다. 한 물체의 저항을 결정하는 데 있어서 각각의 물질이 그들의 외곽 전자를 얼마나 쉽게 버릴 수 있느냐가 하나의 대단히 중요한 요소이다. 만약에 구리·알루미늄 및 철의 각각 다른 물질로 만들어진 길이와 단면적이 같은 4개의 전선이 있다면, 이들은 각각 다른 저항을 갖는다. 이들 각 전선으로 연결된 한 개의 건전지는 각각 다른 전류를 흐르게 할 것이다. 은은 가장 좋은 도체이며 동·알루미늄·철의 순서로 저항이 크다. 모든 물질은 어느 정도까지는 전류를 흐르게 한다. 그리고 모든 물질은 얼마 만큼 그 물질이 전류를 흐르게 하는가를 저항률(resistivity)로 표시할 수 있다.

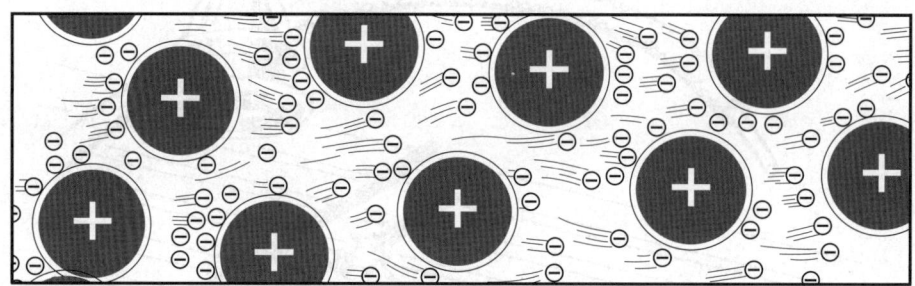

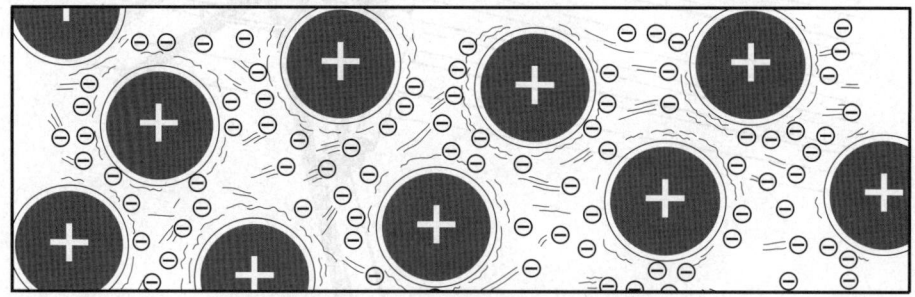

〈물질에 따라서 저항은 각각 다르다.〉

4 저항을 조정하는 요소…길이

한 도체의 저항에 영향을 미치는 또 다른 요소는 그 길이이다. 길이가 길면 길수록 저항은 그 만큼 더 커지고, 길이가 짧으면 짧을수록 저항은 작아진다. 우리는 철과 같은 물질은 단순히 각 원자가 그 외곽 전자를 단단히 붙들어 매고 있기 때문에 전류의 흐름을 방해한다는 것을 알고 있다. 전류의 통로에 좀 더 많은 철을 넣을수록 그 전류의 흐름은 더욱 적어진다는 것을 알 수 있는 것이다.

길이 4 인치, 굵기 1/1,000 인치의 한 철선을 암미터와 직렬로 연결했다고 가정하자. 건전지에 연결하자마자 일정 양의 전류가 흐를 것이다. 흐르는 전류의 양은 건전지의 전압과, 전원의 단자 간에 있는 통로에서 전자가 원자에 의하여 붙잡히는 즉, 흡인되는 횟수에 의하여 달라진다. 만약 철선의 길이를 8 인치 길이로 하여 2 배로 한다면 전류의 통로 내의 철선은 두 배로 될 것이며 전원 단자 간의 통로 내에는 그 원자로 인한 전자가 2 배로 될 것이다. 건전지 단자 간의 전류 통로의 길이를 2 배로 하면 통로 내의 흡인력이 2 배로 되어 전기 저항은 2 배가 된다.

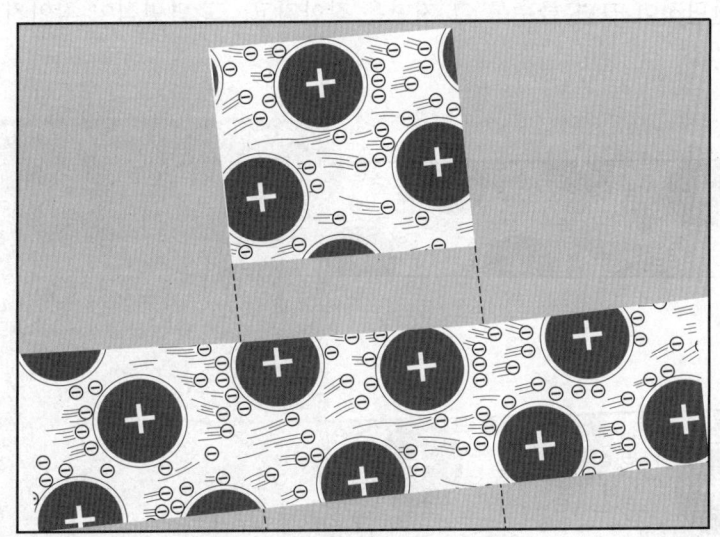

<길이가 길면 저항은 증가한다.>

한 도체의 길이가 길면 길수록 전류의 흐름에 대해서 큰 저항을 준다. 도체의 길이가 짧으면 짧을수록 전류의 흐름에 대한 저항이 더 적다.

5 저항을 조정하는 요소…단면적

한 도체의 저항에 영향을 미치는 또 하나의 요소는 그 도체의 단면적이다. 단면적이 무엇인가를 이해하기 위하여 한 전선을 그 길이의 방향으로 끊었다고 가정하자. 이 전선의 끊어진 면적이 단면적인 것이다. 이 면적이 크면 클수록 전선의 저항은 작아지고 면적이 작으면 작을수록 그 전선의 저항은 커진다.

그 이유를 알아보기 위하여 길이 4 인치 굵기 1/100 인치의 한 철선을 하나의 암미터와 직렬로 연결하였다고 가정하자. 건전지에 연결하는 순간 일정량의 전류가 흐를 것이다. 이때 흐르는 전류의 양은 건전지의 전압과 그 단자 간의 전류를 흐르게 하기 위하여 놓은 전선의 통로에 따라 달라진다. 우리는 전류가 1/100 인치 굵기의 아주 작은 선을 통과한다는 것을 알 수 있다. 만약 이 철선을 제거하고, 같은 길이로 단면적이 2 배의 다른 철선과 바꾸어 연결시킨다면 전류는 2 배로 될 것이다. 이것은 흐르는 전류에 대하여 좀 더 넓은 통로가 생겼기 때문이다. 즉, 같은 길이의 통로를 가진 전류에 대하여 2 배의 자유 전자가 있기 때문이다.

한 도체의 단면적이 크면 클수록 그 저항은 작아지고, 그 단면적이 작아지면 작아질수록 그 저항은 커진다.

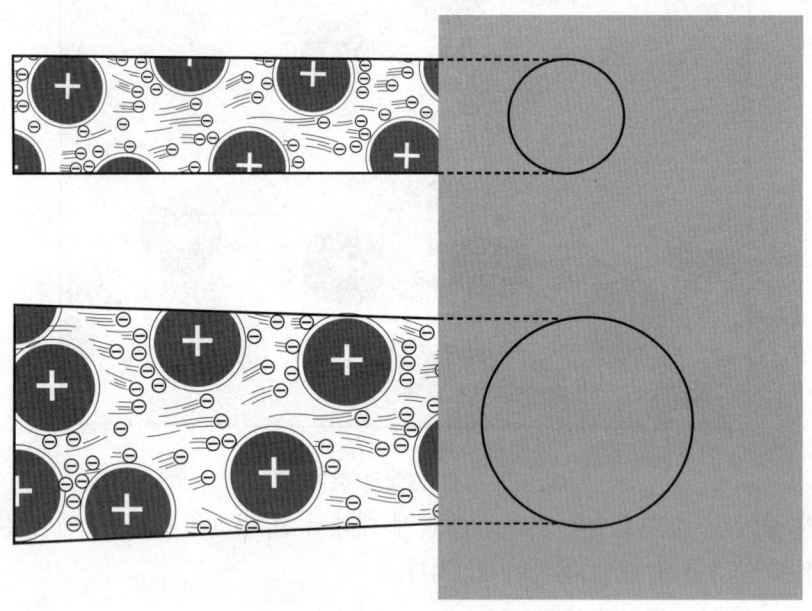

<단면적이 큰 도체는 작은 저항을 갖는다.>

6 저항을 조정하는 요소…온도

한 도체의 저항에 영향을 미치는 마지막 요소는 온도이다. 대부분의 물질은 그 물질이 높은 온도를 가지면 가질수록 전류의 흐름에 대하여 큰 저항을 주고 온도가 낮으면 낮을수록 작은 저항을 주는 것이다. 이 영향은 한 물질의 온도 변화가 그 물질의 외곽 전자를 방출하는 데 영향이 미치기 때문에 발생하는 것이다.

하나의 저항선, 스위치 및 하나의 건전지를 직렬로 연결함으로써 이 영향을 알아볼 수 있다. 스위치를 닫았을 때에는 일정량의 전류가 저항선을 통하여 흐를 것이다. 또 짧은 시간 동안에 이 저항선은 가열되기 시작하고 이 저항선이 가열되기 시작하자마자 저항선의 원자는 그 외곽 전자를 좀 더 단단히 붙잡고 저항을 증가시킨다. 이때 계기를 관찰함으로써 그 저항이 커지고, 계기에서 읽는 전류값은 점점 작아진다. 저항선이 그 최고 가열 상태에 도달했을 때에는 그 저항은 더 이상 증가하지 않고 계기는 일정한 값에 머물게 된다.

그러나, 탄소와 전해액 등과 같은 물질에서는 온도가 증가하면 전류에 대한 저항은 감소된다. 그리고 온도가 증가하면 전류가 증가한다. 저항에 대한 온도의 영향은 물질의 종류에 따라서 달라진다. 구리 및 알루미늄과 같은 물질에 있어서는 그 영향이 아주 작다. 저항에 대한 영향을 주는 요소는 물질·길이·단면적 및 온도인데 이 저항을 좌우하는 네 개의 요소 중에서 온도의 영향이 제일 작다.

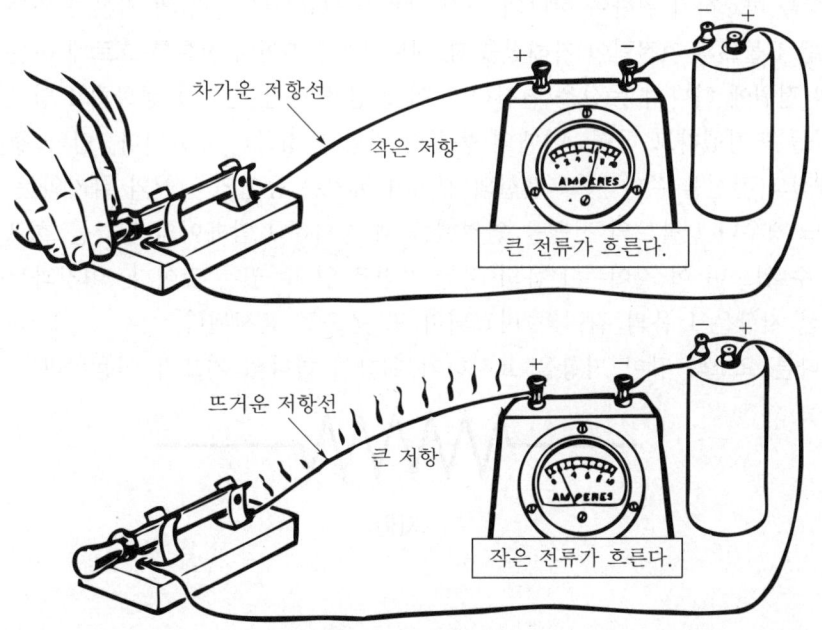

<저항에 대한 온도의 영향>

7 저항의 단위

1 볼트의 전압으로 1 암페어의 전류가 흐를 때 그 저항은 1 옴이다.

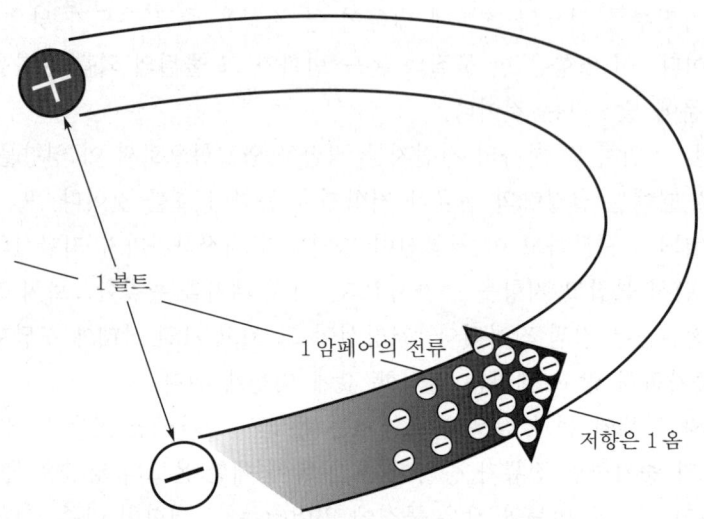

전류를 측정하기 위하여 측정 단위로 암페어(A)를 사용하고, 전압을 측정하기 위하여 볼트(V)를 사용한다. 이 단위는 전류와 전압을 각각 비교하는 데 필요하다. 같은 방법으로 서로 다른 도체의 저항을 비교하기 위하여 하나의 측정 단위가 필요하다. 저항의 기본 단위는 옴(Ohm : Ω)이다. 이것은 1 볼트의 기전력이 가해졌을 때 정확히 1 암페어의 전류를 흐르게 하는 저항과 같다.

1 볼트의 전원에 하나의 동선을 연결하고 이 동선을 통한 전류가 정확히 1 암페어가 될 때까지 그 길이를 조정했다고 하면, 이때의 동선의 저항은 정확히 1 옴이다. 만약 철이나 은과 같은 다른 물질의 전선을 쓴다면 그 전선의 길이와 굵기는 동선의 길이와 굵기와는 다를 것이다. 그러나 어느 경우나 1 볼트의 전원을 연결했을 때 정확히 1 암페어의 전류를 흐르게 하는 선의 길이를 알 수 있으며 이 길이는 1 옴의 저항 가짐을 알 수 있는 것이다. 이것과는 다른 길이의 굵기의 전선 저항은 1 옴의 길이와 비교되며 또 옴으로 표시된다.

회로의 다른 요소와 같이 저항을 표시하기 위하여 하나의 기호가 이용된다.

〈저항〉

대부분의 경우 우리들은 옴으로 표시된 저항치를 쓰게 되나, 특별한 목적을 위해서는 1 옴보다 작거나, 1,000,000 옴보다 큰 것을 쓸 수 있다. 저항이 작은 것은 마이크로옴으로 표시되고, 아주 큰 것은 메가옴으로 표시된다.

즉, 1 $\mu\Omega$은 $\frac{1}{1,000,000}$ Ω과 같고 1 MΩ은 1,000,000 Ω과 같다.

저항의 단위는 전압이나 전류의 단위와 같은 방법으로 변경시킬 수 있다. 마이크로옴을 옴으로 바꾸기 위해서는 소수점을 좌측으로 6 자리 옮기며, 옴을 마이크로옴으로 바꾸기 위해서는 소수점을 우측으로 6자리 만큼 옮긴다. 메가옴을 옴으로 고치기 위해서는 소수점을 우측으로 6자리 만큼 옮기고, 옴을 메가옴으로 고치기 위해서는 좌측으로 6 자리 만큼 옮긴다.

1,000 옴과 1,000,000 옴 사이의 저항에 대하여는 킬로옴(kΩ)이란 단위를 사용하며, 10킬로옴은 10 kΩ라 쓰고 10,000 옴과 같은 것이다. 킬로옴을 옴으로 고치기 위해서는 세 자리 만큼 소수점을 우로 옮기며, 옴을 킬로옴으로 고치기 위해서는 세 자리 만큼 좌로 옮긴다.

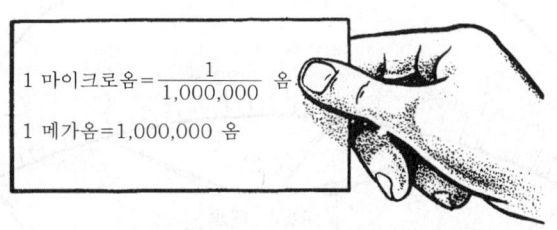

<저항의 단위 환산>

$\mu\Omega$을 Ω으로	Ω을 $\mu\Omega$으로
소수점을 좌측으로 6 자리 만큼 옮겨라. 35,000 $\mu\Omega$=0.035 Ω	소수점을 우측으로 6 자리 만큼 옮겨라. 3.6 Ω=3,600,000 $\mu\Omega$
kΩ을 Ω으로	Ω을 kΩ으로
소수점을 우측으로 3 자리 만큼 옮겨라. 6 kΩ=6,000 Ω	소수점을 좌측으로 3 자리 만큼 옮겨라. 6,530 Ω=6.530 kΩ
MΩ을 Ω으로	Ω을 MΩ으로
소수점을 우측으로 6 자리 만큼 옮겨라. 2.7 MΩ=2,700,000 Ω	소수점을 좌측으로 6 자리 만큼 옮겨라. 650,000 Ω=0.65 MΩ

8 저항의 측정 방법

전압계나 전류계는 전압과 전류를 측정하는 계기이다. 저항을 측정하는 데 쓰이는 내부에 고정된 계기는 옴계라 한다. 이 계기는 특별히 그 눈금이 등간격(간격이 일정함)이 아니라는 점과 그리고 정상 조작을 위해서는 내부에 고정된 전지가 필요하다는 점에서 전류계나 전압계와 다르다. 옴계를 쓸 때는 옴계 자체의 전지 전압 외에는 저항에 전압이 있어서는 안 된다. 그렇지 않으면 옴계가 손상된다.

옴계의 측정 범위는 보통 0~1,000 옴에서 0~10 메가옴까지 변동시킬 수 있다. 계기의 정확도는 각 눈금에 최대치에 가까운 곳에서 감소한다. 특별히 메가옴 측정 범위에 대하여는 눈금이 너무 가깝게 나누어져 있어 정확하게 읽을 수 없다. 딴 계기와는 달리 옴계의 눈금의 0의 위치는 우측 끝에 있다.

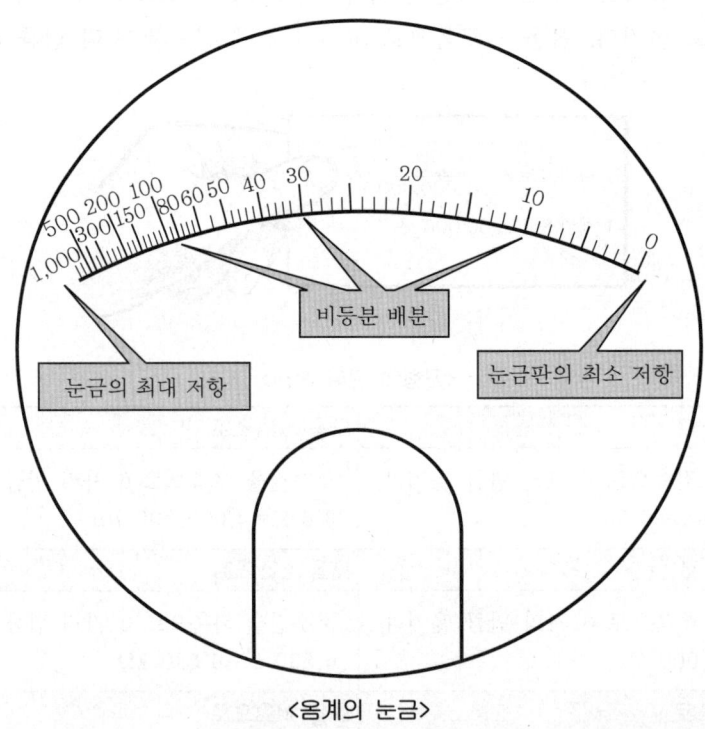

<옴계의 눈금>

측정치가 10 메가옴을 넘을 때에는 대단히 높은 내부의 전지 전압이 필요하므로 메거(megger)라고 부르는 특별한 옴계가 필요하다. 어떤 메거는 고전압의 전지를 쓰고, 어느 것은 필요한 전압을 얻기 위하여 특별한 형의 수동 발전기를 쓴다. 옴계는 도체의 저항을 측정하기 위하여 사용한다. 메거의 가장 중요한 용도는 절연 저항을 측정하고 시험하는 것이다.

저항기…구조와 특성

우리들이 이용하고 있는 모든 전기 기기에는 일정 양의 저항이 있다. 그러나 이 저항은 전류의 흐름을 원하는 정도로 조정하기에 불충분한 때가 많다. 그러나 특별한 조정이 필요할 때에는(예를 든다면 모터의 기동) 이 기기의 저항에다 다른 저항을 추가한다. 이 추가 저항을 얻기 위한 장치를 저항기라고 한다.

우리들은 여러 가지 종류의 저항기를 이용하게 될 것이다. 이들 중에는 고정된 저항치를 갖는 것도 있고 저항치를 변경할 수 있는 것도 있다. 모든 저항기는 특별한 저항선이나, 흑연(탄소) 또는 금속막으로 만든다. 권선 저항기는 보통 큰 전류를 조정하기 위하여 사용되나 한편 탄소 저항기는 비교적 작은 전류를 조정하기 위하여 사용된다.

유리질의 에나멜 권선 저항기는 사기대에다 저항선을 감아 만든 것이며, 금속 단자에 선의 끝을 접속하고 선과 사기대에다 유리가루와 에나멜을 입혀 선을 보호하고 열을 배재하게 되어 있다. 유리질의 에나멜 대신에 딴 것을 입힌 권선 고정 저항기도 사용된다.

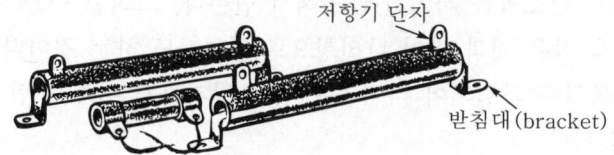

〈권선 고정 저항기〉

권선 저항기는 단계적으로 그 저항치를 변화시키기 위하여 쓰여지는 고정 탭(tap)을 갖거나 전체 저항을 몇 분의 1로 줄여서 변화시키기 위하여 조정할 수 있는 슬라이더(slider)를 가진 것도 있다.

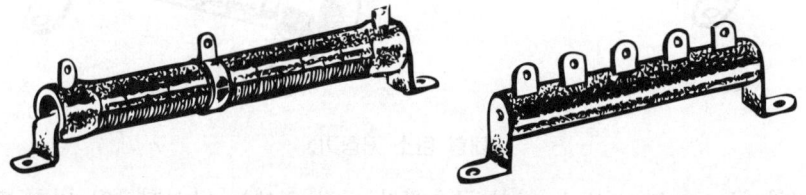

〈슬라이더를 가진 권선 저항기〉   〈탭(단자)을 가진 권선 저항기〉

망가닌(manganin)선의 권선 정밀 저항기는 실험 기구와 같이 그 저항이 대단히 정밀하여야 할 곳에 사용된다.

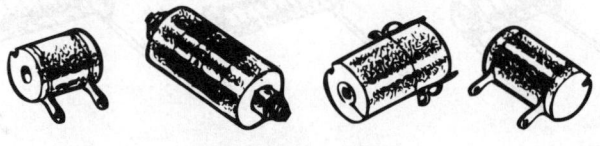

〈권선 정밀 저항기〉

탄소 저항기는 압축 흑연 막대, 흑연 막대의 끝에 붙인 리드선, 그리고 결속체(결합 재료)로 구성되며, 흑연 막대의 각 끝에는 리드선이 붙어 있다. 이 흑연 막대는 색을 칠하거나 사기로 절연 피복을 한다. 이런 종류의 저항기에 쓰여지는 리드(lead)선을 돼지꼬리(pigtail) 리드라 한다.

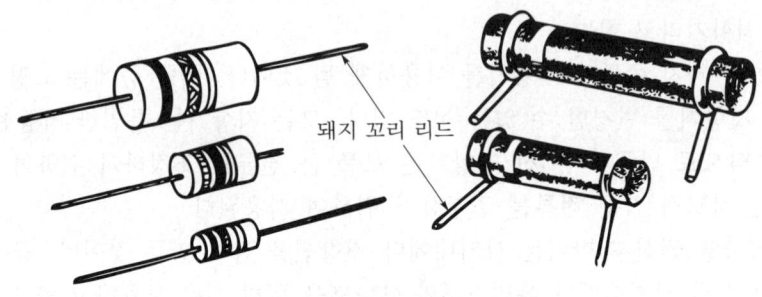

<탄소 저항기>

 어떤 탄소 저항기는 탄소막을 사기관에 입혀서 만든다. 그리고 어느 경우에는 이 탄소막을 사기관 주위에 전선을 감은 것과 같이 나선형으로 입히기도 하는 것이다. 이 탄소막은 에나멜로 덮여지는데, 그 목적은 과열되어 타버리는 것을 방지하기 위해서 탄소막으로부터 열을 쫓아내서 보호하는 데 있다.

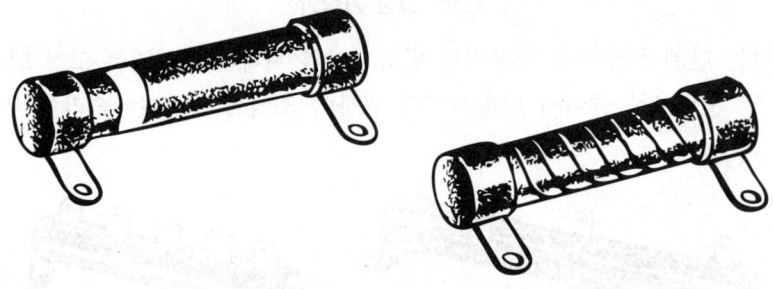

<대형 탄소 저항기>

 금속막 저항기는 그 막이 탄소 대신 금속이라는 것 외에는 나선형으로 입힌 탄소 저항기와 같은 방법으로 제작된다.

<금속막 저항기>

우리는 계기를 사용하는 동안 대단히 자주 저항을 변화시킬 필요가 있기 때문에 고정치를 갖는 고정 저항만을 항상 사용할 수 없는 것이다. 따라서 저항을 변화시키기 위해서는 조정되는 전류의 양에 따라 탄소형이나 권선형의 가변 저항기를 사용한다. 즉, 큰 전류용으로는 권선형이 작은 전류용으로 탄소형이 사용된다. 가변 저항기는 원형의 사기나 베이클라이트(bakelite) 위에다 저항선을 감고 회전축에 의하여 하나의 접촉자(contact arm)가 원형 저항선 위의 임의의 위치에 조정될 수 있도록 만들어진 것이다. 이 가동 접촉자에 연결된 하나의 단자와 저항선 끝에 연결된 하나 또는 2개의 단자는 필요한 저항을 변화시키는 데 사용된다.

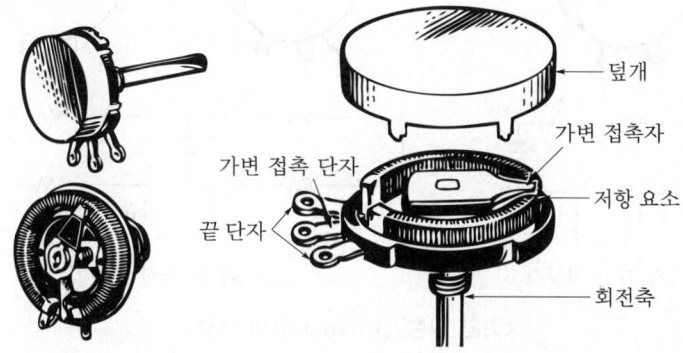

<권선 가변 저항기>

작은 전류를 조정하는 데 사용되는 탄소 가변 저항기는 파이버(fiber) 원반 위에 탄소 가성물(carbon compound)를 발라서 만들어진 것이다. 가동 접촉자는 접촉자의 회전축을 돌릴 때 저항을 변화시키는 작용을 한다. 권선형 또는 탄소형의 가변 저항기는 보통 두 가지 방법으로 사용된다. 즉, 가감 저항기(rheostat)나 전위차계(potentiometer)로서 사용된다. 어떤 가변 저항기는 두 개의 단자만을 가지고 있으며 이것은 가감 저항기로서만 사용된다.

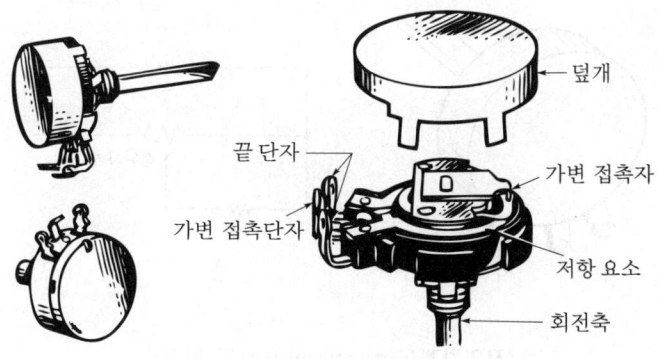

<탄소 가변 저항기>

3 단자 가변 저항기는 이것을 가감저항기로서 연결하고자 할 때에는 2 개의 단자만을 전기 회로에 연결하며, 두 단자 사이의 저항을 변화시키는 데 사용된다. 만일 가변 접촉 단자와 저항선의 끝 단자(end terminal) 하나를 직접 연결하고 회로 내에서 한 단자로서 작용하도록 하면 가변 저항기는 가감 저항기로서 동작한다.

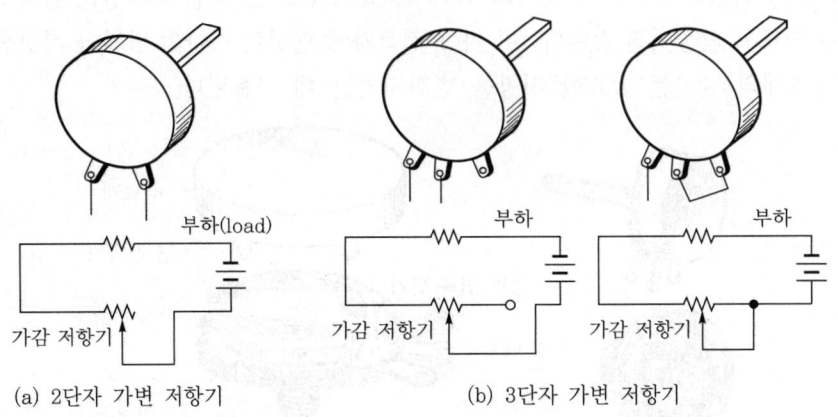

(a) 2단자 가변 저항기 (b) 3단자 가변 저항기

<가감 저항기(rheostat)의 연결>

만일 가변 저항기의 3 단자를 각각 회로의 다른 부분에 연결하면 그것은 전위차계로써 연결된 것이다. 이와 같은 연결에서는 끝 단자 사이의 저항은 항상 일정하여, 가변 접촉자는 끝 단자 사이의 임의의 위치에서 접촉할 수 있도록 되어 있다. 전위차계에 있어서는 양 끝 단자 사이의 총 저항은 변하지 않으나, 각 끝 단자와 중심 접촉점 사이의 저항은 가변 접촉점이 이동될 때 변한다. 이때 중앙 접촉점 양쪽 저항이 함께 변하여 하나는 증가하고 다른 하나는 감소한다.

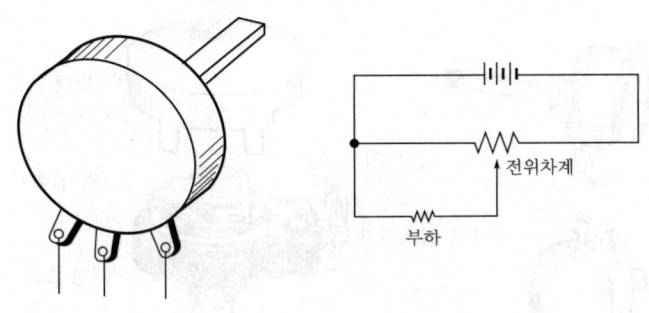

<전위차계(potentiometer)의 연결>

10 저항기의 색별 표시

우리는 모든 저항기의 값을 옴계를 사용하여 측정할 수 있으나, 어떤 경우에 있어서는 저항기의 값을 기호로써 용이하게 알아낼 수 있다. 대부분의 권선 저항기에서는 저항치가 몸통에 옴(Ohm)으로 표시되어 있다. 만일 저항기의 저항치가 옴으로 표시되어 있지 않다면 우리는 옴계를 사용하여 그 값을 측정하여야 한다.

많은 탄소 저항기는 저항치가 그 몸통에 옴으로 표시되어 있으나 때때로 그 표시된 값을 읽을 수 없게 장치되어 있는 경우가 있다. 또한 저항기의 몸체는 열로 인하여 퇴색되어서 표시된 값을 읽을 수 없게 되는 경우가 있으며, 이 밖에 어떤 탄소 저항기는 너무나 작기 때문에 표시된 값을 읽을 수 없는 경우도 있다. 그래서 탄소 저항기의 값을 용이하게 읽게 하기 위하여 색별 부호로 표시되고 있다.

탄소 저항기는 방사형(radial)과 축형(axial)의 두 가지 종류가 있으며 이 두 종류는 리드선이 저항 몸통에 연결되는 방법만이 다른 것이다. 이 두 종류의 저항기는 같은 색별 부호로 표시하나 그 표시하는 방법이 다르다.

방사형 저항기는 몸을 이룬 탄소 막대 주위에서 리드선을 감아서 만든 것이다. 이 리드선은 몸통에 직각으로 나왔으며, 저항기의 전 몸통(몸통 주위를 감은 리드선 포함)이 페인트로 칠하여졌으나 절연되지는 않았다. 그 까닭은 페인트는 좋은 절연 물질이 아니기 때문이다. 이 불충분한 절연 때문에 이 종류의 저항기는 회로의 다른 부분과 접촉할 우려가 없는 곳에 장치되어야 한다. 이 방사 저항기는 과거에는 널리 사용되었으나 최신 기기에서는 거의 찾아볼 수 없다.

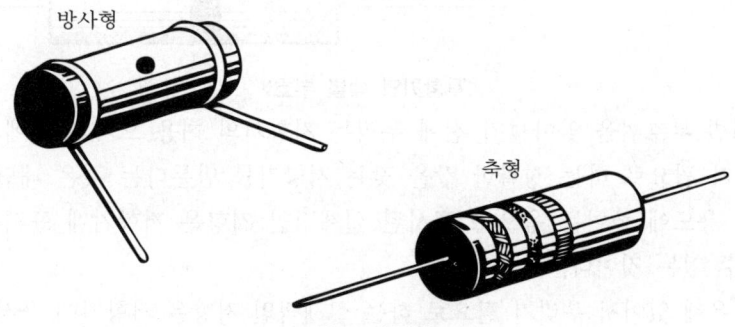

〈탄소 저항기〉

축형 저항기(axial resistor)는 리드선이 저항기의 몸통을 이룬 탄소 막대 양끝으로 들어가도록 만들어졌다. 즉, 리드가 양 끝에서 직접 곧게 나오고 저항기의 몸체와 일직선이 되도록 되어 있다. 이 탄소 막대는 좋은 절연물인 사기를 입힌 것이다.

앞장에서 설명한 바와 같이 방사형 및 축형 저항기는 모두 같은 색별 표시법을 사용하나 다른 방법으로 색칠을 한다. 방사형 저항기는 몸통-끝-점 방식으로(소수의 축형 저항기와 같이) 부호 표시를 하며 대부분의 축형 저항기는 끝-중앙 띠(band) 방법에 의하여 부호를 표시하고 있다.

각 색별 부호 표시 방법에 있어서, 세 가지 색깔은 저항치를 옴으로 표시하는 데 사용되며, 한 가지 색깔이 더 첨부되어서 저항기의 허용 오차를 표시하기도 한다. 우리는 정확한 순서에 따라 색별 부호를 읽고 이것을 숫자로 대치함으로써 우리가 알고자 하는 저항의 값을 즉시 알 수 있다. 다음 페이지에서 보여주는 색별 부호법을 사용하면 우리는 곧 각 색별에 대한 수치를 알게 되고 얼핏 보아서 저항의 값을 알 수 있게 된다.

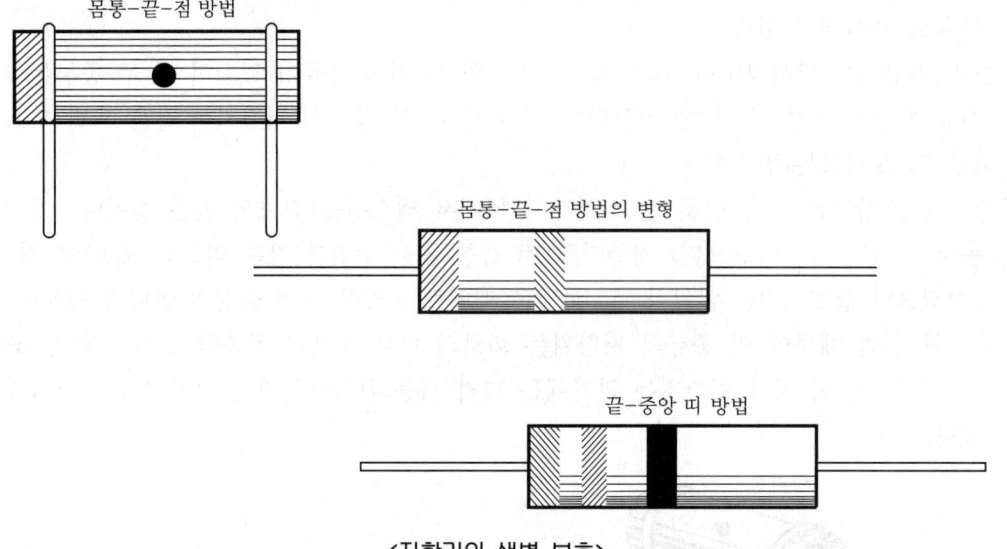

<저항기의 색별 부호>

계속해서 색별 부호법을 알아보기 전에 우리는 저항기의 허용 오차 범위에 대하여 좀 알아야 한다. 우리가 필요로 하는 정확한 값을 갖는 저항기를 만든다는 것은 대단히 어려운 것이다. 여러 가지 용도에 쓰이는 옴으로 표시된 실제적인 저항은 저항기에 표시된 값보다 20 % 높거나 낮을 수 있는 것이다.

대부분의 경우에 있어서 우리가 필요로 하는 실제적인 저항은 저항기에 표시된 값보다 10 % 높거나 낮은 값이며, 이 실제값에 더 가까운 값은 꼭 필요로 하지 않는다. 저항기에 표시된 값과 실제적인 값 사이의 백분율 변화를 저항기의 허용 오차라고 말한다. 5 % 허용 오차로 표시되어 있는 저항기는 색별 부호법에 의하여 얻어지는 값보다 5 % 이내의 높거나 낮은 값을 가지고 있는 것이다.

색별 부호를 사용하는 방법은 다음과 같다.

색	수치	허용 오차	색	수치	허용 오차
검정색	0	–	보라색	7	7 %
갈색	1	1 %	회색	8	8 %
빨강색	2	2 %	백색	9	9 %
오렌지색	3	3 %	황금색	–	5 %
황색	4	4 %	은색	–	10 %
초록색	5	5 %	무색	–	20 %
청색	6	6 %			

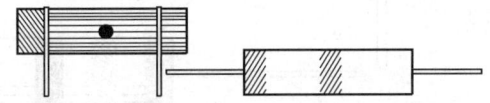

〈몸통 - 끝 - 점 표시 방법〉

이 표시 방법을 사용하는 저항기는 저항기의 몸통, 한 쪽의 끝 부분 및 중앙 근처에 있는 점에 각각 다른 색을 칠하여 색별하도록 되어 있다. 예를 들면 몸통이 초록색, 끝 부분이 빨강색, 점이 오렌지색으로 칠하여진 저항기가 있다. 몸통의 빛깔은 1번 숫자, 끝은 2번 숫자, 점은 숫자에 첨가될 영(0)의 수 즉, 배수를 표시한다. 따라서 위 저항기의 저항값은 52,000 Ω이 된다. 이것을 표시하면 아래와 같다.

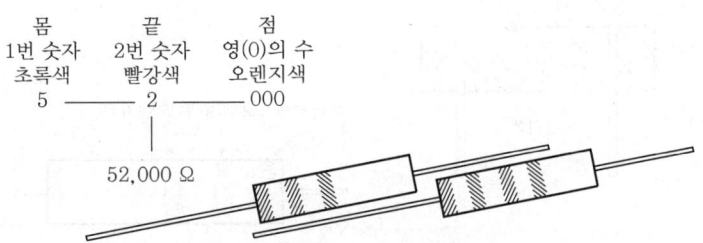

〈끝 - 중앙 띠 표시 방법〉

축형 저항기에서는 저항기의 한 끝에다 몇 개의 색띠를 그려서 저항을 표시한다. 몸통의 색은 저항값을 나타내는 데는 사용되지 않으며, 띠의 색과 동일하지 않은 어떤 색으로 표시한다. 예를 들면 저항기의 한 끝에 세 개의 색띠(빨강색 · 초록색 · 황색)가 있고 갈색의 몸통을 가진 저항기가 있다고 하자. 색띠는 끝에서부터 중앙으로 읽으며 따라서 저항의 값은 250,000 Ω이 된다.

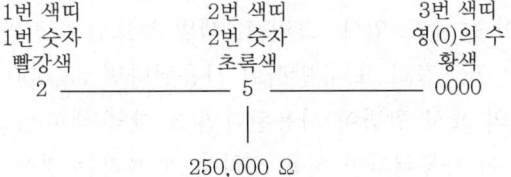

중앙의 점이나 세 번째 띠가 검정색이 될 때에 저항기의 값은 언제나 100 Ω 미만이다. 그것은 검정색이 숫자에 0을 첨가하지 않은 것(배수가 없음)을 의미하기 때문이다. 지금 두 개의 저항기가 있는데 하나는 몸통이 갈색, 끝 부분이 초록색, 점이 검정색이라고 하고 다른 하나는 첫 번째가 빨강색 띠, 두 번째가 오렌지색 띠, 세 번째가 검정색 띠라고 하면 이 저항기의 값은 각각 15 Ω, 23 Ω이 됨을 알 수 있다. 그것은 다음과 같이 구한다.

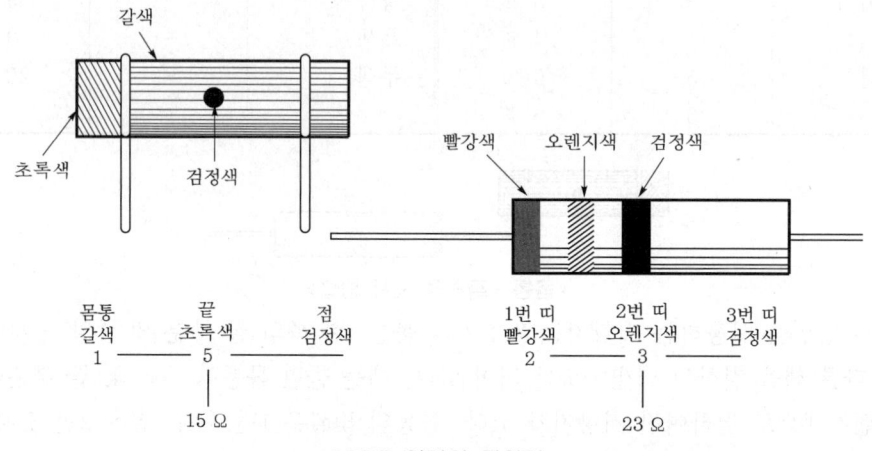

<100옴 미만의 저항기>

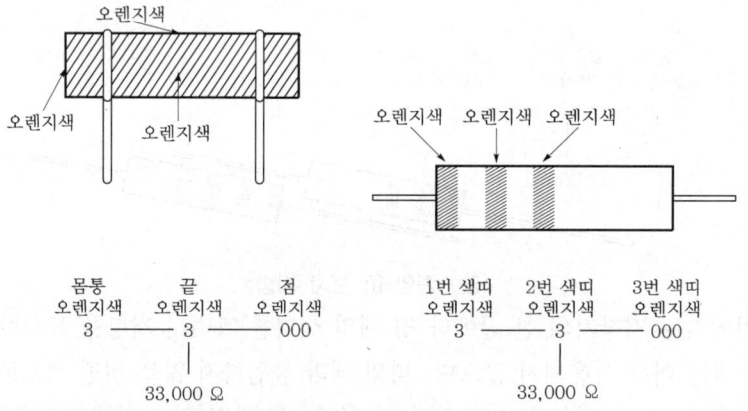

<두 번 이상 같은 색깔 사용>

만일 한 번 이상 같은 색을 사용한다면 몸통, 끝 부분, 점 모두가 같은 색이 될 수도 있고 어느 둘 만이 같은 색이 될 수도 있다. 그러나, 색별 부호법은 전과 아주 똑같은 방법으로 사용된다. 예를 들면 몸통-끝-점의 표시 방식이 사용된다면 33,000 Ω의 저항기는 완전히 오렌지색이 되고 끝-중앙의 표시 방법이 사용된다면 3 개의 색띠는 모두 오렌지색이 될 것이다. 만일, 3 가지의 색만이 사용된다면 허용 오차는 20 %라는 것을 표시하는 것이다. 4 가지 색

을 사용한다면 허용 오차는 색별 부호에 의하여 20 % 미만이 된다는 것을 표시한다. 저항기의 어디서도 은색점은 10 %의 허용 오차를 나타내고, 한편 황금색 점은 5 % 허용 오차를 나타낸다. 즉 저항기에서는 4번째 띠가 허용 오차를 나타내도록 되어 있다. 만일 4번째 띠가 은색이나 황금색 이외의 다른 색이라면 백분율 허용 오차는 색별 부호에 표시된 숫자에 해당하는 것이다.

　탄소 저항기는 2개의 유효 숫자만을 가지고 그 뒤에 영(0)을 추가한 값으로 만들어졌다. 저항기가 1~99 Ω 사이에서는 그 값의 간격이 1 Ω씩으로 되어 있다. 예를 들면 55 Ω과 56 Ω이다. 100 Ω과 1,000 Ω 사이에서 그 간격은 10 Ω씩이다. 예를 들면 550 Ω과 560 Ω이다. 이와 같은 방법으로 1,000 Ω과 10,000 Ω 사이에서 값의 간격은 100 Ω씩이다. 또 100,000 Ω과 1,000,000 Ω 사이에서 값의 간격은 10,000 Ω씩이다. 우리가 얻을 수 없는 값, 예를 들어 5,650 Ω을 필요로 할 때에는 두 저항기를 직렬로 연결하여 사용하여야 한다.

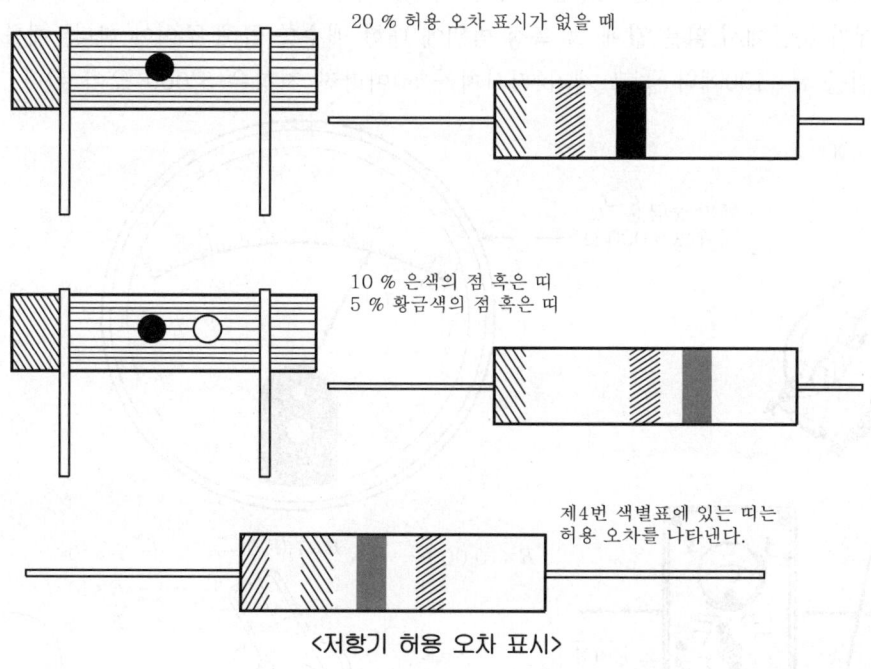

<저항기 허용 오차 표시>

　즉 5,650 Ω를 얻기 위해서는 5,600 Ω과 50 Ω, 5,000 Ω과 650 Ω, 5,200 Ω과 450 Ω 등의 여러 가지를 조합하여 만들 수 있다. 그러나 대부분의 전기 작업에서는 얻을 수 있는 가장 가까운 값을 사용한다. 이것은 두 자릿수를 넘는 정확도는 보통 필요로 하지 않기 때문이다.

실습···옴계(저항계)

저항 측정을 하기 위한 정확한 옴계의 사용법을 실습하기 위하여 저항 측정에 사용되는 배율 옴계의 사용방법을 알아보자. 이 배율 옴계의 측정 범위에는 R, $R \times 10$, $R \times 100$ 및 $R \times 1,000$이 있다. 우선 시험 도선을 꽂기 전에 이 측정 범위 중 어느 한쪽으로 선택 스위치를 돌려 놓는다.

다음, 저항 옴(res ohms)이라고 표시된 구멍에 시험 도선을 꽂고 검침을 서로 접촉시켜서 계기의 지침의 기울기가 거의 최대(full scale)로 되는지를 알아본다. 선택 스위치는 원하는 측정 범위를 선택하는 데 사용되는 것이며 옴미터 조정자는 완전한 최대의 기울기 즉, 지침이 눈금의 영(0)에 가도록 조정하는 데 사용된다. 저항기의 값을 측정하기 위해서는 우선 정확한 측정 범위를 선택하고 위의 방법으로 지침을 영(0)에 정확히 맞춘 후에, 검침을 저항기의 양단자에 접촉시킨다. 그러면 계기는 저항값을 지시할 것이다. 사용되는 측정 범위가 R이라고 하면 우리는 계기의 꼭대기 눈금에서 직접 저항값을 읽을 수 있다. 그러나 R 이외의 다른 측정 범위를 사용한다면 계기 눈금에서 읽은 값에 그 측정 범위에 대한 배수를 곱해 주어야 한다. 예를 들어 계기 측정 범위를 $R \times 100$에다 놓고 계기 지시치가 50이라면 저항은 5,000 Ω이 된다.

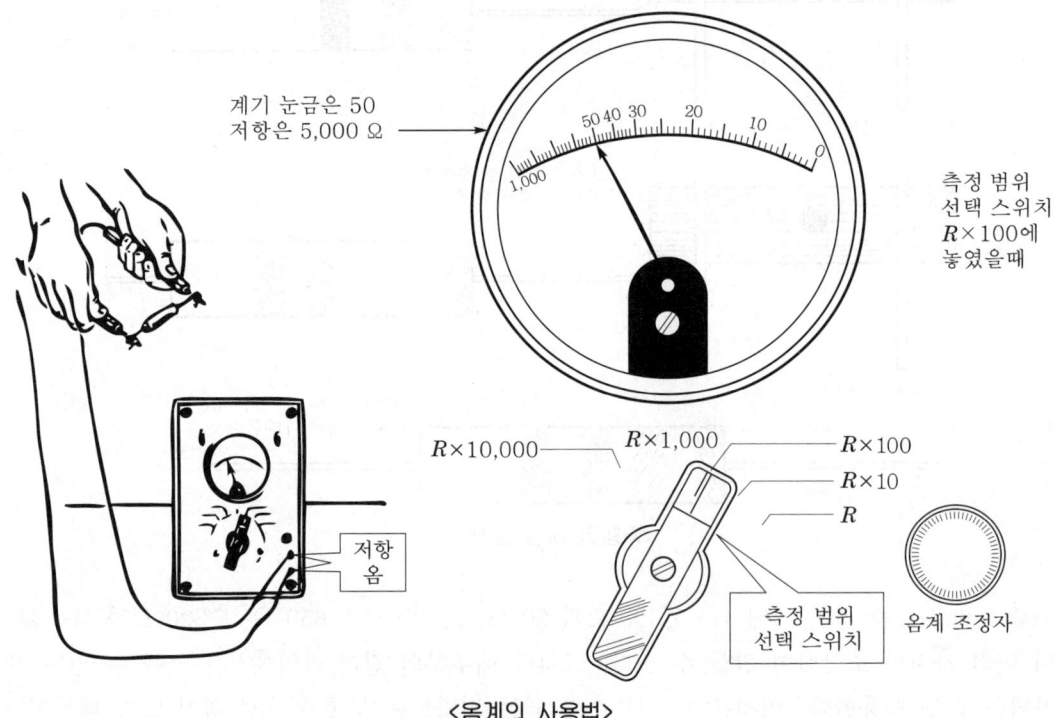

〈옴계의 사용법〉

몇 개의 저항기의 값을 측정할 때 계기의 범위가 달라질 때마다 영점이 다소 달라지므로 다시 영점 조정을 해야 한다는 것에 주의하라. 다음은 우리가 앞에서 색별 부호법으로 조사하였던 저항기의 값과 옴계로 측정한 값을 비교해 보자. 이때 저항기의 허용 오차를 인정한다면 이 두 개의 값은 서로 같을 것이며 대부분의 경우에는 계기의 값이 더 정확할 것이다.

그러므로, 우리는 여러 가지 저항계 값을 측정할 때 거기서 정확한 측정 범위를 선택하는 것이 매우 중요하다는 것을 알았을 것이다. 낮은 값의 저항을 보다 높은 범위에서 측정하면 그 값은 영(0)을 지시할 것이고, 높은 값의 저항을 보다 낮은 범위에서 측정하면 그 값은 최대의 눈금 값을 지시할 것이다.

예를 들면 100 Ω의 저항기를 $R \times 10,000$ 범위에서 측정하면 그 값은 0을 지시할 것이고, 10,000 Ω의 저항기를 R 측정 범위에서 측정하면 그 값은 무한대를 지시할 것이다. 따라서 사용할 정확한 범위를 찾는 데 가장 좋은 방법은 검침을 저항기 단자에 대고 지침이 중앙에 올 때까지 선택 스위치를 전 측정 범위에서 걸쳐 돌려서 찾는 방법이다. 그러나 잊지 말아야 할 것은 우선, 사용하려는 측정 범위에서 옴계의 영(0)점을 맞추어야 한다는 것이다.

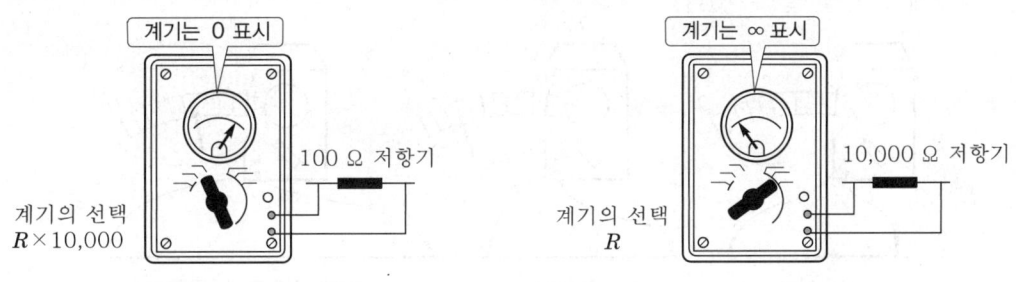

(a) 너무 높은 계기범위   (b) 너무 낮은 계기범위

〈옴계 측정 범위〉

다음은 검침의 한 끝을 가변 저항기의 중앙 단자에, 다른 한 끝을 가변 저항기의 외부 끝 단자 중의 하나에 연결하고 가변 저항이 회전축의 회전에 따라 어떻게 변하는가를 알아보자. 그러면 이 두 단자 안의 저항은 회전축의 회전 정도에 따라 변하는 것을 알 수 있다. 또 계기의 리드선을 가변 저항기의 외부 양 끝단자에 각각 연결하고 다시 축을 회전시키면 두 단자 간의 저항은 변화하지 않는 것을 알 수 있다.

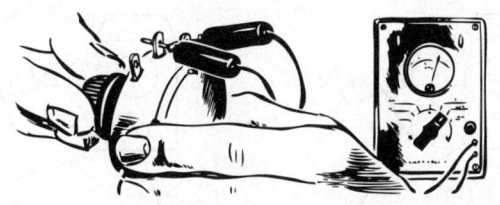

〈가변 저항의 측정〉

12 실습···저항 요소

우리는 여러 가지 저항을 측정해 보았으나 동일한 크기와 모양을 가진 저항이 어떻게 그와 같은 다른 저항값을 가지고 있는가 하고 의문을 가졌을런지도 모른다. 탄소 저항기에 있어서는 탄소 막대는 고운 흑연 가루와 충전 물질을 혼합하여 만든 것이며, 혼합물 내의 탄소 함유량에 따라 저항이 광범위하게 변하는 것이다. 권선 저항기의 경우는 같은 크기의 사기나 베이클라이트판형이 동일하다고 하더라도 저항은 사용 전선의 굵기 및 길이 또는 사용 물질의 종류에 따라 변하는 것이다. 도체 저항에 대한 각종 물질의 효과를 알아보기 위하여 피복동선 및 니크롬선을 같은 길이로 잘라서 저항을 측정하여 본다. 그러면 동선의 저항은 1 옴 미만이고 니크롬선의 저항은 1 옴 이상이 된다는 것을 알 수 있다.

다음은 니크롬선을 사용하여 저항에 관한 길이 또는 단면적의 효과를 실험하여 보자. 저항에 관한 도체 길이의 효과를 알아보기 위하여 한 전선이 다른 전선의 2 배가 되는, 2 줄의 전선을 만들고 옴계를 사용하여 각 전선의 저항을 측정하여 보자. 그러면 긴 전선의 저항이 짧은 전선의 2배가 됨을 알 수 있다.

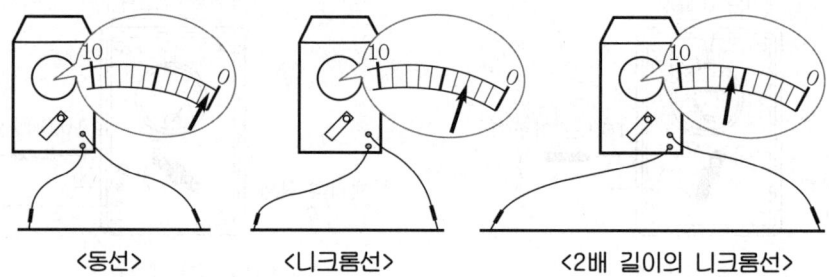

〈동선〉 〈니크롬선〉 〈2배 길이의 니크롬선〉

이때 긴 전선을 절반으로 구부려서 두 줄로 만들어 그 길이가 다른 전선과 같도록 한다. 그러면 두 줄로 만든 전선은 후자에 비하여 길이는 같고 단면적은 2 배가 된다. 다음, 이 두 전선의 저항을 측정하여 보면 두 줄로 된 전선은 후자에 비하여 단면적이 크기 때문에 저항이 작을 것이다. 단면적이 큰 전선은 작은 전선에 비하여 저항이 작을 뿐만 아니라 많은 전류를 흐르게 할 수 있다. 그것은 전류를 흐르게 하는 데 더 많은 통로가 이용되기 때문이다. 단면적의 증가에 대한 효과는 뒤에 병렬 회로를 공부할 때 더 잘 알 수 있을 것이다.

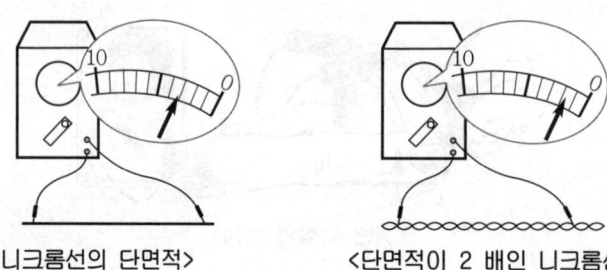

〈니크롬선의 단면적〉 〈단면적이 2 배인 니크롬선〉

13 저항에 관한 복습

지금까지 저항에 관하여 충분히 배웠으나 우선 저항에 관하여 배운 것이 무엇이며 저항은 어떻게 측정되는가에 관하여 복습하여 보자.

① **도체** : 자유 전자가 쉽게 이탈할 수 있고 전류의 흐름에 대하여 반항이 작은 물질

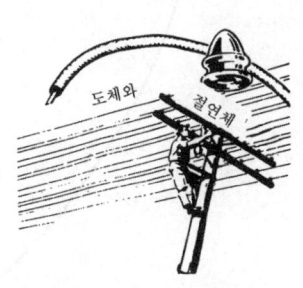

② **절연체** : 자유 전자가 용이하게 이탈할 수 없고 전류의 흐름에 대하여 반항이 큰 물질

③ **저항** : 어떤 물체 내에 흐르는 전류에 대하여 반항하는 성질

④ **옴(Ohm)** : 저항 측정의 기본 단위로서 1 V의 전압을 저항에 가할 때 1 A의 전류를 흐르게 하는 것은 1 Ω과 같다.

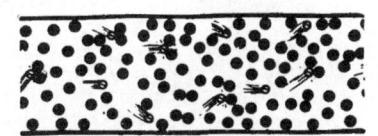

⑤ **메가옴** : 1 메가옴은 백만 옴과 같다.

$1 \text{ M}\Omega = 1,000,000 \text{ }\Omega$

⑥ **1 마이크로옴** : 1 마이크로옴은 백만분의 1 옴과 같다.

$1 \text{ }\mu\Omega = \dfrac{1}{1,000,000} \text{ }\Omega$

⑦ **옴계** : 저항을 직접 측량하기 위하여 사용되는 계기

⑧ **저항기** : 전류를 조정하기 위하여 사용되는 저항을 가지고 있는 장치

14 전류, 전압 및 저항에 대한 복습

지금까지 전류·전압·저항에 관하여 배운 것을 복습하고 전기 작용에 관한 공부를 끝마치기로 하자.

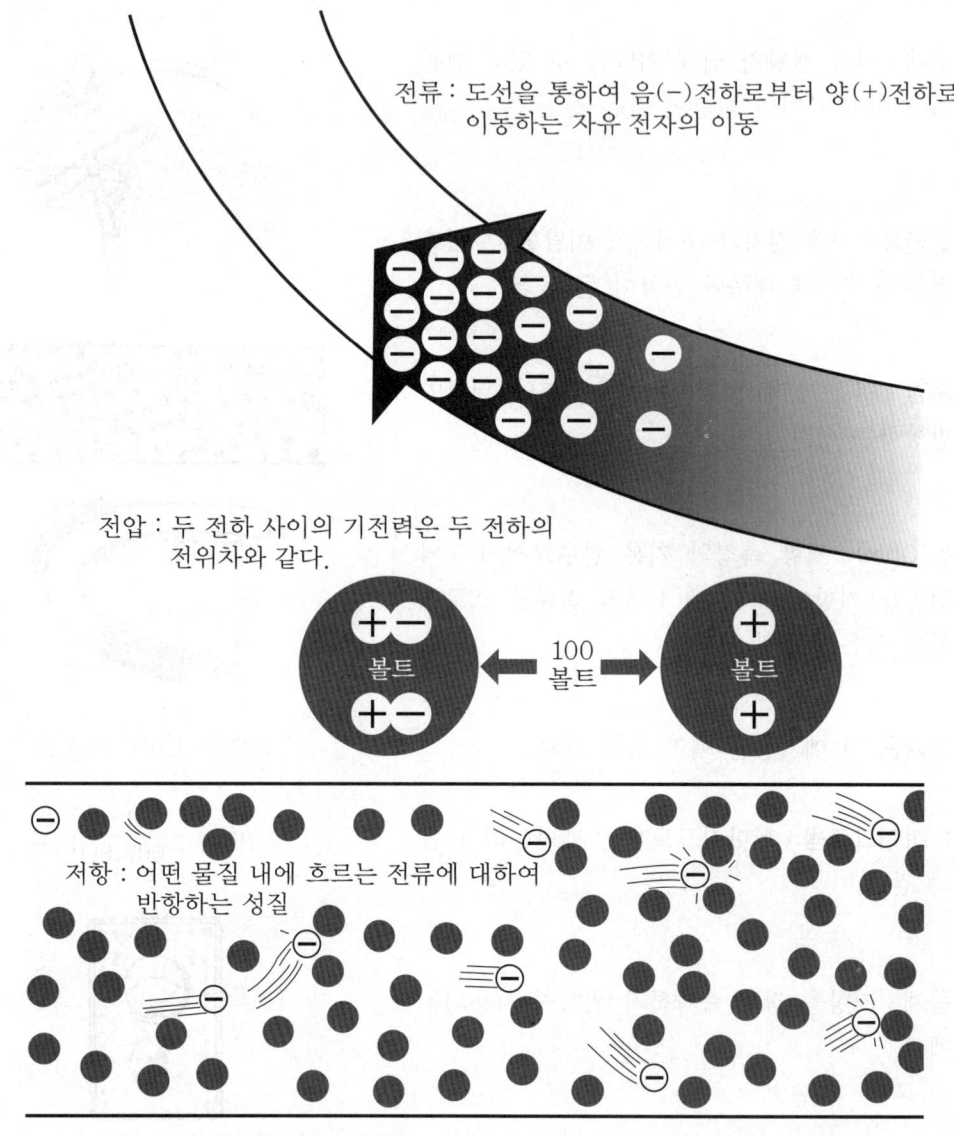

특히 우리는 전류·전압·저항 사이의 관계를 다시 생각하여 보자. 전류는 두 점 간의 전압에 의하여 흐르며, 두 점 간의 저항에 제한된다. 더욱 전기 공부를 계속하려면 다음은 전기 회로와 전류·전압·저항을 회로에 적용하는 방법을 알아야 할 것이다.

15 전압·전류 및 저항 간의 관계

전압이란 저항을 통하여 전류(전자의 흐름)를 흐르게 하기 위하여 부하(저항)에 가해진 기전력(EMF)의 양인 것이다. 따라서 저항에 가해진 전압이 높으면 높을수록 1초 동안에 흐르는 전자는 더욱 증가한다는 것을 용이하게 알 수 있을 것이다.

마찬가지로 가해진 전압이 낮으면 낮을수록 더 적은 전자가 흐를 것이다. 저항이란 전자의 흐름을 방해하는 작용인 것이다. 만일 가해진 전압을 일정하게 하고 부하의 저항을 증가시키면 전자는 더 적게 흐를 것이고, 저항을 낮추면 전자는 더 많이 흐를 것이다.

앞에서 설명한 전압·저항 및 전류와의 관계는 독일 수학자 옴(Georg Simon Ohm)에 의하여 발견되었으며 이것이 바로 옴의 법칙인 것으로, 전류는 전압에 비례하고 저항에 반비례한다는 것이다.

이 법칙의 수학적인 해석은 다음에 배우기로 한다.

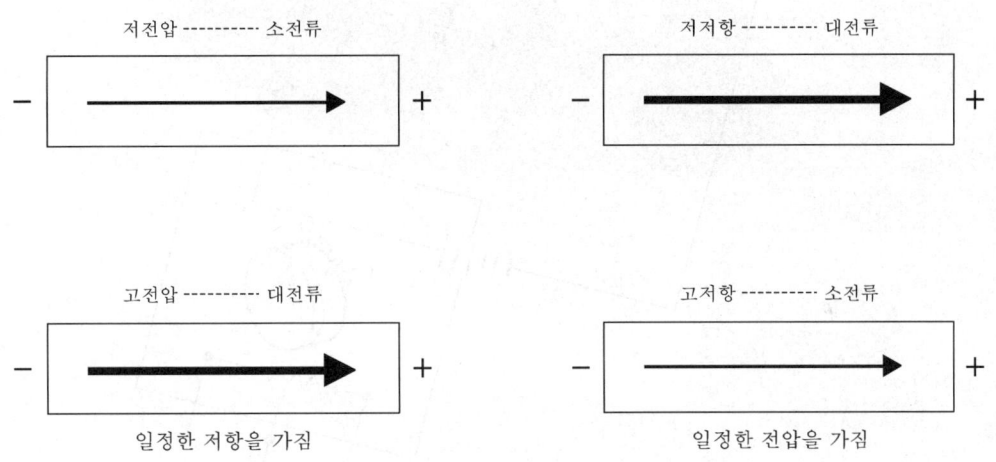

〈옴의 법칙의 소개(전자의 흐름)〉

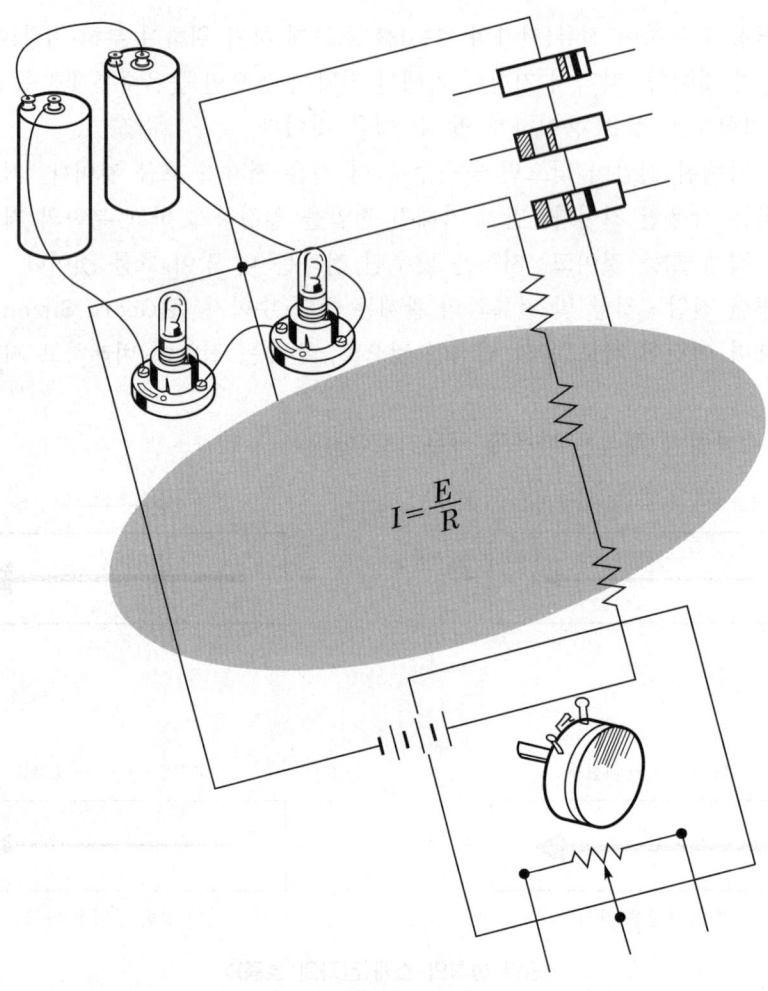

〈직류 회로〉

Section 17 회로(circuit)란 무엇인가?

1 전기 회로(electric circuit)

어느 곳에서나 두 전하가 도체로 연결되면 전류의 통로가 생기게 되고, 그리고 이 두 전하가 같지 않다면, 전류는 음(-)전하로부터 양(+)전하로 흐른다. 전류의 크기는 전하 간의 전압차와 도체의 저항에 의하여 결정된다. 예를 들어 전하를 가진 두 금속 막대가 동선으로 연결되었다면 전류는 (-)금속 막대로부터 (+)금속 막대로 흐를 것이다. 그러나, 전류는 금속 막대 간의 전하가 똑같아질 때까지만 흐른다. 비록 한 연결로 인하여 전류가 잠깐 흐른다 해서 어느 경우에나 그것이 회로를 형성하는 것은 아니다.

전기 회로는 완전한 전기적 통로로서, (-)전하로부터 (+)전하로 전류를 흐르게 하는 도체뿐만 아니라 또한 전압 전원을 통한 내부 (+)전하에서 (-)전하로의 통로로 구성되고 있다. 한 예로서 건전지에 연결된 전구는 하나의 간단한 전기 회로를 이룬다. 전류는 전구를 통해 전지의 (-)단자로부터 (+)단자로 흐르고, 전지 내부에서는 (+)단자로부터 (-)단자로 계속 흐른다.

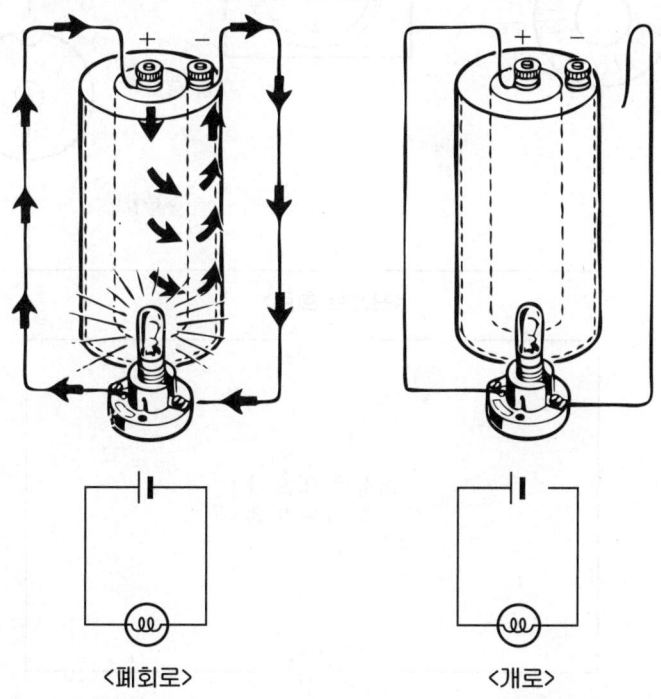

<폐회로>　　　　　<개로>

이 전기 통로가 끊어지지 않는 한 이 통로는 폐회로이고 따라서 전류가 흐른다. 그러나 만일 전기 통로가 어떠한 점에서 끊어지면 이 통로는 개로가 되며 전류는 흐르지 않게 된다.

선의 양끝이 연결되었다 해서 항상 그것이 회로를 형성하는 것은 아니고, 그 일부가 기전력 (EMF)의 근원일 때만 전기 회로가 된다. 어떤 전기 회로라도, 전자가 그 폐회로를 순환하면, 반드시 전류·전압 및 저항이 존재한다. 전류의 통로가 실제 회로이고 회로의 저항은 회로를 흐르는 전류의 크기를 조정한다.

직류 회로(DC circuit)는 축전지와 같은 직류 전압의 전원과 이 직류 전압에 연결된 전기 기기의 저항을 합친 것으로 이루어진다. 직류 회로를 취급하는 동안 저항을 여러 가지로 결합시킴으로써 합성 저항이 어떻게 변화되며, 이들 저항의 결합이 어떻게 회로 전류를 조정하고 전압에 어떻게 영향을 미치는가를 알 수 있을 것이다.

우리는 건전지를 어떻게 직렬 또는 병렬 연결하는가를 알고 있다. 그리고, 저항도 같은 방법으로 연결되어서 회로의 두 기본형인 직렬 회로와 병렬 회로를 형성함을 알 것이다. 아무리 복잡한 회로이더라도 직렬 회로 아니면 병렬 회로 둘 중의 하나이기 마련이다.

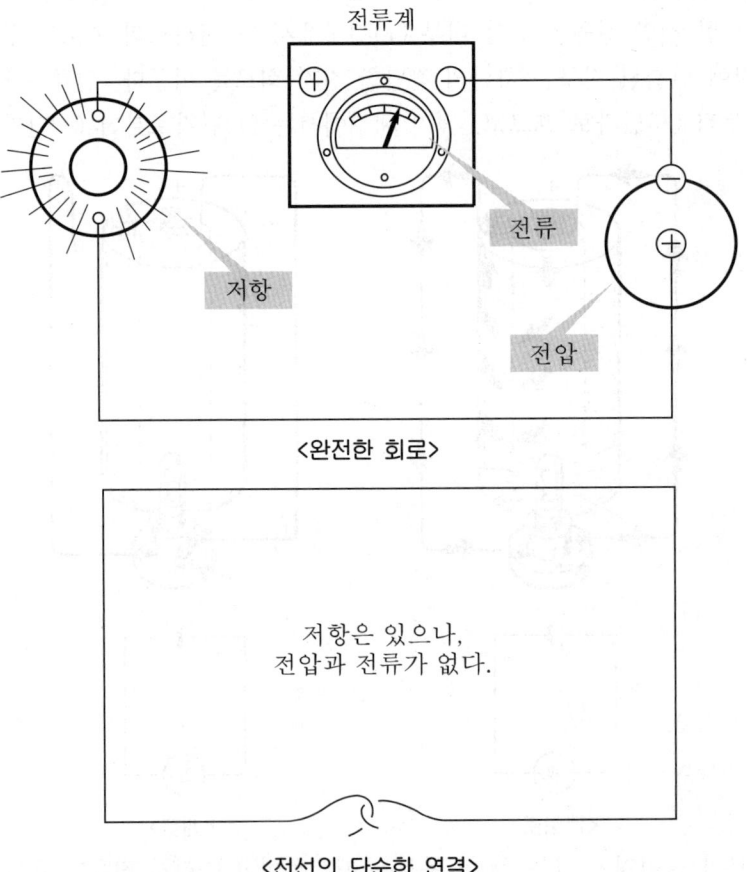

〈완전한 회로〉

저항은 있으나,
전압과 전류가 없다.

〈전선의 단순한 연결〉

2 단순 회로의 연결

전원의 두 단자 간에 연결된 외부 회로의 저항체만으로 회로의 형을 결정하는 것이 보통이다. 단 하나의 저항으로 된 기구와 전원, 전압 및 연결용 전선으로 구성된 회로를 단순 회로라고 부른다. 예를 들면, 건전지의 단자 간에 직접 연결된 전구는 단순 회로를 구성한다. 마찬가지로, 건전지의 양 단자 간에 직접 저항체를 연결한다면 단 한 개의 저항체만이 사용되었으므로 단순 회로가 된다.

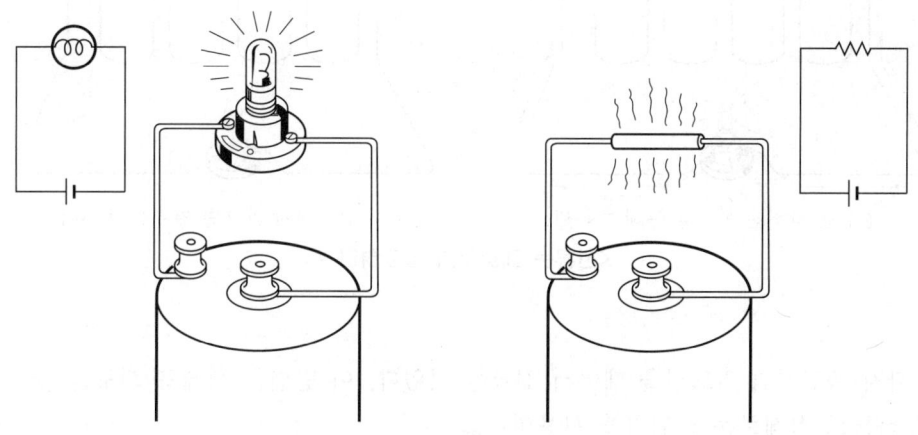

<단순 회로>

단순 회로는 한 전구와 직렬로 연결된 다른 기구를 가질 수도 있다. 그러나 2 개 이상의 저항을 연결하지 않는 한 단순 회로의 본질은 변화하지 않는다. 전구와 직렬로 삽입된 스위치나 계기의 저항은 무시될 수 있으므로 회로의 형태를 바꾸지 않는다.

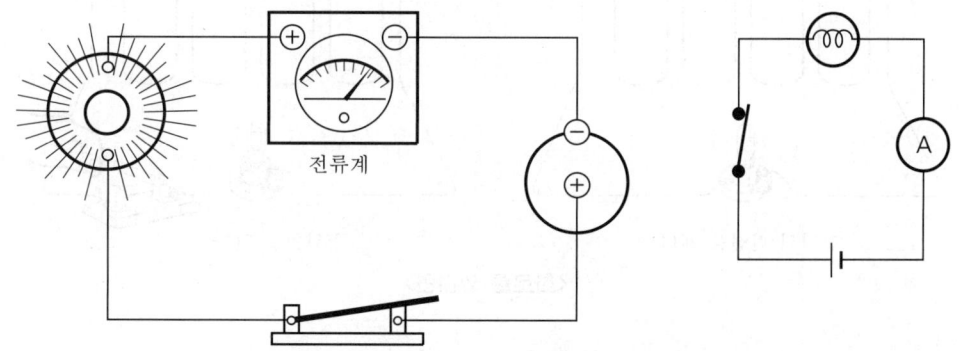

<단순 회로에 스위치와 계기를 붙였다.>

한 회로 내에서 저항을 가진 2 이상의 기구를 사용하면, 이들은 직렬 회로로 되거나 병렬 회로가 되고 또는 직렬과 병렬을 합친 직·병렬 회로가 된다.

3 스위치

회로에 전류가 흐르려면 전압 단자의 양(+)극과 음(−)극과의 사이에 폐회로가 구성되어야 한다. 폐회로를 끊는 것은 회로를 열고 전류를 흐르지 못하게 하는 것이다.

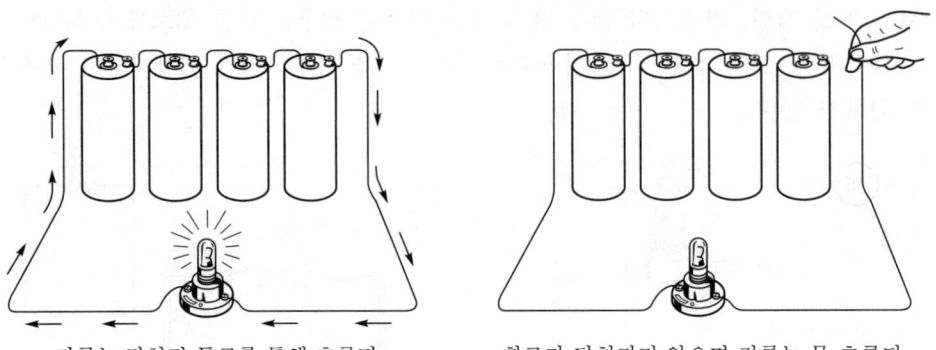

전류는 닫혀진 통로를 통해 흐른다.   회로가 닫혀지지 않으면 전류는 못 흐른다.
<전류는 폐회로가 필요하다.>

지금까지 축전지의 리드선을 떼어서 전류를 끊었다. 이 방법은 실제로 회로를 끊는 데는 적합지 못하므로 실제로는 스위치를 사용한다.

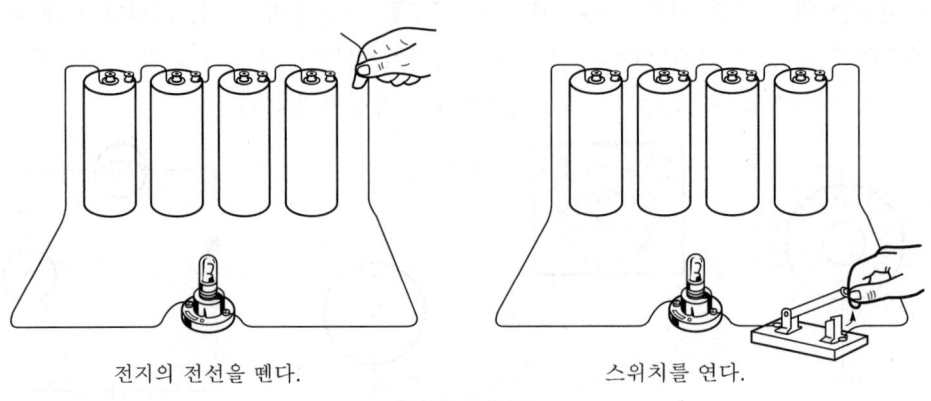

전지의 전선을 뗀다.   스위치를 연다.
<회로를 열려면>

스위치는 필요에 따라서 회로 또는 그 일부분을 열고 닫는 기구이다. 스위치는 우리의 생활에 있어 전구·회중전등·라디오·자동차의 점화 등에 사용된다. 우리가 기구를 취급하는 동안 여러 종류의 스위치를 보게 될 것이다.

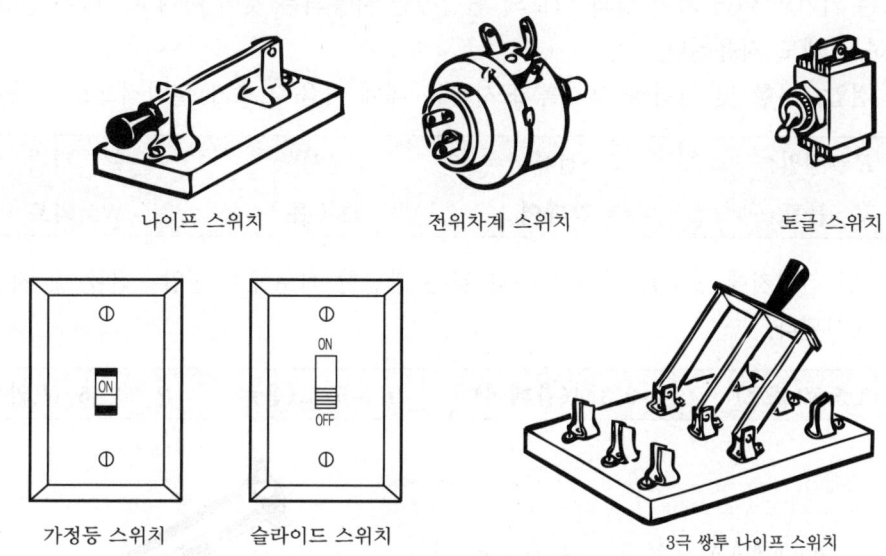

〈스위치는 여러 가지 모양을 가지고 있다.〉

앞으로 하게 될 실습과 실험에서 한 전지의 한 리드선에 스위치가 삽입된다. 아래에 보이는 바와 같은 단극 단투 나이프 스위치를 쓰게 된다.

단극 단투 스위치

그리고 스위치는 다음과 같은 기호로 표시한다.

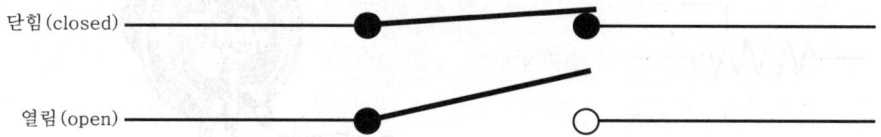

4 회로의 기호(circuit symbol)

지금까지 사용했던 건전지나 축전지에서와 같이 전기 회로의 연결도 기호로써 보통 표시된다. 기호는 기기의 여러 가지 형과 회로의 연결에만 사용되는 것이 아니고 전류·전압 및 저항을 표시하는 데도 사용된다.

전류·전압, 저항 및 전력의 크기를 표시하는 데에 다음 기호가 일반적으로 사용된다.

E=전압	I=전류	R=저항	P=전력
V=볼트	A=암페어	Ω=옴	W=와트

예를 들면 건전지에 전구를 연결한 것과 같은 간단한 회로에서 전압·전류 및 저항은 다음과 같이 표시된다.

$E=1.5$ V(볼트) $I=0.3$ A(암페어) $R=5$ Ω(옴) $P=0.45$ W(와트)

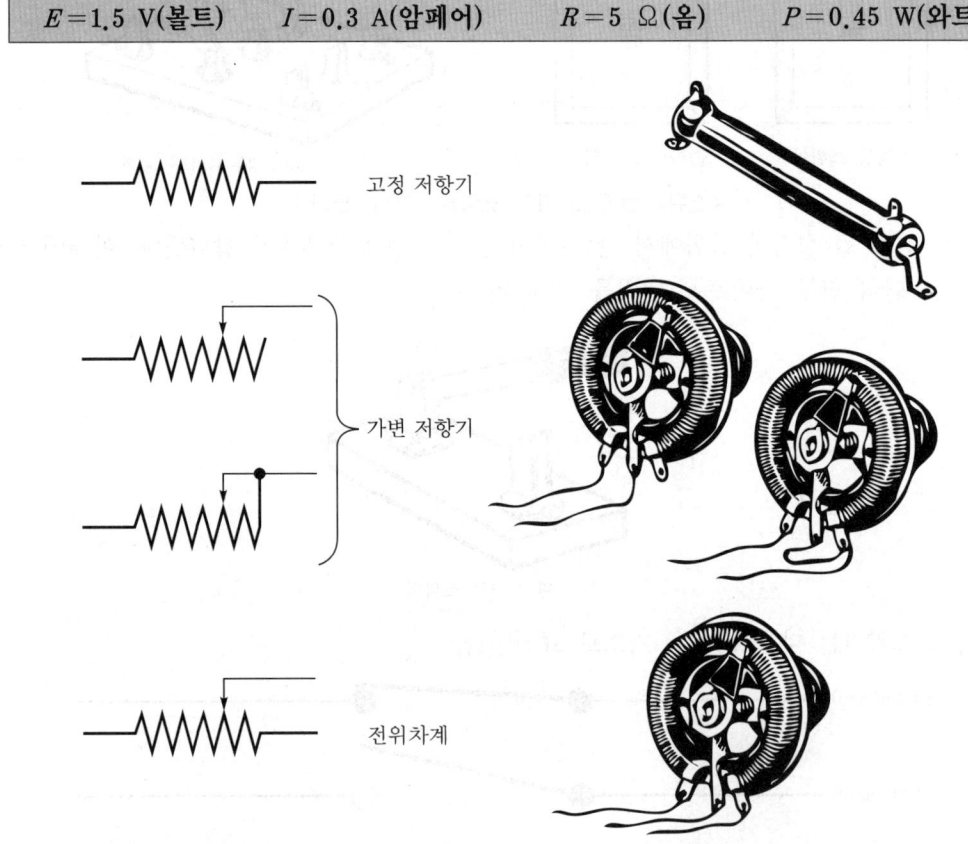

〈저항체의 부호〉

Section 18 직류 직렬 회로

1 직렬 회로의 연결

여러 저항의 끝과 끝을 서로 연결하였을 때, 이들 저항은 직렬로 연결되었다고 한다. 회로 내의 모든 저항기의 끝과 끝을 서로 연결하여 전류가 흐를 수 있는 통로가 하나밖에 없을 때 이들 저항은 직렬 회로를 형성한다. 우리는 이 여러 개의 건전지를 직렬로 연결하여, 하나의 전지를 형성하는 방법을 배워 알고 있다. 전지와 저항을 직렬로 연결할 때 중요한 차이는, 전지는 적합한 극성을 가지고 연결하여야 하나, 저항은 극성을 가지고 있지 않다는 점이다.

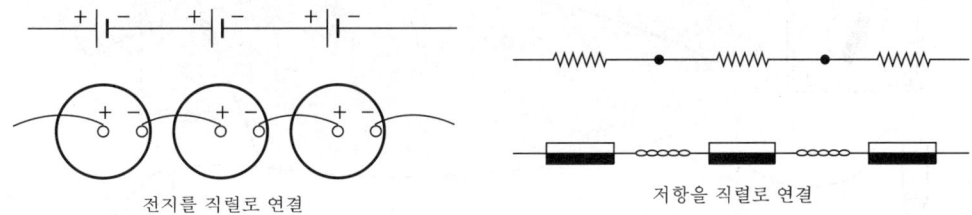

전지를 직렬로 연결   저항을 직렬로 연결

<직렬 연결>

지금 어떤 전구 소켓의 한 단자를 다른 소켓의 한 단자에 연결하고, 각 소켓의 또 한 단자는 연결하지 않은 채 둔다고 생각하자. 그러면 이들 소켓에 꽂은 여러 전구는 직렬로 되어는 있지만 직렬 회로를 형성하지는 못하는 것이다. 직렬 회로를 형성하기 위해서는 반드시 각 전구는 전원을 통하여 연결되어야 한다. 만일 저항을 가진 수 개의 전구 저항기 또는 기타 기기 등의 끝과 끝을 각각 전지와 같은 전원 단자에 연결하여 전류가 이 두 단자 사이에서 한 통로로만 흐르게 한다면 이들 기기는 직렬 회로를 구성하게 된다.

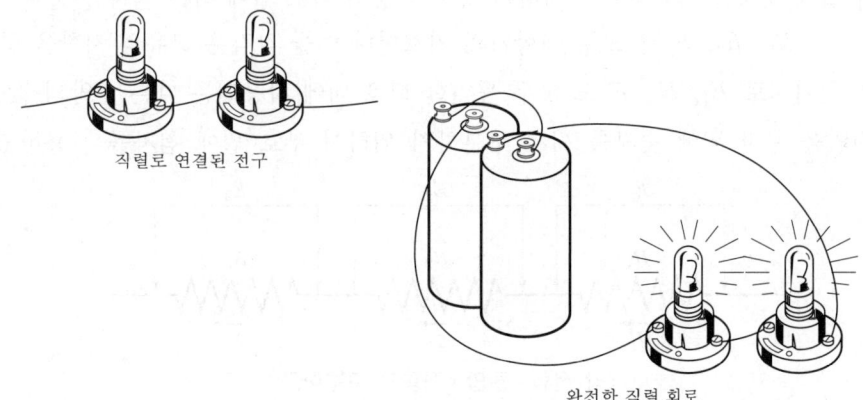

직렬로 연결된 전구   완전한 직렬 회로

<직렬 회로>

2 직렬 저항

길이는 저항의 여러 요소 중의 하나이며, 도체의 길이가 길면 저항은 커진다. 어떤 길이의 전선을 다른 전선에 추가하면 전선의 전체 길이의 저항은 각 전선의 본래 길이의 저항을 합한 것과 같다. 예를 들면, 4 Ω의 저항과 5 Ω의 저항을 가진 두 전선을 서로 연결하면 연결된 선의 총 저항은 9 Ω이 된다. 마찬가지로, 다른 종류의 저항을 직렬로 연결하면 총 저항은 개개의 저항을 합한 것과 같게 된다.

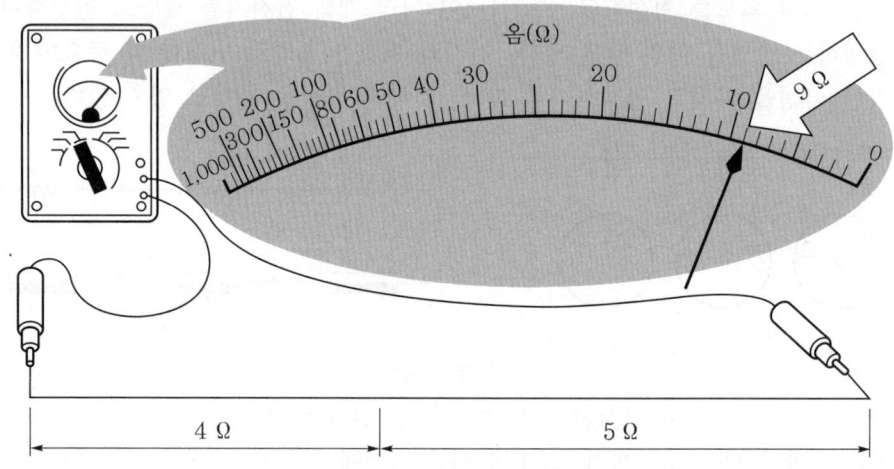

<직렬에서는 저항이 합쳐진다.>

한 전기 회로 내에 동일한 장치나 같은 양을 여러 개 사용할 때는 개개의 장치나 양을 구분하기 위한 어떤 방법이 필요하다. 예를 들면 저항값이 각각 다른 3 개의 저항기를 직렬 회로에 사용한다면 기호 R 이외에 개개의 저항기를 구분하기 위한 방법이 필요하다. 이것을 구분하는 방법으로는 문자 밑에 숫자를 기입하여 표시하며 장치나 양의 기호 밑에 작은 첨자를 붙여서 표시하도록 되어 있다. R_1, R_2, R_3은 모두 저항기의 기호이나 이들 각각은 고유의 저항을 구분 표시한 것이다. 마찬가지로 E_1, E_2, E_3도 모두 동일한 회로 내에 사용되는 다른 전압의 값을 말한다. 고유의 전압을 문자 밑에 숫자를 써서 구분하기 위하여 부호 밑에 첨자를 사용하였다.

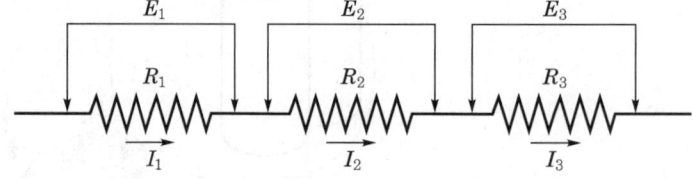

<각 전류 · 전압 · 저항을 구분한다.>

여러 개의 숫자는 개개의 장치나 양을 구분하기 위하여 사용되는 것이나 기호 밑에 적힌 문자 't'는 총량을 나타내는 것이다. 우리는 이미 여러 저항이 직렬로 연결되면 전체 저항은 개개의 저항을 합한 것과 같다는 것을 배워 알았다.

즉, $R_t = R_1 + R_2 + R_3$로 표시한다.

여기서 R_1, R_2, R_3은 각각의 저항을 표시한다. 또는 기호 'R'은 다른 여러 전기 장치의 저항을 나타내는 데 사용된다.

R_3 + R_2 + R_1 = R_t (전체 저항)

<직렬로 연결된 저항기의 전체 저항>

여러 장치나 부호를 각각 구분하기 위한 하나의 방법으로서 문자 밑에 숫자를 기입하는 방법을 사용하였으나 또 다른 방법을 사용하기도 한다. 이 다른 방법이라는 것은 아래에 표시된 바와 같다.

이 표시는 사용 방법에 관계없이 다만 여러 장치나 부호를 각각 구분하기 위한 목적에서 사용될 뿐이며 그 값을 나타내는 것은 아니다.

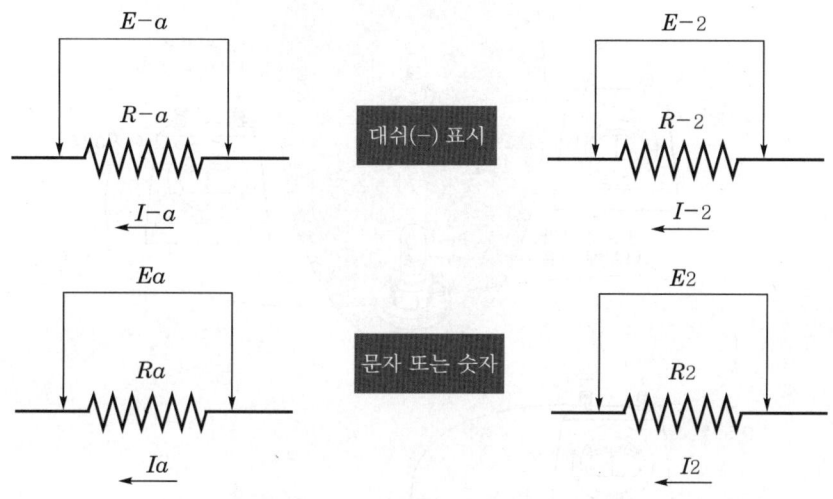

<구분을 위하여 사용되는 여러 가지 표시>

3 직렬 회로의 전류

직렬 회로에는 전류의 통로가 하나 밖에 없다. 이것은 모든 전류는 반드시 회로 내의 각각의 저항을 통하여 흘러야 한다는 것을 의미한다. 이때, 회로의 모든 부분은 최대 전류를 흐르게 할 수 있어야만 하며, 회로의 전체 저항은 전류가 모든 회로 저항을 안전하게 통과할 수 있도록 전류의 값을 축소시킬 수 있어야 한다.

직렬 회로에서 모든 저항의 각 끝에다 암미터를 연결하면 각 저항을 통하여 흐르는 전류의 값은 모두 같은 값을 나타낸다. 전구와 같이 직렬로 연결된 장치를 가진 회로에 있어서 각 전구가 정상적인 작용을 하기 위해서는 각 전구는 서로 같은 양의 전류가 흐르게 되도록 정격치를 가져야 한다. 전구의 정격 전류보다 더 적은 회로 전류가 흐른다면 전구는 희미하여지며, 더 많은 회로 전류가 흐르면 전구가 지나치게 밝게 되고 경우에 따라서는 과전류로 인하여 타 버릴 것이다. 만일 회로에 다른 종류의 저항을 사용한다 하더라도 같은 효과가 나타날 것이다.

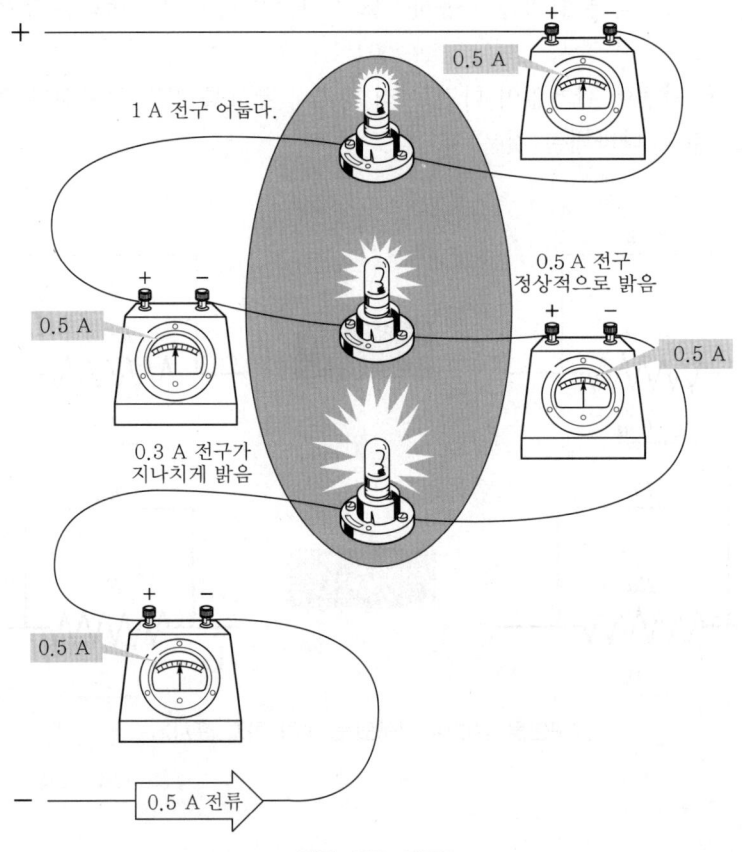

〈직렬 회로 전류〉

4 직렬 회로의 전압

어떤 형태의 반항에 대하여 무엇을 움직이도록 하기 위하여 힘을 필요로 할 때에는 언제나 힘이 소모된다. 예를 들면 망치로 못을 쳐서 박을 때 망치는 나무가 갖는 저항을 이기고 못을 움직이게 하는 힘을 발휘한다. 이와 마찬가지로 기전력이 저항을 통하여 전자를 움직이게 할 때는 기전력이 소모되어 전압 강하라고 하는 기전력의 손실을 가져온다. 지금 6 V 전지 양 끝에 같은 값을 가진 3개의 저항기를 연결한 직렬 회로의 한쪽 끝에서부터 시작한다면 전압 강하는 R_1을 통하여는 2 V, R_1과 R_2를 통하여 4 V, R_1, R_2, R_3 즉, 전 회로를 통하여 6 V가 된다. 각 저항기 양 끝의 전압은 모두 2 V이며, 3개의 저항기의 양 끝의 전압을 보탬으로써 본래의 전체 전압 6 V가 된다.

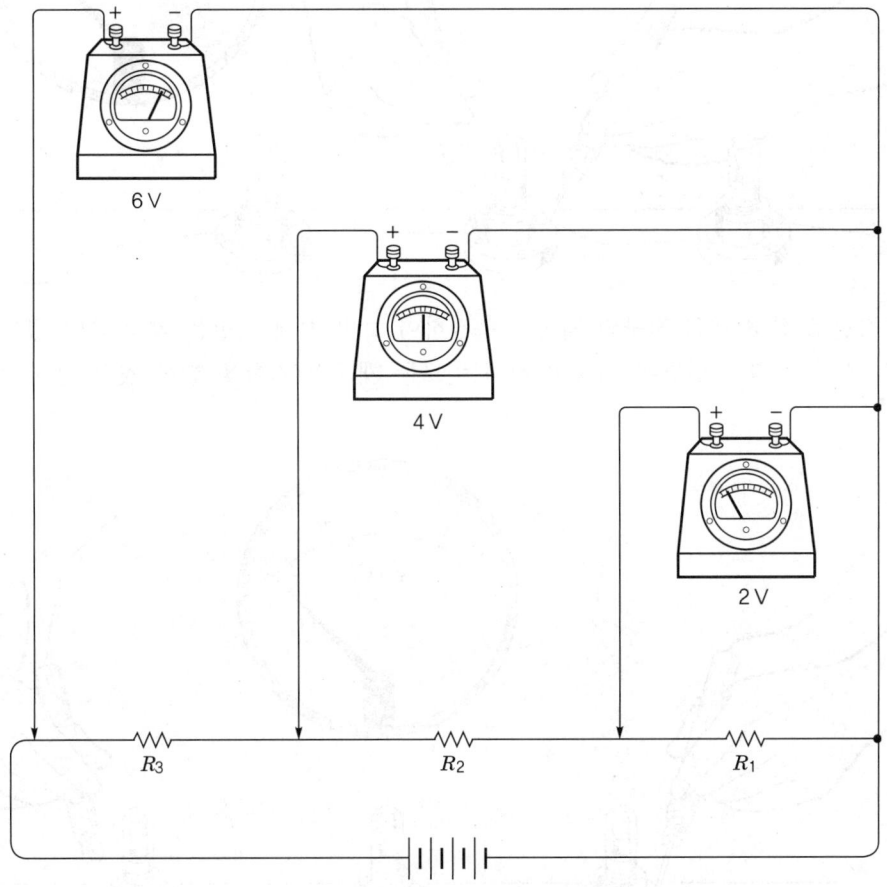

이 전압 강하는 직렬 회로 내의 전류가 전 회로를 통하여 항상 같게 흐르기 때문에 일어난다.

5 실습…직렬 회로 저항

직렬로 저항을 연결한 경우의 효과를 알아보기 위하여 3 개의 전구의 저항을 각각 측정한 다음, 직렬로 연결된 전체 저항을 측정하여 보자.

우선 3 개의 전구 소켓을 직렬로 연결하고 각 소켓에 전구를 꽂는다. 다음 옴계(저항계)를 사용하여 각 전구의 저항을 측정한다. 그러면 각 전구의 저항은 약 1 옴이 됨을 알 수 있다.

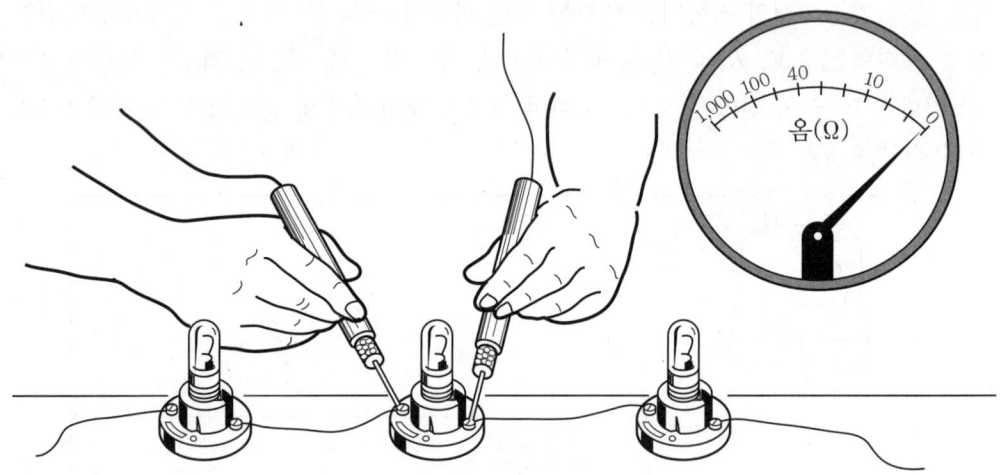

다음 직렬로 된 3 개의 전구의 저항을 측정하여 보면 전체 저항은 약 3 옴이 됨을 알 수 있다. 이와 같이 직렬로 연결된 저항의 전체는 모든 개개의 저항을 합한 것과 같게 됨을 알 수 있다.

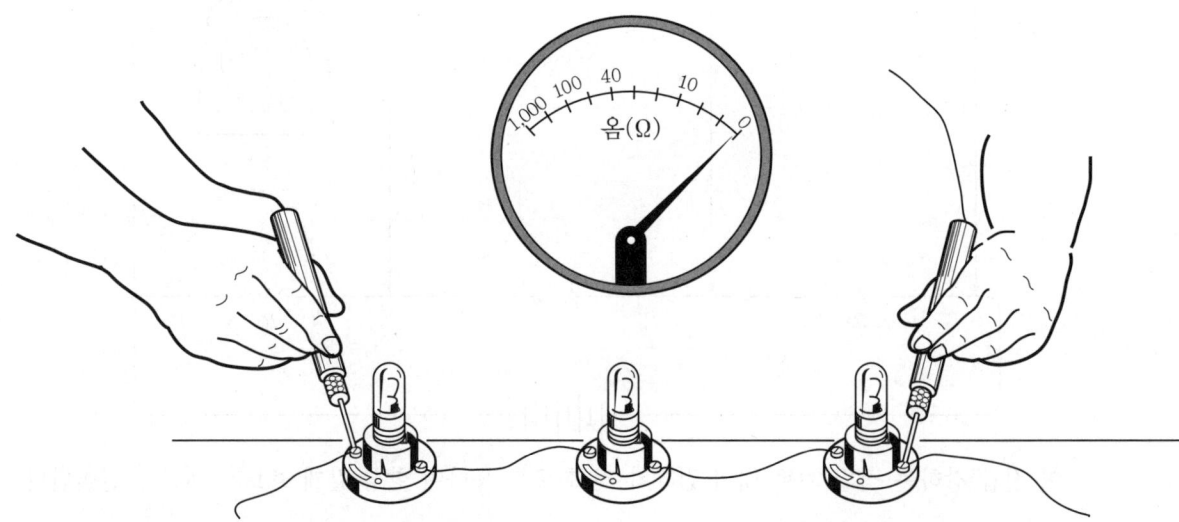

Section 18. 직류 직렬 회로

네 개의 건전기를 직렬로 연결하여 6 V의 전지를 형성함으로써 전원이 되게 하고, 다음에 저항을 직렬로 추가 연결한 경우의 효과를 알아보자.

우선 전압계를 전지 양단에 연결한다. 그러면, 전압계는 6 V를 나타낸다. 다음 전류계를 전지 음극 단자에 직렬로 연결하여 전지에서 흘러나오는 전류의 양을 알아보자.

하나의 전구 소켓만을 전류계와 직렬로 전지 양단에 연결하고 전구를 소켓에 꽂는다. 그러면 전구는 정상적인 밝기로 불이 켜질 것이며 전류계의 지시는 0.5 A를 나타낼 것이다. 다음 전압계를 이동하여 직접 전구에 연결하면 전구 양단 전압은 6 V가 됨을 알 수 있다.

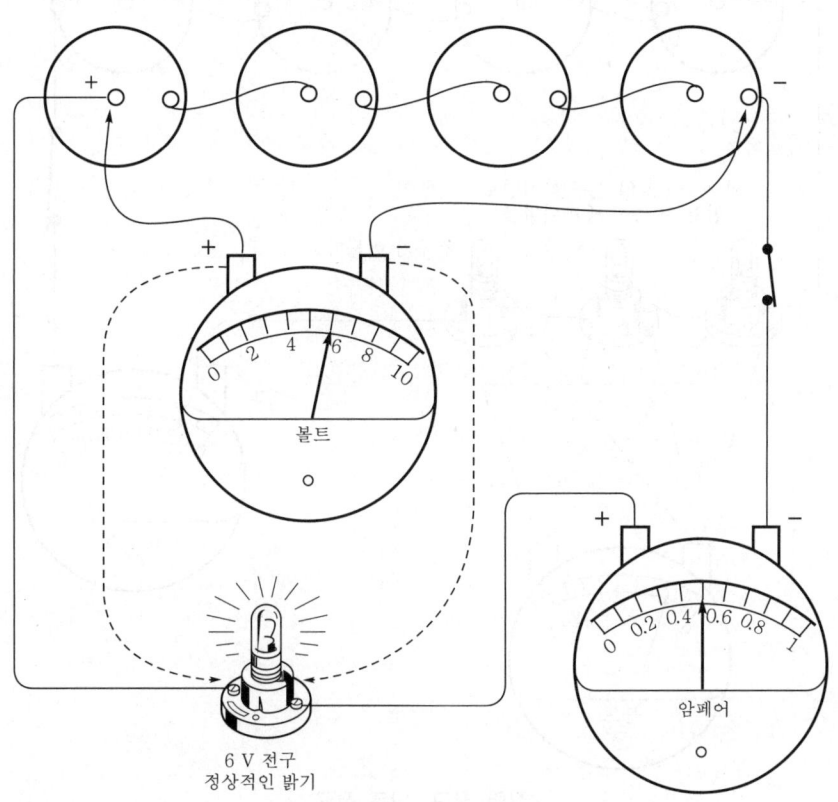

〈하나의 전구, 정상 전류〉

다음은 하나의 전구 소켓을 3개의 소켓으로 바꾸고 이 소켓에 각각 6 V의 전구를 꽂으면 전구의 밝기는 정상 이하로 되고 전류계의 지시가 먼저 값의 3분의 1을 나타내며 전체 회로의 양단에 나타나는 전압계의 지시치는 6 V이고, 각 전구의 양단 전압은 2 V가 된다.

전지에서 나오는 전압은 변하지 않고 전류가 감소하였으므로 저항은 더 커져야만 된다. 각각의 저항 양단 전압을 합한 것이 전체 전압과 같다는 것은 각 전구의 전압을 합해봄으로써 증명된다.

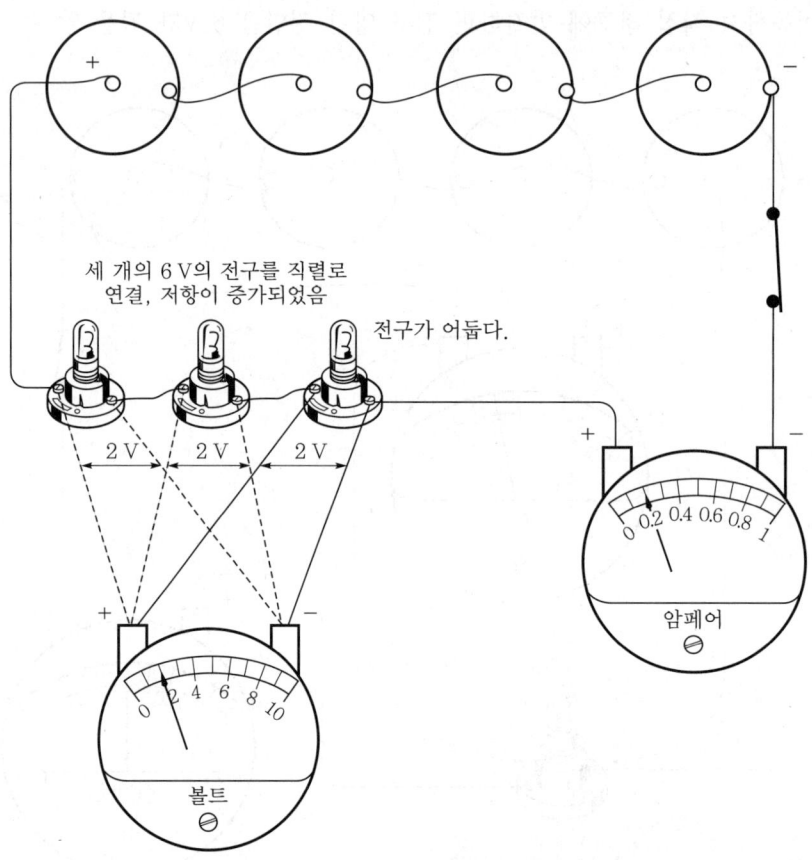

〈직렬 전구, 낮은 전류〉

6 실습…직렬 회로의 전류

저항 변화의 전류에 대한 영향과 각 기기가 그 정상 운전을 하는 데 있어서 어떤 전류치를 필요로 하는지를 보여주기 위하여, 앞에 나왔던 3 개의 6 볼트 전구들 중의 하나를 이보다 적은 저항을 가지고 있는 2.5 볼트 전구와 바꾼다.

그러면 2.5 볼트 전구는 희미하지만 나머지 2 개의 6 볼트 전구들은 그 밝기가 정상의 반만큼 더 증가함을 알 수 있다.

전류계는 전류가 증가함을 나타내고 일부 회로의 저항 감소는 전류에 대한 전체적인 반항을 적게 하는 것을 나타낸다. 또 한 개의 6 볼트 전구를 2.5 볼트 전구와 바꾸면 전체 저항은 더욱 감소되고 전체 회로 전류는 증가한다.

전류가 증가하면 전구의 밝기도 증가한다. 그리고, 마지막으로 남은 6 볼트 전구마저 저항이 적은 2.5 볼트 전구와 교환하면, 3 개의 2.5 볼트 전구 회로의 전류가 대략 한 개의 6 볼트 전구 회로의 전류와 같다는 것을 알 수 있다. 또 3 개의 전구는 거의 정상적 밝기가 된다. 이것은 전구에 흐르는 전류가 각 전구에서 측정된 전압과 마찬가지로 그 정격치보다 조금 적을 뿐 거의 같기 때문이다.

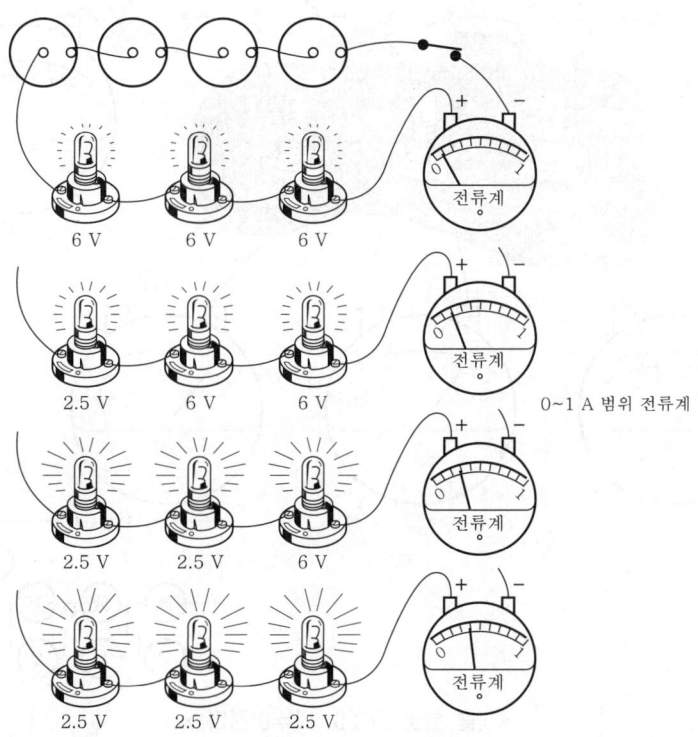

〈회로 전류는 증가〉

7 실습····직렬 회로의 전압

　직렬로 연결된 3 개의 2.5 V 전구의 정격 전압은 7.5 V이므로, 6 V의 전기로는 정격 전류가 흐르지 않는다. 건전지를 하나 더 추가시켜 줌으로써 저항의 변경없이 회로 전압을 증가시키면 전류가 크게 증가되는데, 이는 전구의 밝기와 전류계의 지시가 올라가는 것을 보아서 알 수 있다. 연결된 전구의 양단에서 전압을 측정하면 각 전구의 정격전압은 2.5 V인 것을 알 수 있다. 전지에서 한 개의 전압을 떼어내고 전구의 전압을 측정하면 각 전구의 전압은 서로 같고 이것을 합한 값이 항상 전체 전지 전압과 같은 것을 알 수 있다.

　지금 7.5 V의 전지를 만들기 위하여 다섯 개의 건전지를 이용한다. 그리고 2.5 V 전구 하나를 좀 더 큰 저항을 가진 6 V 전구와 교환한다. 전체 전구의 전압은 7.5 V이지만 모두가 같은 값은 아니다. 즉 저저항인 2.5 V 전구 양단의 전압은 모두 같으나 그 전압은 2.5 V 이하가 된다. 반면 고저항인 6 V 전구 양단의 전압은 2.5 V보다 큰 값이 된다. 우리는 직렬로 연결된 저항기에 있어서 큰 저항 양단에서는 큰 전압 강하가, 작은 저항에서는 작은 전압 강하가 되도록 각 저항 양단에서 비례 배분됨을 알 수 있다.

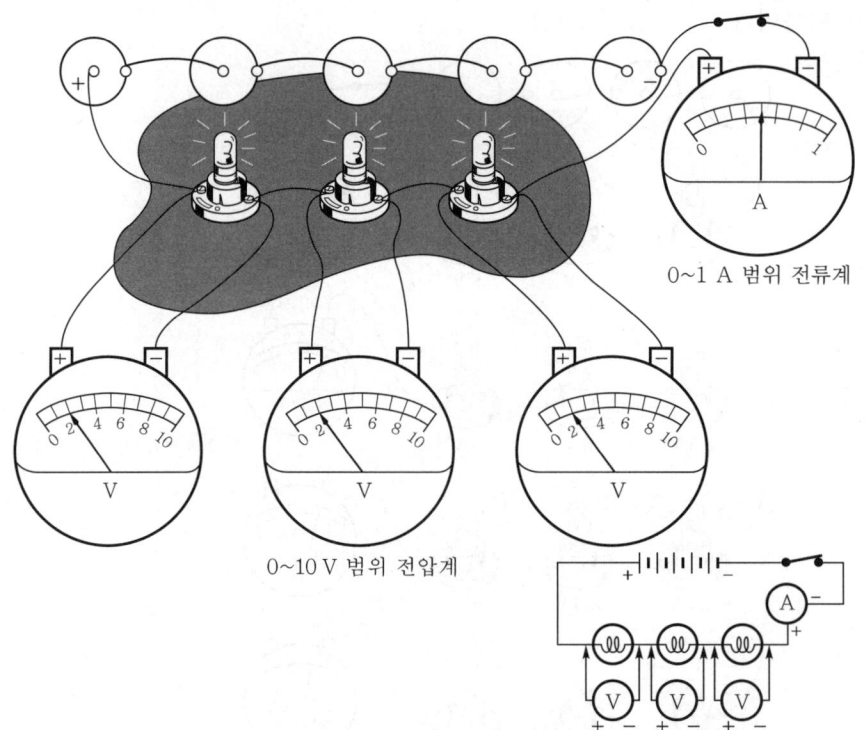

〈직렬 회로 전압이 나누어진다.〉

실습···개로

우리는 회로를 통하여 전류가 흐르기 위해서는 하나의 닫힌 통로가 필요하다는 것은 이미 알고 있다. 이 닫힌 통로에 있어서 단선은 회로의 개방의 원인이 되며 전류의 흐름을 중단시킨다. 우리가 스위치를 열 때마다 개방된 회로가 생긴다.

실지로 스위치를 여는 것 이외에 개로의 원인이 되는 것은 무엇이나 전기 회로의 정상 동작을 방해하는데, 그러한 경우에는 수선이 필요하다. 개로는 연결이 불완전하거나, 저항기 또는 전구의 필라멘트가 타버리거나, 연결이나 접촉들이 불완전하거나, 선이 끊어졌을 경우에 생기게 된다.

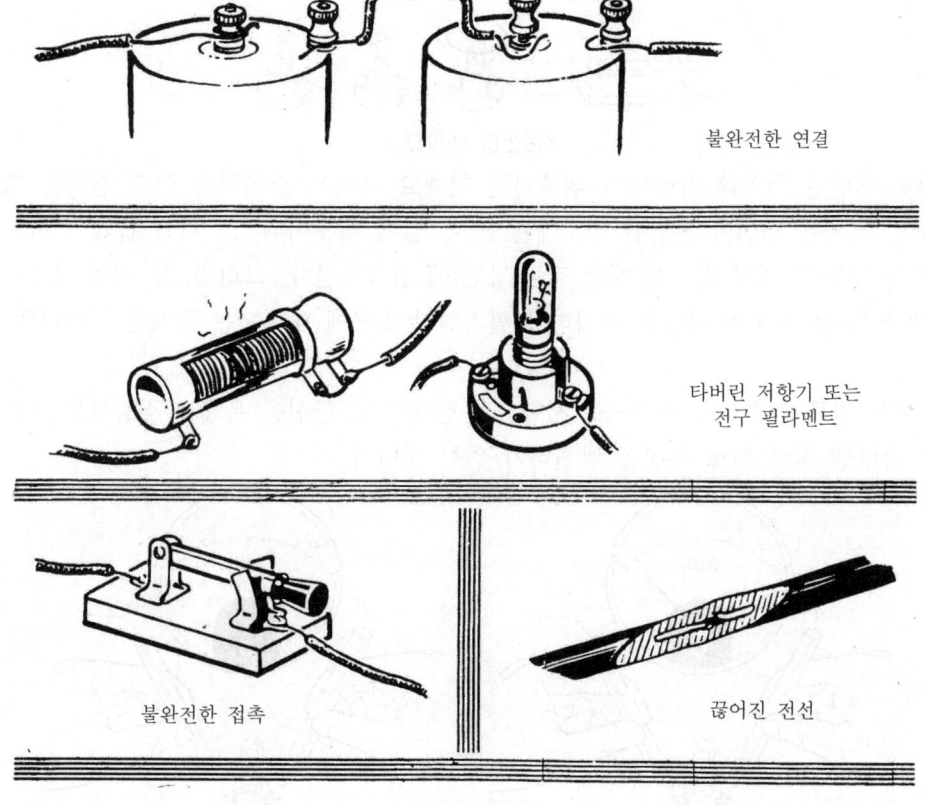

불완전한 연결

타버린 저항기 또는 전구 필라멘트

불완전한 접촉

끊어진 전선

〈개로의 원인〉

이들 고장은 가끔 눈으로 보아서 발견될 수 있다. 앞으로 실험을 하는 데 있어서 여러 가지 형태로 개로가 생길 것이다. 어떤 경우에는 개로의 원인을 눈으로 알아내는 것이 불가능하다. 고장의 원인을 발견하기 위한 옴계나 시험 전구의 사용법을 배워야 한다.

다섯 개의 건전지와 한 개의 나이프 스위치, 그리고 세 개의 전구용 소켓을 직렬로 연결한다. 그리고 소켓에는 2.5 볼트의 전구를 꽂는다. 스위치를 닫았을 때에 전구는 정상적인 밝기로 불이 켜진다. 그 다음 한 개의 전구의 접촉을 헐겁게 하면 모든 전구가 꺼지는데 이것이 개로를 나타내는 것이다(이 헐거워진 전구는 타서 끊어진 필라멘트를 비롯한 다른 개방 상태들과 같은 역할을 한다).

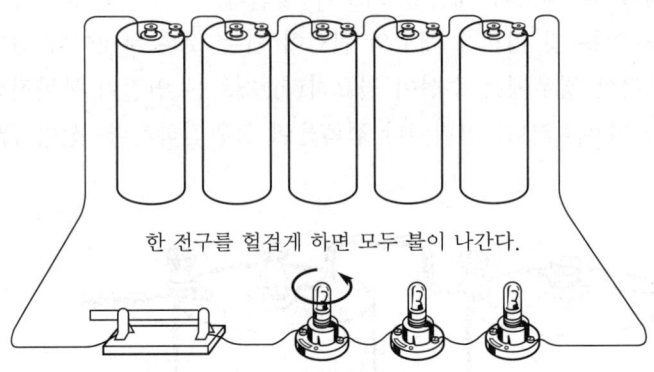

<단선이 생긴다.>

옴계로 개방된 위치를 찾아내기 위해서는 첫째로 나이프 스위치를 열고 전원을 제거한다. 왜냐하면, 옴계는 전원이 연결된 회로에는 쓸 수 없기 때문이다. 그 다음 옴계의 시험 도선을 회로의 각 부분(이 경우에는 세 개의 전구 양단)에 접촉시킨다. 그러면, 두 개의 전구에 대해서는 옴계가 10 옴 이하의 저항을 지시하나 헐거워진 전구에 대해서는 옴계는 무한대의 값을 나타낸다.

개로에는 전류가 흐르지 못하므로 저항은 무한대이다. 단선을 옴계로 점검하는 것은 무한대 저항을 나타낸 직렬 회로 부분을 발견하기 위한 것이다.

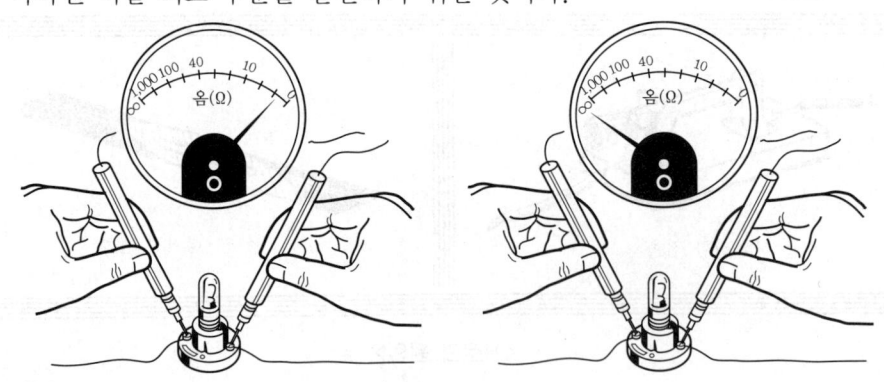

<단선의 시험을 위한 옴계 사용>

단선된 위치를 찾기 위하여 사용하는 방법은 하나의 시험 전구로 회로를 시험해보는 것이다. 전구용 단자에 리드선을 달고 2.5 볼트 전구를 끼운다. 그런 다음 회로의 스위치를 닫고 시험용 전구 리드선을 회로 내의 각 전구 양단에 접촉시킨다. 그러면 헐거워진 전구 단자에 접촉될 때까지는, 전구는 불이 켜지지 않는다.

그러나 헐거워진 전구 단자에 접촉되면 시험용 전구는 불이 켜지는데, 이것으로 회로의 열린 곳의 발견이 가능하다.

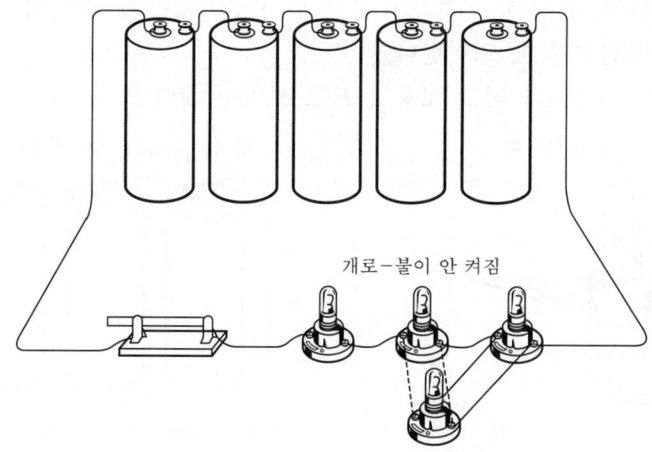

개로―불이 안 켜짐

온전한 전구를 거쳐서는 시험전구가 안 켜짐

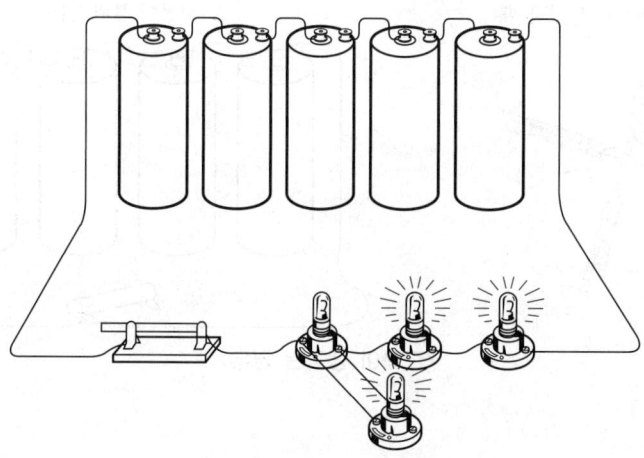

헐거워진 전구를 거쳐 시험전구가 켜짐

〈시험 전구로 단선 발견〉

시험용 전구가 이 회로를 완성시켜주고 전류가 회로의 열린 곳을 돌아서 흐르게 한다. 이 방법은 우리가 직접 눈으로 볼 수 없는 회로의 단선을 찾아내기 위하여 때때로 사용된다.

9 실습…단락 회로

우리들은 단선이 전원 단자 간의 회로를 끊음으로써 전류의 흐름을 어떻게 방해하는가를 알았다. 이제 우리는 단락 상태가 정상 전류보다 큰 전류가 흐르는 저항의 단락 통로를 만들어서 어떻게 개방 상태와 반대 현상을 일으키는지 알아보자.

한 회로나 그 일부분의 저항이 정상치로부터 영(zero)의 저항으로 떨어질 때에는 언제나 단락 현상이 발생한다. 이러한 현상은 전기 회로 저항의 두 단자가 직접 연결되거나, 전압원의 리드선이 상호 접촉되거나, 전류가 흐르고 있는 절연되지 않은 두 전선이 서로 접촉되거나, 또는 회로의 배선이 불완전할 때 일어난다.

이들 단락은 외부 단락이라 하고 보통 눈으로 보아서 찾아낼 수 있다.

저항 단자가 직접 연결할 때
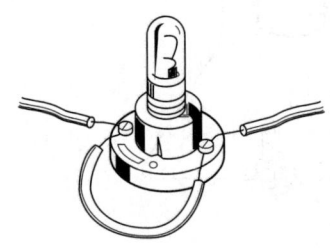

전지의 도선이 서로 접촉할 때
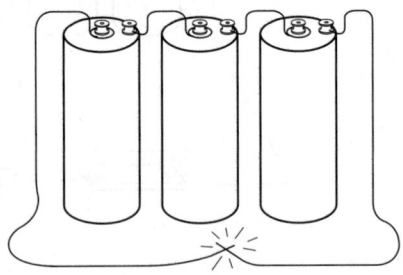

벗겨진 두 전선이 닿았을 때
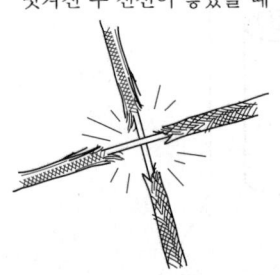

배선이 불완전할 때

〈단락이 생기는 경우〉

단순 회로에서 단락이 발생할 때는 전류의 흐름에 대해 회로 저항이 0으로 되고 따라서 대단히 큰 전류가 흐른다.

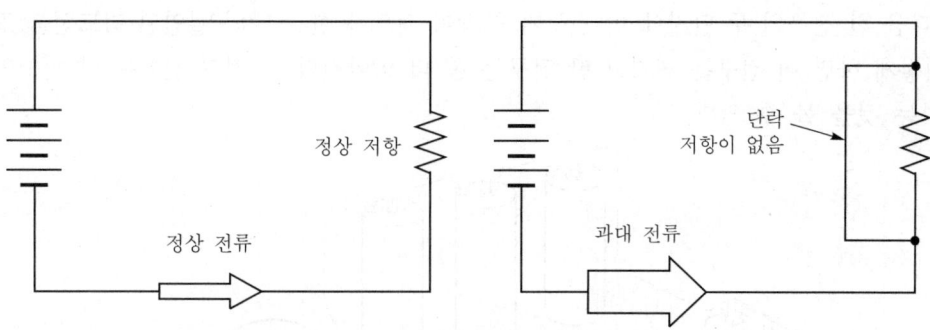

<전류의 흐름에 대한 단락의 영향>

직렬 회로에 있어서 한 개 이상의 회로 부분의 단락은 전체 회로의 저항을 감소시키고, 따라서 전류를 증가시킨다. 그리고, 이 전류 증가는 회로 내의 다른 기기를 손상시킬지 모른다.

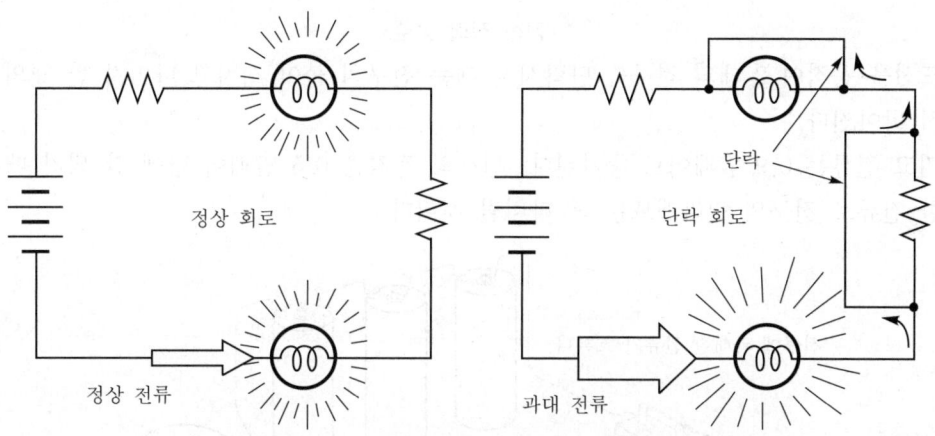

<단락된 회로에는 정상 전류보다 대단히 큰 전류가 흐른다.>

전기 회로는 보통 다음에서 배우게 될 퓨즈를 이용하여 과대 전류로부터 보호된다. 그러나 단락이 되는 이유와 결과를 이해함으로써 회로의 단락과 이에 따른 계기와 기타 기구의 손상을 방지하는 것이 중요하다.

세 개의 건전지를 0~1 암페어의 전류계 및 세 개의 소켓과 함께 직렬로 연결한다. 소켓에는 2.5 볼트 전구를 꽂고 스위치를 닫는다. 그러면 세 개의 전구는 균등하게 불이 켜지나 불빛이 흐리고 전류계에는 약 0.5 암페어의 전류가 흐른다.

그 다음 한 전구의 두 단자에 이 전구가 단락이 되도록 한 가닥의 절연된 리드선을 접촉시킨다. 이렇게 하면 이 전구는 꺼지고 딴 전구는 좀 더 밝아진다. 그리고 전류는 약 0.6 암페어로 증가하는 것을 볼 수 있다.

정상 회로에는 정상 전류가 흐른다.
〈정상 직렬 회로〉

리드선을 움직여 2 개의 전구를 단락시킬 때는 전구의 불이 꺼지고 나머지 한 개의 전구만 대단히 밝아진다.

그리고 전류는 0.9 암페어로 증가된다. 전구의 정격은 0.5 암페어 밖에 안 되기 때문에 이 과대한 전류로 전구의 필라멘트는 곧 타버릴 것이다.

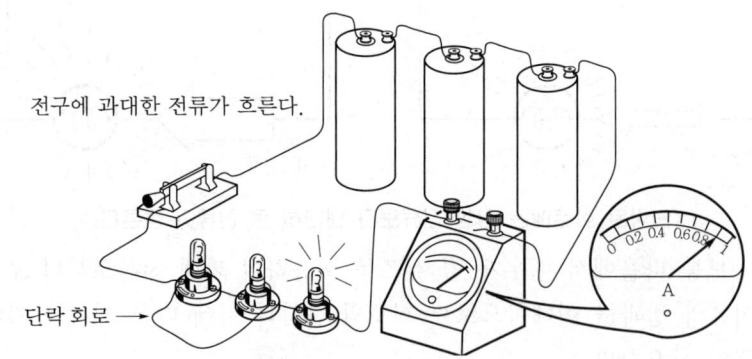

〈직렬 회로에서 단락의 영향〉

만약 세 개의 전구를 단락시킨다면 이 회로에는 저항이 없기 때문에 암미터를 손상하게 될 대단히 큰 전류가 흐르게 될 것이다.

10 직렬 회로의 연결에 대한 복습

지금까지 전기 회로와 특히 직렬 회로에 관해서 배운 것을 다시 생각해보자. 완전한 전기 회로는 언제나 전압 전원 내부와, 전압 전원의 단자를 거친 전류의 완전한 통로로 되어 있어, 실제적으로 전압 전원의 내부 통로는 회로를 생각하는 데 있어서 무시된다는 것을 알았다. 단지 전압 전원의 단자에 걸쳐 연결된 저항들의 연결법과 효과만이 중요하다.

① **단순 회로**(simple circuit) : 전압원에 한 개의 저항이 연결된 것

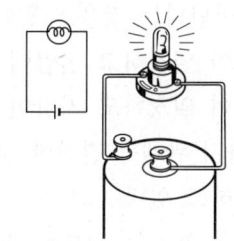

② **직렬 회로**(series circuit) : 전압원에 대해 저항들의 끝과 끝을 연결한 것

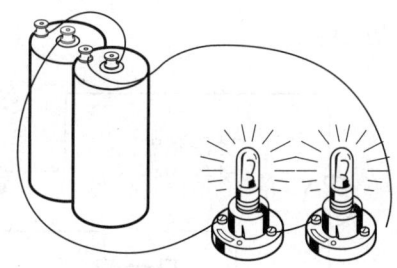

③ **직렬 회로의 저항** : 전체 저항은 개개 저항의 합과 같다.

$$R_1 + R_2 + R_3 = R_t$$

④ **직렬 회로의 전류** : 전류는 회로의 모든 부분에서 같다.

⑤ **직렬 회로의 전압** : 각 저항 단자의 전압은 전체 전압의 일부에 지나지 않고 또 각 저항의 값에 따라 정해진다. 전체 전압에 대해 각 부의 전압은 IR 또는 전압 강하라고 한다. 이들의 합은 가해진 전체 전압과 같다.

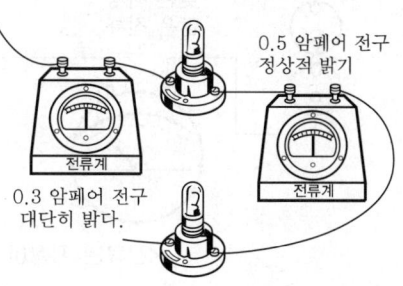

Section 19 옴의 법칙(Ohm's law)

1 단순 회로(simple circuit)에서 옴의 법칙

우리는 이미 전압과 저항이 회로 내를 흐르는 전류에 영향을 준다는 것과, 저항 양단에서 전압 강하가 일어난다는 것을 배웠다. 전류·전압 및 저항 이 사이의 기본적인 관계는 아래와 같다.

① 저항이 일정하고 전압이 증가되면 회로에 흐르는 전류가 증가한다.
② 전압이 일정하고 저항이 증가되면 회로에 흐르는 전류는 감소한다.

이 두 가지 관계를 결합한 것이 전기 회로에 대한 가장 기본적인 법칙인 것이며 보통 아래와 같이 설명하고 있다.

회로 내를 흐르는 전류는 전압의 변화와 같은 방향으로 변하고 저항의 변화와 반대 방향으로 변한다.

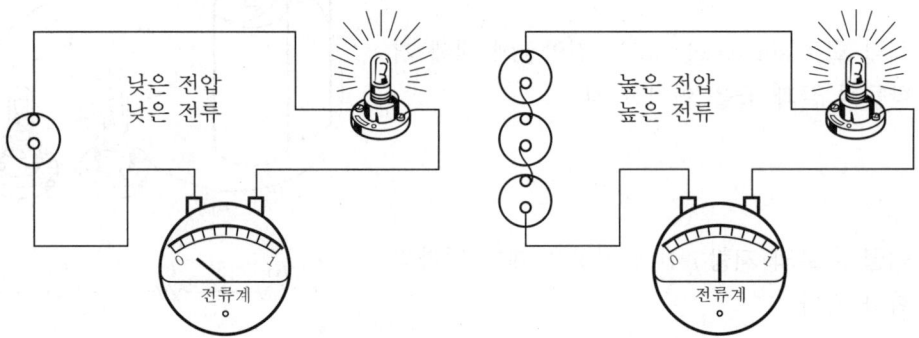

〈전류는 전압이 변하는 것과 같은 방향으로 변한다.〉

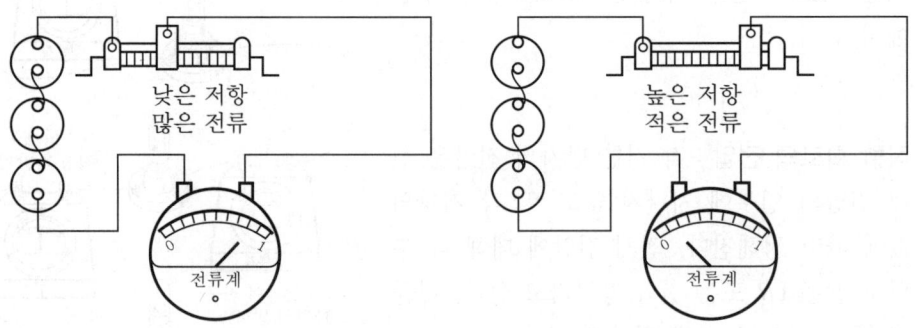

〈전류는 저항이 변하는 것과 반대 방향으로 변한다.〉

Section 19. 옴의 법칙(Ohm's law)

우리는 이미 한 회로에 일정한 전류가 흐른다면 그것은 전류를 흐르게 하는 일정한 기전력 즉 전압 때문에 흐르는 것이며, 전류의 양은 회로의 저항에 의하여 제한된다는 것을 배워 알았다. 실제로 전류의 양은 전기적인 압력, 또는 전압 및 저항의 크기에 따라 변한다. 이 사실은 옴(Georg Simon Ohm)이라는 사람에 의하여 발견된 것이며 지금 유명한 옴의 법칙으로서 표시되고 있다. 이 옴의 법칙은 모든 전기 공학의 기본적인 공식이다.

이 법칙은 1827년에 처음 발견된 이래로 전기적인 계산에 있어서 대단히 중요한 것으로 되어 왔다. 옴의 법칙은 회로에 흐르는 전류는 가해진 전압에 비례하며 저항에 반비례한다는 것이다. 이 설명은 아래와 같이 수학적 관계식으로 표현된다.

$$전류 = \frac{기전력(즉\ 전압)}{저항} \left(I = \frac{E}{R}\right)$$

$$또는,\ 암페어 = \frac{볼트}{옴} \left(A = \frac{V}{\Omega}\right)$$

옴의 법칙은 또한 다른 두 가지 형식으로 쓸 수가 있다.

$$전압 = 전류 \times 저항 (E = I \times R)$$

$$또는,\ 볼트 = 암페어 \times 옴 (V = A \times \Omega)$$

이 수식을 사용하여 전류와 저항을 알면 전압을 구할 수 있다.

만일 전압과 전류를 알면 다음과 같은 형식의 옴의 법칙을 적용하여 그때의 저항을 간단히 구할 수 있다.

$$저항 = \frac{전압}{전류}$$

$$옴 = \frac{볼트}{암페어}$$

전기 회로나 전기 회로의 각 부분에 있어서 전류·전압 그리고 저항의 값 중에서 2가지를 알고 있을 때, 나머지 미지의 값을 구하는 데 옴의 법칙을 사용한다. 이 기본적 형식에서 전압과 저항을 알고 회로 내의 전류를 구하기 위해서는 옴의 법칙을 사용한다.

$$전류(암페어) = \frac{전압(볼트)}{저항(옴)}$$

$$기호로\ 표시\ I = \frac{E}{R}$$

이미 알고 있겠지만 만일 전압이 증가되고 저항이 일정하게 유지된다면 회로 내의 전류는 증가한다. E와 R에 수치를 주면 이것이 어떻게 작용하는가를 알 수 있을 것이다. 지금 R이 10 Ω이고 전압이 20 V라고 하자. 그러면 전류는 20을 10으로 나눈 것과 같고 이 전류는 아래와 같이 2 A가 된다.

$$전류 = \frac{전압}{저항}$$

$$I = \frac{E}{R}$$

$$I = \frac{20}{10} = 2 \text{ A}$$

만일 저항은 변경하지 않고 전압만을 40 V로 증가시킨다면, 전류는 4 A로 증가할 것이다.

$$I = \frac{E}{R}$$

$$I = \frac{40}{10} = 4 \text{ A}$$

이와 마찬가지로 전압을 일정하게 유지하고 저항을 증가시키면 전류는 감소한다. 우리는 E가 20 V, R이 10 Ω인 본래의 값을 사용하였을 때 전류가 2 A라는 것을 알았다. 만일 지금 전압은 변경시키지 않고 저항을 20 Ω으로 증가시킨다면 전류는 1 A로 감소한다.

$$I = \frac{E}{R}$$

$$I = \frac{20}{20} = 1 \text{ A}$$

$I = \dfrac{E}{R}$는 옴의 법칙의 기본적인 공식이며 전류를 구하는 데 사용되나 이것은 다른 형식의 법칙으로 표시함으로써 E나 R 중 어느 하나를 구하는 데도 사용될 수 있다. 전압과 전류를 알고 있을 때 옴의 법칙을 사용하여 저항을 구하기 위하여서는 전압을 전류로써 나누면 된다.

$$저항 = \frac{전압}{전류}$$

기호로 표시 $R = \dfrac{E}{I}$

예를 들면 만일 6 V 전지 양단에 연결된 전구를 통하여 2 A가 흐른다면 전구의 저항은 3 Ω 이다.

$$R = \frac{E}{I}$$
$$R = \frac{6}{2} = 3 \ \Omega$$

옴의 법칙의 세 번째 응용은 전류와 저항을 알고 전압을 구하는 것이다. 저항 양단의 전압을 구하기 위해서는 전류와 저항을 곱하면 된다.

전압 = 전류 × 저항
$$E = I \times R$$

공식으로서 전기의 법칙을 표시할 때에는 곱하기 기호(×)는 일반적으로 사용하지 않으므로 전압에 대한 옴의 법칙은 $E = IR$로 표시한다.

3 A의 전류가 흐르고 있을 때 5 Ω을 갖는 저항기의 양단의 전압을 구하려면 전류와 저항을 서로 곱해야 하므로 전압은 15 V가 된다.

$$E = IR$$
$$E = 3 \times 5 = 15 \ V$$

옴의 법칙을 사용할 때 전압·전류·저항의 모든 크기는 항상 이들 각각의 기본단위로 표시하여야 한다.

만일, 그 크기가 기본 단위보다 더 크거나 더 작은 단위로 주어졌을 때는 우선 이 크기를 모두 암페어·볼트·옴으로 변경하여 표시하여야 한다.

2 직렬 회로의 전체 저항의 계산

앞에서 우리는 직렬 회로 내의 전체 저항은 그 회로 내에 있는 각각의 저항을 합한 것과 같다는 것을 배웠다. 직렬 회로 내의 전체 저항 즉 R_t는 회로 내에 흐르는 전류의 양과 가해진 전압을 알면 '옴의 법칙'을 사용함으로써 알 수 있다.

아래 그림을 생각하여 보자. 전체에 가해진 전압 E_t는 100 V, 회로 내의 전 전류 I_t는 2 A 라고 하자. 또 직렬로 연결된 세 개의 저항기가 있다고 하자. 만일 전체 전압이 전체 저항에 가해질 때에 전체 전류가 흐른다는 것을 기억한다면 그 문제를 푸는 데 어떠한 곤란도 받지 않을 것이다. 이때 옴의 법칙을 사용하면 전체 저항은 전체 전압을 전체 전류로 나눈 값과 같게 된다.

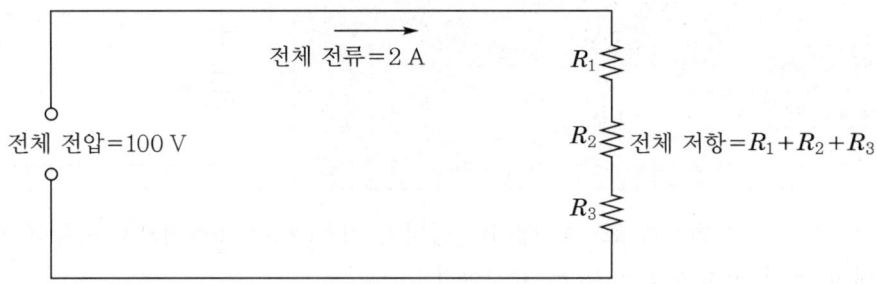

〈직렬 회로에 옴의 법칙 적용〉

$$R_t = R_1 + R_2 + R_3$$

$$R_t = \frac{E_t}{I_t}$$

$$R_t = \frac{100 \text{ V}}{2 \text{ A}} = 50 \text{ } \Omega$$

앞에서 직렬 회로의 전압 강하를 모두 합하면 그 합한 값은 전체 인가 전압이 된다는 것을 배웠다.

즉, $E_t = E_1 + E_2 + E_3$

또 직렬 회로에 흐르는 전류는 모든 곳에서 같다는 것을 배웠다.

즉, $I_t = I_1 = I_2 = I_3$

이것은 직렬 회로 내에 있는 여러 개의 저항기가 모두 다른 값을 갖는다 할지라도 마찬가지이다.

3 직렬 회로에 옴의 법칙

직렬 회로를 취급하는 데 있어서 옴의 법칙은 전체 회로나 회로의 일부분의 어디에도 사용할 수 있는 것이다. 이 법칙은 두 가지 요소를 알고 회로의 어떤 부분에 대한 미지의 양을 구하기 위하여 사용된다. 100 V 전원에 3개의 저항기가 직렬로 연결되고 2 A의 전류가 흐르는 회로를 생각하여 보자. 만일 두 개의 저항기 R_1, R_2의 값이 각각 5 Ω과 10 Ω이고 제3의 저항기 R_3의 값을 모른다고 하면, R_3의 값과 각 저항기의 전압은 회로의 각 부분에 옴의 법칙을 적용하여 구할 수 있다.

이미지의 값을 구하려면 아래 그림과 같이 간단한 그림을 그려야 하며, 다음은 이미 알고 있는 값이나 회로의 각 부분에 옴의 법칙을 적용하여 얻은 값을 기록한다. 그러면 이 그림에서 회로의 여러 요소와 이들 서로 간의 관계를 확실히 볼 수 있을 것이다.

다음은 또 각 저항기에 관하여 알고 있는 요소를 모두 기입하여야 한다. 우리는 R_1이 5 Ω, R_2가 10 Ω 또 회로 전류가 2 A라는 것을 알고 있다. 또 직렬 회로에서는 전류가 흐를 수 있는 통로는 하나 밖에 없으므로 전류는 회로의 모든 부분에서 동일하며 그 값은 2 A이다.

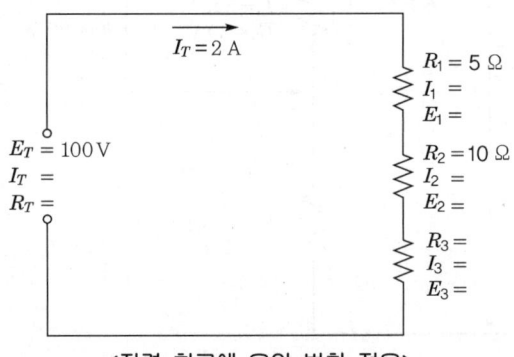

〈직렬 회로에 옴의 법칙 적용〉

R_1과 R_2에 대하여 저항과 전류의 두 크기를 알고 있으므로 전압을 구할 수 있다. 예를 들면, 옴의 법칙을 사용하여 R_1의 양단 전압을 구하려면 전류 2 A와 저항 5 Ω을 곱하면 된다. 즉 R_1의 양단 전압은 10 V가 된다. 이와 마찬가지로 R_2의 양단 전압도 전류와 저항을 곱하면 구할 수 있다. 즉 R_2 양단의 전압은 2 A와 10 Ω를 곱하면 20 V가 된다.

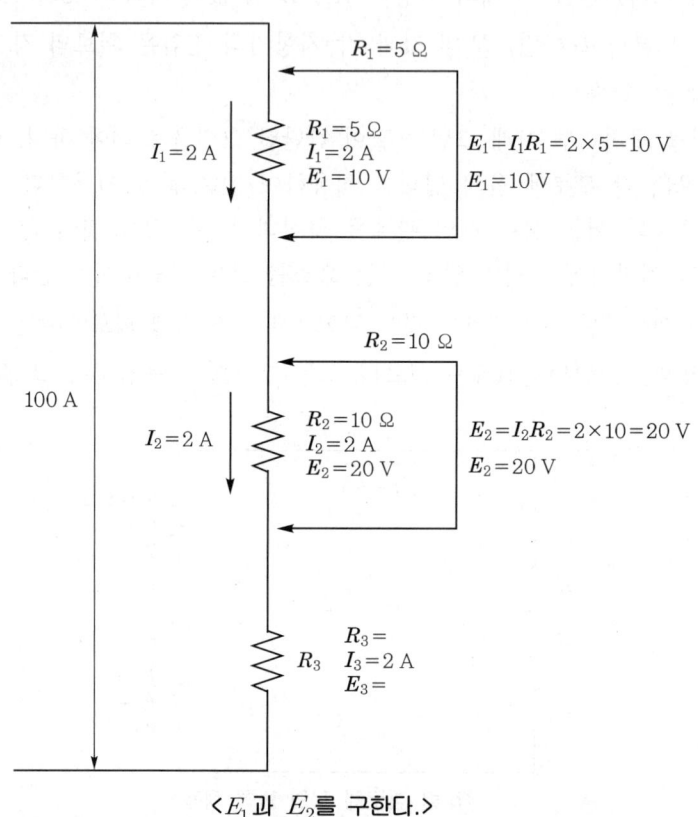

<E_1과 E_2를 구한다.>

위의 그림에서 R_3의 저항값과 R_3의 양단 전압을 제외하고는 모두 구하였다. 그래서 R_3에 대한 저항이나 전압 중 어느 하나의 값을 정확히 얻을 수 있다면 나머지의 크기는 옴의 법칙을 사용하여 용이하게 구할 수 있다.

3개의 저항기가 100 V 전원을 통하여 연결되어 있는 고로 3개의 저항기의 양단 전압은 이들을 모두 합하였을 때 100 V가 되어야 한다. 만일 R_1과 R_2의 양단 전압이 각각 10 V와 20 V가 된다면 두 저항기를 통한 전압의 합계는 30 V가 된다.

이때 R_3의 양단 전압은 전체 전압 100 V에서 R_1과 R_2의 합계 전압 30 V를 뺀 값 즉 70 V가 된다. 그리고 R_3의 저항을 구하기 위해서는 옴의 법칙을 사용하여 전압 70 V를 2 A의 전류로 나누면 된다. 즉, $R_3 = 35\ \Omega$이 된다.

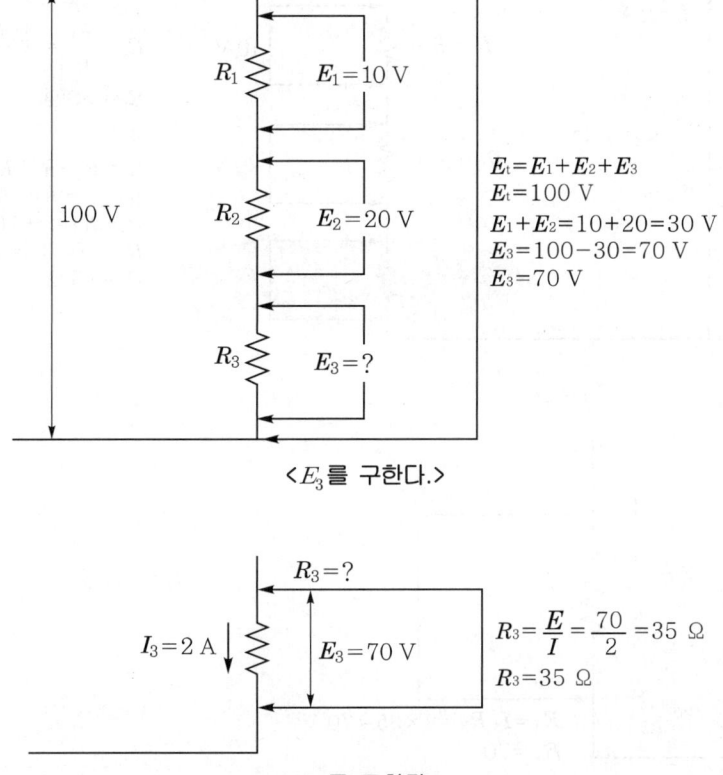

<E_3를 구한다.>

<R_3를 구한다.>

R_3에 대한 미지의 양을 구하는 데 또 다른 방법을 사용할 수가 있다. 전체의 회로 전압과 전류는 알고 있으므로 전체의 회로 저항은 전압 100 V를 전류 2 A로 나누어 구할 수 있으며 이때 그 전체 저항은 50 Ω이다. 이 전체 저항은 R_1, R_2 및 R_3의 합계이므로 R_3은 50 Ω에서 R_1과 R_2의 합을 뺀 것이다. R_1과 R_2의 합계는 15 Ω이므로 R_3의 저항으로서는 35 Ω이 남게 된다.

또 R_3에 대한 저항과 전류의 값을 알고 있으므로 그 전압은 이 전류와 저항의 두 양을 곱하여 구할 수가 있다. 저항 35 Ω과 전류 2 A를 곱하면 R_3의 양단 전압은 70 V가 된다. 이 두 결과는 바로 전의 방법으로 구한 것과 똑같다.

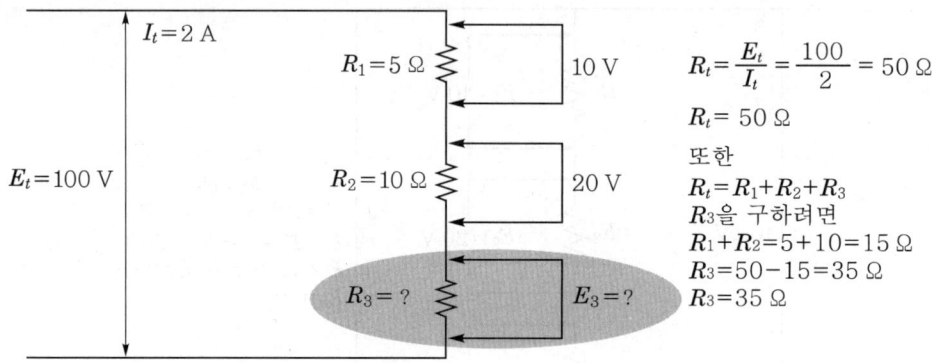

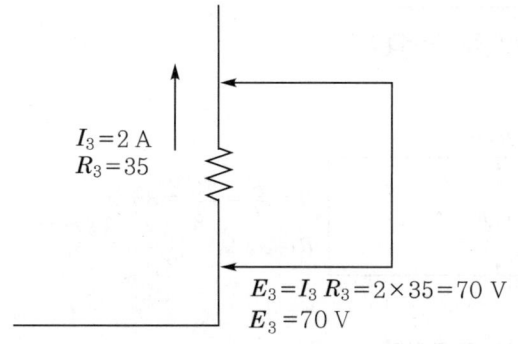

<R_3와 E_3를 구하는 다른 방법>

R_3와 E_3의 값을 구하였고 회로 내의 세 개의 저항기에 대한 각각의 저항·전압 및 전류를 알았으므로 지금 우리는 아래와 같은 표를 완전히 작성할 수 있다.

여러 값에 대해 아래 표를 완결하여 우리는 전체 회로의 저항·전압 및 전류를 알 수 있다. 또 회로는 직렬로 연결되어 있으므로 전체 회로의 전류는 회로의 모든 부분의 전류와 같다. 그러나 전체 전압과 전체 저항은 각각의 전압과 저항을 합한 것이 된다.

<여러 값에 대한 완성표>

회로의 부분	저 항	전 압	전 류
R_1	5 Ω	10 V	2 A
R_2	10 Ω	20 V	2 A
R_3	35 Ω	70 V	2 A

즉 위에서 전체 저항(R_t)은 50 Ω, 전체 전류(I_t)는 2 A, 전체 전압(V_t)은 100 V이다. 이제 우리는 회로의 모든 값을 알았다.

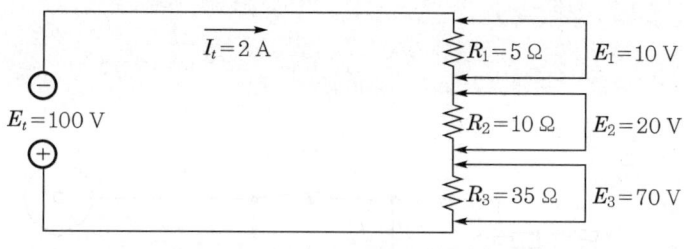

<직류 회로의 모든 값을 알고 있다.>

회로에서 미지의 양을 구하려면 두 개의 양이 알려진 회로의 부분에 대하여 옴의 법칙을 적용함으로써 완전히 풀면 된다.

그리고 옴의 법칙으로서는 풀 수 없는 미지의 다른 양을 구하려면 직렬 회로의 전류·전압·저항에 관한 식들을 적용하면 된다.

4 실습…옴의 법칙

필요한 저항을 구하는 데 어떻게 옴의 법칙이 사용되는가를 알아보기 위해 6 볼트가 되도록 전지 4 개를 연결한다. 그리고 0.3, 0.6, 1 암페어와 같은 전류값을 선택한 다음에 6 볼트의 전지에 연결하여 이들 전류를 흐르게 할 수 있는 저항치를 결정한다.

옴의 법칙에 따라 6 볼트의 전압을 전류치 0.3, 0.6, 1 암페어로 각각 나누면 필요한 저항치 20, 10, 6 옴을 얻는다. 이 값을 검산하기 위해 3 옴 저항 2개를 직렬로 연결하여 6 옴이 되도록 하고 6 볼트의 전지에 이 전류계를 직렬로 연결한다. 그 결과 전류치가 대략 1 암페어임을 알 수 있다.

10 옴과 20 옴이 되도록 직렬로 더 저항을 추가하면 이들 저항치로 바라는 전류를 얻을 수 있는 것을 볼 수 있다.

옴의 법칙

$$R = \frac{E}{I} = \frac{6}{0.3} = 20 \ \Omega$$

$$R = \frac{E}{I} = \frac{6}{0.6} = 10 \ \Omega$$

$$R = \frac{E}{I} = \frac{6}{1} = 6 \ \Omega$$

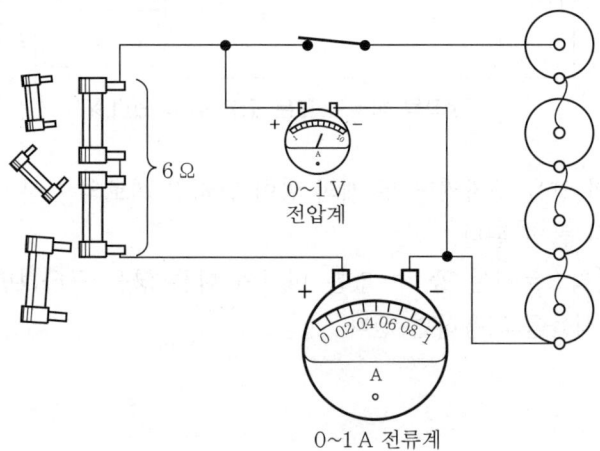

〈옴의 법칙으로 구한 저항치를 점검한다.〉

저항치를 알 수 없을 때 전류와 전압은 회로 내의 저항치를 알아내는 데 이용될 수 있다. 옴의 법칙을 이용한 실험을 하기 위하여 저항치 표시가 없는 두 저항기를 연결하고 전류를 측정하는 전류계와 같이 6 V 전지와 직렬로 연결한다. 각 저항 간의 전압을 읽으면 이 두 전압의 합은 전지의 전압과 같다는 것을 알 수 있다.

회로 전류로 저항에 걸린 전압을 나누면 저항치를 얻는다. 그 답이 정확한 것을 보기 위하여 저항을 옴계로 측정하면 옴의 법칙에서 구한 값과 옴계의 측정치는 똑같다는 것을 알 수 있다.

이와 같은 몇 개의 문제를 취급하여 정격 전류와 전압으로 필요한 저항치를 알아내는 데 사용될 수 있고, 또 전류 및 전압의 측정치로 회로 내의 미지 저항의 값을 알아내는 데도 사용될 수 있다는 것을 알게 된다.

이미 알고 있는 저항에 정확한 전류가 흐르도록 하는 데 필요한 전압을 알아내기 위해 어떻게 옴의 법칙이 쓰이나 실험해 보자. 직렬로 연결된 2 개의 2 옴 저항과 2개의 3 옴의 저항들로 구성된 10 옴의 저항을 사용하여 10 옴에 차례로 0.3, 0.6, 0.9 암페어를 곱하여 이들 전류에 소요되는 전압을 구한다. 이때 구해진 전압치는 각각 3, 6, 9 볼트이다.

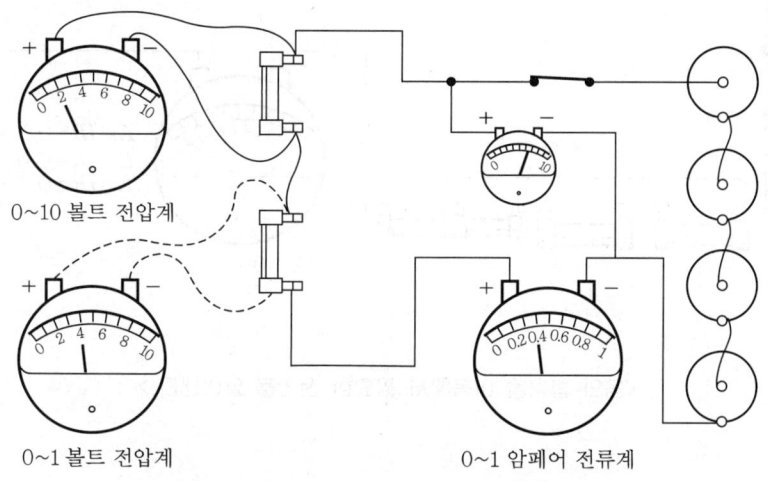

<전압과 전류를 측정함으로써 저항을 알아낸다.>

이 값이 맞는지를 보기 위하여 전류계와 직렬로 된 10 옴 저항을 전지에 연결한다. 3 볼트 전지를 썼을 때의 전류는 0.3 암페어이고 6 볼트 전지로는 0.6 암페어, 9 볼트 전지로는 0.9 암페어가 되는데 이로써 옴의 법칙으로 구한 값이 정확하다는 것이 증명된다.

다음 직렬 회로에서 전류를 측정하는 데 옴의 법칙이 어떻게 사용되는지 실험한다. 3 옴 저항 6 개를 직렬로 연결하여 9 볼트 전지와 연결한다. 그러면 저항은 18 옴이 된다. 18 옴으로 9 볼트를 나누면 회로 전류는 0.5 암페어가 된다. 각 저항의 전압을 측정하여 각 저항치로 나누면 같은 결과인 0.5 암페어가 나온다. 전류가 맞는가를 보기 위해 전류계를 연결해보면 전류치가 맞는다는 것을 알 수 있다.

이와 같은 실험에서 보는 바와 같이 한 회로에서 두 가지 값만을 알고 있으면 모르는 값은 옴의 법칙을 사용하여 직접 결정될 수 있다.

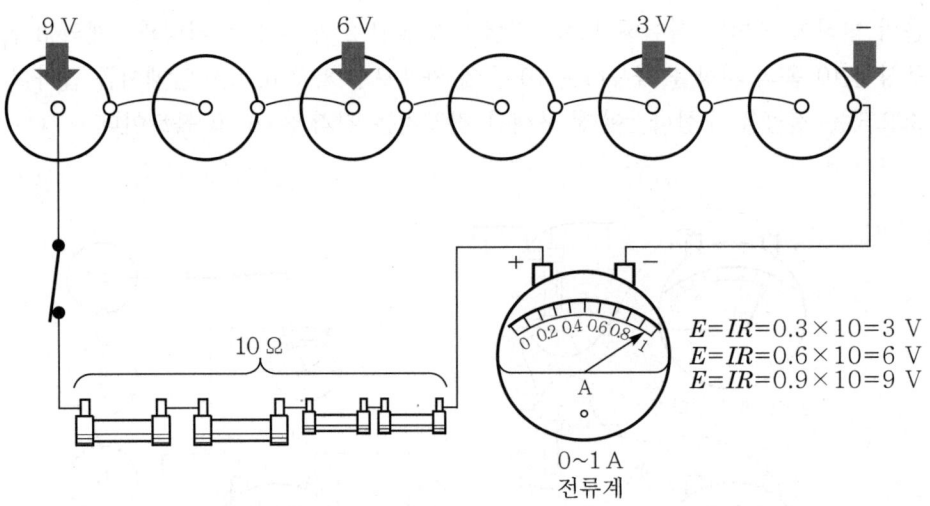

<옴의 법칙을 이용해서 필요한 전압을 알아낸다.>

5 옴의 법칙에 대한 복습

전기에 있어서 옴의 법칙은 한 회로 또는 회로의 일부분에서 두 요소를 알고 있을 때 나머지 미지 요소를 알아 내기 위해서 계기 대신 쓰이는 하나의 도구와 같은 것이다. 전압·전류 및 저항 중 두 가지 양을 알고 나머지 한 양을 알려고 한다면 저항과 전류 및 전압을 알아내는 옴계, 전압계 또는 전류계를 쓰는 대신 옴의 법칙을 사용할 수 있다.

모든 다른 연장과 같이 옴의 법칙도 습관이 되면 사용하기가 더욱 용이하고 더욱 자주 쓰면 쓸수록 더욱 숙달될 것이다. 우리는 옴의 법칙을 배웠고 토론도 했으며 실험하는 것도 배웠다. 회로의 미지 양을 알아내는 사용법을 복습해 보기로 하자. 모든 양의 기본 단위는 볼트, 암페어, 옴으로 표시되어야 한다는 것을 기억하여야 한다.

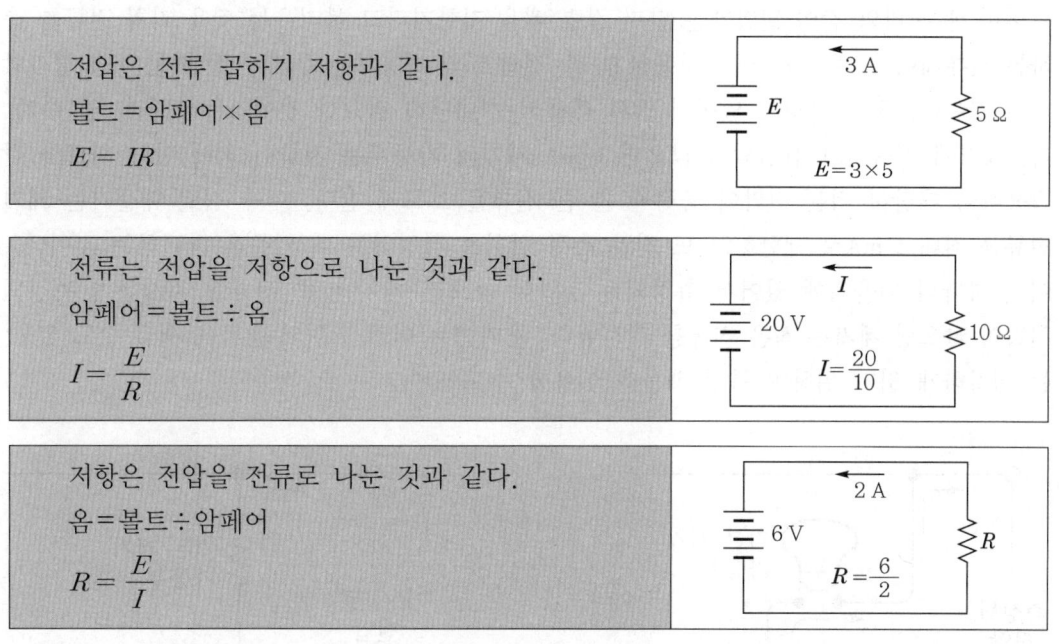

전기에서 쓰게 되는 많은 공식을 기억할 필요는 없지만 옴의 법칙은 다른 공식보다 많이 사용되므로 기억하여야 한다.

6 전압계의 측정 범위의 확대

다음은 직렬 회로에서의 옴 법칙의 실제 응용이다. 다음 그림에서 계기는 배율 저항기와 직렬로 되어 있고, 또 계기와 배율 저항기가 측정코자 하는 전압 전원에 걸쳐 있는 것에 주의하라. 등가 회로에서는 기본 계기 가동부가 저항으로 표시되어 있고, 이 가동부 저항은 배율기 저항과 직렬로 연결되고 있다. 배율 저항기와 계기 가동부의 전류는 이들이 서로 직렬이기 때문에 동일하다.

어떤 형의 계기 가동부에 대하여도 고저항 직렬 배율기는 전류를 대단히 적은 값으로 제한한다(옴 법칙에 의하여). 동일 계기 가동부에 대해 직렬 배율기의 저항이 낮으면 회로에는 비교적 큰 전류가 흐르게 된다. 그러나 직렬 배율기의 저항은 계기의 손상을 주지 않고 동시에 필요한 지시치를 얻기에 알맞은 전류를 흐르게 할 수 있는 것을 항상 선택하여야 한다.

이미 배운 바와 같이 전압계는 단지 직렬 배율 저항기라고 불리우는 것을 거쳐 전류를 측정하는 전류계이다. 우리가 자주 사용하게 될 '전압계'의 가동부는 우리가 잘 아는 0~1 밀리암미터인 것이다. 전압 측정에 있어서 직렬 배율기는 대단히 필요한 것이라는 이유를 알 수가 있다. 계기에 배율기가 삽입되지 않으면 1 mA 계기의 가동부는 저항이 적어 단락 회로와 같이 작용하여 대단히 적은 전압이 측정될 뿐 큰 전류를 흐르게 한다. 이때 직렬 배율기는 계기의 전류를 최대 1 mA로 제한하고 또 전압 측정 범위를 결정하는 데 기준을 마련하는 것이다. 주어진 하나의 배율기에 있어서 측정되는 전압이 높으면 계기는 큰 전류를 지시하며 측정되는 전압이 낮으면 계기는 적은 전류를 지시한다. 계기에는 여러 범위의 눈금을 새길 수도 있고 또는 정확하게 읽기 위하여 특정 배율을 이용할 수도 있다.

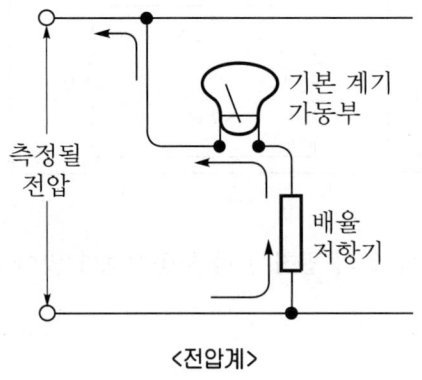

〈전압계〉

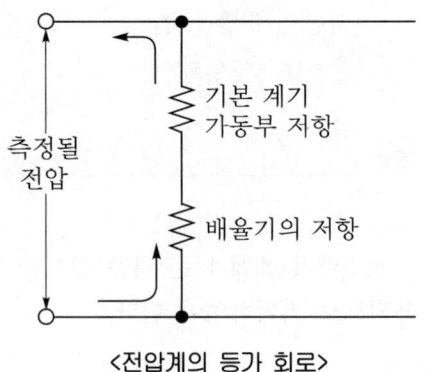

〈전압계의 등가 회로〉

전압계의 측정 범위 확대용 직렬 배율기의 이용에 대하여는 몇 가지 이미 설명하였다. 지금은 직렬 배율기의 저항치를 계산하는 데 있어 옴의 법칙을 어떻게 이용할 것인지 배우기로 하자. 0~1 밀리암미터를 0~10 V 전압계로 사용하고자 한다. 이 문제에서 계기의 가동부 저항은 5 옴이라고 하자.

계기를 손상시키지 않고 10 V(또는 10 V 이하)를 측정할 수 있는 배율기의 저항을 계산하라. 아래 그림을 보라.

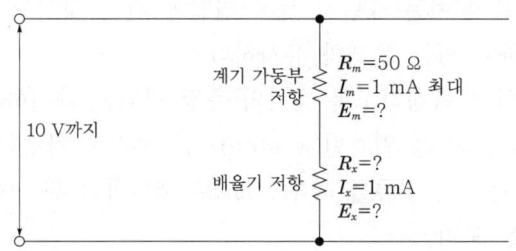

직렬 회로에서의 전체 전압은 개개 전압 강하의 합과 같다는 것을 상기하라. 즉, 이 경우

$$E_t(\text{전체}) = E_m + E_x$$

우리는 전체 전압을 측정하면 10 V가 된다는 것을 알고 있다. 계기 가동부를 흐르는 전류의 허용치 I_m은 최대 1 mA를 초과해서는 안 된다는 것도 알고 있다. 가동부의 전류(I_m)와 저항(R_m)은 알고 있으므로 계기의 IR 강하를 계산할 수 있다. 옴의 법칙을 사용하여,

$$E_m = I_m R_m$$

또는, 수치를 대입하면

$$E_m = 0.001 \times 50$$

$$E_m = 0.05 \text{ V}$$

배율기 저항 R_x를 계산하기 위하여 우선 배율기의 전압 E_x를 계산해야 한다. 직렬 회로의 전체 전압을 구하는 위의 공식을 생각하라.

$$E_t(\text{전체}) = E_m + E_x$$

E_x에 대해 풀면,

$$E_t - E_m = E_x$$

$$E_x = 10 - 0.05$$

$$E_x = 9.95 \text{ V}$$

옴의 법칙을 사용하여 I_x는 1 mA($I_m = I_x$)로 알려졌으므로 R_x를 계산하는 것은 간단한 일이다.

$$R_x = \frac{E_x}{I_x} = \frac{9.95}{0.001}$$

$$R_x = 9{,}950 \; \Omega$$

10 V 이하의 전압을 측정하는 데 사용하는 배율기의 저항치를 계산하는 방법을 우리는 배워 왔다. 앞에 든 예는 우리가 0~10 V 전압계는 마련할 수 있을 것이므로 단지, 설명만을 위해서 사용되었다. 그러나, 다음의 예는 대단히 높은 전압에 관한 것이고 또 장차 우리가 해결해야 할 직렬 배율기를 포함하고 있는 문제와 유사하다.

직류 100 V까지의 전압을 측정하도록 계기의 측정 범위를 확대하고자 한다고 하자. 계기의 가동부는 보통의 0~1 mA, 50 옴 웨스턴(weston) 가동부라고 가정한다. 측정될 전압이 100 V 와 같이 높을 때 계기를 통하는 전류를 최대 1 mA로 제한하기 위하여 어떠한 저항치가 사용되어야 하는가 아래 그림을 보라.

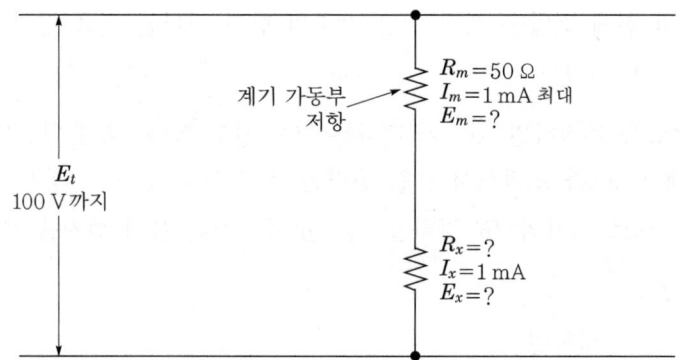

계기와 배율기는 직렬 회로를 형성하므로 $I_m = I_x$임을 상기하라. 또, E_m와 E_x의 합은 전체 전압 E_t와 같다는 것을 상기하라. E_m에 대해 풀면

$$E_m = I_m \times R_m = 0.001 \times 50 = 0.05 \; V$$

E_m의 값을 알았으므로 공식에 대입하여 E_x의 값을 구하라.

$$E_t = E_m + E_x$$
$$E_x = E_t - E_m = 100 - 0.05$$
$$E_x = 99.95 \; V$$

옴의 법칙을 사용하여 R_x의 값을 구하라.

$$R_x = \frac{E_x}{I_x} = \frac{99.95}{0.001} = 99,950 \ \Omega$$

또 다른 문제에서 계기 가동부(전과 동일함)의 측정 범위를 300 V까지 확대시키는 데 필요한 배율기의 값을 구하라.

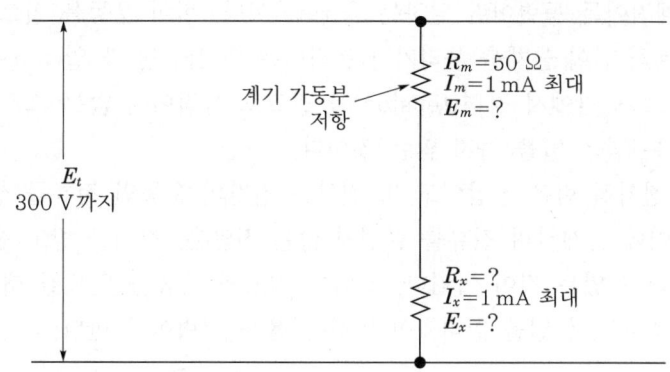

전과 같이 E_m에 대해 풀면

$$E_m = I_m R_m = 0.001 \times 50$$
$$E_m = 0.05 \ \text{V}$$

E_x를 알기 위해 아래 공식에 대입하면,

$$E_t = E_m + E_x$$
$$E_x = E_t - E_m$$
$$E_x = 300 - 0.05$$
$$E_x = 299.95 \ \text{V}$$

옴의 법칙을 사용하여 R_x에 대해 풀면

$$R_x = \frac{E_x}{I_x} = \frac{299.95}{0.001}$$
$$R_x = 299,950 \ \Omega$$

Section 20 전력(electric power)

1 동력(공률 : power)이란 무엇인가?

전기적이든 기계적이든 동력이란 일하는 율(rate)이다. 힘이 운동을 일으킬 때는 언제나 일을 하게 된다. 기계적 힘이 물체를 올리거나 움직이는 데 사용될 때 일(work)이 이루어지는 것이다. 그러나, 두 물체 간에서 장력(tension)을 받고도 움직이지 않는 스프링의 힘과 같이 운동을 일으키지 않는 힘은 일을 하지 않은 것이다.

앞에서 우리는 전기적 힘은 전압이고 또 전압은 전자의 운동인 전류를 생기게 한다는 것을 배웠다. 두 점 사이에 존재하며 전류를 발생치 않는 전압은, 장력을 받고 움직임이 없는 스프링과 같고, 일을 하고 있는 것이 아니다. 전압이 전자의 운동을 일으킬 때는 한 점에서 다른 점으로 전자를 움직이면서 일을 한다. 이 일하는 율을 전력이라 한다.

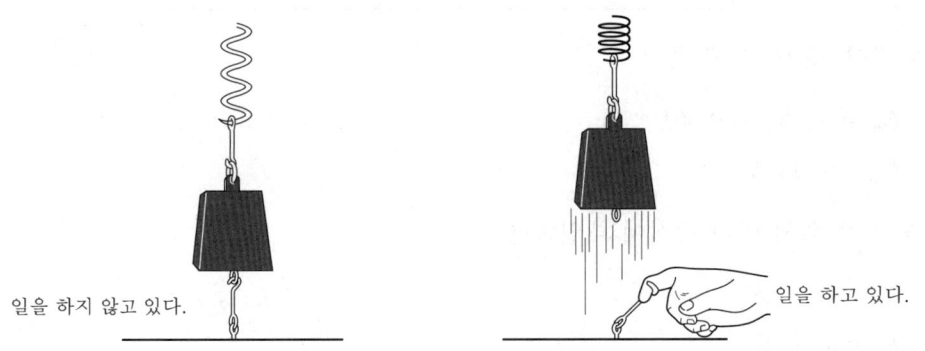

〈힘이 운동을 일으킬 때 일(work)이 이루어진다.〉

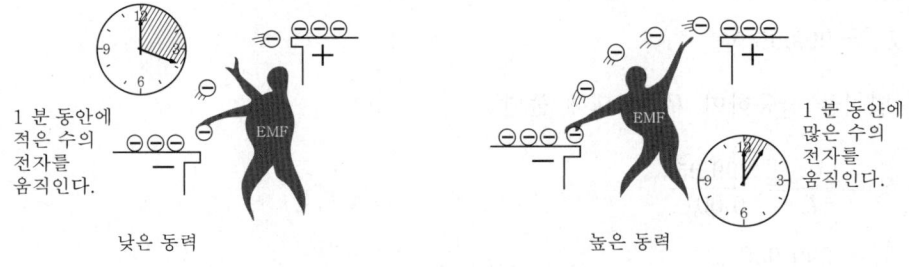

〈동력(power)은 일을 하는 율이다.〉

같은 양의 일이 짧은 시간에도 또 긴 시간에도 이루어질 수 있다. 예컨대, 한 주어진 수의 전자를 움직이는 율에 따라 1초에도 이동시킬 수 있고 한 시간이나 걸려서 이동시킬 수도 있다. 그리고 이때의 전체 일의 양은 어느 경우나 같다. 모든 일을 1초 동안에 한다면 1시간에 할 때보다 더 많은 전기 에너지가 열 또는 빛으로 변환된다.

2 전력의 단위

전력의 기본 단위는 와트(watt)이고 이것은 전압 곱하기 전류와 같다. 즉, 전기적 힘 곱하기 초당 한 점을 이동하는 전자의 쿨롱과 같다. 이것은 한 물체를 거쳐 전자를 이동시키는 데 있어 일한 율을 표시한다. 기호 P는 전력을 표시한다. 저항에서 소비된 전력을 다음과 같은 공식으로 구할 수 있다.

전력 = 전압 × 전류
와트 = 볼트 × 암페어
$P = E \times I$
즉, $P = EI$(와트)

〈전력의 공식〉

45 볼트 전원에 15 옴의 저항기로 구성된 회로에서는 그 저항기를 통해서 3 암페어의 전류가 흐른다. 소비된 전력은 전압과 전류를 곱하여 계산할 수가 있다.

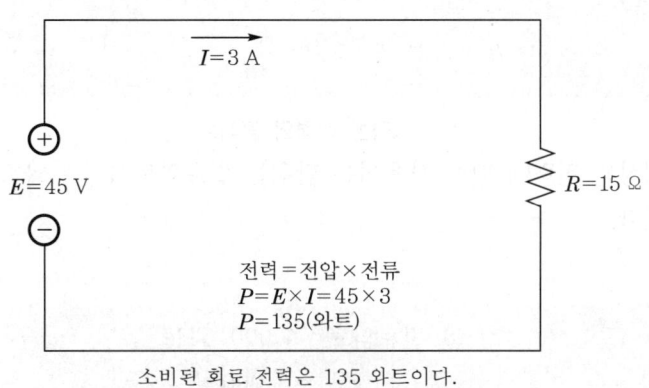

소비된 회로 전력은 135 와트이다.

〈저항기에서 소비된 전력 구하기〉

와트에 관한 공식에 옴의 법칙을 대입하면 와트 공식은 전류와 저항 또는 전압과 저항으로 표시할 수 있다. 옴의 법칙에 의하면 $E=IR$이다. 전력 공식 중의 E를 이와 같은 IR과 대치시키면 전력은 전압을 몰라도 결정될 수 있다.

$$P = EI$$
E 대신 IR을 대입하면 : $P = (IR)I$ 또는 $I \times R \times I$
$I \times I$는 I^2 : $P = I^2 R$

<여러 가지 전력 공식>

마찬가지로 $I = \dfrac{E}{R}$이다. 그리고 $\dfrac{E}{R}$가 전력 공식에서 I 대신 사용되면 전력은 알고 있는 전압과 전류만으로 계산해 낼 수 있는 것이다.

$$P = EI$$
I 대신 $\dfrac{E}{R}$을 대입하여 : $P = E\left(\dfrac{E}{R}\right)$ 또는 $\dfrac{E \times E}{R}$
$E \times E$는 E^2 : $P = \dfrac{E^2}{R}$

<다른 전력의 공식>

1,000 와트 이상의 전력에 대해 사용되는 단위는 킬로와트이며 1 와트보다 더 작은 것은 밀리와트로 표시된다.

$$1 \text{ 킬로와트} = 1{,}000 \text{ 와트}$$
$$1 \text{ kW} = 1{,}000 \text{ W}$$
$$1 \text{ 밀리와트} = \dfrac{1}{1{,}000} \text{ 와트}$$
$$1 \text{ mW} = \dfrac{1}{1{,}000} \text{ W}$$

<전력의 큰 단위와 작은 단위>

3 기기의 전력 정격

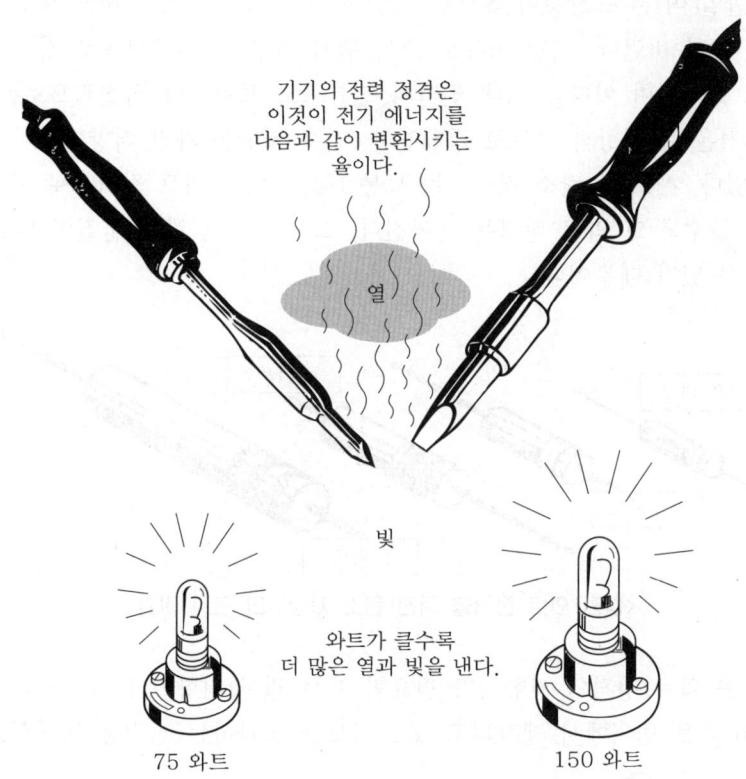

우리는 경험으로 대부분의 전기 기구는 전압과 전력, 즉 볼트와 와트의 양쪽으로 정격이 정해지는 것을 알고 있다. 117 볼트 전력선에 사용되는 117 볼트 정격의 전구는 와트로 정격이 표시되고 또 보통은 볼트보다 오히려 와트로 구별된다.

와트로 표시된 정격이 무엇을 의미하고 표시하는지 알아보기로 하자. 전구나 기타 전기 기구의 와트 정격은 전지 에너지가 다른 에너지, 즉 열이나 빛과 같은 것으로 바뀌는 율을 표시한다. 전구는 전기 에너지를 빨리 빛으로 변환시킬수록 더 밝아진다. 이와 같이 100 와트 전구는 75 와트 전구보다 더 많은 빛을 낸다. 전기 땜인두는 여러 와트 정격으로 만들어지는데, 와트가 높은 땜인두는 낮은 정격의 땜인두보다 전기 에너지를 더 빨리 열로 바꾼다.

이와 같이 전동기·저항기 및 기타 전기 기구의 와트 정격은 그 설계에 있어서 전기 에너지를 다른 형의 에너지로 바꾸는 율을 표시한다. 만일 정상 와트 정격이 초과되면 그 기구 또는 장치는 과열되고 따라서 손상되기 쉽다.

저항에서 더 많은 전력이 소비될 때는 전기 에너지가 열로 변하는 율이 증가하고 저항 온도도 상승한다. 만일 이 온도 상승이 높으면 저항 물질은 그 구조가 변하게 되고 열 때문에 팽창 또는 수축하거나 타 버린다. 이런 이유로 모든 전기 기구는 최대 와트로 정격이 정해진다. 이 정격은 와트로 표시되며 이따금 최대 전압과 전류로도 표시되나 실질적으로는 와트로 된다.

저항기의 정격은 옴 저항과 와트로 정해진다. 같은 저항을 가진 저항기에서 와트가 다른 것을 이용할 수 있다. 예로서, 탄소 저항기는 보통 1/3, 1/2, 2 와트 정격으로 제작된다. 탄소 저항기의 치수가 클수록 그 와트 정격은 높아진다. 그 이유는 다량의 물질이 열을 더 쉽게 흡수하고 또 버릴 수 있기 때문이다.

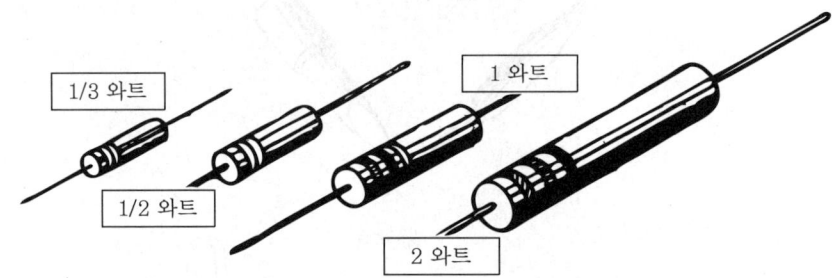

<여러 와트 정격을 가진 탄소 저항기의 크기 비교>

2 와트보다 큰 와트 정격의 저항기가 필요할 때는 권선 저항기가 사용된다. 이러한 저항기는 5 내지 200 와트 범위에서 제작되고 200 와트를 초과하는 전력용 특별형도 있다.

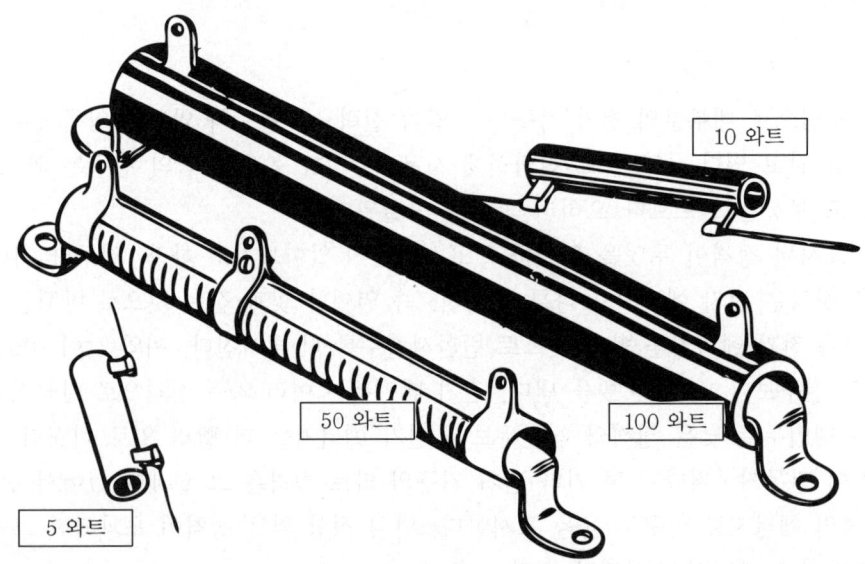

<여러 와트 정격의 권선 저항기>

4 퓨즈(fuse)

 전류가 저항기를 흐를 때는 전기 에너지는 열로 변환되고 또 저항기의 온도를 상승시킨다. 온도가 너무 높게 올라가면 저항기는 손상될지도 모른다. 권선 저항기의 금속선은 녹아서 회로를 열고 전류가 흐르는 것을 막을지도 모른다.

 퓨즈는 저저항의 금속 저항체이며 전류가 퓨즈 정격치를 초과할 때는 녹아 끊어져서 회로를 열도록 만들어진 것이다. 퓨즈에 의해 소비되는 전력이 퓨즈 금속의 온도를 너무 높게 상승시킬 때는 퓨즈 금속은 녹아서 끊어진다. 필라멘트(filament)가 파손되었거나 유리가 까맣게 된 것을 보고 퓨즈가 끊어진 사실을 확인할 수 있다.

 우리는 이미 과도한 전류가 전동기·계기·라디오 수신기 등의 전기 기구를 심하게 손상시킨다는 것을 배웠다. 퓨즈를 사용하는 목적은 이러한 기구를 과도한 전류로부터 보호하는 것이다. 퓨즈는 과도한 전류가 기구를 손상시키기 전에 회로를 열도록 기기와 직렬로 연결한다. 퓨즈의 값은 싸나 기타 기구는 대단히 비싸다는 것을 명심할 필요가 있다.

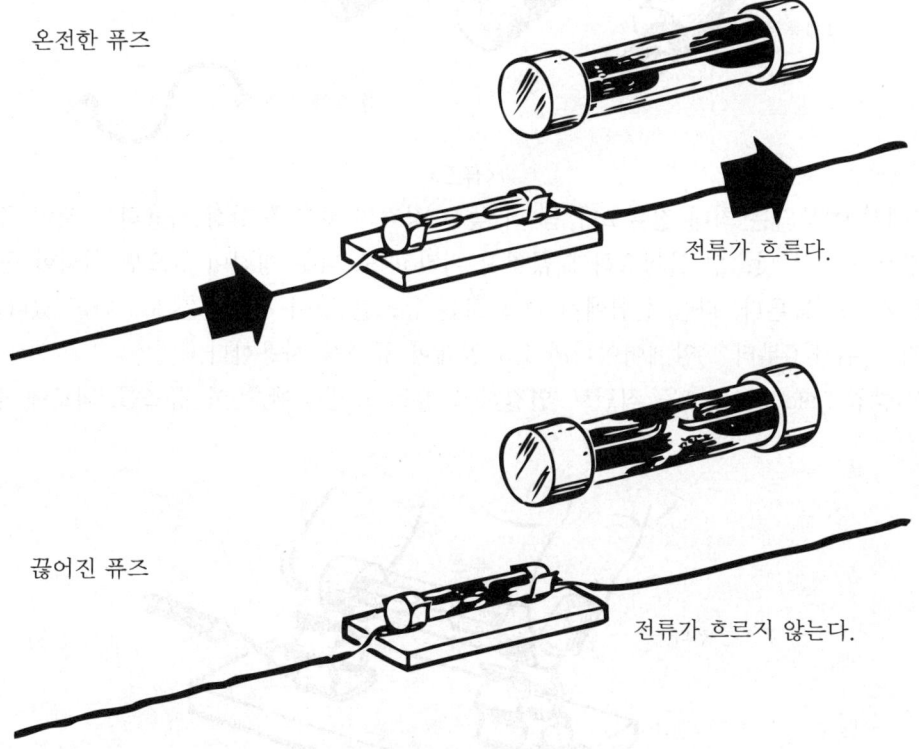

<전류가 퓨즈 정격을 초과하면 퓨즈는 녹아 끊어진다.>

퓨즈를 끊어 버리는 것은 퓨즈를 통해 사용되는 전력이며, 기구를 손상시킬 수 있는 것은 전류이므로 퓨즈는 타 없어지는 일 없이 전도할 수 있게 그 정격이 정해진다. 전기 기구는 그 형(type)에 따라 여러 가지 크기의 전류를 사용하므로 따라서 퓨즈도 여러 크기·모양 및 전류 정격으로 제작되는 것이다.

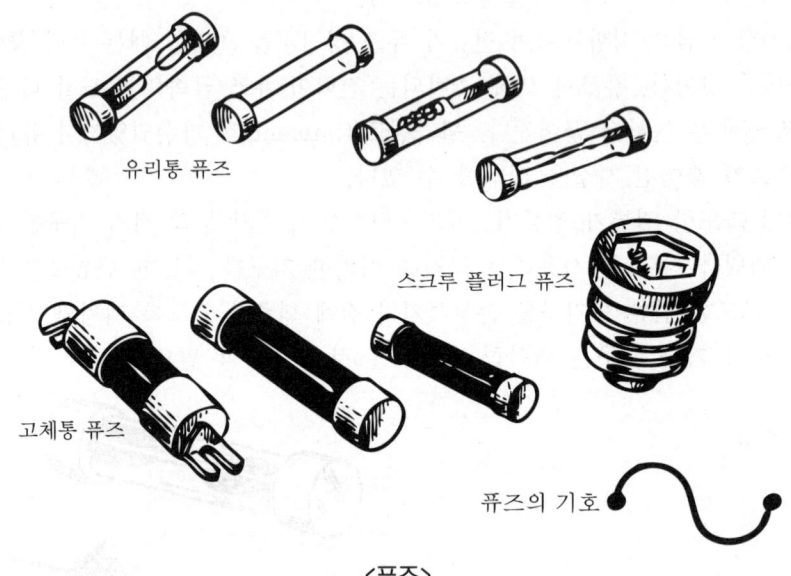

〈퓨즈〉

회로에서 예상되는 최대 전류보다 좀 더 높은 정격의 퓨즈를 항상 사용하는 것이 중요하다. 퓨즈 정격이 너무 낮으면 불필요하게 끊어져 버리고 또 너무 정격이 높으면 위험한 큰 전류를 흐르게 할지도 모른다. 다음 실험에서 이 회로는 퓨즈를 넣어 전류계를 보호하고 있다. 전류계의 측정 범위가 0부터 1 암페어이니까 1.5 암페어 퓨즈를 사용한다.

퓨즈 받침(fuse holder)을 직렬로 연결하고 퓨즈를 받침에 꽂아 퓨즈를 회로에 삽입하게 된다.

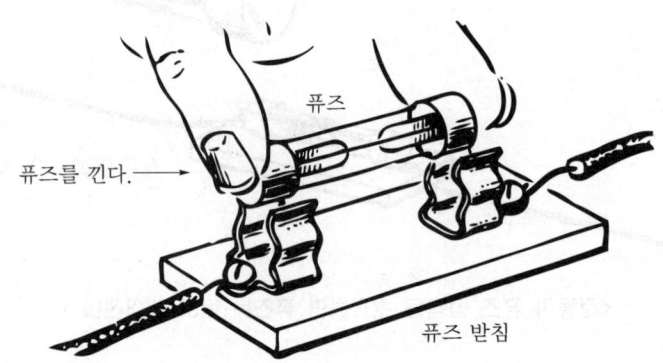

실습···직렬 회로의 전력

회로의 3가지 변수(전류·전압·저항) 중 2가지를 알고 있으면 전력을 결정할 수 있다는 것을 실험하기 위하여 9 볼트 전지 양단에 15 Ω, 100 W의 값을 가진 저항기 3개를 직렬로 연결한다. 그리고 각 저항기 양단의 저항을 측정한 후 전력 공식 $P=\dfrac{E^2}{R}$를 적용하여 각 저항기에 대한 전력을 구하여 보자.

그러면 각 저항기에서 소모되는 전력은 약 0.6 W이고 총 전력은 약 1.8 W가 된다는 것을 알 수 있다.

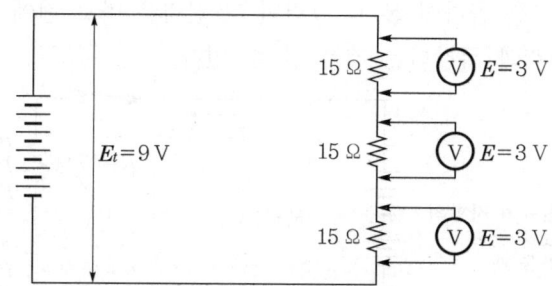

각 저항기의 전력: $P=\dfrac{E^2}{R}=\dfrac{3\times 3}{15}=\dfrac{9}{15}=0.6$ W

3개의 저항기의 전체 전력: $P=0.6\times 3=1.8$ W

∴ 전체 회로 전력은 1.8 W

〈전압과 저항의 값을 알고 있을 때의 전력 산출〉

전류와 저항 또는 전류와 전압을 사용하더라도 동일한 결과가 얻어지는지를 실험하기 위하여, 전류계를 직렬로 연결하고 전류를 측정하여 보자.

다음, $P=I^2R$와 $P=EI$의 두 가지 공식을 사용하여 각 저항기에서 소비되는 전력을 구하여 본다. 그러면 앞으로 와트로 표시되는 전력은 어떤 전력 공식을 사용하더라도 그 값은 각각 거의 같음을 알 수 있다.

여기서 이들 값의 근소한 차이는 계기의 오차 및 계기를 읽을 때의 약간의 착오에 기인한 것이다.

회로 내에서 저항기가 동작하고 있을 때, 저항기의 정격 전력에 대한 효과를 실험하기 위하여 2개의 15 Ω 저항기(1개는 10 W, 또 다른 1개는 1 W 정격)를 아래와 같이 직렬로 연결하여 보자. 여기서 전류계는 회로 전류를 나타내므로 전력 공식 $P=I^2R$를 사용하여 각 저항기에서 소비되는 전력이 약 1.35 W라는 것을 알 수 있다. 이 소비 전력은 1 W 저항기의 정격 전력보다 조금 더 크기 때문에 이 저항기는 급속히 가열됨을 알 수 있다. 한편 10 W 저항기는 비교적 차가운 상태에 있다.

각 저항기에서 소비되는 전력을 조사하기 위하여 각 저항기 양단의 전압을 전압계로 측정하고, 이 전압과 전류를 곱하여 본다. 그러면 그 전력은 바로 전에 얻어진 값과 같고 또 각 저항기에서 소비된 전력과 똑같다는 것을 알 수 있다.

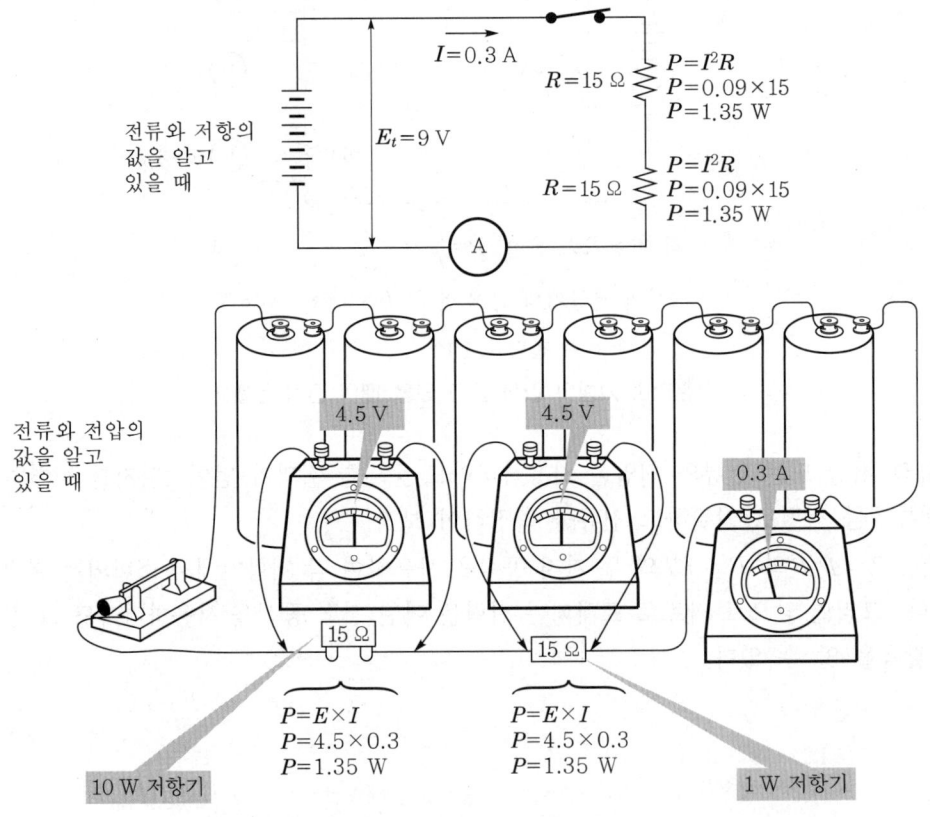

〈저항기에서 소비되는 전력의 산출〉

다음 1 W 저항기를 1/2 W 정격 저항기로 바꾸어 보자. 그러면 이 저항기는 1 W 저항기보다 더 급속히 가열되고 몹시 뜨거워지는 것을 알 수 있다.

이것은 정격 전력을 초과한다는 것을 의미한다. 각 저항기에서 사용되는 전력을 구할 때(전류와 저항, 전압과 전류를 사용하여) 각 저항기는 동일한 전력을 소비하고 있다는 것을 알 수 있다. 이것은 저항기의 정격 전력은 저항기 내에서 사용되는 전력량을 결정하는 것이 아니고, 다만 저항기를 손상하지 않을 정도의 최대 전력량을 나타낸다는 것을 보여주는 것이다.

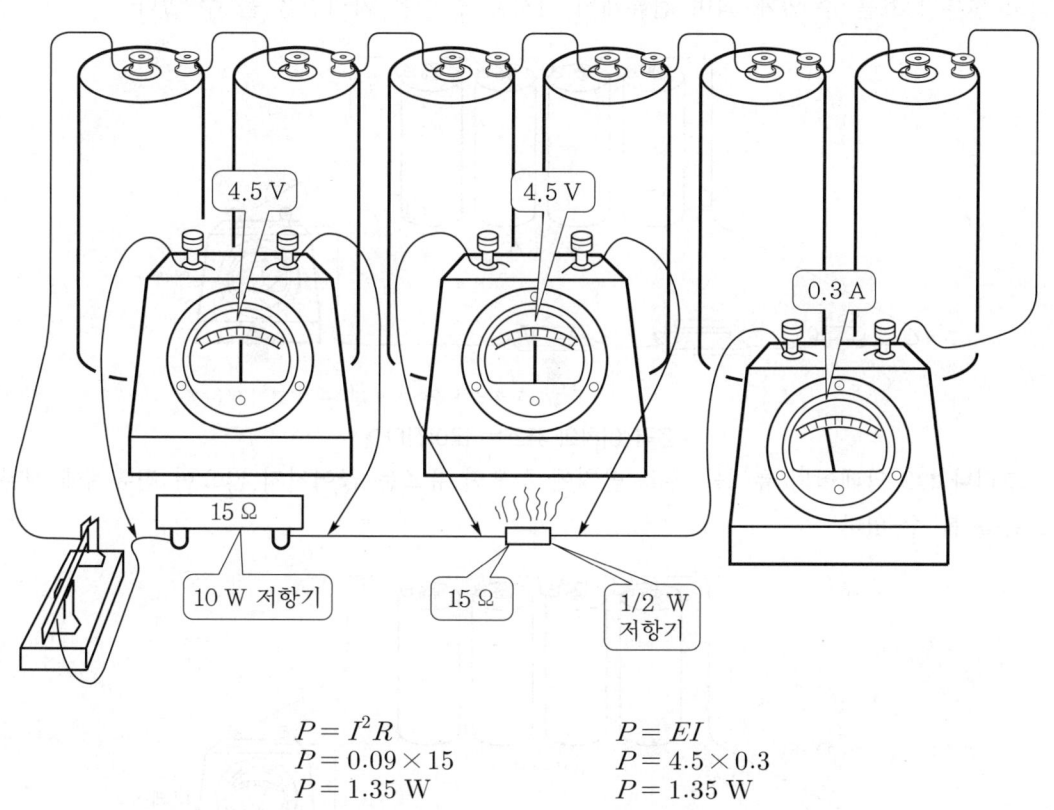

$P = I^2 R$ $\qquad P = EI$
$P = 0.09 \times 15$ $\qquad P = 4.5 \times 0.3$
$P = 1.35 \text{ W}$ $\qquad P = 1.35 \text{ W}$

<과전력이 사용될 때 저항기는 과열된다.>

6 실습···퓨즈의 사용

우리는 저항기가 자신의 정격 전력 이상의 전력을 소비할 때, 어떻게 과열되는가에 대하여 배웠다. 이제 전기 기기를 과전류 때문에 손상되지 않게 보호하기 위하여 이 정격 전력의 작용이 어떻게 이용되는가를 알아보자.

4개의 건전지를 직렬로 연결하여 6볼트의 전지를 형성한다. 다음 15옴 10와트의 저항기, 나이프 스위치, 퓨즈 받침 및 전류계를 전지 양단에 직렬로 연결하고, 1/8 A 퓨즈를 퓨즈 받침에 꽂는다. 이때 스위치를 닫으면 퓨즈가 끊어졌음을 알 수 있다. 퓨즈가 끊어지면 회로는 열리고 전류가 흐를 수 없게 되며 전류계의 지시는 영(0)을 가리킴을 볼 수 있다.

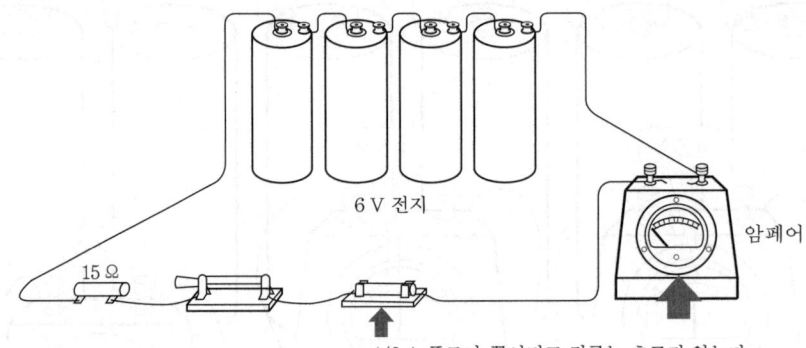

1/8 A 퓨즈가 끊어지고 전류는 흐르지 않는다.
〈정격 이하의 퓨즈는 끊어진다.〉

그러나 1/2 암페어의 퓨즈를 퓨즈 받침에 꽂으면 퓨즈는 끊어지지 않으며 전류계에 전류가 흐름을 볼 수 있다.

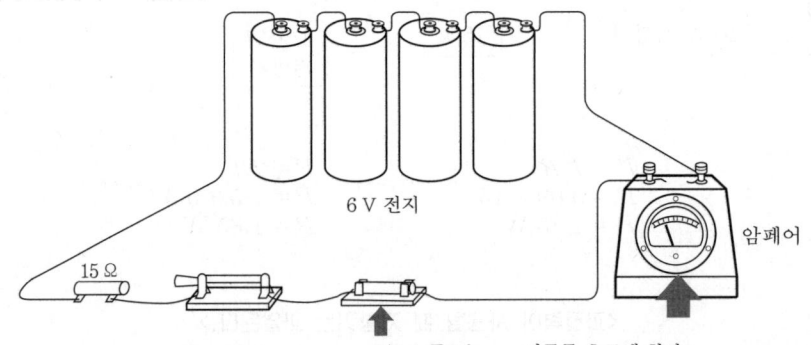

1/2 A 퓨즈는 ···· 전류를 흐르게 한다.
〈적당한 또는 정격 이상의 퓨즈는 전류를 흐르게 한다.〉

회로의 저항이 15옴, 전압이 6볼트이므로 전류는 옴의 법칙에 의하여 약 0.4 암페어(6 V/ 15 Ω)가 된다. 1/8 암페어(0.125 A) 퓨즈는 전류가 퓨즈 정격을 초과할 때 끊어지므로 0.4 암페어의 전류를 흐르지 못하게 한다. 그러나 1/2 암페어(0.5 A) 퓨즈는 퓨즈의 정격이 실제 전류보다 크므로 끊어지지 않으며 전류를 계속 흐르게 한다.

7 실습…퓨즈는 어떻게 기기를 보호하는가?

바로 아래 그림에 표시한 바와 같은 회로를 사용할 때 15 옴 저항기는 1/2 암페어 퓨즈가 끊어지지 않도록 회로 전류를 충분히 제한한다. 이 회로는 전류계를 손상시키지 않고 동작한다.

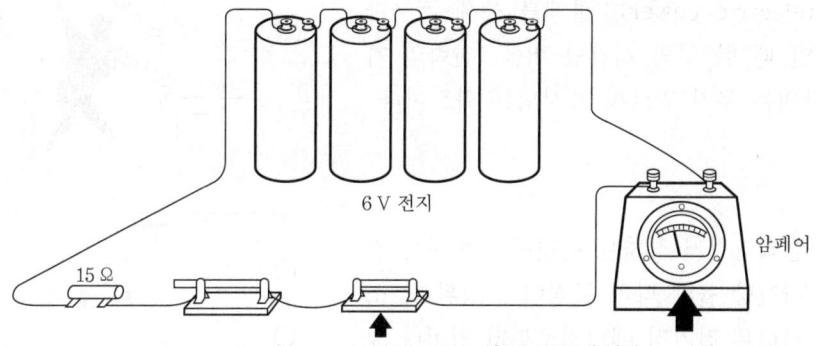

〈적당한 또는 정격 이상의 퓨즈는 전류를 흐르게 한다.〉

만일 저항을 단락(short-circuit)하면(아래 그림을 보라) 퓨즈는 끊어지고 전류계 또는 도선에 손상을 주지 않고 회로를 연다. 퓨즈는 이 회로에서 가장 약한 연결 부분이 되도록 미리 정해진 것이므로, 이것은 하나의 전기적인 안전 장치이다. 퓨즈를 선택할 때는 반드시 퓨즈의 정격을 예상 전류보다 너무 높게 선택하여서는 안 된다. 너무 높은 퓨즈 정격을 사용하면 고장이 일어났을 때 계기 자체가 타버릴 때까지 퓨즈가 끊어지지 않고 따라서 계기가 보호되지 못할 것이다.

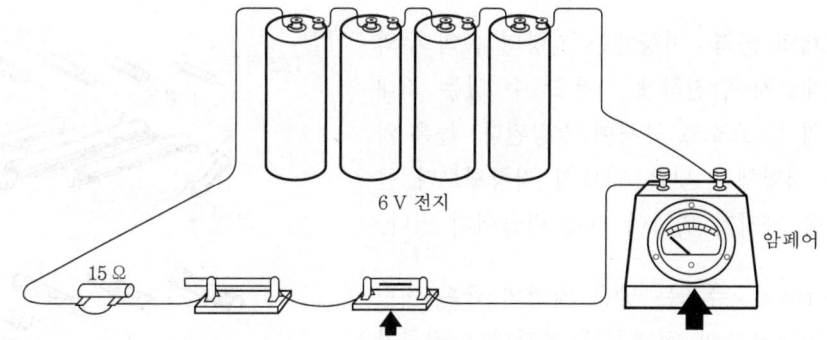

〈퓨즈는 끊어지고 전류계는 보호된다.〉

8 전력에 대한 복습

전류가 흐를 때는 언제나 도체를 통해 전자가 움직이면서 일이 이루어진다. 일은 천천히 또는 빠르게 할 수가 있다. 모든 전자는 짧은 기간 또는 긴 기간에 걸쳐 움직일 수 있는 것이다. 그리고 일하는 율을 전력이라고 부른다. 전력에 관한 공식 및 기기의 전력 정격에 대하여 복습하기도 하자.

① **전력**(electric power) : 물체를 통해 전자가 움직일 때 한 일의 시간당 비율, 전력의 기본 단위는 문자 W로써 표시되는 와트이다.

② **전력 정격** : 전기 장치는 이것이 소비하는 전력의 시간당 율에 따라 규격이 결정된다. 소비된 전력은 전기적 에너지로부터 열이나 빛으로 변하게 된다.

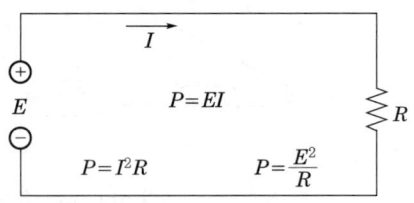

③ **전력 공식** : 저항 내에서 소비된 전력은 저항 단자 간의 전압과 저항을 통해 흐르는 전류의 곱과 같다. 이것은 또한 전류의 제곱과 저항을 곱한 것과 같으며, 또한 전압의 제곱을 저항으로 나눈 것과 같다.

④ **저항체의 정격** : 저항체는 저항의 옴의 수와 저항체로서 안전하게 사용할 수 있는 최대 전력의 두 요소로 규격이 결정된다. 높은 와트의 저항체는 낮은 와트의 저항체보다 큰 표면을 가지기 위하여 크게 만들어져 있다.

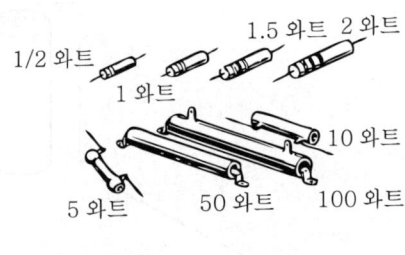

⑤ **퓨즈**(fuse) : 퓨즈는 낮은 저항의 금속 저항체이고, 퓨즈의 정격치를 초과하는 전류가 저항체를 통과하면 전기 회로는 열리도록 고안되어 있다.

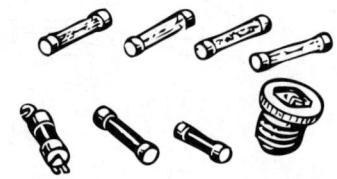

Section 21 직류 병렬 회로

1 병렬 회로의 연결

저항체를 나란히 하고 그 끝을 서로 연결하면 저항체는 병렬로 연결된다. 이러한 연결에서는 전류가 흐르는 통로가 2개 이상 있고, 만일 회로 내의 저항체가 이와 같이 연결되면 이 회로는 병렬 회로이다. 동일하게 여러 건전지를 병렬로 연결하여 전지를 만들면 이들을 통하여 흐르는 전류의 통로는 하나 이상이 되고 이때의 각 건전지는 전지의 전체 전류의 일부분만을 공급한다.

두 개의 전구 소켓을 나란히 놓고 소켓의 인접 단자를 함께 연결하면 전구는 병렬로 연결되나, 병렬 회로를 구성하지는 않는다. 만일 소켓이 연결된 두 점이 단자로 사용되고 그리고 전원 양단에 연결되었다면 소켓은 완전한 병렬 회로를 이룬다.

대부분의 전력선은 병렬 회로를 형성하고 있다. 각 전구·모터(motor), 또는 각종 저항이 전력선 양단에 병렬로 연결된다. 이들 전기 기기는 각 도선 전압원의 단자 간에서 전류의 여러 다른 통로를 마련한다.

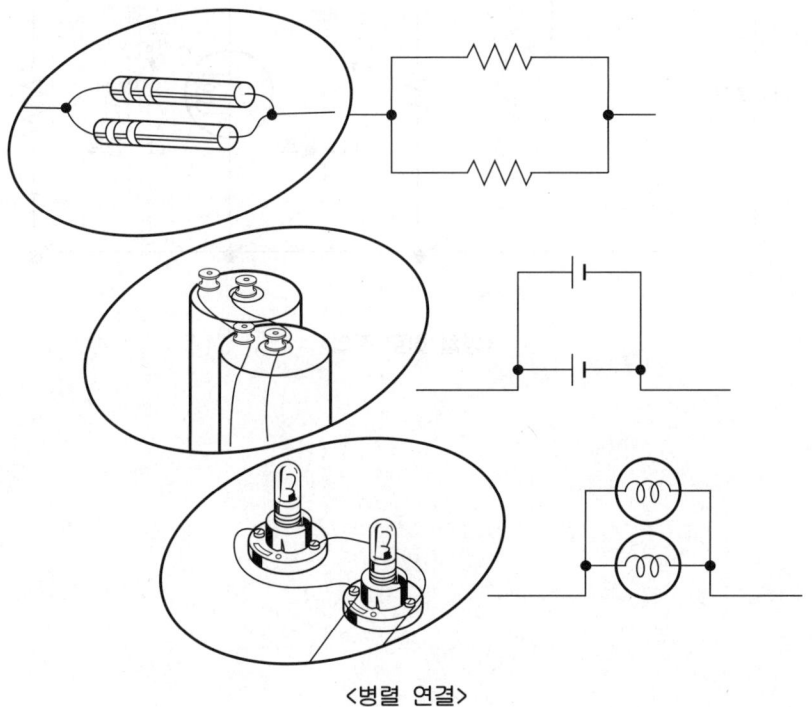

〈병렬 연결〉

2 병렬 회로의 전압

전압원 간에 연결된 병렬 저항들은 동일 전압이 각각의 저항에 가해진다. 그러나, 전류는 저항치에 따라 다르다. 각각의 저항체에 흐르는 전류의 크기는 다를 수 있지만, 병렬로 연결되는 모든 저항은 적절한 작용을 할 수 있도록 동일 전압의 정격이어야 한다.

우리는 전구와 전기 기구를 전력선에서 사용해 왔다. 그리고 우리는 전구나 전기 기구가 117볼트 전력선에서 정상 작용되도록 정격된 것을 알았다. 실제 사용에 있어서 전구나 전기 기구는 전압원인 전력선 간에 병렬로 연결한다.

전구나 전기 기구는 모두 동일 전압에 연결되기 때문에 각 전기 기구 단자 간의 전압은 같다.

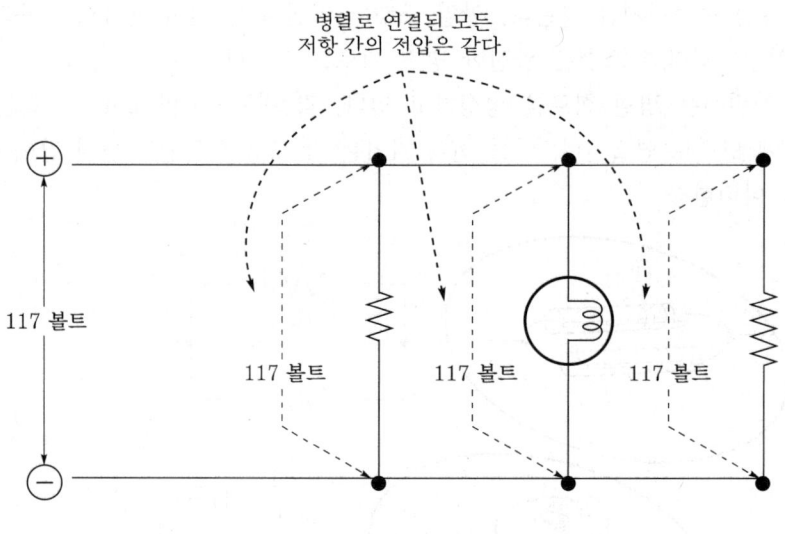

<병렬 회로 전압>

3 병렬 회로의 전류

전류는 각 분기의 저항에 따라 병렬 회로의 여러 분기 사이에서 나누어진다. 만일 전구·전기 다리미·라디오나 진공 청소기가 병렬로 연결되면 각 기기는 전류에 대해 각각 다른 저항을 가지고 있으므로 각 분기를 통하는 전류도 각각 다르게 된다.

〈병렬로 된 여러 전기 기기〉

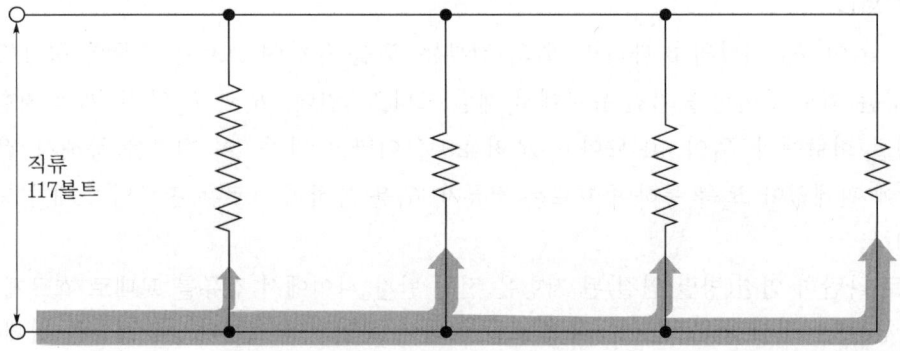

〈합성 전류를 고르게 나누지 않는다.〉

병렬 회로에 관한 다음 실습과 실험에서 저항체와 전구를 사용하여 전류가 나누어지는 것을 볼 수 있다. 저항이 취하는 형에는 관계없이, 법칙은 동일하다. 즉 병렬 회로의 저저항 분기는 고저항 분기보다 더 많은 전류를 흐르게 한다.

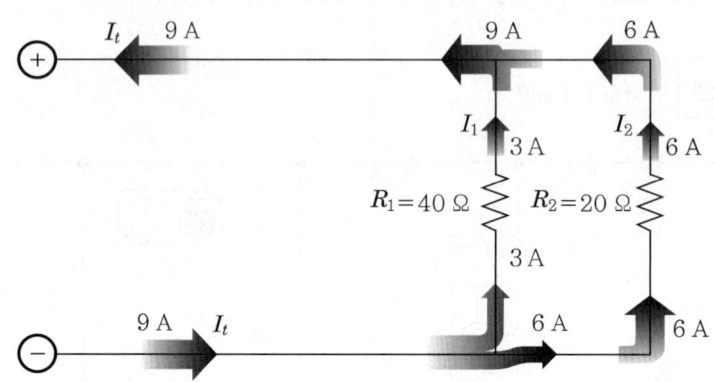

<적은 저항을 가진 회로 분기에 더 큰 전류가 흐른다.>

서로 같지 않은 저항이 병렬로 연결되었을 때 전류의 흐름에 대한 반항(저항)은 회로의 각 분기에서 동일하지 않다. 적은 저항은 큰 저항보다 좀 더 많은 전류를 흐르게 한다. 만약 R_1, R_2 두 개의 저항을 병렬로 하고, R_1이 R_2 저항의 2 배라면, R_1을 통하여 흐르는 전류는 R_2의 1/2이 된다.

또 R_1이 R_2 저항의 3 배라면 R_1의 전류는 R_2를 통하여 흐르는 전류의 꼭 1/3이 된다.

전류는 최소의 반항을 가진 통로에서 제일 크다. 예컨대, R_1과 R_2의 두 개의 저항기로 구성된 병렬 회로에서 R_1이 40 Ω이고 R_2가 20 Ω이라고 하자. 이 회로를 통해서 전체 전류는 그 값에 관계없이 R_2를 통하여 흐르는 전류가 R_1을 통하여 흐르는 전류의 2 배가 되도록 나누어 진다.

서로 나란히 연결(병렬 연결)된 저항은 전원 단자 사이에서 전류를 교대로 흐르게 하는 통로를 마련한다. 전체 회로 전류는 각 통로를 통하여 분할되어 흐른다. 각 저항은 정해진 최대 전류를 통과시킬 수 있게 정격이 정해진다. 그러나 전류가 2 개 이상의 통로로 나누어 흐른다면 전체 회로 전류는 이 개별 정격치보다 크다.

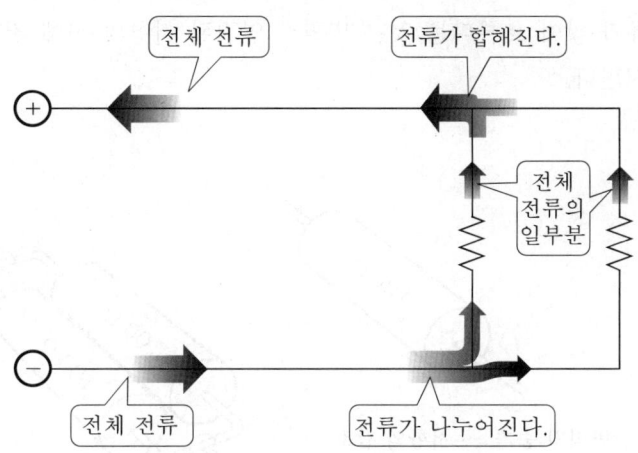

<병렬 회로에 있어서 전류 배분>

동일한 크기의 저항으로 구성된 병렬 회로에 있어서 각 통로는 전류의 흐름에 대하여 동일한 양의 반항(저항)을 하므로 각 저항을 통하여 흐르는 전류는 같게 된다. 이러한 회로에서 각 저항의 전류는 병렬로 접속된 저항기의 수로 전체 전류를 나눈 것과 같다.

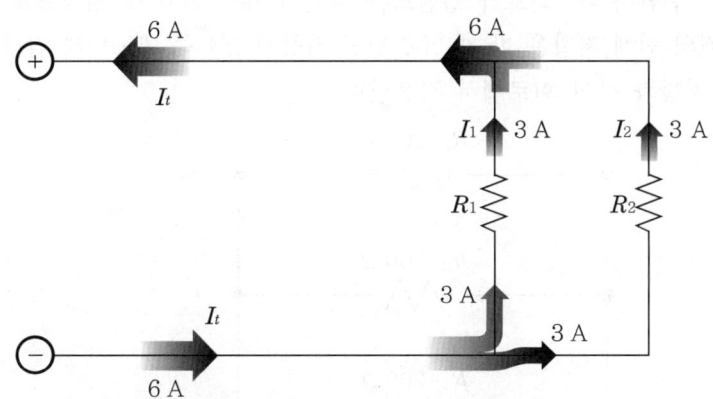

<전류는 동일 저항에서 동일하게 나누어진다.>

4 병렬 저항

병렬로 연결된 저항은 병렬로 연결한 수도관과 같다. 어느 경우에서도 전체 단면적이 증가되고 전류의 흐름에 대한 반항(저항)이 감소한다. 서로 나란히 놓은 같은 치수의 2 개의 수도관은 한 개 수도관보다 2 배의 물을 공급한다. 그리고 나란히 연결된(병렬 연결) 동일한 저항은 한 개 저항인 때보다 2 배의 전류를 흐르게 한다.

이와 같이 전류가 많이 흐른다는 것은 병렬로 연결된 저항의 전체 저항은 한 개의 저항보다 적다는 것을 표시한다.

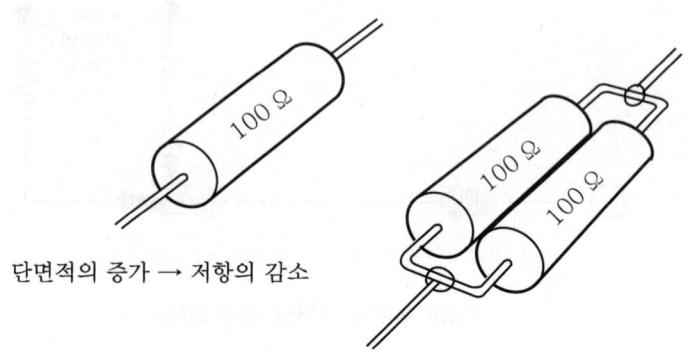

〈병렬 연결은 저항을 감소시킨다.〉

같은 크기의 저항기가 병렬로 연결될 때의 전체 저항을 알아내기 위하여 한 개의 저항치를 저항기의 수로 나누면 된다. 회로가 병렬로 연결된 4 개의 200 Ω 저항으로 구성되었다고 하자. 그 병렬 연결의 전체 저항은 한 개 200 Ω인 저항의 1/4 즉, 50 Ω과 같다. 이 병렬 연결은 한 개의 50 Ω 저항과 같이 회로에서 작용한다.

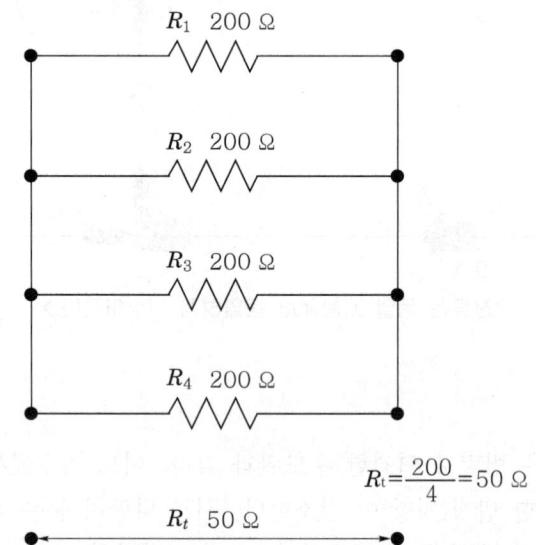

〈동일한 저항기가 병렬로 연결된 때의 전체 저항 계산 방법〉

취급하고 있는 회로가 서로 같지 않은 저항으로 연결되었다면, 전체 저항은 이들 저항이 서로 같을 때와 같이 쉽게 구해지지는 않는다. 하나는 크고 하나는 작은 두 개의 수도관이 단독으로 있을 때보다, 더 많은 물을 흐르게 한다.

그리고 서로 다른 값을 가진 2 개의 저항기도 어느 한 개가 단독으로 있을 때보다 큰 전류를 흐르게 한다. 병렬 저항에 의하여 전류의 흐름에 주는 전체의 반항은 어느 한쪽의 저항이 단독으로 있을 때보다 적으나 그 저항치는 이미 알고 있는 한 저항치를 2로 나누어서 구할 수 없는 것이다.

R_1이 60 Ω이고 R_2가 40 Ω인 이들 2 개 저항기로 구성된 병렬 회로에 대하여 전체의 저항은 40 Ω보다 적으나 20 Ω은 아니다. 우리는 옴계를 이용하여 전체 저항을 찾아낼 수 있었고, 또 이때의 측정치는 24 Ω임을 알 수 있었다. 그러나 항상 옴계를 사용하는 것은 불가능하다. 그 대신 다른 방법을 사용하여 전체 저항을 구할 필요가 있다.

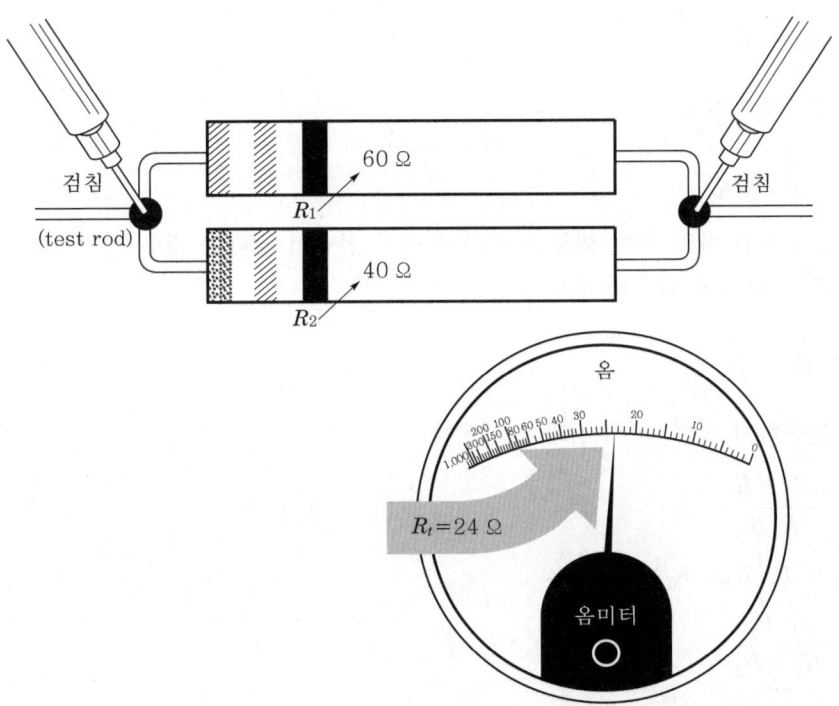

〈서로 다른 저항이 병렬로 접속된 때의 합성 저항을 알아내기 위하여 옴계를 쓴다.〉

5 병렬 저항…두 개의 서로 다른 저항기

저항기가 병렬로 연결되면 두 개 중의 작은 것보다도 더 작은 저항치를 가진 한 저항기와 같은 효과가 있다. 이 저항을 단일 저항 또는 등가 저항이라 부른다. 두 저항이 병렬로 연결되었을 때 서로 다른 두 저항기의 합성 저항이 어떻게 되는지 알아보자.

앞장에서 옴계로 저항을 측정하는 것이 때때로 불가능하다고 말했다. 이런 경우 합성 저항을 확실하게 구하기 위하여 다른 방법이 사용되어야 한다. 이 방법은 병렬 회로에서 이미 배운 옴의 법칙으로부터 유도된다.

$$E_t = E_1 = E_2$$
$$I_t = I_1 + I_2$$

저항은 위의 I_t 등식의 각 항의 전류 대신 옴의 법칙 공식을 대입함으로써 구할 수 있다. 우리가 아는 바와 같이

① $I_t = \dfrac{E}{R_t}$ 이고,

② $I_t = I_1 + I_2$ 이므로

③ $\dfrac{E}{R_t} = \dfrac{E}{R_1} + \dfrac{E}{R_2}$

③식에서 설명된 바와 같이 회로의 각 부분에서 전압이 같다는 것을 상기하라. ③식의 양변을 전압 'E'로 나누면 다음과 같다.

$$\dfrac{1}{R_t} = \dfrac{1}{R_1} + \dfrac{1}{R_2}$$

그리고 간단하게 하여 다음 결과가 나온다.

$$\dfrac{1}{R_t} = \dfrac{R_2 + R_1}{R_1 R_2}$$
$$R_1 R_2 = R_t (R_2 + R_1)$$
$$R_t = \dfrac{R_1 R_2}{R_1 + R_2}$$

사실상 이 공식은 저항치가 다른 두 저항으로 구성된 병렬 회로의 합성 저항은 두 개의 저항치를 곱하고 두 개의 저항치를 합한 다음 먼저 수를 나중수로 나눔으로써 알아낸다.

만일 병렬로 연결된 두 저항치를 알고 있으면 공식의 사용과 합성 저항에 의한 계산을 통해서 그 합성 저항을 알아낼 수 있다. 이것을 푸는 데는 3 단계, 즉 곱하기, 더하기, 나누기가 있다. 예를 들면 병렬로 된 60 옴과 40 옴의 합성 저항을 구하기 위하여 우리들은 다음 단계를 거친다.

① 두 저항치를 곱하라.

$60 \times 40 = 2,400$

② 두 저항치를 합하라.

$60 + 40 = 100$

③ ②로 ①을 나누어라.

$2,400 \div 100 = 24$

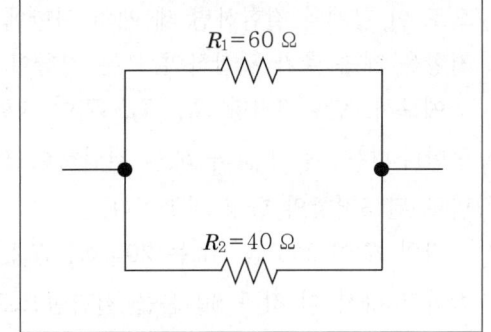

60 옴과 40 옴 저항기가 병렬 결합시의 합성 저항은 24 옴이고 그 결과는 24 옴의 단일 저항처럼 작용한다. 이 공식은 다음과 같이 표시된다.

$$R_t = \frac{R_1 \times R_2}{R_1 + R_2}$$

이 공식은 R_t는 R_1과 R_2의 곱을 R_1과 R_2의 합으로 나눈 것과 같다는 것을 표시한다. R_t를 구하기 위하여 R_1과 R_2의 숫자가 사용되고 푸는 데 3단계를 거친다.

$$R_t = \frac{60 \times 40}{60 + 40}$$

① 곱하기

$$R_t = \frac{60 \times 40}{60 + 40} = \frac{2,400}{60 + 40}$$

② 더하기

$$R_t = \frac{2,400}{60 + 40} = \frac{2,400}{100}$$

③ 나누기

$$R_t = \frac{2,400}{100} = 24 \ \Omega$$

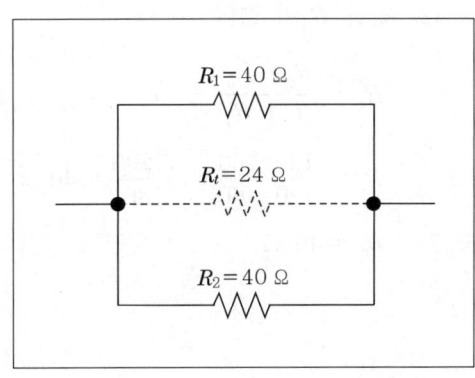

6 병렬 저항…세 개 이상의 서로 다른 저항기

셋 이상의 서로 다른 저항의 병렬 결합이 때때로 사용된다. 이와 같은 결합 저항치를 알아내기 위하여 우리는 먼저 어느 두 저항의 합성 저항을 알아야 한다. 나머지 저항치도 같은 방법으로 이 합계와 결합하면 세 개의 저항에 대한 합성 저항을 얻는다. 위의 합성 저항에다 다른 저항을 계속 추가 결합하면 모든 저항이 결합되어 전 병렬 저항의 합성 저항이 나온다.

예로서, 만일 3저항 R_1, R_2, R_3이 병렬로 연결되면 먼저 병렬로 된 R_1, R_2의 합성 저항을 구한다. 다음에 이 값과 R_3를 결합하여 R_1, R_2, R_3의 합성 저항을 얻는다. 이 합성 저항은 병렬로 된 3저항의 합성 저항이다.

만일 R_1이 300 옴, R_2는 200 옴, R_3는 60 옴이라면 그 합성 저항은 300 옴과 200 옴을 결합하고 다시 이 값과 60 옴을 결합함으로써 구해진다.

① R_1과 R_2의 결합

$$R_a = \frac{R_1 \times R_2}{R_1 + R_2}$$

$$R_a = \frac{300 \times 200}{300 + 200} = \frac{60,000}{500} = 120$$

$$R_a = 120 \ \Omega$$

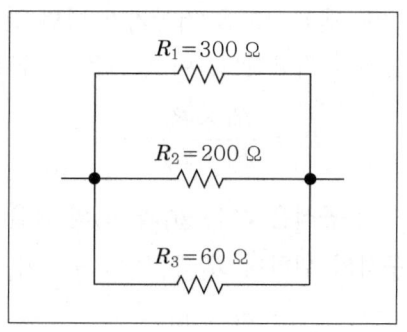

② R_a와 R_3의 결합

$$R_t = \frac{R_a \times R_3}{R_a + R_3}$$

$$R_t = \frac{120 \times 60}{120 + 60} = \frac{7,200}{180} = 40$$

$$R_t = 40 \ \Omega$$

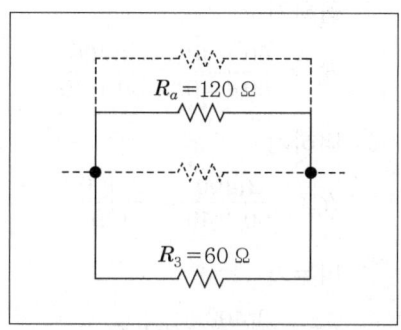

병렬로 연결된 3저항의 합성저항은 40 옴이고 그 결합된 것은 하나의 40 옴 저항기와 같이 회로 내에서 작용한다. 병렬로 된 저항체의 수가 증가하면 이 방법으로 합성 저항을 구하기가 대단히 복잡해진다. 다음 페이지에서 병렬로 된 3저항의 합성 저항을 아주 간단히 알아내는 다

른 방법을 사용한다. 이 새로운 방법은 비교적 쉽게 병렬로 된 저항기가 몇 개이건 그 합성 저항을 구하는 데 적용될 수 있다.

세 개 이상의 저항체로 구성된 병렬 회로의 합성 저항을 구하는 데는 '역수법'을 사용하여 구할 수 있다. 병렬로 된 두 저항체의 합성 저항을 구하기 위해 전개된 공식을 참조하여 보자.

우리는 이미 병렬 회로의 공식은 알고 있다.

$$E_t = E_1 = E_2 = E_3 = \cdots$$

$$I_t = I_1 + I_2 + I_3 + \cdots$$

병렬 회로의 저항은 I_t 등식의 각 항의 전류에 옴의 법칙을 대입함으로써 구해진다. 우리가 아는 바와 같이

① $I_t = \dfrac{E}{R_t}$

② $I_t = I_1 + I_2 + I_3 + \cdots$ 이므로

③ $\dfrac{E}{R_t} = \dfrac{E}{R_1} + \dfrac{E}{R_2} + \dfrac{E}{R_3} + \cdots$

지금 각 병렬 저항 사이의 전압은 같다는 것을 상기하라. 등식 ③의 양변을 전압 'E'로 나누면 다음 '역수' 등식을 얻는다.

$$\frac{1}{R_t} = \frac{1}{R_1} + \frac{1}{R_2} + \frac{1}{R_3} + \cdots$$

전 페이지의 병렬 회로에 대해서 생각해 보자. 이번에는 바로 유도한 '역수' 공식을 사용함으로써 합성 저항을 구할 수 있다. $R_1 = 300$ 옴, $R_2 = 200$ 옴, $R_3 = 60$ 옴으로 하고 이미 배운 '역수' 등식에 이들 저항치를 대입하면

$$\frac{1}{R_t} = \frac{1}{60} + \frac{1}{200} + \frac{1}{300}$$

이들 저항을 합하기 위해서는 최고 공통 분모를 찾아내야 한다. 이 경우는 600이다.

$$\frac{1}{R_t} = \frac{10}{600} + \frac{3}{600} + \frac{2}{600}$$

$$\frac{1}{R_t} = \frac{15}{600} = 0.025$$

$$\frac{1}{R_t} = \frac{0.025}{1}$$

$$R_t = \frac{1}{0.025} = 40 \ \Omega$$

만일 분석코자 하는 병렬 회로가 서로 같지 않은 6개 또는 8개의 저항기로 구성되었다면 '역수' 공식을 사용하여 합성 저항을 구하는 것은 간단한 일이다. 그러나 저항치가 최소 공통 분모를 찾아내는 데 적합지 않은 경우를 생각해 보자. 이때 이 문제를 어떻게 풀 것인가?

① 이 답은 간단하며, 앞의 공식을 상기하라.

$$\frac{1}{R_t} = \frac{1}{60} + \frac{1}{200} + \frac{1}{300}$$

② 양변의 역수를 취하면 다음 결과를 얻는다.

$$R_t = \frac{1}{\frac{1}{60} + \frac{1}{200} + \frac{1}{300}}$$

③ 간단히 하면 다음과 같다.

$$R_t = \frac{1}{0.0167 + 0.005 + 0.0033} = \frac{1}{0.0250}$$

$$R_t = 40 \ \Omega$$

만일 병렬 회로가 같은 값을 가진 여러 개의 저항기(2, 3, 4, 5 등)로 구성되었다면 회로 내를 흐르고 있는 합성 전류는 모든 병렬 분기에 동일하게 나누어질 것이다. 전 분기의 합성 저항은 회로 안의 저항체 수로 저항값을 나눈 값과 같다고 생각된다. 예를 들면, 만일 36 옴의 저항 6 개가 각각 병렬로 연결되었다면 회로의 합성 저항은 6으로 36을 나눈 것으로 6 옴이다. 한 개가 아니라 6 개의 통로가 전류에 대해 마련되고 있기 때문이다.

7 실습…병렬 회로의 전압

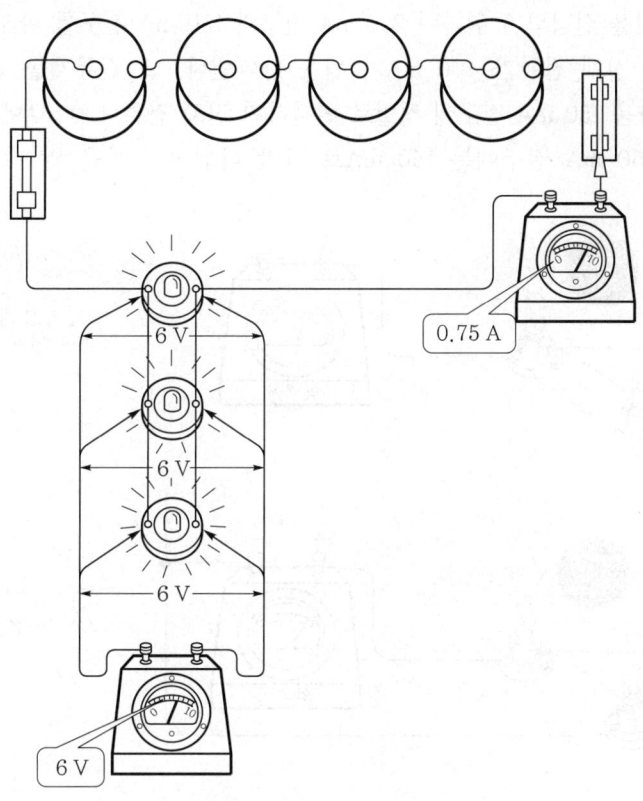

<병렬 회로의 전압 측정>

병렬 회로의 여러 분기를 흐르는 전류는 항상 같지는 않으나 각 분기 저항의 양단 전압은 모두 같다. 세 개의 전구 소켓을 병렬로 연결하고 이 세 개의 각 병렬 소켓에 250 mA 전구를 꽂는다. 그러면, 각 전구는 단 한 개의 전구를 사용했을 때와 똑같은 밝기를 갖고 불이 켜지며, 세 개의 전구에 대한 회로 전류는 750 mA가 된다는 것을 알 수 있다. 또, 전지 양단에 연결된 전압계의 지시는 전구를 1 개 사용하나 2 개 또는 3 개 사용하더라도 같다는 것을 알 수 있다.

전압계의 리드선을 전지 양 단자로부터 떼고 각 전구 소켓 양 단자에 순차적으로 연결한다. 그러면 각 전구의 양 단자 전압은 모두 전압원인 전지의 전압과 같다는 것을 알 수 있다.

8 실습…병렬 회로의 전류

전류가 나뉘는 것을 실험하기 위하여 250 mA 전구와 150 mA 전구를 아래 그림과 같이 연결한다. 이때 전류계는 전체 전류가 400 mA가 됨을 나타낸다. 또 전류계를 먼저 250 mA 전구에 직렬로 연결하고 다음 150 mA 전구에 직렬로 연결하면 전체 전류 400 mA에서 250 mA 전구에는 250 mA 그리고 150 mA 전구에는 150 mA로 각각 나뉘어 흐름을 알 수 있다.

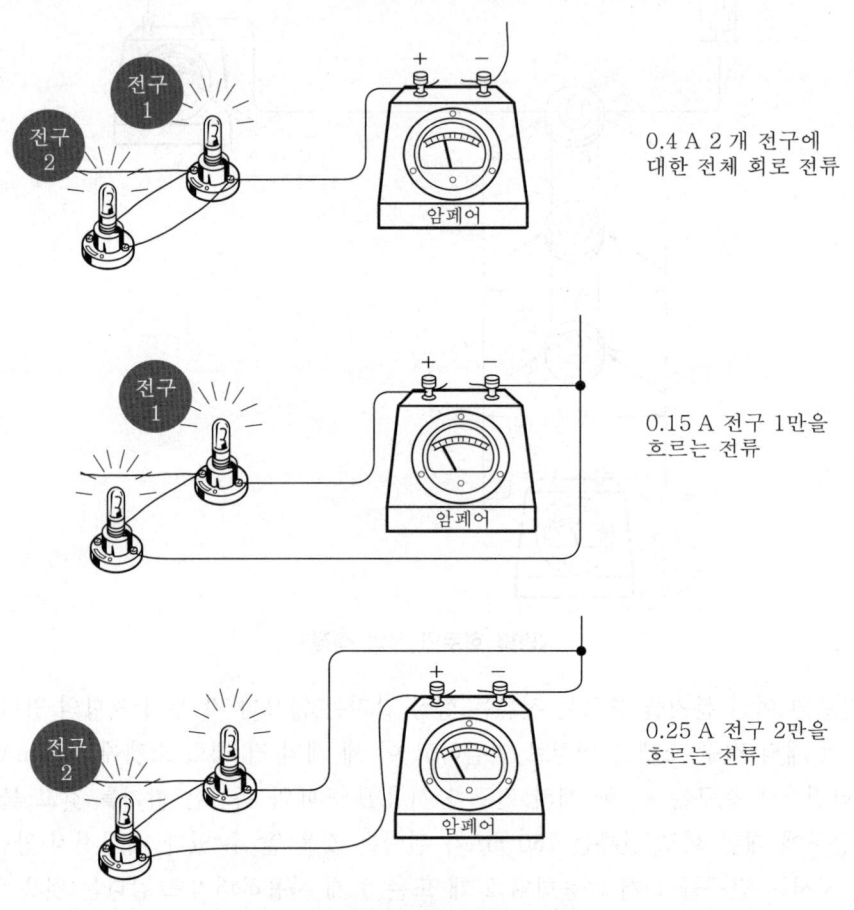

<병렬 회로의 전류 측정>

다음 전류계를 먼저 연결했던 점과 반대쪽의 병렬 결합점 끝에 연결하여 전체 회로 전류를 측정하여 보면 병렬 회로의 양쪽 끝에서의 전체 회로 전류 즉, 회로의 병렬 분기를 통하여 분류되기 전의 전류와 이들 분기를 통하여 흐른 후 다시 결합되는 전류는 같다는 것을 알 수 있다.

9 실습…병렬 회로의 저항

 전압은 변경시키지 않아도 회로에 흐르는 전체 전류가 증가한다는 것은 전체 저항이 감소한다는 것을 나타낸다. 이 효과를 실험하기 위하여 두 개의 전구 소켓을 병렬로 연결한다. 다음이 병렬 결합점의 한 쪽은 6 V 전지 한쪽 단자에 연결하고 다른 한쪽은 전류계를 통하여 전지의 다른 한쪽 단자에 연결하여 전체 회로 전류를 측정하여 본다.

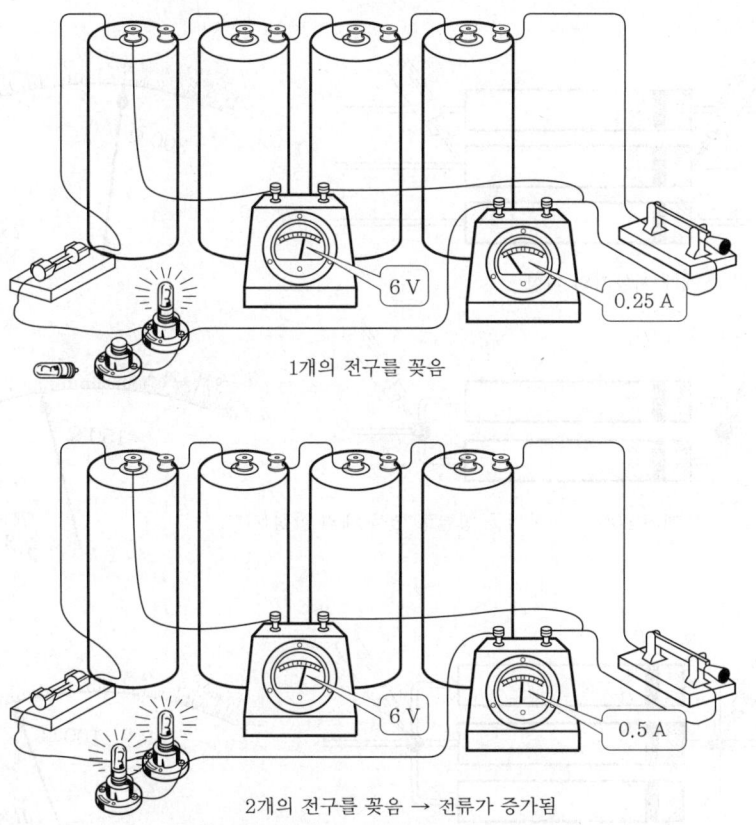

1개의 전구를 꽂음

2개의 전구를 꽂음 → 전류가 증가됨

〈병렬로 연결하면 어떻게 저항을 감소시키나?〉

 또 전압계를 전지 양단에 연결하면 전압이 6 V가 됨을 알 수 있다. 소켓에 한 개의 전구만을 꽂으면 전류계는 약 250 mA의 전류를 지시하고 전압계는 6 V를 지시한다. 다음, 소켓에 두 개의 전구를 꽂으면 전류의 지시는 증가하나 전압은 변함없이 6 V를 지시한다. 이것은 병렬 회로는 단 하나의 전구보다 더 적은 저항을 갖게 된다는 것을 나타낸다.
 각 전구를 순차적으로 소켓에 꽂으면 각 전구 하나만에 대한 전류계의 지시는 250 mA이나 두 개의 전구에 꽂았을 때는 전체 전류의 지시는 500 mA가 된다. 이것은 500 mA의 회로 전류가 두 전구에 각각 250 mA씩 나누어 흐르는 것을 나타낸다.

실습…병렬 저항

저항을 병렬로 연결하면 어떻게 전체 저항이 감소하는가를 알아보기 위하여 3 개의 300 Ω 저항기의 저항을 각각 옴계로써 측정하여 보자. 2 개의 300 Ω 저항기를 병렬 연결하면 전체 저항은 150 Ω이 된다. 이것은 2 개 저항기를 병렬로 연결하고 이 병렬 저항을 옴계로 측정하여 보면 알 수 있다.

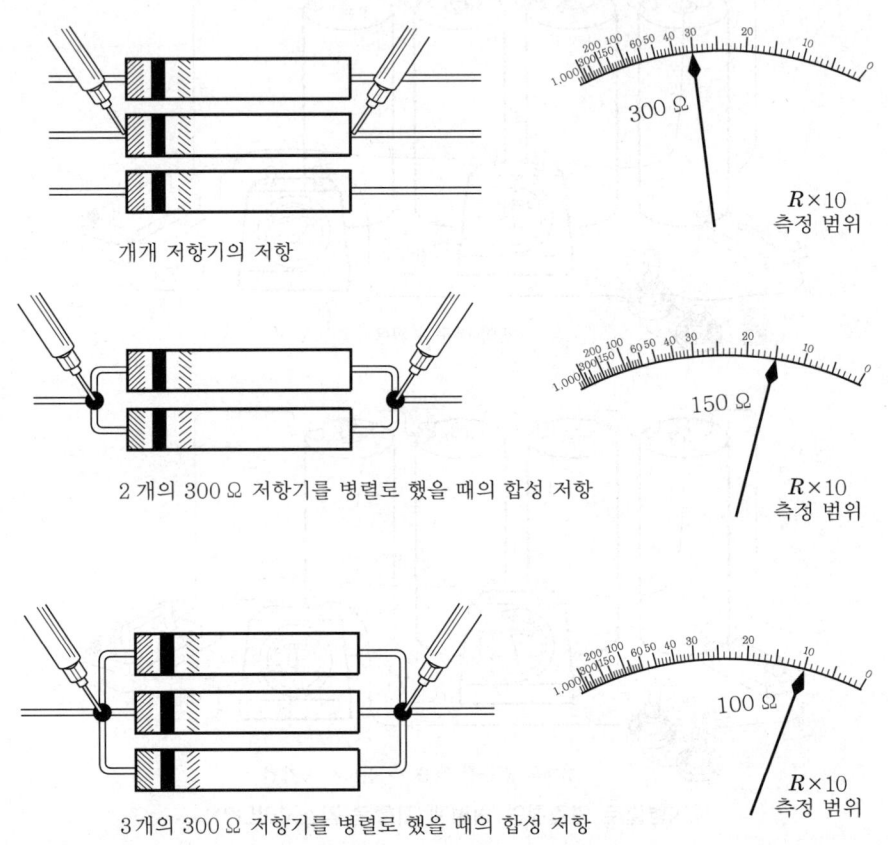

〈같은 값을 가진 저항기가 병렬로 연결되었을 때의 합성 저항의 측정〉

또 하나의 300 Ω 저항기를 병렬로 연결하면 전체 저항은 100 Ω까지 떨어짐을 알 수 있다. 값이 서로 같은 저항을 병렬로 연결하면 전체 저항이 감소할 뿐만 아니라 그 전체 저항은 하나의 저항의 값을 병렬 저항의 수로 나눈 값과 같다는 것을 알 수 있다.

다음 200 Ω의 저항기를 300 Ω의 저항기와 병렬로 연결하고 병렬 저항에 대한 공식을 사용하여 전체 저항을 구해 보면 그 값은 120 Ω이 된다. 옴계로써 측정하여도 이 값이 정확하다는 것을 알 수 있다.

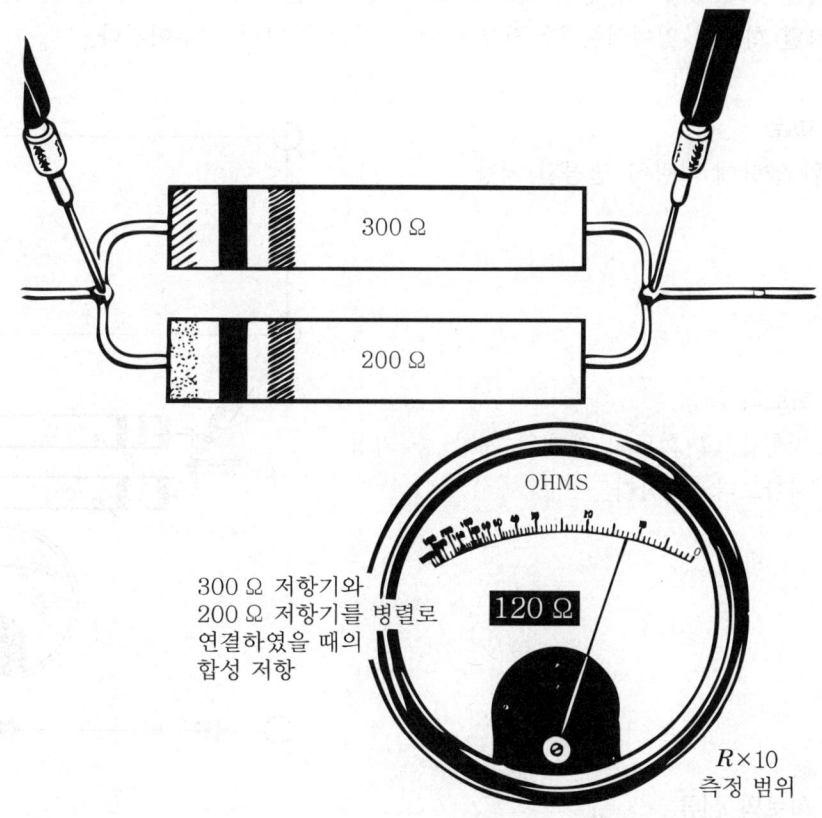

$$R_t = \frac{R_1 \times R_2}{R_1 + R_2}$$

$$R_t = \frac{300 \times 200}{300 + 200} = \frac{60,000}{500} = 120$$

$$R_t = 120 \ \Omega$$

<저항값이 각기 다른 저항기들을 병렬로 연결하였을 때의 합성 저항의 측정>

11 병렬 회로에 대한 복습

이제 우리는 이 병렬 회로를 실제로 취급하기 전에 병렬 회로와 병렬 회로의 저항·전압 및 전류에 관하여 배우고 본 것을 복습하여 보자. 병렬 회로는 전압과 전류에 대하여 직렬 회로와 반대의 성질을 갖고 있다. 즉 병렬 회로에 있어서는 각 분기 전압은 모두 같고, 전류가 나뉘어 흐르지만 직렬 회로에 있어서는 각 전류는 모두 같고 전압이 나누어진다.

① 병렬 회로
전압원 양단에 나란히 연결된 저항

② 병렬 회로의 저항
전체 저항은 그 회로의 개개의 저항 중 가장 작은 저항보다 더 작다.

③ 병렬 회로의 전류
전류는 회로의 병렬 분기를 통하여 분류되어 흐른다.

④ 병렬 회로의 전압
각 저항기의 양단 전압은 전압원의 전압과 모두 같다.

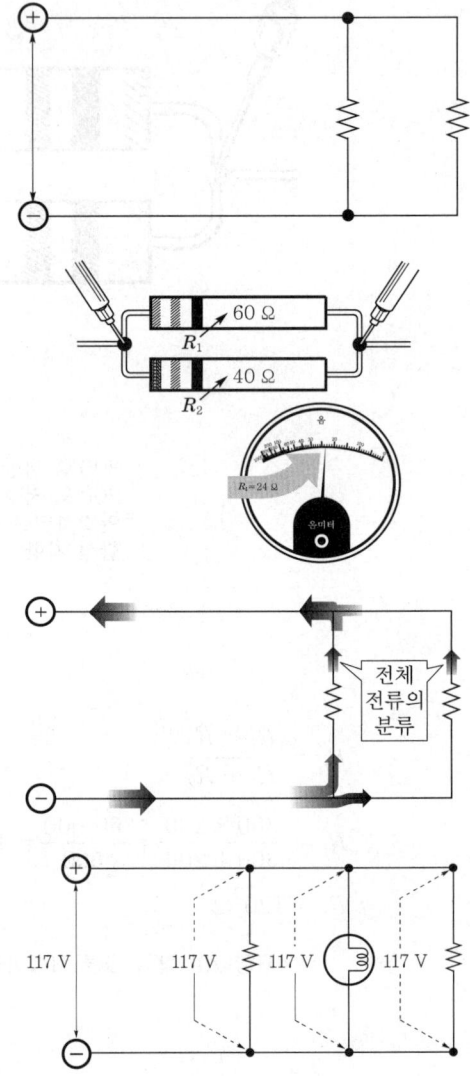

Section 22. 옴의 법칙과 병렬 회로

1 병렬 회로에의 옴의 법칙 적용

병렬 회로에서 저항·전류 및 전압의 크기를 알 수 없을 때는 옴의 법칙을 이용하여 구할 수 있다. 한 개 또는 그 이상의 저항으로 병렬 연결된 저항을 측정하기 위하여 옴계를 이용한다고 하자. 우리는 회로로부터 측정하고자 하는 저항체를 떼어야 한다. 그렇지 않으면, 옴계는 저항이 병렬 결합된 합성 저항치를 지시할 것이다. 이러한 경우에는 일반적으로 옴계를 이용하는 것보다 옴의 법칙을 이용하는 것이 더 편리하다는 것을 알게 된다.

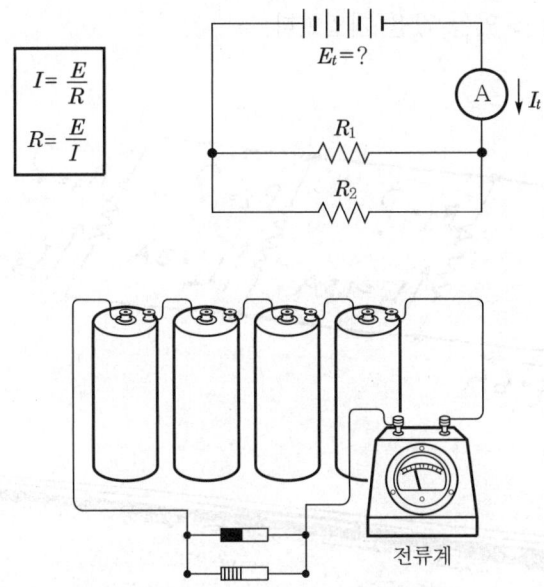

<옴의 법칙과 병렬 회로>

병렬 저항으로 결합된 것 중의 어느 한 저항을 흐르는 전류를 측정하자면, 우리는 회로를 떼고 전류계를 삽입하여 그 저항을 통해 흐르는 전류만을 전류계로 읽어야 한다. 이럴 때에도 옴의 법칙을 이용하면 시간과 노력을 절약할 수 있다. 병렬 결합된 저항기 양단의 전압과 각 저항의 양단 간의 전압은 같으므로 회로를 떼지 않고서, 전압계를 전체 회로 사이에 연결하여 병렬 회로의 각 저항 양단의 전압을 측정할 수 있다. 한 저항기 양단의 전압을 그 저항치로 나누면 전류치를 구할 수 있다. 전압계가 없는 경우에도 회로 전류와 저항치를 알고 있으면 옴의 법칙으로 전압을 구할 수 있다.

2 병렬 회로의 저항 계산

병렬 회로에서의 옴의 법칙을 이용하여 저항을 구하는 방법을 알아보기로 한다. 값을 모르는 R_1, R_2, R_3의 세 저항으로 구성된 병렬 회로가 45 볼트의 전압에 연결되었다고 생각하자. 전체 회로 전류는 6 암페어이고 R_1을 통해 흐르고 있는 전류는 1.5 암페어, R_2를 통해 흐르고 있는 전류는 3 암페어이며, 그리고 R_3을 통해 흐르는 전류는 모른다고 하자.

값을 모르는 저항치를 구하기 위하여 처음에 회로를 그리고 알고 있는 저항, 전압 및 전류의 값을 기입하고 다음에 이들 값과 알 수 없는 저항치의 표를 작성한다. 이들 두 양이 알려져 있는 분기 회로에서 두 양을 알고 있으면, 우리는 미지의 한 양을 옴의 법칙이나 병렬 회로에서의 합성 저항·전류·전압에 관한 식을 이용하여 풀 수 있다.

① 회로를 그리고 알고 있는 값을 기입한다.

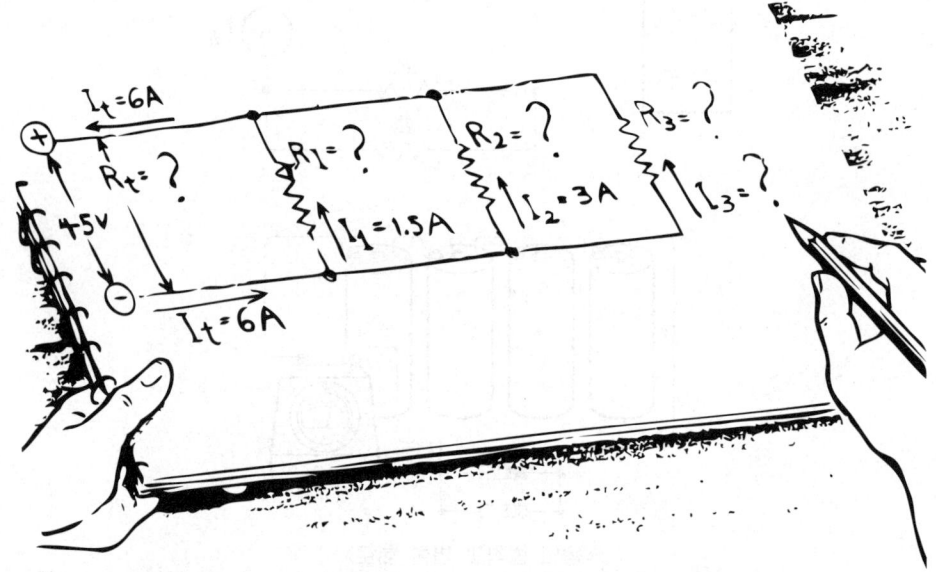

② 알고 있는 양을 모두에 기입한다.

구 분	R_1	R_2	R_3	R_t
저 항	-	-	-	-
전 류	1.5	3	-	6
전 압	45	45	45	45

Section 22. 옴의 법칙과 병렬 회로

R_1과 R_2에 대해서 전류와 전압을 알고 있는 고로 그들 저항치를 구할 수 있다.

③ 옴의 법칙을 써서 R_1과 R_2를 구한다.

$$R_1 = \frac{45}{1.5} = 30 \ \Omega, \ R_2 = \frac{45}{3} = 15 \ \Omega$$

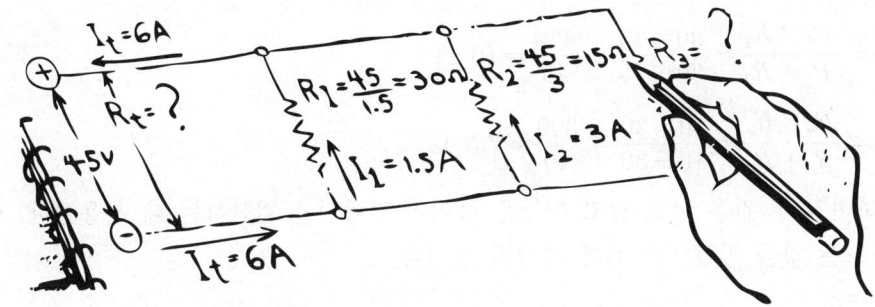

R_3의 값을 구하기 위하여 R_3을 통하는 전류를 먼저 결정해야 한다. 합성 전류는 6 암페어이며, 세 분기 전류의 합계와 같다. R_1, R_2를 통하는 전류의 합계는 4.5 암페어이고 합성 회로 전류의 나머지는 R_3을 통해 흐른다.

④ 빼기에 의해서 R_3을 통하는 전류는 구한다.

$$I_3 = 6 - 4.5 = 1.5 \ A$$

R_3에 대한 전압 전류를 알고 있으므로 그의 저항치를 구할 수 있다.

⑤ 옴의 법칙을 써서 R_3을 구한다.

$$R_3 = \frac{45}{1.5} = 30 \ \Omega$$

구 분	R_1	R_2	R_3	R_t
저 항	30	15	30	–
전 류	1.5	3	1.5	6
전 압	45	45	45	45

합성 회로 저항(R_t)은 병렬 회로의 합성 저항을 구하는 공식을 쓰거나 또는 옴의 법칙을 전체 회로 전류와 전압에 적용하여 구할 수 있다.

⑥ 옴의 법칙을 써서 R_t를 구한다.
⑦ 병렬 저항을 구하는 공식을 써서 R_t를 구한다.

$$R_a = \frac{R_1 \times R_2}{R_1 + R_2} = \frac{30 \times 15}{30 + 15} = \frac{450}{45} = 10 \ \Omega$$

$$R_t = \frac{R_a \times R_3}{R_a + R_3} = \frac{10 \times 30}{10 + 30} = \frac{300}{40} = 7.5 \ \Omega$$

구하여진 두 값은 서로 같고 이들은 풀이의 정확성을 검산하는 데 사용된다. 이제 회로의 모든 값을 알았으니 표가 완성된 것이다.

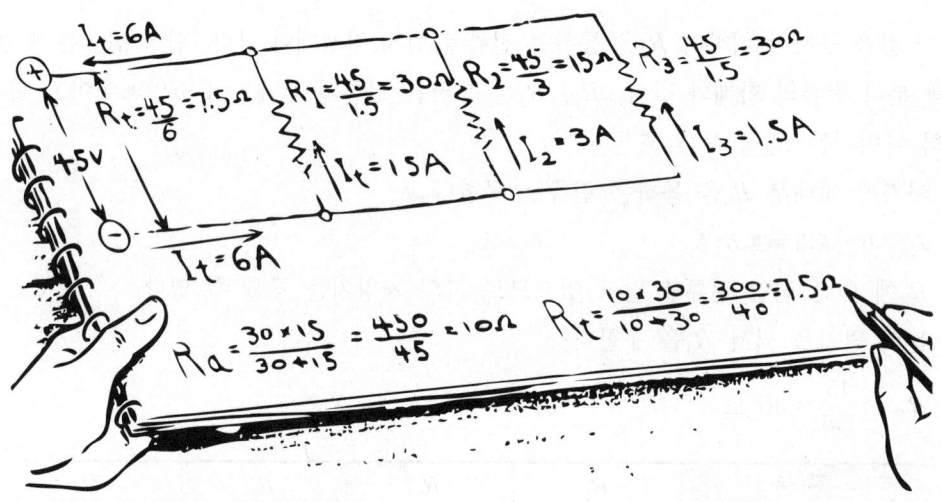

⑧ 구해진 값을 표에 기입한다.

구 분	R_1	R_2	R_3	R_t
저 항	30	15	30	7.5
전 류	1.5	3	1.5	6
전 압	45	45	45	45

3 병렬 회로의 전류 계산

병렬 회로에서 옴의 법칙을 이용하여 전류를 구하는 방법을 알아보기로 하자.

병렬 회로에서 전류를 구하는 데 모르는 양이 전류라는 것만을 제외하고는 저항을 풀 때 사용한 것과 같은 방법을 쓴다. 예로서 R_1, R_2, R_3, R_4의 4 개의 저항으로 된 병렬 회로가 120 볼트 전압에 연결되었다고 한다.

R_1 저항이 80 옴, R_2는 48 옴, R_3는 30 옴, R_4는 60 옴이라면 옴의 법칙을 적용하여 개개 저항기 전류를 구할 수 있다. 그리고 합성 전류는 각 전류의 합과 같다. 회로 전압과 합성전류를 알면 전체 회로 저항도 구할 수 있다.

<회로에서 알려진 값>

<알려진 전압 및 저항표>

구 분	R_1	R_2	R_3	R_4	R_t
저 항	80	48	30	60	–
전 류	–	–	–	–	–
전 압	120	120	120	120	120

① 옴의 법칙을 써서 저항체를 흐르는 전류를 구한다.

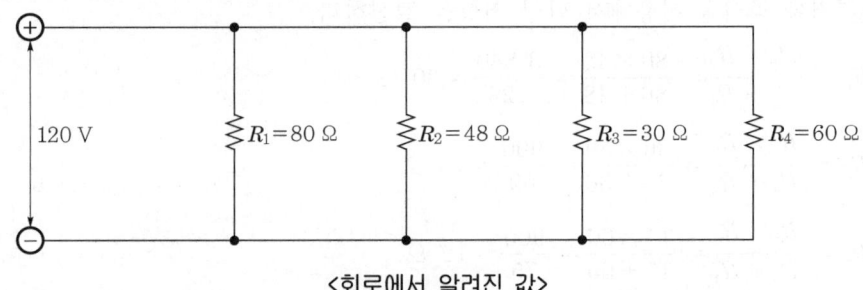

$$I_1 = \frac{120}{80} = 1.5 \text{ A} \qquad I_3 = \frac{120}{30} = 4 \text{ A}$$

$$I_2 = \frac{120}{48} = 2.5 \text{ A} \qquad I_4 = \frac{120}{60} = 2 \text{ A}$$

<옴의 법칙으로 계산한 전류치>

② 전체 회로 전류는 분기 회로 전류의 합계와 같다.
$$I_t = I_1 + I_2 + I_3 + I_4 = 1.5 + 2.5 + 4 + 2 = 10 \text{ A}$$

③ 옴의 법칙 $R_t = \dfrac{E_t}{I_t} = \dfrac{120}{10} = 12\ \Omega$을 이용하여 합성 저항을 구하라.

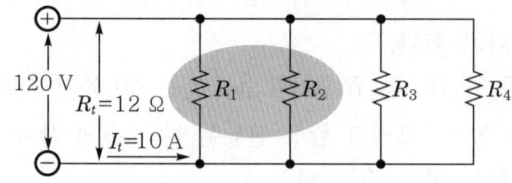

④ 병렬 저항 공식을 이용해서 합성 저항을 검산하라.

㉠ $R_a = \dfrac{R_1 \times R_2}{R_1 + R_2} = \dfrac{80 \times 48}{80 + 48} = \dfrac{3,840}{128} = 30\ \Omega$

㉡ $R_b = \dfrac{R_a \times R_3}{R_a + R_3} = \dfrac{30 \times 30}{30 + 30} = \dfrac{900}{60} = 15\ \Omega$

㉢ $R_t = \dfrac{R_b \times R_4}{R_b + R_4} = \dfrac{15 \times 60}{15 + 60} = \dfrac{900}{75} = 12\ \Omega$

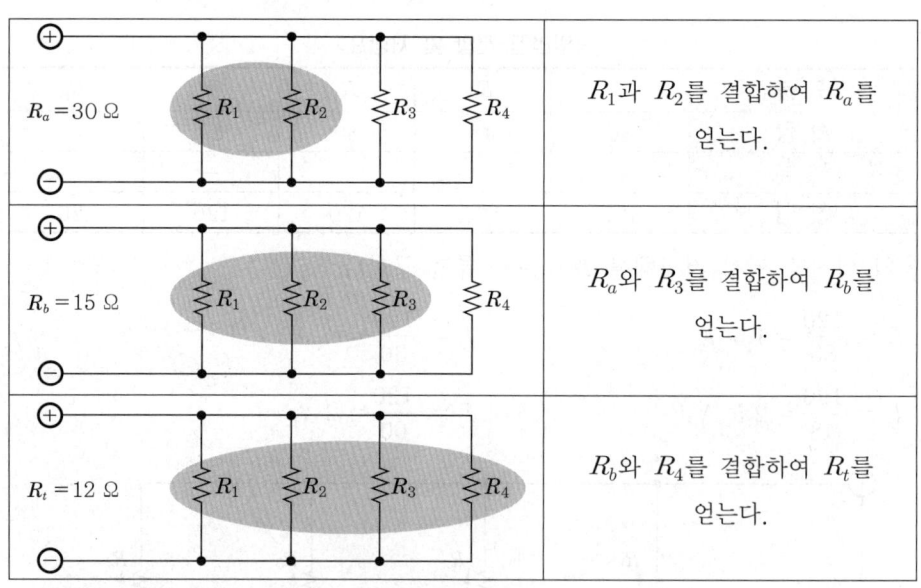

〈합성 저항의 검산〉

4 병렬 회로의 전류의 계산

모든 전압·전류 및 저항의 값을 알면 다음 표를 완성시킬 수 있다.

<전압·전류·저항표>

구 분	R_1	R_2	R_3	R_4	R_t
저 항	80	48	30	60	12
전 류	1.5	2.5	4	2	10
전 압	120	120	120	120	120

병렬 회로 전압은 또 옴의 법칙을 이용하여 알아 낼 수 있다. 각 저항 단자의 전압은 병렬 회로에서는 같으므로 회로 저항의 어떤 것에 대하여 저항과 전류의 양쪽 값을 알면 회로 전압을 계산할 수 있다. 예컨대, 위 표에서 전압을 모른다고 가정하면 회로 전압은 어떤 회로 저항에 대해 알고 있는 저항치와 전류치를 곱하여 구할 수 있다.

순차적으로 각 저항기의 값을 이용하여 회로 전압이 어느 경우나 120 볼트인 것을 알 수 있다.

$E_1 = I_1 R_1 = 1.5 \times 80 = 120$ V

$E_2 = I_2 R_2 = 2.5 \times 48 = 120$ V

$E_3 = I_3 R_3 = 4 \times 30 = 120$ V

$E_4 = I_4 R_4 = 2 \times 60 = 120$ V

$E_t = I_t R_t = 12 \times 10 = 120$ V

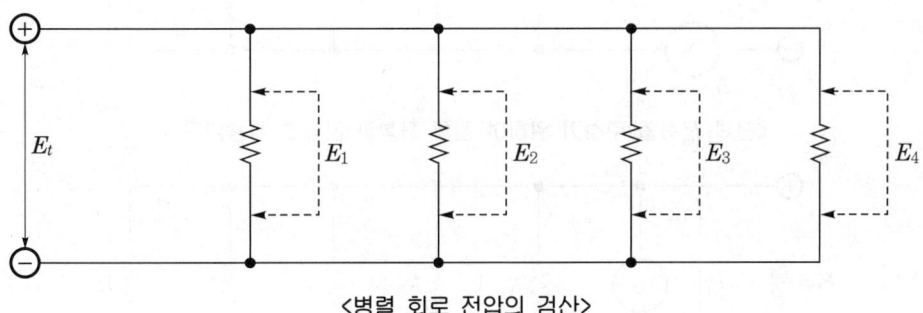

<병렬 회로 전압의 검산>

5 병렬 회로의 전력

저항기에서 소비된 전력은 저항기 전류와 저항기 단자 간의 전압을 곱한 것과 같다($P = EI$). 그리고 직렬 회로의 전체 전력은 회로의 각 저항기가 소비하는 전력의 합과 같다는 것을 우리는 배웠다. 이러한 것은 병렬 회로에서도 성립한다. 즉, 병렬 회로에서 소비된 전체 전력은 회로의 모든 저항에 의해 소비된 전력의 합과 같다.

그리고 회로의 전체 전압과 전체 전류를 곱하여 구할 수가 있다.

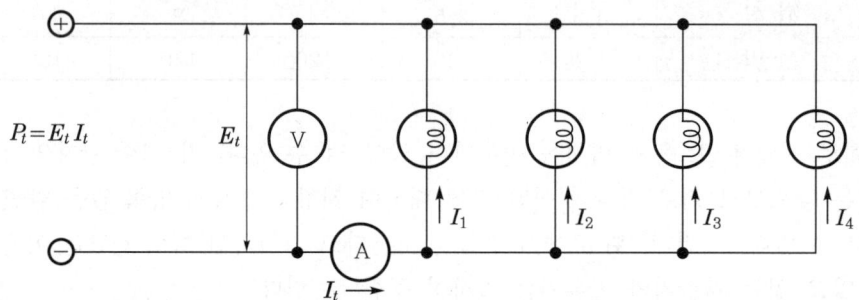

<병렬 회로의 전체 전력은 전체 전압×전체 전류와 같다.>

또 모든 부분의 저항이 알려져 있으면 회로의 전체 저항을 알아 내기 위한 병렬 회로 공식(rule)을 사용하여 회로 전력을 계산할 수가 있다. 이때 전 전력은 회로 전류나 전압을 측정하고 어느 한 전력 공식을 사용하여 결정할 수 있다.

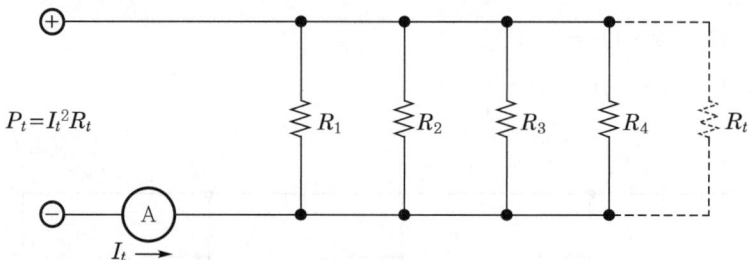

<전체 전력을 구하기 위하여 전체 저항과 전류를 사용한다.>

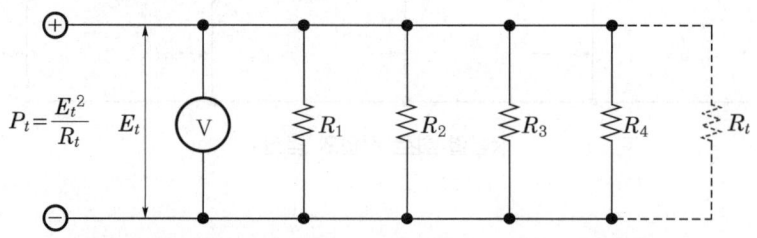

<전체 전력을 구하기 위하여 전체 저항과 전압을 사용한다.>

6 실습…옴의 법칙과 병렬 저항

옴계 대신 전류계와 전압계를 사용하여 어떻게 병렬 접속의 개개 저항 또는 합성 저항을 구하는가를 알아 보자. 우선 4 개의 건전지를 연결하여 전원으로 사용한다. 또 전압을 항상 일정하게 6 V로 유지하도록 전압계를 전지의 양단에 연결한다.

다음 전류계를 전지의 (−)단자와 직렬로 연결하여 전류를 측정하도록 한다. 그리고 퓨즈, 저항 및 스위치를 전류계 및 전지의 (+)단자 사이에 연결한다. 그러면 전압은 일정하게 6 V로 유지되고 전류는 0.2 A를 표시한다. 이때 저항값은 옴의 법칙으로부터 30 Ω가 된다는 것을 알 수 있다. 색별 표시를 보면 이것이 정확한 값이라는 것도 알게 된다.

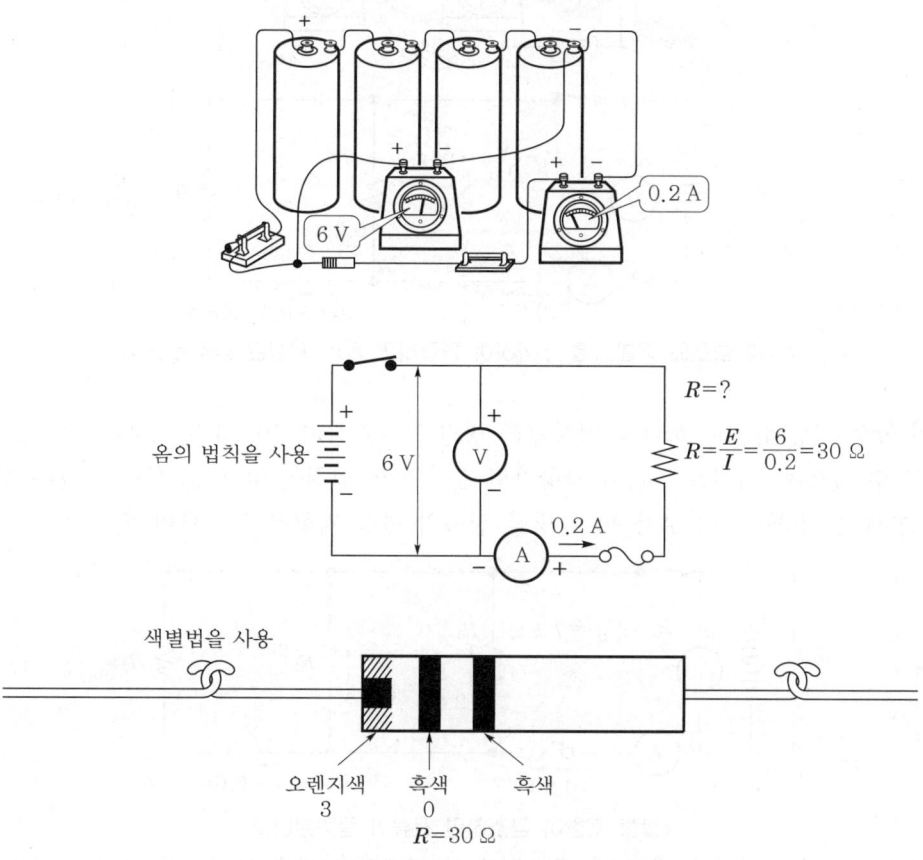

〈옴계를 사용하지 않고 저항을 구하는 방법〉

또 하나의 저항기를 병렬로 연결하면 전압은 변하지 않고 전류의 지시치는 0.6 A가 된다는 것을 본다.

첫 번째 저항기를 통하여 흐르는 전류가 0.2 A이며 두 번째 저항기를 통하여 흐르는 전류는 0.4 A이다. 이때 첫 번째 저항값은 옴의 법칙에 의하여 6 V를 0.2 A로 나눈 값 즉 30 Ω이 된다. 병렬 연결의 합성 저항은 6 V의 전압을 전체 전류 0.6 A로 나눈 값, 즉 10 Ω이 된다.

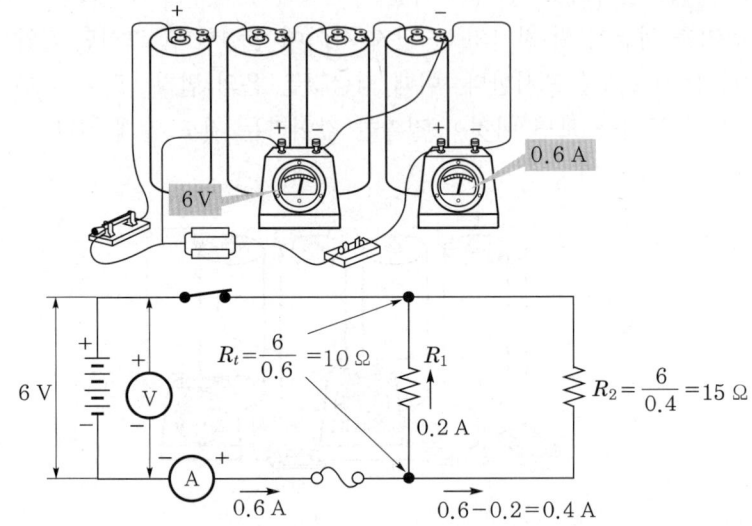

<병렬 회로에 저항기를 추가하여 연결하면 합성 저항은 감소한다.>

위의 합성 저항에다 또 하나의 저항기를 병렬로 추가하여 연결하면, 전류가 0.2 A 더 증가함을 알 수 있으며, 이것은 추가된 저항기의 값이 옴의 법칙에 따라 30 Ω이 된다는 것을 나타낸다. 이때 전 전류는 0.8 A가 되며 병렬 접속의 합성 저항은 7.5 Ω이 된다.

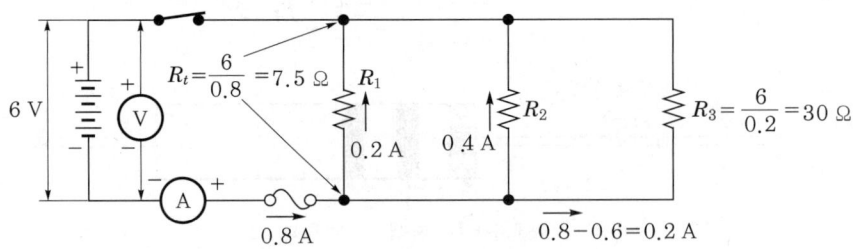

<합성 저항이 감소하면 전류가 증가한다.>

전지로부터 각 저항기를 떼어 낼 때, 합성 및 개개의 저항을 조사하여 보면 옴의 법칙 또는 색별 표시에 의한 값이 정확하다는 것을 알 수 있다.

7 실습···옴의 법칙과 병렬 회로의 전류

3 개의 건전지만을 직렬로 연결하여 전원으로서 사용하고, 전지 양단에 전압계를 각각 연결한다. 다음 4 개의 저항기(두 개는 15 Ω, 두 개는 30 Ω의 저항기)를 각각 전지 양단에 연결한다. 그러면 옴의 법칙에 의하여 15 옴의 저항기에는 각각 0.3 A의 전류가 흐르고, 30 옴의 저항기에는 각각 0.15 A의 전류가 흐르게 된다. 또 전체 전류는 이들 개개의 저항기를 통하여 흐르는 전류의 합계 즉 0.9 A가 된다.

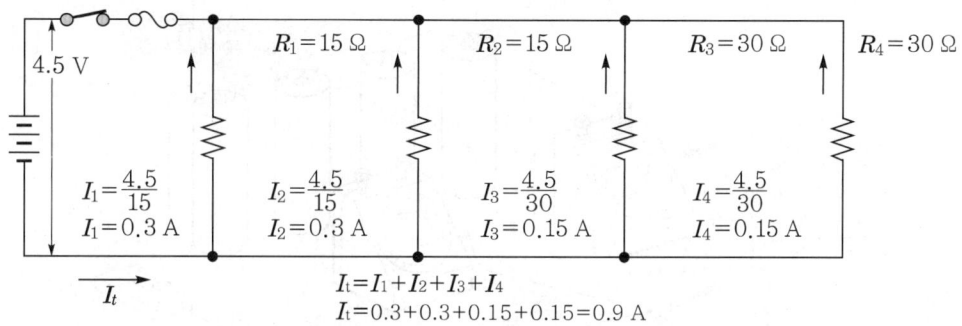

〈옴의 법칙을 사용하여 I_1, I_2, I_3 및 I_4의 전류를 구한다.〉

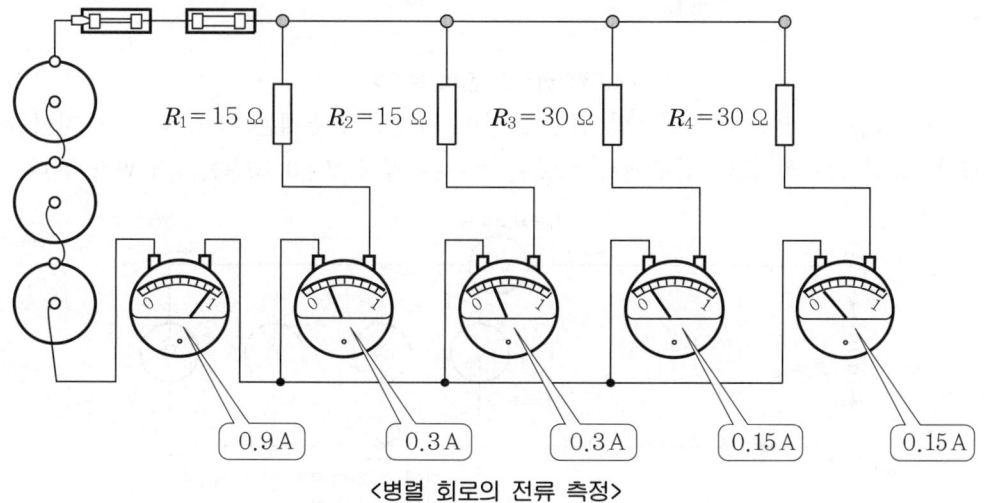

〈병렬 회로의 전류 측정〉

(우선 회로의 전체 전류를 읽고 다음 각 저항의 전류를 읽기 위하여) 회로에 전류계를 연결하면 실제 전류의 값들이 옴의 법칙을 적용하여 구한 것과 같다는 것을 알 수 있다.

8 실습…병렬 회로의 전력

병렬 회로에서 소비된 전력은 회로의 모든 각 부분에서 소비된 전력과 같다는 것을 실험하기 위하여 세 개의 전구 소켓을 병렬로 접속하여, 그 한쪽은 전류계(0~1 A 측정 범위를 가짐)를 통하여 전지 한 단자에 연결하고, 다른 한 쪽은 직접 전지의 다른 한 단자에 연결한다. 다음 6 V, 250 mA의 전구를 소켓에 꽂되 불이 켜지게 조여 넣지는 않는다. 그리고 스위치를 닫으면 전압계는 전지 전압을 지시할 것이다. 전류계는 전류가 흐르지 않는다는 것을 나타내므로 전력은 조금도 이 회로에서 소모되지 않을 것이다.

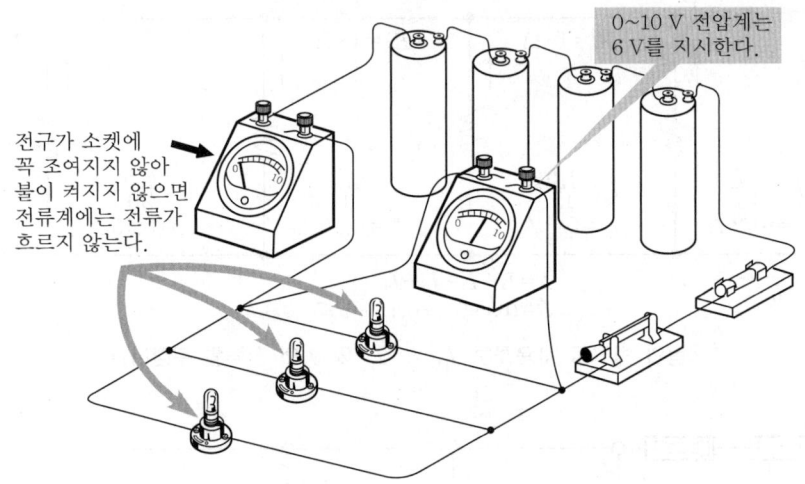

<병렬 회로의 전력 측정>

전구 한 개를 소켓에 조여 넣으면 전구에 불이 켜지고 전류계는 약 0.25 A를 지시함을 알 수 있다. 그러므로 한 개의 전구에서 소비된 전력은 약 6 V×0.25 즉, 1.5 W가 된다.

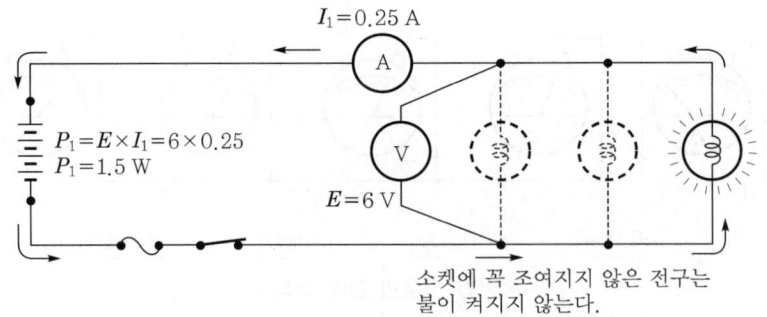

<병렬 회로의 한 전구에서 소비되는 전력>

이미 우리는 병렬 회로의 분기 양단의 전압은 어느 부분에서도 전원 전압과 같다는 것을 배웠다. 그러므로 전구의 양단 전압은 전지 전압과 같게 된다.

첫 번 전구를 소켓에서 풀어 불을 끄고 다른 전구들을 하나씩 순차적으로 조여 불을 키면, 각 전류 및 각 전구에서 소비된 전력은 모두 거의 같다는 것을 알 수 있다. 이때 매번 측정된 전류는 조여서 불이 켜진 하나의 전구만을 통하여 흐르는 전류인 것이다.

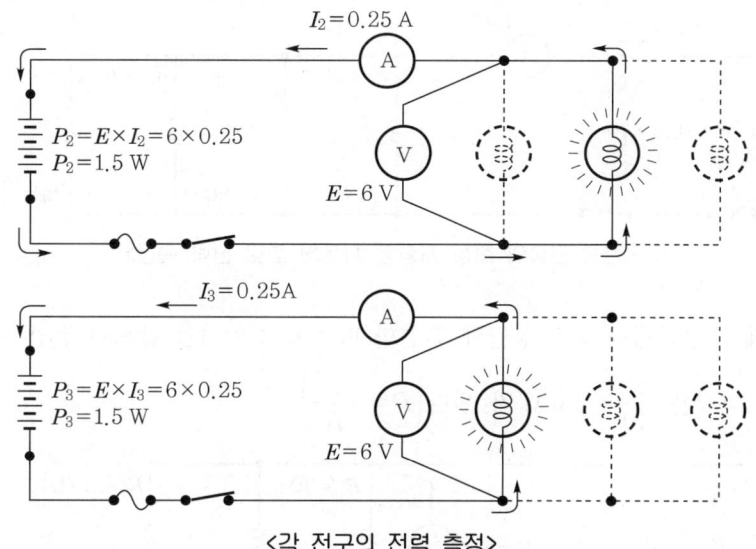

〈각 전구의 전력 측정〉

다음 세 개의 전구를 모두 소켓에 조여 넣으면 모든 전구에 불이 켜지고 전류계는 약 0.75 A의 회로 전류를 지시한다. 이때 전압은 계속 6 V이므로 전력(P_t)은 약 0.75×6, 즉 4.5 W가 된다.

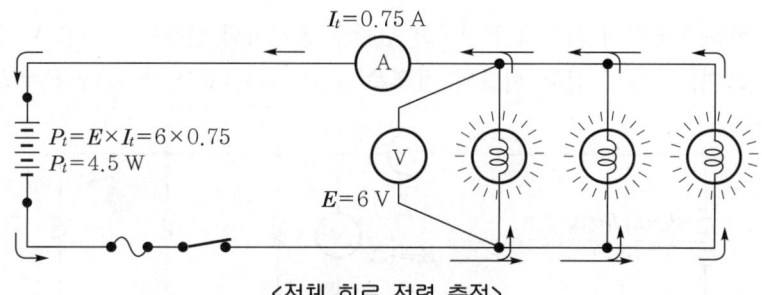

〈전체 회로 전력 측정〉

전체 회로 전력이 약 4.5 W가 된다는 것은 계산으로도 구할 수 있다. 각 전구에서 단독으로 소비된 전력을 합하여 보면, 그 합계는 4.5 W(1.5+1.5+1.5=4.5)가 된다. 그러므로 병렬 회로에서 소비된 총 전력은 회로의 각 부분에서 소비된 전력의 합계와 같게 된다.

이번엔 3개의 전구 소켓 대신 30 Ω 저항기를 사용하여 실험하여 보자. 전압계의 두 리드선을 전지에서 떼고 스위치를 닫으면 전류계에는 약 0.6 A의 전류가 흐르는 것을 볼 수 있다. 이때 전체 합성 저항은 병렬 회로에 관한 식을 적용하여 구할 수 있으며 따라서 회로 전력은 $0.6^2 \times 10 = 3.6$ W가 된다($P = I^2R$ 적용).

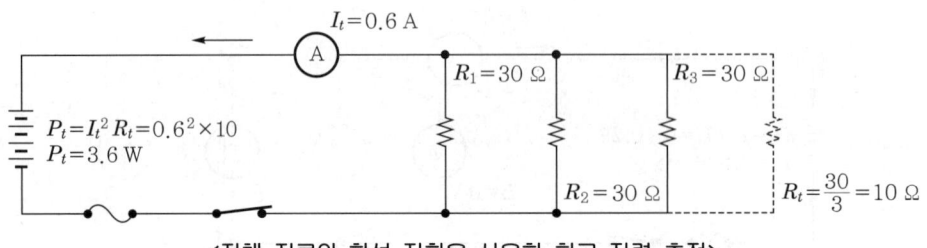

<전체 전류와 합성 저항을 사용한 회로 전력 측정>

전류계를 떼고 전압계를 전지 양단에 연결한 다음에 스위치를 닫으면 전압은 약 6 V가 되고 따라서, 회로 전력은 $\dfrac{6^2}{10} = 3.6$ W가 된다 $\left(P = \dfrac{E^2}{R}\right)$.

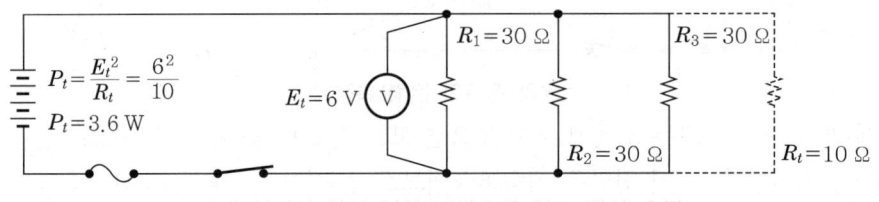

<전체 전압과 합성 저항을 사용한 회로 전력 측정>

마지막으로 전류계를 다시 회로에 연결하고 전력을 공급하면 전류는 약 0.6 A, 전압은 약 6 V가 됨을 알 수 있으며, 따라서 전체 회로의 전력은 $6 \times 0.6 = 3.6$ W가 된다($P = EI$식 적용).

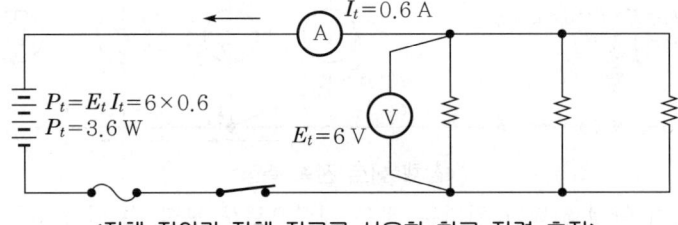

<전체 전압과 전체 전류를 사용한 회로 전력 측정>

이와 같이 병렬 회로에 있어서 전류 · 전압 · 저항 중 두 가지 요소만 알면 언제나 직렬 회로 때와 같이 병렬 회로의 전체 전력을 구할 수 있다.

9 전류계의 측정 범위 확대

여기서는 병렬 회로에 옴의 법칙을 실제로 적용시킨다. 분류기의 저항값이나 그 크기의 산출 방법을 이제 배우기로 한다.

우리는 이미 앞에서 0~1 mA의 측정 범위를 갖는 웨스턴 가동부(weston movement)가 실제로 계기의 기본형이며 또 익숙해질 것이라는 것을 배웠다. 1 밀리암페어 이상의 전류가 이 계기의 가동부를 통하여 흐르게 된다면 이 계기는 즉시 타버릴 것이다. 그러나, 이 가동부와 병렬로 적당한 저항값을 가진 분류 저항기를 연결하면 이 계기는 비교적 큰 전류가 흐르는 회로에서 손상 없이 사용될 수 있다. 분류기의 목적은 계기 주위로 충분한 양의 전류를 바이패스(by-pass)시켜 1 mA의 가동부는 과열시키지 않고 정확한 지시를 할 수 있을 만큼의 전류만을 흐르게 한다. 다음 측정하고자 하는 전류의 값은 계기에 있는 적당한 눈금판 위에서 읽을 수 있게 하거나, 이러한 계기 눈금판이 마련되어 있지 않을 경우에는 계기에서 읽을 값에다 승률(곱하기 배율)을 곱하여 정확한 값을 결정한다.

분류기의 저항값은 옴의 법칙을 사용하여 구할 수 있다. 이때에는 지금 계기가 2 mA 때 최대 눈금을 가리켜야 한다. 계기의 가동부 저항은 50 Ω이라고 하고 또 이 계기 가동부는 1 mA의 전류가 흐를 때 최대 기울기를 지시하게 된다고 하자. 아래 그림과 같이 옴의 법칙을 사용하면 가동부의 양단 전압은 다음과 같이 되는 것을 알 수 있다.

$$E_m = I_m R_m$$
$$E_m = 0.001 \times 50$$
$$E_m = 0.05 \text{ V}$$

계기의 가동부는 분류기 저항 R_s와 병렬로 되어 있으므로, 계기 및 분류기의 양단 전압은 같다. 이때 저항 R_s는 옴의 법칙을 사용하여 구할 수 있다. 그것은 분류기 E_s의 양단 전압은 E_m과 같고 분류기를 통하여 흐르는 전류 I_s는 1 mA에서 계기가 최대 기울기를 가리키므로, 반드시 1 mA가 되어야 하기 때문이다.

$$R_s = \frac{E_s}{I_s} = \frac{0.05}{0.001} = 50 \text{ Ω}$$

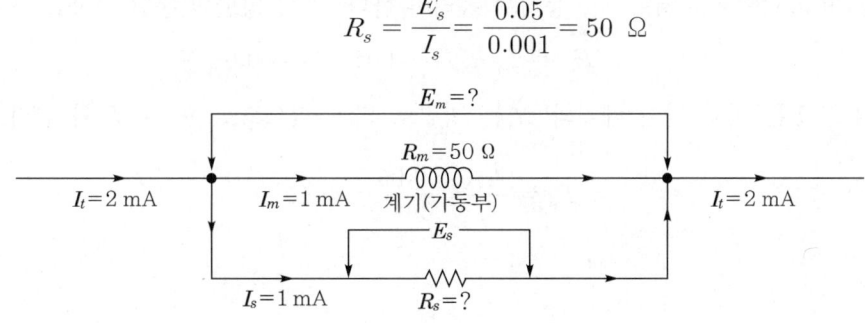

우리는 밀리암미터 분류기의 저항값을 산출하는 방법을 배웠다. 실제로 사용되는 모든 분류기의 저항값은 같은 방법으로 구할 수 있다. 이제 우리는 앞으로 곧 많이 사용할 계산에 관하여 다른 예를 들어 좀 더 알아 보자.

같은 0~1 mA의 전류계 가동부를 사용하여 안전하게 최대 3 mA의 전류를 측정할 수 있는 분류기와 저항을 구하여 보자. 지금 계기의 가동부가 최대 기울기를 가리킨다면 1 mA가 병렬 회로의 계기의 가동부를 통하여 흐를 것이므로 나머지 2 mA는 분류기 저항을 통하여 흘러야만 한다. 여기서 계기 가동부의 저항은 전과 같이 50 Ω이라고 한다. 우선 계기 양단의 전압 강하를 아래와 같이 구한다.

$$E_m = I_m R_m = 0.001 \times 50 = 0.05 \text{ V}$$

분류 저항기의 양단 전압은 계기 가동부의 전압과 똑같다. 그리고 전류와 전압을 둘 다 알고 있으므로 R_s를 구한다는 것은 간단한 문제이다.

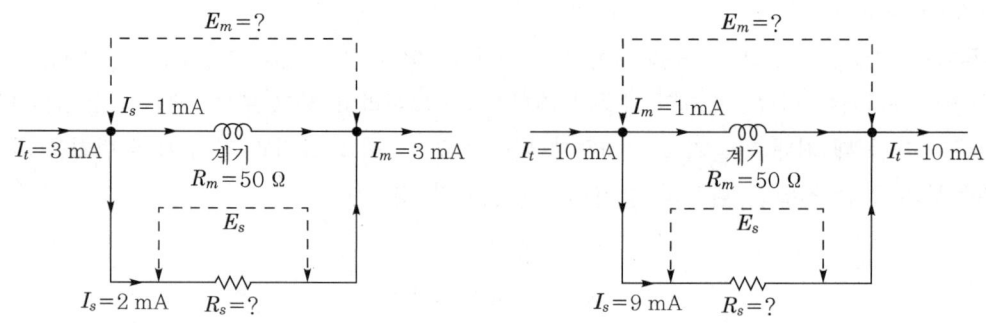

$$\text{즉, } R_s = \frac{E_s}{I_s} = \frac{0.05}{0.002} = 25 \text{ Ω}$$

또 하나의 예로서 0~1 mA(밀리암미터)의 측정 범위를 10 mA로 확대하고 싶다고 하고, 적당한 분류기의 값을 산출하여 보자. 여기서 계기 가동부의 저항은 50 Ω이다.

이때 전체 전류가 10 mA라고 한다면 1 mA는 계기를 통하여 흐를 것이므로(이때 최대 기울기를 지시함) 9 mA는 분류 저항기를 통하여 흘러야 한다. 계기 양단의 전압 강하를 구하여 보면,

$$E_m = I_m R_m = 0.001 \times 50 = 0.05 \text{ V}$$

이미 알고 있는 바와 같이 계기와 R_s는 병렬로 되어 있으므로 E_m는 E_s와 같다.

$$R_s = \frac{E_s}{I_s} = \frac{0.05}{0.009} = 5.55 \text{ Ω}$$

이 된다.

10 옴의 법칙과 병렬 회로에 대한 복습

두 개의 저항 R_1, R_2를 병렬로 연결하여 하나의 회로를 구성한다면 옴의 법칙을 사용하는 데 있어서, 다음과 같은 방식을 적용한다.

R_t, I_t와 E_t를 함께 사용한다.

R_1, I_1와 E_1을 함께 사용한다.

R_2, I_2와 E_2를 함께 사용한다.

즉, 옴의 법칙에 의하여 미지의 값을 구하려면 글자 밑에 같은 부호가 첨가된 것을 가진 양만을 함께 사용하여야 한다.

또한, 미지의 양은 병렬 회로에 대한 다음 식을 적용하여도 구할 수 있다.

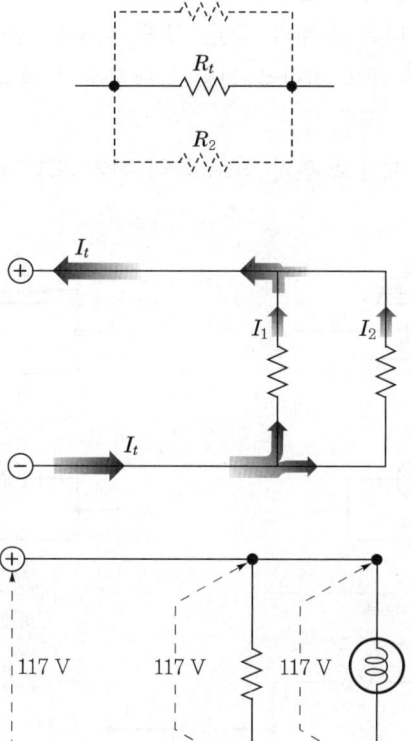

Section 23 직류 직렬·병렬 회로

1 직렬·병렬 회로의 연결

3 개 이상의 저항기로 구성된 회로가 병렬이 섞인 복잡한 회로로서 연결되어 사용될 수 있다. 그 하나는 병렬로 된 것에 한 저항이 직렬로 연결된 것이고, 또 하나는 하나 이상의 분기가 직렬로 연결된 저항으로 구성되고 있는 것이다.

만일 두 개의 전구를 병렬로 연결하고 이 병렬 접속의 한 단자에 또 다른 전구(제3의 전구)의 한 단자를 연결하면, 이 세 개의 전구는 직렬·병렬로 연결된 것이다. 또 전구 이외의 다른 저항도 이와 같은 방법으로 직렬·병렬 회로를 구성하도록 연결할 수 있다.

그리고 3 개의 전구를 가지고, 우선 두 전구를 직렬로 연결하고, 다음 이 전구 양단에 제3구의 두 단자를 연결함으로써 다른 종류의 직렬·병렬 회로를 구성하도록 연결할 수 있다. 이것은 병렬 회로의 한 분기에 두 개의 저항을 직렬로 연결하여 결국 직렬·병렬 회로를 구성한 것이다.

이와 같은 저항의 결합은 때때로 전기 회로 특히 전기 모터나 장치의 제어 회로에 사용되고 있다.

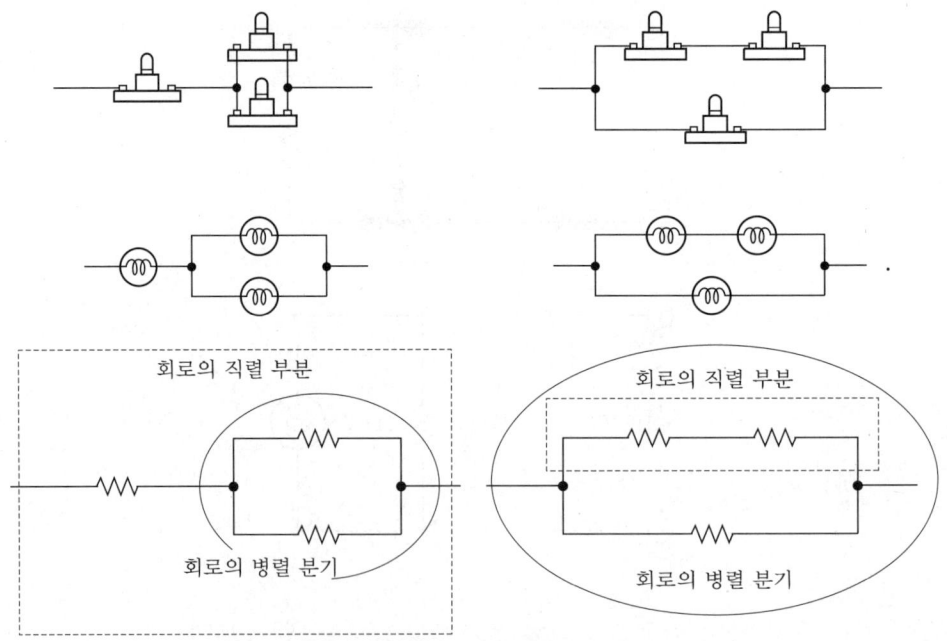

〈전구를 직렬·병렬로 연결하는 두 가지 방법〉

2 직렬·병렬 회로의 저항

직렬·병렬로 연결된 저항의 합성 저항을 구하는 데 새로운 공식이 필요하지 않다. 그 대신 그 회로를 단지 직렬 회로와 병렬 회로 부분으로 분해하고 다음 각 부분을 따로 따로 풀고 합친다. 직렬 저항과 병렬 저항에 대한 규칙을 사용하기에 앞서 우리는 회로를 간단히 하기 위해서 어떤 순서를 밟아야 할 것인가를 결정하여야 한다.

예컨대, 3 개 저항 R_1, R_2, R_3이 직렬·병렬로 연결되었을 때 합성 저항을 구한다고 하자. 여기서 R_1과 R_2는 병렬이고 여기에 R_3이 직렬로 연결되어 있다. 회로를 간단히 하기 위하여 R_1과 R_2의 병렬 회로와 R_3의 직렬 회로의 2 개 부분으로 회로를 분해하는 두 단계를 이용한다. 우선 저항에 관한 공식을 사용하여 R_1과 R_2의 저항을 구한다.

다음 이 값을 직렬 저항 R_3에 보태고 직렬·병렬 회로의 합성 저항을 구한다.

만일, 직렬·병렬 회로가 R_1과 R_2의 직렬 회로에 R_3이 병렬로 연결되어서 구성되고 있으면 그 두 단계는 반대가 된다. 회로를 2 개 부분 즉 R_1, R_2의 직렬 회로와 R_3의 병렬 저항으로 분해한다. 우선 R_1과 R_2를 가해서 직렬 저항을 구하고 다음 병렬 저항 공식을 사용하여 R_1과 R_2의 직렬 저항치에 R_3의 값을 결합시킨다.

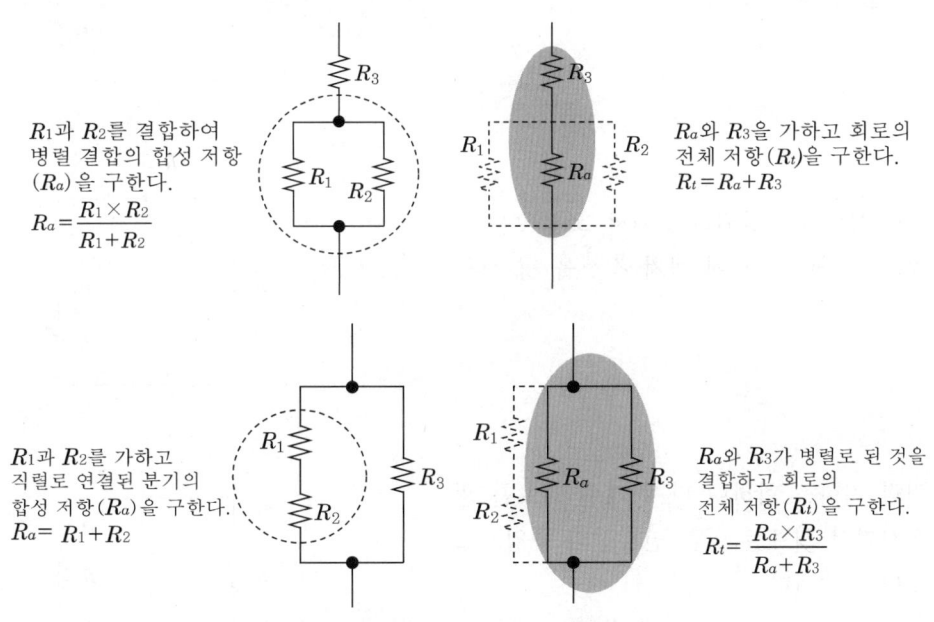

<직렬·병렬 회로의 전 합성 저항의 계산>

복잡한 회로는 저항을 결합하는 과정을 밟기 전에 회로를 다시 그려서 간단하게 하고 용이하게 분석할 수 있다.

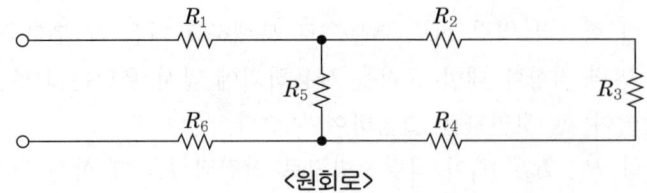

<원회로>

① 회로의 한 끝에서 시작해서 2개 이상의 통로를 가지고 있는 회로의 한 점에 닿을 때까지 직선 안에 모든 직렬 저항을 그려 넣어라.

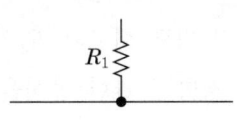

② 직렬 저항과 같은 방향으로 병렬 통로를 이 선으로부터 그어라.

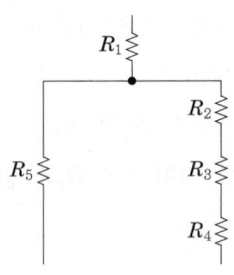

③ 병렬 통로가 결합되는 곳에서 그 통로를 합치기 위하여 단자에 걸쳐 직선을 긋는다.

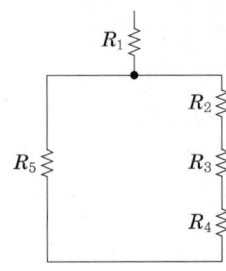

④ 직렬 저항을 합하여 다시 그린 회로를 완성시켜서 회로는 병렬 연결선의 중앙으로부터 계속된다.

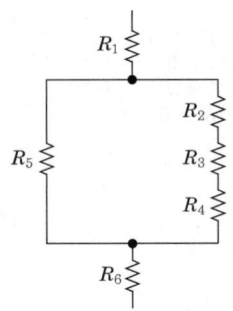

복잡한 직렬·병렬 회로의 합성 저항을 구하는 근본 과정은 다음과 같다.
① 필요하면 회로를 다시 그린다.
② 어떤 병렬 회로가 2개 이상의 직렬 저항을 가지고 있으면 이들을 합해서 그 합성 저항을 구한다.
③ 병렬 저항에 관한 공식을 사용하여 회로의 병렬 부분의 합성 저항을 구한다.
④ 합성 병렬 저항에 이것과 직렬인 저항을 합한다.

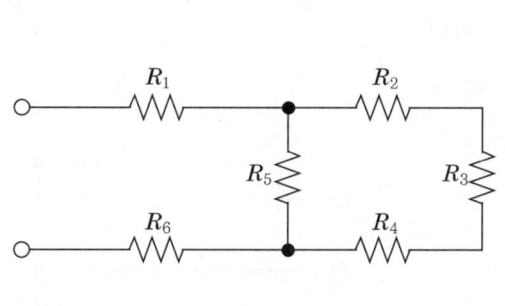

<원회로>   <다시 그린 회로>

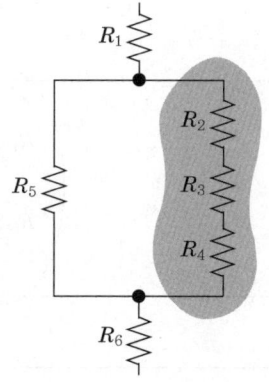 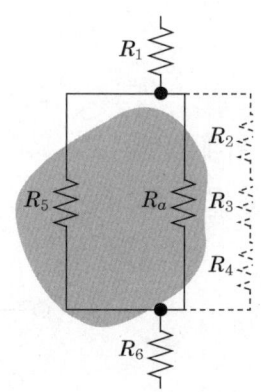 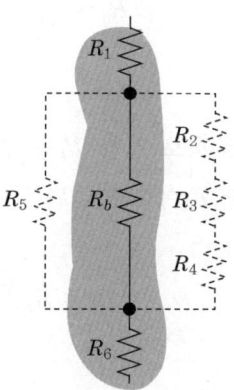

<직렬 분기 내의 저항을 합한다.>   <회로의 병렬 부분을 합한다.>   <직렬로 연결된 저항을 합한다.>

다음은 저항을 구하기 위하여 복잡한 회로를 어떻게 분석하는가를 표시한 것이다.

① 회로는 4 개의 저항 R_1, R_2, R_3, R_4로 구성되고 그림과 같이 연결되었다고 하자. 그리고 회로의 전체 저항을 구하기로 한다.

② 우선 회로를 다시 그리고 직렬 분기의 저항 R_3와 R_4를 합하여 R_a와 같은 등가 저항으로 한다.

$$R_a = R_3 + R_4$$

③ 다음 R_2와 R_a의 병렬 결합은 등가 저항 R_b와 같이(병렬 저항 공식을 사용하여) 결합시켜 구한다.

$$R_b = \frac{R_2 \times R_a}{R_2 + R_a}$$

④ 전체 회로 저항 R_t를 구하기 위해 직렬 저항 R_1에다 연결된 등가 저항 R_b를 합한다.

$$R_t = R_1 + R_b$$

⑤ R_t는 직·병렬 회로의 전 저항이다.

$$R_t = \text{전체 저항}$$

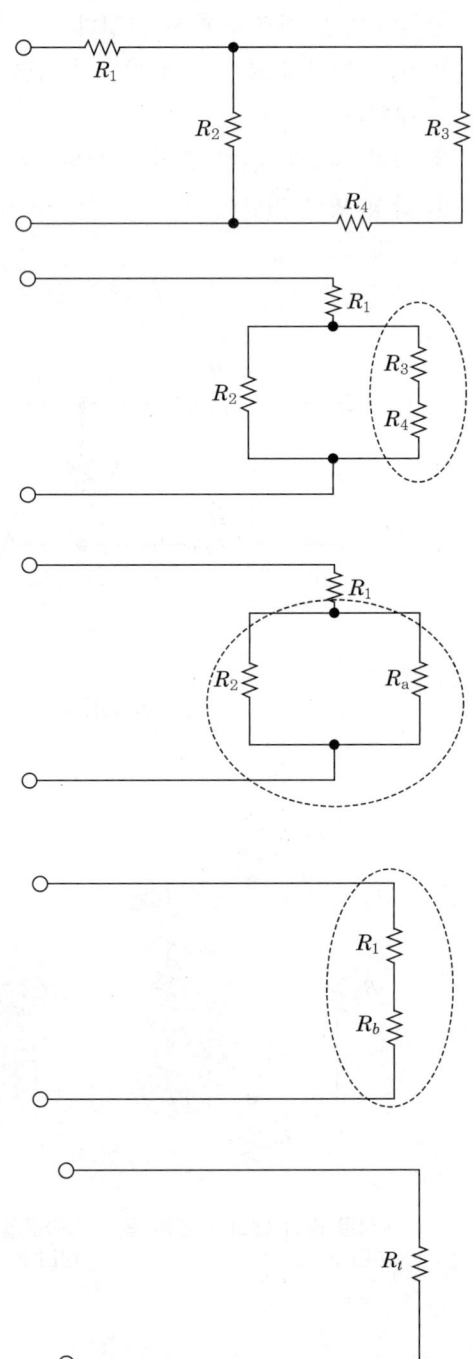

더 복잡한 회로는 더 많은 과정이 필요할 뿐 추가적으로 다른 어떤 공식이 필요하지 않다. 예컨대, 9 개 저항기로 구성된 회로의 전체 저항은 아래 표시된 바와 같이 구할 수 있다.

① 회로를 다시 그린다.

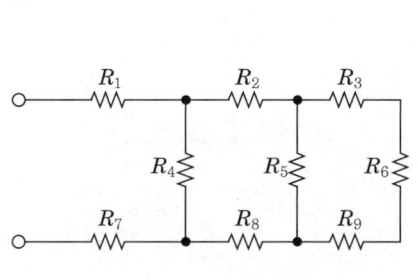

<원회로>

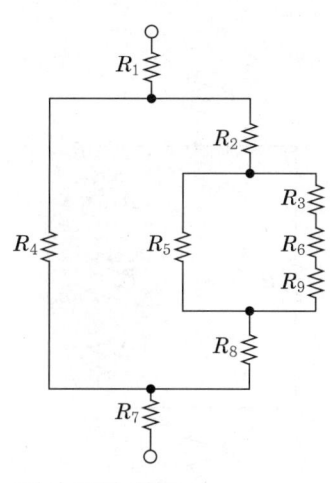

<다시 그린 회로>

② 직렬 분기 저항 R_3, R_6, R_9를 합한다.

$$R_a = R_3 + R_6 + R_9$$

③ 병렬 저항 R_5와 R_a를 합한다.

$$R_b = \frac{R_5 \times R_a}{R_5 + R_a}$$

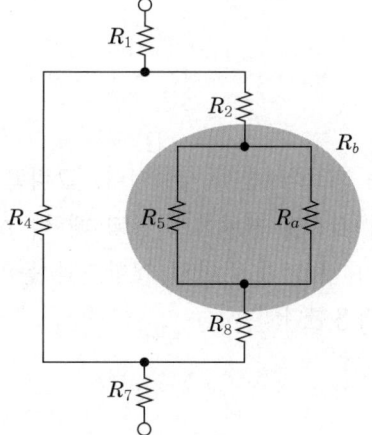

④ 직렬 저항 R_2, R_b, R_8을 결합한다.

$$R_c = R_2 + R_b + R_8$$

⑤ 병렬 저항 R_4와 R_c를 결합한다.

$$R_d = \frac{R_4 \times R_c}{R_4 + R_c}$$

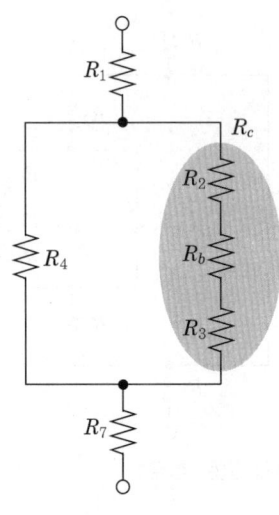
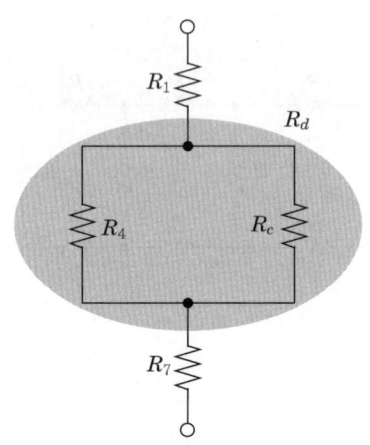

⑥ 직렬 저항 R_1, R_d, R_7을 결합한다.

$$R_t = R_1 + R_d + R_7$$

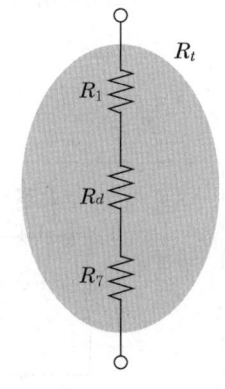

⑦ R_t는 회로의 전체 저항이다. 그리고 이것이 기전력 전원에 연결될 때 이 회로는 이 값을 가진 단일 저항기와 동일하게 작용한다.

3 직렬·병렬 회로의 전류

직렬·병렬 회로의 전체 회로 전류는 이것이 전압 전원에 연결된 경우 회로의 전체 저항에 따라 정해진다. 회로 전류는 모든 병렬 분기 통로에서 나누어져 흐르고, 회로의 직렬 부분에서 다시 합해져서 흐른다. 분기 회로에서 나누어져서 흐르고 또 분기 회로가 2차 분기로 나누어지면, 여기서 반복적으로 또 나누어진다.

병렬 회로에서와 같이 어떤 분기 저항을 통해 흐르는 전류는 그 저항값에 역비례한다. 즉 전류는 가장 작은 저항을 통해서 흐른다. 그러나 분기 전류의 전체를 합하면 이는 항상 전체 회로 전류와 같다.

전체 회로 전류는 직렬·병렬 회로의 각 단자에서 같고 전압 전원을 통한 전류와도 같다.

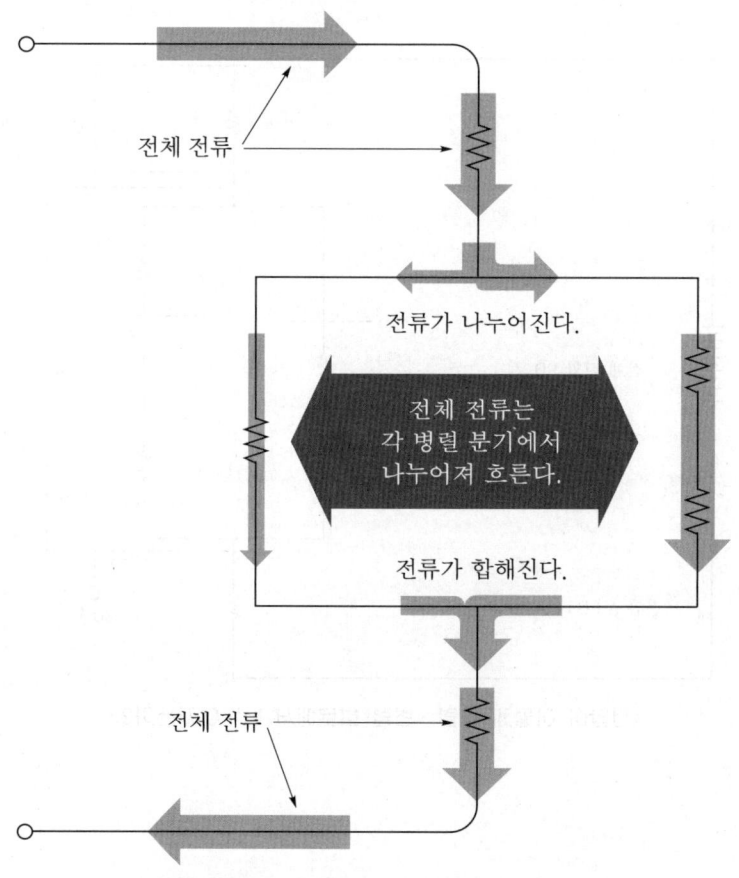

〈전류가 어떻게 직렬·병렬 회로에서 흐르는가?〉

4 직렬·병렬 회로의 전압

직렬·병렬 회로의 전압 강하는 직렬 회로와 병렬 회로에서와 같은 방법으로 생긴다. 회로의 직렬 부분에서는 전압 강하는 동일 저항에 대해서만 같다. 한편 회로의 병렬 부분에서는 각 분기에 걸려 있는 전압은 같다.

병렬 회로의 형성하고 있는 직렬 저항은 병렬 회로에 걸려 있는 전압을 분할한다. 한 개의 저항으로 된 회로와 2개의 직렬 저항으로 된 분기 회로로 구성된 병렬 회로에서 한 개 저항에 걸려 있는 전압은 2개 직렬 저항의 전압의 합과 같다. 전체 병렬 회로의 전압은 어떤 분기 회로의 어느 쪽 전압과도 같다.

직렬·병렬 회로의 2개 단자 간의 여러 통로의 전압 강하를 합하면 그 회로에 가해진 전체 전압이 된다.

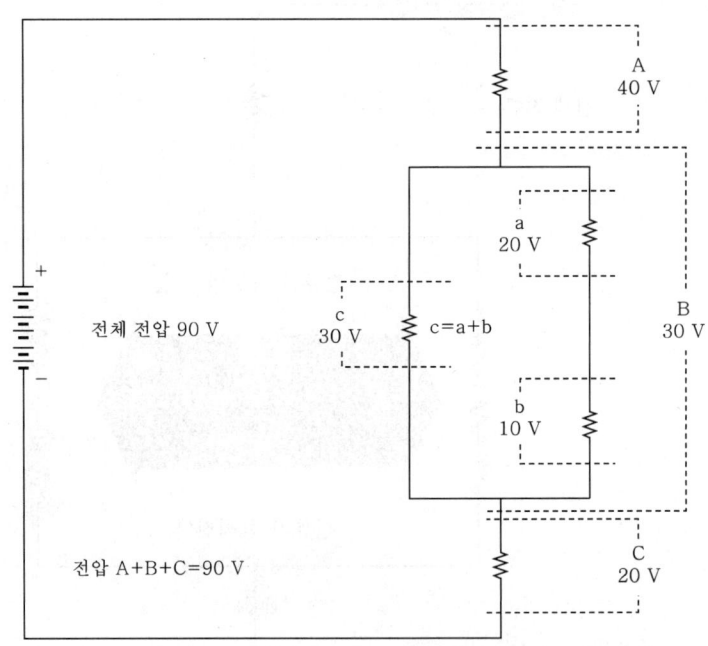

<전압이 어떻게 직렬·병렬 회로에서 나누어지는가?>

5 실습…직렬·병렬 연결

세 개의 저항기로 구성된 간단한 직렬·병렬 회로의 연결을 먼저 보기로 한다. 30 옴의 색별 표시가 된 저항기 세 개를 가지고 한 저항기는 직렬로 하고 나머지 두 저항기는 병렬로 하여 함께 연결한다. 이렇게 하면 직렬·병렬 회로가 구성된다. 그리고 그의 전체 저항은 병렬로 된 30 옴 저항기를 결합하여 등가 저항 15옴을 구하고 여기에 직렬로 된 30 옴 저항을 합하여 45옴이 된다. 이와 같이 연결된 저항기를 가지고 옴계로 전 회로의 저항을 읽으면 45 옴이 됨을 알 수 있다.

다음에 두 저항기가 직렬로 연결되었고 세 번째 저항기는 직렬 결합된 사이에 병렬로 연결되었다. 그 전체 저항을 구하는 데는 직렬 분기의 두 저항기를 합하여 등가 저항 60 옴을 얻는다. 이 60 옴의 값은 세 번째 30옴의 저항기와 병렬로 되어 있어 그들을 결합하면 전체 저항은 20 옴이 된다. 이 값을 옴계로 확인하면 20 옴을 가리킨다는 것을 알 수 있다.

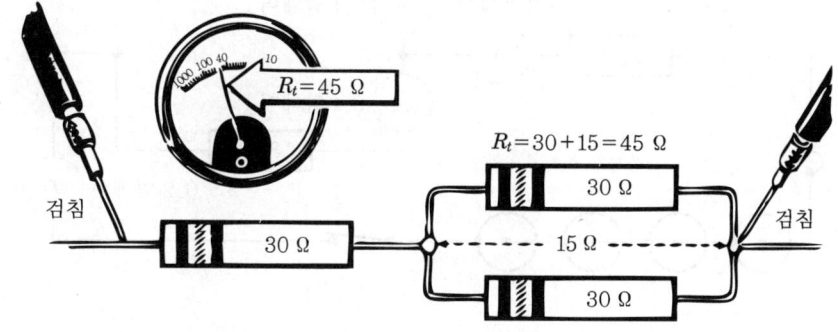

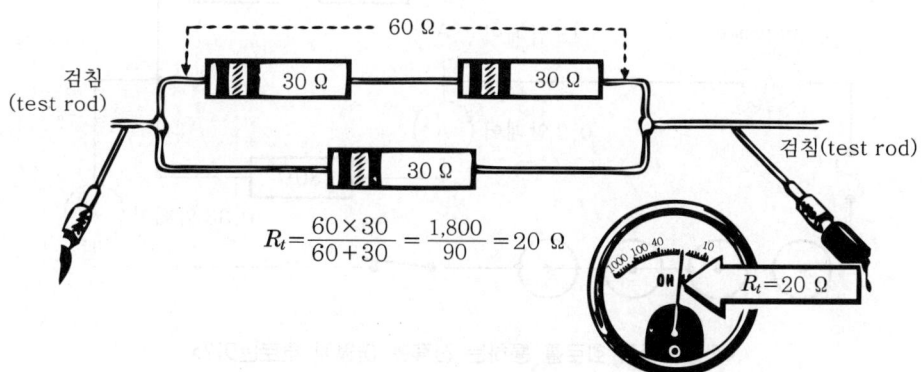

〈직렬·병렬 연결을 달리하면 어떻게 저항에 영향을 주는가?〉

6 실습…직렬·병렬 회로의 전류

2 개의 30 옴 저항기를 병렬로 연결하고 이 병렬 저항기 한 끝에 직렬로 15 옴 저항기를 연결하여 6 볼트 전지의 단자 간에 연결한다. 회로를 통해 흐르는 각 통로의 전류치를 알아보기 위해 전류계를 차례로 각 저항기와 직렬로 연결한다. 15 옴의 직렬 저항기에는 전지의 각 단자 전류와 같이 0.2 암페어가 흐른다. 그리고 30 옴 저항기에는 각각 0.1 암페어가 흐른다.

회로 연결을 바꾸어 15 옴과 30 옴의 저항기를 직렬로 연결하여 직렬 분기 회로를 형성시키고 이에 다른 30 옴 저항기가 병렬이 되게 한다. 여러 곳의 전류를 읽을 수 있도록 전류계를 연결하면 전지 전류는 0.33 암페어, 30 옴 저항기 전류는 0.2 암페어, 직렬 분기를 통하는 전류는 0.13 암페어임을 알 수 있다.

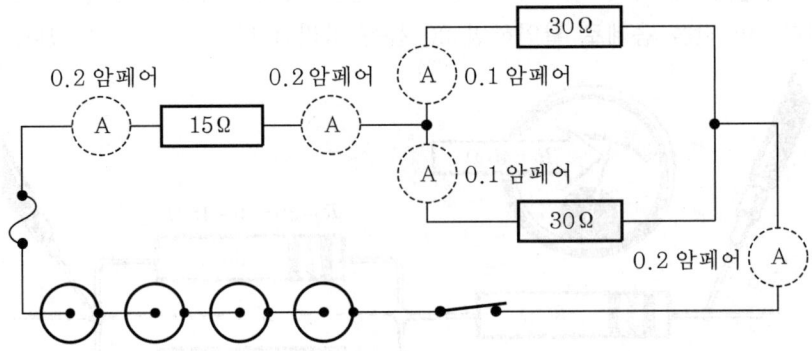

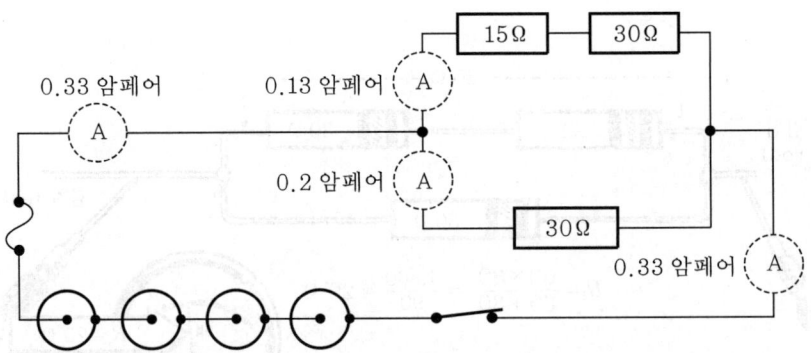

<직렬·병렬 회로를 통하는 전류는 어떻게 흐르는가?>

실습···직렬·병렬 회로의 전압

직렬·병렬 회로에서의 전압이 나누어지는 것을 실험하기 위하여 전지 단자 간에 두 개 이상의 전류 통로가 있도록 여러 개의 저항기를 연결하여 복잡한 회로를 구성한다.

회로 사이에 전류가 흐르는 통로를 따라 각 저항의 전압을 측정하면 통로 선택에 관계없이 어떤 통로의 전압 합계는 항상 전지 전압과 같다. 또, 값이 같은 저항기 간의 전압 강하는 저항기가 회로의 직렬 부분 또는 병렬 부분으로 되어 있는가에 따라 다르고 또한 저항기가 차지하고 있는 통로의 전체 저항에 따라서도 달라진다는 것을 알 수 있다.

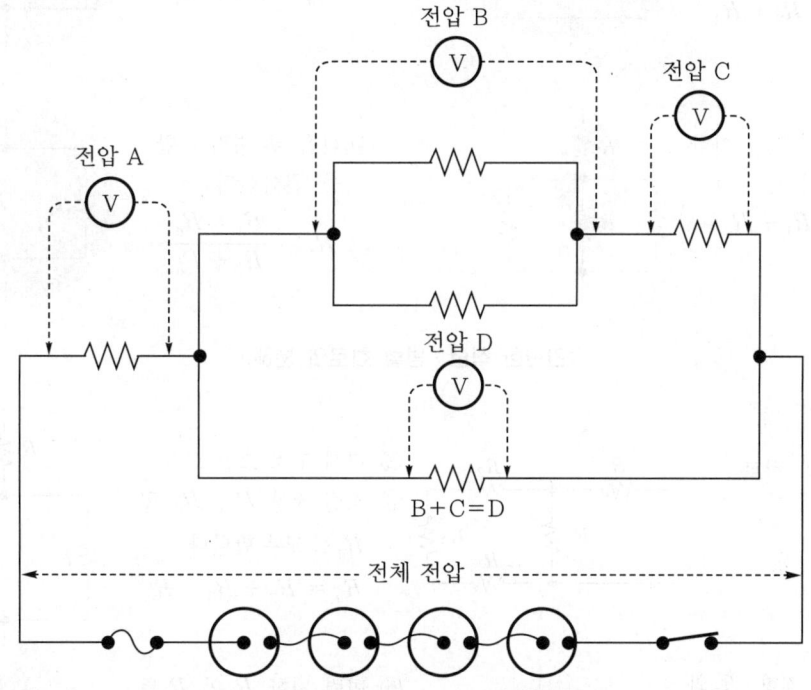

전압 A+D=전체 전압
전압 A+B+C=전체 전압

〈직렬·병렬 회로에서 전압은 어떻게 나누어지는가?〉

8 직렬·병렬 회로에 대한 복습

복잡한 회로 즉, 직렬·병렬 회로는 몇 개의 직렬 부분과 병렬 부분으로 나누어서 각각 저항·전류 및 전압을 구할 수 있다. 그러면, 복잡한 회로를 기본적인 직렬 부분과 병렬 부분으로 나누어 생각하는 방법에 관하여 복습하여 보자.

① 두 병렬 저항을 결합한다.
$$R_a = \frac{R_2 \times R_3}{R_2 + R_3}$$

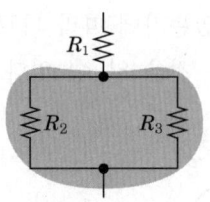

② 두 직렬 저항을 합한다.
$$R_a = R_2 + R_3$$

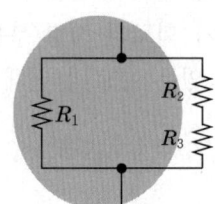

③ 다음 두 직렬 저항을 합한다.
$$R_t = R_1 + R_a$$

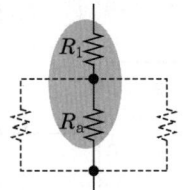

④ 다음 두 병렬 저항을 결합한다.
$$R_t = \frac{R_1 \times R_a}{R_1 + R_a}$$

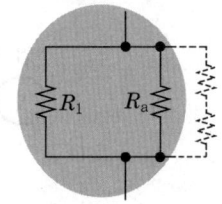

〈간단한 직렬·병렬 회로의 분해〉

① 본래의 회로

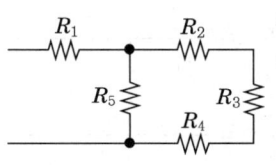

② 다시 고쳐 그린 회로
③ 직렬 저항 R_2, R_3 및 R_4를 모두 합한다.
$$R_a = R_2 + R_3 + R_4$$

④ 병렬 저항 R_5와 R_a를 결합한다.
$$R_b = \frac{R_5 \times R_a}{R_5 + R_a}$$

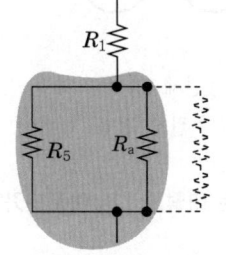

⑤ 병렬 저항 R_1와 R_b를 결합한다.
$$R_t = R_1 + R_b$$

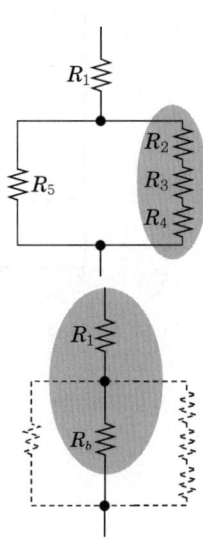

〈복잡한 직렬·병렬 회로의 분해〉

Section 24 키르히호프의 법칙(Kirchhoff's law)

1 키르히호프의 법칙은 왜 중요한가?

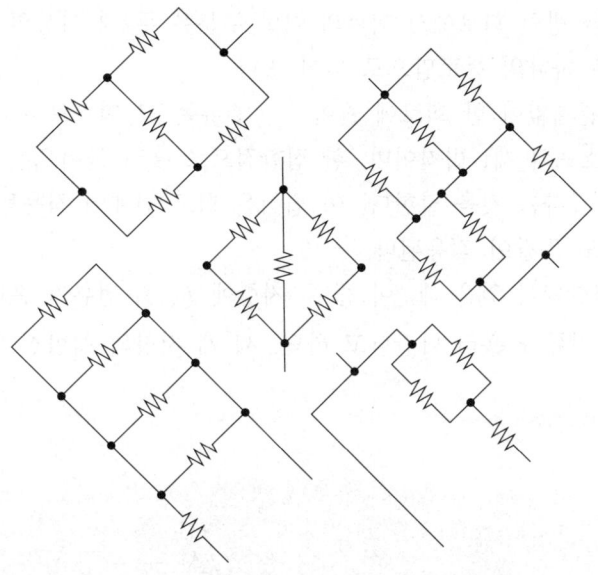

<키르히호프의 법칙을 알면 복잡한 회로를 간단한 회로로 만들 수 있다.>

복잡한 회로의 전체 저항, 전체 전류 및 전체 전압은 회로의 각 부분에 대한 모든 값을 알고 있으면 회로를 몇 개로 나눔으로써 용이하게 그 값을 구할 수가 있다. 그러나, 어떤 저항값은 알 수 없고 또는 회로의 한 부분만이 관련된다는 것을 우리는 알고 있다. 복잡한 회로의 임의의 부분에 대한 해답을 용이하게 구하기 위해서는 일반적으로 두 가지 계산 방식을 사용한다. 이 계산 방식이란 하나는 전류에 관한 식이고, 또 하나는 전압에 관한 식이다. 이들의 계산 방식이 곧 '키르히호프의 법칙'으로서, 제1 법칙은 전류에 관한 식이고, 제2 법칙은 전압에 관한 것이다. 우리는 이미 이들의 계산 방식이나 법칙을 사용하여 왔다.

다만, 이들의 계산 방식이나 법칙을 여러 가지 종류의 회로에서 전류와 전압 강하에 관한 계산 방식으로 취급하였을 뿐이다. 그러면, 다시 키르히호프의 법칙과 한 회로의 임의의 부분에서 미지의 양을 구하는 데 이 법칙을 이용하는 방법에 관하여 더 알아보자. 이 법칙은 오직 전류와 전압에 관한 것이나, 이 법칙을 이용하여 미지의 저항에 관계되는 전류와 전압을 구하고, 여기에 옴의 법칙을 사용하면 미지의 저항값을 구할 수 있다.

2 키르히호프의 제1 법칙

우리는 이미 세 가지 종류의 회로 즉 직렬, 병렬 및 직렬·병렬 회로에 흐르는 전류에 관하여 배워 왔다. 직렬 회로에서의 전체 전류는 각 저항을 통하여 흐르나, 병렬 회로에서는 전체 전류가 두 개 이상의 통로에 나누어져 흐르고 이 전류는 그 통로들을 통하여 흐른 후 다시 합하여져 흐른다. 직렬·병렬 회로에서 회로의 어떤 부분은 두 개 이상의 통로로 구성되어 있으며 다른 어떤 부분은 하나의 통로만으로 되어 있다.

회로의 연결과는 관계없이 한 회로에 들어가는 전류는 그 회로로부터 나오는 전류와 같다. 이것이 바로 키르히호프의 제1 법칙이며, 한 접합점으로 흘러 들어오는 전류는 그 접합점에서 흘러 나가는 전류와 같다는 것을 말한다. 이 법칙은 회로 전체에 적용될 뿐만 아니라 회로 내의 모든 접합점에서도 똑같이 적용된다.

세 개의 저항이 접합되어 있을 때, 이 중 두 저항에 I_1, I_2 전류가 흘러 들어오고 나머지 또 하나의 저항에서 I_3 전류가 흘러 나간다고 하면, 세 개 저항의 접합점에서 I_3은 I_1+I_2와 같게 된다.

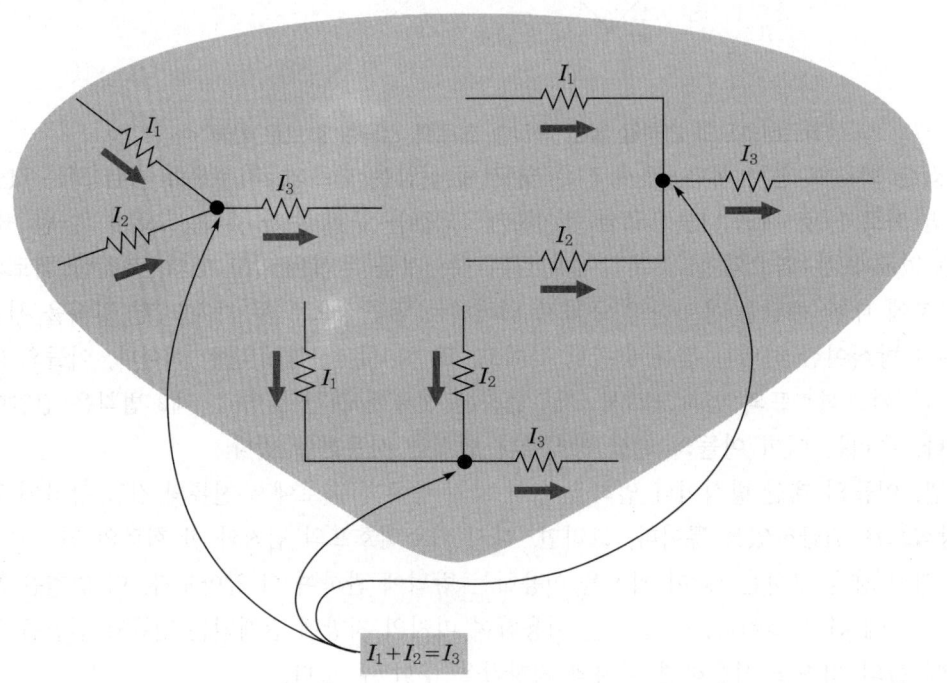

〈키르히호프의 제1 법칙은 어떻게 작용하는가?〉

한 완전한 회로에서 각 저항을 통하여 흐르는 전류는 저항의 한쪽 끝에서 접합점을 향하여 흐르며 저항의 다른 한쪽 끝에서는 접합점으로부터 흘러나온다. 키르히호프의 제1 법칙을 사용하려면 우선 회로의 각 저항을 통하여 흐르는 통로를 지정하여 주고 다음 회로의 각 접합점으로 흘러 들어오는 전류와 접합점으로부터 흘러나가는 전류가 어느 것인가를 결정하여야 한다. 만일 어떤 전류를 모른다고 할 때 그 전류의 값과 저항은 키르히호프의 제1 법칙을 사용하여 모두 구할 수 있다.

모르는 전류의 방향은 우선 접합점으로 흘러 들어오고 그 접합점에서 흘러 나가는 모든 알려진 전류를 비교하여 결정한다. 즉 접합점으로 흘러 들어오고 접합점에서 흘러 나가는 모든 알려진 전류를 합하면 모르는 전류의 방향을 결정할 수 있는 것이다.

만일, 전류 I_1을 모른다고 할 때 한 접합점에서 I_1, I_2의 두 전류가 접합점으로 흘러 들어오고 I_3, I_4의 두 전류가 접합점에서 흘러 나간다고 하면 전류 I_1은 I_3과 I_4를 합한 값에서 I_2를 빼면 구할 수가 있다. 예를 들면, I_2가 4 A, I_3이 6 A, I_4가 3 A라고 하면, 이때 I_1은 9 A(I_3+I_4)에서 4 A(I_2)를 뺀 값 즉, 5 A가 된다.

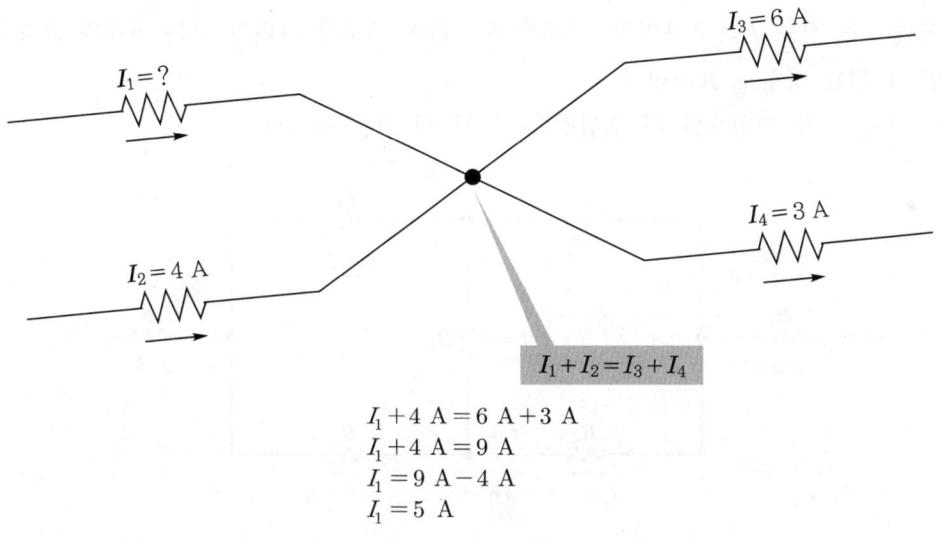

〈회로의 접합점에서 모르는 전류 구하기〉

이것은 키르히호프의 법칙을 사용하여 회로의 알려지지 않은 전류를 구하는 방법이다. 지금 회로가 7개의 저항 R_1, R_2, R_3, R_4, R_5, R_6, R_7로 구성되고 아래 그림과 같이 연결되었다고 하자. 이때 R_1, R_4, R_6 및 R_7에 흐르는 전류는 모르고 R_2, R_3 및 R_5에 흐르는 전류의 값과 그 방향을 알고 있다고 하면 이 알려지지 않은 모든 전류는 키르히호프의 제1 법칙을 회로에 적용함으로써 구할 수 있다.

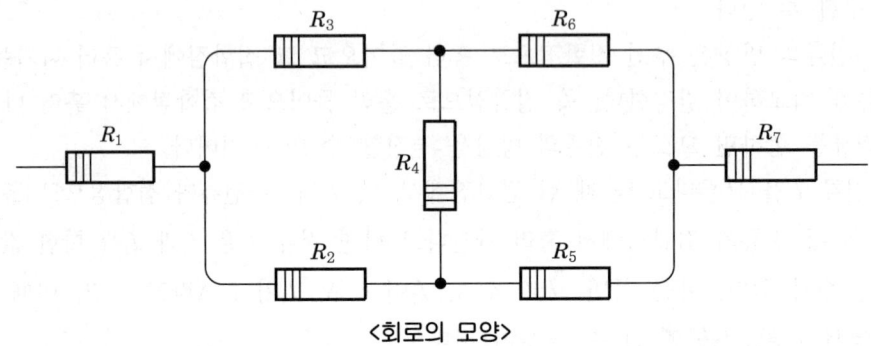

<회로의 모양>

이 회로에서 R_5를 향하여 흐르는 전류 I_2는 7 A, R_6을 향하여 흐르는 전류 I_3은 3 A, R_7을 향하여 흐르는 전류 I_5는 5 A이다. 기호를 사용하여 회로를 그리고 모든 전류의 값과 또 알고 있으면 그 전류 방향도 표시한다.

2개 또는 3개 저항으로 된 접합점은 문자로써 구분 표시한다.

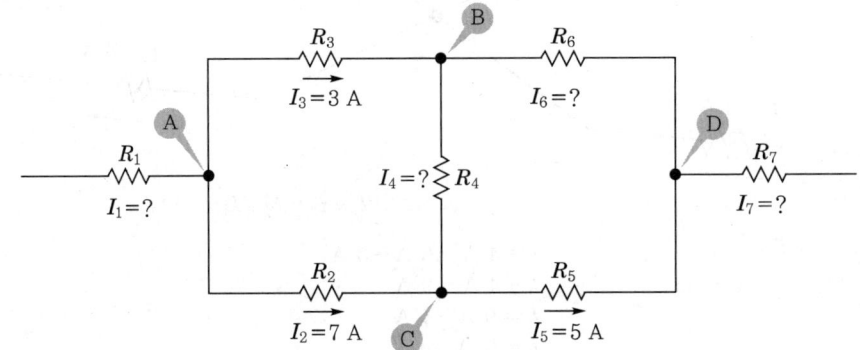

회로의 접합점 : A, B, C, D
알고 있는 전류 : I_2, I_3 및 I_5
모르는 전류 : I_1, I_4, I_6 및 I_7

<회로를 기호 형식으로 표시>

한 전류만이 모르는 모든 접합점에서 그 미지 전류를 계산한다. 그 후 이 새로 안 값을 이용하여 다른 접합점에서의 미지 전류를 계산한다. 회로에서 우리는 접합점 A와 C가 단지 한 개의 미지 전류를 가지고 있는 것을 알 수 있다. 접합점 A에서 미지 전류를 계산하는 것부터 시작하기로 한다.

① 접합점 A에서 세 전류 I_1, I_2, I_3 중 I_2와 I_3은 알려져 있고 또 접합점으로부터 흘러 나간다. 따라서 I_1은 접합점으로 흘러 들어 와야 하고 또 그 값은 I_2와 I_3의 합과 같다.

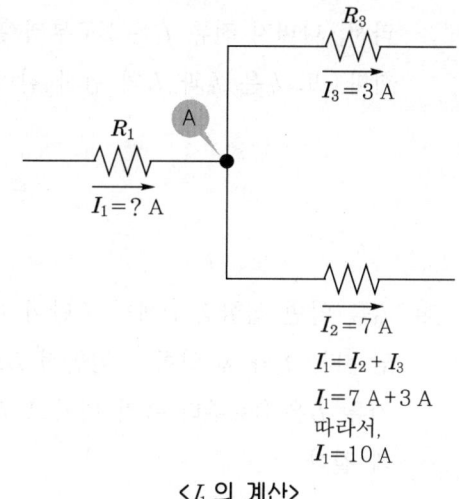

$I_1 = I_2 + I_3$
$I_1 = 7\,A + 3\,A$
따라서,
$I_1 = 10\,A$

<I_1의 계산>

② 다음 접합점 C에서 미지 전류를 계산하라. C에서 두 전류 I_2와 I_5는 알려져 있고 I_4만 미지 전류이다. C로 흐르는 I_2는 C로부터 나가는 I_5보다 크므로 제3 전류 I_4는 C로부터 흘러 나가야 한다. 또 C로 흐르는 전류가 흘러 나가는 것과 같다면 I_2는 $I_4 + I_5$와 같다.

$I_2 = I_4 + I_5$
$7\,A = I_4 + 5\,A$
따라서,
$I_4 = 2\,A$

<I_4의 계산>

③ I_4의 값과 방향을 알았으므로 접합점 B에 대해서 I_6만을 모른다. B에서 전류에 관한 법칙을 적용함으로써 I_6의 크기와 방향을 알아낼 수가 있다. I_3과 I_4는 양쪽 다 B로 흐른다. 따라서, 나머지 전류 I_6은 B로부터 흘러 나가야 한다. 또 I_6은 I_3과 I_4의 합과 같아야 한다.

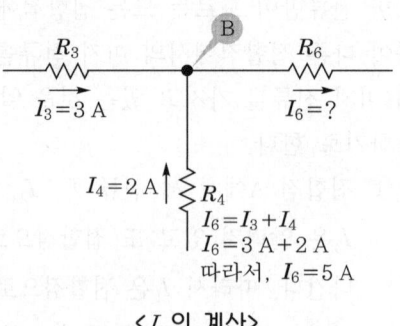

<I_6의 계산>

④ I_6을 알면 접합점 D에서 I_7만이 미지 전류로 남는다. I_5와 I_6 양쪽이 접합점 D로 흐르므로 전류 I_7은 D로부터 흘러 나가고 I_5와 I_6의 합과 같다.

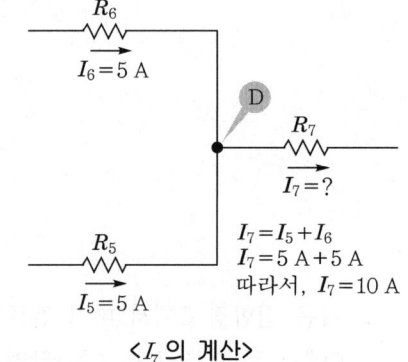

<I_7의 계산>

⑤ 우리는 이제 여러 저항을 거쳐 흐르는 모든 회로 전류와 그 방향을 알았다.

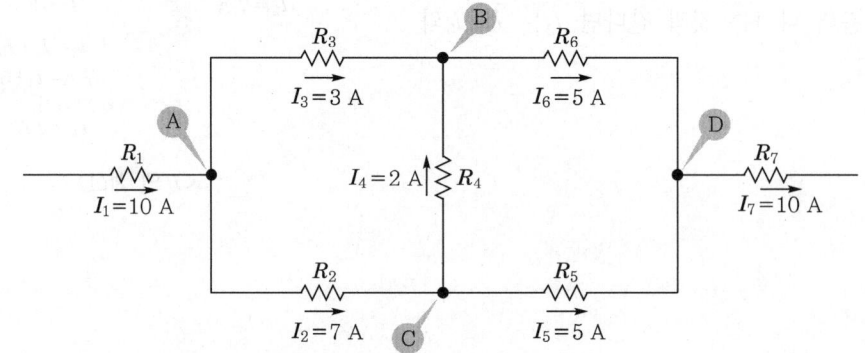

<모든 전류가 알려진 회로>

키르히호프의 제2 법칙

여러 형의 회로를 취급하면서 우리는 전압 전원의 단자 간의 통로에 대해, 각 통로 저항의 전압 강하의 합은 전원 전압과 같다는 것을 알았다. 이것이 키르히호프의 제2 법칙을 사용하는 한 방법이며, 또 한 회로의 전압 강하의 합은 회로에 가해진 전압과 같다고도 할 수 있다. 아래에 표시된 회로에서 각 저항의 전압 강하는 다르나 어떤 통로의 전압 강하의 합은 전지 전압과 같다.

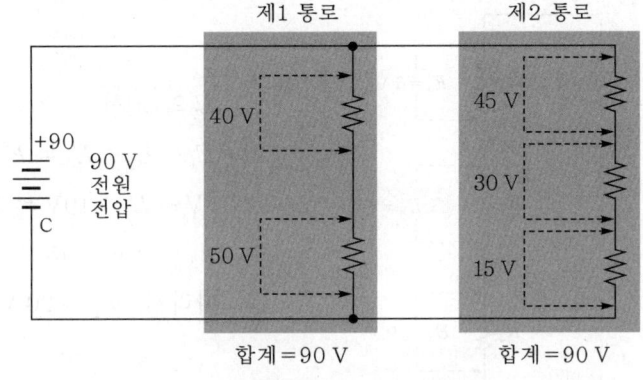

<2 개 통로에서의 전압 강하>

2 개 이상의 전압 전원이 회로에 포함되고 있으며 회로에 인가된 실제 전압은 모든 전압 전원을 결합시킨 것이다. 그리고 그 전압 강하는 이 결합된 전압과 같다. 그 결합된 전압은 전압이 결합하여 가해지는가 감해지는가에 따라 다르다. 예컨대, 2 개의 전지가 동일 회로에서 사용된다면 이들은 연결될 때 서로 돕거나 또는 대항한다. 어느 경우에도 회로 저항에서와 전체 전압 강하는 전지의 합 또는 차와 같다.

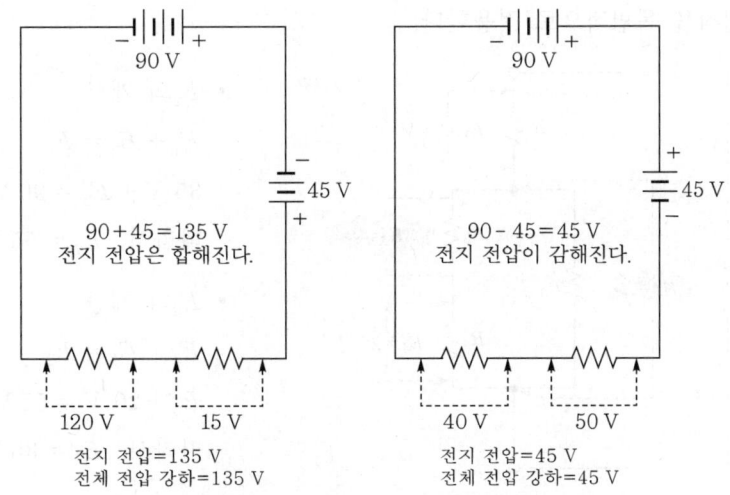

<2 개 전압 전원을 가진 회로의 전압 강하>

한 개 이외의 모든 전압 강하가 두 접합점 간의 통로에서 알려져 있을 때는 언제나 그 미지 전압은 접합점 간의 전압을 안다면 키르히호프의 제2 법칙을 적용하여 결정할 수 있다. 그 접합점은 전압 전원의 단자일 수도 있고 또는 회로 자체 내의 두 접합점일 것이다.

3 개의 저항 R_1, R_2, R_3이 45 V 전압에 직렬로 연결되고, 또 R_1과 R_3의 전압 강하가 각각 6 V, 19 V이면 R_2의 전압 강하는 회로 전압에 관한 키르히호프의 제2 법칙을 적용하여 구해진다.

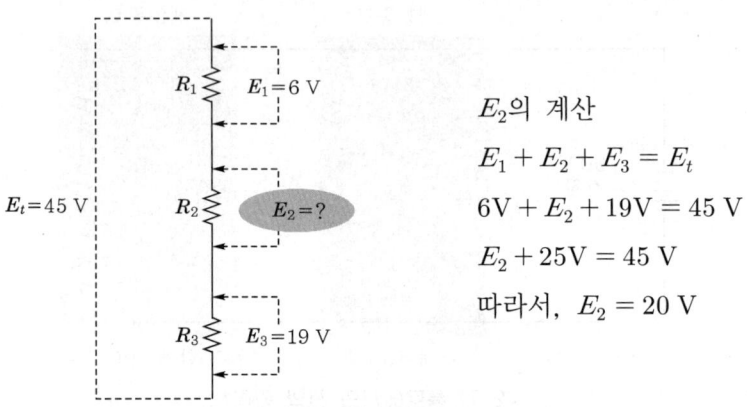

E_2의 계산

$E_1 + E_2 + E_3 = E_t$

$6V + E_2 + 19V = 45 V$

$E_2 + 25V = 45 V$

따라서, $E_2 = 20$ V

<미지 전압의 계산>

한 복잡한 회로 내의 미지 전압은 우선 각 분기 회로의 전압을 구한 다음 키르히호프의 제2 법칙을 적용하여 구하게 된다. 그리고 여러 분기에 있어서의 각 저항 전압 강하를 구한다. 직렬·병렬 회로에 대하여 병렬 회로 부분의 전압은 그 회로 내의 여러 저항에 걸려있는 전체 전압으로 이용된다. 아래에 표시된 직렬·병렬 회로에서 미지 전압을 구하기 위하여 각 통로에 전압에 관한 법칙을 독립적으로 적용한다.

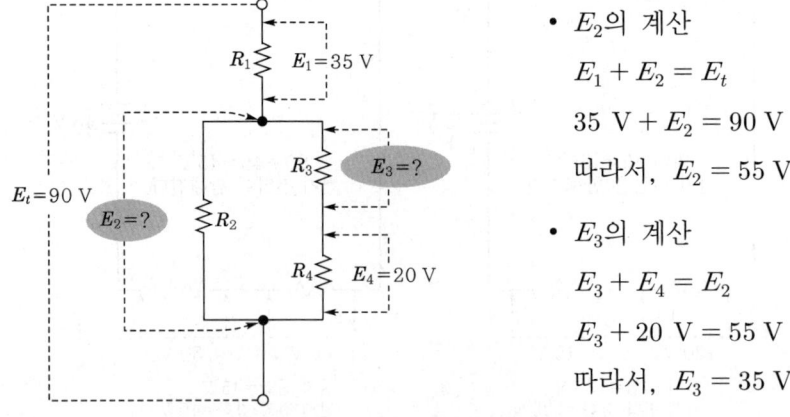

- E_2의 계산

  $E_1 + E_2 = E_t$

  $35\ V + E_2 = 90\ V$

  따라서, $E_2 = 55\ V$

- E_3의 계산

  $E_3 + E_4 = E_2$

  $E_3 + 20\ V = 55\ V$

  따라서, $E_3 = 35\ V$

<2 개의 미지 전압을 구한다.>

🔌 4 실습…키르히호프의 제1 법칙

회로의 전류에 대한 법칙을 실험하기 위하여, 하나의 15 옴 저항기와 3 개의 15 옴 저항기가 병렬로 연결된 것을 직렬로 연결한다.

그리고, 이 전 회로에 9 볼트 건전지를 스위치 및 퓨즈와 더불어 직렬로 연결한다. 이러한 회로를 설명상 아래에 표시한다.

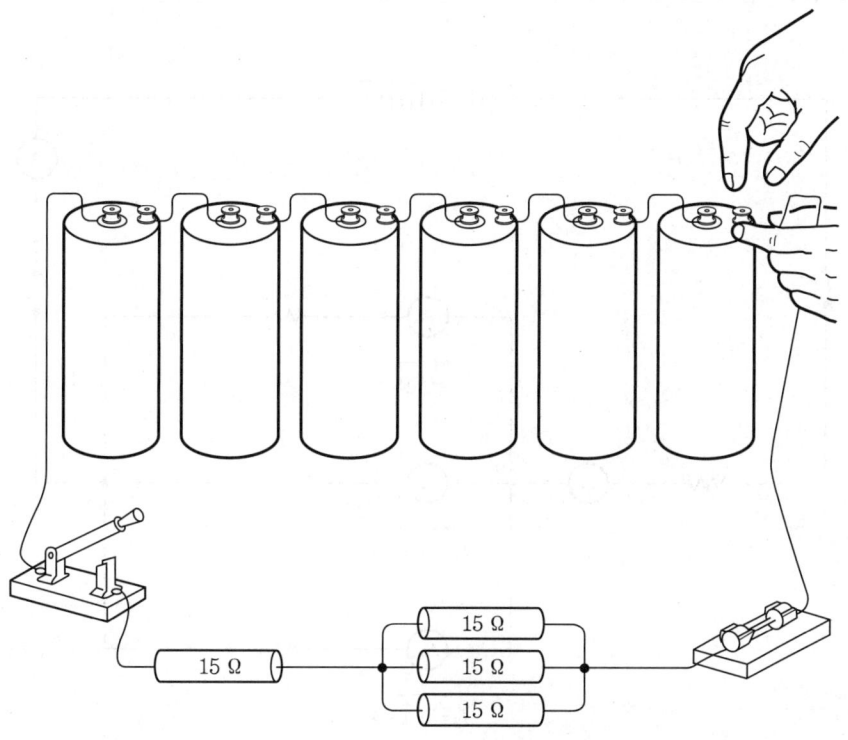

〈어떻게 회로가 연결되는가?〉

회로의 전체 저항은 20 옴이고, 옴의 법칙에 의해 전체 회로 전류는 0.45 암페어가 된다. 이 전체 전류는 전지의 음(-)단자로부터 양(+)단자로 회로를 거쳐 흐른다. 접합점 a에서 회로 전류 0.45 암페어는 병렬 저항기를 통해 접합점 b로 나누어져 흐른다. 병렬 저항이 같기 때문에, 전류는 0.15 암페어로 동일하게 나누어져 각 저항기를 흐른다.

접합점 b에서 3 개의 병렬 전류는 합해지고, 접합점으로부터 직렬 저항기를 거쳐 흘러 나간다.

접합점의 각 리드에 흐르는 전류를 읽기 위하여 전류계를 연결하면 접합점으로 흐르는 3 개의 전류의 합은 접합점으로부터 흘러 나가는 전류와 같다는 것을 알 수 있다.

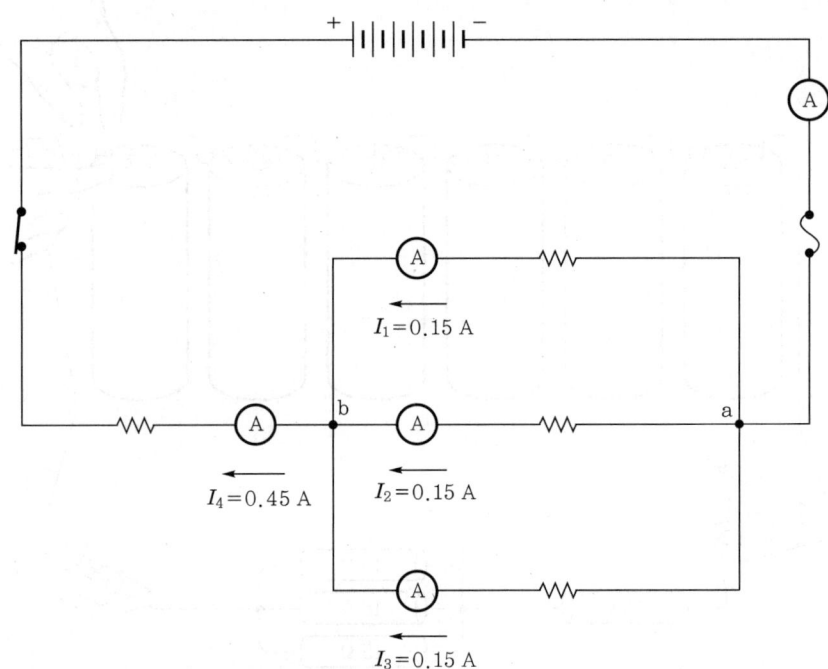

<회로 접합점에서 전류를 점검한다.>

접합점으로 흘러 들어가는 전류=접합점에서 흘러 나가는 전류

$I_1 + I_2 + I_3 = I_4$

$I_4 = 0.15 + 0.15 + 0.15 = 0.45$ A

5 실습…키르히호프의 제2 법칙

동일 회로를 사용하여 회로의 각 저항에 걸린 전압을 측정한다. 그리고 또 전지의 전압도 측정한다. 전지 단자 간의 각 통로의 전압 강하의 합은 전지 전압과 같다는 것을 알 수 있다.

다음 더 복잡한 회로에 저항기를 연결한다. 또 다시 개개 저항기의 전압을 측정한다. 그러면, 전 회로의 전압의 합은 전지 전압과 같다는 것을 알 수 있다.

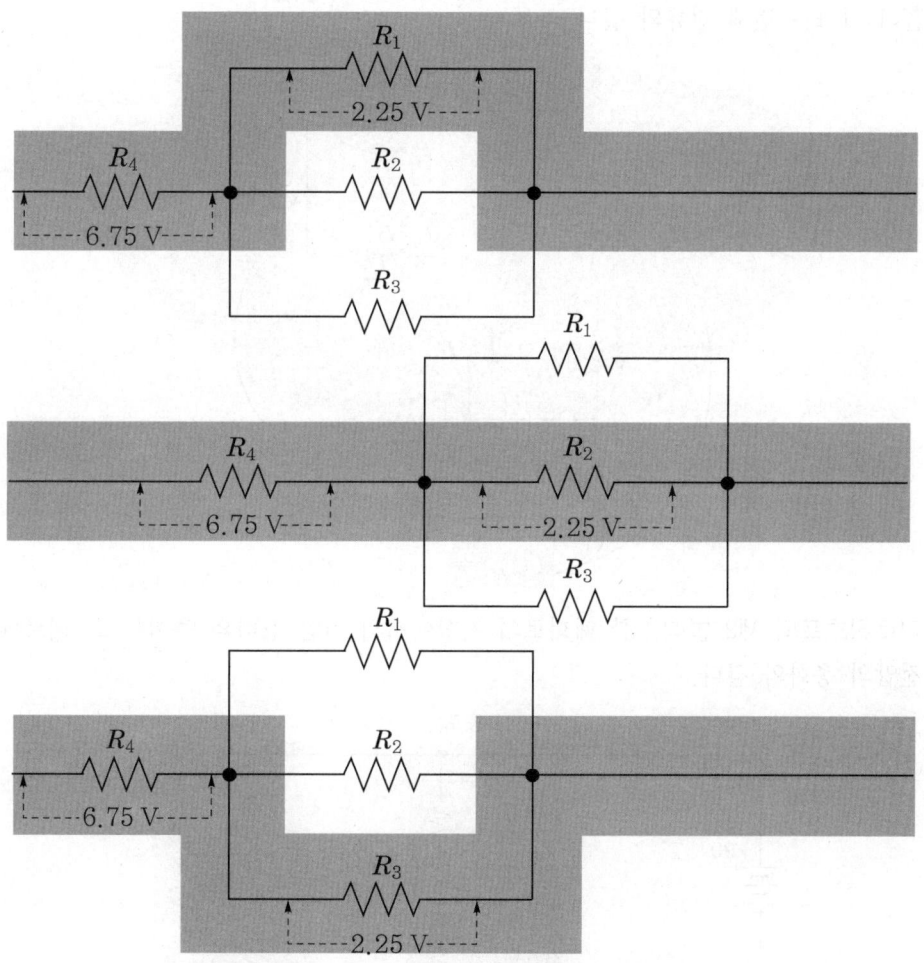

〈회로의 각 통로에서의 전압 강하를 점검한다.〉

6 키르히호프의 법칙에 대한 복습

복잡한 회로를 취급할 때는 옴의 법칙을 이용하고, 키르히호프의 법칙을 적용하여, 저항을 결합하면서 회로를 다시 그려 복잡한 회로를 간단히 할 수 있어야 한다. 복잡한 회로에서의 미지의 값은 대부분 키르히호프의 법칙을 회로의 일부나 전체에 적용하여 알아 낼 수 있다. 지금 회로 전류와 전압에 관한 이러한 기본 법칙을 복습하자.

① **키르히호프의 제1 법칙** : 회로 접합점으로 흘러들어 가는 전체 전류는 그 접합점으로부터 흘러 나가는 전체 전류와 같다.

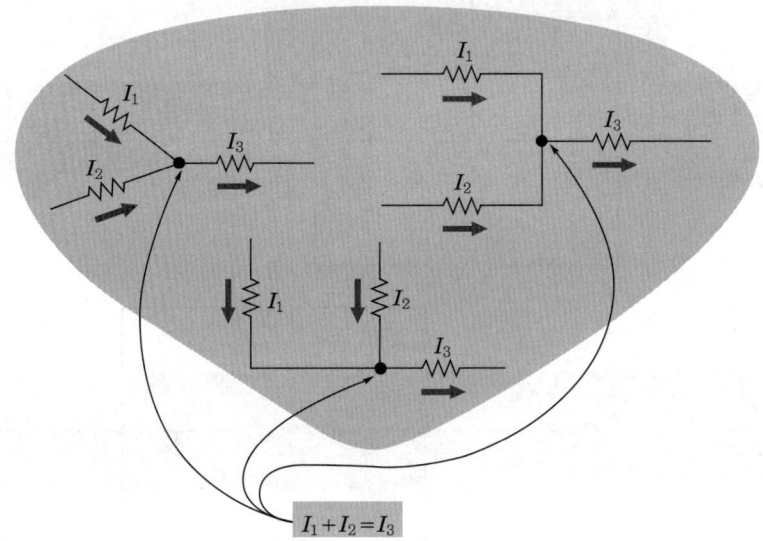

$$I_1 + I_2 = I_3$$

② **키르히호프의 제2 법칙** : 한 폐회로의 저항에서의 전압 강하의 총화는 그 회로에 인가된 전압의 총화와 같다.

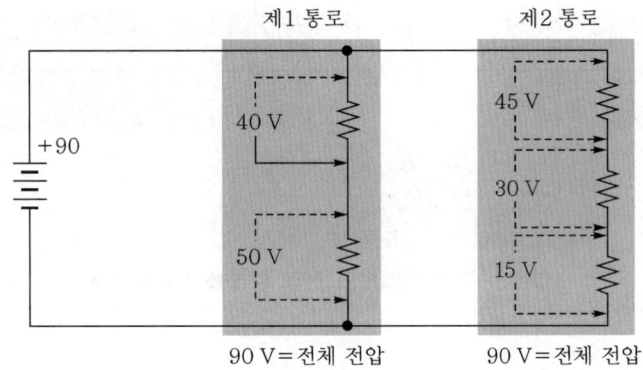

7 직류 회로에 대한 복습

우리가 지금까지 알아왔고 또 그 동작을 보아온 회로의 형을 비교한다고 하자. 또 직류 회로에 적용하는 기본 공식을 복습한다.

① **단순 회로** : 전압원에 연결된 단일 저항

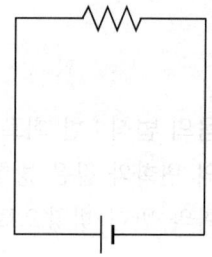

② **직렬 회로** : 전압원에 걸쳐 끝과 끝을 연결한 저항

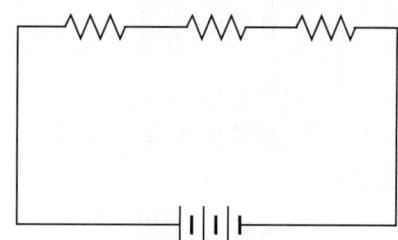

③ **병렬 회로** : 공통 전압에 걸쳐 나란히 연결된 저항

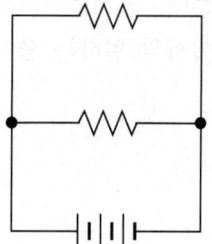

④ **직렬·병렬 회로** : 일부 직렬, 일부 병렬로 연결된 저항

⑤ **옴의 법칙** : 한 회로에서 흐르는 전류는 전압의 변화와 같은 방향으로 변하고, 저항의 변화와 반대 방향으로 변한다.

$$전류 = \frac{전압}{저항}$$
$$I = \frac{E}{R}$$

⑥ **옴의 법칙의 변형**

$$전류 = \frac{전압}{저항} \Rightarrow I = \frac{E}{R}$$

$$전압 = 전류 \times 저항 \Rightarrow E = IR$$

$$저항 = \frac{전압}{전류} \Rightarrow R = \frac{E}{I}$$

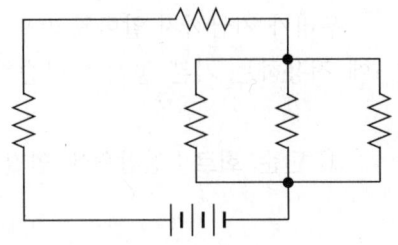

⑦ **전력** : 도체를 통해서 전자를 움직이는 데 있어서의 일하는 율

⑧ 키르히호프의 제1 법칙 : 한 회로의 접합점에서 흘러 들어가는 전류의 합은 그 접합점을 흘러 나가는 전류의 합과 같다.

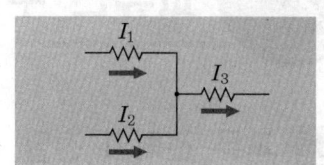

⑨ 키르히호프의 제2 법칙 : 한 폐회로의 전압 강하의 합은 그 회로에 가해진 전체 전압과 같다.

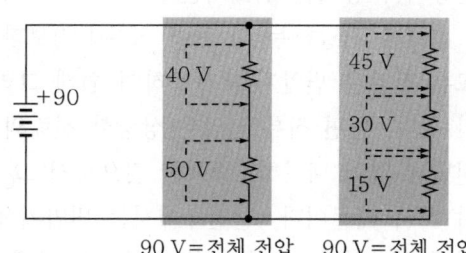

Section 25 교류란 무엇인가?

1 교류 전력의 전달

대체로 알다시피, 대부분의 전력선은 교류(alternating current)를 운반한다. 직류(DC)는 전등이나 동력을 위해서는 거의 사용되지 않는다.

전력을 전달하는 데 있어 직류(DC)보다 교류(AC)를 택하는 데에는 여러 가지 이유가 있다. 교류 전압은 변압기를 사용하여 쉽게 그리고 큰 전력의 손실 없이 증가시키거나 감소시킬 수가 있다. 한편 직류 전압은 상당한 전력의 손실 없이는 바꿀 수가 없다. 이러한 사실은 전력의 전달에 있어 대단히, 중요한 것으로서 그 이유는 많은 전력이 대단히 높은 전압으로 전송되어야 하기 때문이다. 발전소에서는 변압기에 의하여 전압을 대단히 높은 전압으로 높여서 송전선에 전달한다. 그리고 이 송전선의 끝에서 또 다른 변압기에 의해 전압을 전등이나 동력용으로 쓸 수 있는 값까지 내린다.

여러 가지 종류의 전기 장치는 각각 작용에 적합한 전압을 필요로 하며, 이러한 전압은 변압기와 교류 전력선을 사용하여 쉽게 얻을 수 있다. 그러나, 직류 전력선으로부터 이와 같은 전압을 얻기 위해서는 회로는 복잡하게 되고 비능률적이 된다.

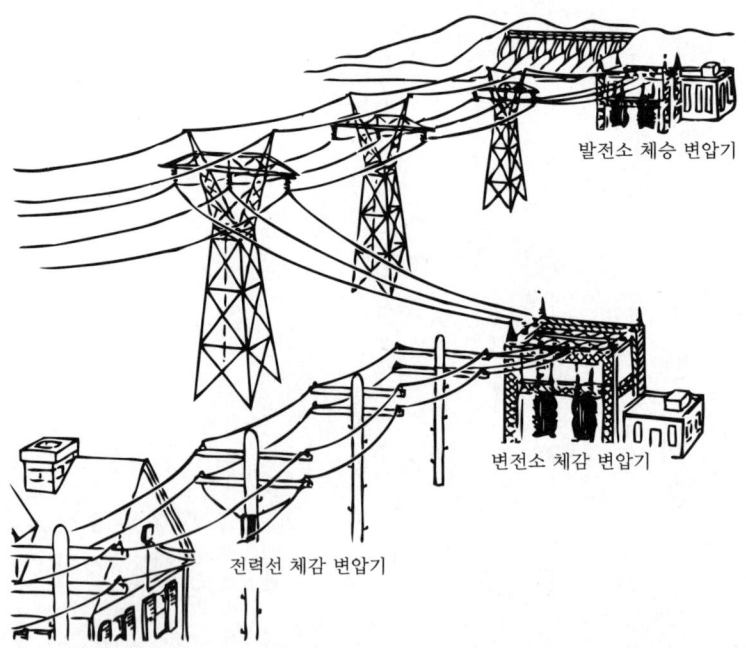

〈변압기는 송전하기 위하여 교류 전압을 올린다. 그리고 전력선용으로 전압을 내린다.〉

송전되는 전력은 전압과 전류를 곱한 것($P=EI$)이 되고 또 전선의 굵기는 사용할 수 있는 최대 전류를 한정하므로, 같은 굵기의 전선으로 더 많은 전력을 전달하려면 전압을 올려야 한다. 또, 전류가 과도하게 흐르면 전선을 과열시키고 전력 손실이 커진다. 따라서 최대 전류는 될 수 있는 대로 낮게 하여야 한다. 그러나, 전압은 오직 송전선의 절연에 의하여 한정된다. 절연은 쉽게 강하게 할 수 있으므로 전압을 상당히 올림으로써 보다 가는 전선으로 많은 전력의 손실없이 큰 전력을 보낼 수가 있다.

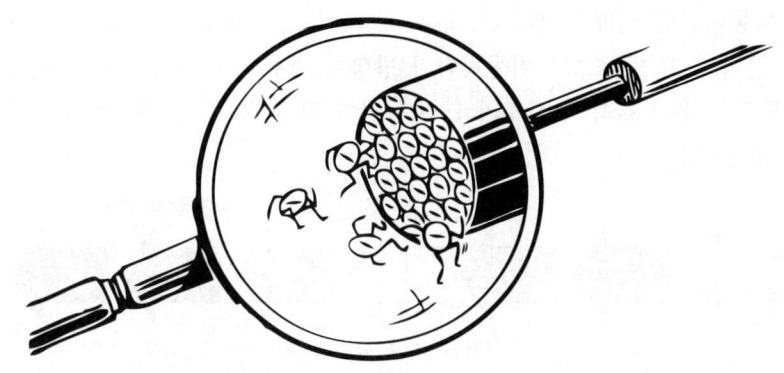

〈전력의 전달에 있어서 전류는 전선의 굵기에 의해 한정된다.〉

전류가 전선을 통해서 전력을 필요로 하는 전기 기구에 도달하면 전류의 제곱에 비례하는 ($P=I^2R$) 전력 손실이 생긴다. 전력을 전달하는 데 필요한 전류를 감소시키면 송전선의 전력 손실이 감소된다. 높은 전압을 사용함으로써 주어진 양의 전력을 전달하는 데 필요한 전류는 적어진다. 전력을 전달하는 데 전압을 올리거나, 동력선에서 전기를 사용하기 위해서 전압을 내리기 위해서는 변압기가 필요하다. 또 변압기는 교류(AC)에만 사용될 수 있을 뿐이므로 모든 전력선은 직류가 아니고 교류인 것이다.

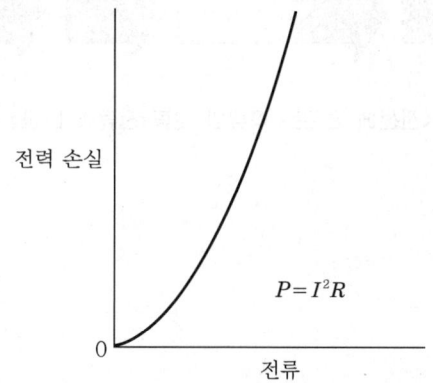

〈전력손실은 전력 전달 시 전류의 제곱에 비례한다.〉

2 직류와 교류 전류

교류(AC)란 전류가 일정한 간격을 두고 규칙적으로 전선 내에서 왔다 갔다 전후로 흐르는 것 즉, 처음에는 한 방향으로 흐르고 다음에는 반대 방향으로 흐르는 것을 말한다. 우리는 직류가 한 방향으로만 흐르며, 1초 동안 회로 내의 한 점을 통하여 흐르는 전자의 수를 계산함으로써 측정된다는 것을 알고 있다.

모든 전자가 같은 방향으로 이동하고 있을 경우 1초 동안에 1 쿨롱의 전자가 전선 내의 한 점을 통하여 이동한다면 이때의 전류가 직류(DC) 1 암페어이다. 1/2 쿨롱의 전자가 1/2 초 동안에 한 점을 통하여 한 방향으로 이동하다가 방향이 바뀌어 다음 1/2 초 동안에 한 점을 통하여 이동한다면 결국 총 1 쿨롱의 전자가 1 초 동안에 그 점을 통과하는 것이 되고, 이때의 전류가 교류 1 암페어이다.

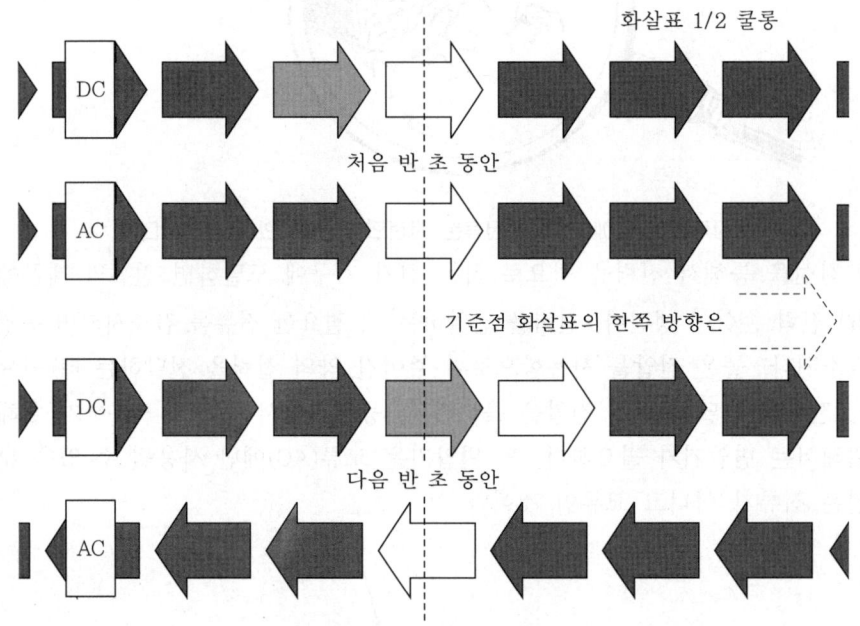

〈전선에 흐르는 직류와 교류 전류의 비교〉

3 파형(waveform)

　파형이란 전압, 또는 전류가 한 주기 동안에 변화하는 상태를 그래프의 그림으로 표시한 것이다. 직류에 대한 파형은 전압이나 전류의 어느 것도 회로에서 변하지 않고 일정하기 때문에 직선으로 된다. 저항을 전지의 양단에 연결하고 일정한 시간의 간격으로 저항기의 양단 전압 및 저항에 흐르는 전류를 측정하면 이 전압과 전류의 값은 아무 변화가 없이 일정하다는 것을 알 수 있다. 매 순간마다 각 전압 및 전류의 값을 그림으로 그려 보면 전압 및 전류의 파형이 됨을 알 수 있다. 파형이란 전압 또는 전류의 변화 상태를 그림으로 표시한 것이다.

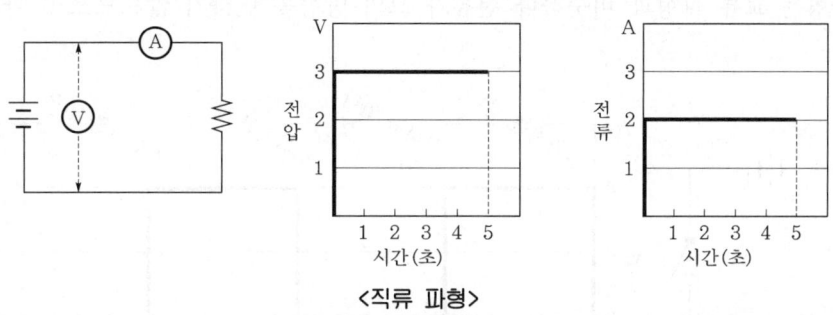

〈직류 파형〉

　지금 중앙에 영(0) 눈금이 있는 전압계와 전류계를 가지고 측정하고자 하는 전압 및 전류의 극성을 반대로 하여 전압과 전류를 측정할 때 계기가 0 이상과 0 이하의 값을 지시하는 데 이에 관하여 생각하여 보자.

　전압 또는 전류를 측정하는 동안 전지의 리드선을 반대로 바꾸면 이때 파형은 두 개의 직선 즉 하나는 0 이상이고 하나는 0 이하로 되는 두 직선을 형성한다. 이 두 직선의 끝을 서로 연결하여 연속적인 선을 만들어 보면 전압 또는 전류의 파형을 얻을 수 있다. 이 두 파형에서 전류는 그 흐름의 방향이 변하고, 전압은 그 극성이 반대로 되기 때문에 전류 및 전압은 직류가 아니고 오히려 교류가 된다는 것을 나타낸다.

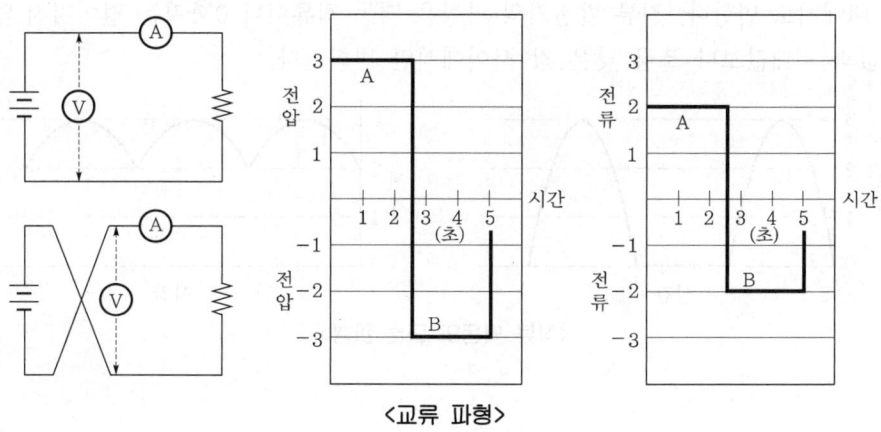

〈교류 파형〉

또 다른 모양의 파형으로는 맥동 직류(보통 맥류라 함)라는 것이 있는데 이것은 전류의 방향은 변하지 않고 전압 및 전류의 값만이 변화하는 것을 말한다. 이 파형은 직류 발전기에서 공통적으로 나타나는 것인데 이것은 정류자(commutator) 작용으로 인하여 발전기의 출력에 파상(ripple), 즉 변화를 포함하기 때문이다. 전지에 의한 파형은 회로 그 자체를 바꾸지 않고는 변하지 않으며, 따라서 교류를 얻기 위해서는 전지 단자를 반대로 바꾸어야 한다.

전지 양단에 저항과 스위치를 연결하여 만든 회로에서 스위치를 닫았다 열었다 하면 전류는 흘렀다 끊어졌다 하나 방향은 바꾸어지지 않으므로 이 회로 전류는 맥동 직류이다. 맥동 직류의 파형은 교류 파형과 비슷하나 전류가 그의 방향을 변하지 않으므로 0 아래로 내려가지 않는다.

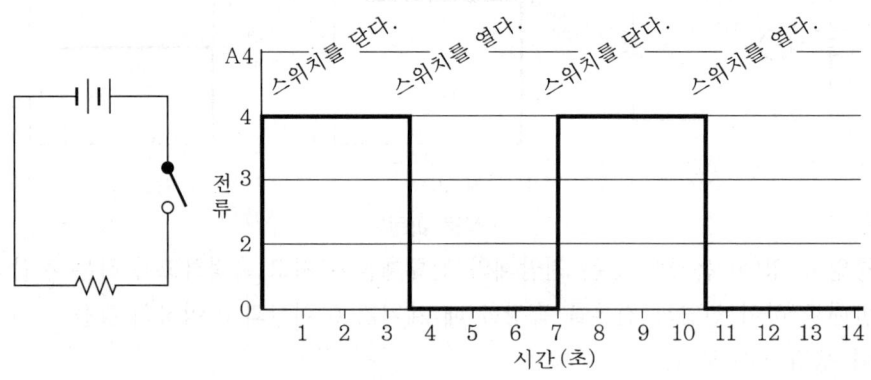

<맥동 직류(맥류)>

전압과 전류의 파형은 각 점을 연결할 때 언제나 직선이 되는 것은 아니다. 대부분의 경우에 있어서는 전압 및 전류의 점차적인 변화를 나타내며 파형은 곡선을 이룬다. 이 현상은 특히 맥동 직류에 있어 확실하다.

또한, 맥동 직류는 언제나 0과 최대값 사이에서만 변하는 것이 아니고 이 두 값 사이의 어떠한 범위 내에서도 변한다. 직류 발전기의 파형은 맥동 직류이나 0까지는 떨어지지 않고 그 대신 최대값과 최대값보다 조금 낮은 값 사이에서만 변화한다.

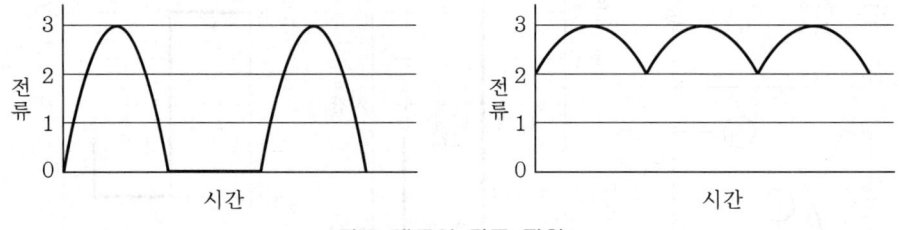

<직류 맥동의 다른 파형>

대부분의 교류 파형은 곡선으로 되어서 전압이나 전류의 점차적인 변화를 표시하고 있다. 즉, 각 전류의 방향에 대하여 전압 및 전류의 값이 처음은 증가하다가 다음은 감소한다. 우리가 사용하는 대부분의 교류는 잠시 후에 알 수 있겠으나 사인 곡선으로 표시된 파형이다. 교류 전류 및 전압은 언제나 정확한 사인 곡선으로 된 파형은 아니나 달리 명시되지 않는 한 사인파로 되었다고 간주한다.

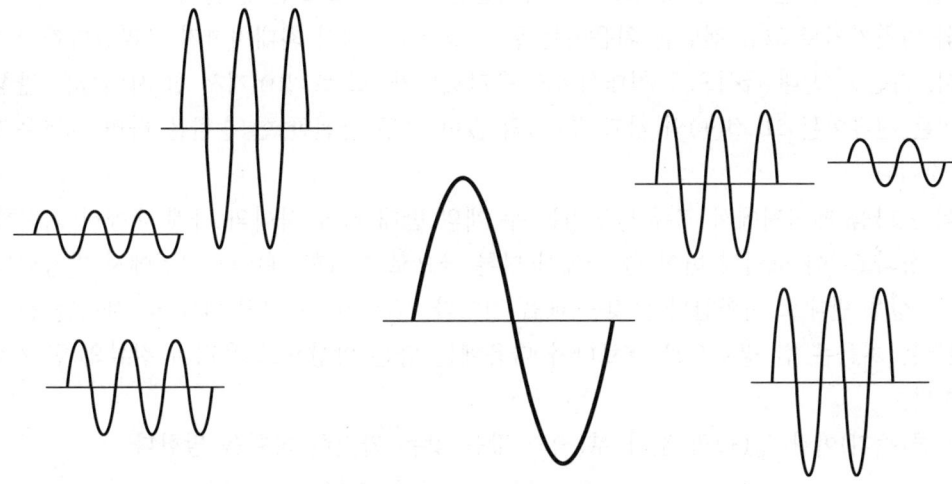

<대부분의 교류 파형은 사인파이다.>

직류와 교류의 전압이 같은 회로에 함께 나타나면 전압 파형은 결과적으로 두 전압의 합성이 된다. 이 합성 파형은 직류 파형에다 교류 파형을 보태어 만든다. 즉, 직류전압의 값(최대값)으로 축을 만들고 이 축을 기준으로 하여 교류 파형을 각 방향으로 이동시키면 된다. 이와 같이 하여 직류 전압의 최대점은 교류 파형의 기준축과 같은 0값으로 대치된다. 따라서 여기서 얻은 합성 파형은 직류도 교류도 아니며 중첩 교류(super-imposed AC)라 부른다.

이 중첩 교류란 교류 파형이 직류 파형에 보태어진 것 또는 직류 파형 위에 놓여 있는 것을 의미한다.

교류와 직류를 합치면 교류축은 이동하여 중첩 교류로 된다.

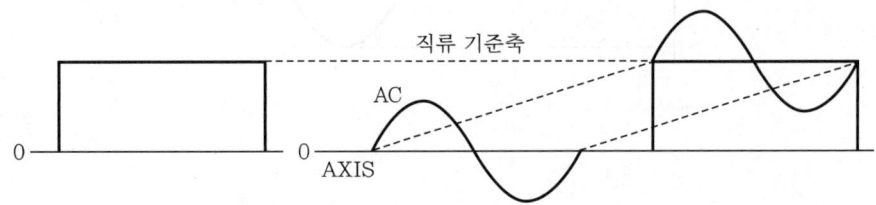

<직류 파형 + 교류 파형 = 중첩 교류 파형>

4 교류의 사이클(주기 : cycle)

교류 전압이나 전류의 파형은 많은 정(+)의 값과 부(-)의 값을 가지고 완전한 순환을 할 때 그것은 한 사이클을 완성한다. 교류 전류는 처음에는 한 방향으로 0에서 최대치까지 갔다가 0으로 떨어지며 다음은 이와 반대 방향으로 최대치까지 갔다가 0으로 떨어진다. 이것은 교류 전류가 한 사이클을 완성하는 것이고, 이 사이클은 전류가 흐르는 동안만 계속된다.

이와 마찬가지로 교류 전압은 처음에는 한 극성으로 0에서 최대치까지 올라갔다가 0으로 떨어지며, 다음은 반대 극성으로 최대치까지 올라갔다가 0으로 떨어져서 한 사이클을 완성한다. 전압이든 전류이든 그 정(+)의 값과 부(-)의 값이 모두 완전한 한 순환을 하면 그것은 1 사이클인 것이다.

우리는 다음 페이지에서 교류 발전기는 두 개의 반대 자극 사이의 자계 내에서 회전하는 코일로 구성되고, 이 코일의 변이 한 극에서 다른 극으로 통과할 때마다 코일에서 발생되는 전류는 그 극성을 반대로 변환한다는 것을 배울 것이다. 전류가 두 개의 반대 극 사이를 통과할 때에 전류는 처음은 한 방향으로 흐르다가 다음에는 다른 방향으로 흘러서 전류의 한 사이클을 완성한다.

사이클(주기)이란 정(+)의 값과 부(-)의 값을 갖는 완전한 파형을 말한다.

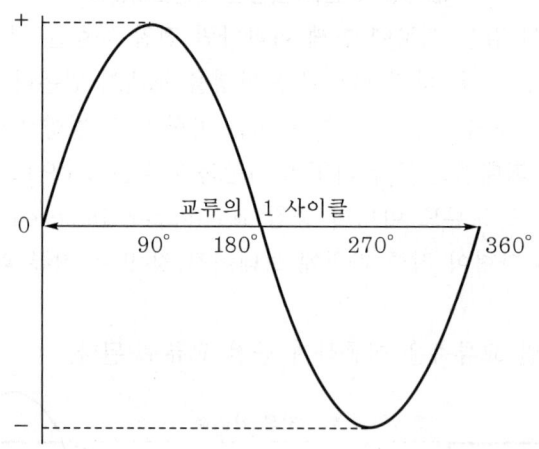

5 기본 발전기(Generator)의 구조

발전기는 기본적으로 도선의 루프로 구성되어서 이 루프가 고정 자기 내에서 회전함으로써 그 내부에 유도 전류를 발생케 되어 있다. 그리고, 이 유도 전류를 이용하기 위해서는 미끄럼 접촉(slide contact)을 사용하여 루프를 외부 회로와 연결시킨다. 자극편은 자계를 만드는 자석의 남극과 북극이다. 자계 안에서 회전하는 도선의 루프를 전기자(armature)라고 하며, 이 전기자 루프의 끝은 활동환이라고 부르는 링(ring)에 접속하며 이 활동환은 전기자와 같이 회전한다. 브러시(brush)는 전기자 내에서 발생된 전기를 끌어내어 외부 회로로 전달하기 위하여 활동환(slip ring) 위에 접촉되어 있다.

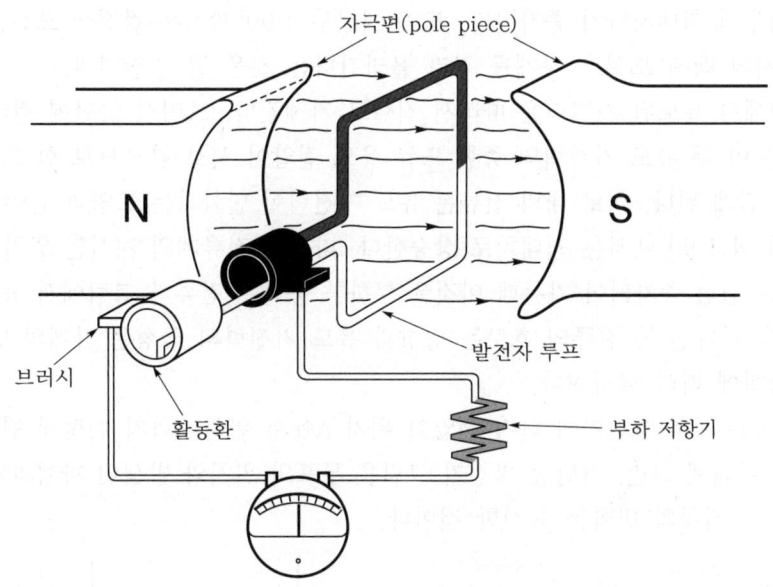

다음 페이지에서 그 개요를 설명할 것이지만 발전기의 작용을 묘사하는 데 있어서 자계를 통한 루프의 회전 모양을 머리에 그려본다.

루프의 변(side)이 자계를 끊을 때 이 루프의 변은 유도 기전력(IEF)을 발생하고 이 기전력은 직렬로 연결된 루프의 활동환, 브러시 및 중앙이 영(0) 눈금으로 된 전류계와 저항기 등 모두 직렬로 된 것을 통하여 전류를 흐르게 한다.

루프 내에 발생된 유도 기전력과 이 기전력 때문에 흐르게 되는 전류는 자계와의 위치에 따라 달라진다. 그러면 루프가 자계 중에서 회전할 때에 루프의 작용을 분석하여 보기로 하자.

6 기본 발전기의 동작

발전기의 기본 동작은 다음과 같다. 전기자의 루프가 시계 방향으로 회전하고 있고 그의 처음 위치가 A(0°)라고 가정하자. 위치 A에서는 루프는 자계와 직각이고 루프의 검정색과 백색 도선은 자계와 평행하게 움직인다. 만약 한 도체가 자계에 대하여 평행하게 움직이면 도체는 자력선을 끊지 못하고 도체 내에는 기전력이 발생되지 못한다. 이상은 루프의 도선이 위치 A를 통과하는 순간에 적용된다. 즉 도체 내에는 기전력이 유도되지 않는다. 따라서 회로에는 전류가 흐르지 못한다. 이때 전류계는 0을 지시한다.

이 루프가 위치 A로부터 위치 B로 회전할 때에는 도선은 점점 더 많은 자력선을 끊게 되며 각도 90°(위치 B)에서는 최대의 자력선을 끊게 된다. 다시 말하면 0°와 90° 사이에서 유도 기전력은 0에서부터 최대치까지 증가한다. 또 0°에서부터 90°까지는 검정색 도선은 자계를 잘라 내려가고 동시에 백색 도선은 자계를 잘라 올라간다는 것을 잘 관찰하라.

두 도선 내에서 유도된 기전력은 따라서 직렬로 가해진다. 브러시 양단에 걸리는 합성 전압(단자 전압)은 이 두 유도 기전력의 종합 또는 유도 전압이 서로 같으므로 한 도선의 전압을 2배로 한 것과 같게 된다. 회로 내의 전류는 유도 기전력이 변화하는 모양과 같이 변화한다. 즉, 0°에서는 0이 되고 90°에서는 최대치로 상승한다. 따라서 전류계의 지시는 위치 A와 B 사이에서는 우측으로 점점 증가되어 가는데 이것은 부하를 통하는 전류가 그림에서 표시된 방향으로 흐른다는 것을 나타낸다. 전류의 흐르는 방향과 유도 기전력의 극성은 자계의 방향과 전기 루프의 회전 방향에 따라 달라진다.

아래의 파형은 기본 발전기의 단자 전압이 위치 A에서 위치 B까지 어떻게 변화하는가를 나타낸 것이다. 아래에 그린, 간단한 발전기 그림은 루프의 위치와 발생된 파형과의 관계를 나타내기 위하여 그 위치의 변화를 표시한 것이다.

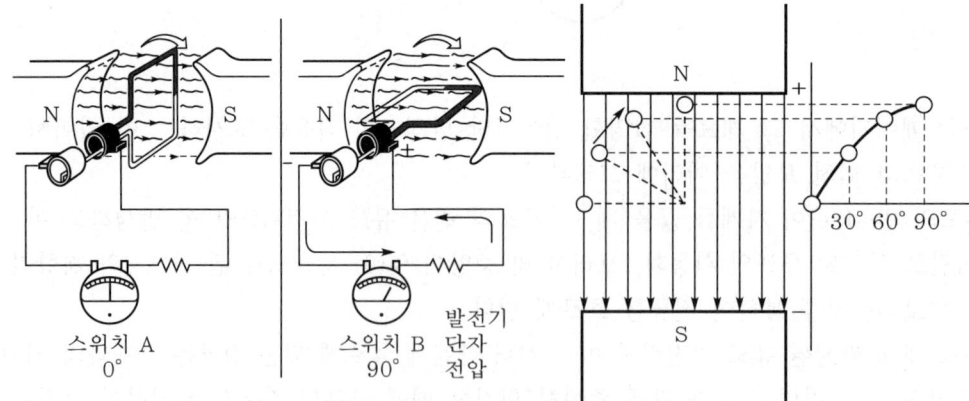

〈기본 발전기는 어떻게 동작하나?〉

루프가 위치 B(90°)로부터 위치 C(180°)까지 회전할 때 위치 B에서 최대 자력선을 끊는 도체는 회전하여 감에 따라서 점점 더 적은 자력선을 끊게 되고 위치 C에서는 자계와 평행하게 움직여 결국은 자력선을 끊지 않게 된다. 그러므로 유도 기전력은 0°에서 90°까지 증가했던 것과 같은 방법으로 90°에서 180°까지는 감소하게 된다. 전류도 전압이 변화하는 것과 같이 변화한다. 위치 B에서 C에서의 발전기의 동작을 아래에 표시한다.

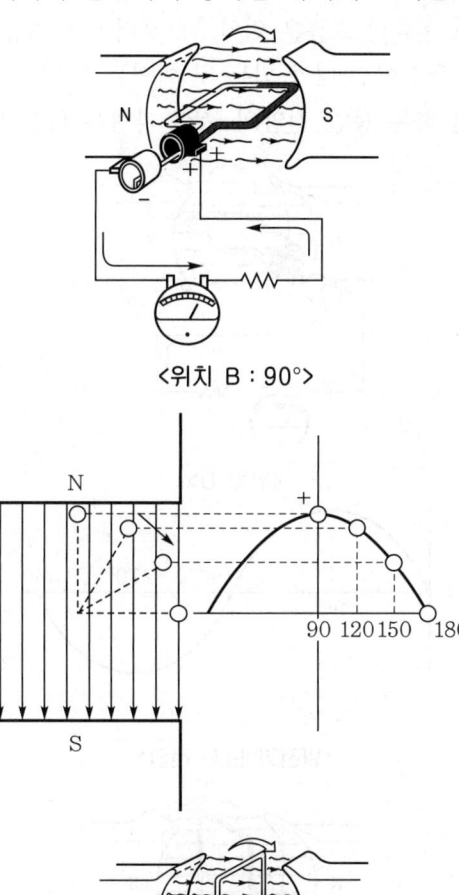

〈위치 B : 90°〉

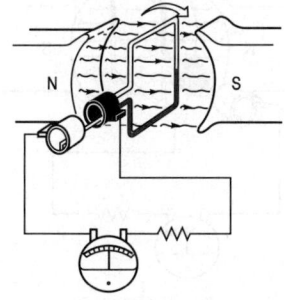

〈위치 C : 180°〉

0°에서 180°까지는 루프의 도체는 자계 안에서 같은 방향으로 움직이기 때문에 유도 기전력의 극성은 계속 같다. 루프가 180°를 지나서 위치 A로 다시 회전하여 돌아가기 시작할 때는 자계를 통해서 도선의 자력선을 자르는 작용의 방향이 반대로 된다. 이때 흑도체는 자계를 통하여 자력선을 잘라 올라가고 백도체는 잘라 내려간다.

그 결과 유도 기전력의 극성과 전류의 흐름은 반대로 된다. 따라서 위치 C로부터 D로 경유하여 위치 A로 돌아갈 때의 전류의 흐름은 위치 A로부터 C를 경유할 때와는 반대 방향으로 된다. 발전기 단자 전압은 그 극성이 반대가 되는 것 이외는 A로부터 C 사이에 있을 때와 똑같게 된다. 루프가 완전히 1회전 하는 동안 전압의 출력 파형은 다음에 표시된 것과 같다.

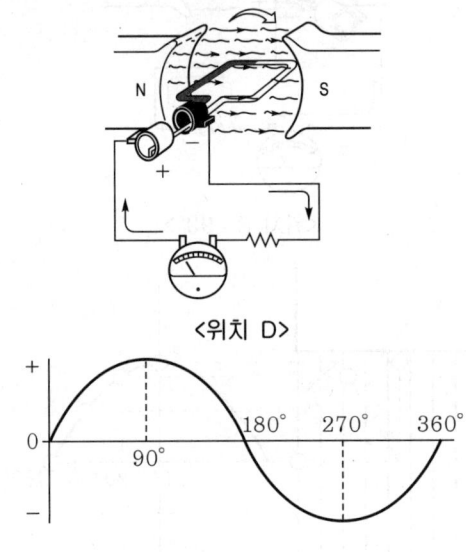

〈위치 D〉

〈발전기 단자 전압〉

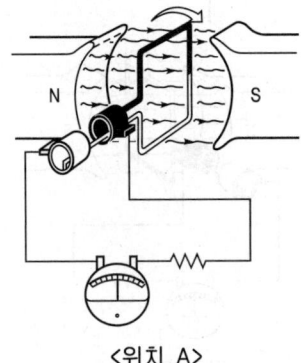

〈위치 A〉

7 기본 발전기의 출력

기본 발전기의 출력 파형에 대하여 면밀한 관찰을 하고, 잠시 이에 대한 공부를 해보자. 이것을 어떻게 우리가 지금까지 취급해 온 전압과 비교할 수 있을까? 우리가 이용한 유일한 전압은 전지로부터 얻은 것과 같은 직류(DC) 전압이었다. 직류 전압은 0의 기준선상에 그 전압치에 따라서 결정되는 하나의 직선으로 표시할 수 있다. 그림은 직류 전압과 기본 교류 발전기에서 나온 전압 파형을 나타낸 것이다. 발생된 전압 파형은 그 값과 방향이 직류 전압 곡선과 같이 계속 일정치 않다는 것을 알 수 있다. 실제로 발생된 전압 곡선은 그 값이 계속적으로 변화하고 (+)값과 (-)값을 다 같이 가지고 있다.

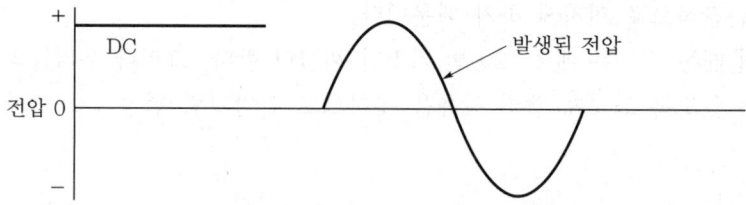

그러므로 이 발생된 전압은 DC 전압이 아니다. 왜냐하면 DC 전압은 항상 같은 극성의 출력을 지속하는 전압으로 정의되기 때문이다. 그 발생 전압은 주기적으로 (+)에서 (-)으로 바뀌므로 교번 전압이라 부르며 보통은 교류 전압이라고 한다. 즉, 소켓에서 나오는 전압과 같은 형태의 전압이다. 전압이 변화할 때 전류도 변하므로 흐르는 전류도 또한 교변해야 한다. 이 전류도 역시 교류 전류라 한다. 교류 전류는 항상 교류 전압과 관련된다. 즉, 교류 전압은 항상 교류 전류를 흐르게 한다.

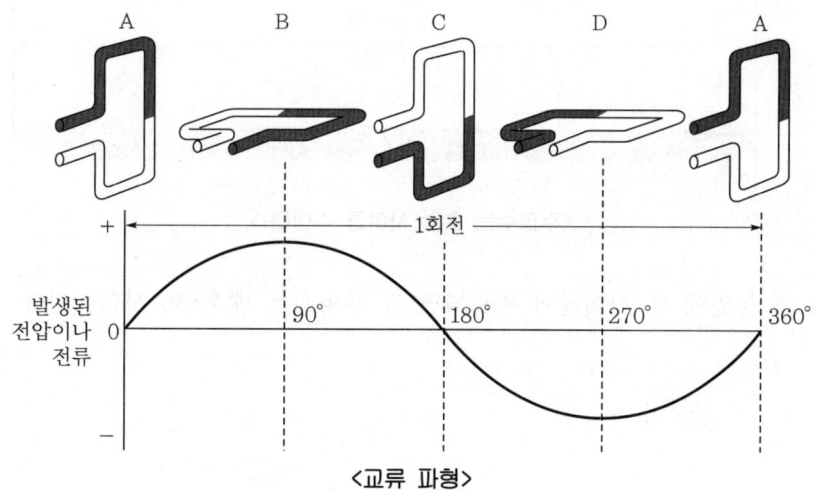

〈교류 파형〉

8 교류의 주파수

교류 발전기의 전기자가 회전할 때 전기자 코일이 자극을 지나서 빨리 돌면 돌수록 그만큼 더 자주 전류는 매초마다 그 방향이 바뀐다. 따라서 전류는 그 흐름의 반 사이클 끝에서 방향을 바꾸고 초당 완성되는 사이클 수는 더 많아진다. 초당 사이클 수를 주파수라고 한다.

대부분의 교류 전기 기기는 정상 작용을 하는 데 있어서 특정 전압과 특정 전류와 함께 특정 주파수를 필요로 하기 때문에 주파수를 이해하는 일은 중요하다.

우리나라에서 쓰는 표준 주파수는 매초 60 사이클이다. 이보다 낮은 주파수를 전등을 켜기 위해 쓸 때에는 깜박거림의 원인이 되는데, 이는 전류가 그 방향을 바꿀 때마다 전류는 0으로 되어 전등을 순간적으로 꺼지게 하기 때문이다.

60 사이클일 때는 전등은 매초 120 번 켜졌다 꺼졌다 한다. 그러나 우리들의 눈은 불이 꺼지는 것을 볼 수 있도록 그렇게 빨리 작용을 못하므로 깜박거림 현상을 느끼지 못한다.

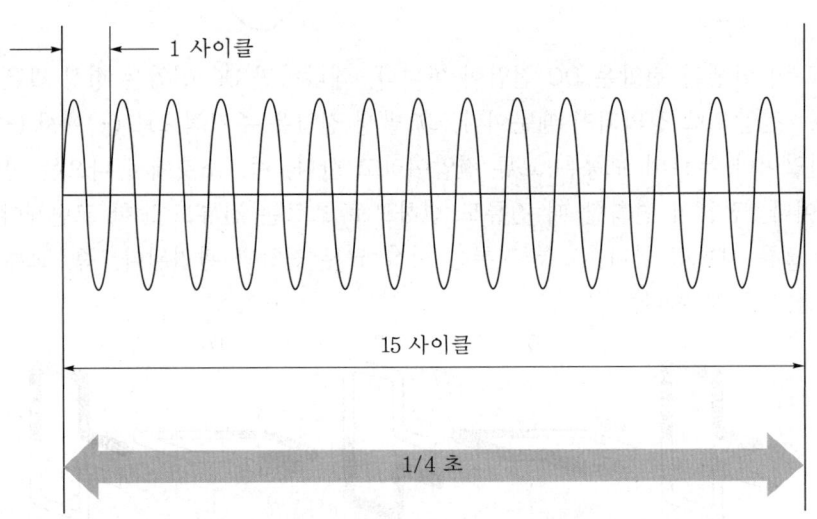

〈주파수는 초당 사이클 수이다.〉

만일 1/4 초 동안에 15 사이클이 완료되면 그 주파수는 매초 60 사이클이다.

사인파(sine wave)의 최대치와 피크(peak) 간의 값

교류 사인파의 반 사이클을 같은 시간 동안의 직류 파형과 비교하여 보자. 만일 직류가 반 사이클의 사인파와 같은 순간에 시작되고 또 끝나서 이들 각각이 같은 최대치에 도달한다면 직류치는 교류 사인파가 그의 최대치에 도달하는 점 이외의 모든 점에서 각 대응 교류치보다 크게 된다.

이 최대치에서는 직류와 교류의 값은 동일하다. 사인파의 이 점의 값이 최대치 또는 피크 (peak)치이다.

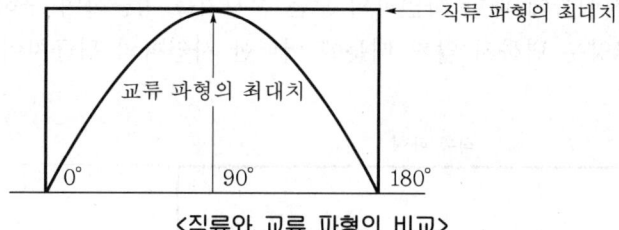

〈직류와 교류 파형의 비교〉

교류의 각 사이클에는 두 개의 최대치 또는 피크치가 있는데 그 하나는 양(+)의 반 사이클에 있고 또 하나는 음(-)의 반 사이클에 있다. 양(+) 피크치와 음(-) 피크치의 차를 사인파의 피크 간의 차라 한다. 이 값은 사인파 최대치 또는 피크치의 2배가 되며 때로는 교류 전압을 측정하는 데 이용된다. 오실로스코프(oscilloscope)와 특정한 종류의 교류 전압계를 사용하여 라디오 증폭기와 축음기용 증폭기 등의 입력과 출력구에서 교류 전압의 피크 간의 차를 측정한다. 그러나 보통 교류 전압과 전류는 피크 간의 차보다 오히려 실효치(이 술어는 다음에 배우게 된다)로 표시된다.

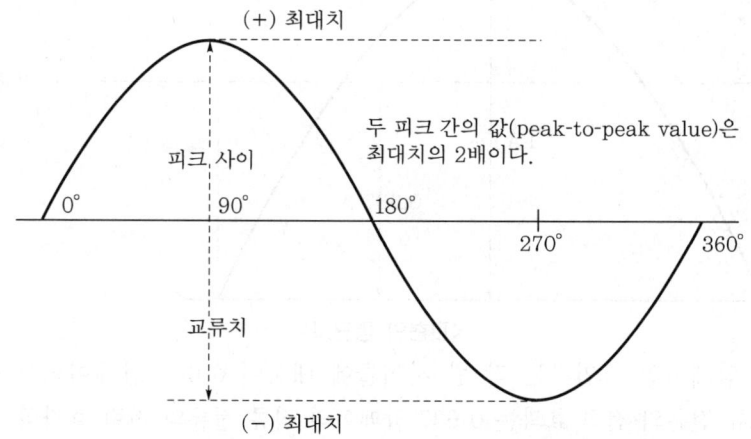

10 사인파의 평균치

반 사이클의 교류 사인파를 직류 파형과 비교해보자. 각 교류 순시치(instantaneous value)는 사인파의 피크치를 제외하고는 모두 직류치보다 작다는 사실을 알 수 있다. 직류 파형의 모든 점은 그 최대치와 같기 때문에 이 값이 또한 직류 파형의 평균치이다.

그러나 교류 사인파의 반 사이클 평균치는 파형상의 한 점을 제외하고는 모든 값이 작기 때문에 피크치보다 작게 된다. 즉 모든 사인파에 대한 반 사이클의 평균치는 최대치(또는 피크치)의 0.637 배이다.

이 평균치는 반 사이클에 대한 사인파의 모든 순시치를 평균하여 구하여진다. 최대치가 변하여도 사인파의 모양은 변하지 않기 때문에 어떠한 사인파의 평균치이든 항상 그 피크치의 0.637 배이다.

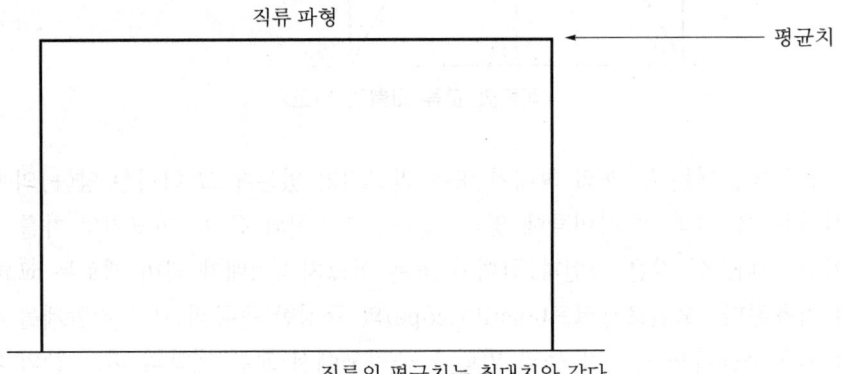

직류의 평균치는 최대치와 같다.

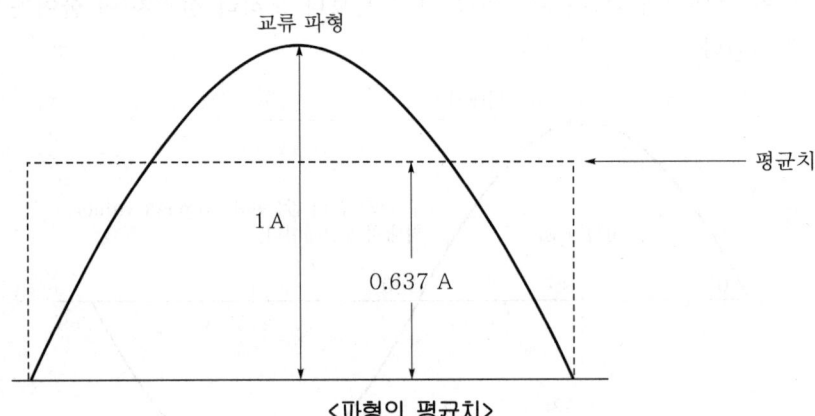

〈파형의 평균치〉

최대치가 1 암페어인 사인파는 각 반 사이클에 대하여 0.637 암페어의 평균치를 가지나, 1 암페어의 교류 전류의 전력 효과는 0.637 암페어의 직류 전류의 전력 효과와 같지 않다. 이런 이유로 교류 전류와 전압과의 평균치는 별로 사용되지 않는다.

11 사인파의 실효치

만약 직류가 저항을 통하여 흐른다면 이로 인하여 열로 변환되는 에너지는 I^2R 또는 E^2/R 와트와 같다. 예를 들면 1 암페어의 최대치를 가진 교류는 항상 일정한 값을 유지하지 못하기 때문에 1 암페어의 직류와 같이 많은 열을 발생시킬 수 없다.

저항 내에서 발생되는 열의 정도(비율)는 교류의 실효치를 정하는 하나의 편리한 기준이 되는데 이는 열효과법으로 알려져 있다. 교류 전류가 일정한 저항 내에서 1 암페어의 직류와 같은 정도로 열을 발생시킬 때 이 교류는 1 암페어의 실효치를 갖는다고 말한다.

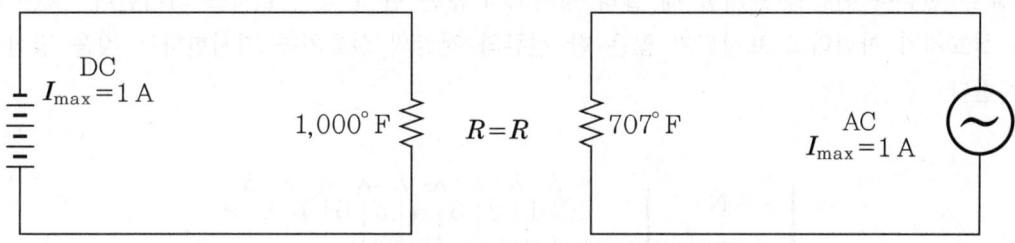

<1 암페어의 직류와 교류의 열효과>

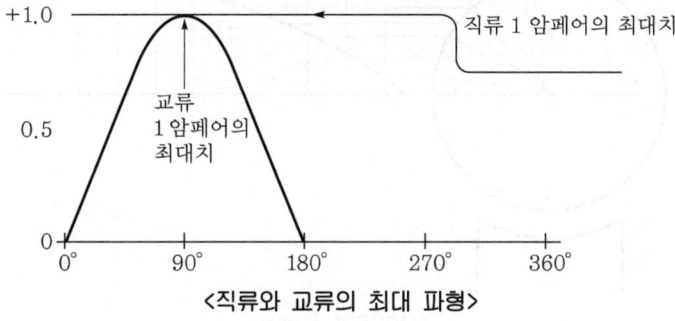

<직류와 교류의 최대 파형>

$$AC\ I_{eff} = \frac{\text{최대 1 암페어 교류의 열효과}}{\text{최대 1 암페어 직류의 열효과}}$$

$$AC\ I_{eff} = \frac{707°F}{1,000°F}$$

$$AC\ I_{eff} = 0.707$$

사인파 전류의 실효치는 균등히 배분된 순시치를 제곱한 것을 평균하고 또 이것의 평방근을 구함으로써 정확하게 계산할 수 있다.

이와 같은 이유로 실효치를 때때로 평방근-평균-자승(root-mean-squre)치라고 부른다. 이 방법이나 또는 고등 수학을 이용하여서 사인파의 실효치(I)가 항상 최대치(I_{max})의 0.707 배임을 표시할 수 있다.

교류 전류는 교번 기전력(교류 기전력)에 의하여 흐르게 되므로 기전력의 최대치와 실효치 간의 비도 교류 전류에 대한 것과 같다. 즉 사인파 기전력(EMF)의 실효치 혹은 rms치(E)는 최대치(E_{max})의 0.707 배이다.

교류 전류나 전압을 표시할 때 달리 명시되지 않은 한 항상 실효치를 의미한다. 모든 계기는 실효치가 아니라고 표시되지 않은 한 전류와 전압의 실효치를 지시한다는 것을 명심하여야 한다.

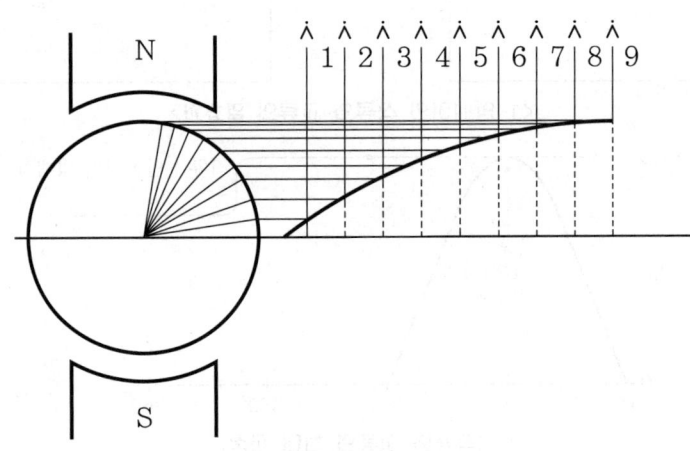

<사인파의 실효치>

$$I_{eff} = \frac{실효치(RMS)}{\sqrt{순시치\ 자승의\ 총합의\ 평균}}$$

$$I_{eff} = 0.707 \times I_{max}$$

$$I_{max} = 1.414 \times I_{eff}$$

12 변압기

전기 에너지는 변환하는 데 대해서 또는 회로에서 회로로 전달하는 데 어떤 편리한 방법을 필요로 한다. 변압기라고 부르는 장치는 이런 목적에 이상적으로 적합하다. 변압기는 전압을 한 레벨(level)에서 필요한 다른 레벨로 변화시킬 수 있으며 에너지를 큰 효율로 한 회로에서 다른 회로로 전달할 수 있다.

변압기는 서로 가깝게 놓여진(그러나 연결되지는 않은) 2 개의 코일로 구성된다. 선로의 전압 전원으로부터 에너지를 받는 코일을 1차(primary)라 하고 부하에 에너지를 전달하는 코일을 2차(secondary)라 한다. 이들 코일은 서로 접속되어 있지는 않지만 필요한 에너지를 변환시켜서 전달할 수 있다. 이 작용은 복잡하므로 다음에서 자세히 설명한다.

어떤 변압기는 1차에서 높은 입력 전압을 받아서 2차에서는 낮은 출력 전압을 내는데, 이런 변압기를 체감 변압기(step-down transformer)라 한다. 반대로 체승 변압기(step-up transformer)는 1차에서 낮은 입력 전압을 받아서 2차에서는 높은 출력 전압을 낸다. 다음 장의 실험에서 사용하는 변압기는 그림에 표시한 바와 같이 1차에서 교류 117 V를 받아서 2차로부터는 교류 6.3 V를 공급하기 때문에 체감용이다.

변압기 종류 중 또 다른 하나는 단권 변압기라고 부르는 장치이다. 이 장치는 모든 작용을 하나의 코일로 하는데 두 개의 입력(1차) 리드선과 최소한 두 개의 출력(2차) 리드선을 가지고 있다. 1차와 2차 리드선은 같은 코일에 서로 붙어 있거나 탭(tap)으로 따 낸다. 입력 전압이 변화하면 탭은 위치를 변화시켜야 한다. 이 장치는 보통 변압기와 마찬가지로 전압을 올리고 내릴 수 있다.

파워스태트(powerstat)라고 부르는 가변 변압기의 한 종류는 실험실 내의 전압원으로서 이용되는데 이 파워스태트는 원하는 전압으로 조정할 수 있다.

어떤 학교에서는 아래에 표시한 변압기를 쓰지 않고 본장에서 설명한 모든 실험을 파워스태트를 써서 하기도 한다.

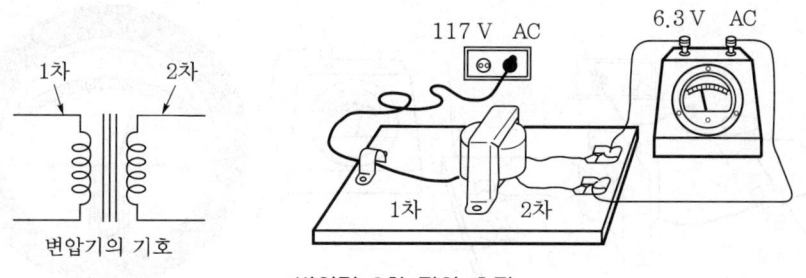

〈변압기 2차 전압 측정〉

13 실습···교류 전압계

교류 전압계가 교류 전압의 실효치를 지시하도록 교정되어 있다고 할지라도 직류 전압의 근사치를 측정하는 데도 사용할 수 있다. 교류 전압의 실효치를 직류 전압과 어떻게 비교하는지를 보여주기 위하여 교류 전압계를 써서 7.5 V 전지의 직류 전압과 6.3 V 변압기의 실효 교류 전압 출력을 측정한다.

다섯 개의 건전지를 연결하여 7.5 V의 전지를 만들고 0~25 V의 교류 전압계를 써서 전지 단자 간의 전압을 측정하면 계기의 값이 대략 7.5 V임을 알 수 있다. 그러나 이때 읽는 값은 DC 전압계를 사용한 경우에 있어서와 같이 정확하지가 않다.

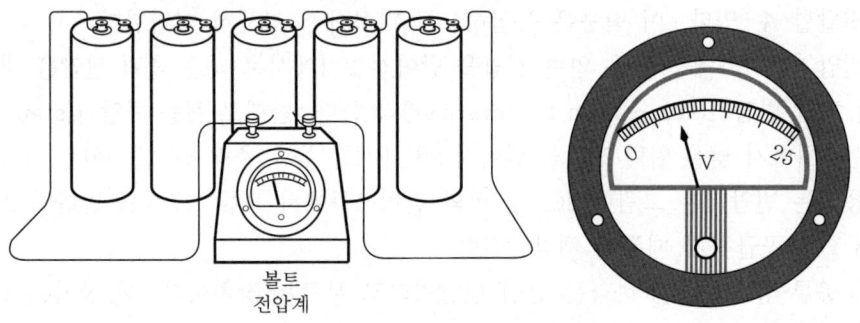

<교류 전압계로 전지 전압 측정>

다음에 교류 전력선에 변압기의 117 V 1차 리드선을 연결하고 2차 리드선 간의 전압을 교류 전압계로 측정하면 대략 7.5 V가 되는 것을 알 수 있다. 그 변압기가 교류 6.3 V의 정격일지라도 전력을 공급하지 않을 때는 2차 전압은 그 정격치보다 항상 높게 된다. 즉 부하의 크기가 2차 전압의 정확한 값을 결정한다.

측정한 전압인 직류 7.5 V와 교류 7.5 V를 비교하여 두 개의 계기 지시치가 거의 같다는 것을 알 수 있다. 그러나 교류 전압은 대략 7.5 V의 실효치이지만 직류 전압은 정확하게 7.5 V이므로 지시치상의 약간의 차이는 예상하여야 한다.

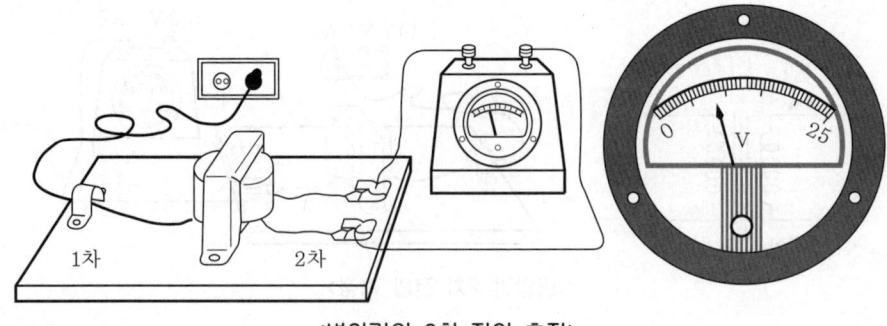

<변압기의 2차 전압 측정>

14 실습····교류 전압계

교류 7.5 V의 실효치가 직류 7.5 V와 같은 효과를 가진다는 것을 보여주기 위하여 7.5 V의 전지와 6.3 V의 변압기를 사용하여 각각 같은 종류의 전구를 켜 본다. 이 변압기는 전력을 공급하지만 부하가 아주 작기 때문에 실질적인 교류 전압은 7.5 V로 가정할 수가 있다.

한 개의 전구용 소켓을 연결하고 다른 한 개의 소켓은 변압기 2차 리드선에 연결한다. 그리고 각 소켓에 동일한 전구를 꽂는다. 그러면 이 두 전구의 밝기가 같아지는 것을 볼 수 있는데 이것은 두 전압의 전력 효과가 동일하다는 것을 표시한다.

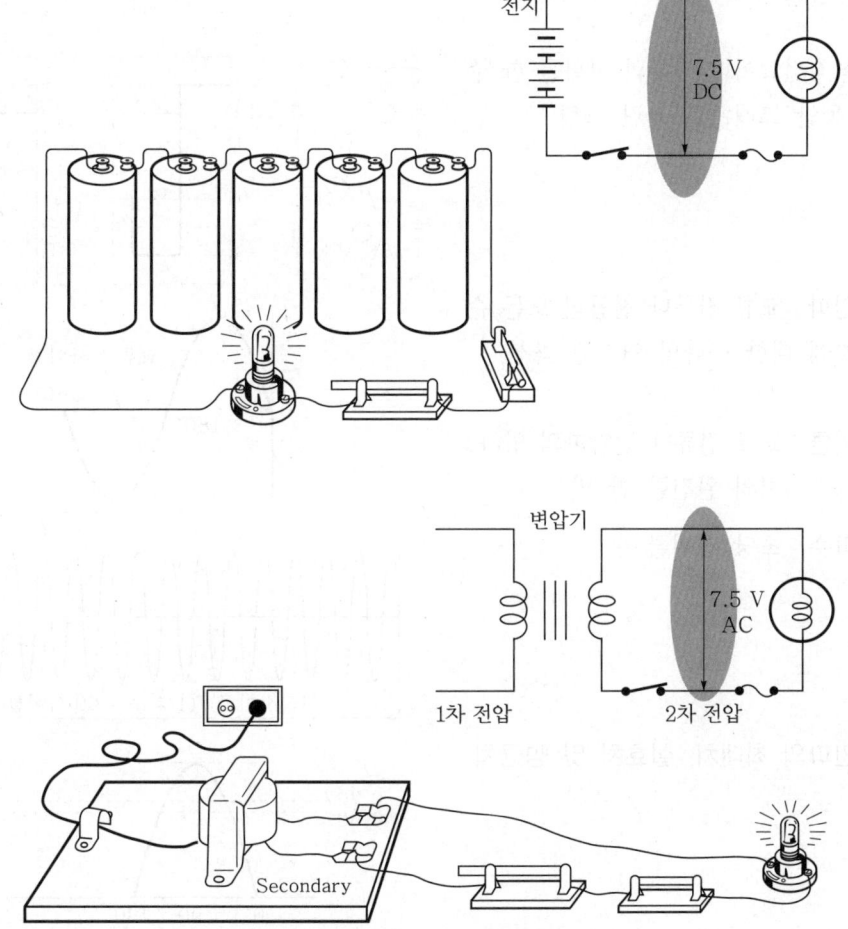

〈교류 실효 전압을 직류 전압과 비교〉

15 교류에 대한 복습

교류(교번 전류)는 그 파형과 전자 운동뿐만 아니라 전기회로 내에서 작용하는 방법에 있어 직류와 다르다. 교류가 회로 내에서 어떻게 작용하는가를 알아보기 전에 교류와 그 사인파에 대하여 이미 배운 것을 복습하여 보자.

① **교류(교번 전류)** : 진폭이 항상 변화하고 일정한 간격으로 그 방향이 바뀌는 전류의 흐름

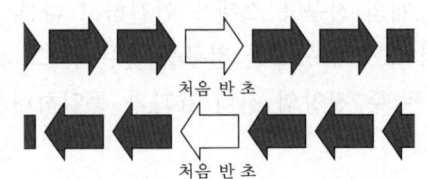

② **파형** : 전압이나 전류의 변화를 한 주기 동안 그래프로 그린 그림

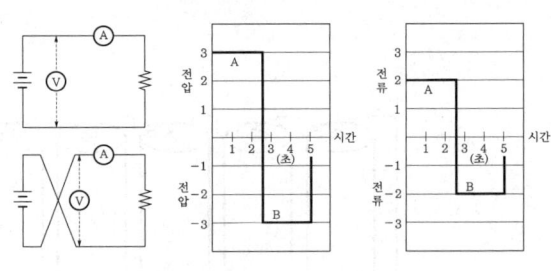

③ **사인파** : 교류 전류나 전압의 모든 순시치에 대한 하나의 연속된 곡선

④ **사이클** : 교류 전류나 전압파의 양(+)과 음(-)치의 완전한 한 벌

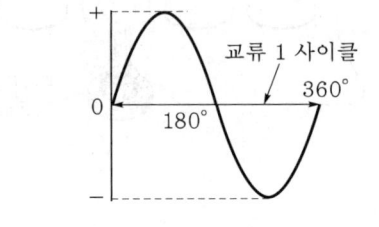

⑤ **주파수** : 초당 사이클 수

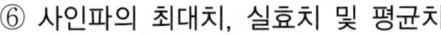

⑥ 사인파의 최대치, 실효치 및 평균치

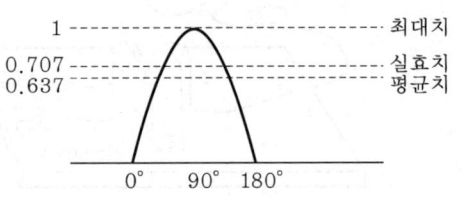

Section 26 교류 계기

1 왜 직류 계기는 교류를 측정할 수 없는가?

 직류와 교류 전압계 사이에는 특히 눈금에 있어서 현저한 차이가 있다. 또, 계기의 동작 자체에도 기본적 차이가 있다.

 직류 계기는 근본적으로는 계기 가동부로서 가동 코일을 사용하며, 여기서 가동 코일이 영구 자석의 자극 간에서 자계 내에 매달려 있다. 바른 방향(극성)으로 코일에서 전류가 흐르면 코일은 돌아서 계기의 지침을 윗눈금쪽으로 움직이게 한다. 그러나 극성을 반대로 하면 코일은 반대 방향으로 돌고 계기 지침을 영 아래 쪽으로 움직이게 한다는 것이 생각날 것이다.

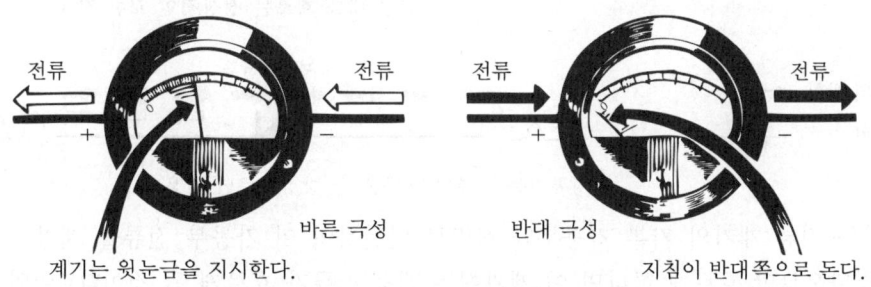

<직류 계기에서 전류가 반대로 흐를 때의 영향>

 교류 전류가 직류 계기의 가동부를 흐른다면 가동 코일은 반 사이클(cycle) 동안 한 방향으로 돈다. 그 다음 전류가 방향을 바꾸면 가동 코일은 반대 방향으로 돈다. 보통 60 사이클에서 지침은 전류가 바뀜에 따라 충분히 빠르게 따라 움직일 수가 없을 것이다. 그리고 지침은 교류 파형의 평균 위치인 영점에서 전후로 진동한다. 흐르는 전류가 클수록 지침은 더 크게 전후로 진동하려고 할 것이다. 그리고 단 시간에 그 과도한 진동으로 바늘이 부러질 것이다. 지침이 충분히 빨리 전후로 움직인다 하더라도 그 운동 속도가 너무 빨라서 계기를 읽을 수는 없을 것이다.

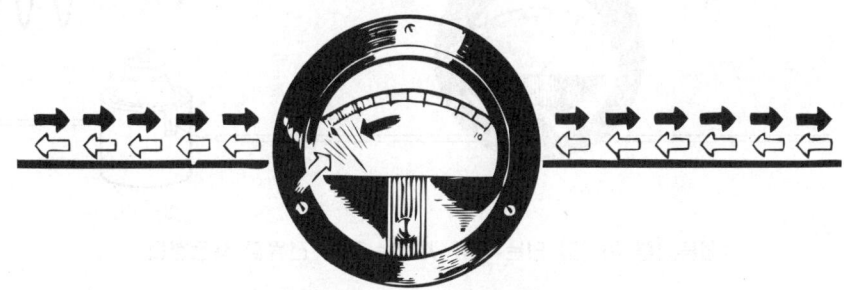

<어떻게 교류가 직류 계기에 영향을 주는가?>

2 정류기형 교류 전압계

직류 계기의 기본 가동부를 정류기(교류를 직류로 변환하는 장치)와 함께 사용하면 교류를 측정할 수 있다. 정류기는 한 방향으로만 전류를 흐르게 하므로 교류가 정류기를 통해 흐를 때는 전류는 각 한 사이클의 절반 동안만 흐른다. 교류 전류에 대한 이와 같은 정류기의 효과를 아래에 설명한다.

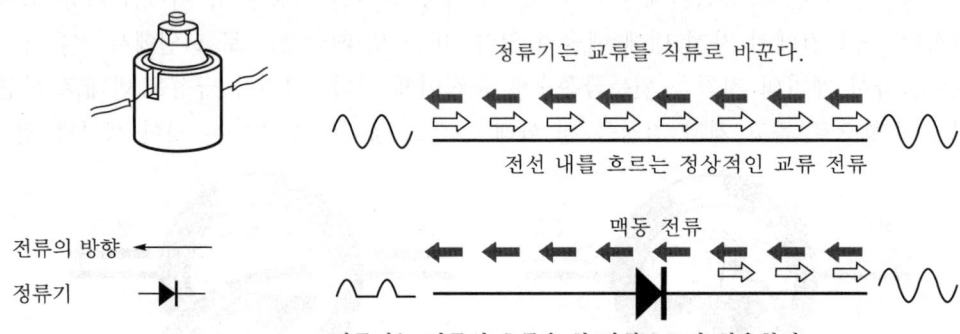

정류기를 직류 계기의 기본 가동부와 직렬로 연결하여 이 가동부 전류를 계기의 극성과 일치하는 방향으로만 흐르게 한다면 이 계기에는 맥동 전류가 흐르게 될 것이다. 이와 같은 맥류는 모든 같은 방향이므로 각 맥류는 계기 지침을 윗눈금 쪽으로 움직이게 한다. 계기 지침은 맥동 기간 중 영으로 돌아올 만큼 충분히 빨리 움직일 수 없으므로 지침은 계속적으로 전류의 평균 맥동치를 지시한다.

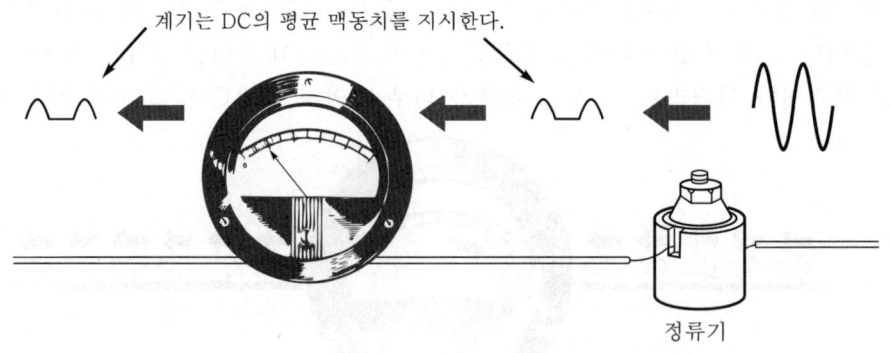

〈정류기를 가지고 있는 직류 계기는 교류 전류를 측정한다.〉

어떤 두 개의 다른 금속체를 함께 접합(junction)하면 그 결합체는 한쪽 방향으로 흐르는 전류에 대하여는 낮은 저항으로 되고, 반대 방향으로 흐르는 전류에 대하여는 대단히 높은 저항을 갖는 정류기와 같은 작용을 한다. 이 작용은 결합된 물질의 화학적 성질 때문이다. 보통 정류기로서 사용되는 결합체로는 구리나 산화동이나 또는 철과 셀렌으로 되어 있다. 건식 금속 정류기(dry metal rectifier)는 원판 배열로 구성되었고, 크기는 직경이 1/2 인치도 못되는 것으로부터 6 인치를 넘는 것도 있다. 산화동 정류기는 한쪽 면을 산화동층으로 입힌 동원판으로 되어 있고 한편 셀렌 정류기는 한쪽 면을 셀렌으로 입힌 철판으로 구성되어 있다.

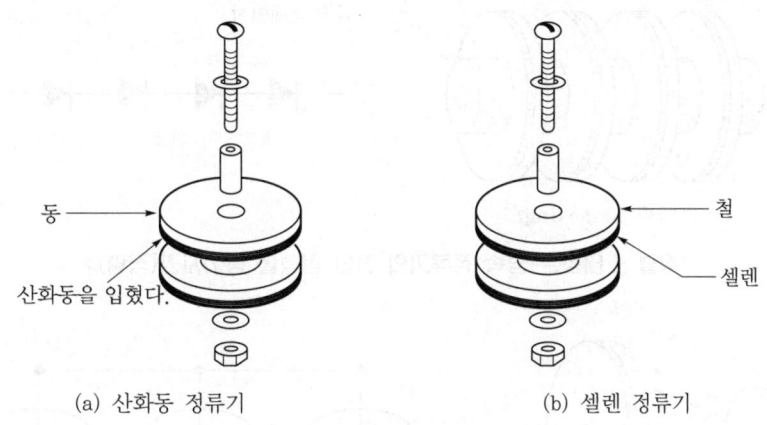

(a) 산화동 정류기   (b) 셀렌 정류기

〈건식 금속 정류기〉

건식 금속 정류기의 각 요소(한 요소는 단 한 개의 원판으로 됨)는 와셔(washer)형으로 만들어 지지 볼트(mounting bolt)로 조립할 수 있게 되어 있으며, 필요에 따라 직렬 및 병렬 접속을 하여 소정의 정류기 단위(unit)를 형성할 수 있도록 한다. 아래 기호는 모든 형식의 건식 금속 정류기를 표시하는 데 사용된다. 이들 정류기는 전자 이론을 사용하여 전류의 방향을 결정하기 전에 만들어졌으므로 화살표는 관습적인 전류 흐름의 방향을 가리킨다. 그러나 이 방향은 전자 흐름과 반대 방향이다. 즉, 화살표는 전자 공학에서 전류의 방향에 반대되는 방향을 가리킨다.

〈건식 금속 정류기의 기호〉

〈전자류(electron current)는 화살표와 반대 방향으로 흐른다.〉

건식 금속 정류기의 각 요소는 그의 양 단자 간에서 견딜 수 있는 전압은 불과 몇 볼트에 지나지 않으나 몇 개의 요소를 직렬로 연결함으로써 전압 정격이 증가된다. 이와 유사하게 각 요소는 일정한 크기의 전류만을 통과시킬 수 있다.

큰 전류를 통과시키려면 몇 개의 직렬 뭉치(stack)를 필요한 크기의 전류를 흐르게 할 수 있도록 병렬로 연결하면 된다.

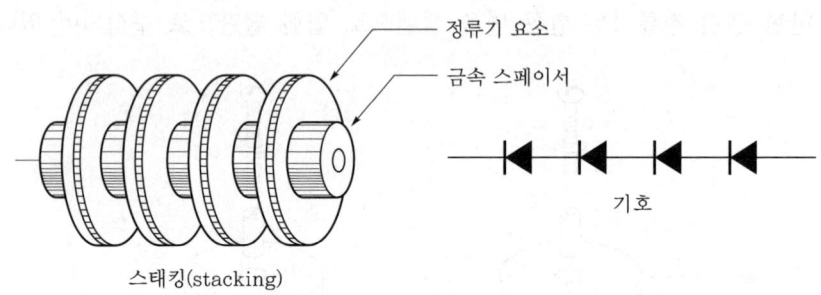

〈직렬 스태킹은 금속 정류기의 전압 정격을 증가시킴(직렬)〉

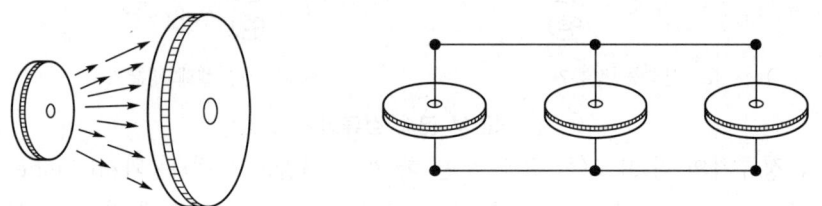

판 면적을 증가시키거나 또는 병렬로 요소를 연결한다.
〈병렬 연결은 전류 정격을 증가시킴(병렬)〉

건식 금속 정류기는 대단히 견고하므로 무리하게 사용하지만 않는다면 그 수명은 무한히 길다. 각 단위(unit)의 전압 정격은 낮기 때문에 이들 단위는 보통 저전압(130 V 이하)용으로 사용하고 있다.

그것은 실제로 너무 많은 요소를 직렬로 연결하기 곤란하기 때문이다. 이 건식 정류기는 병렬로 쌓거나 또는 원판의 직경을 증가시킴으로써 전류 정격을 수 암페어까지 증가시킬 수 있기 때문에 저전압 고전류(low-voltage-high-current)용으로 흔히 사용된다. 대단히 작은 단위는 직류 전압계에 연결하여 교류 전압을 측정하는 데 사용된다. 큰 단위는 전지 충전에 사용되고 또한 전자 기기에 각종 전력 공급용으로도 사용된다.

정류기형 교류 계기는 전압계로서만 사용되고 계기 측정 범위는 직류 전압계 때와 같은 방법으로 결정하며 또한 바꿀 수 있다. 이 정류형 계기는 전류 측정용으로는 사용할 수가 없다. 그 이유는 전류계는 선로 전류와 직렬로 연결하여야 하는데 정류형 계기를 선로 전류와 직렬로 연결하는 경우 교류 전류를 필요 이상의 직류로 변화시켜야 하기 때문이다. 여러 가지 정류기형 계기 회로를 아래에 설명한다.

① 간단한 계기의 정류기 회로

간단한 계기의 정류기 회로는 배율기 · 정류기 및 계기의 기본 가동부가 직렬로 연결 구성된다. 반 사이클 동안 전류는 계기 회로를 통해 흐른다. 전류기를 포함한 회로 사이에는 전압이 가해지고 있음에도 불구하고 다음 반 사이클 동안에는 전류는 흐르지 않는다.

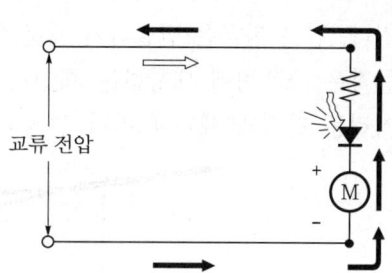

② 정류기를 간단한 계기 회로에 첨가

계기의 가동부를 동작시키는 데 사용되지 않은 교류 전류의 반 사이클 맥동에 대한 귀로(return path)를 만들어 주기 위하여 또 하나의 정류기를 계기용 정류기와 계기 가동부 양단에 연결한다. 이 사용되지 않는 맥류는 이 분기를 통하며 계기를 통하지는 않는다.

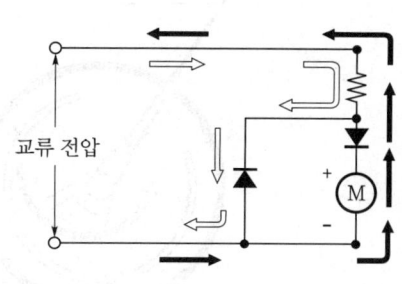

③ 브리지 정류기 회로

4 개의 정류기를 사용한 브리지(bridge) 회로가 때때로 사용된다. 이들 정류기는 교류 전류파의 양 반파가 모두 같은 방향으로 계기를 통해서 흐를 수 있는 통로를 마련하도록 연결되어 있다. 이와 같이 하면 계기 가동부를 통하여 흐르는 전류의 맥동 수는 배가 된다.

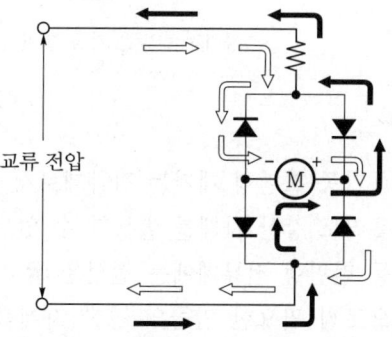

계기와 지시는 반 사이클 맥동의 평균이기 때문에 눈금은 직류에서 사용된 것과는 같지 않다. 이때 지침의 기울기의 크기 즉 편위는 계기의 가동부를 통하여 흐르는 평균 전류에 의한 것이나 계기의 눈금은 전압의 실효치를 읽을 수 있도록 고정되어 있다.

3 가동 철편형 계기

교류 전류와 전압 양쪽을 측정하는 데 사용할 수 있는 계기는 가동 철편형이다. 가동 철편형 계기는 같은 자극 사이의 자기적 반발 원리에 의해서 동작한다. 측정하려는 전류는 그 세기에 비례하여 자계를 만드는 계자 코일(field coil)을 통해 흐른다. 두 개의 철편은 이 계자 안에 매달려 있다. 한 철편은 고정되어 있으며 다른 하나의 철편은 움직일 수 있고 여기에 지침이 붙어 있다. 이 자계는 코일을 흐르는 전류의 방향에 관계없이 이들 철편을 같은 극성으로 자화시킨다. 같은 자극은 반발하기 때문에 가동 철편은 고정 철편으로부터 계기 지침을 움직인다. 이 동작은 스프링에 대항하는 회전력을 일으킨다. 가동 철편이 스프링의 힘에 대항하여 움직인 거리는 자계의 세기에 따라 결정되며 그 자계는 코일의 전류에 의해서 결정된다.

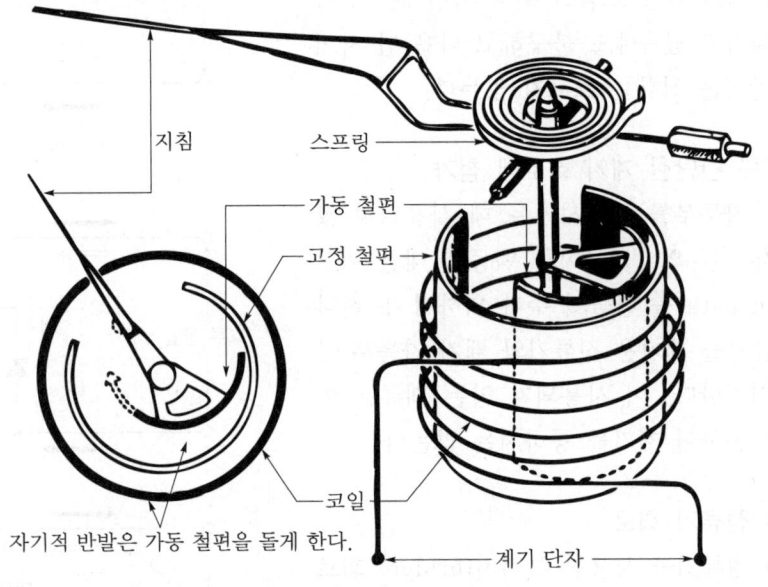

〈가동 철편형 계기의 가동부〉

가동 철편형 계기는 전압계로서 사용할 수 있다. 그리고 이 경우에 계자 코일은 적은 전류만 흘러도 강한 자계를 발생할 수 있도록 가는 전선을 여러 번 감은 권선으로 되어 있다. 한편 가동 철편형 전류계에는 전선은 굵고 권수는 적은 권선을 사용하며 여기에 큰 전류를 흐르게 함으로써 필요한 만큼의 강한 자계를 얻을 수 있도록 되어 있다.

이 계기는 일반적으로 60 사이클 교류에서 교정한다. 그러나 다른 주파수의 교류에서도 사용할 수 있다. 가동 철편형 계기는 계기의 눈금 고정을 변화시킴으로써 직류 전류와 전압도 측정할 수 있다.

4 열선형 또는 열전대형 계기

열선형 및 열전대형 계기는 모두 저항을 통해서 흐르는 전류의 열 효과를 이용하여 계기의 기울기(deflection)를 일으키도록 한 것이다. 그러나, 각 계기는 열 효과를 다르게 이용하고 있다. 계기의 동작은 전류의 가열 효과에만 좌우되므로 계기는 직류 전류나 어떠한 주파수의 전류를 측정하는 데 사용할 수 있다.

열선형 전류계는 전류가 고저항 전선을 흐를 때 전선 자신의 가열 효과에 의해서 생기는 팽창에 의하여 지침이 움직이도록 되어 있으며 이 저항선은 중앙부에 직각으로 붙어 있는 줄로서 계기의 양 단자 간에 팽팽하게 당겨져 있다. 또 반대쪽 줄 끝에는 스프링이 연결되어 저항선에 일정한 장력을 준다. 저항선에 전류가 흐르면 저항선은 늘어나며 이 동작은 줄과 선회축(pivot)를 거쳐 계기 지침으로 전달된다.

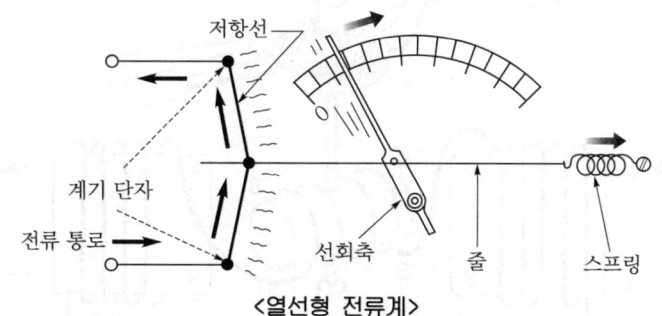

〈열선형 전류계〉

열전대형 계기는 계기의 양 단자 간을 저항선으로 연결하였으며, 이 저항선은 흐르는 전류의 크기에 비례하여 발열한다. 이 발열 저항에는 재질이 다른 두 금속선의 적은 열전대 접합이 붙어 있다. 그리고 두 금속선은 대단히 감도가 예민한 직류 계기 가동 부분에 연결되어 있다. 측정되는 전류가 발열 저항체를 가열하면 적은 전류(이 전류는 열전대선과 계기 가동부만을 흐른다)가 열전대 접합에 의해서 발생된다. 측정되는 전류는 저항선만을 통해 흐르고 계기 가동부에는 흐르지 않는다. 계기 지침은 저항선에 의해서 발생한 열량에 비례하여 회전한다.

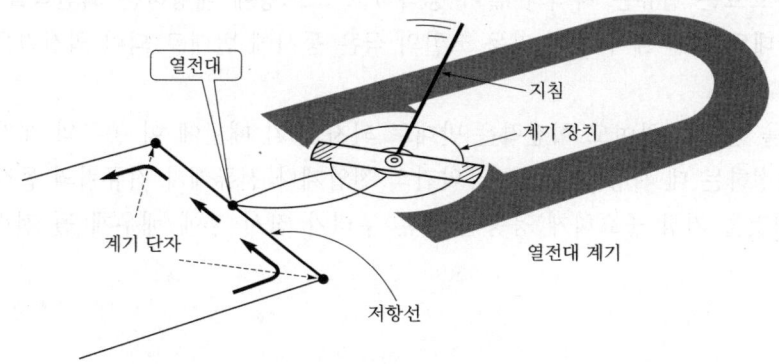

열전대 계기

5 전류력계(electrodynamometer) 가동부

전류력계 가동부는 영구 자석이 고정 코일로 바뀐 것을 제외하면 직류 계기의 기본 가동부의 가동 코일과 같은 동작 원리를 이용하고 있다. 계기 지침이 붙어 있는 가동 코일은 두 계자 코일 사이에 걸려 있고 또한 계자 코일과 직렬로 연결되어 있다.

이 세 코일(두 개의 계자 코일과 가동 코일)은 같은 전류가 각 코일을 통해 흐르도록 계기 단자 간에 직렬로 연결되어 있다.

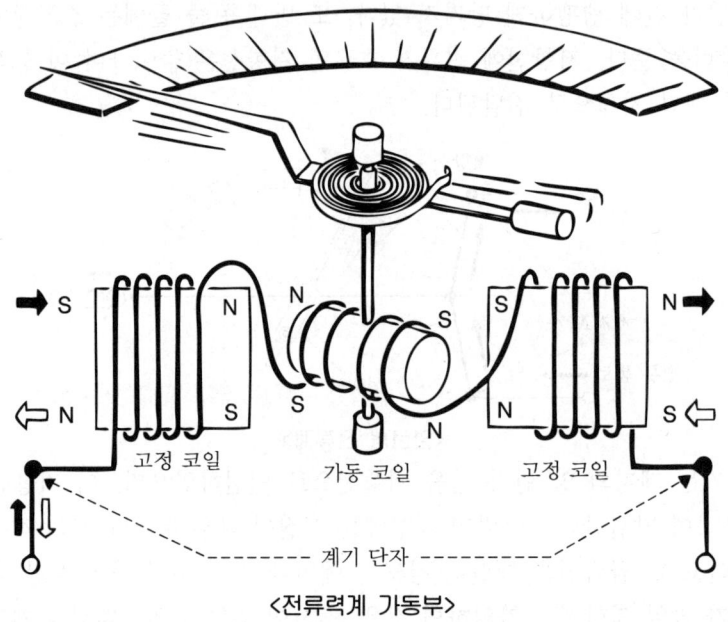

<전류력계 가동부>

어느 방향으로든지 전류가 세 코일을 통해 흐르면 계자 코일 사이에는 자계가 생기게 된다. 가동 코일을 흐르는 전류는 자석과 같이 동작하고 스프링에 대항하는 회전력을 일으킨다. 만일 전류가 반대로 되면 계자 극과 가동 코일의 극은 동시에 반대로 되며 회전력은 계속 원래의 방향으로 된다.

전류 방향을 반대로 하여도 회전력은 반대로 되지 않기 때문에 이 종류의 계기는 교류나 직류 전류를 측정하는 데 사용할 수 있다. 약간의 전압계나 전류계가 전류력의 동작 원리를 쓰고는 있으나 이것을 가장 중요하게 응용한 것은 우리가 잠시 후에 배우게 될 전력계이다.

6 교류 계기에 대한 복습

교류 계기의 원리와 구조를 복습하기 위하여 여러 계기의 가동부와 계기의 사용법을 비교하여 보자. 교류용으로 사용되는 다른 형식의 계기도 있으나 지금까지는 가장 일반적으로 사용되는 계기에 대해서 배웠다.

① **정류기형 교류 계기** : 기본적인 직류 계기 가동부에 교류를 직류로 변환시키는 정류기가 연결되어 있다. 일반적으로 교류 전압계로서 사용된다.

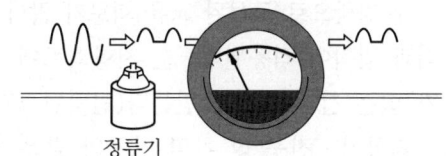

② **가동 철편형 계기** : 가동 철편과 고정 철편을 사용하여 자기적 반발 원리로 동작하는 계기이며 교류 또는 직류의 전압이나 전류를 측정하는 데 사용할 수 있다.

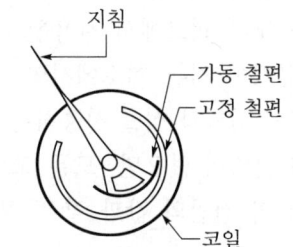

③ **열선 전류계** : 계기 가동은 전류가 열선을 통해 흐를 때 가열된 열선의 팽창을 이용한 것이다. 전류 측정에만 사용된다.

④ **열전대 전류계** : 열전대 내에 측정할 수 있는 전류가 발생하도록 전류가 저항기를 통할 때 발생한 열을 이용하는 계기 가동부이다.

⑤ **전류력계** : 일반적으로 전압계나 전류계보다도 전력계로서 사용된다. 기본적인 원리는 영구자석 대신으로 계자 코일이 사용된 것을 제외하고는 다르송발(D'Arsonval)의 가동부와 같다.

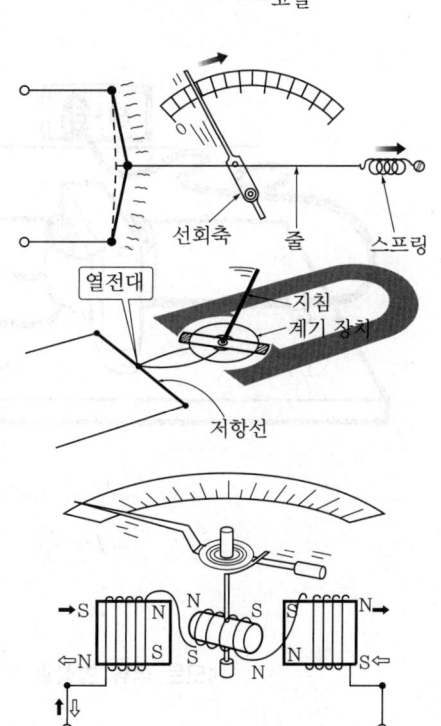

Section 27 교류 회로의 저항

1 저항만의 교류 회로

순 저항으로 구성된 교류 회로가 많다. 그리고 이와 같은 회로에 대해서는 직류 회로에서와 같은 식과 법칙이 적용된다. 순 저항회로에 의해서 인덕턴스(inductance)나 커패시턴스(capacitance)가 없는 전기 기구를 만든다(인덕턴스와 커패시턴스에 대해서 나중에 배운다).

저항기·전구 및 가열 기구와 같은 장치는 무시할 수 있는 정도의 인덕턴스나 커패시턴스를 가지고 있어, 실제적인 면에서 순 저항으로 구성되어 있다고 고려되는 것이다. 단지 이와 같은 기구가 교류 회로에서 사용될 때 옴의 법칙, 키르히호프의 법칙 및 전압·전류·전력에 관한 회로 규칙이 직류 회로에서와 똑같이 사용될 수 있다.

회로의 법칙과 식을 사용하는 데 있어 우리는 교류 전압과 전류의 실효치를 사용하여야 한다. 별도의 설명이 없으면, 모든 교류 전압과 전류의 값은 실효치이다. 오실로스코프에서 측정되는 피크 간의 전압의 값과 같은 것은 회로 계산에 사용하기 전에 실효치로 바꾸어야 한다.

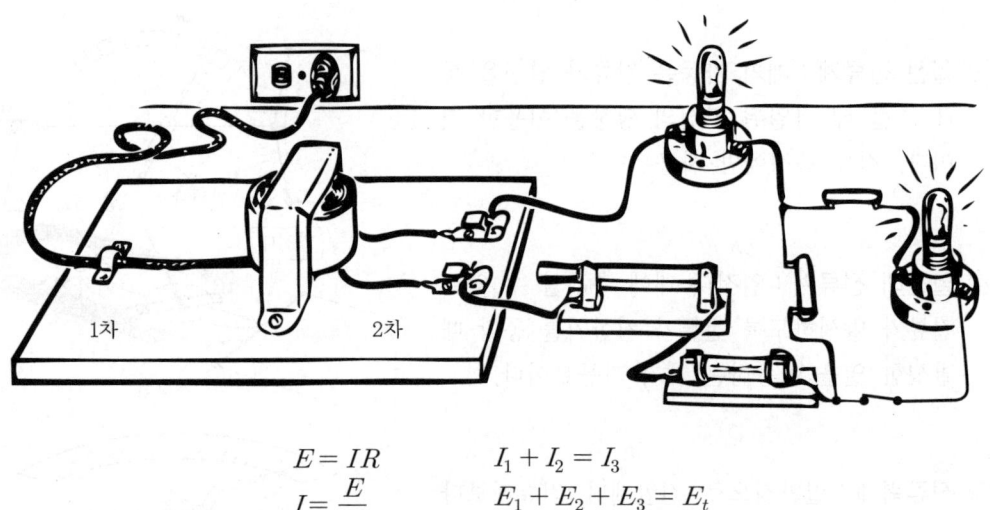

$$E = IR \qquad I_1 + I_2 = I_3$$
$$I = \frac{E}{R} \qquad E_1 + E_2 + E_3 = E_t$$
$$R = \frac{E}{I}$$

<모든 직류 법칙과 식들은 저항만의 교류 회로에도 적용된다.>

2 저항 회로의 전류와 전압

교류 전압이 저항에 인가될 때는 전압은 한 극성에서 영(0)으로부터 증가하여 최대치까지 올라갔다가 감소하여 다시 영(0)으로 되고, 여기서 반대 극성으로 최대치까지 증가했다가 또다시 영(0)으로 떨어져 한 사이클의 전압을 완성한다. 전류는 정확히 전압을 따른다.

즉, 전압이 증가함에 따라 전류도 증가하며 전압이 감소할 때는 전류도 감소한다. 그리고 전압이 극성을 바꾸는 순간에 전류는 그 방향이 반대가 된다. 이때문에 전압과 전류파를 "동상(in-phase)"이라고 한다.

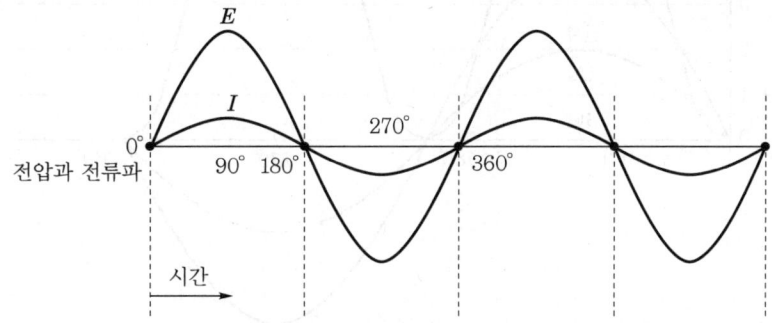

<전류와 전압은 저항회로에서는 동상이다.>

전압 또는 전류의 사인파는 이들이 같은 주파수이고 동시에 영점을 통과하고 같은 방향으로 갈 때는 언제나 "동상"이다. 그러나 "동상"인 2 개의 전압 또는 전류파의 진폭은 반드시 같지 않다.

전류와 전압파가 "동상"인 경우 이들은 각각 다른 단위로 측정되므로 같은 경우가 드물다. 아래의 표시한 회로에서 실효 전압은 6.3 V이며, 이것이 2 A의 실효 전류를 일으킨다. 그리고 전압과 전류파는 "동상"이다.

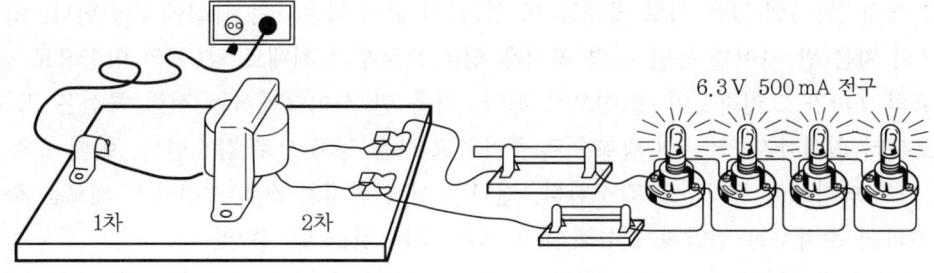

3 교류 회로의 전력

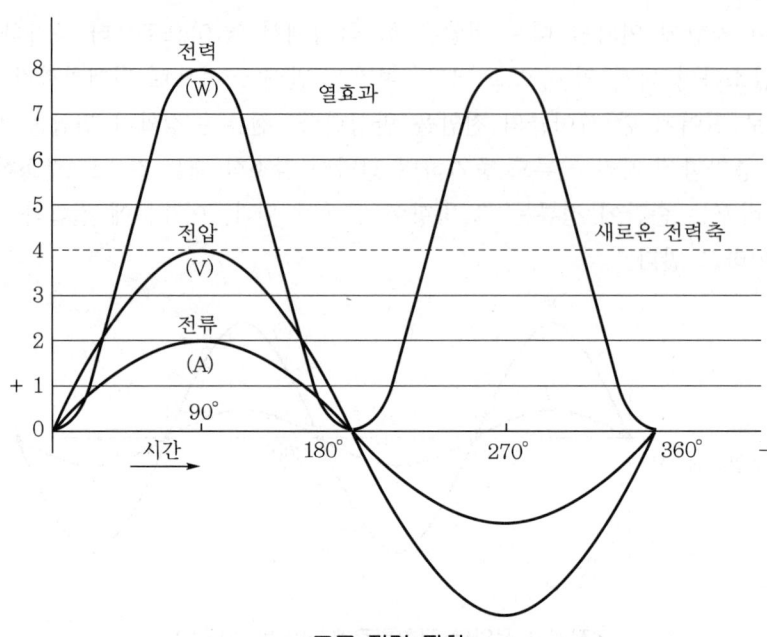

<교류 전력 파형>

　교류 회로에서 소비되는 전력은 완전한 한 사이클에 대한 전력 또는 열 효과의 모든 순시치를 평균한 것이다. 전력을 구하기 위하여 모든 순간의 대응되는 전압과 전류를 서로 곱해서 전력의 순시치를 구한다. 그리고 이것을 각 대응 시간에 대해서 전력 곡선이 되도록 그린다. 이 전력 곡선의 평균이 회로에서 사용되는 실제 전력이다.

　동상인 전압과 전류파에 대하여 모든 순시 전력은 영축(zero axis) 위에 있고 따라서 전력 곡선 전체가 영(0) 위에 있는 것이다. 이것은 2 개의 양(+)의 값을 곱하면 양(+)의 결과가 나오고 2 개의 음(-)의 값을 서로 곱해도 또 양(+)의 값이 나온다는 사실에 기인한다. 이와 같이 E와 I의 처음 반 사이클 동안 전력 곡선은 영(0)으로부터 최대로 양(+)의 방향으로 증가하고 다음 E와 I파가 그러하듯이 영(0)으로 된다. 다음 반 사이클에서는 전력 곡선은 또 다시 영(0)으로부터 최대까지 양(+)의 방향으로 증가하고 다음 영(0)으로 감소한다. 이때 E와 I 양쪽은 음(-)의 방향으로 증가하고 감소한다. 전력 곡선의 최대치 간의 중간에서 새로운 축을 그으면 전력파의 주파수는 전압과 전류파의 2 배가 되는 것을 알 수 있다.

　1보다 적은 두 수를 서로 곱한 경우 그 결과는 원 수의 어느 것보다도 더 적은 수가 된다. 예컨대 0.5 V×0.5 A=0.25 W와 같다. 이러한 이유로 전력파의 일부 또는 전 순시치는 회로 전류와 전압파의 순시치보다 적다.

4 저항 회로의 전력

전력파의 최대치와 최소치의 바로 중간에 그은 선은 전력파의 축이다. 이 축은 저항 회로의 평균 전력치를 표시한다. 그것은 축 위의 그늘진 부분과 축 아래의 그늘진 부분은 똑같기 때문이다. 평균 전력은 교류 회로에서 소비되는 실제 전력이다.

모든 전력의 값은 저항만으로 된 교류 회로에서는 양(+)이기 때문에 전력의 축과 회로의 평균 전력은 양(+)의 최대 순시 전력치의 반과 같다. 이 값은 또 E와 I의 실효치를 서로 곱해서 구할 수 있다. 이것은 저항만을 포함한 교류 회로에 적용되는 것인데 이는 인덕턴스나 커패시턴스를 포함하고 있는 교류 회로는 음(-)의 순시 전력치를 가지기 때문이다.

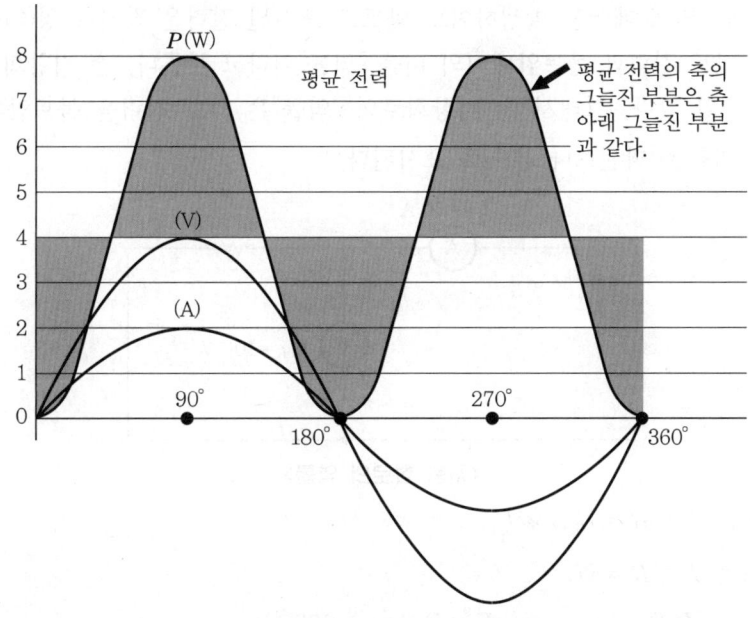

〈저항만을 가지고 있는 교류 회로〉

$$P_{av} = \frac{P_{max}}{2}$$

$P_{max} = E_{max} \times I_{max}$ 이므로

$$P_{av} = \frac{E_{max} \times I_{max}}{2}$$

$E_{max} = 1.414 E_{eff}$ 와 $I_{max} = 1.414 I_{eff}$ 이므로

$$P_{av} = \frac{1.414 E_{eff} \times 1.414 I_{eff}}{2}$$

$$P_{av} = \frac{1.414 \times 1.414}{2} \times E_{eff} \times I_{eff}$$

$$1.414 \times 1.414 \fallingdotseq 2, \quad P_{av} = E_{eff} \times I_{eff} \quad \text{또는} \quad P = EI$$

5 역률(power factor)

I_{eff}와 E_{eff}가 동상일 때 그것을 서로 곱한 것은 직류 회로에서와 같이 와트로 표시된 전력이다. 후에 알게 되지만 I_{eff}와 E_{eff}를 곱한 것은 항상 와트로 표시된 전력이 아니고 볼트암페어(VA)라고 부른다. 와트 전력은 회로의 저항부에서 소비되는 전력 또는 I^2R나 E^2/R이 된다. 전원에서 볼트와 암페어를 발생하여도 와트로 표시된 전력은 적거나 영(0)이 될지도 모른다. 한 회로의 와트 전력과 볼트암페어의 비를 "역률"이라고 부른다. 순 저항회로에서 와트 전력은 $I_{eff} \times E_{eff}$와 같다. 그래서 순 저항회로의 "역률"은 와트 전력을 볼트암페어로 나눈 값 즉, 1이 된다. 역률은 퍼센트나 분수로 표시된다.

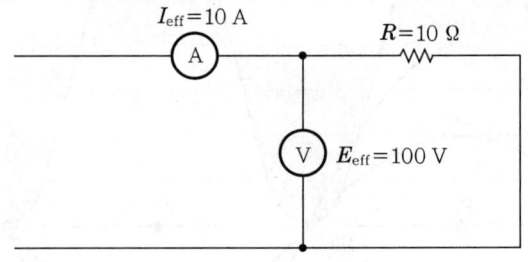

<저항 회로의 역률>

I^2R 또는 $E^2/R = E_{eff} \times I_{eff}$

I^2R 또는 $E^2/R = W$

역률 $= \dfrac{I^2R}{I_{eff} \times E_{eff}}$ 또는 $\dfrac{E^2/R}{I_{eff} \times E_{eff}} = \dfrac{1,000}{1,000} = 1$, 또는 100%

역률 $= \dfrac{W}{V \cdot A}$

역률 $= 1.0$ 또는 100% (순 저항회로에서)

6 전력계(wattmeter)

저항만의 교류 회로에서의 전력은 측정된 E와 I의 실효치로부터 계산할 수도 있으나 전력계로 직접 측정할 수 있다. 전력계는 우리가 잘 알고 있는 전압계·전류계·옴계만큼은 일반적으로 사용되지는 않으나 교류 회로에서 전력을 알아내기 위해서는 이것을 사용할 필요가 있게 된다. 전력계는 우리가 지금까지 사용한 계기와는 달리 동작하고 또 연결이 잘못되면 쉽게 손상되기 때문에 전력계를 동작시키는 방법을 알고 있어야 한다.

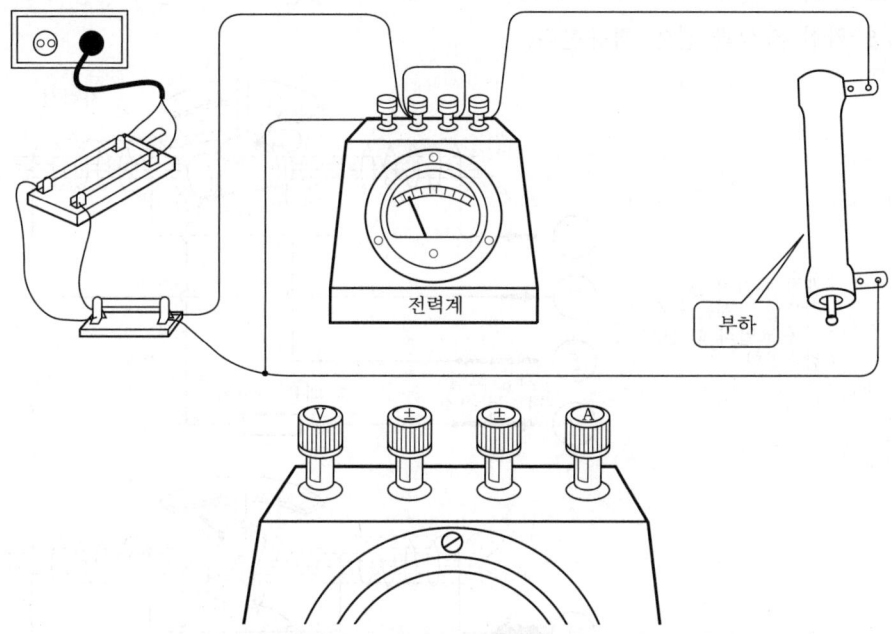

<전력계는 부하 저항에서 소비되는 전력을 측정하기 위해 연결된다.>

전력계는 그 눈금이 와트로 교정되어 있는 점과 2 개의 단자로 된 보통 계기들과는 달리 4 개의 단자를 가지고 있다는 것을 제외하고는 다른 형의 계기와 대단히 비슷하다. 4 개 단자 중의 2 개 단자는 전압 단자라 하고 나머지 2 개는 전류 단자라고 부른다. 전압 단자는 전압계를 연결할 때와 똑같이 회로 양단에 연결하며, 한편, 전류 단자는 전류계를 연결하는 것과 같은 방법으로 전류 회로에 직렬로 연결한다.

전압 단자 및 전류 단자의 각 하나 즉 2 개 단자에는 ±라는 기호가 표시되어 있다. 전력계를 사용하는 데 있어서 이 2 개 단자는 회로의 같은 점에 항상 연결하여야 한다. 이것은 보통 계기에서 직접 이 두 단자를 연결하면 된다. 교류 전력이나 직류 전력의 어느 것을 측정하는 데 있어서 공통 ±접합점은 전력선의 어느 한쪽에 연결하며 전압 단자(V)는 전력선의 다른 한쪽에 연결하고 전류 단자(A)는 전력을 소비하는 부하 저항에 연결한다.

전력계는 다르송발(D'Arsonval)이나 웨스턴(Weston)의 기본 계기 가동부로 만들어진 것은 아니다. 그 대신 전력계는 전류력계형 가동부를 사용한다. 이것은 자계용으로 영구 자석을 가지고 있지 않은 것이 다른 형과 다른 점이다. 이 계기의 자계는 계자 코일에서 만들어지는데 이 계자 코일은 일반 계기에서 영구 자석의 극을 놓는 것과 같은 방식으로 2 개의 코일을 서로 반대쪽에 놓은 것이다.

이 계자 코일은 전력계 전류 단자와 직렬로 연결하므로 회로 전류는 측정시 그 코일을 통해서 흐르도록 되어 있다. 회로 전류가 크면 계자 코일은 강한 자석과 같이 작용하고 회로 전류가 작으면 약한 자석과 같이 작용한다.

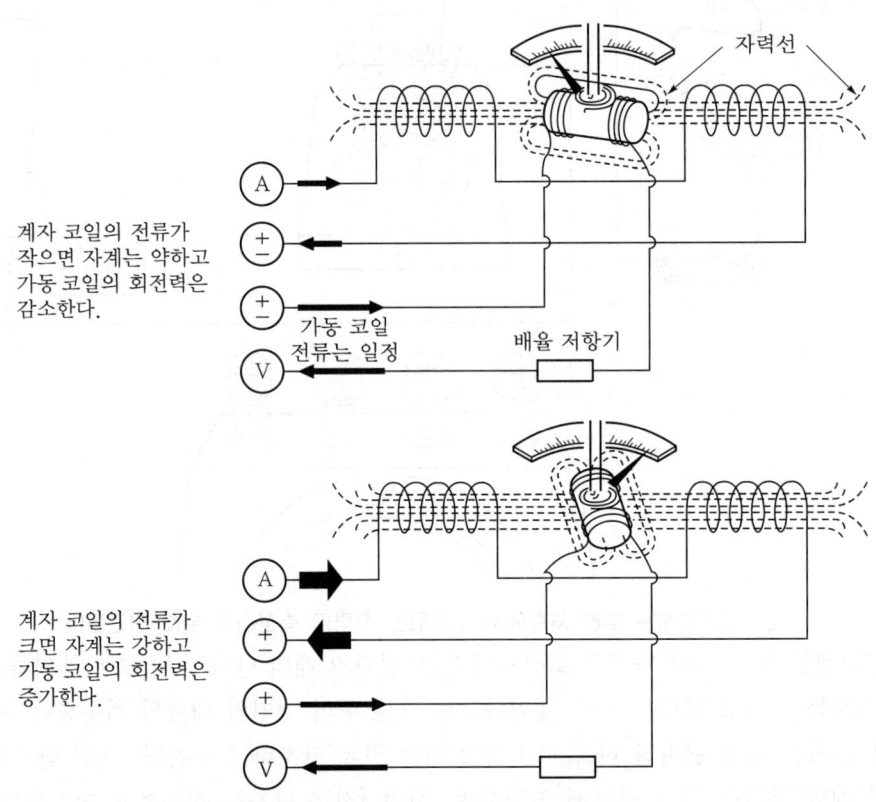

<계자 전류가 어떻게 전력계 지시에 영향을 주는가?>

계기의 자계의 세기는 회로 전류의 값에 따라서 다르므로 전력계의 지시는 회로 전류가 변함에 따라 변한다. 가동 코일 즉 전압 코일의 전류는 회로 전압에 좌우되고 또 이 코일의 회전력은 가동 코일의 전류 및 계자 코일의 전류에 좌우되므로 가동 코일의 전류가 일정하다면 회전력과 계기의 지시는 회로 전류에 의해서만 정해진다.

전력계의 가동 코일은 기본 계기의 가동부에서 사용한 가동 코일과 같고 또 전력계의 전압 단자의 내부 배율 저항기와 함께 직렬로 연결된다. 전압 단자는 전압 회로 양단에서 연결하며 그 연결 방법은 전압계와 같다. 그리고 배율 저항기는 가동 코일에 흐르는 전류를 제한한다. 배율기의 저항은 일정하므로 이 배율기와 가동 코일의 전류 크기는 회로 전압에 따라 변한다. 전압이 높으면 낮을 때보다 배율기와 가동 코일의 전류는 더 커진다.

회로 전류(부하에 흐르는 전류)의 양에 따라 결정되는 자계에 있어서 가동 코일의 회전력은 가동 코일(전압 코일)에 흐르는 전류의 양에 따라 다르게 된다. 이 전류는 또 회로 전압에 따라 다르므로 계기의 지시는 회로 전압이 변함에 따라 변한다. 이와 같이 계기의 지시는 회로 전류와 전압의 양쪽에 관계되고 이 중 어느 하나가 변해도 따라 변한다. 즉 전력은 전압과 전류의 양쪽에 관계되므로 이 계기는 전력을 측정한다.

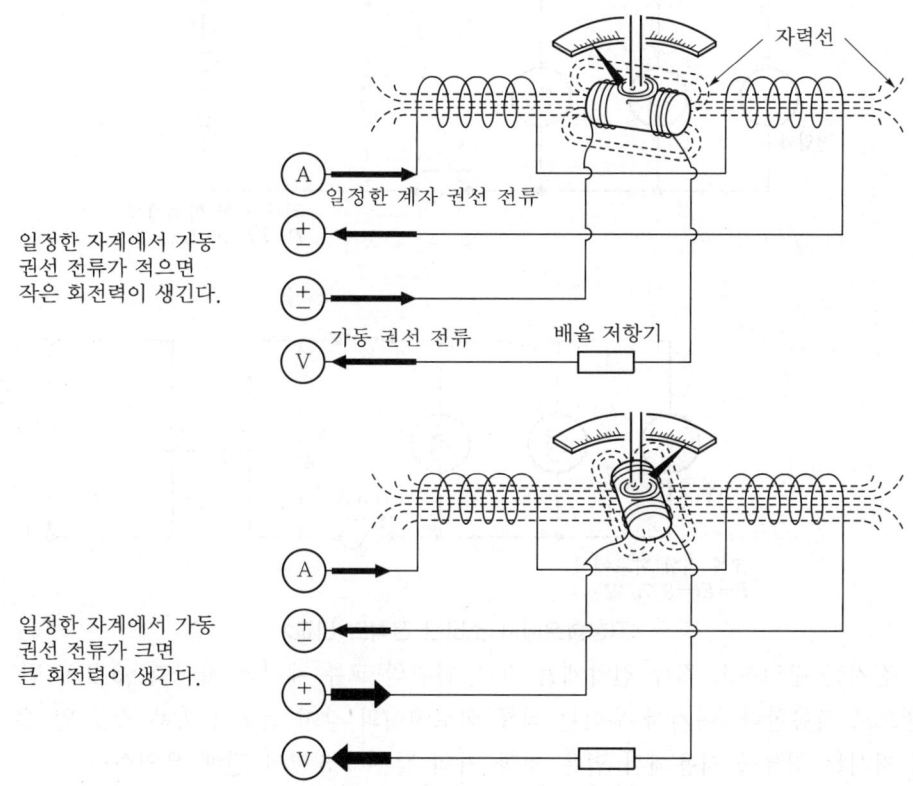

<가동 전선 전류는 어떻게 전력계 지시에 영향을 주는가?>

전력계는 직류나 133 사이클까지의 교류에서 사용될 수 있으나 항상 손상되지 않게 적절히 연결되어야 한다. 교류에서 사용할 때 계자 코일과 가동 코일의 전류는 동시에 바뀌어 계기 회전 전력은 항상 같은 방향으로 생긴다.

실습 … 교류 저항 회로의 전력

　교류 전압과 전류의 실효치가 직류에서와 같이 저항회로에서 소비되는 전력을 결정하는 데 사용될 수 있는 것을 표시하기 위하여 5개의 건전지를 직렬로 하여 만든 7.5 V 전지에 걸쳐서 2개의 전구 소켓을 병렬로 연결한다. 다음 0~10 V 직류 전압계를 전구 단자에 걸쳐 연결하고 회로 전압을 측정한다.

　250 mA 정격의 6 V 전구를 소켓에 꽂는다. 여기서 각 전구는 같은 밝기가 되는 것을 알 수 있다. 이 전구는 합해서 0.5 A를 회로에 흐르게 하며, 한편 전압은 7.5 V이다. 전력공식($P = EI$)을 사용하여 계산하면 전력은 7.5×0.5=3.75 W가 된다.

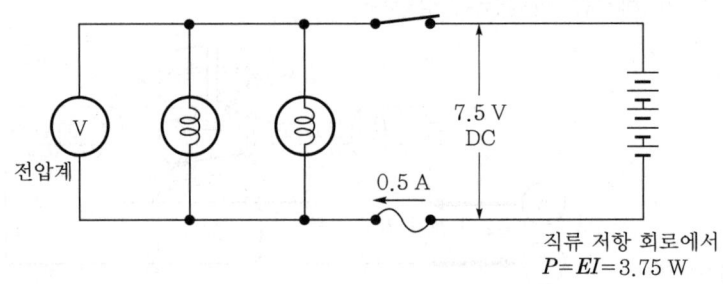

직류 저항 회로에서
$P = EI = 3.75$ W

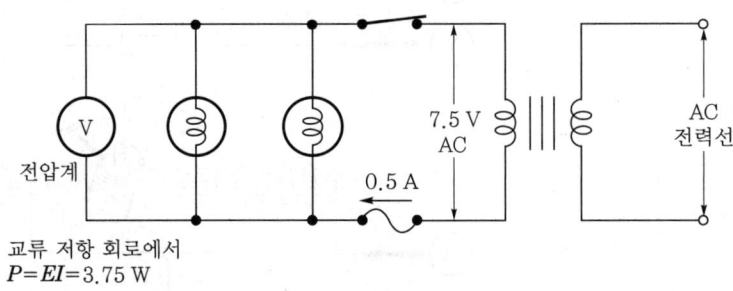

교류 저항 회로에서
$P = EI = 3.75$ W

〈저항회로에서 소비된 전력의 비교〉

　다음 전지를 분리하고 직류 전압계를 같은 범위의 교류 계기와 바꾼다. 6.3 V 변압기를 교류 전원으로 사용한다. 여기서 우리는 직류 회로에서와 같이 전구가 밝은 것을 알 수 있다. 전압계의 지시는 직류를 사용해서 얻은 것과 거의 같은 7.5 V인 점에 유의하라.

　전력 공식을 적용하면 교류 전력의 실효치는 7.5×0.5=3.75 W이고, 이것은 직류 전력과 같고 같은 양의 빛을 발생한다.

측정 범위가 75 W 이하의 전력계는 일반적으로 사용되지 않는다. 그리고 3 W나 4 W를 0~75 W 표준 계기 눈금에서 읽기가 곤란하므로 전력계로 전력 측정을 실습하는 데 더 큰 전력을 이용한다. 더 큰 전력을 얻기 위하여 단권 변압기(autotransformer)를 통해서 전원으로서 117 V 전력선을 사용한다. 이 단권 변압기에서는 약 60 V의 교류가 나온다. 저항기에서 소비된 전력을 측정하는 데 우선 전압계와 밀리암미터를 사용하고 그 다음 전력계를 사용한다.

코드(cord)에 쌍극 단투(DPST) 나이프 스위치와 쌍극 퓨즈 받침을 아래에 표시한 바와 같이 연결한다. 그리고 퓨즈 받침에 1 A 퓨즈를 삽입한다. 0~500 mA 교류 밀리암미터를 한 리드선에 직렬로 연결하고 150 Ω 100 W 저항기에 걸쳐 코드를 연결한다. 그리고 저항기의 단자에 직접 0~250 V 전압계를 연결하여 저항기 전압을 측정한다.

변압기 출구에 코드 플러그(plug)를 꽂고 스위치를 닫으면 전압계가 지시하는 선로 전압은 약 60 V가 된다. 그리고 150 Ω 저항기에는 밀리암미터로 측정된 바와 같이 약 0.4 A의 전류가 흐르게 된다. 저항기는 소비된 전력 때문에 뜨거워진다. 따라서 계기를 읽자마자 스위치를 연다. 저항기가 가열되어 그 저장치가 바뀌기 때문에 전류의 지시가 약간 변한다. 따라서 전류 지시의 평균치를 사용한다.

저항기에서 소비되는 전력을 계산하면 약 24 W가 되는 것을 알 수 있다. 전압은 60 V, 전류는 꼭 0.4 A라 하면, 전력은 60×0.4=24 W가 된다. 실제 실험 결과는 이와는 좀 다른데 이것은 얻어진 전압과 전류의 정확성 때문이다.

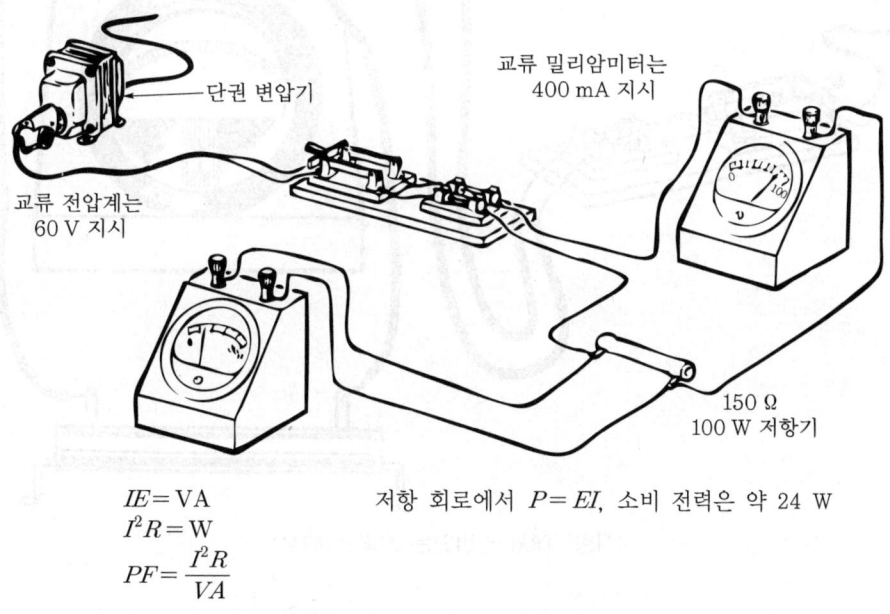

$IE = VA$
$I^2R = W$
$PF = \dfrac{I^2R}{VA}$

저항 회로에서 $P = EI$, 소비 전력은 약 24 W

<저항기에서 소비되는 전력의 산출>

밀리암미터와 전압계를 회로에서 떼고 전력계를 연결하여 저항기에서 소비된 전력을 측정하여 보자. 전류 및 전압의 ±단자를 짧은 점퍼(jumper)선으로 서로 연결하여 공통 단자를 만든다.

다음 퓨즈 블록(fuse block) 한쪽의 한 리드선을 이 공통 단자에 연결하고 다른 한 리드선을 V로 표시된 나머지 전압 단자에 연결한다. 저항기의 양단에 전선을 연결하고 이 전선을 순서 대로 전력계에 연결한다. 즉 이 전선의 한 끝은 전압 단자 V에, 다른 한 끝은 전류 단자 A에 연결한다.

이 연결이 모두 끝났으면 단권 변압기를 AC 전원 출구에 연결하고 스위치를 닫는다. 그러면 전력계의 지시는 약 24 W의 전력이 소비되었다는 것을 나타낼 것이다. 이때 전력계의 지시는 저항기가 가열되어 저항값이 변하므로 약간 변할 것이나 저항기의 온도가 최대치에 달하면 불변하게 된다. 그리고 이때 측정한 전력은 전압계와 밀리암미터를 사용하여 얻은 전력과 거의 같다는 것을 알 수 있으며 이 두 결과에 따라 모두 실제적인 용도에 대하여도 같다는 것을 생각할 수 있다.

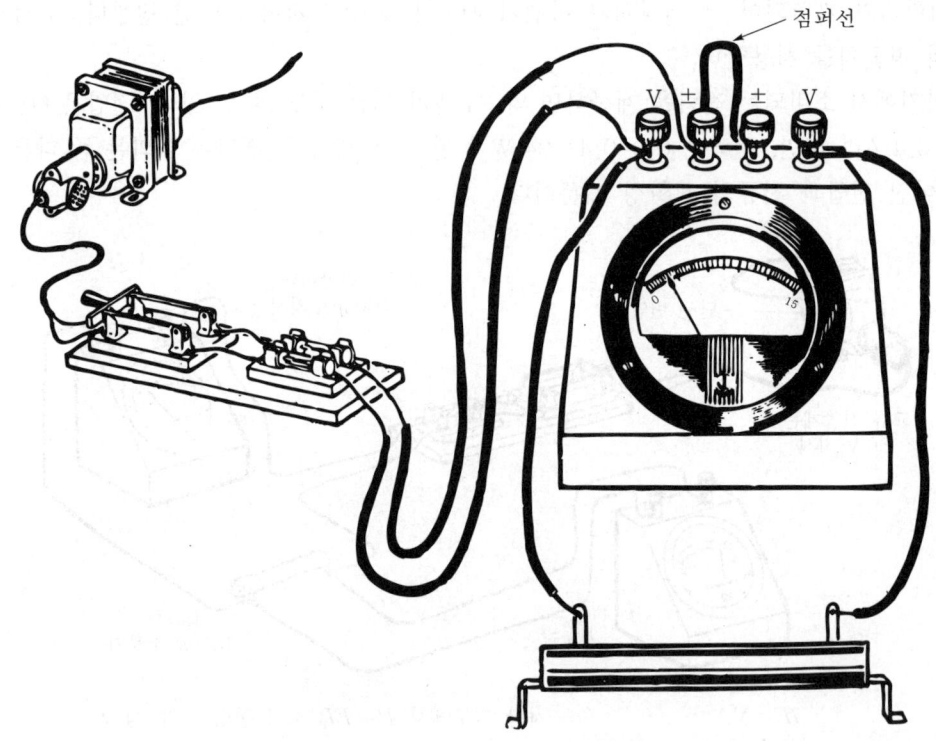

〈저항기에서 소비되는 전력의 측정〉

8 교류 회로의 저항에 대한 복습

교류 전력, 전력 파형 및 저항 회로에 있어서의 전력에 관한 몇 가지 사실을 복습하여 보자. 이미 배운 이와 같은 사실은 순 저항으로만 구성되지 않은 다른 교류 회로를 이해하는 데 큰 도움이 될 것이다.

① **교류 전력파** : 순시 전력의 모든 값을 그린 그래프

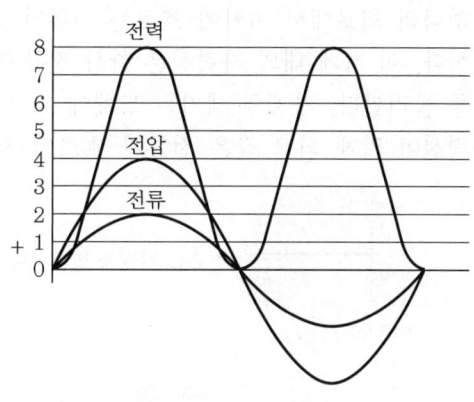

② **평균 전력** : 전력파에 그린 대칭축의 값과 같은 값

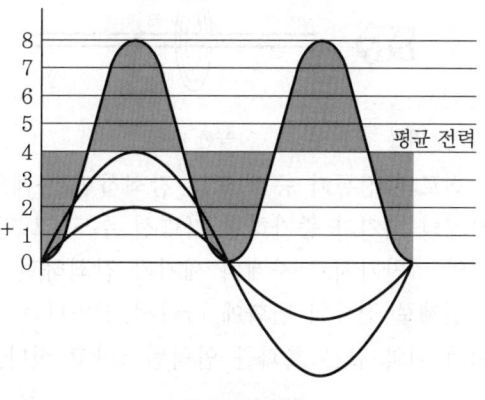

③ **전력계** : 회로에 연결하여 직접 전력을 측정하는 데 사용되는 계기

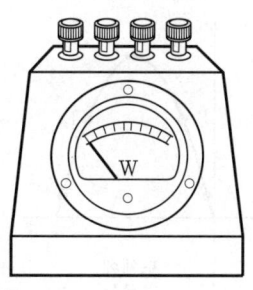

전압(E)와 전류(I)가 실효치를 표시한다면 교류 저항 회로에서 소비되는 전력을 구하는 데 전력 공식 $P = EI$를 사용할 수 있다는 것을 기억하자.

Section 28 교류 회로의 인덕턴스(inductance)

1 자체 유도(self-induction) 기전력

하나의 회로에서 여기에 흐르는 전류가 언제나 자계를 발생시키므로 인덕턴스라는 것이 존재한다. 이 자계 내의 자력선은 항상 전류가 흐르는 도체 주위에 동심원을 형성하도록 도체 주위를 둘러싼다. 자계의 세기는 도체에 흐르는 전류의 양에 따라 변한다. 즉, 큰 전류가 흐르면 자력선이 많게 되고 작은 전류가 흐르면 자력선도 적게 된다.

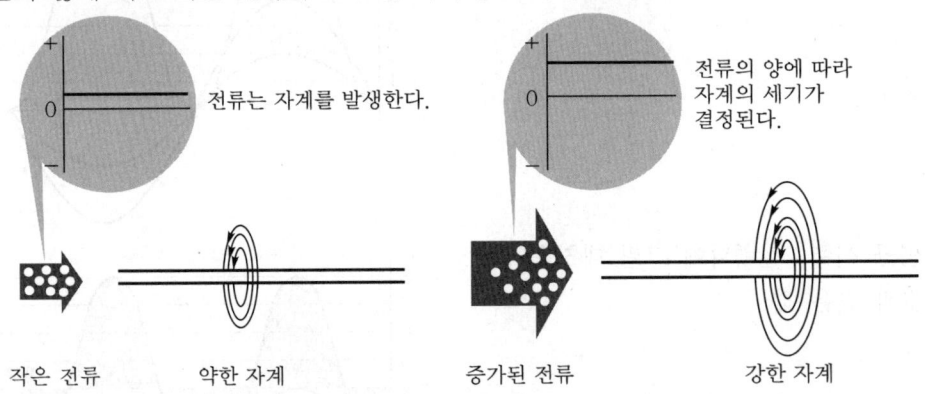

회로의 전류가 증가 또는 감쇠하면 자계의 세기도 같은 방향으로 증가 또는 감쇠하게 된다. 자계의 세기가 증가하면 자력선 수도 그 만큼 증가되어 도체 중심으로부터 외부로 팽창한다. 이와 마찬가지로 자계의 세기가 감쇠하면 자력선은 도체의 중심을 향하여 수축된다.

실제로 전류의 변화에 따라서 일어나는 이 자계의 수축 팽창은 자체 유도의 기전력을 일으키며 이와 같은 효과를 인덕턴스라고 한다.

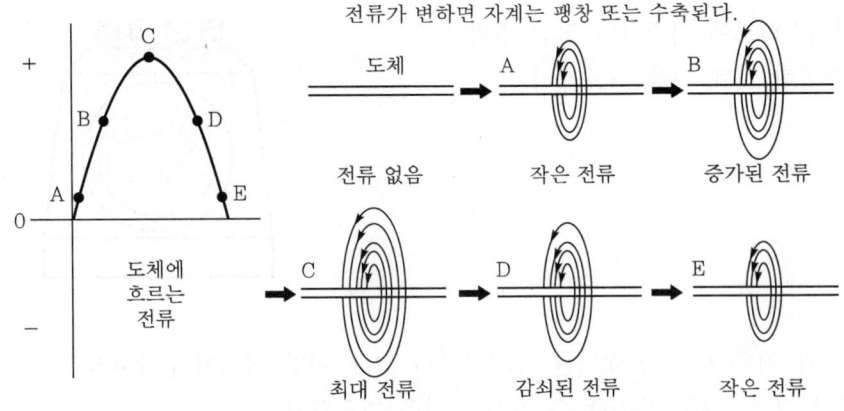

<인덕턴스 효과를 갖는 자체 유도 기전력>

2 직류 회로의 인덕턴스

인덕턴스가 어떻게 해서 발생되는가를 알아보기 위해 아래 그림과 같은 코일을 포함하는 회로를 생각하자. 회로의 스위치가 열려져 있는 동안은 전류가 흐르지 않으며 따라서 자계도 회로 도체 주위에 존재하지 않는다.

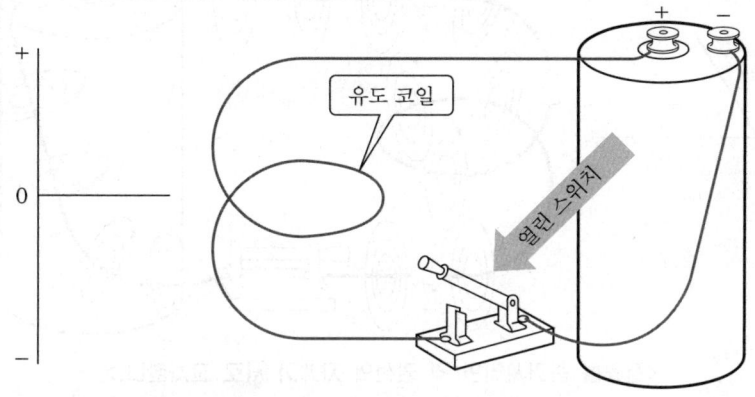

<전류가 흐르지 않으면 자계는 발생하지 않는다.>

스위치를 닫으면 전류가 회로를 통하여 흐르며 자력선은 코일의 권선을 포함한 회로 도체 주위에서 밖으로 향하며 팽창해 나간다. 회로를 닫는 순간에 있어서 전류는 0으로부터 시작하여 그의 최대치까지 올라간다. 이 전류의 상승 속도는 아무리 빠르다고 할지라도 순간적이라고는 할 수 없다.

실제로 우리는 전류가 흐르기 시작하는 순간에 있어서 회로 내의 자력선을 볼 수 있다고 상상해 본다. 그러면 이 자력선은 회로 도체 주위에서 자계를 형성함을 알 수 있다.

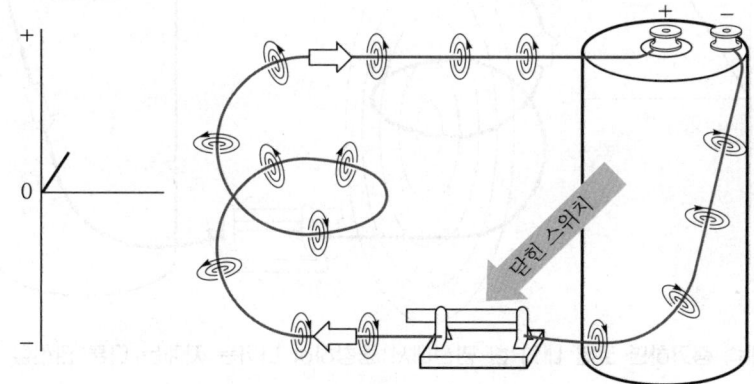

<전류가 흐르기 시작하면 자계가 도체 주위에서 발생한다.>

전류가 계속 증가하면 자력선도 계속 팽창하며 전선의 각 인접 권선 내에서 발생한 자계들을 서로 교차하게 된다.

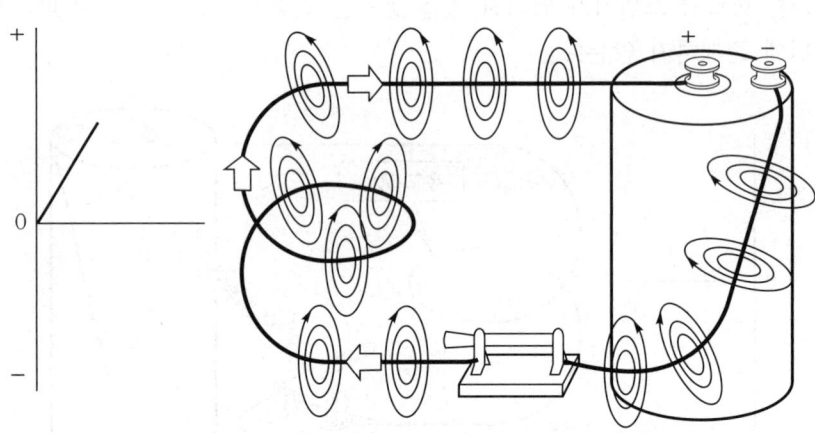

<전류를 증가시키면 각 권선의 자계가 서로 교차한다.>

각 권선 주위에서 발생하는 여러 자력선은 계속 팽창하며 이와 같이 하여 각 자력선은 코일의 인접 부분 권선을 끊는다.

이 자력선은 회로 전류가 증가는 한, 계속 팽창하며 코일의 각 권선으로부터 더욱 더 많은 자력선이 발생하여 코일의 인접 권선을 끊는다.

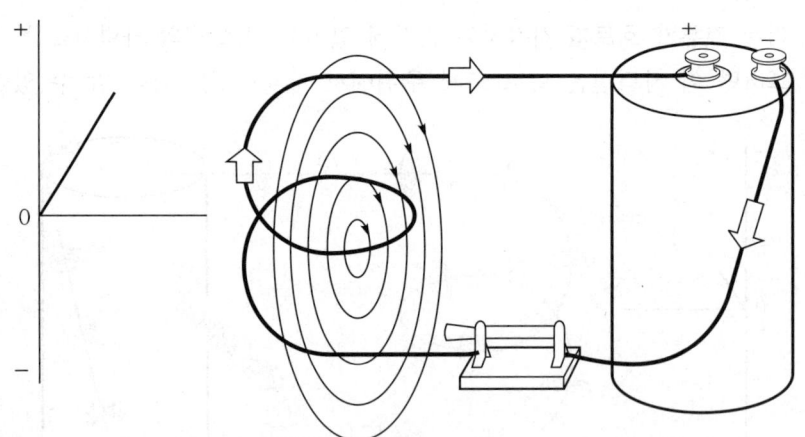

<전류가 계속 증가하면 코일 내의 한 권선에서 팽창하여 나가는 자계는 다른 권선을 끊는다.>

자계가 권선을 끊고 움직이면 언제나 권선 내에 기전력을 유도한다. 전류가 코일을 통하여 흐를 때는 언제나 이 전류는 자계를 유도해서 인접 코일 권선을 끊는다. 또 초기 전류의 방향이 변하면 유도 자계도 변하며 이 변화된 자계는 인접 코일 권선을 끊어서 전류의 변화를 방해하는 작용을 한다.

최초의 전류 변화는 코일 양단의 기전력 또는 전압에 의하여 발생된다. 그리고 자계 유도 기전력은 이러한 반항하는 힘이다. 인덕턴스란 코일 내에서의 변화를 방해하는 자체 유도 기전력을 발생하는 성질을 말한다.

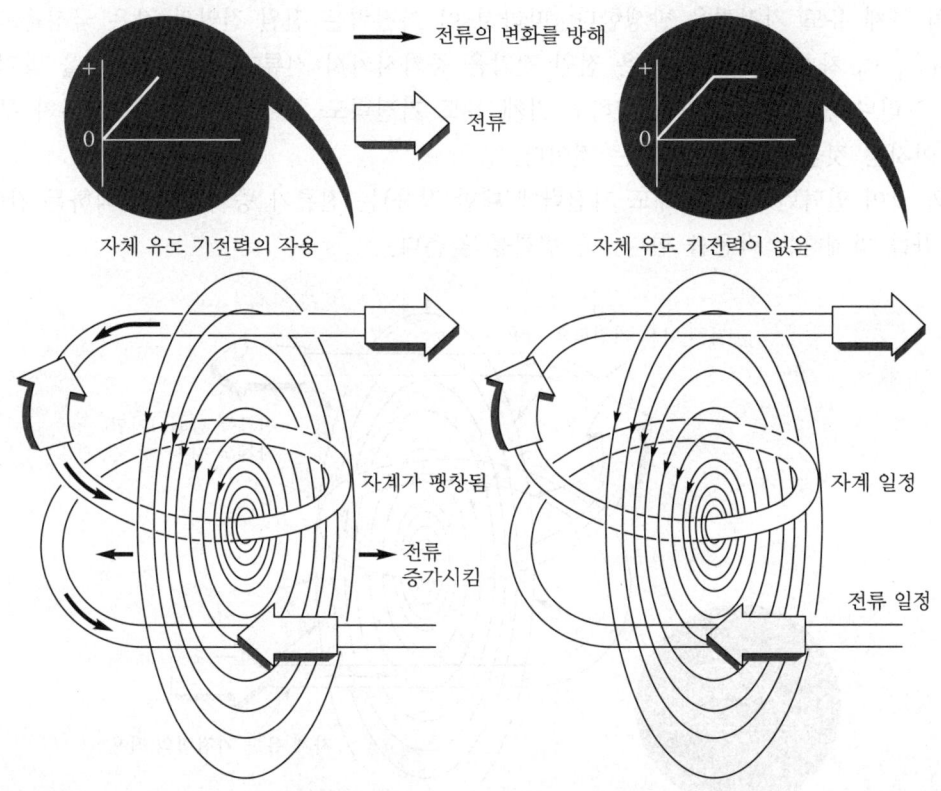

<전류의 변화 유도 기전력을 발생한다.>

회로 전류가 그 회로 전압과 저항에 의하여 결정되는 최대치까지 도달하면 전류의 값은 그 이상 변하지 않으며 자계도 더 이상 팽창하지 않는다. 따라서 자체 유도 기전력도 발생하지 않는다. 이때 자계는 일정하게 되나, 전류를 높이거나 낮게 한다면 자계는 팽창 또는 수축할 것이며 전류의 변화를 방해하는 자체 유도 기전력을 발생한다. 직류에 있어서 인덕턴스는 전력을 주거나 끊을 때에만 전류에 영향을 준다. 그것은 이 두 경우에만 전류의 값이 변하기 때문이다.

전류와 자계가 최대치에 달하면 자체 유도 기전력은 발생하지 않지만 만일 전원 전압을 낮추거나 회로 저항을 증가시키면 전류는 감쇠할 것이다. 전원 전압을 낮추는 경우를 생각하여 보면 이때 전류는 옴의 법칙에 의한 새로운 값 즉, 전압(E)과 저항(R)에 의하여 정하여지는 값까지 차차 감소한다. 전류가 감쇠하면 자계도 또한 감쇠하며 각 자력선은 도체를 향해 내부로 수축된다. 이 수축 또는 감쇠된 자계는 회로 전류가 증가할 때의 방향과 반대 방향으로 코일 권선을 끊게 된다.

전류 변화의 방향이 반대가 되면 감쇠 또는 수축된 자계는 팽창 자계에 의한 기전력과 반대 방향의 자체 유도 기전력을 발생한다. 따라서 이 기전력은 전원 전압과 같은 극성을 갖게 된다. 다음, 이 자체 유도 기전력은 전원 전압을 증가시켜서 전류가 떨어지는 것을 방지하려고 한다. 그러나 전류의 변화가 중지하면 자체 유도 기전력도 없어지게 되므로 전류가 무한정으로 떨어지는 것을 피할 수는 없는 것이다.

이와 같이 인덕턴스(자체 유도 기전력에 대한 작용)는 전류가 증가하든 감쇠하든 간에 전류의 변화를 방해하는 작용을 한다. 즉 변화를 늦춘다.

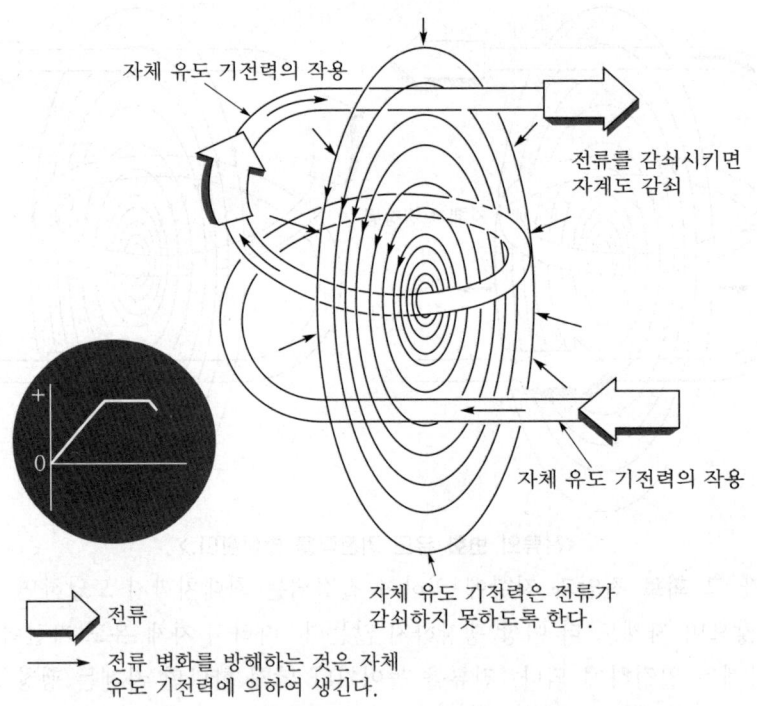

〈감쇠(수축)되는 자계도 또한 자체 유도의 전력을 발생한다.〉

회로가 닫혀져 있는 동안은 전류는 계속 옴의 법칙에 의한 값을 가지고 흐르며 어떠한 유도 기전력도 발생하지 않는다.

지금 스위치를 열고 회로 전류를 끊을 때의 경우를 생각하여 보자. 이때 전류는 즉시 0으로 떨어져 흐르지 않아야 하나 실제로는 약간의 시간적 지연이 있고 스위치의 양 접촉자를 통하여 스파크(spark : 불꽃)가 일어난다.

스위치를 열면 전류는 급속히 0을 향하여 떨어지고 자계도 대단히 빠른 속도로 없어진다. 자계가 급속히 감쇠되면 대단히 높은 유도 기전력을 발생한다. 그리고 이 유도 전력은 전류의 변화를 방해할 뿐만 아니라 스위치를 통하여 아크를 일으켜 전류를 지속하게 한다. 이것이 비록 순간적이라고 할지라도 이 급속한 자계의 감쇠에 의하여 발생되는 유도 기전력은 대단히 높은 것이며 때로는 초기 전원 전압의 수 배가 되는 수도 있다. 이 작용은 흔히 특별한 종류의 기기에서 아주 높은 전압을 얻는 데 유리하게 사용된다.

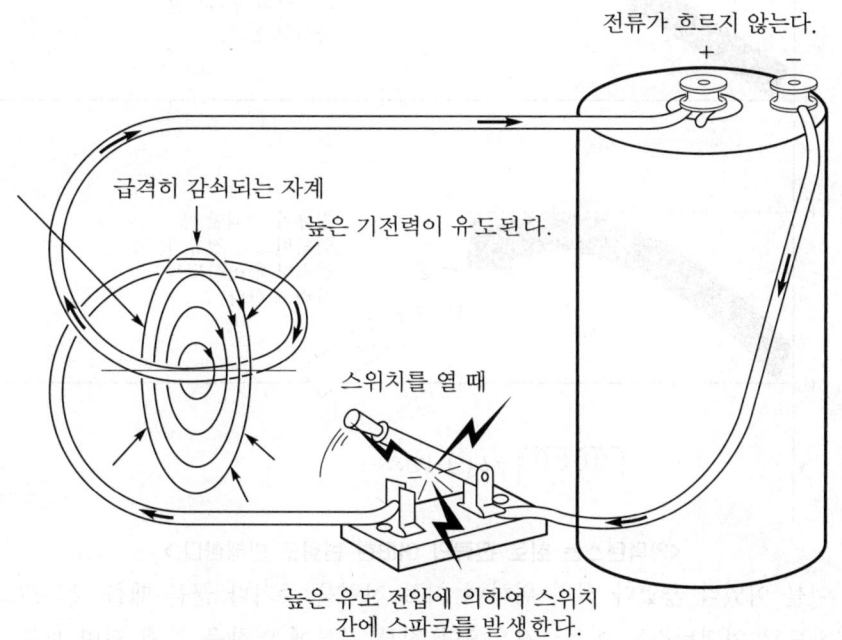

〈직류 회로에서 자계의 감쇠는 대단히 높은 전압을 유도한다.〉

3 인덕턴스의 기호

인덕턴스는 우리가 직접 볼 수는 없으나 모든 전기 회로에 존재하며 회로 전류가 변화할 때는 언제나 그 회로에 영향을 준다.

전기 회로에서는 인덕턴스를 표시하기 위한 기호로서 문자 "L"을 사용한다. 전선의 코일은 같은 길이를 가진 직선의 전선보다 더 큰 인덕턴스를 갖기 때문에 코일을 유도자(inductor)라고도 부른다.

인덕턴스를 나타내는 문자 및 기호는 아래 그림과 같이 표시한다.

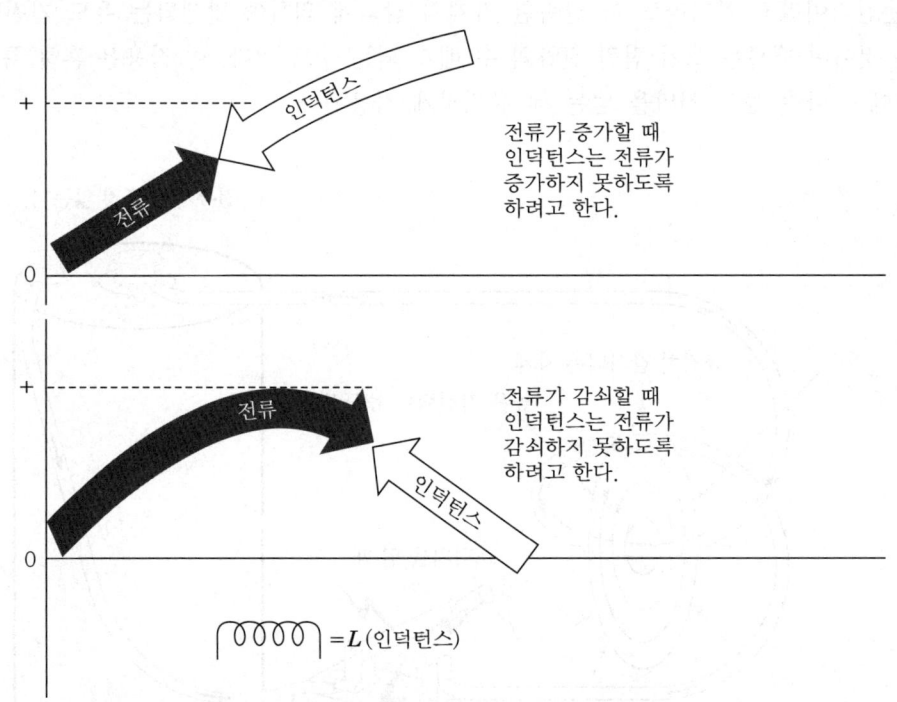

〈인덕턴스는 회로 전류의 어떠한 변화도 방해한다.〉

직류는 이를 이었다 끊었다 하기 위하여 회로 전력을 주거나 끊을 때를 제외하고는 정상 시에는 일정하므로 인덕턴스는 이 두 경우에만 직류 전류에 영향을 주게 되며 보통 회로의 작용 시에는 거의 영향을 주지 않는다. 그러나 교류는 계속적으로 변화하고 있기 때문에 회로의 인덕턴스는 언제든지 교류 전류에 영향을 준다.

어떠한 회로에도 약간의 인덕턴스는 있지만 그 값은 회로의 물리적인 구조 및 여기에 사용할 전기 장치에 따라 다르다. 어떤 회로에서는 교류 전류에 대해서도 인덕턴스가 매우 적기 때문에 그 영향을 무시할 수 있다.

4 인덕턴스에 영향을 주는 요소

아무리 간단한 회로일지라도 하나의 완전한 루프(loop) 또는 단일 권선 코일을 형성하므로 모든 완전한 전기 회로는 약간의 인덕턴스를 가진다. 즉, 직선의 전선에도 이 전선의 중심으로부터 밖으로 향하여 팽창하거나 이 전선의 중심을 향하여 약화(수축)되는 자계의 작용으로 유도 기전력이 발생한다. 이 유도 기전력은 팽창하는 자계에 의해 자력선을 끊는 전선의 인접권선의 수가 많으면 많을수록 많이 발생된다. 따라서 많은 권선을 가진 코일일수록 인덕턴스는 크게 된다.

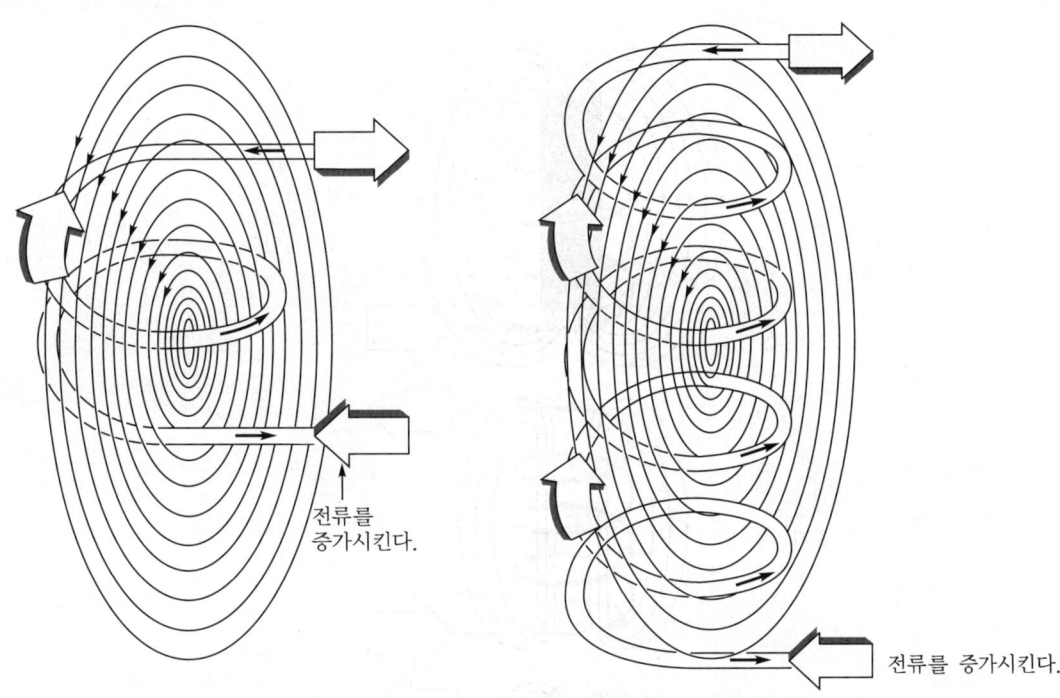

〈코일의 권수를 증가시키면 유도 기전력도 증가한다.〉

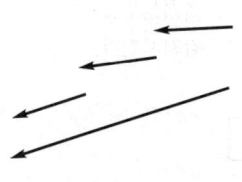
전체 유도 기전력

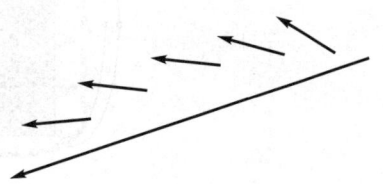
전체 유도 기전력

〈이들을 모두 합한다.〉

자계의 세기에 영향을 줄 수 있는 요소는 모두 회로의 인덕턴스에도 역시 영향을 준다. 예를 들면 철심을 코일 내에 넣으면 철심은 공기보다 더 좋은 자력선의 통로를 마련해주므로 인덕턴스가 증가한다.

그러므로 전류가 변할 때는 더 많은 자력선이 팽창 또는 수축할 수 있게 된다. 그러나 동심은 확실히 이와 반대 효과를 가진다. 구리는 공기보다 더 자력선에 반항하는 성질을 가지고 있으므로 동심을 코일 안에 넣으면 전류가 변화할 때 자계의 변화가 보다 적어지는 결과가 되며 따라서 인덕턴스도 감쇠한다.

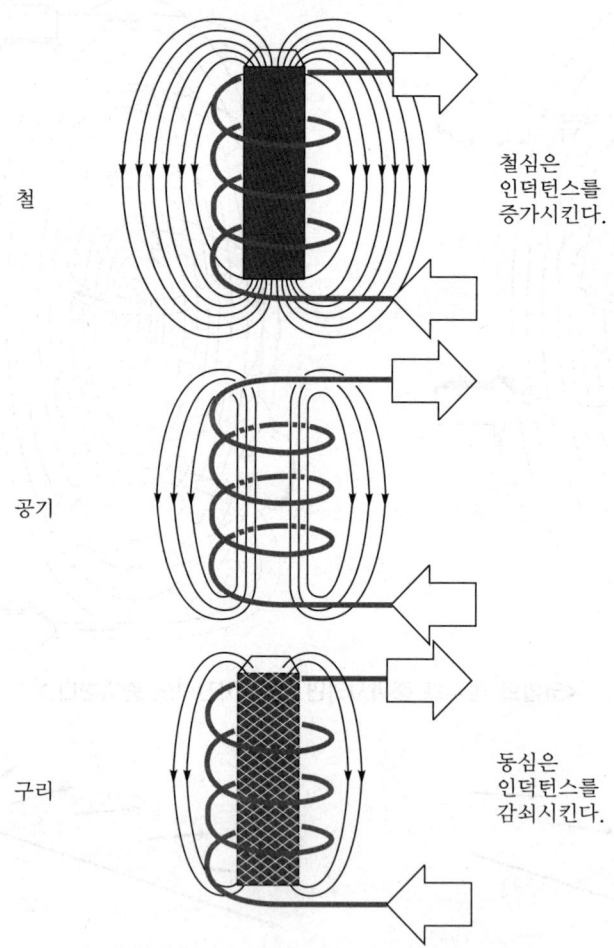

〈심(core)의 재료는 인덕턴스에 어떠한 영향을 미치는가?〉

5 인덕턴스의 단위

전기 공식에서는 인덕턴스를 표시하는 기호로서 L을 사용한다. 인덕턴스를 재는 기본 단위는 헨리(Henry : 기호는 H)이다. 1 헨리보다 적은 인덕턴스의 양에 대하여 밀리헨리와 마이크로헨리가 사용된다. 헨리보다 큰 단위는 사용되지 않는데 이유는 보통 인덕턴스가 수 헨리나 몇 분의 1헨리의 값을 가지고 있기 때문이다.

인덕턴스는 특별한 실험 기구로 측정될 수 있을 뿐이며, 또 그 값은 회로의 물리적 구조에 따라 다르다. 권선의 인덕턴스의 크기를 결정하는 중요한 몇 가지 요소는 권수, 권선 간의 간격, 권선의 직경, 권선 내부와 주위의 물질의 종류 및 권선의 굵기, 권선의 층 수, 감는 방법 및 코일의 전체 모양이다. 권선의 굵기는 직접적으로 인덕턴스에 영향을 주지 않지만 공간에서 감을 수 있는 권수에 영향을 준다. 모든 이러한 요소는 변할 수 있으므로 간단한 식을 사용하여 인덕턴스를 구할 수는 없다. 여러 가지 다르게 만든 코일이 1 헨리의 인덕턴스를 가지고 있다면 이들 각각의 회로에 미치는 효과는 같다.

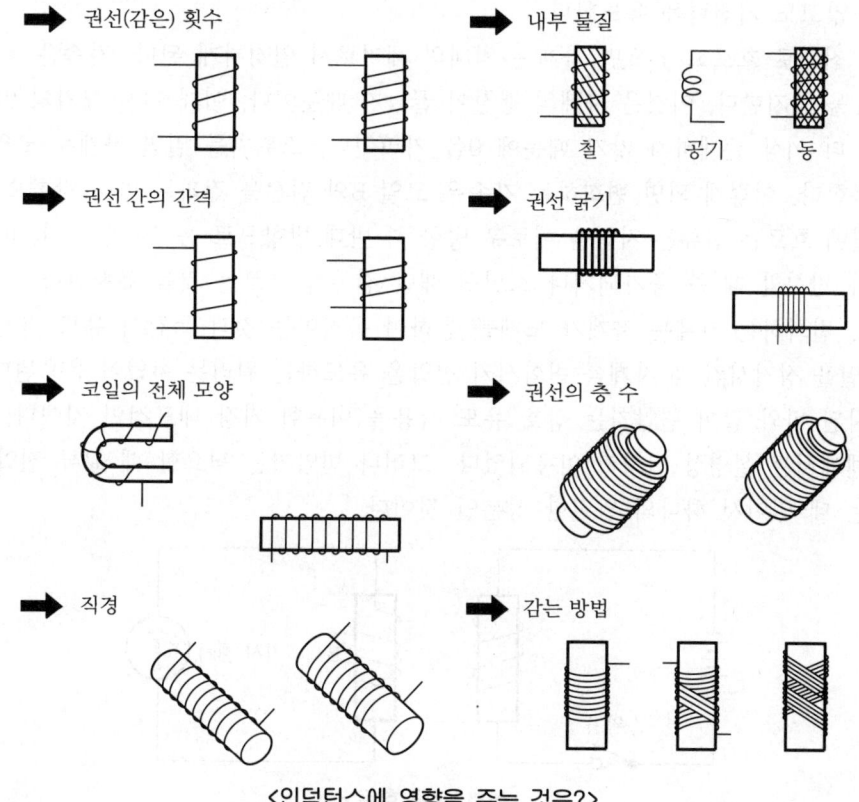

〈인덕턴스에 영향을 주는 것은?〉

6 상호 유도(mutual induction)

"상호 유도"라는 말은 두 회로가 함께 한 회로의 에너지를 가지고 있는 상태를 말한다. 즉 이것은 에너지가 한 회로에서 다른 회로로 전달되고 있는 상태를 말한다.

아래 그림을 생각해 보자. 코일(coil) A는 전지로부터 에너지를 얻는 1차 회로이다. 스위치를 닫았을 때 전류가 흐르기 시작하고 자계가 팽창하여 코일 A 밖으로 나온다. 이때 코일 A는 전지의 전기 에너지를 자계의 자기 에너지로 바꾼다. 코일 A의 자계가 팽창할 때 자계는 2차 회로인 코일 B를 자른다. 여기에서 기전력이 유도된다. 2차 회로의 지시 계기(검류계)는 움직여서 유도 기전력에 의하여 생긴 전류가 회로에 흐르고 있는 것을 표시한다.

유도 기전력은 코일 A의 자속을 통해서 코일 B를 움직여서 발생시킬 수 있다. 그러나 여기서 유도되는 전압은 코일 B를 움직이지 않고 유도된다. 1차 회로의 스위치를 열면 코일 A에는 전류도 자계도 없게 된다. 스위치를 닫으면 곧 전류가 코일에 흐르고 자계가 발생된다. 이와 같이 하여 생긴 팽창하는 자계는 코일 B의 전선을 통하여 움직이거나 전선을 끊어 코일 B를 움직이지 않고도 기전력을 유도한다.

전류가 최대로 흐르고 있으면 자계는 최대의 세기로서 일정하게 된다. 자속은 권선 B를 자르는 작용을 중지한다. 이것은 자계의 팽창이 끝났기 때문이다. 이때 지시 계기의 바늘은 유도 기전력이 더 이상 존재하지 않기 때문에 0을 가리킨다. 스위치를 열면 자계는 코일 A쪽으로 감쇠 수축한다. 이렇게 되면 변화하는 자속은 코일 B의 전선을 전과는 반대 방향으로 자른다. 이때 코일에 흐르는 전류는 지침을 새로운 방향 즉 반대 방향으로 움직이게 한다. 따라서 지침은 자계가 변화할 때 즉 증가되거나 소멸될 때만 전류가 흐르는 것을 표시한다.

요컨대, 변화하는 자계는 자계가 도체를 통하여 움직이는 것과 똑같이 유도 기전력을 발생한다. 코일을 정지시킨 채 자계를 변화시켜 전압을 유도하는 원리는 수없이 응용된다. 아래 그림에 표시된 바와 같이 변압기는 상호 유도 작용을 이용한 가장 대표적인 것이다.

위의 예에서는 설명상 전지가 이용되었다. 그러나 변압기는 필요할 때 교류 전압을 전달하고 바꾸는 데 있어서 하나의 완전한 성분인 것이다.

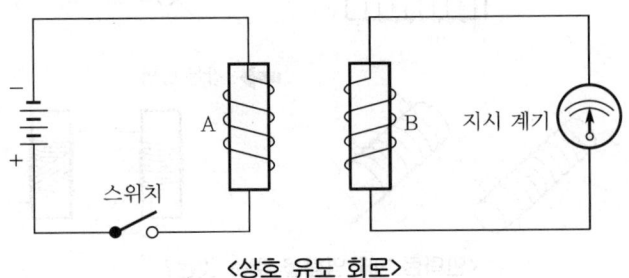

<상호 유도 회로>

7 변압기는 어떻게 동작하는가?

교류가 한 코일을 흐를 때 교번 자계가 코일 주위에 발생한다. 이 교번 자계는 코일에 흐르는 교류가 영으로부터 최대로 그리고 영으로 다시 변화하는 데 따라 코일의 중심으로부터 밖으로 팽창하고 또 코일 속으로 감쇠한다. 교번 자계는 권선을 잘라야만 자기 유도의 기전력이 코일에서 유도되는데, 이것은 전류의 변화에 반항하는 것이다.

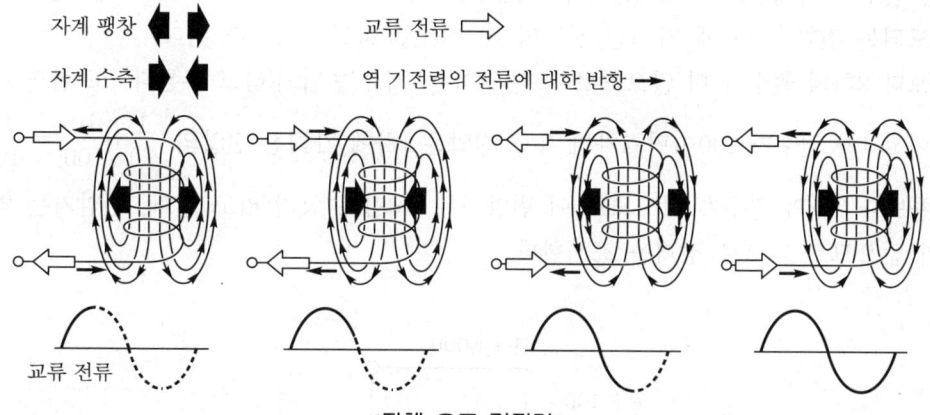

〈자체 유도 기전력〉

한 코일에 의해서 발생된 교번 자계가 둘째 코일을 자르면 이 둘째 코일에 기전력이 발생하는데 이것은 그 자신의 자계가 코일을 잘라 기전력이 발생하는 것과 같다. 둘째 코일에 발생된 기전력은 상호 유도 기전력이라고 부르고 이러한 전압을 발생하는 작용을 "변압기 작용"이라고 부른다. 변압기 작용에서 전기 에너지는 한 코일(1차 코일)로부터 다른 코일(2차 코일)로 자계를 변화시킴으로써 전달된다.

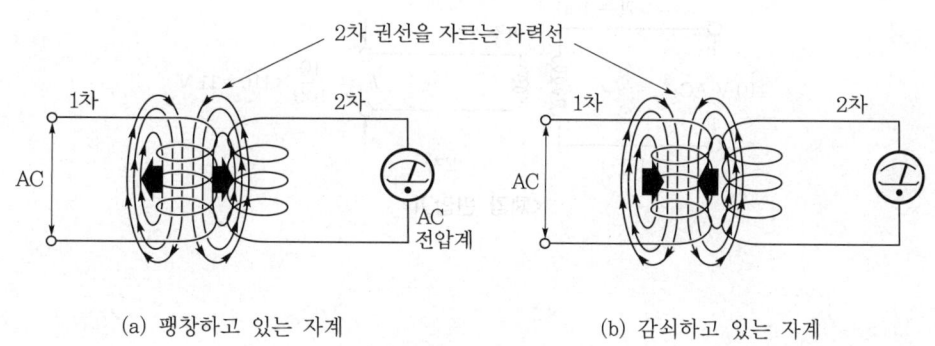

(a) 팽창하고 있는 자계   (b) 감쇠하고 있는 자계

〈상호 유도 기전력〉

간단한 변압기는 2 개 코일로 구성되고 이들은 밀접하게 놓여져 있으며 전기적으로 서로 절

연되어 있다. 교류 전압이 가해지는 코일을 1차라고 한다. 이것은 자계를 발생하고 이 자계는 '2차'라고 하는 다른 코일을 끊고 거기서 전압을 발생시킨다. 그 코일은 실제로는 서로 연결되어 있지 않다. 이와 같이 변압기는 전력을 한 코일로부터 다른 코일로 교번 자계에 의해서 전달한다.

1차로부터 나온 모든 자력선이 모든 2차 권선을 자르면 2차에 유도된 전압은 1차 권수에 대한 2차 권수의 비에 따라 다르게 된다. 예컨대, 2차가 1,000권수, 1차가 100권수뿐이라면 2차에 유도되는 전압은 1차에 가해진 전압의 10 배(1,000/100=10)가 된다.

1차보다 2차의 권수가 더 많으므로 그 변압기는 '체승 변압기'라고 부른다. 또 한편 2차 권수가 10이고 1차 권수가 100이면 2차의 유도 전압은 1차에 가해진 전압의 $\frac{1}{10}\left(\frac{10}{100}=\frac{1}{10}\right)$이 된다. 1차보다 2차의 권수가 적으므로 이 변압기는 "체감 변압기"라고 한다. 변압기는 역률과는 관계가 없으므로 kVA로 정격을 표시한다.

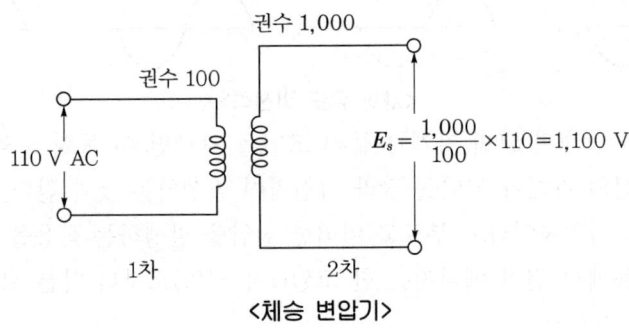

〈체승 변압기〉

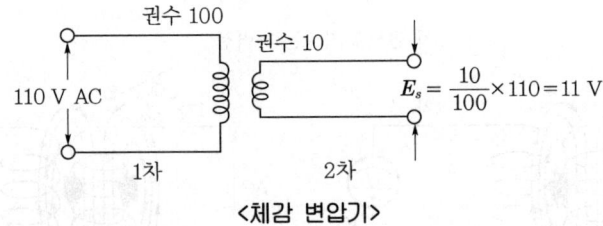

〈체감 변압기〉

변압기의 1차 전류는 상호 유도 기전력 때문에 2차 전류와는 반대 방향으로 흐른다. 자체 유도 기전력은 또 1차 권선에서도 일어나며 인가 기전력에 대해서 반항한다.

2차 출력구에 부하가 없을 때는 1차 전류는 자체 유도 기전력과 인가 기전력이 거의 크기가 같기 때문에 대단히 적다. 2차에 부하가 없다면 2차 전류도 흐르지 않는다. 이와 같이 보통 1차 자계에 반항하는 자체 유도 자계는 2차에서는 생길 수 없는 것이다. 1차 자계는 이때 2차 전류에 의해 보통 생기는 자계의 방해를 받지 않고 최대치가 된다. 1차 자계가 커져서 최대치가 되면 그것은 자체 유도의 최대 기전력을 발생하고 인가 전압에 반항한다. 이상에서 말한 바와 같이 자기 유도 기전력은 인가 기전력과 같다는 것이 요점이다. 자체 유도 기전력과 인가 기전력 간의 차이로 1차에서 적은 전류가 흐르는데 이것이 여자 전류 또는 자화 전류이다.

2차에서 흐르는 전류는 1차 전류와 반대 방향이다. 부하가 2차에 가해지면 2차 전류에 의한 자력선은 1차와 연결(linking)하는 자속을 순간적으로 감쇠시킨다. 이 자력선의 감쇠로 자체 유도 기전력이 감쇠하고 1차에 더 많은 전류를 흐르게 한다.

전자 유도(electromagnetic induction)의 모든 경우에 있어서 유도 기전력의 방향은 전류에 의해 생긴 자계가 기전력을 발생하고 있는 운동을 방해하는 방향이다. 이것은 렌츠(Lenz)의 법칙을 말하고 있으며 다음 절에서 배운다.

변압기에서 모르는 것을 구하기 위하여 공식 $\dfrac{E_p}{E_s} = \dfrac{I_s}{I_p} = \dfrac{T_p}{T_s}$ 를 사용한다. 그리고 이 식의 양변에서 가위 같이 엇갈리게 서로 곱하면 필요한 것을 구할 수 있다. 변압기에 관한 더 상세한 것은 이 절의 끝에서 취급한다.

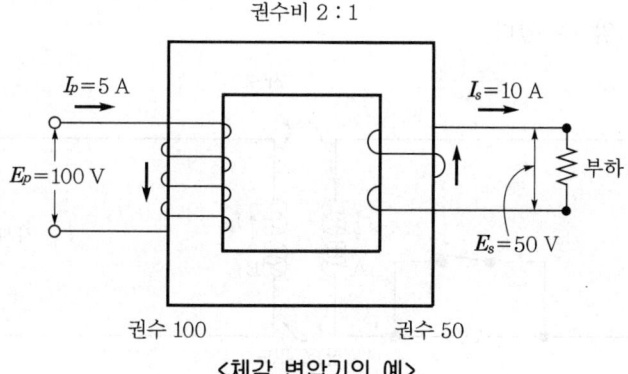

〈체감 변압기의 예〉

8 패러데이(Faraday)의 법칙

패러데이(Michael Faraday)는 영국 과학자로서 전자기(electormagnetism) 분야에서 많은 중요한 연구를 하였다. 그의 상호 유도에 관한 연구가 결국 변압기의 개발에 이르렀다고 하는 것은 흥미있는 일이다.

상호 유도의 원리를 개발하는 데 있어서 사용한 법칙은 패러데이 책임하에 만들어진 것이다. 한 회로에 접하는 전 자속이 시간과 더불어 변하면 그 회로에서 기전력이 유도된다는 것을 그는 발견하였다. 자속의 시간적 변화율이 증가하면 유도 기전력의 크기도 증가한다는 것도 그가 발견하였다. 다르게 표현한다면 한 회로에 유도되는 기전력의 특성은 회로와 접하는 자속의 양과 자속의 변화율에 좌우된다는 것을 패러데이가 발견하였다.

지금 말한 원리를 실험을 통해 우리는 보아왔다. 자계 내에서 도체를 움직이면 도체에는 기전력이 유도되고, 그 크기는 자계에 대해서 도체가 움직이는 속도에 정비례한다는 것도 보았다. 실험을 해본 결과 패러데이의 법칙에 있어서의 또 다른 점은 한 코일에 유도되는 전압은 코일의 권수, 유도 자속의 크기 및 이 자속의 변화율에 비례한다는 사실이다.

상호 유도(옆의 도체에 기전력이 유도 하는 것)에 관한 예로서 아래 그림의 두 코일을 생각하여 보자. 전자는 전류로서 표시된 방향으로 움직이고 있다. 이 전류가 자계의 자속을 발생시킨다. 그리고 전류가 일정하면 자력선의 수도 일정하게 된다. 단락 스위치를 열어 전류가 변하면 코일 A의 자력선 수는 감쇠하므로 코일 B와 접하는 자속이 또한 감쇠한다. 이 변화하는 자속은 코일 B 내에 유도 기전력을 발생시키는데 이것은 계기의 지침의 움직임을 보면 명백히 알 수 있다. 이와 같이 에너지는 전자 유도의 원리에 의하여 한 회로로부터 다른 회로로 전달될 수 있다는 것을 알 수 있다.

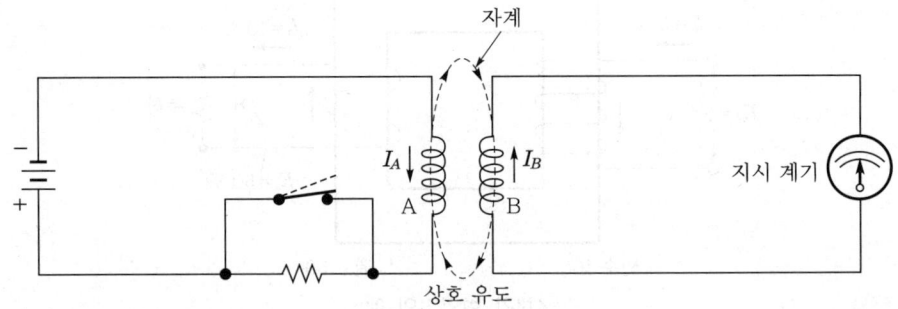

위의 그림에서 기전력의 전원으로 전지를 사용하고 전류를 변화시키는 것은 단지 스위치를 열고 닫는 방법만을 사용하였다. 대단히 낮은 주파수(초당 1 사이클)의 교류 전압 전원을 전지와 대치시키면 지시 계기는 계속적인 전류 변화를 표시한다. 처음은 좌(또는 우)로 움직이고, 다음은 그 위치가 반대가 되어 교류의 흐르는 방향이 반대가 됨을 나타낸다.

9 직류 회로의 유도 시상수(time constant)

직렬 연결의 전지 스위치 및 저항기로 구성된 회로에서 전류는 스위치를 닫을 때는 언제나 즉시 최대치까지 상승한다. 실제로 영(0)으로부터 최대치까지 순간적으로 변화할 수 없으나 그 시간이 대단히 짧기 때문에 순간적이라고 생각할 수 있는 것이다.

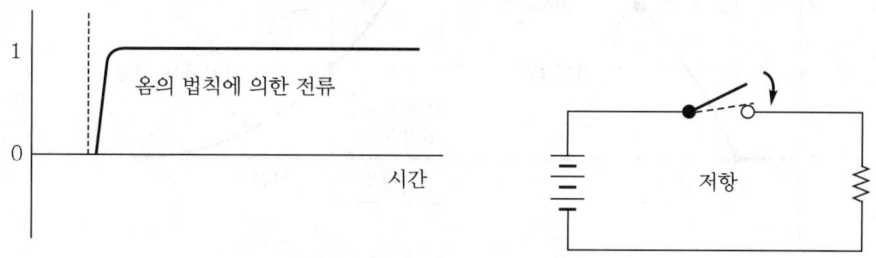

<저항 회로에서의 전류의 상승>

전선의 코일을 사용하여 이것을 저항기와 직렬로 하면 이때는 전류는 순간적으로는 상승하지 않는다. 전류는 처음에는 빨리 상승하나 최대치에 도달할수록 천천히 상승한다. 모든 유도 회로에 대하여 이 곡선의 모양은 최대치에 도달하는 데 소요되는 시간이 변화하더라도 근본적으로 같다. 전류가 최대치에 도달하는 데 소요되는 시간은 회로의 인덕턴스와 옴으로 표시된 저항과의 비로써 결정된다. 인덕턴스를 저항으로 나눈 비, L/R은 유도 회로의 시상수라고 부르는 것이고 또 전류가 그 최대치의 63.2 %까지 상승하는 데 소요되는 시간을 초로 표시한 것이다.

회로 전류의 상승이 이와 같이 지연되는 것을 '자체 인덕턴스'라 하며, 완동 계전기(time-delay relay) 및 시동 회로와 같은 실제 회로에서 많이 사용된다.

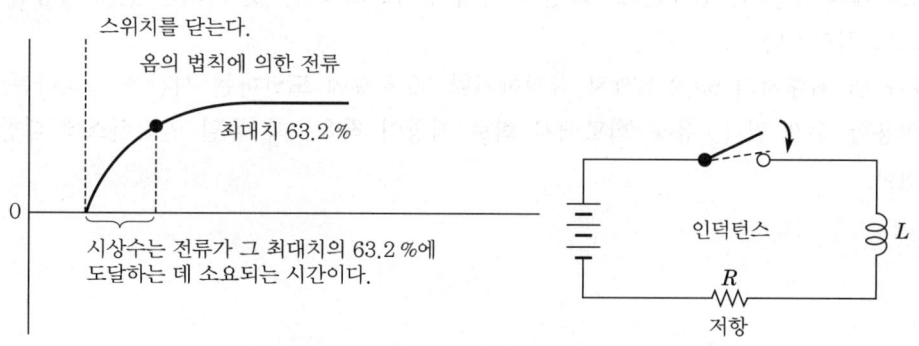

<유도 회로에서 전류는 그 상승이 지연(delay)된다.>

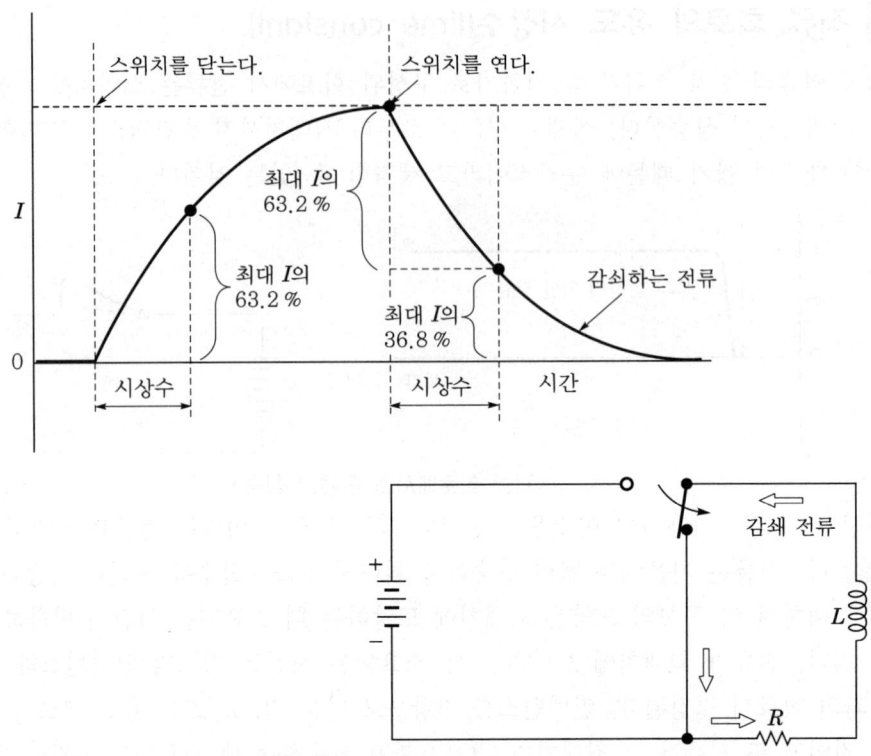

<유도성 회로에서의 전류의 증가와 감쇠>

전지의 스위치를 여는 순간에 코일 단자를 같이 단락시킨다면 코일의 전류는 소멸하는 자계 작용으로 계속 흐른다. 전류는 그 곡선이 반대 방향으로 되는 것 이외는 원래 상승할 때와 같은 식으로 떨어진다.

전류가 원 최대치의 63.2 %까지 감쇠하거나 36.8 %에 도달하는 시간을 결정하는 데 시상수를 이용할 수가 있다. 유도 회로에서 회로 저항이 적을수록 동일 인덕턴스에 대한 시상수가 커진다.

임의의 유도 시상수는 전류가 증가하든 감쇠하든 간에 항상 같다. 최대 전류가 다르면 곡선은 각기 다른 상승률로 증가하거나 같은 시간에 그 최대치에 도달한다. 그리고 곡선의 일반적 모양은 같다.

이와 같이 사용되는 전압이 크면 최대 전류도 증가하지만 최대치에 도달하는 데 소요되는 시간은 변하지 않는다.

모든 유도성 회로는 저항을 가지고 있다. 이유는 코일에서 사용되는 전선이 항상 저항을 가지고 있기 때문이다. 이와 같이 저항이 없는 유도자(inductor) 즉, 순수한 인덕턴스란 있을 수 없다.

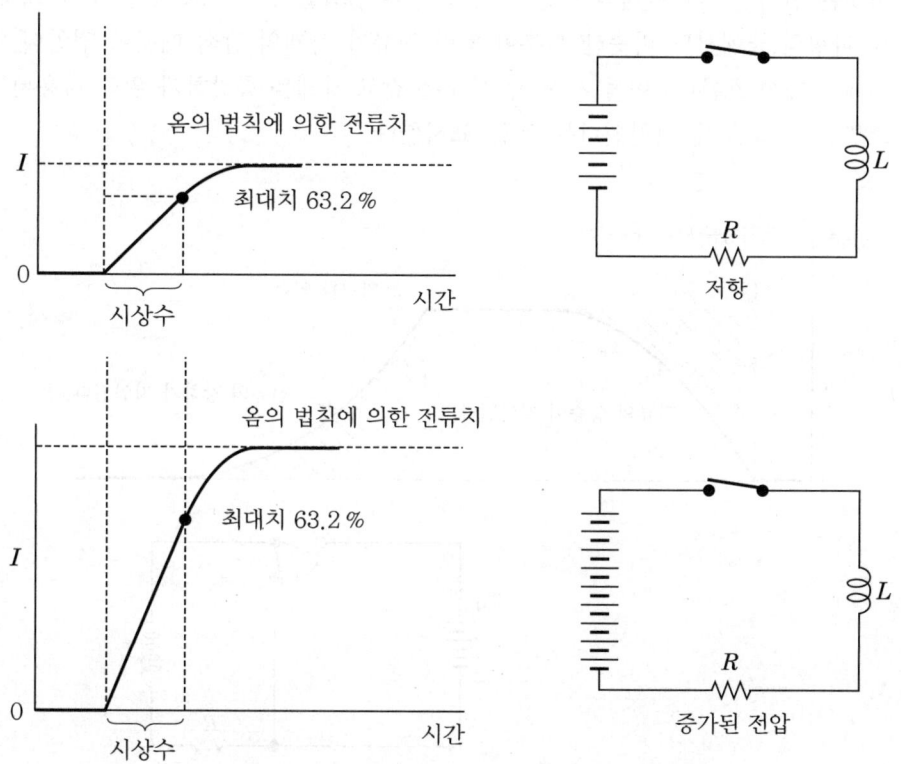

〈회로의 시상수는 최대 전류와는 관계가 없다.〉

10 유도 리액턴스(inductive reactance)

유도 리액턴스는 회로의 인덕턴스에 의해 나타나는 전류에 대한 반항이다. 알다시피 전류 변화가 유도 기전력을 발생하므로 전류가 변하는 동안만 인덕턴스가 전류에 영향을 준다. 직류에 대해서 인덕턴스의 효과는 전류를 넣고 끌 때만 현저하게 나타난다. 그러나 교류 전류는 계속적으로 변하므로 유도 기전력도 계속적으로 발생한다.

임의의 유도 회로가 직류와 교류 파형에 미치는 영향을 고찰하기로 하자. 한 회로의 시상수는 항상 같고 회로의 저항과 인덕턴스에 의해서만 결정된다. 직류에 대하여 전류 파형은 아래에 표시한 바와 같다. 전류 파형의 첫 부분에는 최대 전류와 실제 전류 간의 사선 친 부분이 있는데 이것은 인덕턴스가 자계의 증강에 따라 전류 변화를 반대하고 있는 것을 표시한다. 그리고 전류 파형의 끝에서도 비슷한 부분이 있어 전류가 자계의 감쇠 때문에 전압이 영(0)으로 떨어진 후에도 계속 흐른다. 이들 사선 친 부분은 같고 자계를 증강하기 위해 사용된 에너지는 자계가 소멸할 때 회로에 반환된다는 것을 표시한다.

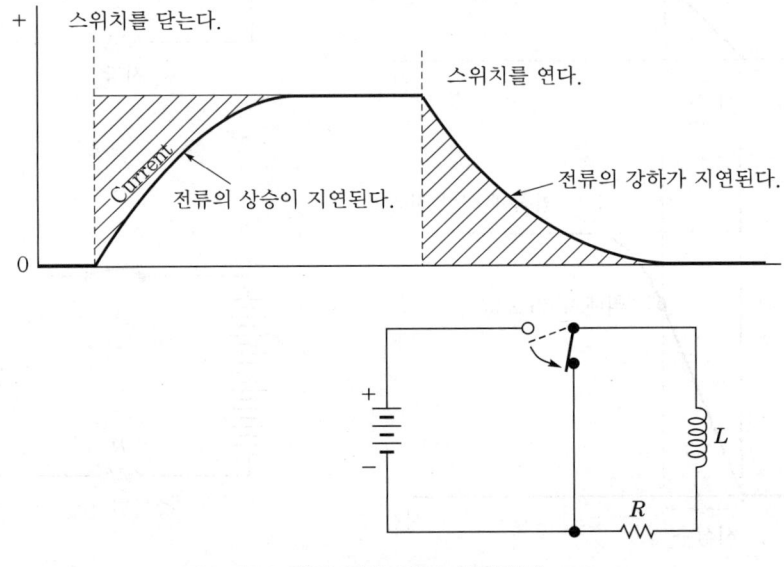

<DC 전류 파형(유도 회로에서)>

같은 유도 회로는 교류 전압과 전류 파형에 대해서 다음 그림에 표시한 바와 같은 영향을 준다. 전류는 전압의 상승에 따라 상승하나, 인덕턴스의 지연 작용 때문에 전압이 극성을 반대로 하고 전류 방향을 바꾸기 전에, 전류가 그 직류 최대치에 도달하지 못하도록 한다. 이와 같이 인덕턴스가 있는 회로에서는 최대 전류는 교류보다 직류의 경우가 훨씬 더 크다.

교류파의 주파수가 낮으면 전류는 주파수가 높을 때보다 극성이 반대로 바뀌기 전에 더 높은 값에 도달하기 위한 시간 여유를 가진다. 따라서 주파수가 높을수록 유도 회로의 회로 전류는 낮아진다. 이때 주파수는 회로 인덕턴스와 같이 전류 흐름에 반항하는 효과를 갖는다. 이런 이유로 유도 리액턴스 즉 인덕턴스에 의해 나타나는 전류 흐름에 대한 반항은 주파수와 인덕턴스에 좌우된다.

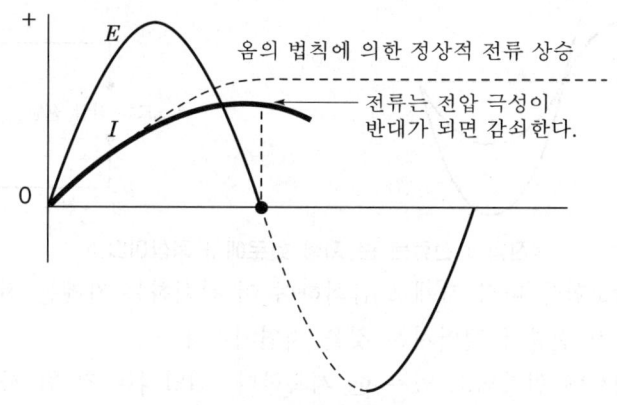

<유도 회로에서의 교류 전압과 전류의 파형>

인덕턴스를 구하는 공식은 $X_L = 2\pi f L$이다. 여기서 X_L은 유도 리액턴스, f는 초당 사이클로 표시되는 주파수, L은 헨리로 표시되는 인덕턴스이며, 2π는 상수(6.28)로서 한 완전한 사이클을 표시한다. X_L은 전류의 흐름에 대한 반항을 표시하므로 그 단위는 옴이다.

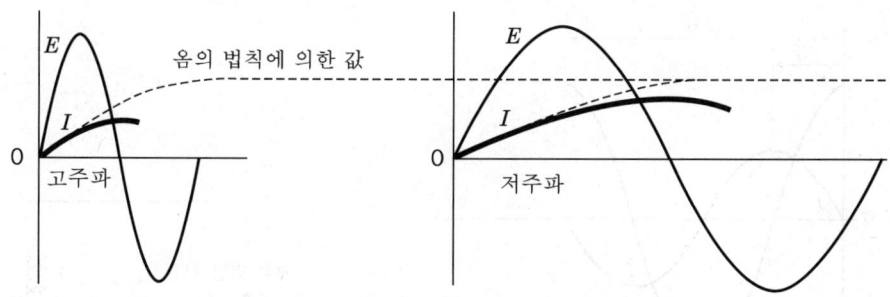

<어떻게 주파수가 전류에 영향을 주는가?>

실제로 회로 전류는 전압이 상승하기 시작하는 것과 동시에 상승하지 못하며 이 전류의 지연은 저항에 대한 회로 인덕턴스의 양에 따라 크게 좌우된다.

교류 회로가 순 저항만을 가지고 있으면 전류는 전압과 동시에 상승하고 떨어진다. 그리고 이때 그 두 파는 서로 동상(in-phase)이라고 한다.

저항이 없는 이론적인 순 인덕턴스 회로에서 전류는 전압이 그 최대치에 도달할 때까지 흐르지 않는다. 그리고 이때 전류파는 전압이 최대치에서 영(0)으로 떨어지는 동안 상승한다. 전압이 영(0)에 도달하는 순간 전류는 최대치에서 영(0)으로 떨어지기 시작한다.

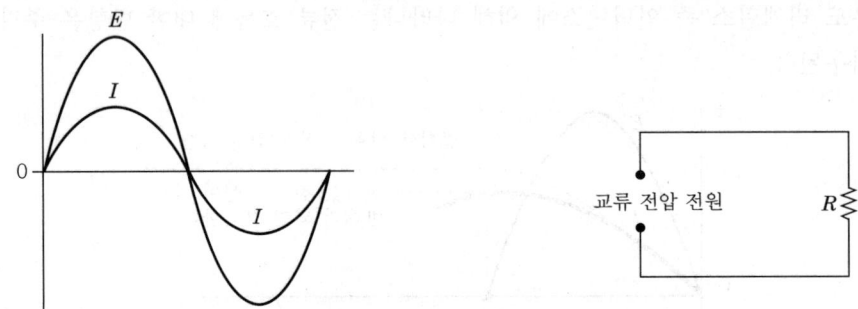

<전압과 전류는 순 저항 회로에서 동상이다.>

그러나 전류가 감소함에 따라 자계도 감쇠하며 이 감쇠하는 자계는 전압이 반대 극성의 최대치에 도달할 때까지 전류가 떨어지는 것을 지연시킨다.

이것은 전압이 회로에 인가되고 있는 한 계속한다. 전압파는 각 반 사이클에서 전류파보다 1/4 사이클 전에 그 최대치에 도달한다. 교류파의 완전한 한 사이클은 도체가 두 개의 반대 자극 사이에서 원을 그리며 1회전 할 때 발생되는 기전력으로 360°와 같은 것이다. 이때 1/4 사이클은 90°이다. 그리고 순 인덕턴스 회로에서 전압파는 전류보다 90° 앞선다. 반대로 말하면 전류파는 전압보다 90° 늦는다.

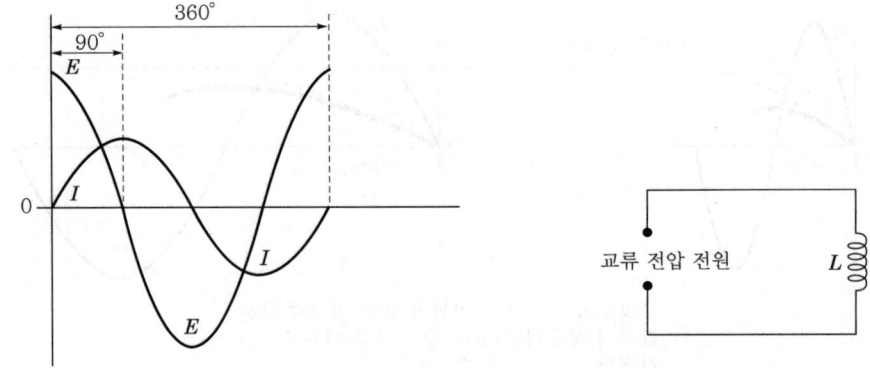

<전압과 전류는 순 인덕턴스 회로에서 90° 위상차가 있다.>

유도 리액턴스와 저항을 포함하고 있는 회로에서 교류 전류파는 전압파보다 0°와 90° 간의 어떤 각도만큼 늦다.

다르게 말하면 "동상"과 90° 위상차 간의 차이만큼 늦을 것이다. 정확히 늦는 각도는 인덕턴스에 대한 회로 저항의 비에 의한다.

인덕턴스에 비해 저항이 클수록 두 파는 "동상"에 가까워진다. 그리고 인덕턴스에 비해 저항이 낮을수록 두 파는 완전한 90° "위상차"에 가까워진다.

전류의 늦음을 각도로 표시한 것을 "위상각"이라고 한다. 전압과 전류 간의 위상각이 45° 늦음이라고 할 때 전류파가 전압파보다 45° 늦고 있는 것을 의미한다. 이것은 순 저항 회로의 위상각 0°와 순 유도성 회로의 위상각 90° 간의 반이므로 저항과 유도 리액턴스는 같아야 하고 각각 전류의 흐름에 대해 같은 영향을 미친다.

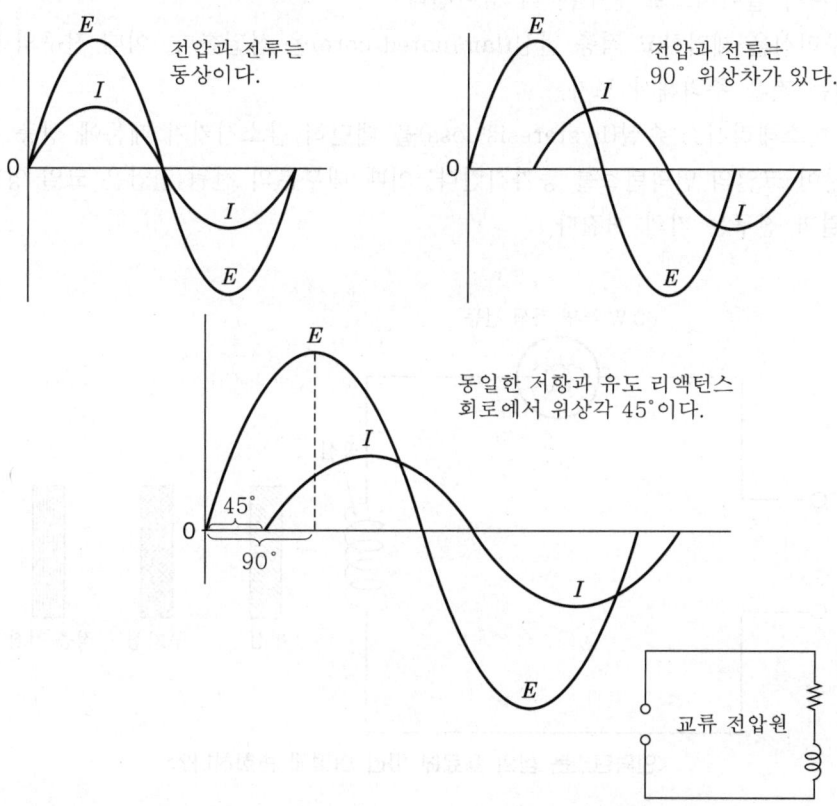

〈위상각은 인덕턴스와 저항 양쪽에 의해 정해진다.〉

실습···심(core)의 재료가 인덕턴스에 미치는 영향

공심(air-core) 코일과 60 W 전구를 직렬로 연결한다. 이 회로에 115 V 교류로 전기를 공급하면 전구는 대단히 밝아지는 것을 알게 된다.

그 회로에 전기를 공급하고 조심스럽게 철심을 코일에 삽입한다. 그러면, 그 코일의 인덕턴스의 증가로 전구의 밝기가 감소하는 것을 볼 수 있으며 이때 115 V 전원 전압의 대부분이 코일 양단에 걸리게 된다.

다음 그 철심을 제거하고 구리심(copper core)을 삽입하면 코일의 인덕턴스가 감소하여 전구의 밝기가 증가하는 것에 유의하자. 구리심에서의 큰 맴돌이 전류(eddy-current)의 손실이 코일의 자계를 약화시키고 따라서 그 인덕턴스를 감소시킨다. 그러면 전원 전압의 대부분은 전구에 걸쳐서 떨어지므로 전구는 더 밝아진다.

다음, 구리심을 제거하고 적층 철심(laminated core)을 삽입한다. 이때 전구의 밝기가 대단히 떨어지는 것을 주의해서 보자.

적층이 히스테리시스 손실(hysteresis loss)을 대단히 감소시키기 때문에 성층 철심은 철심보다 더 많이 코일의 인덕턴스를 증가시킨다. 이때 대부분의 전원 전압은 코일 양단에 걸리게 되고 그 결과 전구는 거의 꺼진다.

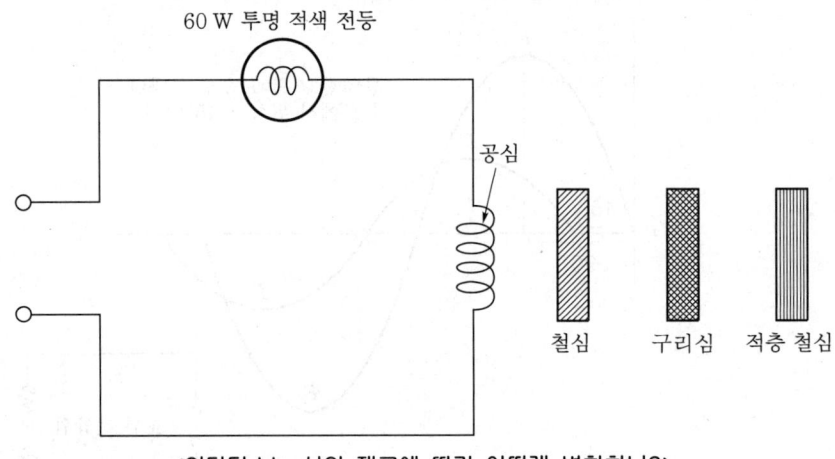

〈인덕턴스는 심의 재료에 따라 어떻게 변화하나?〉

실습···유도 기전력(EMF)의 발생

예로서 인덕턴스를 포함하고 있는 직류 회로에서 스위치를 개방하여 전류를 갑자기 끊으면 유도된 자계는 순간적으로 소멸되려고 한다. 자계의 급속한 소멸은 순간적으로 대단히 높은 전압을 발생시키고 그리고 이 유도된 기전력은 스위치에서 아크(arc)를 일으킨다. 자계가 소멸되는 기간은 너무나 빨라서 전압기로 그 전압을 측정할 수 없고 원래의 전지 전압보다 대단히 높은 전압이라는 것을 보이기 위한 네온(neon) 전구를 사용한다.

네온 전구는 빛을 내기 시작하기 전에 어떤 전압이 필요하다는 점이 보통 전구와 다르다. "기동 전압"이라고 부르는 이 전압은 네온 전구마다 다르다. 네온 전구에 불이 켜질 때까지 전구에 가한 전압을 증가시켜 기동 전압을 결정한다. 전구에 불이 처음 켜질 때에 가해진 전압은 기동 전압이다.

네온 전구에서 요구되는 기동 전압을 알기 위해서 처음에 45 V 전지 두 개를 직렬로 연결하여 90 V가 되게 한다. 전위차계(potentiometer)와 같은 가변 저항기를 전지 단자에 연결된 가변 저항기의 끝 단자 즉, 외부 단자와 연결한다. 전구 소켓은 가변 저항기 중간 단자와 외부 단자 간에 연결한다. 그리고 0~100 V 측정 범위의 직류 전압계를 전구 소켓 단자 간에 연결한다.

네온 전구를 삽입하고 가변 저항기의 값을 변화시킴으로써 전구의 인가 전압을 변화시킨다. 전구에 불이 켜지지 않는 값으로 전압을 낮게 하고 전구에 처음, 불이 켜질 때까지 서서히 전압을 증가시킴으로써 정확한 기동 전압을 구할 수 있다. 우리가 보는 바와 같이 이 전구의 불을 키게 하는 데 필요한 기동 전압은 대략 70 V이다.

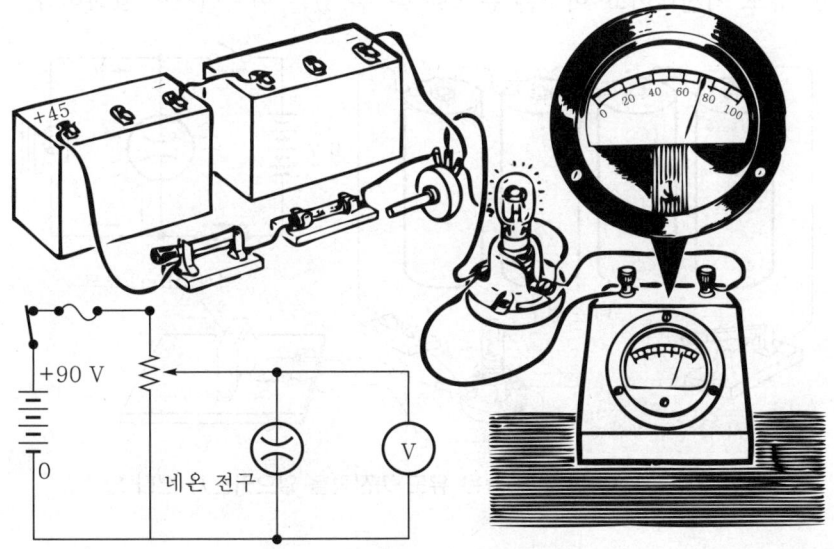

<네온 전구의 기동 전압을 정한다.>

다음에 4 개의 건전지를 직렬로 연결하여 전지를 형성해서 퓨즈와 스위치를 통해서 그 단자 간에 연결된 전구 소켓과 직렬로 연결한다. 네온 전구를 소켓에 삽입하고 그리고 단자 간에 초크(choke) 코일을 연결한다.

스위치를 닫아도 전구에 불이 켜지지 않는다. 0~10 V 측정 범위의 직류 전압계로 전지 전압을 측정하면 6 V가 된다. 6 V는 전구의 기동 전압보다 적기 때문에 전구에 불을 켜지도록 하기 위해서는 보다 높은 전압을 얻는 어떤 방법이 필요하다.

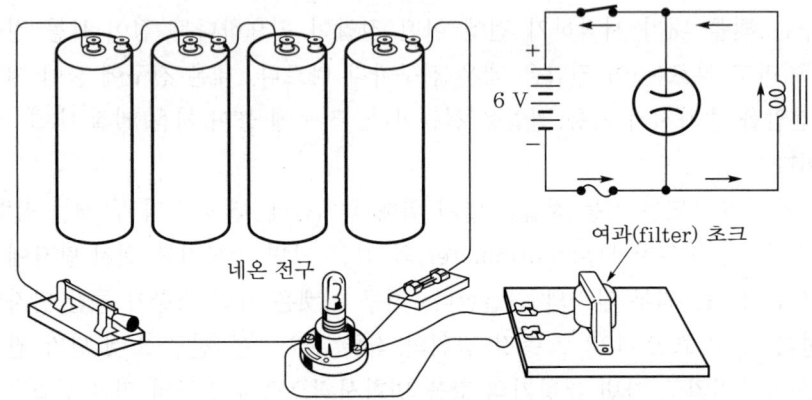

<네온 전구에 낮은 전압을 가한다.>

스위치를 열 때 우리는 전구가 반짝거리는 것을 본다. 병렬로 되어 있는 전구와 코일 간의 전압이 이 전구가 요구하는 기동 전압보다 높다는 것을 가리킨다. 이 전압은 자계가 소멸됨에 따라 발생한 유도 기전력이고 이것은 눈으로 볼 수 있는 인덕턴스의 효과이다.

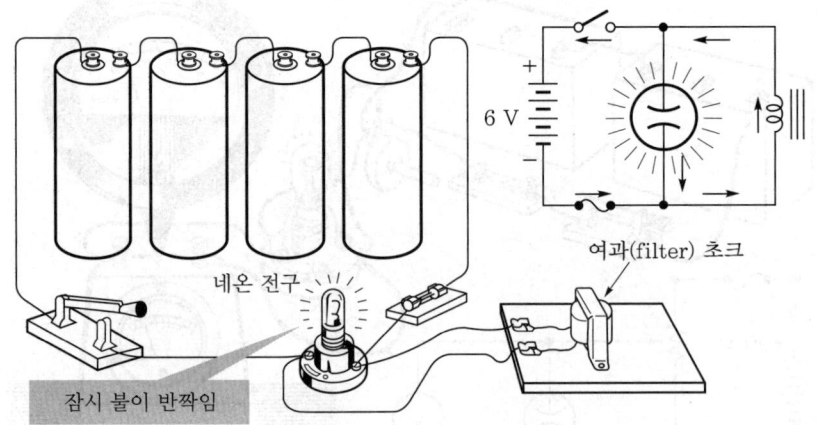

<감쇠 자계가 어떻게 높은 유도 기전력을 일으키는지 본다.>

13 실습···유도 회로에서의 전류의 흐름

교류 회로나 직류 회로에서 전류의 크기에 대한 회로 인덕턴스의 영향을 비교하기 위하여 똑같은 두 회로 즉 하나는 직류 전원 전압으로서 6 V의 전지를 쓴 것이고 다른 하나는 교류 전원 전압으로 6.3 V의 변압기를 사용한 것에 각 회로에서 사용하는 데 적합한 계기를 연결한다. 처음에 두 회로가 60 Ω의 저항이 유일한 부하인 경우를 비교한다. 이때에 0~500 mA 측정 범위의 밀리암미터와 0~10 V 측정 범위의 직류 전압계와 0~25 V 측정 범위의 교류 전압계를 전류 전압을 측정하기 위하여 연결한다. 두 개의 30 Ω 저항기를 직렬로 사용하여 각 저항을 얻는다. 두 회로에 대해서 직류와 전압의 지시치는 거의 같다는 것을 관찰해 보자.

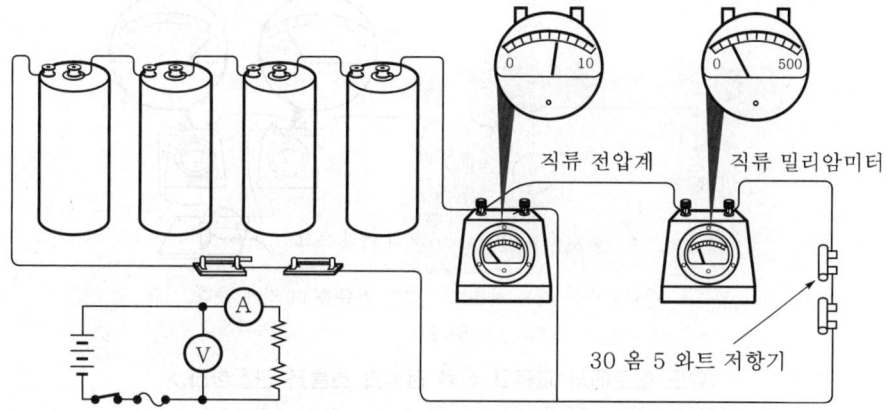

〈저항 회로에서의 교류와 전류의 흐름을 관찰한다.〉

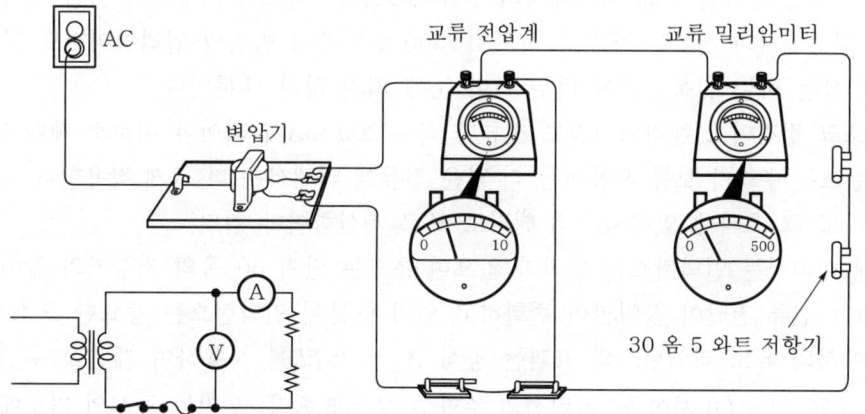

〈저항은 직류와 교류 전류 흐름에 대해서 같은 효과를 가진다.〉

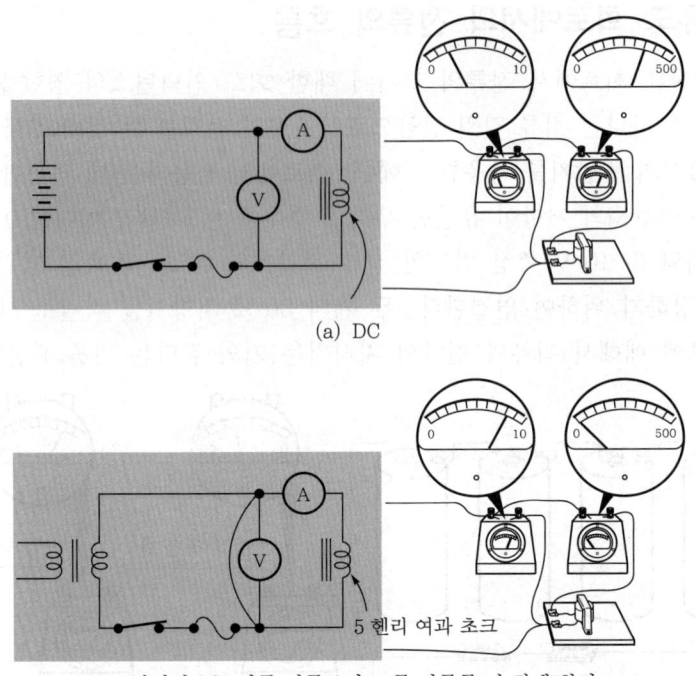

(a) DC

인덕턴스는 직류 전류보다 교류 전류를 더 적게 한다.
(B) AC

<유도 회로에서 교류와 직류 전류의 흐름을 관찰한다.>

다음에 저항기를 회로로부터 떼어 내고 5 헨리 60 옴의 여과 초크(filter choke)로 바꾸어 놓는다. 전원을 가하면 직류 회로에서의 전류의 흐름은 회로에 저항기가 있을 때와 대략 같으나 교류 회로에서의 전류는 대단히 적고 0~500 mA 측정 범위의 밀리암미터로 읽을 수가 없다. 그 이유는 바늘의 움직임이 너무 적어 눈에 띄지 않기 때문이다.

여과 초크 정격이 2 헨리이더라도 전류가 직류 200 mA가 되어야 비로소 제대로 동작한다. 그 인덕턴스는 우리가 보통 사용하는 더 낮은 전류에 대해서는 더 크게 작용한다. 그래서 2 헨리 짜리라도 그 효과에 있어서는 5 헨리로 보고 계산하여야 한다.

직류에 대해서는 인덕턴스는 효과가 없으며 초크는 단지 60 옴의 저항기와 같이 작용한다. 교류에서는 전류 전압이 끊임없이 변화하고 있기 때문에 인덕턴스는 중요한 요소가 된다. 교류 회로에서의 유도 리액턴스의 효과는 공식 $X_L = 2\pi f L$를 사용하여 계산할 수 있다.

($2\pi = 6.28$, $f = 60$ 사이클, 전력선의 주파수, $L = 5$ 헨리) 우리는 공식의 기호에 이들 값을 대입하고 서로 곱함으로써 유도 리액턴스 X_L을 구할 수 있다.

($X_L = 6.28 \times 60 \times 5 = 1,884$ Ω) 유도 리액턴스는 교류 전류의 흐름에 반항 즉, 저항하기 때문에 옴으로 표시된다.

교류 회로에서 전류를 감소시키는 것은 유도 리액턴스라는 것을 더 실험하기 위하여 전구 소켓을 각 회로의 초크와 직렬로 연결한다. 각 회로에 전압을 주면 직류에서는 그 전구는 희미하게 빛난다. 그러나 교류 회로에서의 전류를 전구를 켜기에는 불충분하다.

짧은 전선의 한 토막을 점퍼(jumper)로 사용하여 각 회로의 초크 단자 간을 단락시킨다. 직류에서는 전구가 더욱 밝아져서 회로 저항이 감소하였음을 보인다. 교류 회로에서도 전구는 직류 회로의 전구와 같은 밝기로 빛난다. 교류 회로에서는 전구의 밝기가 초크나 인덕턴스가 전류에 대해서 크게 영향을 끼치며, 한편 직류 회로에서는 그것은 단지 저항으로만 작용한다는 것을 알 수 있다.

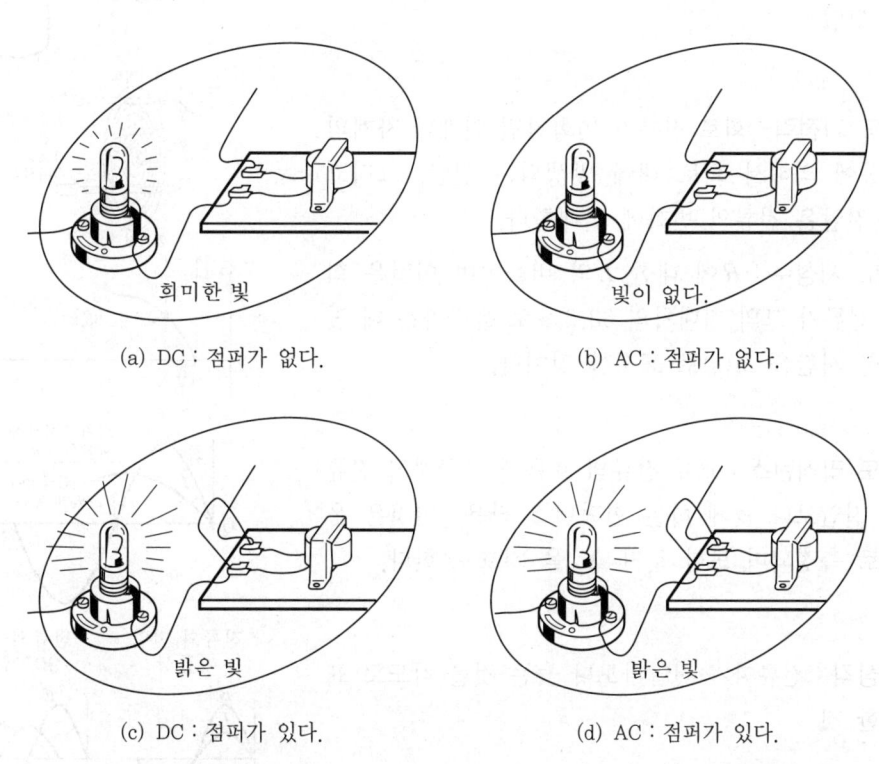

(a) DC : 점퍼가 없다.   (b) AC : 점퍼가 없다.

(c) DC : 점퍼가 있다.   (d) AC : 점퍼가 있다.

〈유도성 리액턴스는 전체 회로 전류에 어떻게 영향을 주나?〉

14 교류 회로의 인덕턴스에 대한 복습

인덕턴스는 무엇이며 이것은 전류 흐름에 어떻게 영향을 주는지를 복습하기 위해 인덕턴스와 유도 리액턴스에 관한 것을 생각하여 보자.

① **인덕턴스** : 전류 흐름의 어떠한 변화도 반대하는 회로의 특성, 헨리로 측정되며 또한 문자 L을 기호로 한다.

② **유도자** : 회로에 인덕턴스를 주기 위해 사용된 전선의 코일

③ **유도 기전력** : 회로 전류가 변화하면 언제나 자계의 운동에 의해서 회로 내에 발생되는 전압, 그리고 이 전압은 전류의 변화에 반대한다.

④ **유도 시상수** : R에 대한 L의 비율이며 이것은 회로 전류가 그의 최대치의 63.2 %로 올라가는 데 필요한 시간을 초(s)로 표시한 것이다.

⑤ **유도 리액턴스** : 교류 전류의 흐름에 반항하고 전류가 전압보다 늦게 하는 인덕턴스 작용, 이것은 옴으로 측정되며 또한 문자 X_L을 기호로 한다.

⑥ **위상각** : 전류파가 전압파보다 늦는 것을 각도로 표시한 것

⑦ **변압기 작용** : 교번 자계에 의해서 한 코일로부터 다른 코일로 전기 에너지를 옮기는 방법. 자계를 발생시키는 코일을 1차라고 부르며 전압이 유도되는 코일을 2차라고 부른다. 2차에 유도된 전압은 1차와 2차 사이의 권수의 비에 따라 결정된다.

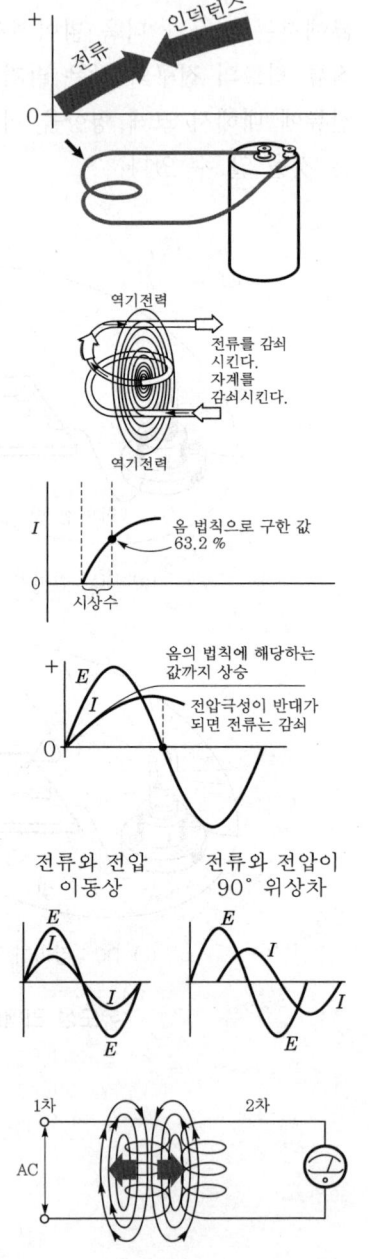

Section 29 유도 회로의 전력

1 위상차(phase difference)가 전력파에 미치는 영향

순 인덕턴스만을 갖는 이론적인 회로에서 그 전류는 전압보다 위상이 90° 늦다. 이러한 회로에서의 전력 파형을 결정하기 위해 대응하는 전압의 순시치와 전류의 순시치를 서로 곱하면 전력의 순시치를 알 수 있고 이것을 그리면 전력 곡선이 된다.

두 (+)수를 같이 곱하거나 두 (−)수를 같이 곱하면 그 결과는 (+)가 되기 때문에 우리가 이미 알고 있는 바와 같이 전압 전류가 동상인 전력 곡선은 전부 0축 위에 있다. 그러나 (−)수와 (+)수를 곱하면 그 결과는 (−)수가 된다. 이와 같이 전류와 전압이 동상이 아닐 때 전력의 순시치를 계산하면 어떤 값은 (−)가 된다. 순수한 인덕턴스만으로 된 이론적 회로의 경우와 같이 위상차가 90°이면 아래 그림에서 보는 바와 같이 전력의 순시치의 반은 (+)이고 반은 (−)이다. 이러한 회로에서 전압과 전류의 축은 또한 전력파 축과 같고 전력파의 주파수는 전류나 전압파의 2배이다.

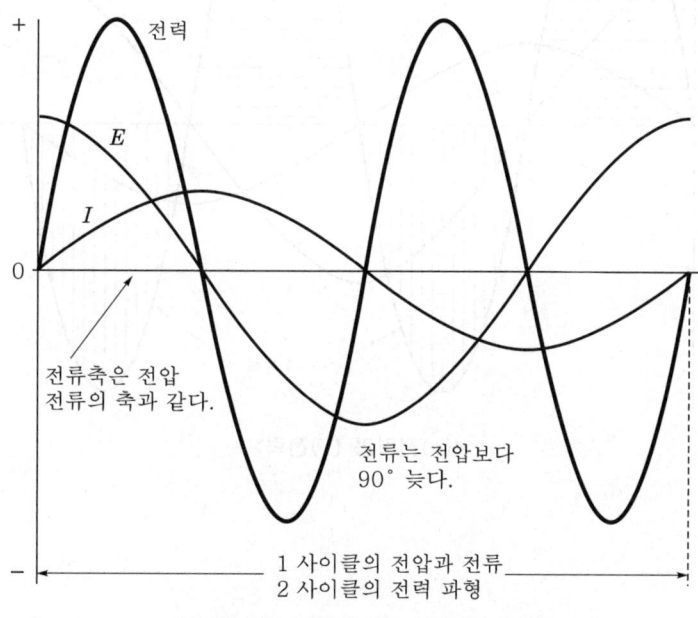

〈인덕턴스만 가지고 있는 회로의 전력〉

2 (+)전력과 (−)전력

영(0)축 위의 전력파 부분을 (+)전력이라 부르고, 그 축 아래 것은 (−)전력이라 부른다. (+)전력은 전력 전원에서 회로에 전력을 공급하는 것을 표시하고, 아래 (−)전력은 회로의 전력이 전력 전원으로 돌아간다는 것을 표시한다.

순수한 유도 회로인 경우, 회로에 공급되는 (+)전력은 자계를 증강시킨다. 이 자계가 소멸될 때에는 같은 크기의 전력이 전력 전원으로 돌아간다. 순 인덕턴스만으로 된 회로 내에서 전력이 빛이나 열로 사용되지 않으면(만일 이러한 회로를 가질 수만 있다면) 전류의 흐름이 크다 할지라도 실제로 사용되는 전력은 없다. 어떤 회로에서 사용되는 실제 전력은 (+)전력으로부터 (−)전력을 뺌으로써 알 수 있다.

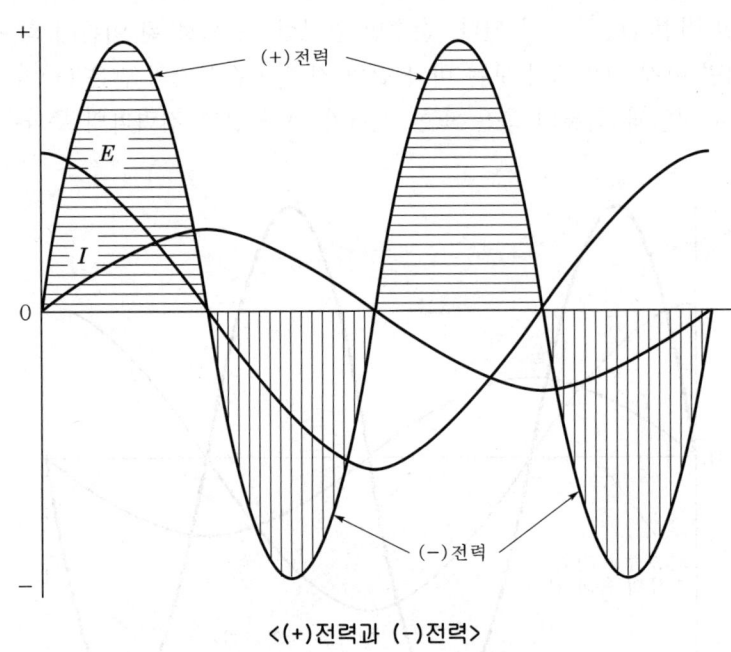

<(+)전력과 (−)전력>

3 피상 전력과 유효 전력

실제의 유도 회로는 약간의 저항을 포함하고 있다. 그리고 위상각은 유도 리액턴스와 저항 간의 비율에 따라 정해지므로 위상각은 언제나 90°보다 작다. 90°보다 작은 위상각에서는 (+)전력의 크기는 회로 저항을 극복하는 데 사용되는 두 실제 전력 간에 차이가 있으므로 언제나 (−)전력을 초과한다.

예로서 회로의 유도 리액턴스와 저항의 크기가 같다면 그 위상각은 45°이고 (+)전력은 아래에 표시한 것과 같이 (−)전력을 초과한다.

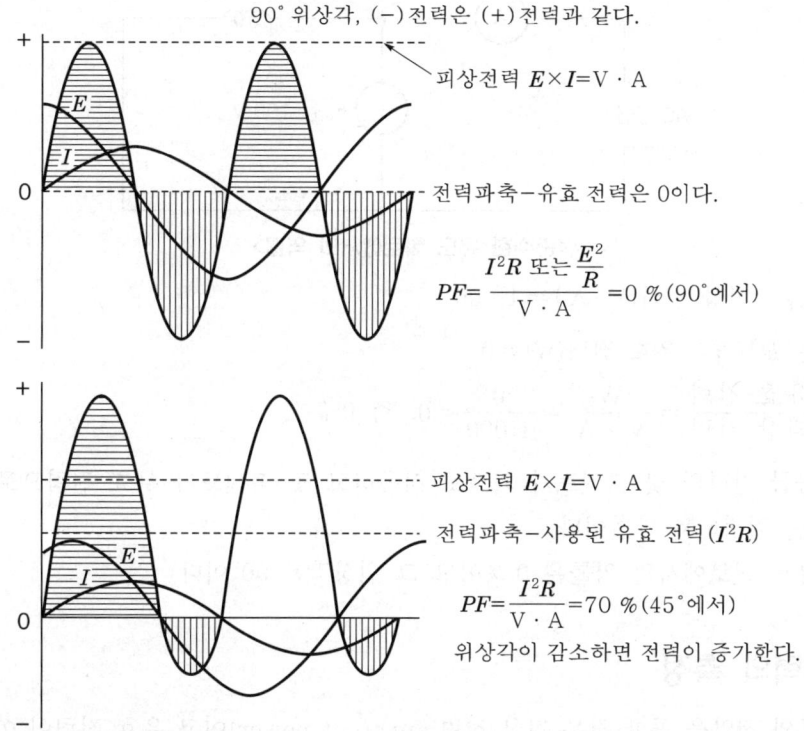

90° 위상각, (−)전력은 (+)전력과 같다.

피상전력 $E \times I = V \cdot A$

전력파축−유효 전력은 0이다.

$$PF = \frac{I^2R \text{ 또는 } \frac{E^2}{R}}{V \cdot A} = 0\,\%\,(90°\text{에서})$$

피상전력 $E \times I = V \cdot A$

전력파축−사용된 유효 전력(I^2R)

$$PF = \frac{I^2R}{V \cdot A} = 70\,\%\,(45°\text{에서})$$

위상각이 감소하면 전력이 증가한다.

실제 전력의 평균치는 유효 전력이라 부르며 이것은 전력파를 거쳐 (+) 최고치와 (−) 최고치 간의 중간에 한 축을 그림으로써 표시된다. 위상각이 증가하면 이 축은 전압 전류의 축에 가까워진다. 교류 회로에서의 피상 전력은 직류 회로에서와 같이 전압과 전류를 곱하여 구한다. 피상 전력(피상 전력＝전압×전류)으로 유효 전력을 나누면 이것이 역률이다.

교류 회로에 있어서 피상 전력과 유효 전력은 회로가 순 저항으로 되어 있을 때에만 똑같다. 피상 전력과 유효 전력의 차이를 무효 전력이라 하는데 이것은 열이나 빛을 발생하지 않고 단지 회로에서 전류를 필요로 하기 때문이다.

4 역률

순수한 저항 회로에서 I^2R 또는 E^2/R(전력은 와트로 표시한다)은 $I_{eff} \times E_{eff}$ (피상전력)와 같고, 그리고 그 역률은 100 %와 같다는 것을 이미 배웠다. 역률은 피전력에 대한 유효 전력의 비율이다. 유도 회로에서는 위상각이 있고 와트로 표시된 전력은 피상 전력과는 같지 않다. 그리고 결과적으로 역률은 0과 100 % 사이에 있게 된다.

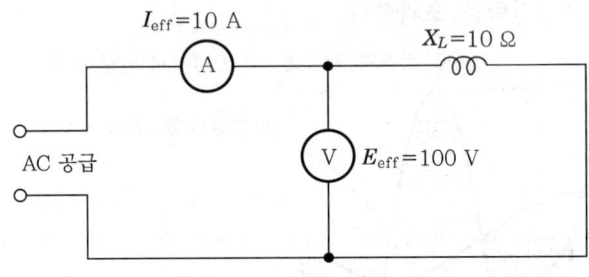

〈순수한 유도 회로에서의 역률〉

$I_{eff} \times E_{eff} =$ 피상 전력$(V \cdot A) = 1,000$

I^2R 또는 $E^2/R =$ 유효 전력$(W) = 0$

역률 $= \dfrac{\text{유효 전력}}{\text{피상 전력}} = \dfrac{W}{V \cdot A} = \dfrac{0}{1,000} = 0$, 즉 0%

역률은 공급 전력의 몇 퍼센트가 와트로 사용하고 몇 퍼센트가 무효 전력으로서 전원으로 돌아갔는가를 결정하는 방법이다.

순수한 유도 회로에서의 역률은 0 %이고 그 위상각은 90°이다.

5 진전력의 측정

회로 전류와 전압을 곱한 것은 피상 전력(apparent power)이고 유효 전력이 아니므로 교류 회로에서 소비되는 진전력을 측정하기 위하여 전력계가 사용된다. 전압계와 전류계의 지시는 전압과 전류 간의 위상차에 영향을 받지 않는다. 이것은 전압계의 지시는 전압에만 영향을 받고 전류계의 지시는 전류에만 영향을 받기 때문이다. 전력계의 지시는 회로 전류와 전압 및 이들 간의 위상차에 영향을 받으며 그림에 표시한 바와 같다.

전압과 전류가 동상일 때는 전류는 전압과 동시에 증가한다. 회로 전류는 전압에 의하여 가동 권선에 흐르는 전류의 증가와 동시에 자계를 증가시킨다.

이와 같이 전압과 전류는 같이 작용하여 계기 지침의 회전력을 증가시킨다.

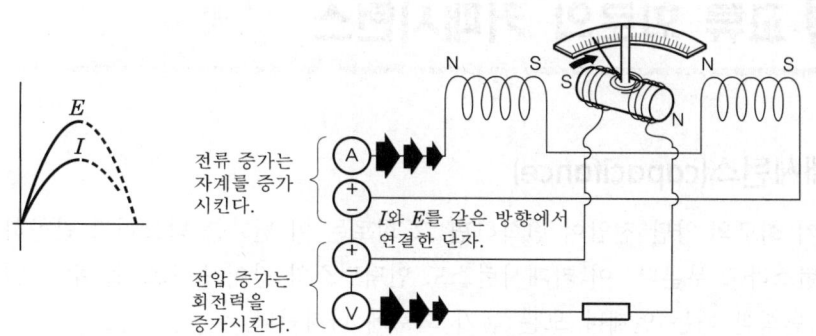

<동상인 전압과 전류는 같이 작용하여 전력계 지시를 증가시킨다.>

전류가 전압보다 늦으면 계기의 자계는 가동 권선 전류와 동시에 증가하지 않는다. 이때문에 전력계 지침의 회전력이 작아진다. 이때 지시한 전력은 같은 크기의 전압과 전류가 동상일 때보다 작다.

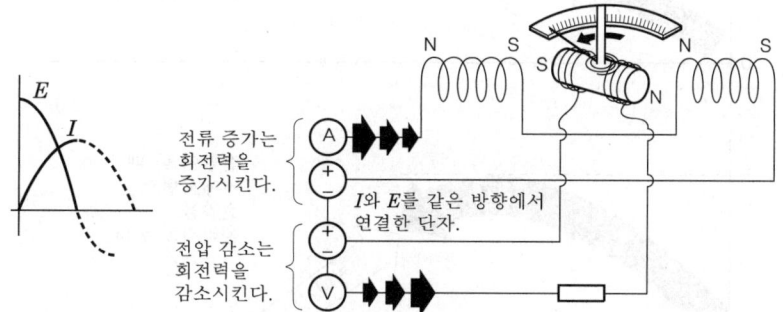

<동상이 아닌 전압과 전류는 반대로 작용하여 전력계 지시를 감소시킨다.>

이와 마찬가지로 전류가 전압보다 앞서면 계기의 자계 세기와 권선 전류는 동시에 증가하지 않는다. 이때문에 전력계의 지시는 낮고 회로의 실제 소비 전력은 또 다시 피상 전력보다 작아진다.

Section 30 교류 회로의 커패시턴스

1 커패시턴스(capacitance)

어떤 전기 회로의 양단 전압이 변화하면 그 회로는 이 변화를 막으려고 반항하는데 이 반항을 커패시턴스라고 부른다. 이 커패시턴스도 인덕턴스와 같이 눈으로 볼 수는 없으나 그 작용은 전압이 변화할 때는 언제나 모든 전기 회로에 나타난다.

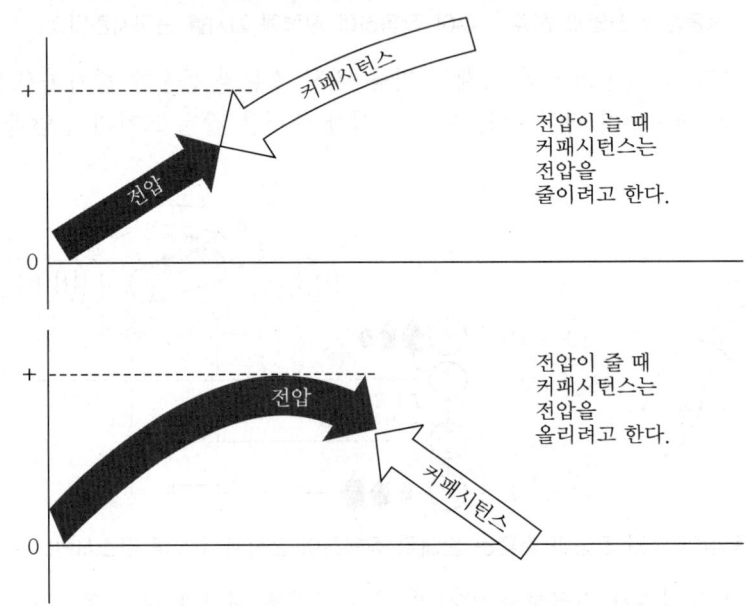

〈커패시턴스는 회로 전압의 어떠한 변화도 반대한다.〉

직류 전압은 보통 개폐(on and off)할 때만 변화하므로 커패시턴스는 이런 때만 DC 회로에 영향을 준다. 그러나 교류 회로에서는 전압은 계속해서 변화하기 때문에 커패시턴스의 작용도 계속적이다.

회로에 나타나는 커패시턴스의 크기는 회로의 물리적인 구조와 사용되고 있는 전기 장치에 따라 결정된다. 보통 커패시턴스는 매우 적으므로 회로 전압에 미치는 영향은 무시할 수 있을 정도이다.

회로에 커패시턴스를 추가하기 위하여 사용하는 전기 장치를 커패시터(capacitor)라고 부르며, 커패시터를 표시하는 데에는 다음과 같은 회로의 기호를 사용한다. 커패시터는 흔히 콘덴서라고도 부르는데 이 둘은 같은 것을 의미한다.

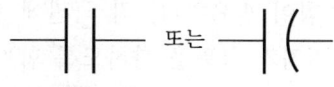
<콘덴서나 커패시터의 기호>

전기 회로의 어떤 부분에서는 전하를 저장할 수 있으므로 전기 회로에는 커패시턴스가 존재한다. 두 개의 평평한 금속판이 서로 나란히 닿지 않게 놓여 있다고 생각해 보자. 우리는 이미 정전기를 배울 때 극판에 주는 전하에 따라 이들 극판은 양(+)전하나 음(-)전하로 충전할 수 있다는 것을 배웠다. 음전하로 충전되었다면 극판은 여분의 전자를 가질 것이고 양전하로 충전되었다면 극판은 약간의 전자를 버렸을 것이다. 이와 같이 하여 두 극판에서는 전자가 초과하거나 부족하게 된다.

또, 이 두 극판은 별도로 각각 음으로나 양으로 충전될 수도 있으며 충전이 되지 않을 수도 있다. 이와 같이 두 극판 간은 모두 전하를 가지지 않을 수도 있으며, 한 극판만 충전될 수도 있고 두 극판이 같은 종류의 전하를 가질 수도 있으며, 또 두 극판이 반대되는 전하를 가질 수도 있다.

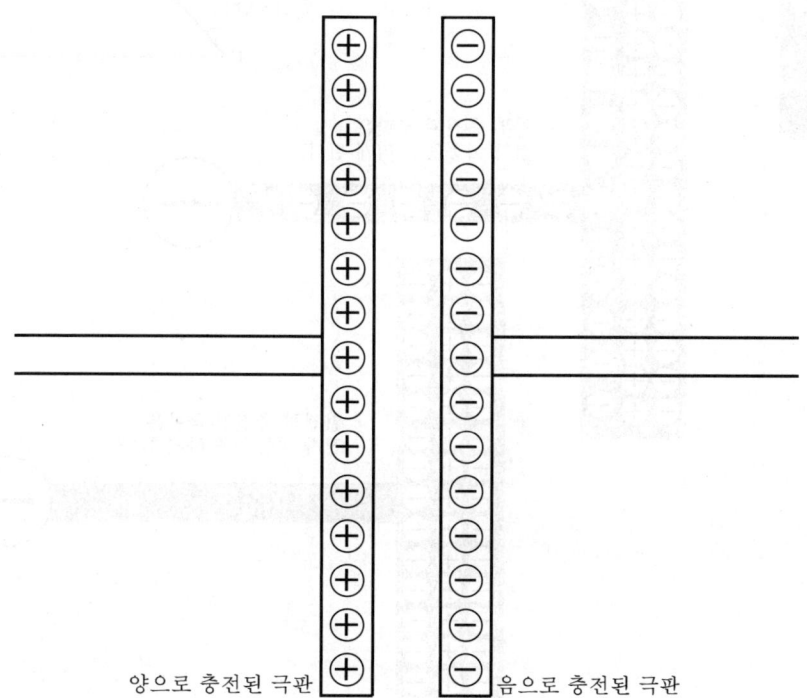

<커패시턴스는 전하를 저장하는 회로의 능력에 따라 정해진다.>

두 극판을 충전하자면 전기적 힘이 필요하다. 각 극판에 보다 많은 전하를 넣어 주려면 양(+)전하의 전원으로부터 여분의 전자가 극판을 향하도록 힘써야 한다. 처음 몇 개의 여분의 전자는 쉽게 극판을 향해 갈 것이나, 일단 도착하면 이들 전자는 그들을 따라오려고 하는 어느 다른 전자에 반항하거나 반발한다. 더 많은 전자가 극판을 향해 가도록 힘을 받으면 반발력도 증가한다. 그래서 추가로 전자를 움직이게 하자면 더 큰 힘이 필요하다. 음(-)전하의 반발력이 충전하는 힘과 같을 때에는 전자를 더 이상 극판 위에 보낼 수가 없다.

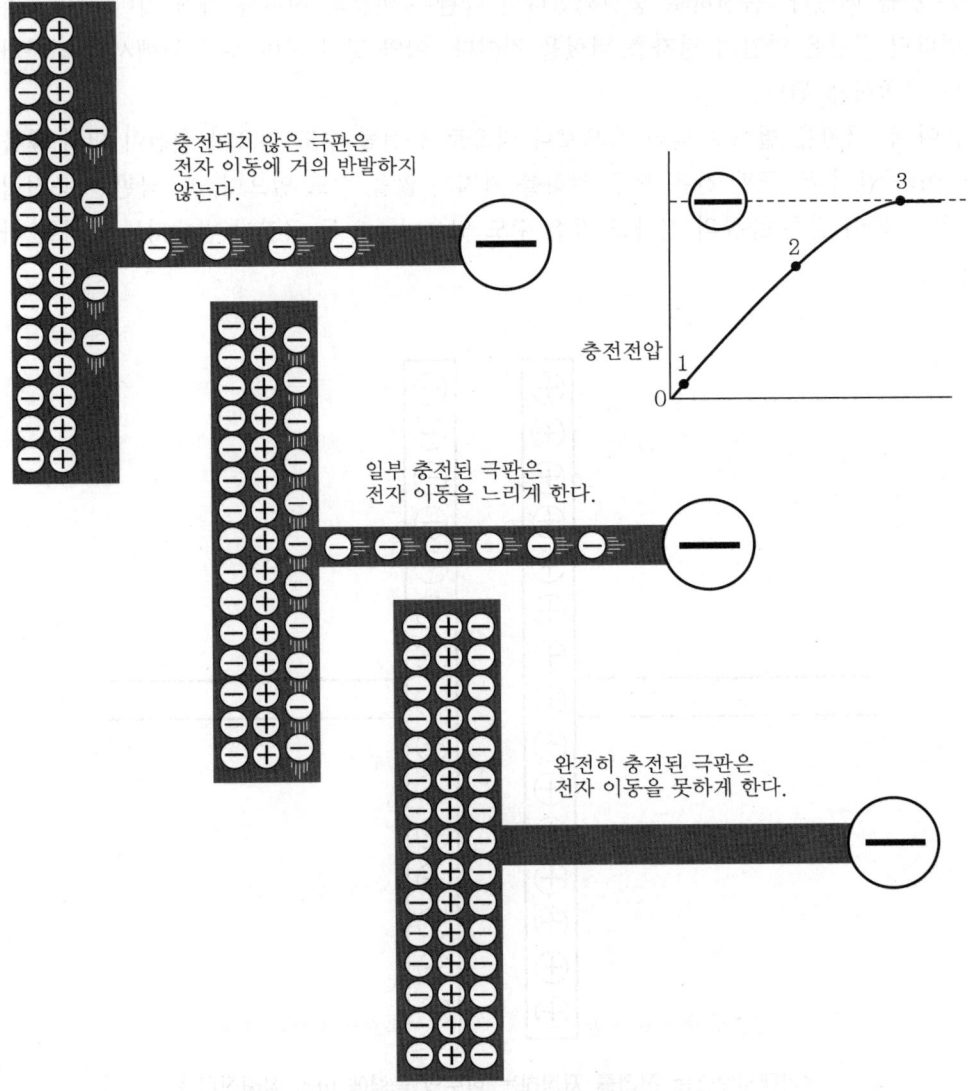

<극판을 음(-)으로 충전시킨다.>

마찬가지로 양(+)전하의 인력에 의해서 전자를 한 극판으로부터 떼어 낸다면 이 극판은 양(+)으로 충전된다. 처음 몇 개의 전자는 아주 쉽게 떠난다. 그러나, 더 많은 전자가 떠날 때는 강한 양전하가 전자를 끌어당김으로써 이들을 끌어내는 것을 더욱 어렵게 한다. 이 양전하의 흡인력이 충전력과 같을 때 전자는 더 이상 그 극판을 떠날 수 없게 된다.

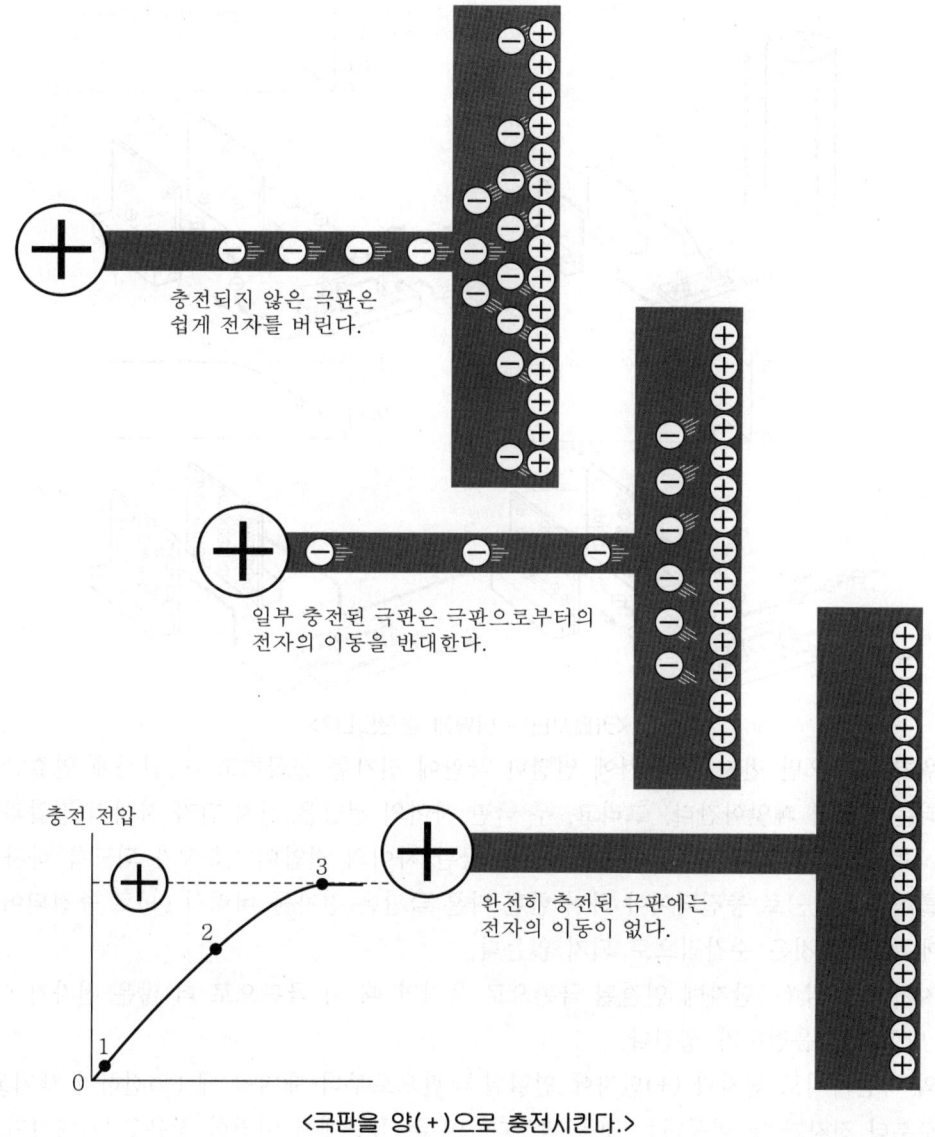

<극판을 양(+)으로 충전시킨다.>

회로에서 커패시턴스가 전압에 어떠한 영향을 주는가를 알아 보기 위해 다음에 보이는 바와 같은 두 극판으로 된 커패시터, 나이프 스위치(knife switch) 및 전지를 포함하고 있는 회로를 상상해 보자. 처음 양(+) 극판은 충전되지 않았고 그리고 스위치는 열었다고 가정하면 이때 전류의 흐름은 없고 그리고 두 극판 사이에 전압은 0이다.

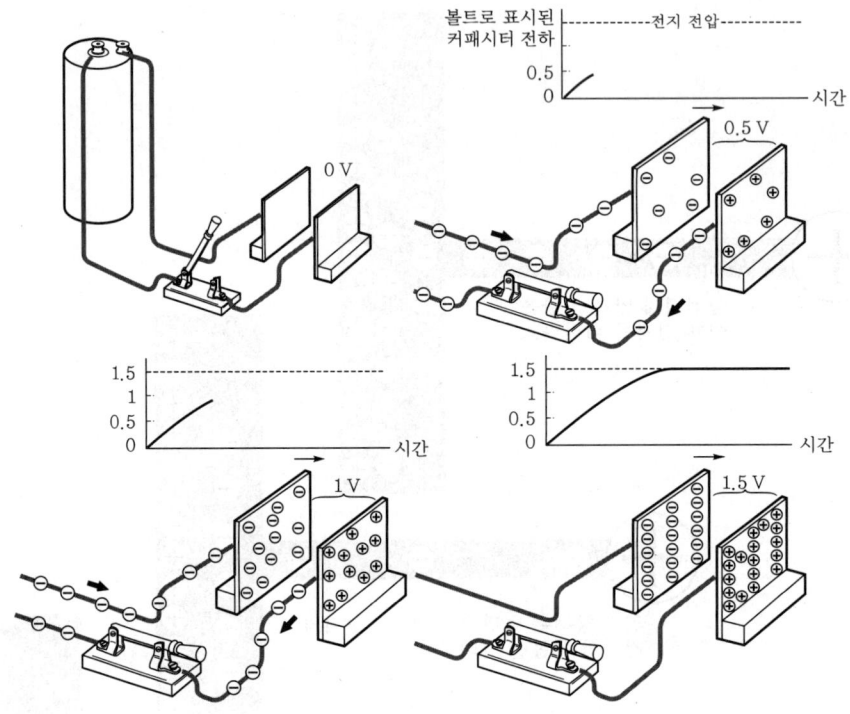

<커패시터는 어떻게 충전되나?>

스위치를 닫으면 전지 (−)단자에 연결한 극판에 전자를 공급하고 (+)단자에 연결한 극판으로부터는 전자를 빼앗아간다. 그리고, 두 극판 사이의 전압은 전지 단자 사이의 전압과 같아야 한다. 즉 1.5 V가 되어야 한다. 그러나, 두 극판 사이의 전압이 1.5 V가 되도록 하자면 과잉 전자를 얻어서 (−)로 충전되어야 하며 한편 다른 극판은 전자를 버려서 (+)로 충전되어야 하기 때문에 이러한 것은 순간적으로 되지 않는다.

전자가 전지의 (−)단자에 연결된 극판으로 움직일 때 이 극판으로 더 많은 전자가 이동하는 것에 반항하는 음전하가 생긴다.

이와 마찬가지로 전자가 (+)단자에 연결된 극판으로부터 제거될 때 (+)전하가 생기고 이 극판으로부터 전자가 더 이동하는 것을 막는다. 이 두 극판에서 이러한 작용을 '커패시턴스'라 부른다. 그리고, 이것은 전압의 변화(0부터 1.5 V)에 반항한다. 이것은 제한된 시간 동안 전압의 변화를 지연시키는 것이지 전압의 변화를 방해하는 것은 아니다.

충전되어 있는 극판 회로를 스위치로 열면 두 극판 사이에는 방전할 수 있는 통로가 없으므로 극판은 충전된 채로 있게 된다. 즉 방전하는 통로가 마련되지 않는 한 두 극판 사이의 전압은 1.5 V로 계속 남아있을 것이고 이때 다시 스위치를 닫더라도 커패시터는 이때 충전되어 있으므로 회로에는 아무런 작용이 일어나지 않을 것이다.

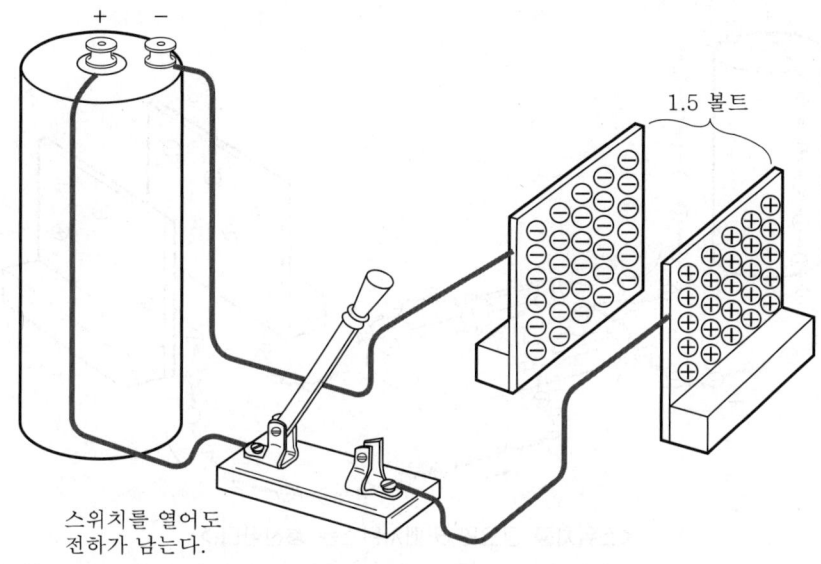

스위치를 열어도
전하가 남는다.

<커패시터가 충전되면 직류 전류는 흐르지 않는다.>

따라서 직류 전원 전압을 사용할 때에는 커패시터를 때때로 콘덴서라고 부른다. 충전하는데 충분한 기간만 용량성 회로에 전류가 흐른다. 직류 회로의 스위치를 닫으면 최초에는 콘덴서 극판이 충전되어 있지 않으므로, 회로 전류 측정용 전류계에는 큰 전류가 흐른다. 이때 극판은 극성을 갖게 되고 또 전하가 더 증가하는 것을 방해하므로 충전 전류는 영(0)으로 될 때까지 감소한다. 영(0)으로 되는 순간 극판의 전하와 직류 전원 전압은 같게 된다.

커패시터를 충전하는 전류는 스위치를 닫은 후의 첫 순간에만 흐른다. 이 순간적인 흐름이 있은 후 전류는 끊어진다. 이것은 커패시터의 극판은 절연체로 분리되어 있어 전자가 통과하지 못하게 되어 있기 때문이다. 이와 같이 커패시터나 콘덴서에는 직류 전류가 계속해서 흐르지 못한다.

커패시턴스는 직류 전류를 못 흐르게 하지만 교류 회로에서는 이와는 달리 교류 전류를 흐르게 한다. 그 원인을 알아보기 위해서 각 극판의 전하가 쌍투 스위치를 이쪽 저쪽으로 닫았을 때 바뀌도록 쌍투 스위치와 건전지를 사용하여 회로를 만들면 어떤 일이 생길지 생각해 본다.

스위치를 처음 닫았을 때 콘덴서는 충전한다. 이때 콘덴서의 각 극판은 이에 연결된 건전지의 단자의 극성과 같은 극성으로 충전된다.

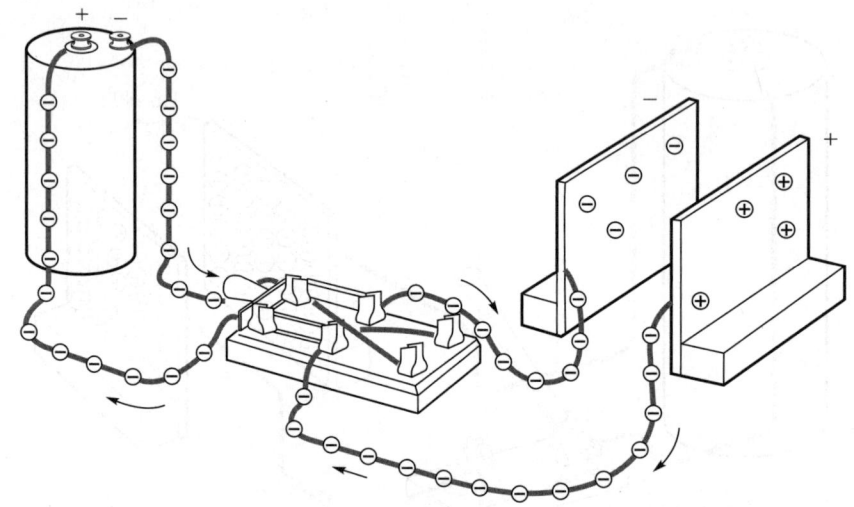

〈스위치를 닫으면 커패시턴스는 충전한다.〉

스위치가 열리면 언제나 콘덴서는 건전지 전압과 같은 극성의 전하를 보유한다.

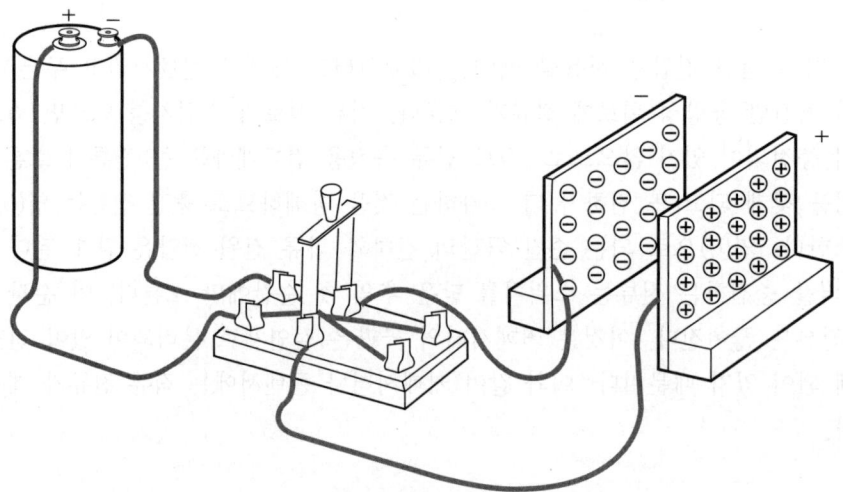

〈스위치를 열면 커패시턴스는 충전된 상태로 있다.〉

이때 스위치를 그 원 위치로 닫아도 전류는 흐르지 않는다. 이것은 콘덴서가 같은 극성으로 충전되어 있기 때문이다. 그러나 스위치를 반대 방향으로 닫으면 콘덴서의 극판은 그 전하의 극성과 반대인 건전지의 단자와 연결된다. 이때 (+)로 충전된 극판은 건전지의 (-)단자에 연결되어 전지로부터 전자를 받는다. 즉, 처음에는 (+)전하를 중화시키고 이어서 콘덴서의 전하가 건전지와 같은 극성 및 전압으로 될 때까지 (-)로 충전된다. 음으로 충전된 극판은 건전지로 전자를 버리는데 이것은 이에 연결된 전지 단자와 같은 양(+)전하를 취하기 때문이다.

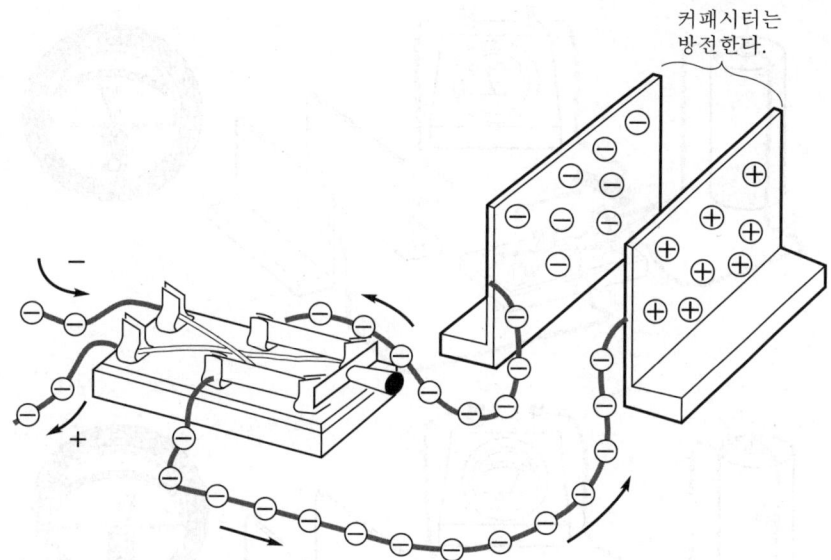

<스위치를 반대로 하면 커패시턴스는 방전한다.>

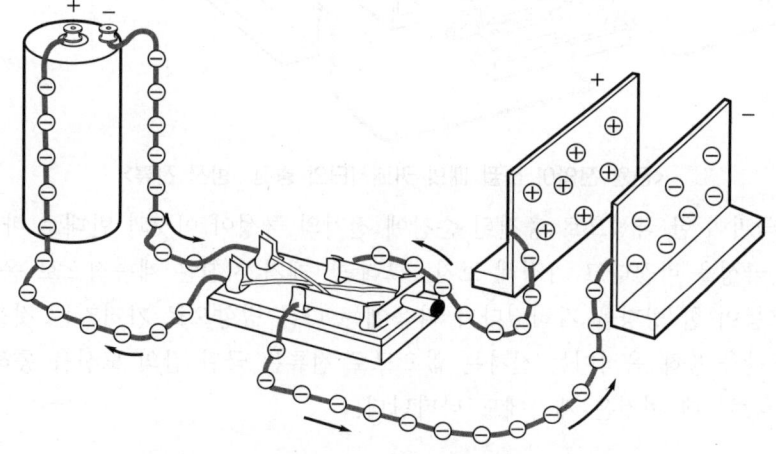

<반대 극성으로 충전된다.>

양쪽 방향으로 흐르는 전류를 읽을 수 있는 중앙 영(0) 눈금 전류계를 커패시터의 한 극판과 직렬로 삽입하면 계기는 극판이 충전될 때마다 전류를 지시할 것이다. 우선 스위치를 닫아 극성을 바꾸면 계기는 처음 충전 방향으로 전류가 흐른다. 전지의 극성을 거꾸로 바꾸면 계기는 극판이 처음에 방전하고 반대 극성으로 충전함에 따라 전류가 반대 방향으로 흐르는 것을 나타낼 것이다. 그리고 계기에는 전지 극성이 반대로 바뀔 때마다 순간적으로만 전류가 흐르는 것을 나타낸다.

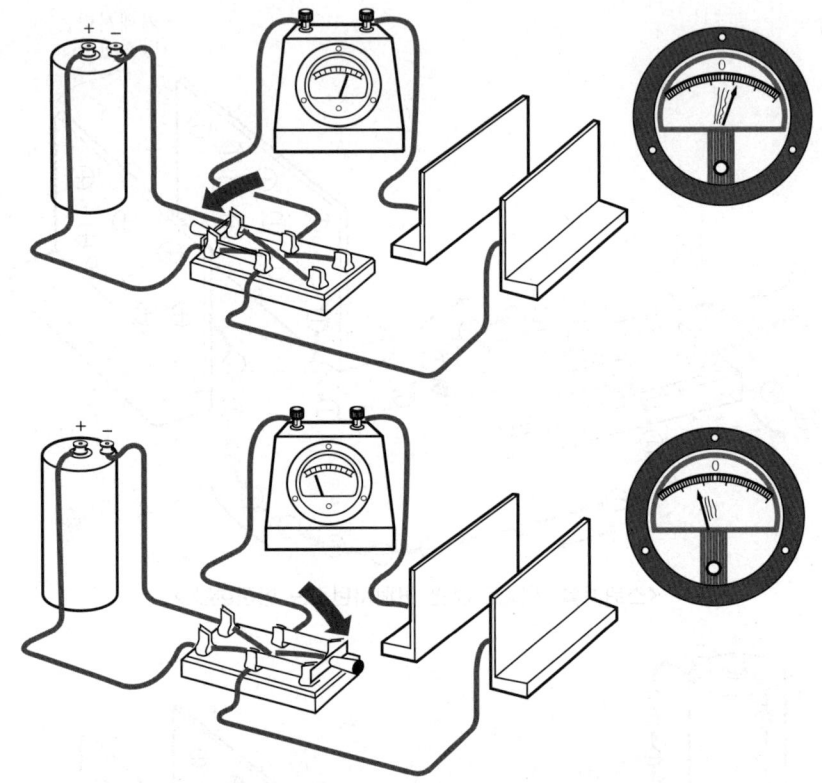

<전원 전압이 바뀔 때의 커패시터의 충전 · 방전 전류>

콘덴서는 극판이 한 극성으로 충전된 순간에 전지의 극성이 이것과 반대로 바뀌도록 충분히 빨리 전지의 극성을 바꾼다고 가정해 보자. 그러면, 계기 지침은 계속적으로 움직인다. 즉 처음에 전류 흐름이 한 방향을 가리켰다가 다음에는 다른 방향으로 가리키는 것을 볼 수 있다. 극판 간의 공간을 통해 움직이는 전자는 없으므로 전류는 극판 간의 도선을 통해서 왔다 갔다 계속적으로 흐르는데 이것은 계기에도 나타난다.

극성 변환용 스위치가 전지 대신 교류 전압의 전원을 사용하면 전압 전원의 극성은 반 사이클마다 자동적으로 바뀐다. 교류 전압의 주파수가 충분히 낮다면 전류계에는 교류 극성이 바뀌는 각 반 사이클마다 방향을 바꾸면서 전류가 양쪽으로 흐를 것이다. 표준 주파수 60 사이클에서 중앙-영(0) 눈금 전류계는 그 지침이 충분히 빨리 움직이지 못하므로 전류의 흐름을 지시할 수 없다. 계기 지침이 그렇게 빨리 움직인다 하더라도 그 속도가 너무 빨라 지침의 움직임을 볼 수 없다. 그러나 중앙-영(0) 눈금 전류계 대신 교류 전류계를 삽입하고 교류 전압을 인가하면 계속적으로 전류가 흘러 그 교류 계기와 회로에 이것이 나타난다. 여기서 이 전류가 계속적인 충전과 방전을 표시한다는 것과 전자의 운동이 직접 커패시터 극판 간에는 일어날 수 없다는 것을 기억하자. 커패시터가 교류 전류를 통과시킨다고 생각하는 것은 실제로 전류가 커패시터 극판 간의 절연물을 제외하고는 모든 회로에서 계속적으로 흐르기 때문이다.

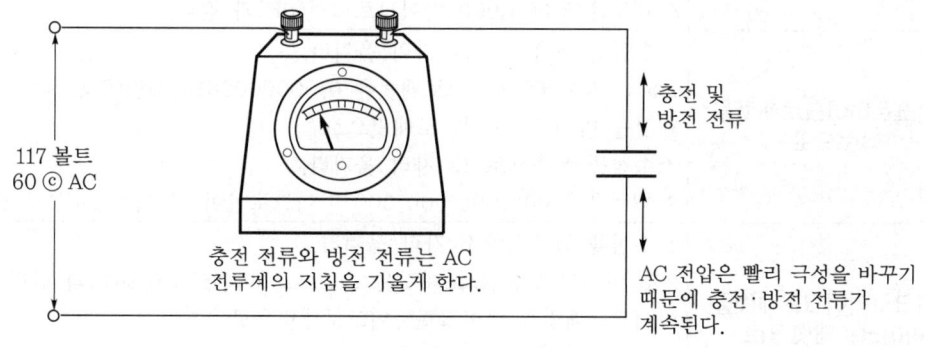

<용량성 회로의 AC 전류>

교류 회로에서 커패시턴스의 작용은 전압이 올라가면 전하를 축적하고 증가시키며, 전압이 내려가면 방전하는 것이다. 모든 회로는 약간의 커패시턴스를 가지고 있으며 그 양은 전하를 축적하는 회로의 능력에 따라 다르다.

커패시턴스의 기본 단위는 패럿(Farad : 기호는 F)이나 1 패럿의 축적 용량은 실제 전기 회로에 대한 커패시턴스 단위로 쓰기에는 너무 크기 때문에 사용하지 않는다. 이 때문에 일반적으로 사용하는 단위는 마이크로패럿(1 패럿의 백만분의 1)과 마이크로마이크로패럿(패럿의 백만분의 1의 백만분의 1) 또는 피코 패럿이다. 전기 공식에서는 패럿으로 표시된 커패시턴스를 쓰기 때문에 커패시턴스의 단위를 다른 단위로 바꿀 수 있어야 한다. 단위를 바꾸는 방법은 전압 전류 및 저항 등의 단위를 바꾸는 방법과 똑같다. 즉 큰 단위로 바꾸기 위해서는 소수점을 좌측으로 옮긴다. 한편 작은 단위로 바꾸기 위해서는 소수점을 우측으로 옮긴다.

마이크로패럿을 패럿으로	소수점을 좌측으로 6 자리 옮겨라. 120 마이크로패럿은 0.00012 패럿(F)과 같다. 패럿을 마이크로패럿으로 소수점을 우측으로 6 자리 옮겨라. 8 패럿은 8,000,000 마이크로패럿(μF)과 같다.
마이크로마이크로패럿을 패럿으로	소수점을 좌측으로 12 자리 옮겨라. 1,500 마이크로마이크로패럿은 0.0000000015 패럿(F)과 같다. 패럿을 마이크로마이크로패럿으로 소수점을 우측으로 12 자리 옮겨라. 2 패럿은 2,000,000,000,000 마이크로마이크로패럿($\mu\mu$F)과 같다.
마이크로마이크로패럿을 마이크로패럿으로	소수점을 좌측으로 6 자리 옮겨라. 250 마이크로마이크로패럿은 0.00025 마이크로패럿(F)과 같다. 마이크로패럿을 마이크로마이크로패럿으로 소수점을 우측으로 6 자리 옮겨라. 2 마이크로패럿은 2,000,000 마이크로마이크로패럿($\mu\mu$F)과 같다.

전기 공식에서는 커패시턴스를 패럿으로 표시하기 위하여 글자 C를 쓴다. 커패시턴스에 대한 회로 기호는 다음 그림에 표시한 바와 같다. 이들 기호는 또 고정 커패시터와 가변 커패시터를 표시하기 위하여 사용된다. 회로의 커패시턴스는 대체로 커패시턴스(콘덴서)에 의해 생긴다.

(a) 고정 커패시터   (b) 가변 커패시터

<커패시터의 기호>

실습···직류(DC) 용량성 회로에서의 전류의 흐름

커패시턴스(capacitance)만을 가지고 있는 회로에서는 커패시터의 충전(charge)과 방전(discharge)은 극히 짧은 시간 내에 발생한다. 커패시터의 충전과 방전 중 전류의 흐름을 보기 위하여 45 V 건전지 2 개를 직렬로 연결하여 90 V 전지를 형성한다. 다음 이 전지로부터 나온 리드를 쌍극 쌍투 스위치(double-pole, double throw switch)의 두 개의 끝 단자에 연결한다. 스위치를 열어 놓고 중앙에 영(0)점이 있는 0~1 mA 밀리암미터와 1 μF의 커패시터를 아래 그림에 표시한 것과 같이 스위치에 연결된 저항기과 직렬로 연결한다. 끝으로 스위치의 다른 두 단자를 적당한 길이의 전선으로 연결한다. 91,000 옴의 저항기를 쓰는 목적은 계기를 손상시킬지도 모르는 큰 전류의 충격파(surge)를 제한하기 위한 것이다. 스위치가 단락된 단자 쪽으로 닫으면 커패시터가 처음에 충전되지 않았기 때문에 흐르는 전류는 없다. 그러나, 스위치를 전지 단자 쪽으로 닫으면 계기의 지침은 순간적으로 흐르는 전류를 지시하나 커패시터가 충전되므로 영(0)의 위치로 되돌아가는 것을 볼 수 있다.

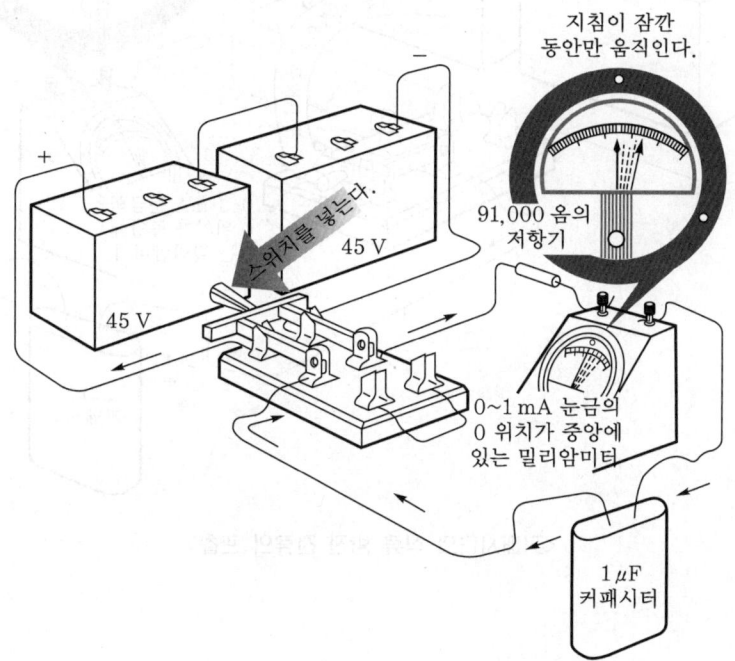

<커패시터의 직류 충전 전류를 관찰한다.>

만약 스위치를 열고 단락된 단자 쪽으로 이것을 움직여 스위치를 닫으면 반대 방향으로 흐르는 순간적 전류를 지시하는데 이것이 콘덴서의 방전이다.

전과 같이 커패시터를 충전한다. 그러면 순간적인 전류가 흐르는 것을 볼 수 있다. 그런 다음 스위치를 열었다가 다시 닫아도 전류는 흐르지 않게 되는데 이것은 커패시터가 이미 충전되어있기 때문이다. 스위치를 단락된 단자 쪽으로 닫았을 때 전류의 흐름은 다시 반대 방향으로 되는데 이는 콘덴서의 방전을 나타낸다.

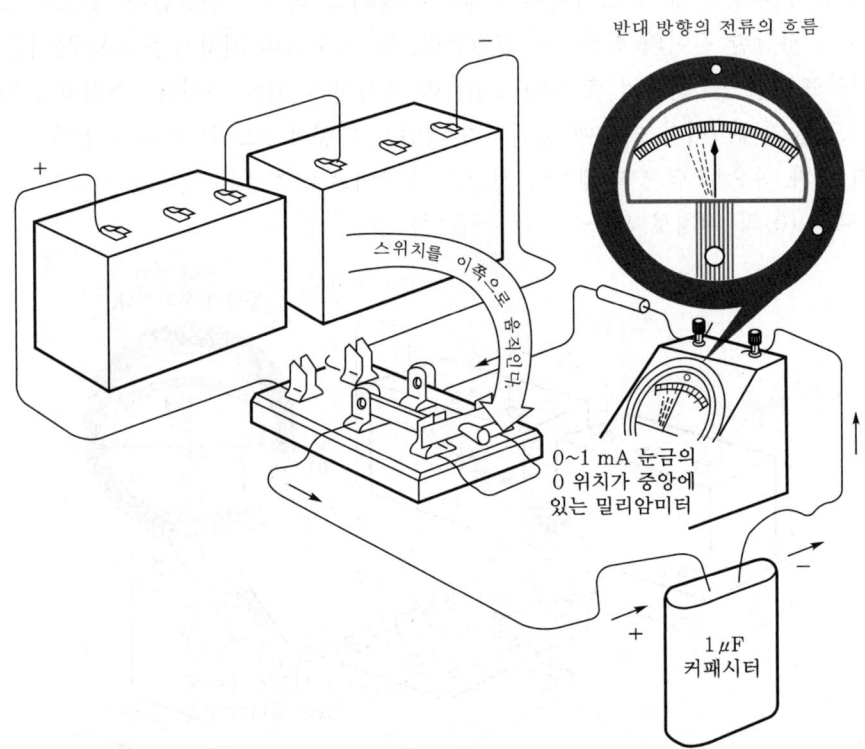

<커패시터의 직류 방전 전류의 관찰>

다음에 전지를 커패시터와 스위치에 직렬로 연결하고 스위치를 닫아서 커패시터를 충전시킨다. 다음 스위치를 열고 절연된 드라이버 손잡이(handle)만을 잘 잡고 그 끝으로 커패시터의 단자를 단락시킨다. 그러면, 커패시터의 방전으로 강한 아크(arc)가 발생하는데 이것을 주의 깊게 관찰하라.

만약 여러분이 손으로 두 단자를 잡아서 커패시터를 방전시킨다면 이때에 방전하는 전기 쇼크(shock)는 그 자체는 위험하지는 않더라도 깜짝 놀라서 뛸 정도로 심한 충격을 주게 된다.

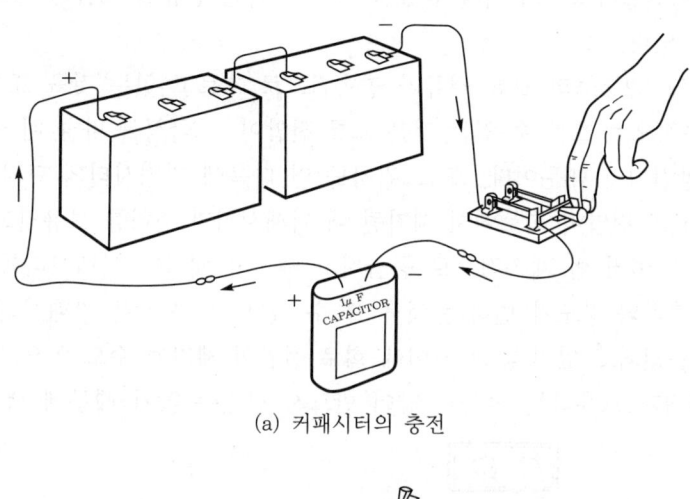

(a) 커패시터의 충전

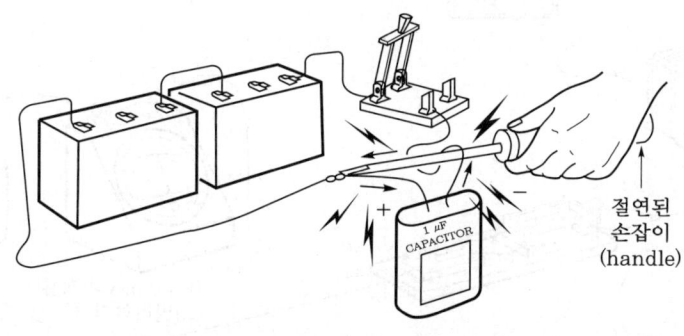

(b) 커패시터의 방전

<충전된 커패시터를 방전>

커패시터를 반복하여 충전하고 또 방전할 때에 이로 인하여 생기는 아크는 매번 같다는 것을 알 수 있는데, 이는 전압이 제거된 후에 커패시터에 남는 전하는 항상 직류 회로의 최대 전압과 같다는 것을 표시한다.

※ 전압 전원이 전지이든 교류 전력이든 간에 커패시터가 회로 전압에 연결되고 있는 동안에 절대로 커패시터를 방전시켜서는 안 된다.

3 실습…교류 용량성 회로 내에서의 전류의 흐름

교류 용량성 회로(AC capacitive circuit)에서 교류 전류가 계속적으로 흐르는 것을 실험하기 위하여 커패시터를 직류 회로에서 떼고 교류 회로에 연결한다. 즉 코드선의 한쪽 리드선을 스위치와 퓨즈를 통하여 커패시터의 한쪽 단자에 연결하고 다른 한쪽 리드선은 0~50 mA, 교류 밀리암미터를 거쳐 커패시터의 남은 단자에 연결한다. 교류 전력선의 출구에 플러그(plug)를 꽂아 변압기를 연결하고 스위치를 닫았을 때 연속적인 전류의 흐름이 밀리암미터상에 나타나는 것을 볼 수 있다.

밀리암미터는 약 22 mA의 교류 전류가 연속적으로 흐르고 있는 것을 표시한다. 이와 같이 회로 전류가 연속적으로 흐를 수 있는 것은 교류 전압이 그 극성을 바꿀 때 커패시터가 연속적으로 충전되고 방전되기 때문이다. 또 스위치를 연 다음에 커패시터의 단자를 드라이버로 단락시킨다. 여기서 또 전압이 회로에서 제거될 때 커패시터가 전하를 보유하고 있음을 볼 수 있다. 그러나 전력은 여러 번 계속적으로 공급하고 제거할 때마다 커패시터를 방전시키면 스파크(spark)는 그 크기와 강도가 변하는 것을 볼 수 있다. 이 현상은 커패시터가 방전하고 있거나 아직 완전히 충전되고 있지 않는 사이에 회로 전압이 제거될 수도 있으므로 교류 회로에서 사용되는 커패시터가 보유하는 전하의 양이 반드시 같지는 않기 때문에 생기는 것이다.

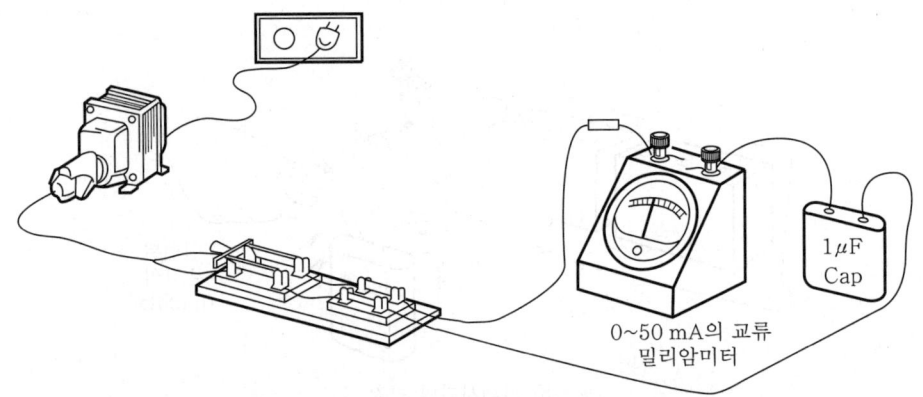

〈커패시터를 통하여 흐르는 교류 전류의 관찰〉

커패시터가 직류의 통과는 막지만 교류는 통과시킨다는 것을 증명하기 위하여 우측 그림과 같은 회로를 만든다. 직류를 가했을 때는 전구는 켜지지 않는다. 그리고 전구 양단의 직류 전압계의 지시는 0 볼트가 된다. 그러나 교류를 가할 때는 전구는 불이 희미하게 켜지며 전구 양단의 교류 전압계는 어떤 값을 지시한다.

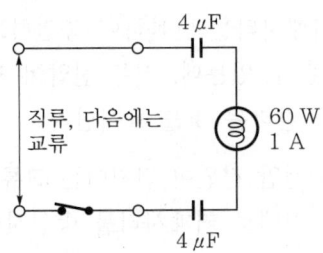

4 교류 회로의 커패시턴스에 대한 복습

우리들은 커패시턴스에 대하여 배웠고 전기 회로에서 이것이 어떻게 전류의 흐름에 영향을 미치는가를 알았다. 지금 커패시턴스의 효과에 대하여 좀 더 이해하기 위하여 이에 대한 실험을 할 준비가 되어 있다. 그러나 이 실험을 하기 전에 커패시턴스에 대하여 배운 것을 다시 복습해 보기로 한다.

① **커패시턴스** : 회로 전압의 어떤 변화에도 반항하는 회로의 성질

② **커패시터**(capacitor) : 회로에 커패시턴스를 공급하여 주기 위하여 사용되는 전기 장치

③ **커패시터의 전하**(capacitor charge) : 한 극판에서 다른 극판으로의 전자의 흐름의 결과, 전자를 받는 극판은 음(-)전하, 전자가 나간 극판은 양(+)전하를 갖게 된다.

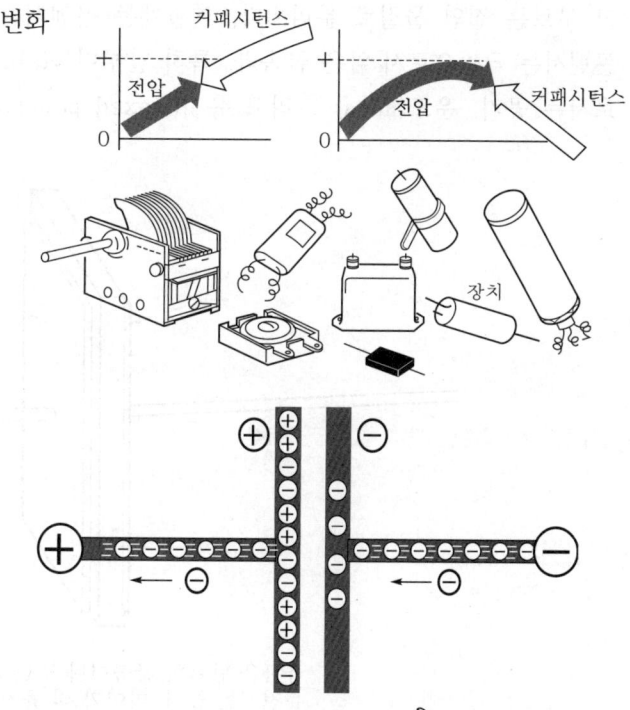

④ **커패시터의 방전**(capacitor discharge) : 대전된 커패시터의 음(-)극판으로부터 양(+)극판으로 이동하는 전자의 흐름. 이때 극판의 전하는 제거된다.

⑤ **마이크로패럿**(μF) : 전기 공식에서 사용되는 커패시턴스의 실용 단위(패럿의 백만분의 1)

$$1\ \mu F = \frac{1}{1,000,000}\ \text{패럿}$$

⑥ **마이크로마이크로패럿**(패럿의 백만분의 1의 백만분의 1)

$$1\ \mu\mu F = \frac{1}{1,000,000,000,000}\ \text{패럿}$$

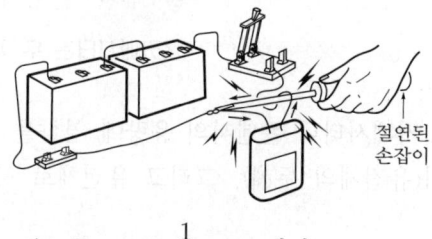

Section 31 커패시터와 용량성 리액턴스

1 커패시터

근본적으로 커패시터는 충전할 수 있는 두 극판으로 구성된다. 그리고 그 극판은 유전체라고 부르는 절연 물질로 분리된다. 옛날에는 콘덴서를 단단한 금속판으로 만들었으나 최신의 콘덴서는 극판으로서 얇은 금속박, 특히 알루미늄(aluminum)박을 사용한다. 사용되는 유전체로서는 공기, 운모(mica) 그리고 유지(waxed paper)가 있다.

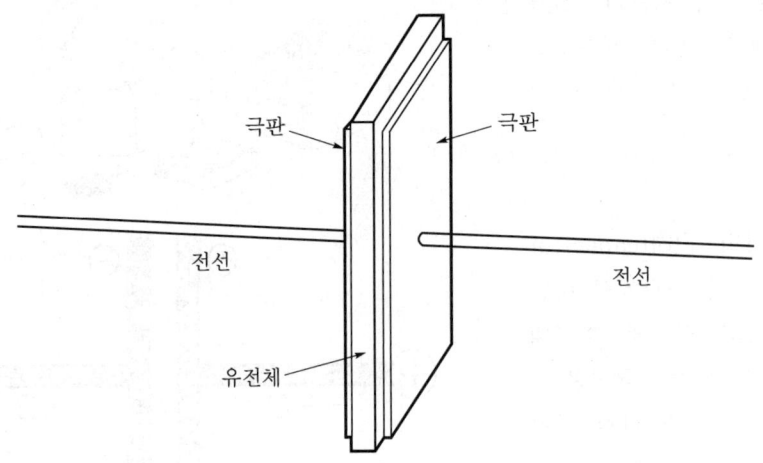

극판은 단단한 금속이나 또는 금속박으로 만든다.
유전체는 공기, 마이카 및 유지 등이 있다.

<커패시터는 두 개의 극판과 유전체로 구성된다.>

커패시터나 콘덴서의 용량에 영향을 미치는 기본적인 세 요소는 극판의 면적, 극판 간의 거리(유전체의 두께), 그리고 유전체로 사용된 물질이다.

2 커패시턴스에 영향을 주는 요소

커패시턴스는 극판의 면적에 따라 직접 변화하기 때문에 커패시턴스의 크기를 정하는 데 있어서 극판의 면적은 대단히 중요한 요소의 하나이다. 큰 면적의 극판은 작은 면적의 극판보다 과잉 전자를 더 많이 받아들일 수 있는 여유가 있다. 그러므로 큰 극판은 보다 많은 전하를 보유할 수가 있다.

따라서, 면적이 큰 극판은 면적이 작은 극판보다 더 많은 전자를 보유할 수 있게 된다. 이와 같이 극판의 면적을 늘이면 커패시턴스도 늘고 극판의 면적을 좁히면 커패시턴스도 줄어든다.

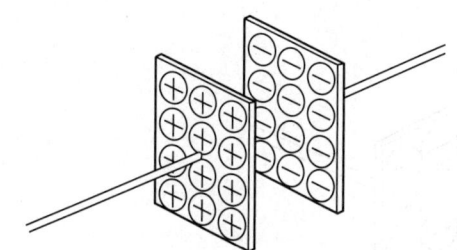

〈작은 극판은 작은 전자를 가진다.〉

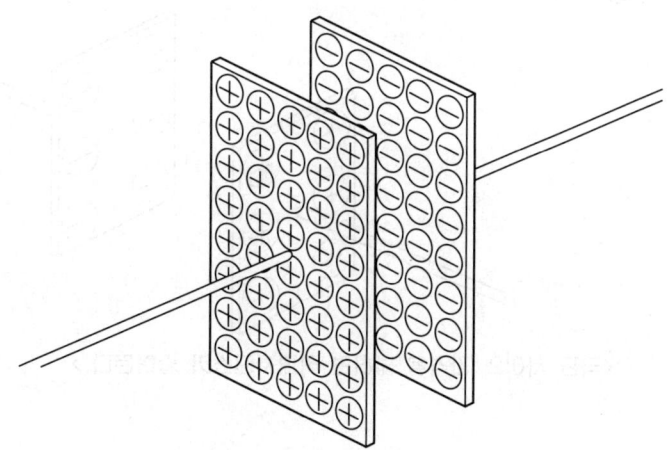

〈극판 면적을 넓히면 커패시턴스가 증가된다.〉

두 대전체가 서로에 미치는 효과는 이 둘 사이의 거리에 따라 결정된다. 커패시턴스의 작용은 두 극판과 그들의 전하량의 차이에 따라 정해지므로 극판 간격이 변하면 커패시턴스의 크기도 변한다. 두 극판 사이의 커패시턴스는 극판을 서로 가까이 하면 증가하고 두 극판을 멀리 하면 감소한다. 이런 현상은 두 극판이 서로 가까이 올수록 한 극판 위의 전하가 다른 극판의 전하에 더 큰 영향을 미치기 때문에 발생한다.

콘덴서의 한 극판 위에 과잉 전자가 나타나면 전자는 반대 극판으로 끌리고 이 극판에 양전하를 유도시킨다. 비슷하게 양으로 충전된 극판은 반대 극판에 음전하를 유도시킨다. 두 극판이 서로 가까워질수록 극판 간의 힘은 더 강해진다. 그리고 이 힘은 회로의 커패시턴스를 증가시킨다.

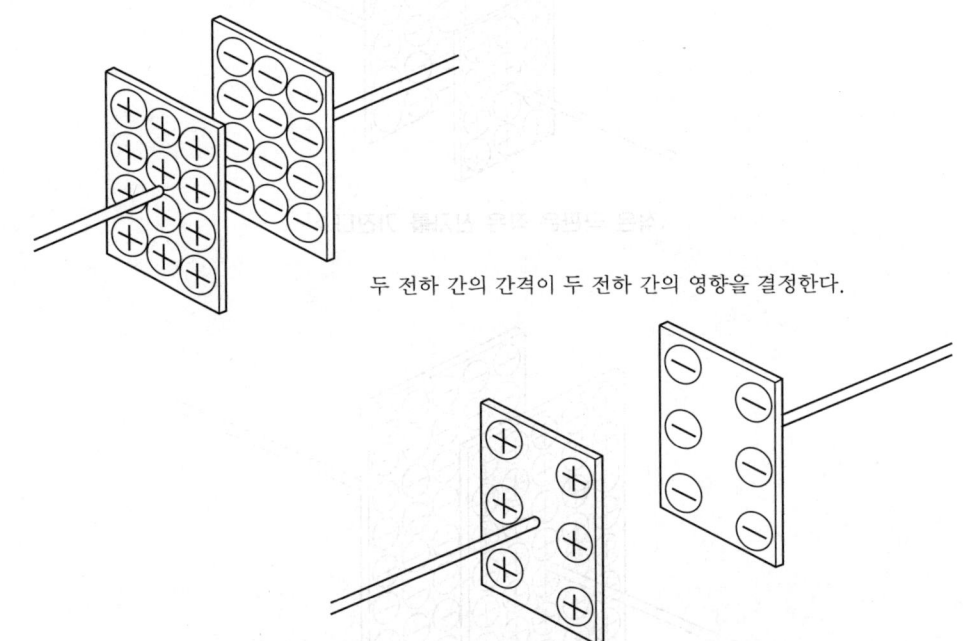

두 전하 간의 간격이 두 전하 간의 영향을 결정한다.

<극판 사이의 간격을 넓히면 커패시턴스가 줄어든다.>

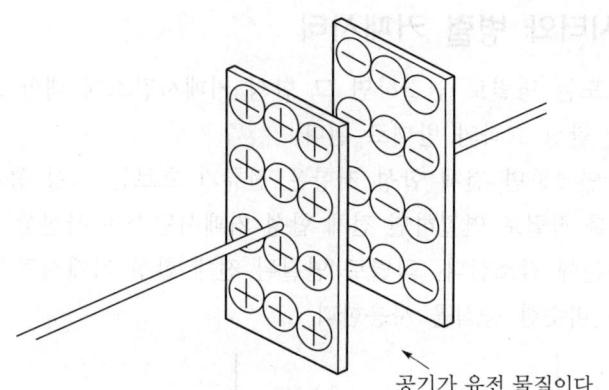

공기가 유전 물질이다.

<유전 물질을 바꾸면 커패시턴스가 변한다.>

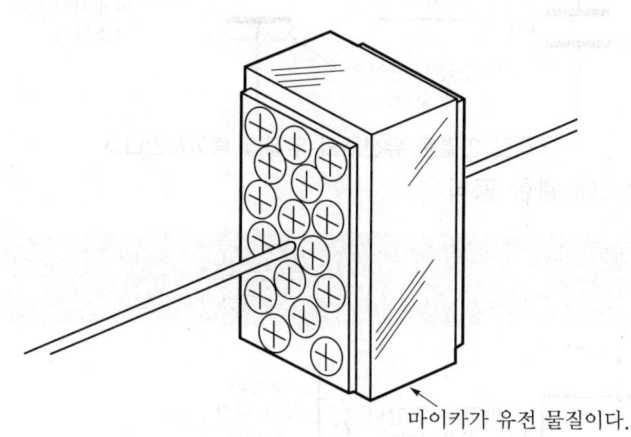

마이카가 유전 물질이다.

<마이카 유전체는 커패시턴스를 증가시킨다.>

    같은 극판을 사용하여 이들을 일정한 간격에서 고정시키고 유전체로서 여러 절연 물질을 사용하면 커패시턴스는 물질에 따라 변화한다. 어떤 물질의 효과는 공기의 효과에 비교해서 말한다. 즉, 공기를 유전체로 사용해서 콘덴서가 어떤 커패시턴스를 가지는 경우 공기 대신 다른 물질을 사용하면 그 커패시턴스는 유전율(dielectric constant)라고 하는 수 만큼 곱하면 된다. 예로서, 3의 유전율을 가지고 있는 유지를 극판 사이에 넣으면 공기를 사용할 때보다 커패시턴스는 3 배로 커진다. 유전율은 물질에 따라 다르다. 그래서 유전체로서 작용하도록 여러 물질을 극판 간에 넣으면 커패시턴스는 물질의 종류에 따라 변화한다.

3. 직렬 커패시터와 병렬 커패시터

커패시터를 직렬 또는 병렬로 연결하면 그 합성 커패시턴스에 대한 효과는 이와 비슷하게 연결한 저항에 대한 합성 효과와 반대로 된다.

저항기를 직렬로 연결하면 전체 합성 저항은 전류가 흐르는 저항 통로가 같아지기 때문에 증가하나, 커패시터를 직렬로 연결하면 전체 합성 커패시턴스는 사실상 두 극판(plate) 사이의 간격이 증가하기 때문에 감소한다. 직렬로 연결된 전체 합성 커패시턴스를 구하는 데는 병렬 저항에 대한 공식과 비슷한 공식을 사용한다.

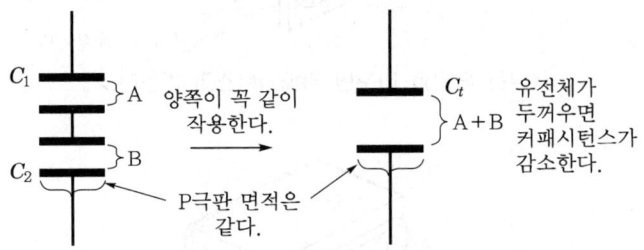

<직렬 연결은 유전체의 두께를 증가시킨다.>

① 직렬 커패시턴스에 관한 공식

$$C_t = \frac{C_1 \times C_2}{C_1 + C_2}$$

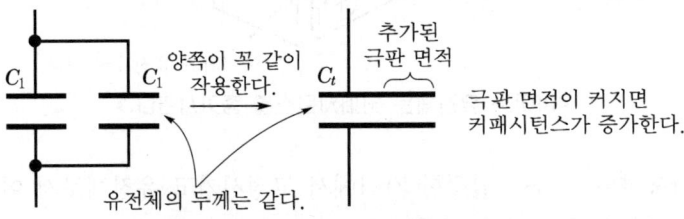

<병렬 연결은 극판 면적을 증가시킨다.>

② 병렬 커패시턴스에 관한 공식

$$C_t = C_1 + C_2$$

저항기를 병렬로 연결하면 그 합성 저항은 전류가 흐를 수 있는 단면적이 증가하기 때문에 감소하나 커패시터를 병렬로 연결할 경우는 반대로 되어 그 합성 커패시턴스는 전하를 받아들이는 극판 면적이 증가하기 때문에 증가한다. 병렬로 연결된 커패시터의 전체 합성 커패시턴스는 병렬로 연결된 모든 커패시터의 각 값을 합하면 구하여진다.

4 커패시터의 종류

전기 또는 전자 장치에는 여러 종류의 커패시터가 사용된다. 어떤 특수한 일에 가장 적합한 커패시터의 종류를 선정하기 위해서는 이 커패시터가 어떻게 만들어지고 어떻게 동작하는가에 대하여 알 필요가 있다. 또한, 어떤 특별한 종류의 커패시터를 표시하는 데 사용되는 기호를 잘 알고 있어야만 한다.

콘덴서(커패시터)는 일반적으로 사용된 유전물질(dielectric material)의 종류에 따라 분류한다. 커패시터의 가장 기본적인 종류는(그것이 고정이든 가변이든 간에) 공기 콘덴서이며 이는 금속 극판 사이의 공간을 공기로 채워서 만든 것이다. 이와 비슷한 종류의 콘덴서로는 진공 콘덴서가 있으며 이것은 진공을 유전체로 하고 진공에 의하여 두 극판을 격리시켜 만든 것이다. 공기 콘덴서와 진공 콘덴서는 아크(arc)를 방지하기 위하여 두 극판 간격을 약간 넓게 취하여야 하기 때문에 이들 커패시턴스는 작고 그 값은 보통 1 $\mu\mu F$ 내지 500 $\mu\mu F$이다.

특별한 종류의 마이카 콘덴서(운모 콘덴서라고도 함)는 두 극판과 두 극판 사이에 많은 마이카 판을 채운 것으로 구성되었으며 보통 500 $\mu\mu F$ 이하의 최대치를 갖고 이 값을 변화시킬 수 있도록 되어 있다.

나사 조정자(screw adjustment)는 가변 극판을 회전시키는 데 사용하며 이 나사를 조정하여 콘덴서의 커패시턴스를 변화시킨다. 더 큰 마이카 콘덴서를 필요로 할 때에는 두 극판과 얇은 마이카 판을 여러 층으로 만들어 사용한다. 때때로 이 마이카 콘덴서는 큰 가변 콘덴서와 병렬로 사용하며 커패시턴스를 정밀하게 조정할 수 있도록 하기 위하여 큰 가변 콘덴서에 붙여서 사용한다.

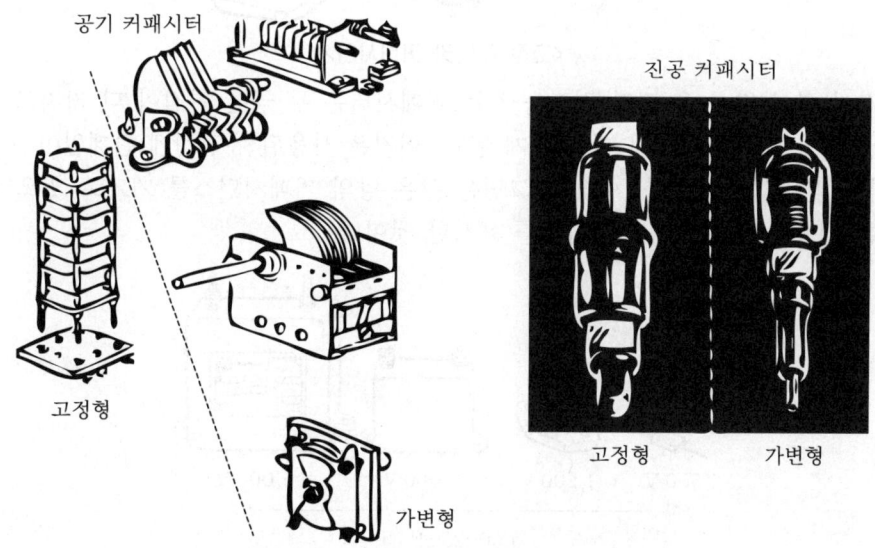

〈고정 및 가변 공기 커패시터와 진공 커패시터〉

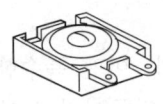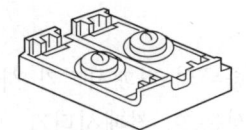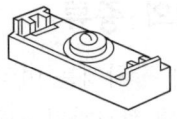

<가변 마이카 커패시터>

고정 마이카 커패시터는 얇은 금속박의 극판 사이를 얇은 마이카 판으로 격리시켜서 만든 것이며 플라스틱 덮개(plastic cover)로 씌운 것이다.

이와 같은 커패시터는 10 μF 내지 0.01 μF의 용량 범위를 가진 것이 많이 만들어지고 있다. 마이카 커패시터를 회로에 연결하는 데 있어서는 여러 가지 종류의 단자를 사용하며 이들 단자는 커패시터의 각 극판과 유전체에 플라스틱(plastic)을 부어 만들었다. 커패시터의 각 부분을 플라스틱 케이스로 덮어씌움으로써 커패시터를 기계적으로 강하게 만들 뿐 아니라 양극판 및 유전체의 부식이나 손상을 방지하고 있다.

커패시터의 두 극판에 인가하는 전압은 두 극판 사이에서 절연체의 역할을 하는 유전체의 두께에 의하여 정하여진다. 똑같은 커패시턴스를 갖는 커패시터일지라도 유전체 두께의 차이에 따라 다른 전압 정격을 갖게 된다. 유전체의 두께를 크게 하면 두 극판의 간격은 멀어질 것이며 따라서 커패시턴스를 감소시킴으로 이 감소를 보충하려면 두 극판과 면적을 크게 하여야 한다.

<고정 마이카 커패시터>

이와 같이 하여 더 높은 전압 정격을 갖는 커패시터는 두 극판 면적이 더 커지고 극판 간격은 더 증가하게 됨으로 부피가 더 커지게 된다. 이것은 사용된 유전체에 관계없이 모든 종류의 커패시터에 적용되는 것이다. 아래의 그림은 같은 양의 커패시턴스를 가지고 있으나 전압 정격이 다른 대표적인 마이카 커패시터를 표시한 것이다.

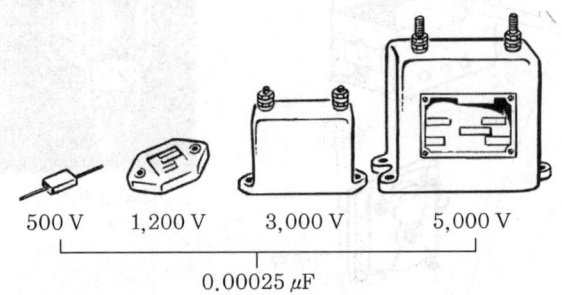

<정격 전압은 커패시터의 크기에 어떠한 영향을 주는가?>

종이 커패시터(paper capacitor)는 얇고 긴 금속박을 극판으로 사용하고 이 극판을 왁스(wax)를 바른 종이 띠(strip)로 격리시킨 것이다. 가장 많이 사용되는 커패시터의 값의 범위는 250 $\mu\mu$F 내지 1 μF이나, 더 큰 종이 콘덴서를 특별한 용도에 사용하기 위하여 만들기도 한다. 유용한 커패시턴스를 얻기 위해서는 매우 긴 종이 띠가 필요하므로 금속박과 왁스를 칠한 종이의 띠(strip)를 함께 여러 번 말아서 롤 필름과 같은 통(cartridge)을 형성한다.

이 통은 두 극판에 부착시킨 리드선을 포함하며, 습기의 누설이나 극판의 부식을 방지하기 위하여 왁스로 밀봉한다. 종이 커패시터에는 여러 가지 종류의 외부 피복을 사용하며 그 중 가장 간단한 것은 관형(tubular) 판지 피복으로 되어 있다.

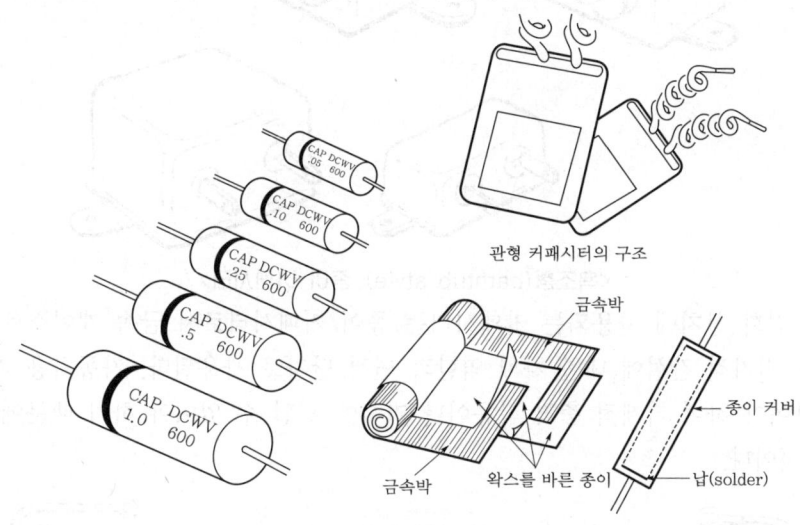

<종이 커패시터>

어떤 종류의 종이 커패시터는 대단히 딱딱한 플라스틱으로 주형(mold)을 만들어 이 속에 넣은 것으로 이와 같이 만든 커패시터는 대단히 강인하며 판지 케이스형보다 더 넓은 온도 범위에서 사용된다. 그것은 판지 케이스에 사용되는 왁스는 높은 온도에서 잘 녹으며 케이스의 열려진 양끝(open ends)에서 새어 나오기 때문이다.

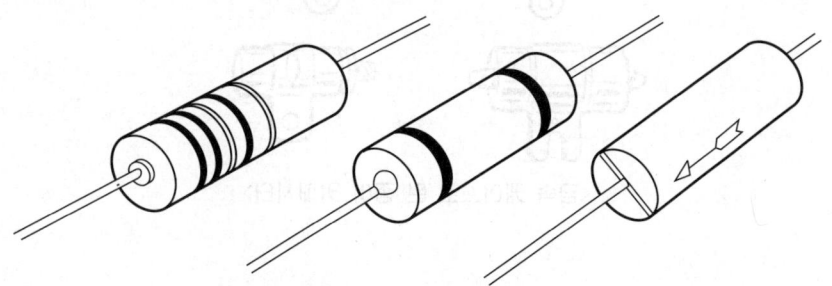

<주형(mold) 안에 넣어 만든 종이 커패시터>

욕조형(bathtub style) 커패시터는 공기가 통하지 않도록 금속 용기로 밀봉한 종이 커패시터 통(cartridge)이다. 이 금속 용기는 때로는 하나의 단자로서 사용되며 그렇지 않은 경우에는 전기적 간섭에 대한 차폐의 역할을 한다. 또한 금속 용기에 붙은 단 하나의 단자는 욕조형 케이스에 밀봉된 여러 커패시터에 사용되는 공통 단자이다.

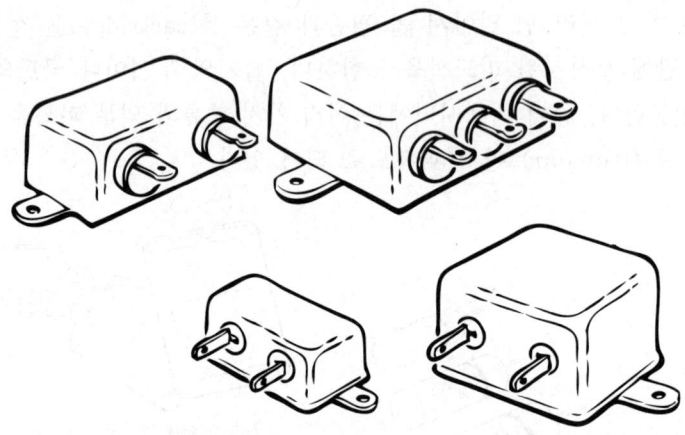

<욕조형(bathtub style) 종이 커패시터>

자동차의 점화 장치에 사용되는 커패시터는 종이 커패시터로서 금속 케이스로 되어 있으며 이 케이스는 전기적 간섭에 대한 차폐 역할과 연결 단자로 사용된다. 자동차용 커패시터는 특별히 강인하여야 하며 기계적 충격 작용이나 기후에 견딜 수 있어야 하기 때문에 금속 케이스가 필요한 것이다.

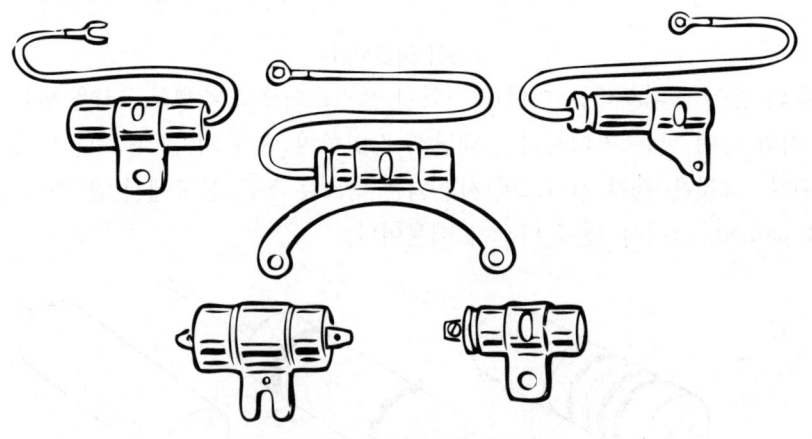

<금속 케이스로 된 종이 커패시터>

600 V 이상의 높은 전압 회로에 사용되는 종이 커패시터는 케이스 내에 절연유(oil)를 채워서 만든 것으로 금속 용기는 공기가 들어가지 않도록 밀봉하였으며 단자의 연결에는 여러 가지 종류를 사용한다.

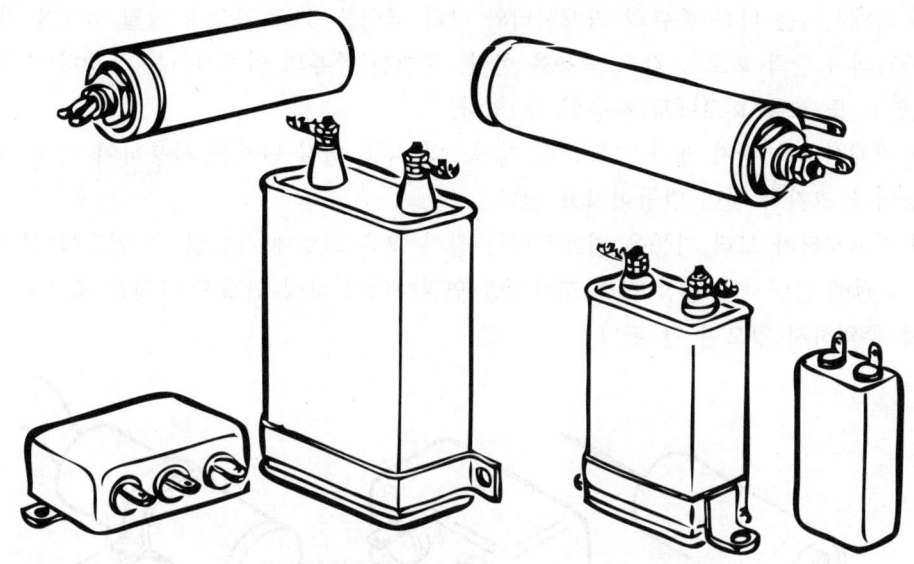

〈고전압용 유입(oil filled) 종이 커패시터〉

최근에 개발된 극히 작은 종류의 커패시터는 고정형이든 가변형이든 모두 유전체로서 자기를 사용하고 양극판에 은으로 된 침전막을 사용한다. 자기 커패시터의 값은 보통 1 $\mu\mu$F 내지 0.01 μF이다. 또 이것은 여러 가지 모양으로 만들어지는데 가장 일반적인 것은 원판 모양과 관(tubular) 모양으로 된 것이다. 가변 자기 커패시터는 은막으로 된 하나의 고정 극판과 은으로 도금한 금속 가동 극판을 가지고 있다. 자기 커패시터는 2,000 V 이상의 전압을 절연하는 유전체를 가지고 있으나 부피는 대단히 작고 공간을 작게 차지하기 때문에 1,000 V 이상의 전압에 대한 특수 회로에 많이 사용된다.

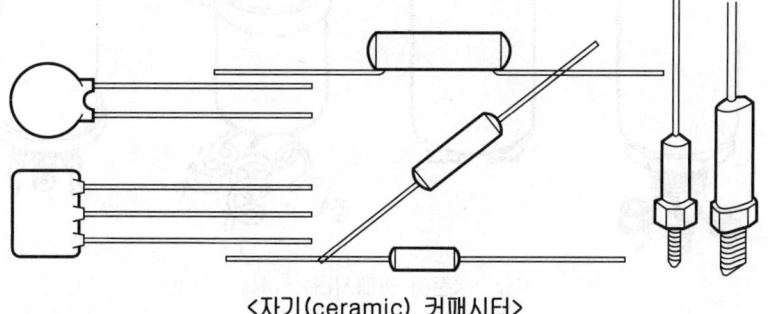

〈자기(ceramic) 커패시터〉

커패시턴스의 값이 1 μF 이상이 되면 종이 콘덴서나 마이카 콘덴서는 지나치게 커지므로 이러한 커패시턴스를 필요로 할 때에는 전해 콘덴서(electrolytic capacitor)가 사용되며 이 값은 1 μF 내지 1,000 μF이다.

전해 커패시터는 다른 종류의 커패시터와 달라 극성을 갖고 있으며 만일 극성을 잘못 연결하면 파괴되며 단락 회로와 같은 작용을 한다. 특별한 종류의 커패시터는 조정하여 극성을 바꿀 수 있고 또 교류 회로에도 사용할 수 있다.

전해 커패시터는 판지 케이스나 금속 케이스와 각종 연결 단자를 사용하여 여러 가지 종류의 모양이나 크기의 것이 만들어지고 있다.

전해 커패시터가 모터 기동용 커패시터와 같이 교류 회로에 사용할 수 있도록 설계되지 않는 한 이 전해 콘덴서는 항상 직류 회로에만 연결하여야 하며 연결시 극성을 조사하여야 한다는 것을 주의하지 않으면 안 된다.

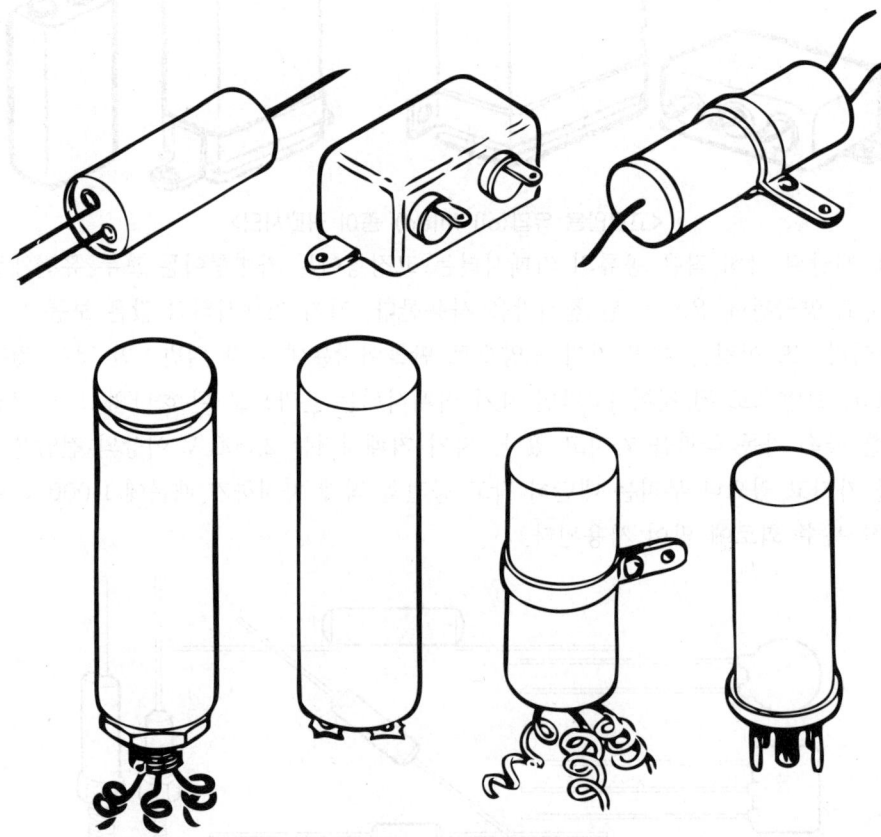

〈전해 커패시터〉

5 커패시터의 색별 표시

대부분의 커패시터의 커패시턴스 값과 정격 전압은 커패시터의 몸통에 무늬를 찍어 넣거나 도장을 찍어서 표시하며 전해 커패시터의 경우에는 그 극성도 함께 표시한다. 커패시터 몸통에 표시된 정격 전압은 유전 절연체가 파괴되지 않을 정도까지 단자 양단에 인가할 수 있는 최대 직류 전압을 표시한다. 대부분의 커패시터는 저항에 관한 색별 표시법과 같다. 그러면 이미 사용하였던 색깔과 숫자를 복습하고 그 외의 표시법을 알아보기로 하자.

<커패시터의 색별 표시법>

색 깔	숫 자	허용 오차	정격 전압	색 깔	숫 자	허용 오차	정격 전압
검정색	0	-	-	보라색	7	7 %	700 V
갈색	1	1 %	100 V	회색	8	8 %	800 V
빨강색	2	2 %	200 V	흰색	9	9 %	900 V
오렌지색	3	3 %	300 V	황금색	-	5 %	1,000 V
황색	4	4 %	400 V	은색	-	10 %	2,000 V
초록색	5	5 %	500 V	무색	-	20 %	-
청색	6	6 %	600 V	-	-	-	-

이들 색깔을 사용하는 순서는 제작자에 따라 다르다. 가장 간단한 색별 표시법은 세 점에 색깔을 칠하고 이 색깔로써 커패시턴스의 값을 $\mu\mu F$로 표시하는 방법이다. 앞의 두 점은 첫 두 수를 표시하고 제일 뒤에 있는 점은 숫자 위에 추가하여야 할 0의 수이다. 모든 색별 표시법으로 표시되는 값은 $\mu\mu F$이며 μF로 표시할 필요가 있을 때에는 $\mu\mu F$를 μF로 환산하여야 한다. 이 색별 표시법을 사용할 때 화살 방향이 표시되어 있지 않으면 상표를 올바르게 읽을 수 있도록 커피시터를 놓고 색깔의 세 개의 점은 왼쪽에서 오른쪽으로 읽어야 한다.

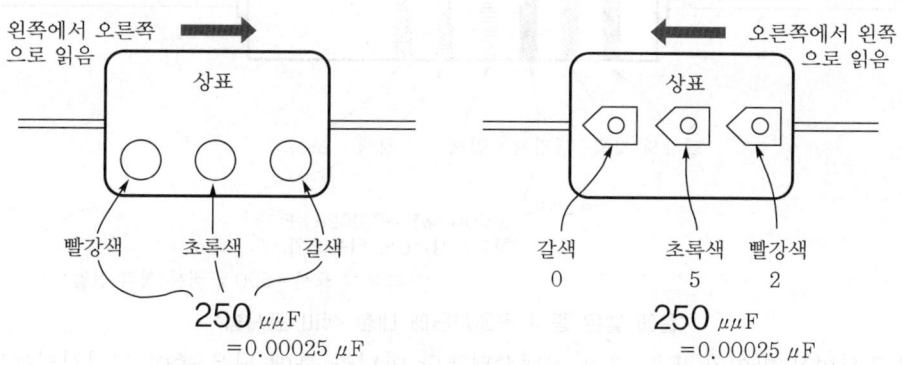

<세 개의 색깔로 표시된 커패시터에 대한 색별 표시법>

각 점이 작은 화살 방향을 표시하고 있으면 그 각 점은 화살 방향으로 읽어야 한다. 만일 세 개의 점이 빨강색, 초록색 및 갈색으로 되어 있고 이것을 올바른 방향으로 읽는다면 커패시턴스는 앞의 그림에 표시된 바와 같이 250 $\mu\mu F$ 또는 0.00025 μF가 된다. 만일 허용 오차와 정격 전압이 표시되어 있지 않으면 정격 전압 500 V에서 허용 오차가 ±20 %이다.

여섯 개의 점에 색깔이 표시되어 있는 커패시터는 커패시턴스의 값뿐만 아니라 정확도(허용 오차율)와 정격 전압이 표시되어 있다. 윗줄의 세 점은 왼쪽으로부터 오른 쪽으로 읽으며, 아랫줄은 오른 쪽에서부터 왼쪽으로 읽는다. 이 표시 방법에서는 윗줄의 세 점으로부터 세 개의 숫자를 읽을 수 있고, 아랫줄 오른쪽에서 왼쪽의 순서로 각각 배수를 표시하는 0의 개수, 허용 오차율 및 정격 전압을 얻을 수 있다.

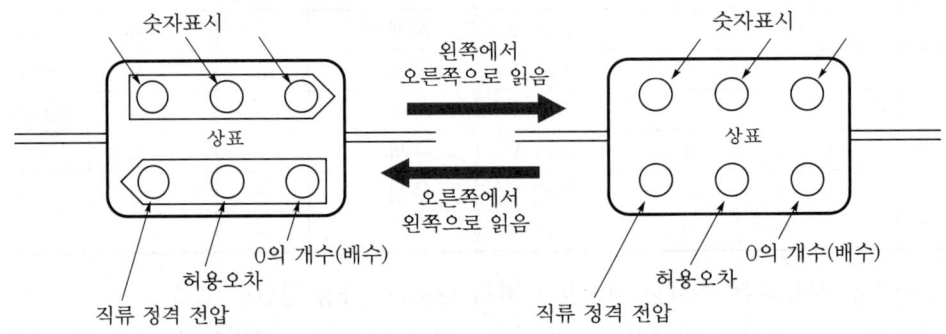

<여섯 개의 색깔로 표시된 커패시터의 색별 표시법>

여섯 개의 점을 올바른 순서로 읽은 것이 각각 갈색 · 오렌지색 · 초록색 · 빨강색 · 은색 및 청색이었다고 하면, 이때 커패시터는 커패시턴스가 13,500 $\mu\mu F$, 허용 오차 10 % 정격 전압 600 V의 값을 가진다.

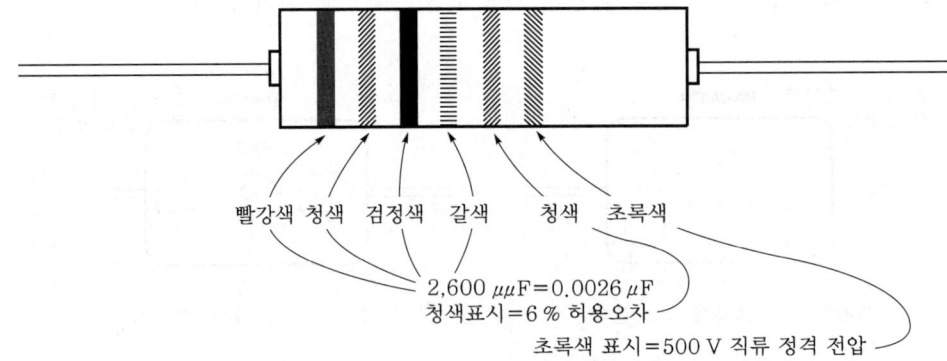

<틀에 넣은 종이 커패시터에 대한 색띠 표시법>

색별 표시법은 마이카 또는 자기 커패시터뿐만 아니라 틀에 넣은 종이 커패시터에도 사용된다. 이때 색별 표시는 색깔의 띠로서 표시하며 그 색깔은 커패시터의 한쪽 끝에 가장 가까운

색띠로부터 중심점으로 향하는 순서로 읽는다. 그 색깔은 6점 표시법과 같은 방법으로 첫 세 개의 색띠는 숫자를 표시하고 네 번째 색 띠는 배수를 나타내는 0의 개수, 다섯 번째 띠는 허용 오차, 여섯 번째 띠는 정격 전압을 표시한다.

6 용량성 시상수

커패시턴스를 포함하는 회로의 두 단자에 전압을 인가하면 커패시턴스 양단 전압은 순간적으로 두 단자에 인가한 전압과 같아지지 않는다. 우리는 이미 커패시터의 양 극판이 완전히 충전될 때까지는 어느 정도의 시간이 걸린다는 것과, 두 극판 사이의 전압은 유도성 회로의 전류 곡선과 비슷한 곡선을 그려 인가 전압과 같아질 때까지 올라간다는 것을 배웠다. 커패시터가 그의 최대 전압에 도달할 때까지의 소요 시간은 회로 저항이 크면 클수록 더 길어진다. 그것은 회로 저항은 커패시터를 충전하는 데 필요한 전류의 흐름을 방해하기 때문이다.

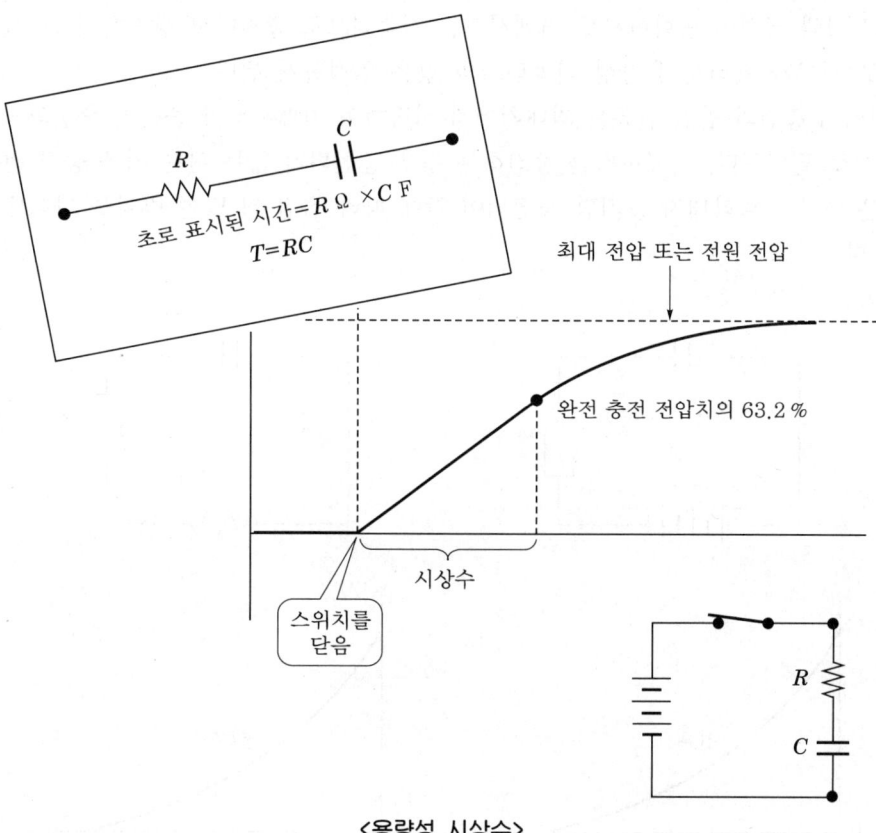

〈용량성 시상수〉

커패시터가 완전히 충전할 때까지의 소요 시간은 회로의 저항과 커패시턴스를 서로 곱한 값에 따라 다르다. 저항과 커패시턴스를 곱한 이 RC의 값을 커패시턴스 회로(또는 용량성 회로)의 시상수라고 한다.

이 RC 시상수는 커패시터의 양단 전압이 커패시터 최대 전압치의 63.2 %에 도달할 때까지의 소요 시간을 초(s)로 표시한 것이다. 이와 마찬가지로 RC 시상수는 커패시터가 완전 충전으로부터 그 전하를 63.2 % 잃을 때까지 방전하는 데 소요된 시간으로도 표시한다.

7 용량성 리액턴스

용량성 리액턴스는 회로의 커패시턴스에 의하여 나타나는 전류의 흐름에 대한 반항이다. 직류 전원을 사용할 때는 전류는 커패시터를 충전하고 방전할 때에만 흐른다. 용량성 회로에서는 직류가 계속적으로 흐르지 않으므로 직류에 대한 용량성 리액턴스는 무한대라고 생각한다. 교류는 그 값과 극성이 변화하므로 커패시터는 계속적으로 충전하고 방전하며 그 결과 계속적으로 회로 전류가 흘러서 용량성 리액턴스의 값은 일정하게 된다.

커패시터의 충전과 방전 전류는 최대치에서 시작하여 커패시터가 충분히 충전되거나 방전될 때 영(0)으로 떨어진다. 커패시터를 충전하는 경우 충전되지 않는 판은 처음 충전 전류에 대하여 반항은 조금도 나타내지 않지만 충전되어 감에 따라 점점 더 많은 반항을 나타내고 전류를 감소시킨다.

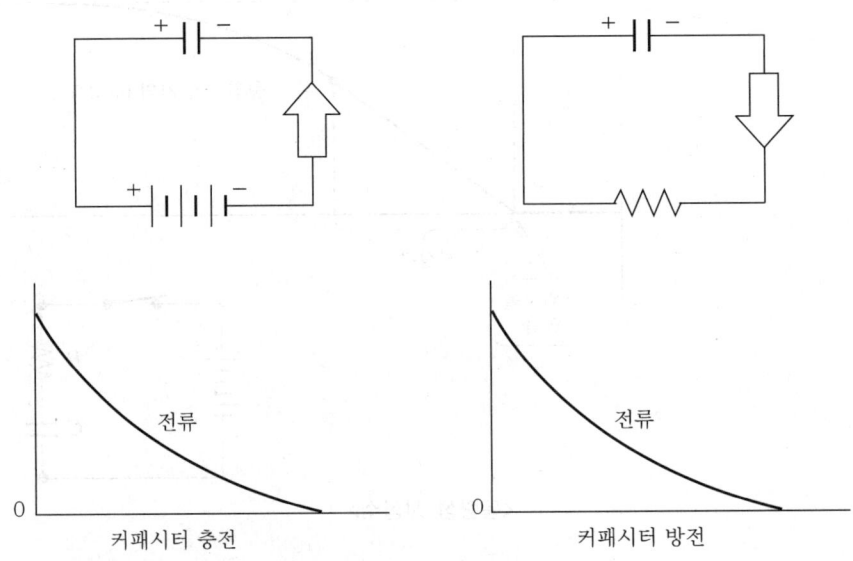

〈커패시터의 충전 및 방전 전류〉

이와 마찬가지로 방전 전류는 방전 시초에는 커패시터의 충전 전압이 높기 때문에 크지만 커패시터가 방전되어 감에 따라서 방전 전압이 떨어져서 전류가 적게 흐르게 된다. 충전 및 방전 전류는 커패시터의 충전·방전 시초에 가장 크기 때문에 그 극성이 급속히 바뀌어진다면 평균 전류는 더 크게 되고 이 전류는 계속 큰 값을 유지하며 흐를 것이다.

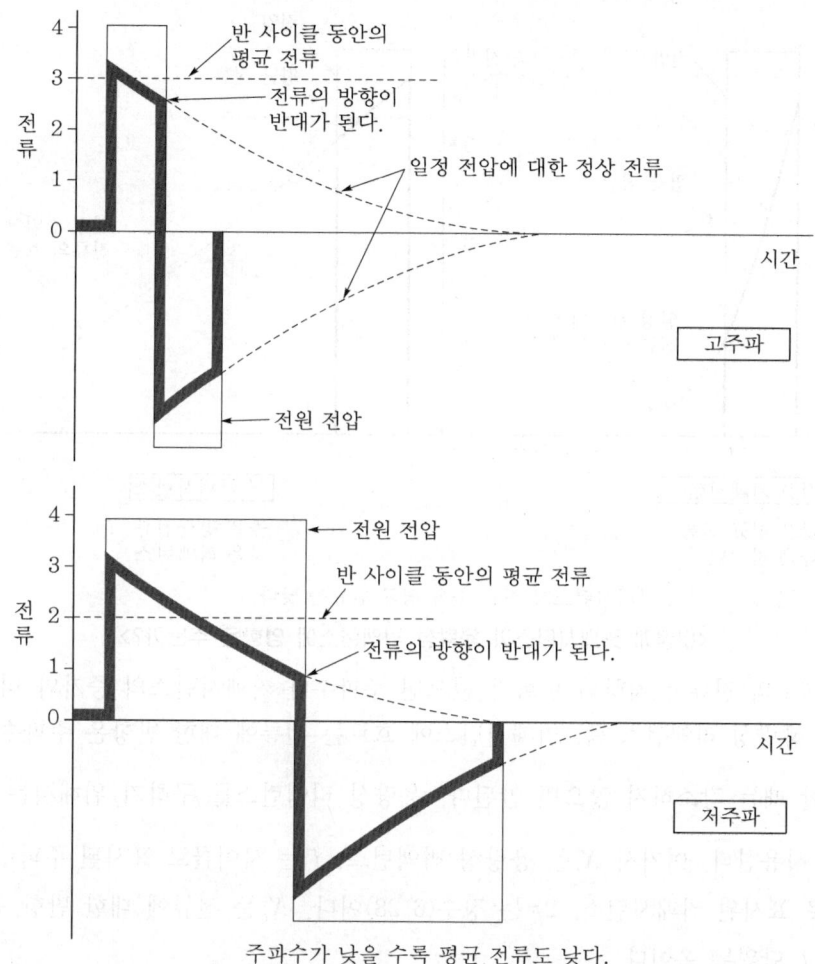

<주파수는 커패시터에 흐르는 전류에 어떠한 영향을 주는가?>

하나의 주어진 커패시턴스를 가지고 있는 교류 회로의 전류는 교류 전압의 주파수에 따라 정해진다. 주파수가 높을수록 전류는 더 커지는데 이는 충전 전류가 낮은 값으로 떨어지기도 전에 그 극성이 바뀌기 때문이다. 전원 전압은 주파수가 낮으면 전류는 낮은 값까지 떨어지고 그 후 극성이 바뀐다. 이 결과 전류의 평균치는 더 낮아진다.

여러 가지 커패시턴스 회로에서 충전 전류 곡선을 비교하면 커패시턴스가 클수록 전류는 높은 값에서 더 오래 지속된다는 것을 알 수 있다. 또는, 주파수가 같다면 적은 커패시턴스보다 큰 커패시턴스에 흐르는 평균 전류가 더 크다. 그러나 이것은 커패시턴스의 충전 곡선이 회로의 RC 시상수에 따라 다르기 때문에 회로의 저항이 같을 때에만 성립한다.

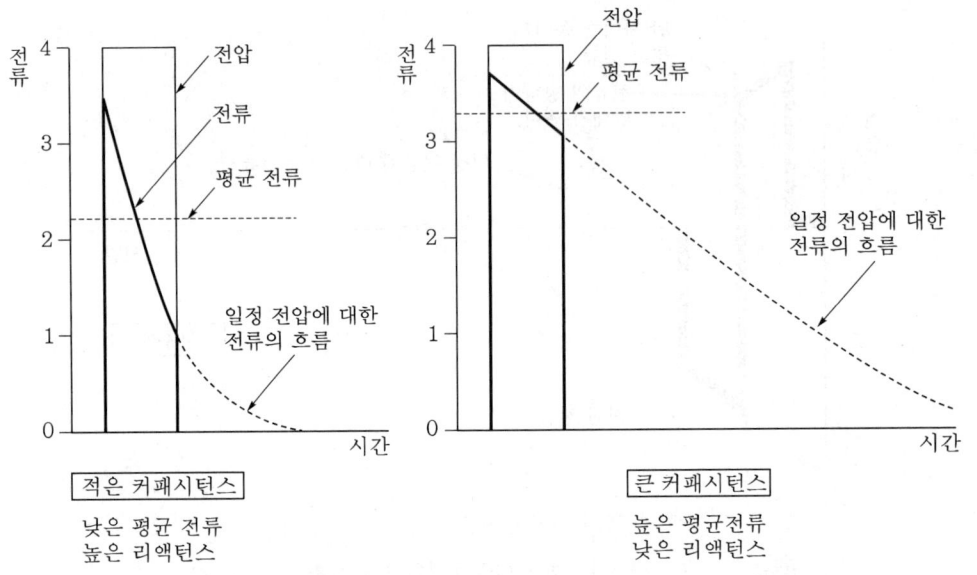

커패시턴스가 적을 수록 평균 전류는 낮다.

〈어떻게 커패시턴스가 용량성 리액턴스에 영향을 주는가?〉

용량성 회로의 전류는 저항의 변화가 없으면 주파수나 커패시턴스의 증가와 더불어 증가한다. 그리고 용량성 리액턴스 즉, 커패시턴스에 흐르는 전류에 대한 반항은 주파수나 커패시턴스가 증가할 때는 감소하지 않으면 안된다. 용량성 리액턴스를 구하기 위해서는 $X_c = \dfrac{1}{2\pi f C}$ 의 공식을 사용한다. 여기서 X_c는 용량성 리액턴스, f는 사이클로 표시된 주파수, C는 패럿(farad)으로 표시된 커패시턴스, 2π는 정수(6.28)이다. X_c는 전류에 대한 반항 즉 저항을 표시하므로 그 단위는 옴이다.

8 용량성 리액턴스

용량성 회로에서의 전압과 전류파 간의 위상 관계는 유도성 회로의 위상 관계와는 정반대이다. 순 유도성 회로에서 전류파는 전압보다 90° 늦으나 순 용량성 회로에서는 전류파는 전압보다 90° 앞선다.

저항이 없는 순 커패시턴스의 이론적 회로에서 커패시턴스의 양단 전압은 전류가 흘러서 극판(plate)을 충전한 후에만 존재한다. 커패시턴스가 충전하기 시작하는 순간에 그 판의 양단 전압은 영(0)이고 전류의 흐름은 최대이며, 커패시턴스가 충전되면 전류는 영(0)으로 떨어지는 한편 전압은 최대치로 상승한다. 즉, 커패시턴스가 완전한 충전 상태로 되면 전류는 영(0)으로 되고 전압은 최대가 된다.

방전할 때에는 전류는 영에서 출발하여 반대 방향으로 최대치까지 상승하며 전압은 최대에서 영으로 떨어진다.

전압과 전류파를 비교하는 데 있어서 전류파는 전압보다 90° 앞서며 즉 바꾸어 말하면 전압파는 전류보다 90° 늦다는 것을 알 수 있다.

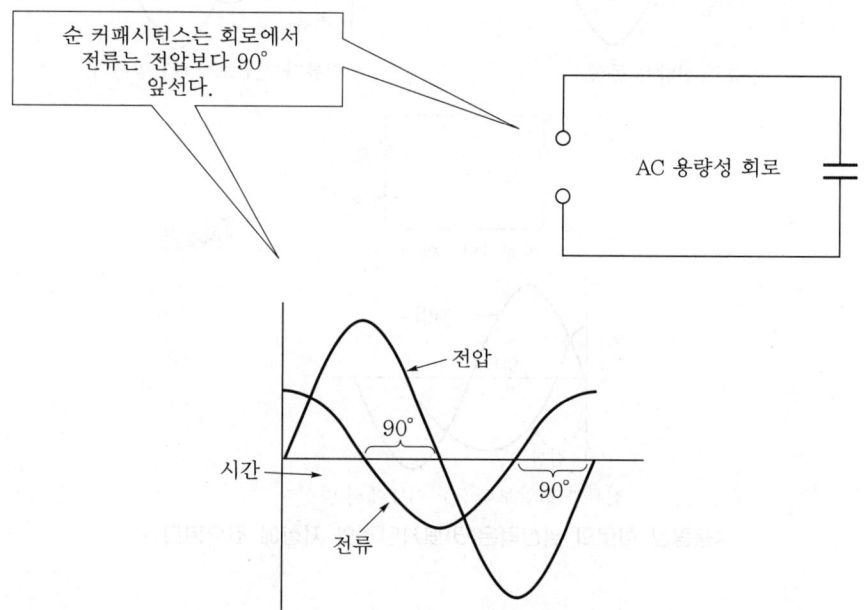

전류파는 전압파보다 90° 전에 영점과 교차한다.
⟨용량성 회로에서 전류는 전압보다 앞선다.⟩

저항은 이것이 유도성 회로에 영향을 주는 것과 같이 용량성 회로에도 영향을 준다. 인덕턴스와 저항 양쪽을 포함하고 있는 유도성 회로에서 전류파는 유도성 리액턴스에 대한 저항의 비에 따라 전압파보다 0°와 90° 간의 어떤 각도만큼 늦다는 것을 상기하자. 순 용량성 회로에서는 전류는 전압을 90° 앞선다. 그러나, 저항과 커패시턴스를 가지고 있는 회로에서 '위상각'의 앞서는 정도는 용량성 리액턴스와 저항 간의 비에 따라 다르다.

용량성 리액턴스와 저항이 같다면 이들은 위상각이 앞서는 것과 같은 작용을 하며 결국 45° 위상각이 앞서게 된다.

아래에 표시한 바와 같이 전류파는 이때 전압파보다 45° 앞선다.

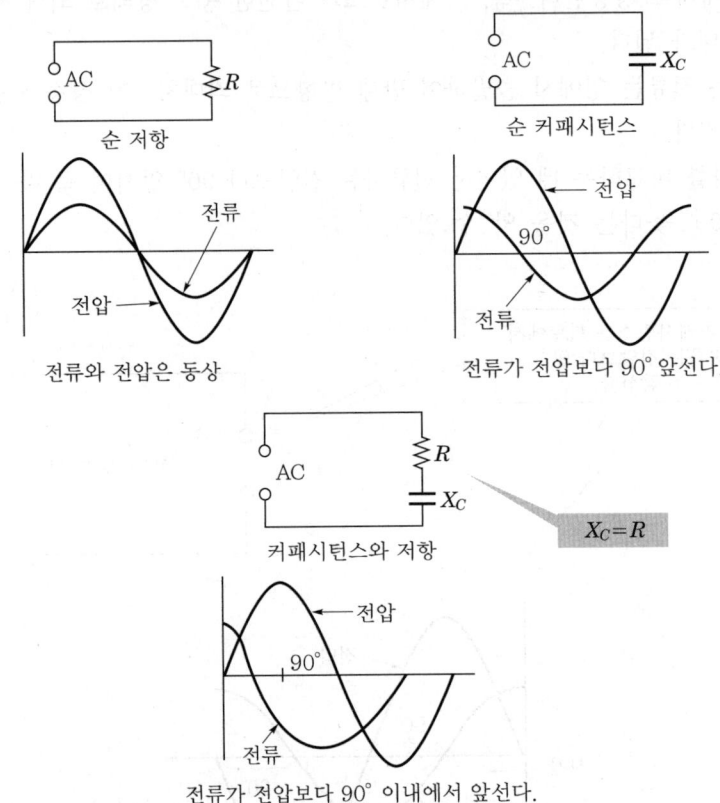

<용량성 회로의 위상각은 커패시턴스와 저항에 좌우된다.>

9 용량성 회로의 전력

유도성 회로에서와 같이 용량성 회로에서 소비된 유효 전력은 회로의 피상 전력보다 적다. 용량성 회로에서 전류는 전압보다 앞선다. 전력 파형은 또한 각 전력의 순시치에서 얻은 각각의 전압과 전류의 값을 곱하여 얻을 수 있다. 각 전압에 대한 전류의 값을 구하고, 이들을 곱함으로써 전력의 순시치를 구해서 전력 곡선을 그릴 수 있다. 순 커패시턴스로 된 교류 회로의 전력파는 아래에 표시된 바와 같으며 순 유도성 회로의 전력파와 같이 그 축은 전압과 전류의 축과 같다. 한편 그 주파수는 전압 및 전류 주파수의 2배이다. 이 회로에서 전류파와 전압파 간의 위상각은 90°이며 (−)전력은 (+)전력과 같다. 용량성 회로의 역률에 관한 공식은 유도성 회로에서 사용한 것과 같다.

용량성 회로에 저항을 추가하면 위상각은 감소하고 (+)전력은 (−)전력보다 커진다. 전압과 전류는 위상이 다르기 때문에 와트 전력은 피상 전력과 같지 않고 역률은 0과 100 % 사이에 있다.

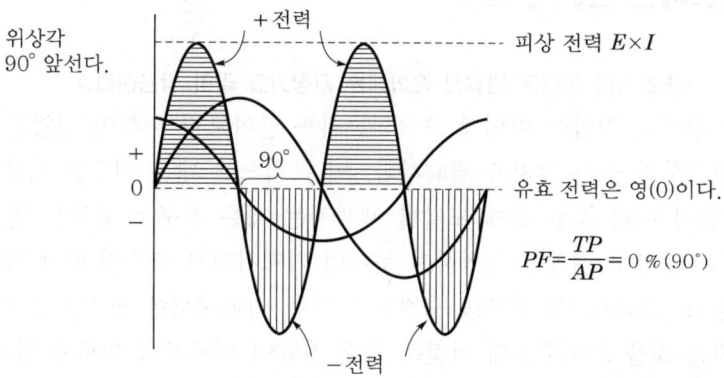

저항을 추가하면 위상각을 감소시키고 유효 전력을 증가시킨다.

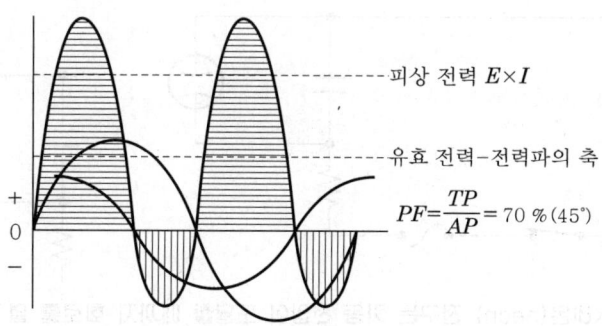

<커패시턴스만을 포함하는 회로의 전력파>

실습···RC 시상수

　RC 회로에서 커패시터의 충전 전류는 저항으로 제한되며 커패시터의 양단 전압은 RC 시상수에 따라 결정되는 비율로서 서서히 증가한다. 커패시터를 충전할 때의 전압 상승을 알아보기 위하여 전압계를 사용하여 커패시터 양단의 전압을 측정하려면 전압계의 저항을 거쳐 커패시터의 극판을 연결한다. 이런 경우 커패시터는 완전한 충전에 도달할 수 없다. 그리고 계기가 커패시터 양단에 연결되어 회로를 완성하므로 계기는 커패시터 간의 전압 상승을 표시하지 못한다.

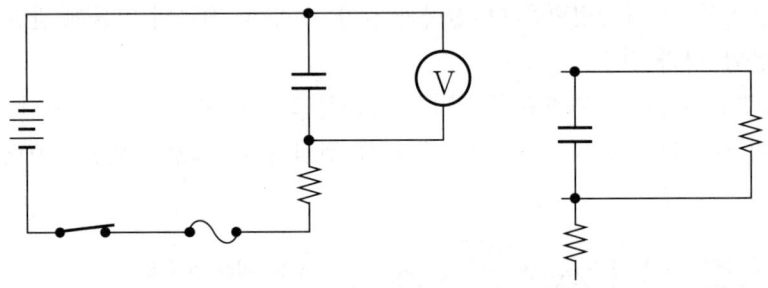

〈커패시터 양단에 연결된 전압계는 저항기와 같이 작용한다.〉

　커패시터 양단 간에서 전압이 어떻게 증감되는지를 알아보기 위하여 전압은 지시하나 커패서터판을 서로 연결하지 않는 장치가 필요하다. 이 목적으로 네온 전구를 사용할 수 있다. 이것은 그 단자 전압이 미리 정한 값에 도달할 때까지는 네온 전구는 회로를 열고 있기 때문이다. 이때 이 전구는 실제로 전압을 측정하지 못하며 커패시터가 충전할 때 실제의 전압의 증가를 표시하지 못한다. 그러나 이 전구를 충전되고 있는 커패시터에 연결하면 커패시턴스의 전압 증가가 지연되는 것을 보여주는데 이것은 충전 전압이 커패시터 회로에 인가될 때 네온 전구는 즉시 불이 켜지지 않으며, 이 전구는 오직 커패시터 극판 간의 전압이 네온 전구의 기동 전압에 도달한 후에만 불이 켜지게 되는 것으로 보아 알 수 있다.

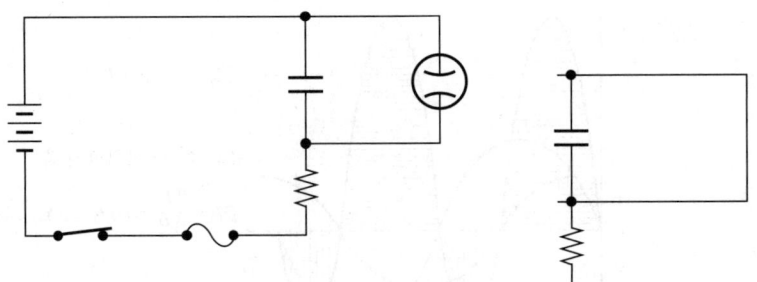

〈네온(neon) 전구는 기동 전압이 도달할 때까지 회로를 열고 있다.〉

네온 전구를 사용하여 커패시터 양단의 전압 상승에 관한 시간 지연을 어떻게 나타내는지를 실험하기 위하여 1 μF 커패시터를 2 MΩ 저항기와 직렬로 연결한다. 네온 전구의 소켓을 커패시터 양단에 연결하고 네온 전구를 소켓에 꽂아 전압 전원이 없는 회로를 완성시킨다. 저항기의 연결되지 않은 한 끝은 45 V 건전지를 직렬로 하여 만든 90 V전지의 (−)단자에 연결한다.

스위치를 닫으면 잠시 지체한 후 네온 전구가 반짝이는 것을 볼 수 있는데 이는 커패시터 단자 전압이 그 전구의 기동 전압에 도달하였음을 표시하는 것이다. 이때 네온 전구가 약 1 초 간격으로 계속 반짝이는 것을 주의하여 보자. 그러면 커패시터가 그 전구의 기동 전압까지 충전할 때마다 그 전구는 불이 켜진다.

그리고 커패시터 극판 간의 전류 통로를 마련하고 증가된 전하를 방전한다. 커패시터가 불이 켜진 전구를 통해 방전할 때 그 전압은 너무 낮아 전구를 동작할 수 없는 값까지 떨어진다. 그러면, 전구에는 전류가 흐르지 못하게 되어 회로는 다시 열린 상태로 된다. 이때 커패시터는 다시 충전하기 시작한다.

커패시터의 전압이 전구의 기동 전압과 같게 될 때마다 전구는 불이 켜지고 커패시터를 방전하므로 전구가 반복하여 불이 켜지는 것을 볼 수 있다.

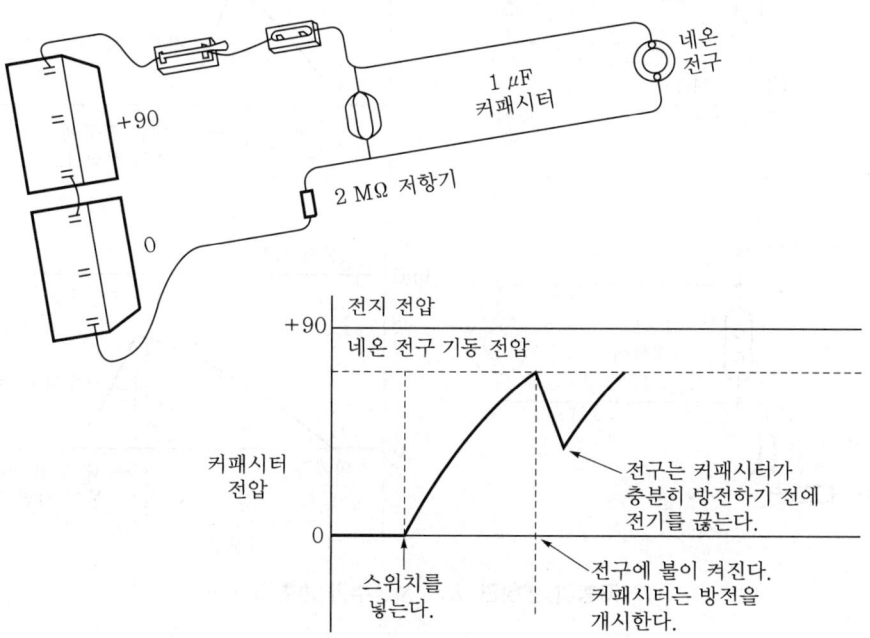

<RC 회로의 시간 지연을 관찰한다.>

커패시터가 충전하는 데 소요되는 시간에 대해서 저항이 주는 영향을 실험하기 위하여 2 MΩ 저항기에 직렬로 다른 저항기를 더 추가한다. 저항이 두 배가 되면 커패시터를 충전하는 데 소요되는 시간은 또 배가 된다는 것을 관찰할 수 있다.

우리는 RC 시상수란 충전되고 있는 커패시터의 전압이 회로에 인가된 전압의 63.2 %에 도달하는 데 소요되는 시간을 초(s)로 표시한 것이라는 것을 이미 알고 있다. 네온 전구의 시동 전압은 65 V와 70 V 사이 또는 사용되는 전지 전압의 약 75 %이다. 그러나 계산에 의한 시상수와 관찰한 시상수 사이에는 차이가 있다.

회로 저항이 4 MΩ이면 계산으로 구한 시상수에 의하여 네온 전구는 분당 15회(4 MΩ × 1 μF = 4 초) 불이 반짝거려야 한다. 그러나, 우리는 실제로 분당 30회 반짝거리는 것을 본다. 이것은 전구가 반짝일 때마다 커패시터가 충분히 방전하지 않는 이유로 그 전구는 정확히 63.2 %의 충전에서 불이 켜지지 않기 때문이다. 여러 가지 저항을 사용하여 계산한 회로 시상수와 그 전구의 불을 켜는 데 소요되는 실제 시간을 비교하여 보자.

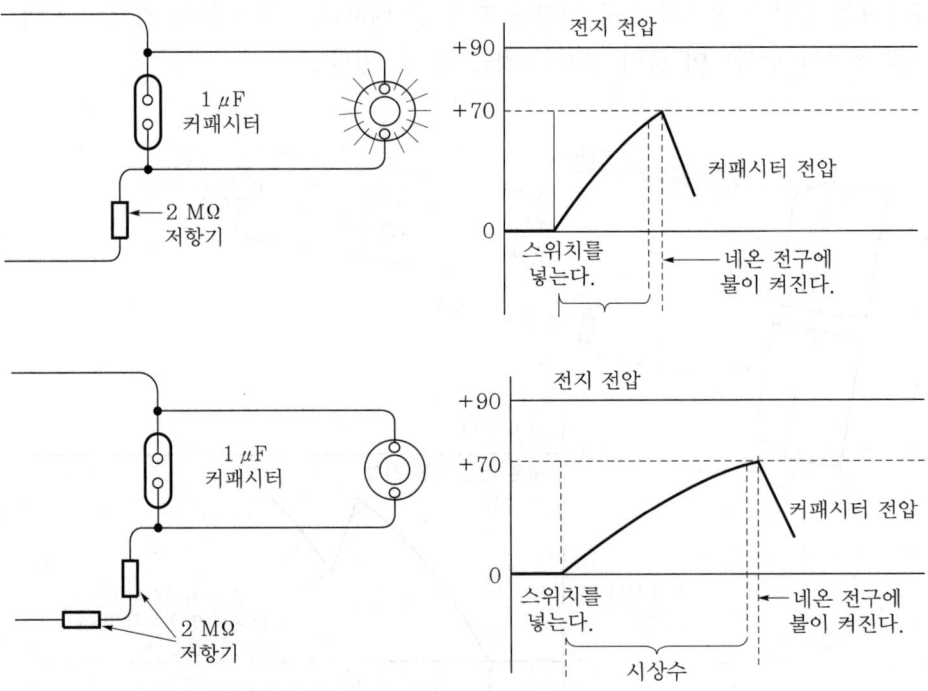

〈저항이 변하면 RC 시상수가 변한다.〉

다음 2 MΩ 저항기 이외의 모든 저항기를 제거하고 여러 가지 값의 커패시턴스를 사용한다. 커패시턴스의 값의 변화는 저항이 변화할 때와 마찬가지로 회로 시상수에 대해서 같은 작용을 한다.

커패시턴스의 값이 낮은 것을 사용할 때는 그 시상수는 더 짧아지고 반짝이는 것이 너무 빠르기 때문에 불빛은 반짝거린다기보다 일정한 것 같이 보인다.

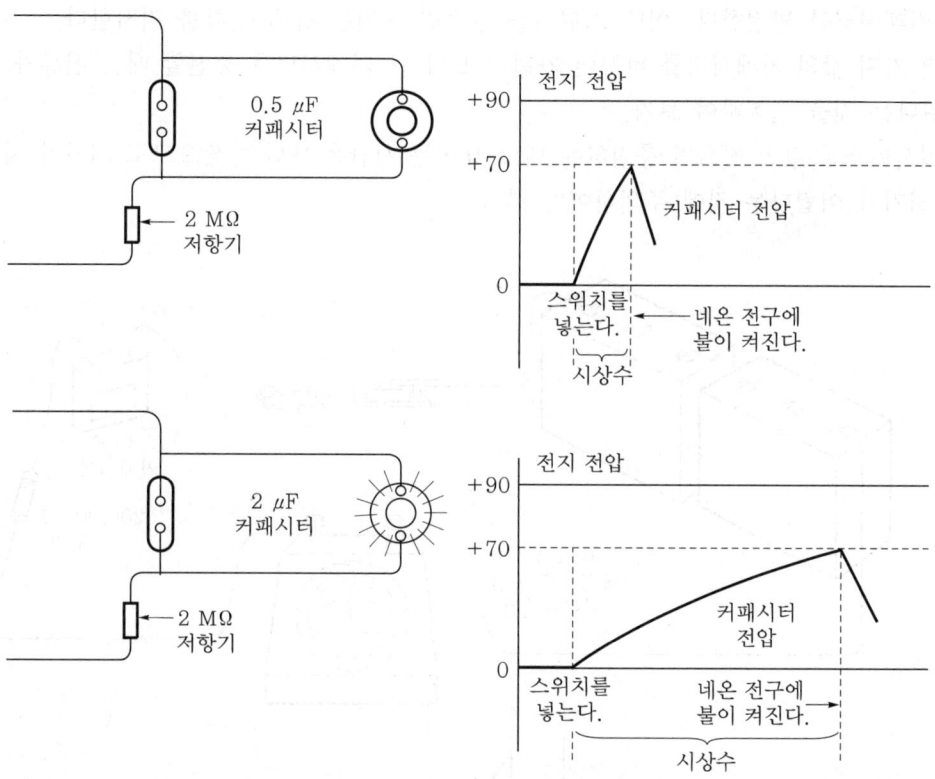

<커패시턴스의 변화는 RC 시상수를 바꾼다.>

커패시터를 충전하는 데 있어서의 전류의 흐름에 대하여 다음을 실험한다. 0~1 mA, 중앙~영 눈금 밀리암미터(zero-center milliammeter), 200,000 Ω 저항기와 4 μF 커패시터를 다음 회로에 직렬로 연결한다.

스위치를 닫는 순간에 계기가 큰 전류를 지시하는 것을 볼 수 있다. 그리고, 커패시터가 충전되어감에 따라 계기의 지시는 점차 영(0)으로 떨어진다. 한 번 전류가 영(0)에 도달하면(커패시터 극판이 완전히 충전된 것을 표시한다) 스위치를 열고 드라이버로 그 단자를 단락시킴으로써 커패시터를 방전한다. 이때 스위치를 닫으면 계기는 충전 전류를 지시한다.

여러 가지 값의 커패시터를 바꾸어 가면서 보다 큰 커패시터를 충전할 때는 전류가 더 오래 지속된다는 것을 실험하여 보자.

커패시턴스의 값이 적으면 충전하는 데 소요되는 시간은 대단히 짧으므로 계기가 지시한 전류를 읽기가 어렵다는 것에 주의하여야 한다.

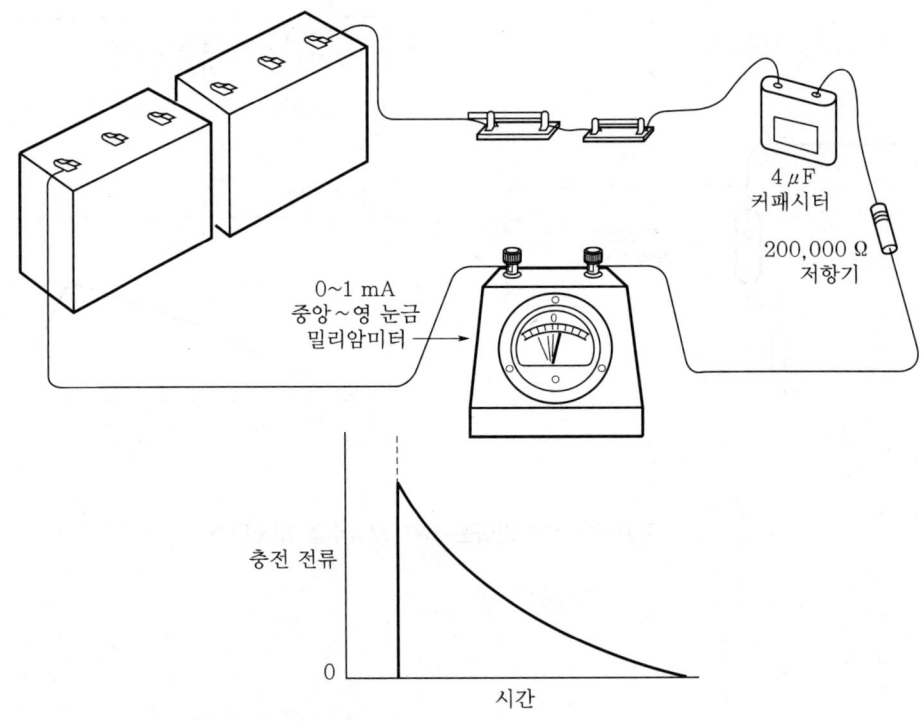

⟨커패시터의 충전 전류를 관찰한다.⟩

실습···용량성 리액턴스

우리는 이미 교류 전류가 용량성 회로를 흐를 수 있고 주파수가 일정하면 그러한 회로에서 전류에 대한 반항은 커패시턴스에 따라 달라진다는 것을 배웠다. 전압 전원(일정한 전압 60 V와 60 사이클 주파수를 얻을 수 있는 것)으로서 체감 단권 변압기를 거쳐 연결된 117 V 교류 전력선을 사용하여 0~50 mA를 병렬로 연결된 1 μF과 0.5 μF 종이 커패시터에 직렬로 연결한다. 변압기에 플러그를 꽂고 스위치를 닫으면 전류가 교류 밀리암미터에 흐르는 것을 알 수 있다.

커패시턴스에 의해서 교류 전류가 받는 반항의 정도를 알아보기 위하여 회로에서 1.5 μF 및 1 μF과 0.5 μF 커패시터를 순차적으로 바꾸어 본다. 커패시터가 바뀔 때마다 처음에 스위치를 열고 다음에 드라이버로 이것을 방전시킨다. 이때 커패시턴스의 값이 증가하면 전류가 증가한다는 것을 알 수 있다. 따라서 커패시턴스가 증가할 때는 언제나 용량성 리액턴스 또는 전류에 대한 반항이 감소한다.

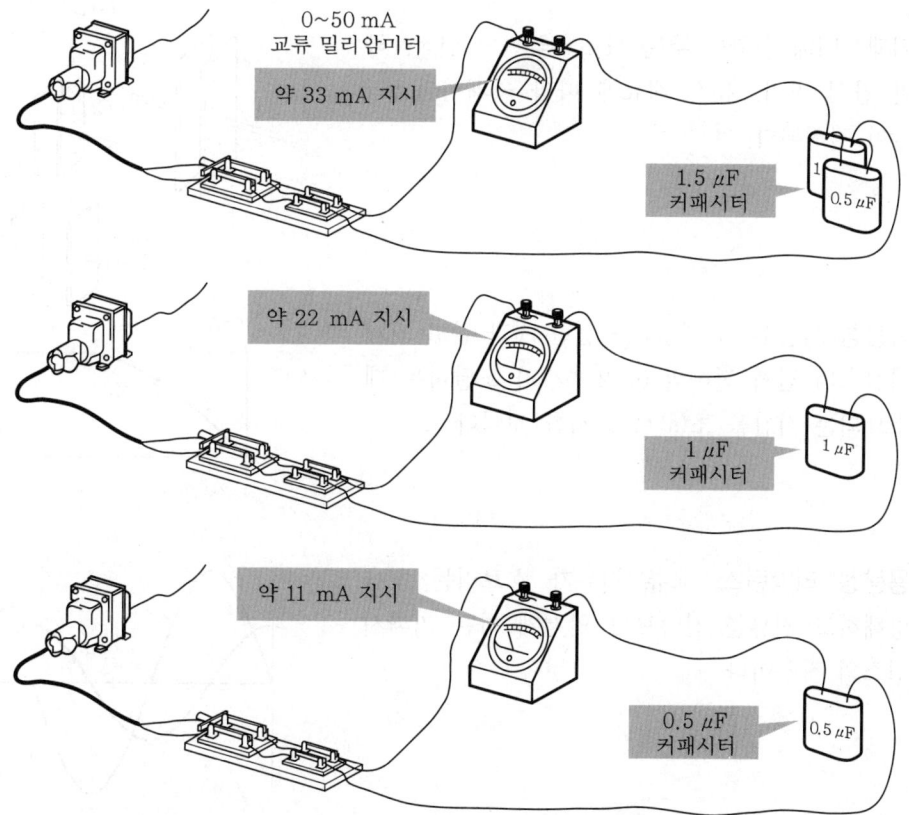

〈커패시턴스가 변화할 때 용량성 리액턴스는 어떻게 되는지 관찰하자.〉

12 커패시터와 용량성 리액턴스에 대한 복습

용량성 회로의 시상수에 관한 실험을 하기에 앞서 커패시터와 용량성 리액턴스 및 RC 시상수에 관해서 공부한 것을 몇 가지 복습하기로 한다.

① **커패시터 극판**: 충전할 수 있는 금속이나 금속화된 판이다.

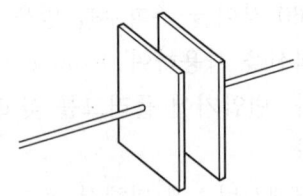

② **유전체**: 커패시터 극판 간의 절연 물질이다.

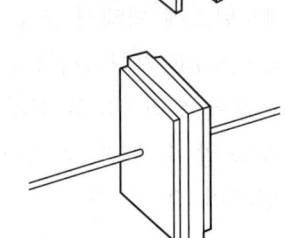

③ **커패시터에 영향을 주는 요소**: 극판의 면적, 극판 간의 거리, 유전 재료에 따라 커패시턴스의 값이 결정된다.

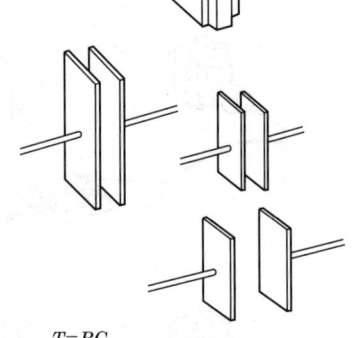

④ **용량성 시상수**: R과 C를 곱한 것과 같고 커패시턴스의 전체 전하의 63.2 %까지 도달하는 데 소요되는 시간을 초(s)로 표시한 것이다.

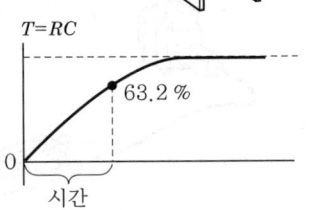

⑤ **용량성 리액턴스**: 교류 전류가 흐르려는 것을 방해하고 전류를 전압보다 앞서게 하는 커패시턴스의 작용이다.

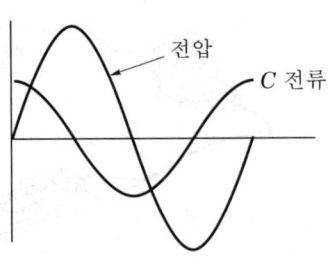

시퀀스 제어

[01] 시퀀스 제어란 무엇인가?
[02] 시퀀스 제어 기초 지식
[03] 시퀀스 제어의 기본 '자기 유지 회로'
[04] 시퀀스 제어 회로의 직접 조립
[05] 시퀀스 제어에서 사용하는 타이머
[06] '타이머'를 사용한 시퀀스 제어 회로
　　　 - 지연 동작 회로
[07] '타이머'를 사용한 시퀀스 제어 회로
　　　 - 일정 시간 동작 회로
[08] '타이머'를 사용한 시퀀스 제어 회로
　　　 - 반복 동작 회로
[09] 시퀀스 제어로 모터 작동
[10] 시퀀스 제어로 모터 시동, 정지
[11] 모터를 작동시키는 시퀀스 제어 회로 조립
[12] 타이머를 사용한 모터 제어
[13] 모터의 정·역전 제어 회로
　　　 - 모터의 회전 방향 전환
[14] 모터의 정·역전 제어 회로
　　　 - 인터로크로 안전한 회로 구성

[01] 시퀀스 제어란 무엇인가?

1 시퀀스 제어의 개념

'시퀀스 제어'에 관한 지식·기술은 전기 설비의 제어 시스템을 개발하는 사람만이 아닌, 공사나 보수 관리에 종사하는 사람에게도 요구되고 있다. 시퀀스 제어에 관한 지식·기술이 있다면 공사를 할 때나 고장이 난 때 등에 적절한 대응이 가능하고, 일의 폭을 넓힐 수 있을 것이다. '시퀀스 제어'는 우리의 삶 가까이에 있는 전기 기기부터 공장 등의 생산 시스템에 이르기까지 넓은 범위에서 사용되고 있다.

그러나 지금부터 배우려는 초보자에게 이 시퀀스 제어가 쉽지 않은 것은 사실이다. 여기서는 그러한 시퀀스 제어에 대해서 초보자도 이해할 수 있도록 기초적인 내용을 알기 쉽게 해설하였다. 이 장에서 시퀀스 제어란 어떤 것인가부터 생각해보자.

2 시퀀스 제어와 자동 제어

사전을 찾아보면, '제어'란 "기계나 설비가 목표대로 작동하도록 조작하는 것"이라 적혀있다. 제어 대상(제어되는 기계나 설비)을 목표대로 작동시키는 것이라면 사람의 손으로 직접 조작해도, 제어용의 기계가 조작을 해도 모두 제어가 된다. 사람의 손으로 조작하는 제어를 '수동 제어', 장치가 자동적으로 행하는 제어를 '자동 제어'라고 하는데, 시퀀스 제어는 이 자동 제어로 분류된다. 그러면 시퀀스 제어란 어떤 자동 제어인 것일까?

일본공업규격(JIS)에는 '시퀀스 제어'가 "미리 정해놓은 순서 또는 수속에 따라서 제어의 각 단계를 진행해가는 제어"라고 하고 있다. 이 설명은 많은 참고서에서도 인용되고 있다.

시퀀스 제어의 참고서에서는 시퀀스 제어가 어떤 곳에 사용되고 있는지 예를 들고 있다. 신호기·자동 판매기·전동식 셔터·네온사인·엘리베이터·벨트 컨베이어·산업용 로봇 등, 그리고 세탁기나 냉장고 등의 가전 제품이나 지능 로봇에 이르기까지 많은 데에서 시퀀스 제어가 사용되고 있다. 이들 기계나 설비에 무엇인가 자동 제어가 사용되고 있을 것으로 생각된다. 그러나 이만큼 여러 가지에 사용됨을 안다면, 반대로 '시퀀스 제어'가 "어떤 뚜렷한 특징을 가진 자동 제어"라고 말하기는 쉽지 않다.

3 시퀀스 제어와 피드백 제어

시퀀스 제어의 실태를 알기 어려운 것은 시퀀스 제어가 다른 자동 제어와 어디가 다른지 분명하지 않기 때문이다.

자동 제어를 제어 방식으로 분류하면 '시퀀스 제어'와 '피드백 제어'로 나뉜다.

피드백 제어의 예로서, 에어컨에 의한 냉방을 생각해보자. 에어컨은 방의 온도를 항상 감시하면서 설정 온도가 되도록 자동적으로 운전된다. 실온이 높은 경우에는 냉방이 강해져서 빨리 온도를 낮추려 한다. 실온이 설정 온도에 가까워지면 출력은 약해지고, 실온이 너무 내려가지 않도록 조절된다. 이와 같이 피드백 제어란, 제어 대상의 상태를 감지하면서 그것이 목표대로 가능한 한 자동적으로 조정·조작하는 제어를 말한다.

이에 비해 시퀀스 제어는 피드백(제어 대상의 상태를 감지해서 조정하는 것)이 없는 제어라는 것이 원래의 의미였다. 시퀀스 제어는 제어 대상의 상태를 감시하는 일 없이, 결정된 조작을 진행하는 제어라는 것이다. 그렇다면 시퀀스 제어는 자동 제어라기보다도 '자동 조작'이라는 표현이 적절할지도 모른다.

이와 같은 제어가 가능해지려면 제어 대상의 움직임, 작용을 충분히 알고 그 상태의 변화를 감시하지 않아도 예측되는 것과 같은 경우이다. 어느 조작을 한 후에 어떻게 변화하는가를 알고 있기 때문에, 그것에 맞추어 미리 조작의 순서나 수속을 정해두는 것이 가능하며, 그것을 순서대로 실행해가면 목적을 달성할 수 있다. 예를 들어, 교통 신호기에서는 결정된 시간마다 초록·황·적의 램프를 전환해서 점등시킨다. 이때 무언가를 감시해 둘 필요는 없고, 전형적인 시퀀스 제어의 예로 말할 수 있다.

시퀀스 제어는 세심한 조정을 필요로 하는 제어가 아니다. 앞서 설명한 에어컨의 예와 같이 제어 대상의 상태에 의해 출력을 변화시키지 않으면 안 되는 것과 같은 제어에는 피드백이 없으면 안 되기 때문이다.

이와 같이 시퀀스 제어와 피드백 제어란 피드백의 유무에 의해 구별할 수 있지만 실제로는 그렇게 명확하지 않다. 시퀀스 제어를 사용한 다른 예로서, 전동식 셔터를 생각해보면 알 수 있다.

'온(on) 스위치'를 누르면 모터가 움직여서 셔터가 열리기 시작하고, 셔터가 다 열리면 자동적으로 모터가 정지해서 셔터도 멈춘다. 이때, 셔터가 다 열린다는 것을 검출하기 때문에 이것을 일종의 피드백이라 생각할 수도 있다. 그래도 시퀀스 제어라고 일반적으로 생각될 수 있다.

또, 최근에는 프로그램 가능 로직 제어기(PLC ; Programmable Logic Controller)라 부르는 시퀀스 제어 전용의 컴퓨터가 이용되어, 피드백을 포함한 매우 복잡한 제어까지 가능하게 되어 있다.

그리고 시퀀스 제어와 피드백 제어를 조합시킨 시스템도 많아서 시퀀스 제어와 피드백 제어의 구별이 거의 없어지고 있다. 앞서 서술한 시퀀스 제어를 이용한 기계, 설비의 예 중에도 피드백 제어와의 조합인 것이 많이 있다. 실제로 시퀀스 제어를 자동 제어라 부르는 경우도 적지 않은 듯하다.

4 스위치 온·오프에 의한 제어

시퀀스 제어가 어떤 제어인가를 피드백 제어와의 비교로 이해하는 것이 어려워졌다. 그러나 분명한 것은 시퀀스 제어란 "몇 개의 스위치를 조합시킴으로써 이에 의해 실현되는 제어"라는 것이다.

앞서 서술한 대로, 시퀀스 제어는 원래 피드백을 가지지 않는 제어였기 때문에 비교적 간단한 시스템에 이용되어 왔다. 그와 같은 시스템에서는 몇 개의 스위치를 조합해서 그것들을 열거나 닫는 것만으로 제어가 가능하다.

이 사고 방식은 누름 버튼 스위치나 전자 릴레이를 전선으로 연결함으로써 구성하는 비교적 간단한 '유접점 시퀀스 제어'나 '시퀀스를 이용한 고도의 제어'라 해도 기본적으로는 바뀌지 않는다. 그러므로 시퀀스 제어의 본래의 의미에서는 멀어지지만, 초보자에게 있어서의 시퀀스 제어란 스위치의 온·오프에 의한 제어라고 이해하면 된다.

5 시퀀스 제어가 어려운 이유

시퀀스 제어에서는 스위치의 온·오프에 의해 전기 신호를 전하거나, 전하지 않거나 해서 목적하는 제어를 실현한다. 그러므로 시퀀스 제어를 공부하려면 전기에 관한 기초 지식이 필요하다. 그러나 실제로 알아두어야 할 전기 지식은 아주 조금이다.

또 실용적인 시퀀스 제어 회로는 몇 개의 기본 회로로 성립된다. 그 기본 회로 그 자체에는 어려운 것은 없다. 그러면 왜 시퀀스 제어가 어려운 기술인가?

실제 시퀀스 제어의 회로는 기본 회로의 조합이다. 하나의 스위치를 온·오프함으로써 몇 개의 기본 회로의 스위치가 동시에 온·오프하거나, 또는 모터가 작동하거나, 그에 따라 다른 스위치가 온·오프하거나 하는 형태로 제어가 진행되어 간다. 그리고 몇 개의 동작이 동시에 일어나기 때문에 그 변화를 따라가다가 흐름을 놓치게 될 수도 있다.

이것을 이해하기 위해서는 각각 기본 회로의 의미나 동작을 충분히 이해하는 것이 필요하다. 또 기본 회로의 조합법에도 어느 정도의 패턴이 있다. 그것들을 익히면 시퀀스 제어는 그렇게 어려운 것도 아님을 알게 된다.

6 시퀀스 제어의 시작 '유접점'

앞에 언급했듯이 최근에는 PLC라 부르는 공업용 컴퓨터를 사용해서 시퀀스 제어 회로를 실현하는 경우가 많아지고 있다. 시퀀스를 이용하면 고도의 제어도 가능해진다. 또 제어 시스템의 개발을 효율적으로 행할 수 있는 이점도 있다. 게다가 시퀀스 프로그램 개발 툴도 충실하게 되어 있고, 어느 정도의 프로그램이라면 비교적 간단하게 개발도 가능한 것 같다.

그러나 시퀀스 제어의 회로도에서 제어 동작을 읽어 내거나, 제어 회로를 필요에 따라 개발·수정하거나 고장난 곳을 특정·수리하기 위한 지식, 기술을 익히려 한다면 기초적인 내용부터 확실히 공부할 필요가 있다. 그러려면 먼저 소개한 '유접점 시퀀스 제어 회로'를 대상으로 하는 것이 좋은 방법이다. 유접점 시퀀스 제어 회로는 누름 버튼 스위치나 전자 릴레이를 조합시킨 제어 회로이므로 스위치의 동작을 상상하기 쉽기 때문이다. 또 제어 회로를 실제로 만들어 보는 것도 추천한다. 직접 만드는 것으로 회로의 동작이나 작동에 대한 이해가 깊어진다.

[02] 시퀀스 제어 기초 지식

1 시퀀스 제어에 필요한 기초 지식

시퀀스 제어를 공부하기 위한 기초 지식에 대해서 생각해보자. 공장 등의 제어 시스템을 구축하는 전문가라면, 필요한 지식도 제법 폭넓을 것이다. 전기·전자에 관한 것이므로 제어하는 기계나 장치의 특성과 같은 기계에 관한 것 등도 알아두어야 할 것이다.

그러면 시퀀스 제어를 배우려는 초보자는 어떨까? 기본적인 것을 공부하는 것이므로 필요한 지식은 그렇게 많지 않다.

먼저 전기에 관한 것만을 모은 최소한으로 필요한 지식에 대해서 설명하고, 그 이외에 대해서는 필요해진 때에 해설하도록 한다.

2 부하의 연결 방법은 원 패턴

시퀀스 제어 회로도 전기 회로의 하나이므로 다른 회로와 같이 전원, 램프나 모터 등의 전기 기기, 그리고 스위치의 조합으로 되어 있다.

전기 기기와 같이 전원에서 공급된 전기 에너지를 써서 무언가 일을 하는 것을 부하(負荷)라 한다. 시퀀스 제어뿐 아니라, 실제로 쓰이고 있는 전기 회로에는 많은 부하가 포함되어 있다. 그리고 그것들의 부하는 모두 병렬로 연결되어 있는 것이다.

여기서, 중학교에서 배운 기술 과목를 떠올려보자. 부하의 연결 방법에는 직렬과 병렬이 있다. 직렬로 부하를 연결하면, 각각의 부하에 가해지는 전압은 전원의 전압보다도 낮아져 버린다. 전기 기기는 결정된 전압으로 동작하도록 만들어져 있으므로 전압이 낮아져 버리면 정상적으로 동작하지 않는다.

한편, 병렬의 경우는 모든 부하에 전원과 같은 크기의 전압이 가해지므로, 어느 부하도 정상적으로 동작하게 된다.

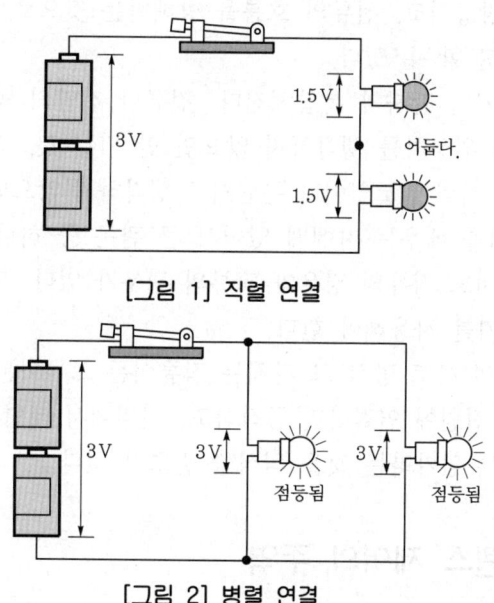

[그림 1] 직렬 연결

[그림 2] 병렬 연결

3 전압이나 전류의 크기 계산은 불필요

중학교의 과학 시간에 전기를 배울 때 자신이 없는 사람이 많은 듯하다. 전기는 눈에 보이지 않으므로 상상이 잘 안 되는 데다가 계산 문제는 풀지 않으면 안 되기 때문인 것일까? 그러나 전기 공부가 초보자에게 아주 어렵다고 하더라도, 시퀀스 제어의 기초를 공부하는 데에 전압이나 전류의 크기를 구하는 계산은 필요 없기 때문에 괜찮다.

앞에서 설명했듯이 시퀀스 제어 회로에서는 어느 부하에도 전원 전압이 가해지도록 연결될 수 있다. 모든 부하에 같은 크기의 전압이 가해지므로 전압을 계산할 필요가 없는 것이다.

그러면 전류에 대해서는 어떨까? 전류는 전기 기기를 동작시키는 원천이 되는 것이므로 시퀀스 제어 회로 중에서 전류가 어떻게 흐르고 있는가를 이해하는 것은 중요한 의미가 있는 것은 확실하다.

단, 기본적인 시퀀스 제어를 공부하는 단계에서는 부하가 전원에 연결되어 있는지 아닌지가 중요하므로 전류 그 자체를 의식하지 않아도 된다. 즉, 전류에 대해서도 그 크기를 구할 필요는 없는 것이다.

4 직류와 교류 모두 사용

초등학교나 중학교에서 배우는 전기는 건전지 등을 사용하는 직류 전지 회로인데 직류의 경우 전류의 흐름이 한 방향이고, 전류의 흐름을 방해하는 것으로서 저항만을 생각하면 되므로 비교적 이해하기 쉽다고 할 수 있다.

그러나 교류는 이야기가 갑자기 복잡해진다. 전류나 전압의 방향이 시간과 함께 변화하는 것이나, 전류와 전압과 위상차를 생각하지 않으면 안 되는 것, 전류의 흐름을 방해하는 것을 임피던스라 하고, 저항 이외에 코일이나 콘덴서도 생각하지 않으면 안 되는 등, 직류에서 교류로 전개하는 것은 전기를 배우는 자에게 있어서 큰 관문 중 하나라 할 수 있다.

시퀀스 제어 회로에서도 직류의 경우와 교류의 경우가 있다. 당연히 직류에는 직류용 기기를, 교류엔 교류용 기기를 사용해야 한다.

하지만 시퀀스 제어의 사고 방식 그 자체는 직류이든 교류이든 전혀 다를 것이 없다. 어느 쪽의 회로이든 부하를 전원에 연결하면 동작하고, 전원에서 떼면 정지한다. 단지 그것뿐인 것이다. 즉, 직류인가 교류인가라는 것을 의식할 필요가 없다.

5 스위치는 시퀀스 제어의 주역

앞에서 "시퀀스 제어란 스위치를 온·오프함에 의한 제어"임을 설명했다. 그 때문에 시퀀스 제어 회로에는 여러 가지 종류의 스위치가 많이 쓰인다.

스위치는 시퀀스 제어의 주역이다. 이것이 시퀀스 제어 회로의 특징이며 시퀀스 제어를 어렵게 하는 요인의 하나라고 할 수 있다.

6 스위치의 직렬·병렬의 의미

앞에서 부하는 모두 병렬로 연결됨을 설명했다. 한편, 시퀀스 제어에서 이용되는 스위치는 직렬로 연결하거나, 병렬로 연결하거나, 그것을 조합하거나 하는 등 여러 가지가 있다. 문제는 스위치의 온·오프의 조합으로 제어하기 때문에 복잡해진다는 것이다.

스위치의 직렬 연결과 병렬 연결에는 다음과 같은 특징이 있다. 이 특징을 알면, 복잡한 회로가 한층 이해하기 쉬워진다.

여기에 몇 개의 스위치가 있고, 직렬로 연결되어 있다고 하자([그림 3] 참조). 그리고 그 스위치들이 전원과 부하 사이에 연결되어 있다고 한다. 이때 모든 스위치가 닫히면 비로서 부하와 전원이 연결된 것으로 볼 수 있다.

반대로 생각하면, 어딘가 하나라도 스위치가 오프되면, 부하와 전원이 끊겨서, 정지시키는 것이 가능해지는 것이다. 즉, 스위치를 직렬 연결한 회로는 전원과 부하를 떼기 쉬운 회로라고 할 수 있다. 예를 들면 비상 정지용 스위치는 회로에 직렬로 연결된다.

한편, 스위치를 병렬로 연결한 경우는 어떨까? 직렬 연결과 달리 모든 스위치를 오프로 하지 않으면 부하를 정지시킬 수 없다. 그런데 어딘가 하나라도 스위치가 온이면 부하가 전원과 연결된다. 이 방법은 전원과 부하를 연결하기 쉬운 회로라 할 수 있다. 예를 들면 하나의 부하를 여러 가지 스위치로 기동, 운전하는 것과 같은 제어에 이용된다.

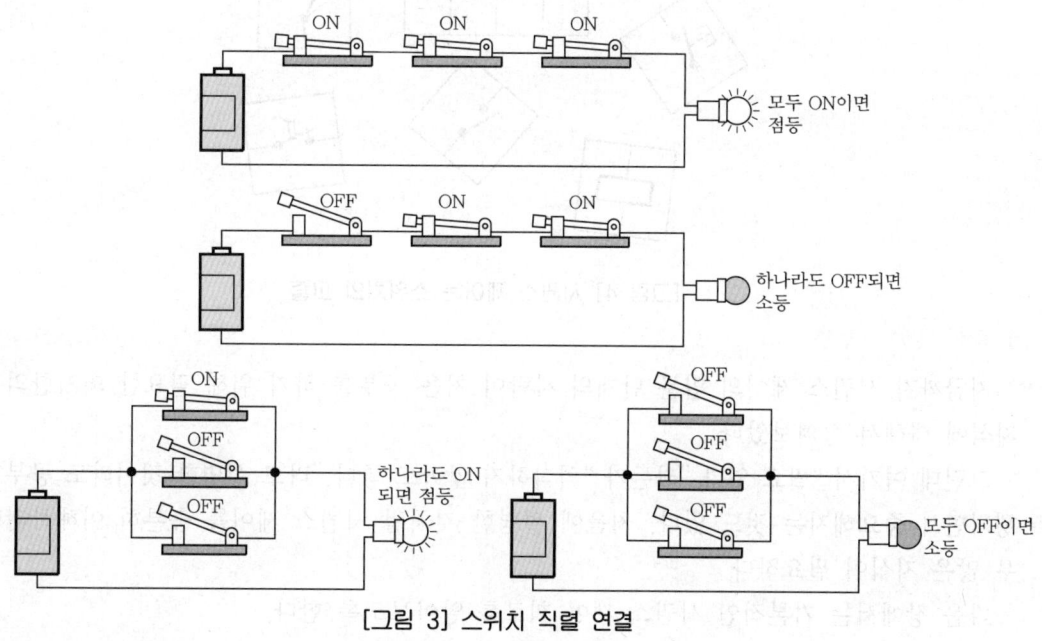

[그림 3] 스위치 직렬 연결

위 그림처럼 직렬과 병렬은 전혀 반대의 성질을 가지고 있는 것이다. 이와 같은 스위치의 직렬 연결, 병렬 연결의 의미를 무의식적으로 이해하고 사용할 수 있는 단계가 되어야 한다.

7 시퀀스 제어는 스위치의 퍼즐

이렇게 보면, 시퀀스 제어를 공부하기 위한 전기에 대한 예비 지식은 거의 필요 없는 것으로 생각된다.

지금부터 공부하려는 사람에게 있어서는 다행일 것이다. 계산이 서투른 사람도 좋다. 시퀀스 제어에서는 전압이나 전류의 크기 그 자체도, 그렇게 중요하지 않다.

필요한 것은 목적에 맞도록 어떻게 잘 스위치를 조합시키는가이다. 이것을 하나의 퍼즐과 같다고 생각해도 좋다.

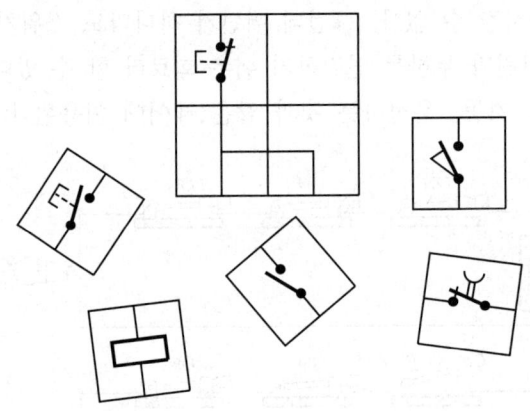

[그림 4] 시퀀스 제어는 스위치의 퍼즐

지금까지 시퀀스 제어의 입문 단계의 사람이 처음 공부를 하기 위해 필요한 최저한의 기초 지식에 대해서 살펴보았다.

그런데 여기서 "필요 없다."라든가 "의식하지 않아도 좋다."라고 설명한 것이라도 공부가 진행되면서 중요해지는 것도 있다. 처음에 설명한 것처럼 시퀀스 제어를 충분히 이해하려면 매우 많은 지식이 필요하다.

다음 장에서는 기본적인 시퀀스 제어 회로를 알아보도록 한다.

[03] 시퀀스 제어의 기본 '자기 유지 회로'

1 '자기 유지 회로'의 개요

실용적인 시퀀스 제어의 회로는 기본 회로의 조합이므로 그 형태나 동작을 이해하는 것이 시퀀스 제어 공부의 첫 걸음이 된다. 많은 기본 회로를 잘 사용할 수 있게 되면, 복잡한 시퀀스 제어 회로도 알 수 있게 된다.

먼저 기본 회로인 '자기 유지 회로'는 부하에 전원을 연결할 때에 이용되는 회로로, 대부분의 시퀀스 제어 회로에 사용되고 있다. 게다가 모든 시퀀스 제어 회로에 공통되는 기본적인 사고 방식을 공부하기에도 적절한 회로이다.

2 램프를 점멸하는 회로

가장 단순한 케이스로서 스위치를 사용해서 램프를 점등하거나 소등하는 것을 예를 들어 살펴 보자. 부하로 램프 대신에 모터 등의 다른 부하를 생각해도 기본적으로는 같다. 전원도 어떤 것 이든 상관없다. 앞에서 설명한 것처럼 시퀀스 제어의 기본을 공부할 때는 전원의 종류는 중요 하지 않다.

3 '누름 버튼 스위치'를 사용하는 회로

시퀀스 제어에서는 여러 가지 타입의 스위치가 사용된다. 스위치로는 누름 버튼 스위치가 일반적이다. 특히 버튼을 누르고 있는 때만 내부의 접점이 닫히거나, 혹은 닫혀있던 접점이 열 리는 타입의 것이 자주 사용된다. 이와 같은 스위치는 버튼을 누르고 있는 손가락을 떼면, 스 프링의 힘으로 자동적으로 원래의 상태로 돌아오므로 '자동 복귀형'의 스위치라 부른다.

자동 복귀형의 스위치의 접점은 두 가지가 있다. 버튼을 누르고 있는 때만 닫히는 접점을 a 접점 혹은 NO 접점이라 부른다. 한편, 버튼을 누르고 있는 때만 열리는 접점을 b 접점 혹은 NC 접점이라 부른다.

전원과 램프 사이에 누름 버튼 스위치의 a 접점을 접속하면, 누름 버튼 스위치를 누르고 있 는 때는 램프가 점등하고, 누름 버튼 스위치에서 손을 떼면 소등하므로 목적하는 회로가 가능 해진다([그림 5, 6] 참조). 하지만 이것은 매우 불편한 회로이다. 램프를 켜고 싶은 때에 사람 이 스위치를 계속 누르고 있지 않으면 안 되므로 곤란하다. 게다가 램프를 켜거나 끄거나 하는 스위치를 사람이 직접 조작하고 있으므로, 시퀀스 제어가 아닌 것이다.

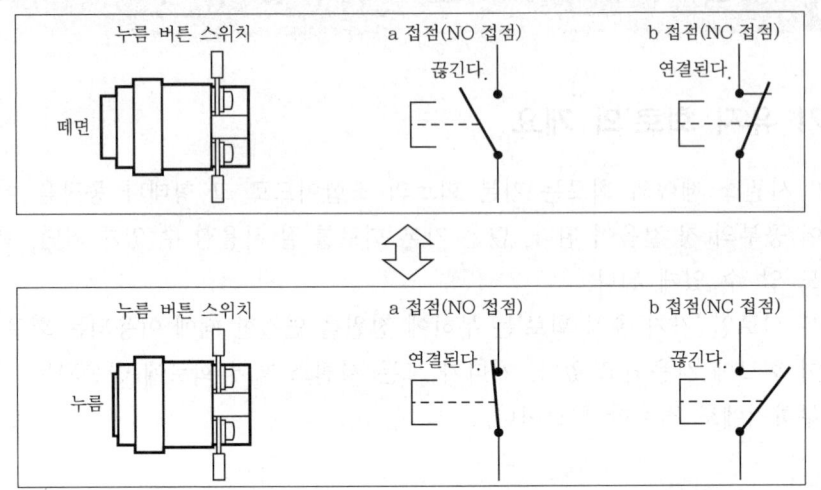

[그림 5] 누름 버튼 스위치의 구조

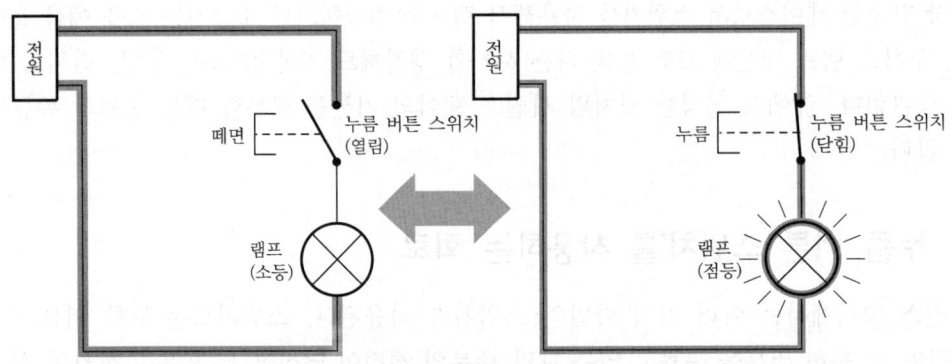

[그림 6] 누름 버튼 스위치를 사용한 회로

4 전자 릴레이를 사용하는 회로

제어를 시작시킬 때나, 제어 방법이나 제어 대상을 전환하려 할 때에는 수동으로 조작하는 스위치를 쓴다. 그러나 기계나 설비를 자동적으로 제어하기 위해서는 전기적 혹은 기계적인 작용에 의해서 온·오프하는 스위치를 쓸 필요가 있다.

그 대표선수라 할 수 있는 것이 전자 릴레이이다. 전자 릴레이에는 전자석과 접점이 내장되어 있고, 전자석의 코일에 전압이 인가(전압이나 신호가 주어지는 것)되면, 전자석의 작용으로 접점이 끌어당겨진다. 이것을 이용해서 접점을 닫거나 열거나 한다.

앞서 설명한 누름 버튼 스위치와 같이 코일에 주어진 전압이 없어지면 자동적으로 원래의 상태로 돌아오는 자동 복귀형으로, 몇 개의 a 접점과 b 접점을 포함하는 것이 일반적이다. 코일에 전압을 인가함으로써 복수의 접점이 동시에 동작한다. 누름 버튼 스위치가 사람의 힘으로 온·오프하는 스위치인 데에 비해, 전자 릴레이는 전기에 의해 온·오프하는 스위치이다.
누름 버튼 스위치와 전자 릴레이를 사용해서 램프를 점등시키는 회로는 [그림 7, 8]과 같다.

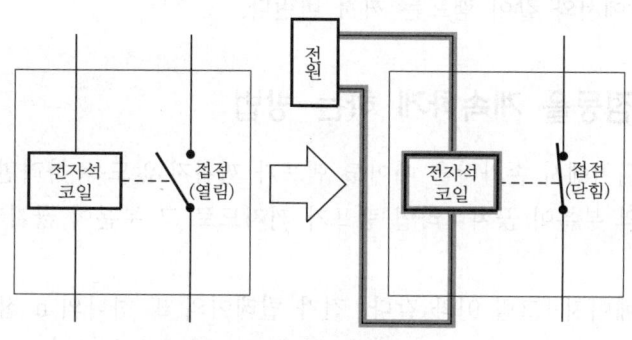

[그림 7] 전자 릴레이의 구조

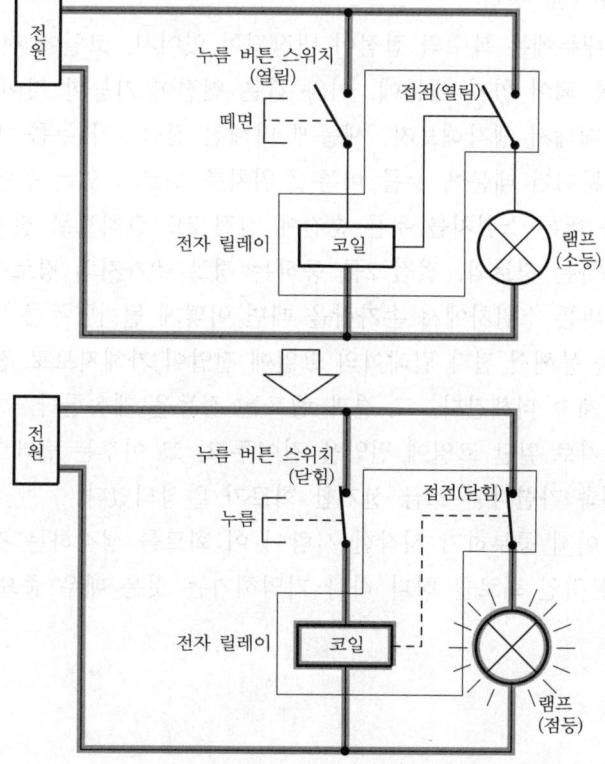

[그림 8] 전자 릴레이를 사용한 회로

누름 버튼 스위치의 a 접점과 전자 릴레이의 코일을 직렬 연결한 것과, 전자 릴레이의 a 접점과 램프를 직렬 연결한 것이 병렬로 연결된 회로이다. 누름 버튼 스위치를 누르고 있는 동안은 전자 릴레이의 코일에 전압이 인가되어 접점이 닫히고, 이로써 램프가 켜진다.

누름 버튼 스위치만을 사용하는 경우와 달리 간접적으로 램프를 점등시킨 것으로 된다. 단, 누름 버튼 스위치에서 손가락을 떼면, 전자 릴레이의 코일이 전원에서 떨어져 내부의 접점이 열려버리므로 앞에서와 같이 램프는 꺼져 버린다.

5 램프가 점등을 계속하게 하는 방법

누름 버튼 스위치에서 손가락을 떼어도 램프가 꺼지지 않도록 하려면 어떻게 해야 할까? 누름 버튼 스위치의 부분이 끊겨버리면 램프가 꺼지므로 그 부분이 끊기지 않도록 하는 것을 생각해야 된다.

해답은 다음 페이지 [그림 9]와 같다. 전자 릴레이의 또 하나의 a 접점을 누름 버튼 스위치에 병렬로 연결하는 것이다. 여기서, 램프에 직렬로 연결되어 있는 접점을 '접점 1', 새롭게 추가된 접점을 '접점 2'로 한다.

전자 릴레이의 내부에는 복수의 접점이 내장되어 있어서, 코일에 전압이 인가되면 그것들이 동시에 동작하도록 되어 있기 때문에, 이와 같은 연결이 가능한 것이다.

회로의 동작에 대해서 생각해보자. 새롭게 더해진 접점 2가 누름 버튼 스위치에 병렬로 접 연결되어 있는 것뿐이기 때문에 누름 버튼 스위치를 누르고 있는 동안의 동작은 앞서와 다르지 않다. 단, 누름 버튼 스위치를 누른 순간에 접점 2도 닫히므로 전자 릴레이의 코일은 누름 버튼 스위치를 통하는 경로와, 접점 2를 통하는 경로, 2가지의 경로에서 전압이 더해진다.

다음으로 누름 버튼 스위치에서 손가락을 떼면 어떻게 될까? 누름 버튼 스위치의 부분이 끊기더라도 접점 2를 통해서 전자 릴레이의 코일에 전압이 가해지므로 접점 2는 닫힌 채로 되며, 코일에의 전압을 계속 더해간다. 그 결과 램프는 점등을 계속한다.

누름 버튼 스위치로 일단 코일에 전압을 걸어두고, 그 이후는 릴레이 자신의 접점을 통해서 코일에 전압을 계속 가한다는 조금 신기한 회로가 완성되었다.

시퀀스 제어를 이제 공부하기 시작한 사람이 이 회로를 생각하는 것은 조금 어려운 일이지만 그와 같은 기본적인 회로를 하나 하나 기억해가는 것은 매우 중요하다.

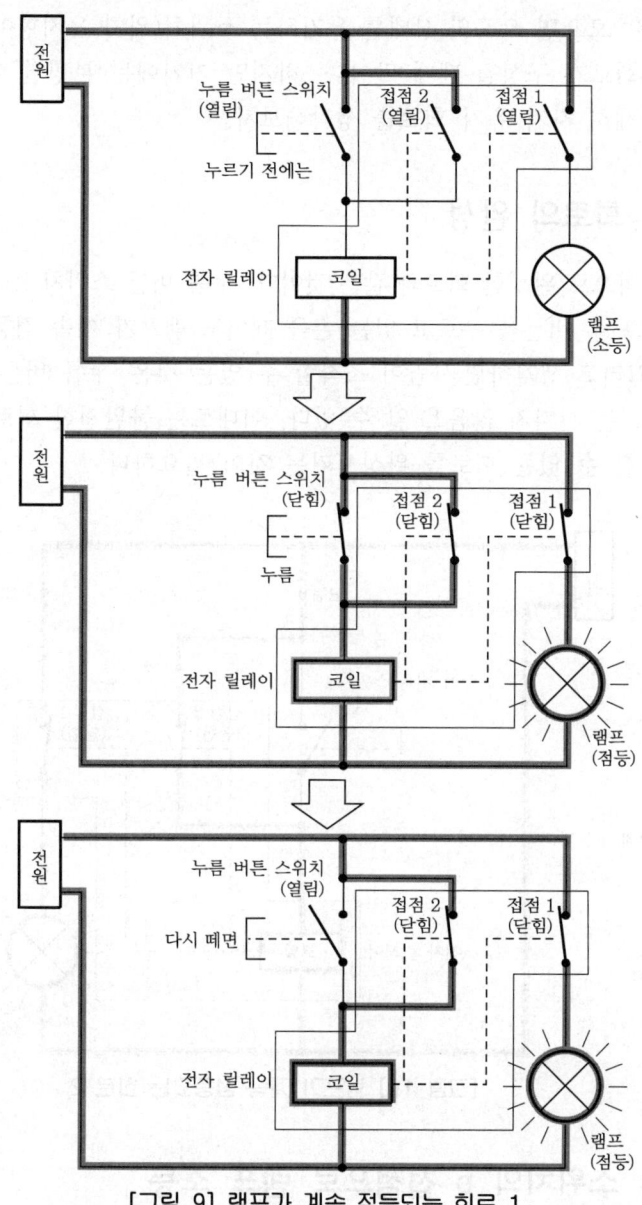

[그림 9] 램프가 계속 점등되는 회로 1

    마지막에 설명한 회로에는 큰 문제가 있다. 그것은 점등시킨 램프를 끄는 것이 불가능하다는 것이다. 그러므로 아직 수정이 필요하다.
    그런데 필자가 시퀀스 제어를 공부하기 시작했을 때 가졌던 의문이 있다. 그것은 왜 "시퀀스 제어에서는 자동 복귀형의 누름 버튼 스위치를 사용하는가?"라는 것이었다. 스위치에서 손을 떼어도 온이라면 온, 오프면 오프의 상태를 유지하는 스위치(위치 유지형이라 부른다.)를 사용하면 더 간단하게 회로가 구성될 텐데 말이다. 하지만 거기에는 분명한 이유가 있다.

다음에 좀 더 자세히 자기 유지 회로를 생각해보자.

6 자기 유지 회로의 완성

[그림 10]은 마지막으로 완성한 회로와 같은 것이다. 누름 버튼 스위치 1(a 접점)을 누름으로써 램프가 점등하고, 그 후 버튼을 누르고 있는 손을 떼어도 램프가 계속 점등해 있다.

그러나 램프를 끄려고 생각하면 사람이 조작할 수 있는 것은 '누름 버튼 스위치 1'뿐이지만, 몇 번을 눌러도 램프는 꺼지지 않음을 알 수 있다. 이대로는 불완전한 회로가 된다. 먼저 램프를 켜거나 끄거나 할 수 있는 회로를 완성시키는 것이 필요하다.

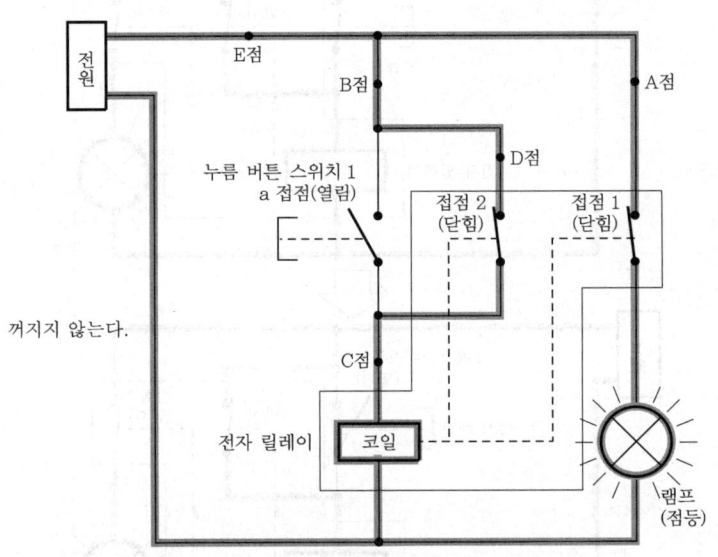

[그림 10] 램프가 계속 점등되는 회로 2

7 누름 버튼 스위치의 b 접점으로 램프 소등

"램프를 끈다."는 것은, "램프를 전원으로부터 끊는다."는 것이다. 그러려면 램프를 끊기 위한 스위치를 추가해야 한다. 여기에는 누름 버튼 스위치의 b 접점을 사용한다. [그림 10] 안의 '누름 버튼 스위치 1'과 구별하기 위해, 이쪽을 '누름 버튼 스위치 2'로 하자. 누름 버튼 스위치 2도 1과 마찬가지로 버튼을 누르고 있는 손을 떼면 자연히 원래대로 돌아가는 '자동 복귀형'의 스위치를 사용한다.

b 접점은 아무 것도 안하면 닫혀 있고, 버튼을 누르면 열리는 접점이므로, 회로에 직렬로 연결해도 버튼을 누르지 않으면 회로의 동작에는 어떠한 영향도 없다.

램프를 끄고 싶을 때에 버튼을 누르면 그 부분의 회로가 끊기고, 램프가 전원에서 끊어지므로 편리하다.

8 누름 버튼 스위치의 위치

누름 버튼 스위치 2(b 접점)를 연결하는 위치의 후보는 몇 가지가 있다. 예를 들어 앞의 [그림 10]에서 A점에 연결하면 버튼을 누름으로써 램프와 전원을 직접 끊게 되어 램프는 소등된다.

그러나 누름 버튼 스위치 2에서 손을 떼면 접점이 닫히고 다시 램프가 점등해 버린다. 이렇게 되면 곤란해진다.

램프를 간접적으로 전원에서 끊어내는 방법도 있다. 램프에 연결되어 있는 접점 1을 여는 것이다. 접점 1은 전자 릴레이의 접점이므로 전자 릴레이의 코일을 전원에서 끊어내면 되는 것이다. 그러려면 누름 버튼 스위치 2를 B점에 연결하면 된다([그림 11] 참조).

이 경우, 누름 버튼 스위치 2를 누름으로써 코일이 전원에서 끊어져서 접점 1만이 아닌 접점 2도 열리게 된다. 그렇기 때문에 누름 버튼 스위치 2에서 손을 떼어도 코일에 전압이 가해지지 않고, 램프는 소등한 채로 있게 된다. 이것으로 '자기 유지 회로'가 완성된다.

이때 회로는 처음의 상태, 즉 누름 버튼 스위치 1을 누르기 전의 상태로 돌아와 있음에 주의하자. 누름 버튼 스위치 2는 리셋 버튼의 역할도 하기 때문이다.

누름 버튼 스위치 2를 B점에 연결하는 대신에 C점에 연결하면 어떨까? 이것은 코일을 전원에서 떼어낸다는 의미에서는 B점에 연결하는 것과 같기 때문에, B점의 경우와 다를 바 없다.

그러면 D점이나 E점에서는 어떨까? 이것들의 경우도, B점에 접속한 때와 같은 동작을 한다. 그러나 여기서는 자세히 설명하지 않지만, 실은 B점에 연결된 경우와는 조금 의미의 차이가 있다. 어떤 차이가 있는지 꼭 생각해보길 바란다.

자기 유지 회로와 같은 기본 회로의 형태가 머릿속에 들어있으면, 복잡한 회로를 이해하는 데에 도움이 된다. 그 회로가 어떤 기본 회로의 조합으로 되어 있는가를 알기 때문이다. 자기 유지 회로는 기본 중의 기본 회로이므로 형태를 암기해두면 좋다.

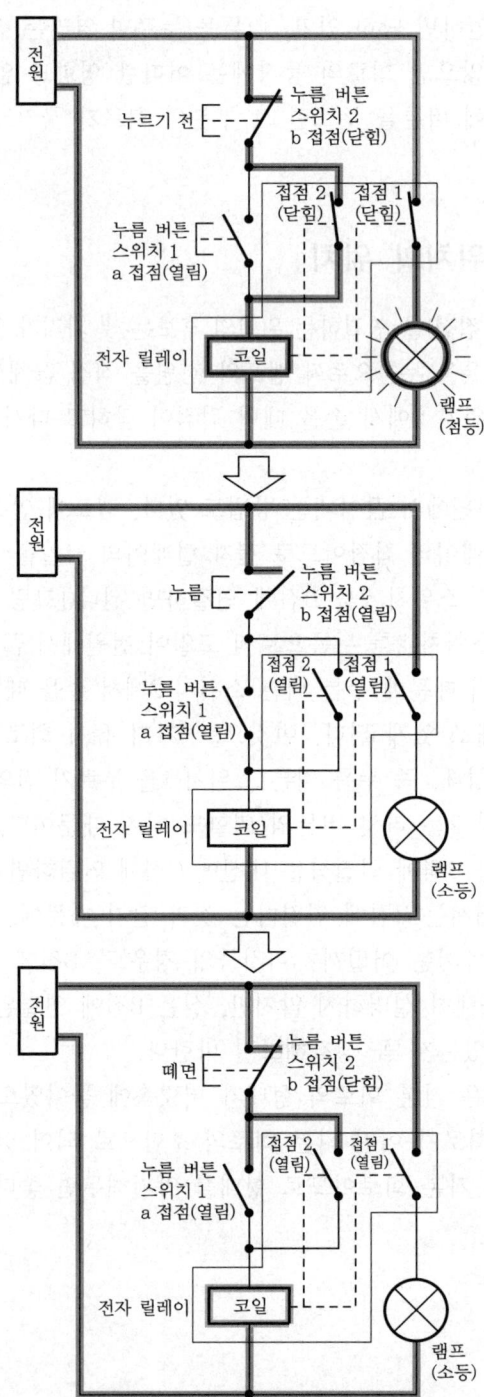

[그림 11] 자기 유지 회로의 동작(정지 시)

9 위치 유지형 스위치를 사용하는 회로

필자가 시퀀스 제어를 공부하기 시작할 때 의문을 느낀 것이 또 있었다. 그것은 "왜 '자동 복귀형'의 스위치를 사용하는 것인가?"라는 것이었다. 즉, "온이면 온, 오프면 오프의 상태를 유지해서 자동적으로 원래로 돌아오지 않는 스위치를 사용하면 될텐데"라는 의문이었다. 이와 같은 스위치는 '위치 유지형'의 스위치 등이라 불린다. 우리들이 보통 눈으로 보는 흔한 스위치는 이런 타입이 많을 것이다.

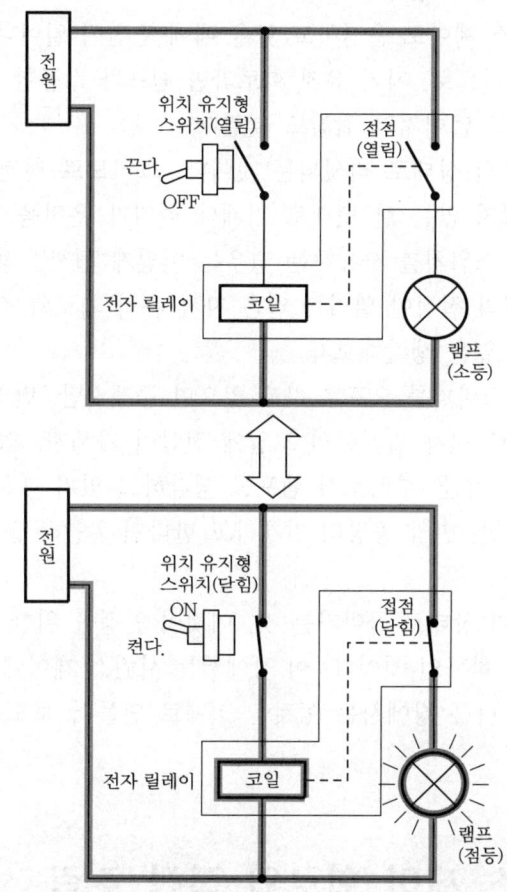

[그림 12] 위치 유지형 스위치를 사용하는 회로의 동작

[그림 12]를 보면, 위치 유지형의 스위치를 사용해서 램프를 점멸시키는 회로이다. 스위치를 온으로 하면 전자 릴레이의 코일에 전압이 가해져서, 접점 1이 닫히고 램프가 점등한다. 위치 유지형의 스위치이기 때문에 손을 떼어도 접점은 닫힌 채이므로, 램프도 점등을 계속한다.

램프를 소등하려면 스위치를 오프로 해야만 한다. 역시 스위치에서 손을 떼어도 접점은 끊어진 채이므로 램프는 소등을 계속한다. 자기 유지 회로에 비해 스위치나 접점의 수가 적어져 있고, 확실히 알기 쉽다.

10 전기 설비는 안전 제일

자동 복귀형의 스위치를 쓰는 데에는 몇 가지의 이유가 있지만, 가장 큰 이유는 설비가 정전되어 버리는 경우와 관계가 있다.

기계나 설비를 시퀀스 제어로 운전하고 있을 때에 정전이 일어나면 어떻게 해야 할까? 전원의 전압이 0이 되어 버리므로, 자기 유지 회로라면 램프가 소등할 뿐만 아니라, 전자 릴레이의 코일에 가해지는 전압도 없어져서 접점도 열린다.

그 결과 회로는 처음의 상태로 리셋되는 것이다. 그러므로 정전이 복귀되어도 기동용의 누름 버튼 스위치를 누르지 않는 한 멋대로 기계나 설비가 운전을 재개하는 경우는 없다.

그러면 위치 유지형 스위치를 사용하는 경우는 어떻게 될까? 정전이 발생해서 램프가 소등함과 함께 전자 릴레이의 접점이 열리는 일은 자기 유지 회로와 같다. 그러나 그 후의 정전이 복귀한 때에 일어나는 일을 생각해보자.

정전 발생 후, 바로 스위치를 오프로 하고 있으면 좋겠지만, 만약 그렇지 않았다면, 정전 복귀와 동시에 자동적으로 전자 릴레이의 코일에 전압이 가해져, 접점이 닫히고 설비가 멋대로 운전을 시작해 버린다. 지금, 부하로서 램프를 생각하고 있기 때문에, 그 정도의 문제라고 느끼지 못할 지도 모르지만, 만약 공장의 기계라고 한다면 우연히 근처에 있던 사람이 위험에 처해질지도 모른다.

정전이 일어나면 초기 상태로 돌아가는 것, 이것이 안정을 위한 철칙이며, 자동 복귀형의 스위치를 쓰는 큰 이유의 하나인 것이다. 이 장에서는 시퀀스 제어에서 가장 기본적인 자기 유지 회로를 생각해보았다. 다음 장에서는 이것을 실제로 만들어 보도록 한다.

[04] 시퀀스 제어 회로의 직접 조립

1 직접 조립으로 산 지식 쌓기

앞장에서는 자기 유지 회로에 대해서 설명하였다. 자기 유지 회로는 시퀀스 제어의 기본 중의 기본이므로 확실히 알아두지 않으면 안 된다. 그래서 이 장부터는 그 이해를 보다 확실하게 해 주기 위해 실제로 회로를 조립하는 것을 생각해보자.

동작의 구조를 이해할 뿐이라면, 회로도를 따라가는 것만으로 될 지도 모른다. 하지만 회로를 조립하는 것이 되면, 거기에는 또 다른 어려움이 있다. 회로가 만들어지지 않으면 정말로 시퀀스 제어를 이해한 것이 아닌 것이다. 게다가 머릿속이나 지면상에서 생각하고 있는 정도로는 아직 부족하다.

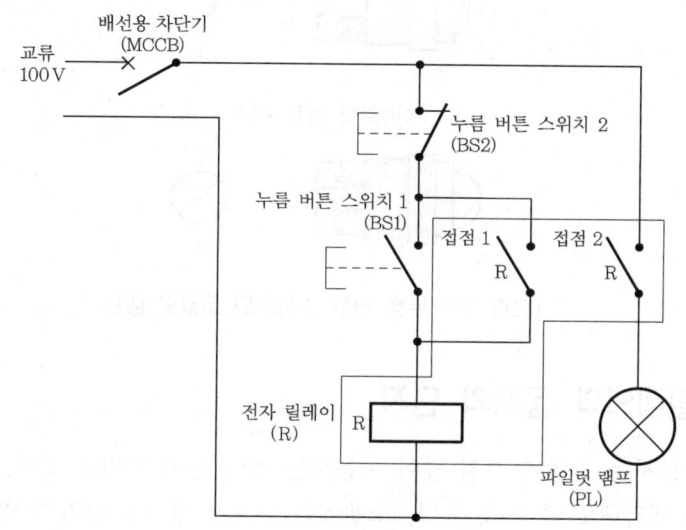

[그림 13] 자기 유지 회로의 회로도

2 자기 유지 회로에서 사용하는 기구와 재료

[그림 13]은 앞 장에서 설명한 자기 유지 회로의 회로도이다. 이 회로를 만들기 위해서는 누름 버튼 스위치가 2개(a 접점용과 b 접점용), 전자 릴레이, 부하(램프)가 필요하다. 그림으로는 이것들이 문자 기호로 표기되어 있다. 전자 릴레이에 대해서는 코일과 접점에 같은 R이라는 기호를 쓴다. R이라 쓴 코일에 전압이 가해지면, 똑같이 R이라 적힌 접점이 동작한다는 의미가 된다. 램프에는 파일럿 램프를 이용하는 것으로 한다. 전원에 대해서는 교류 100 V로 한다. 전원과 제어 회로의 사이에 배선용 차단기를 설치한다. 그 전원측에는 플러그 붙은 전원 코드를 연결하고, 콘센트에 연결 가능하도록 한다.

제어 회로용의 전선으로는 황색 절연 피복의 연선(stranded wire)이 많이 쓰인다. 전선의 양 끝에는 압착 단자를 설치한다. 전선의 크기나 기구의 단자 나사의 크기에 맞는 것을 사용한다.

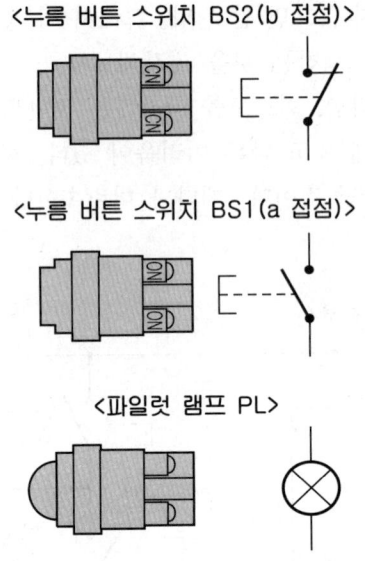

[그림 14] 누름 버튼 스위치와 파일럿 램프

3 전자 릴레이의 몸체와 단자

전자 릴레이로서는 소켓에 끼워 넣어 사용하는 것이 많이 쓰이고 있다. 소켓도 포함해서 전자 릴레이라고 생각해도 좋을 것 같다. 소켓에는 번호가 매겨진 단자가 몇 개 정도 있어서, 전자 릴레이 내부의 코일이나 접점에 연결되어 있다. 전자 릴레이에는 어느 번호의 단자가 무엇에 연결되어 있는가가 그려져 있다. [그림 15]의 예에서는 13번과 14번의 단자 사이에 코일이 연결되어 있음을 나타내고 있다. 9번과 5번의 단자 사이에는 a 접점이 있다. 또, 9번과 1번 단자 사이에는 b 접점이 있다. 즉, 9번의 단자를 공통으로 a 접점과 b 접점이 조합되어 있는 것이다. 이와 같은 접점을 c 접점이라 부른다.

이 그림의 예는 c 접점이 한 조(4번, 8번, 12번의 단자) 더 내장되어 있음을 의미하고 있다. 단, 자기 유지 회로에서는 전자 릴레이의 b 접점은 사용하지 않으므로, 이번에는 1번과 4번의 단자에는 무엇도 연결하지 않는다. 그런데 전자 릴레이에 사용하는 단자 번호의 배치와 소켓 단자의 위치가 좌우 반대로 되어 있는 것을 기억해두기 바란다.

이것은 전자 릴레이에 그려져 있는 단자의 배치가 전자 릴레이를 뒷면에서 보았을 때의 배치로 되어 있기 때문이다.

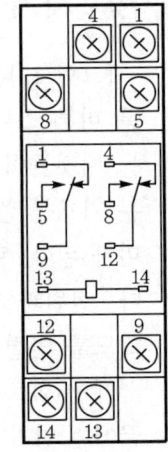

[그림 15]

4 전자 릴레이 연결 방법

누름 버튼 스위치와 파일럿 램프에 대해서는 2개 있는 단자에 전선을 연결하는 것만이라 간단하다. 어려운 것은 전자 릴레이이다. 전자 릴레이에는 코일과 몇 개의 접점이 모여서 내장되어 있다. 이것이 시퀀스 제어의 초보자에게는 성가신 것이다.

전자 릴레이를 연결하는 요령이 있다. 먼저, 회로도와 전자 릴레이의 단자 번호를 비교해서 회로도에 단자 번호를 적어 넣는다. 다음 [그림 16]은 앞서 보인 회로도를 더욱 실물에 가까운 형태로 고쳐 만든 것이다. 전자 릴레이와 접속하는 다른 기구의 단자에도 번호를 적어둔다. 그 다음은 전자 릴레이의 몸체는 일단 잊고, 단자의 번호에만 의지해서 연결해간다. 예를 들면 전자 릴레이의 코일과 누름 버튼 스위치 1과 연결할 때는 코일이나 누름 버튼 스위치를 의식하는 것이 아닌, 전자 릴레이의 14번 단자와 누름 버튼 스위치 1의 4번 단자를 연결한다는 것을 생각하는 것이다.

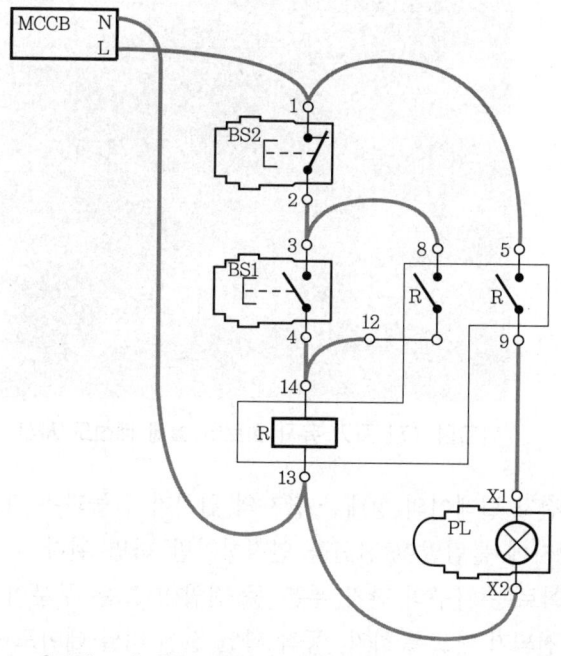

[그림 16] 자기 유지 회로의 실제 배선도

전자 릴레이의 각 단자의 접속부를 정리하면, 다음의 표와 같아진다. 이번에는 8번과 12번의 단자에 연결된 접점을 접점 1, 5번과 9번의 사이의 접점을 접점 2로 해서 사용한다. 전자 릴레이의 13번과 14번의 단자에는 2개의 전선이 연결되는 것에 주의한다.

전자 릴레이의 단자	연결 단자
5	BS2의 1
8	BS1의 3
9	PL의 ×1
12	전자 릴레이의 14
13	PL의 ×2 MCCB의 N
14	BS1의 4 전자 릴레이의 12

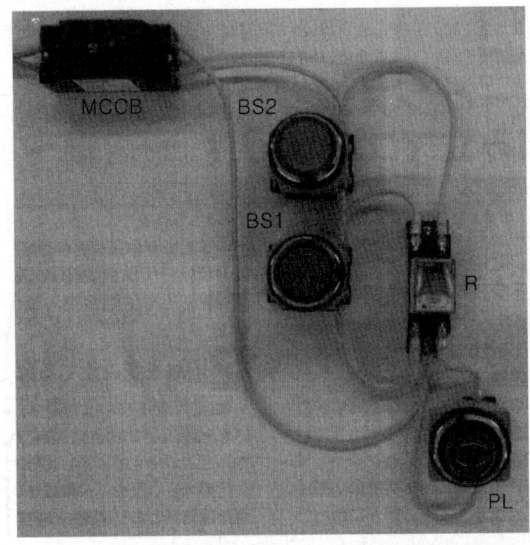

[그림 17] 자기 유지 회로의 실제 배선도 사진

[그림 17]에서는 전자 릴레이의 형태나 단자의 위치가 실물과는 다르지만 실제의 단자가 어디 있든, 그 번호의 단자에 틀림없이 전선을 연결하기만 하면 된다.

여기서, 조립한 회로는 기구의 단자 부분 등 전압이 드는 부분이 노출되어 있는 곳이 있다. 실수로 건드려서 감전되지 않도록 하자. 동작 확인 전에 비닐 테이프 등으로 그 부분을 덮어두자.

5 동작 확인

배선용 차단기를 '들어감'으로 하면 누름 버튼 스위치 1을 눌러 본다. '칭!'하는 소리와 함께 전자 릴레이의 접점이 닫히고 파일럿 램프가 점등된다. 누름 버튼 스위치 1의 손가락을 떼어도 램프가 꺼지지 않음을 확인하자. 다음에 누름 버튼 스위치 2를 눌러 본다. '찰칵'하는 소리가 나고 전자 릴레이의 접점이 열리고 파일럿 램프가 꺼진다. 다시 한 번 누름 버튼 스위치 1을 눌러서 파일럿 램프를 점등시키면, 이번에는 배선용 차단기를 '끊음'으로 해본다. 당연히 파일럿 램프가 꺼지지만, 그 후 '들어감'으로 해도 파일럿 램프가 켜지지 않는다. 전원이 끊기면 회로가 리셋됨을 알 수 있다.

6 회로도와 실제 형태

회로도에 보여진 대로 기구를 나열하고, 그것들을 전선으로 연결해서 자기 유지 회로를 완성시킨다. 그러나 실제의 회로에서는 모든 기구가 가까운 위치에 있어서, 알기 쉽게 나열되는 일은 없다. 전자 릴레이 등은 제어반 안에 설치되어 누름 버튼 스위치는 그것과는 떨어진 위치에 두게 된다.

7 실제의 형태에 가까운 회로도

지금까지는 전자 릴레이나 누름 버튼 스위치 등의 기구를 회로도에 그려져 있는 대로 나열해서, 그것들을 전선으로 연결해간다는 방식으로 회로를 조립했다. 그러나 실제로는 회로도대로가 아닌, 조작하는 사람의 형편에 맞게 기구가 배치된다. 예를 들면, 전자 릴레이 등은 제어반의 안에 설치되어, 제어 대상의 기구와는 떨어진 장소에 놓인다. 누름 버튼 스위치도 조작하기 쉽게 하기 위해 다른 장소에 설치되는 경우도 적지 않다. 이 장에서는 그런 실제의 형태에 가까운 회로를 만들어 본다.

8 회로 조립의 어려움

앞서 "초보자는 전자 릴레이의 배선이 어렵다."고 설명했는데, 왜 어려운 것일까? 그 큰 이유 중 하나는 전자 릴레이의 코일이나 접점을 회로도대로 나열할 수 없기 때문이다. 회로도에서는 기구끼리의 연결의 모습을 잘 알 수 있도록 기구의 위치를 결정한다. 코일이나 접점도 방향을 정리해서 이해하기 쉬운 장소로 정한다. 그러나 실제로는 코일이나 접점은 전자 릴레이의 안에서 여기 저기로 흩어질 수 없으므로 회로도와 다른 형태가 되는 것이다.

다음 [그림 18]은 이 장에서 조립하는 회로의 기구 배치를 보인 것이다. 가능한 한 실제의 형태에 가깝게 하려고 누름 버튼 스위치나 부하인 파일럿 램프를 전자 릴레이에서 떨어뜨려 설치하는 것으로 했다. 이렇게 함으로써 더욱 회로도와는 형태가 달라지므로 조립할 때에는 주의가 필요하다.

9 단자대는 제어반 입구에

이번에 조립하는 회로에 대해서 설명해보자. 제어반 대신 한 장의 판(제어반용 판)을 써서 그 중앙에 전자 릴레이를 설치한다. 제어반용 판에는 전원으로부터의 전선, 누름 버튼 스위치로부터의 전선, 부하인 파일럿 램프로부터의 전선이 들어가게 된다. 일반적으로 제어반에서의 전선의 입구에는 단자대가 설치된다.([그림 18] 참조) 들어온 전선은 일단 단자대에 연결되어, 그곳에서 제어반 내의 기구에 연결된다. 전원이나 파일럿 램프로부터의 전선의 수는 각각 2개이므로, 단자대로서 2극(2P)의 것을 사용한다.

누름 버튼 스위치로부터의 전선에 대해서는 3P의 단자대가 필요하다. [그림 19]는 앞 장에서 보인 실제 배선도이다. 이번에 만드는 것과는 형태가 다르지만, 접속한 모습이 알기 쉬우므로 이 그림으로 설명한다. 누름 버튼 스

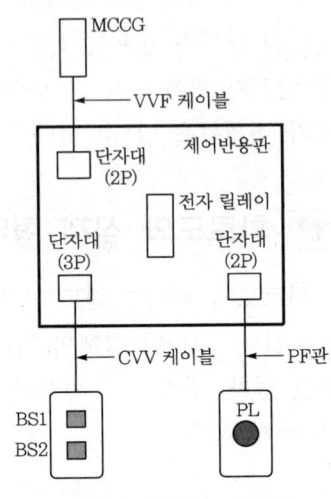

[그림 18] 이 장에서 조립하는 회로의 기구 배치

위치의 부분에서 다른 기구로 연결되어 있는 전선은 1번과 3번과 4번 3개의 단자로 된다. 2번의 단자는 내부에서 3번과 연결되어 있다고 생각하자. 즉, 누름 버튼 스위치 부분에 연결되는 전선이 3개가 되므로 3P의 단자대를 사용하는 것이다.([그림 19]의 설명 참조)

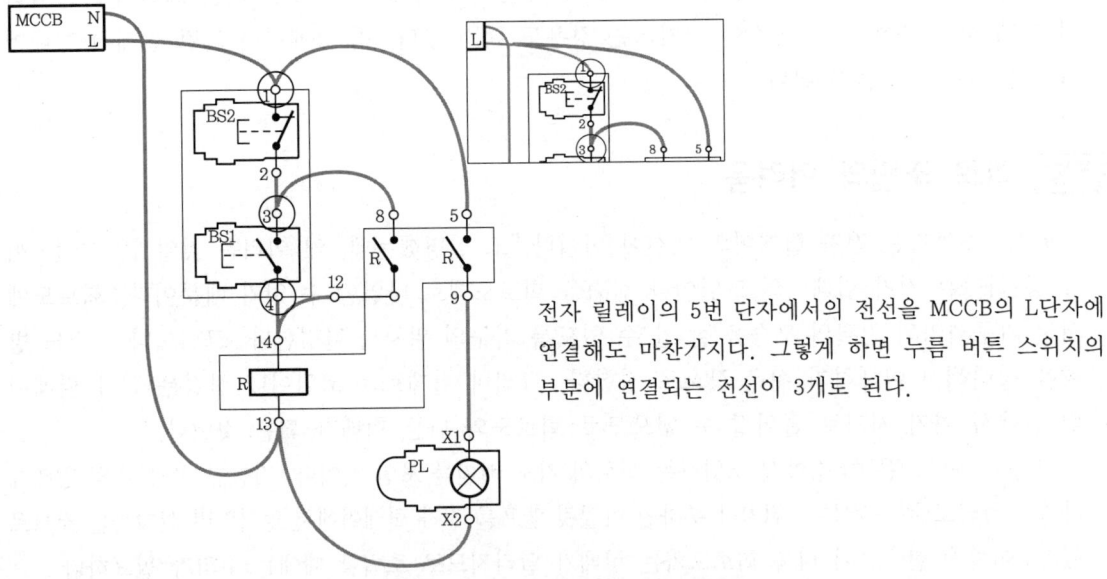

전자 릴레이의 5번 단자에서의 전선을 MCCB의 L단자에 연결해도 마찬가지다. 그렇게 하면 누름 버튼 스위치의 부분에 연결되는 전선이 3개로 된다.

[그림 19] 앞 장에 나온 실제 배선도

단자대를 사용하지 않으면, 제어반 안의 기구와 제어반 밖의 기구를 긴 전선을 사용해서 직접 연결해야 되는 불편이 있다. 단자대를 사용하면 제어반 안의 배선 시 단자대까지의 배선을 해두고, 그 다음 다른 기구와의 연결 작업을 하면 잘 되므로 작업이 편하다. 또, 다른 기구와의 접속에 케이블을 쓰는 경우도 단자대를 쓰지 않으면 작업은 어려워진다.

10 단자 번호에 의지해서 연결

[그림 20]은 조립하는 회로의 실제 배선도이다. 이번에는 BS1과 BS2의 위치가 앞의 [그림 19]의 배선도와 반대이고, BS1이 위로 오는 점에 주의하자.

앞서 설명했듯이 각 기구의 단자를 어느 단자와 연결하는가를 모두 확인하고 도면에 적었다면, 회로의 몸체는 일단 잊고 단자 번호에만 의지해서 연결해간다.

[그림 20-1]은 [그림 20]의 완성 사진이다. 사용한 기구와 재료의 리스트도 포함해서 실었다. 누름 버튼 스위치에 대해서는 BS1과 BS2가 하나의 케이스에 들어있는 것을 사용했다. 부하인 파일럿 램프에 대해서는 사진처럼 노출하지 않고, 확실히 박스에 고정해서 설치했다.

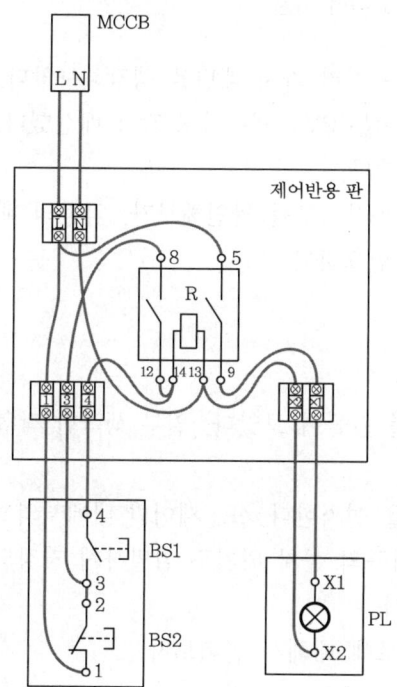

누름 버튼 스위치의 위치가 실제 배치에 맞게 상·하 거꾸로 된다.

[그림 20] 이 장에서의 조립하는 회로의 실제 배선도

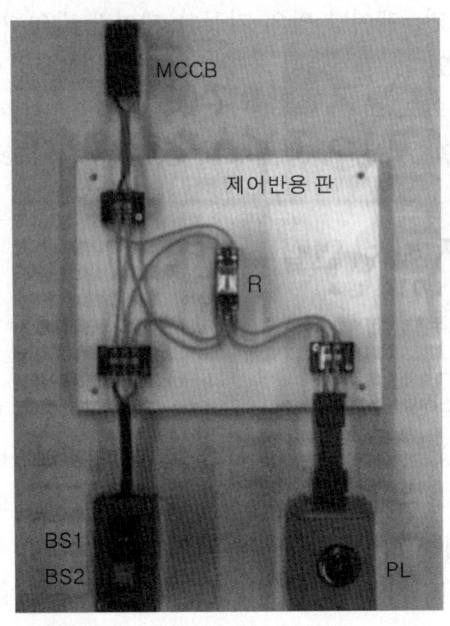

[그림 20-1] [그림 20]의 완성 사진

  제어반용 판과 다른 기구 사이의 배선에 대해서는 여러 가지 패턴을 생각해보았다. 전원과의 사이는 VVF 케이블로, 누름 버튼 스위치와의 사이는 CVV 케이블로 각각 배선했다. 파일럿 램프와의 사이에 대해서는 PF관을 통한 배선으로 했다.
  처음 배선하고 틀림없는지 확인한 다음, 실제로 동작여부를 확인해보자. 약간의 배선 수정이라도 실수가 있을 것이므로 동작 확인은 절대로 필요하다.

11 회로도와 실제 회로와의 차이점

  이 장에서는 비교적 실제의 형태에 가까운 회로를 만들어 보았다. 일부 생략한 작업이 있으므로 여기서 정리해 둔다.
  먼저 시퀀스 제어 회로에는 안전을 위해 퓨즈 등을 설치한다. 또, 제어반 내에서의 배선에는 배선용 덕트 등을 써서 전선을 분명히 정리한다. 기구의 설치 위치도 엄밀하게 지정되는 것이 보통이며, 케이블이나 관도 확실히 고정시킨 것이다.
  다음 장에서는 타이머를 사용한 시퀀스 제어 회로에 대해서 살펴보자.

[05] 시퀀스 제어에서 사용하는 '타이머'

1 자동 제어 회로

앞 장까지 '자기 유지 회로'의 형태나 구조에 대해서 살펴보았다. "이건 자동 제어인가!?"라고 생각한 사람도 있을 것이다. 자기 유지 회로는 보통 기계나 설비를 시동하기 위해 사용되는 회로이므로 그것만으로는 자동 제어라고는 생각하기 어려울지도 모른다.

그래서 이 장에서는 자동 제어라는 것을 실감하기 위하여 타이머라는 기구에 대해서 설명하기로 한다.

2 타이머는 '늦게 동작하는 전자 릴레이'

보통 '타이머'라고 하면 설정한 시각이 되었을 때나 결정한 시간이 경과한 때에, 전원이 들어오거나 소리로 알리거나 하는 데에 사용된다.

시퀀스 제어에서 쓰는 타이머도 같지만, 다르게 말하면 '늦게 동작하는 전자 릴레이'라고 할 수 있다. 그 때문에 타이머를 '타이머 릴레이'나 '한시 계전기'라 부르는 경우도 있다.

타이머는 어떤 것인가? 좀 더 자세히 설명하면, 전자 릴레이와 비교하면 알기 쉬울 거라 생각한다. 타이머에도 전자 릴레이와 같이 a 접점과 b 접점이 있지만, 설명이 까다로워지므로 a 접점만을 생각하기로 한다.

전자 릴레이의 경우 내장된 전자 코일에 전압을 가하면 접점이 닫힌다. 이 전자 코일처럼 접점을 작동하게 하기 위한 부분을 구동부 또는 작동 장치라 부른다.

타이머에도 구동부와 접점이 내장되어 있다. 그러나 구동부에 전압을 가해도 바로는 접점이 닫히지 않으므로 설정한 시간이 경과한 후에 닫히는 점이 전자 릴레이와의 차이점이다. 구동부를 전원에서 끊은 때 접점은 바로 열린다.

타이머의 구동부에도 전자 릴레이와 같은 코일이 있고, 작은 모터나 전자 회로를 사용해서 코일에 전압이 가해짐을 지연시키고 있지만, 여기서는 자세한 설명은 생략한다. 타이머의 몸체에 대해서 잘 몰라도 '전압을 가하면 설정한 시간만큼 늦게 접점이 닫힌다'는 것만 알고 있으면 된다.

b 접점의 경우 구동부에 전압을 가하면 소정의 시간이 경과하고 나서 접점이 열리고 구동부를 전원에서 끊으면 바로 닫힌다.

타이머에는 구동부에 전압을 가하면 바로 동작하고 전압을 0으로 하면 늦게 원래대로 돌아오는 것(한시 복귀형)과 동작하는 것에도, 원래대로 돌아오는 것에도 시간 지연이 있는 것(한시 동작 한시 복귀형)이 있다.

단, 잘 사용되는 것은 처음에 설명한 "동작하는 때에 시간 지연이 있는" 타이머(한시 동작형)이므로, 여기서는 그 이외의 것에 대해서는 다루지 않는다.

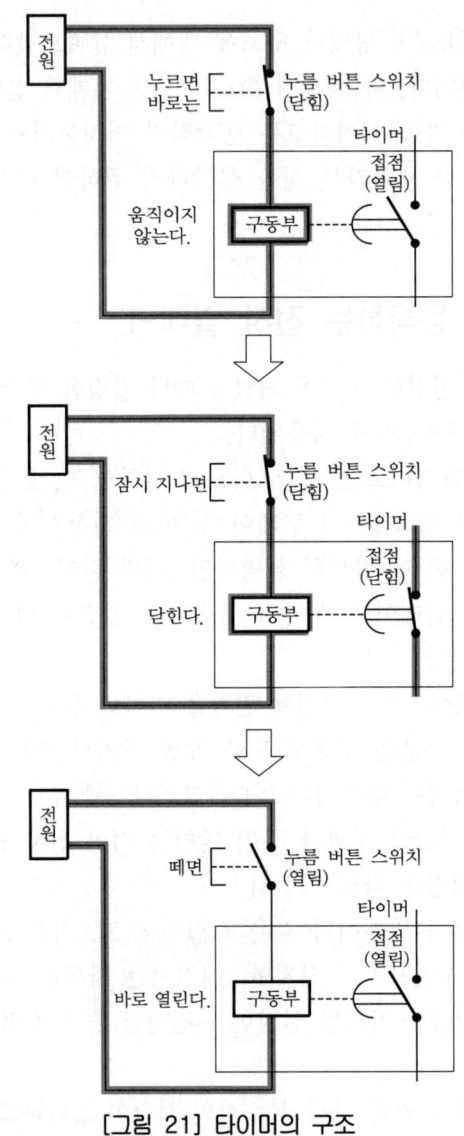

[그림 21] 타이머의 구조

3 그림 기호는 낙하산이 붙은 접점

시퀀스 제어 회로의 구조를 생각할 경우, 회로도를 피해서 생각하는 것은 불가능하다.

이 장에서는 새로운 기구로서 타이머를 예로 들었는데, 회로도에서 타이머를 어떻게 사용하는 것인가를 설명하기로 한다.

타이머도 전자 릴레이와 같은 동작을 하므로 그 기호도 닮아 있다. 구동부의 기호는 전자 릴레이와 같이 장방형으로 그린다. 전자 릴레이와 다른 것은 접점 부분이다. 타이머의 경우는 [그림 22]에 보인 것처럼 접점에 괄호와 같은 기호와 2개의 직선을 그린다. 여기서, 괄호와 같은 기호는 '낙하산'을 의미한다. 즉, 구동부에 전압이 가해지면 [그림 22]로 말하면 오른쪽 방향으로 접점이 움직이는 것이지만, 낙하산이 있기 때문에 그 움직임이 늦어진다는 것이다.

'낙하산 기호'는 접점의 왼쪽에 붙어도 오른쪽에 붙어도 어느 쪽도 좋게 되어 있다. 단, 그 방향에 대해서는 위의 규칙에 따르길 바란다. 방향을 반대로 해버리면, 원래 상태로 돌아올 때에 시간 지연이 있는 한시 복귀형의 의미로 되어 버린다.

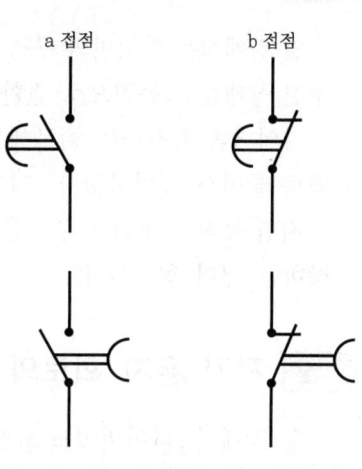

[그림 22] 타이머의 그림 기호 (한시 동작형)

4 타이머를 사용하는 시퀀스 제어 회로

타이머를 쓰면, 시간에 의해 운전의 상태를 전환하는 것과 같은 제어가 가능하다. 예를 들면, 기호기와 같이 몇 개의 램프를 결정된 시간만큼 순서대로 점등시키는 것과 같은 경우나, 설정한 시간만큼 장치를 운전해서 자동적으로 멈추는 것과 같은 경우이다. 유원지의 탈 것(놀이 기구) 등이 그것에 해당한다. 처음에 사람이 기동하면 다음은 혼자 운전하기 때문에 실제로 자동 제어라는 느낌이 들 것이다.

다음은 타이머를 사용하는 시퀀스 제어 회로의 구조에 대해서 자세히 설명하기로 한다.

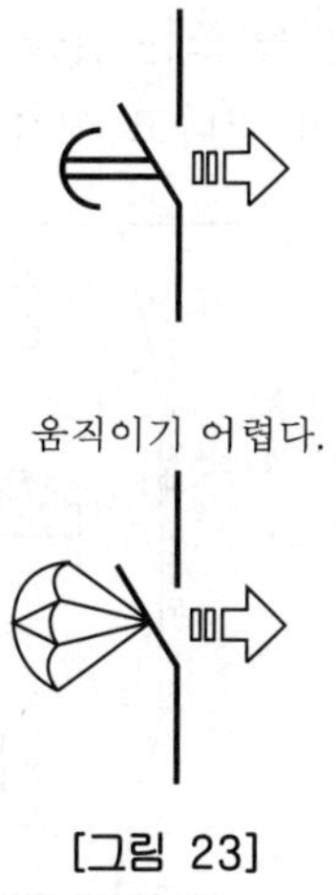

움직이기 어렵다.

[그림 23]

[06] '타이머'를 사용한 시퀀스 제어 회로 - 지연 동작 회로

1 지연 동작 회로

앞 장에서는 타이머의 구조에 대해서 설명했다. 타이머를 사용하면 시간에 따라 기계나 설비의 운전 상태를 자동적으로 전환하는 것과 같은 제어가 가능하므로, 자동 제어를 실감할 수 있다.

타이머를 사용하는 회로에는 여러 가지 것이 생각되므로, 알기 쉽게 기본적인 회로를 몇 개 예로 들어서 설명하겠다. 먼저 가장 간단하고 기본이 되는 '지연 동작 회로'를 생각하자.

지연 동작 회로란 스위치를 누른 후 미리 설정해 둔 시간이 경과한 데서 부하가 동작하기 시작하는 제어 회로이다.

2 자기 유지 회로의 전자 릴레이를 타이머로 전환

앞 장에서, 타이머에도 a 접점과 b 접점이 있음을 설명했다. 타이머의 a 접점은 구동부에 전압이 가해진 시점에서 결정된 시간이 경과한 곳에서 닫힌다는 것이기 때문에, 지연 동작 회로에는 a 접점쪽을 사용하면 좋을 것이다.

지금까지 자기 유지 회로를 사용해서 램프를 점등시키는 것을 생각해 왔다. 그런데 너무 깊이 생각하지는 말고, 먼저 자기 유지 회로의 전자 릴레이 부분을 타이머로 전환해보면 어떨까 한다.

[그림 24]는 자기 유지 회로와 그 전자 릴레이를 타이머로 전환한 것이다. 이 장부터 회로도에 '전원'을 쓰는 것을 생략한다. 그림에서 가장 위와 가장 아래에 있는 2개의 수평선이 전원에 연결되어 있다고 생각하면 된다.

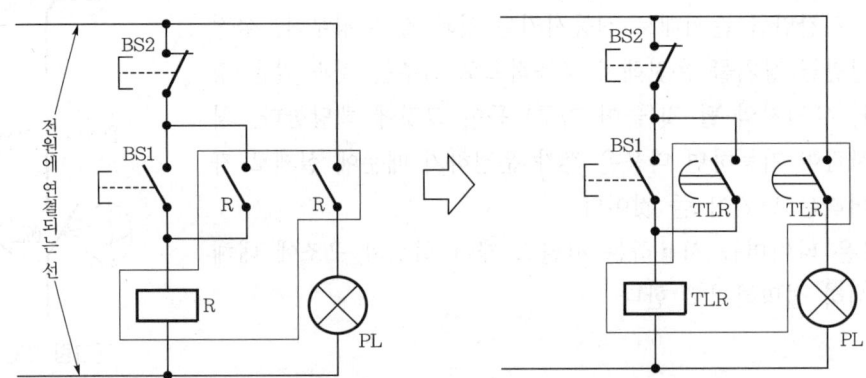

[그림 24] 자기 유지 회로의 전자 릴레이를 타이머로 전환한 회로

누름 버튼 스위치 1(BS1)을 누르면 타이머(TLR)의 구동부에 전압이 가해지지만, 바로 TLR의 접점은 닫히지 않는다. TLR의 설정 시간이 경과하면, 접점이 닫히고 램프(PL)가 점등한다.

이것으로 목적한 회로가 완성된 것처럼 보이지만, 실은 문제가 있다. 그것은 PL이 점등하기까지의 시간, 즉 타이머의 설정 시간의 사이는 BS1을 누른 채로 있어야 된다는 것이다.

만약 도중에 BS1에서 손을 떼어버리면 그 시점에서 타이머의 구동부에 걸려 있던 전압이 0이 되어 타이머가 리셋되어 버리는 것이다. 그런 회로는 의미가 없다.

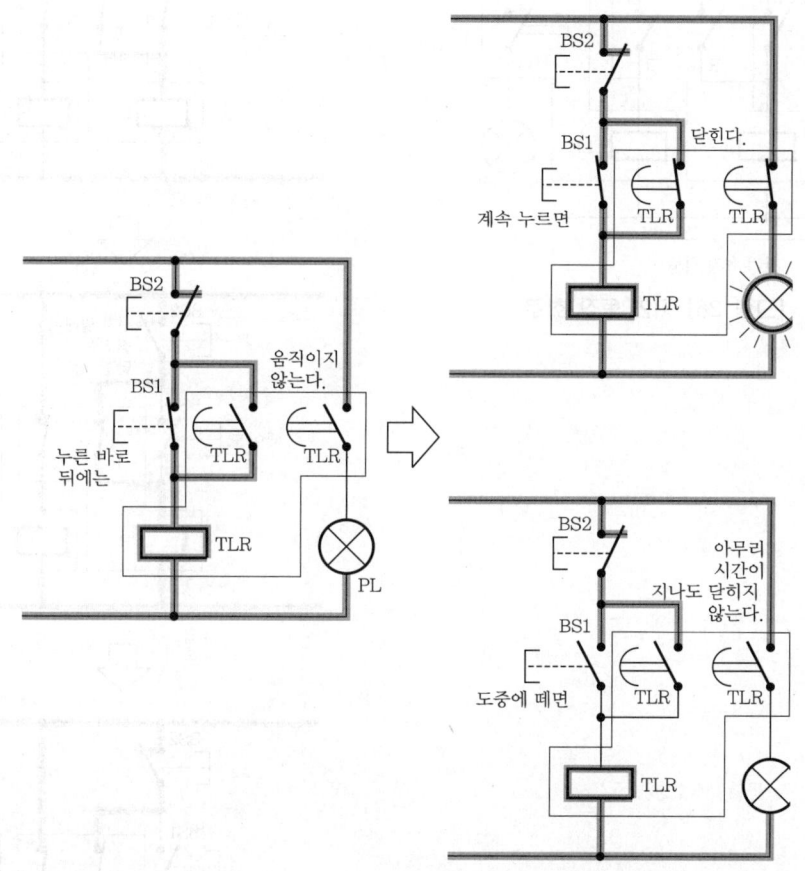

[그림 25] 자기 유지 회로의 전자 릴레이를 타이머로 교체한 회로의 구조

3 자기 유지 회로 조합

자기 유지 회로의 전자 릴레이를 타이머로 전환하는 것만으로는 안 된다. 여기서, 포인트는 BS1에서 손을 떼어도 타이머의 구동부에 전압이 계속 흘러야 하는 것이다.

실은 이와 같은 회로에 대해서 앞에서 생각한 적이 있다. 그렇기 위해서는 자기 유지 회로를 조합시키면 된다. 다음 [그림 26]이 그 회로이다.

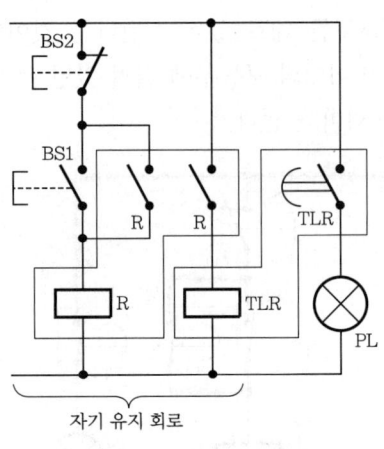

[그림 26] 지연 동작 회로

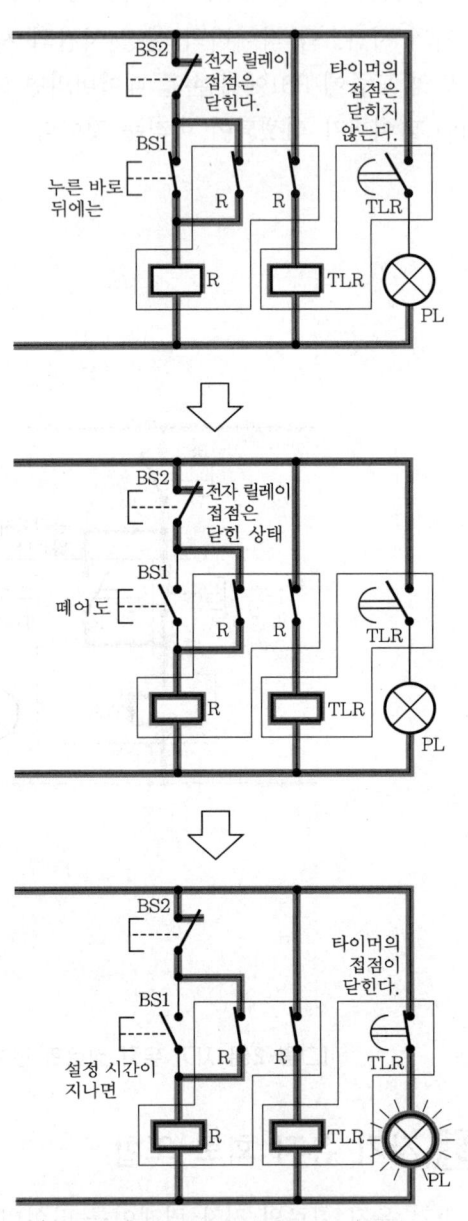

[그림 27] 지연 동작 회로의 구조

BS1을 누르면 전자 릴레이(R)의 코일에 전압이 걸려 접점이 닫힌다. 그와 동시에 TLR의 구동부에도 전압이 걸리지만, 자기 유지 회로이므로 BS1에서 손을 떼어도 R의 코일에는 전압이 계속 걸리지 않게 되는 것이다.

TLR의 구동부에 전압이 걸리는 상태가 계속되므로 타이머의 설정 시간이 경과하면 TLR의 접점이 닫히고, 램프가 점등한다. 이것으로 목적하는 지연 동작 회로가 완성된다.

PL을 끄려면 BS2를 누르면 된다. 이것으로 회로가 처음의 상태로 리셋된다. 이것도 자기 유지 회로와 같다.

4 지연 동작 회로의 다른 형태

시퀀스 제어의 참고서에 의하면 이번에 설명한 회로와는 다른 형태의 지연 동작 회로를 소개하는 것도 있다. 그것에 대해서 조금 다루어 보겠다.

이번에 보인 지연 동작 회로에는 전자 릴레이(R)의 a 접점이 2개 사용되고 있다. 하나는 R의 코일을 전원에 연결하기 위한 것, 또 하나는 타이머(TLR)의 구동부를 전원에 연결하기 위한 것이지만, 동시에 닫거나 열거나 하기 때문에 하나로 정리될 수 있는 것이다.

다음 [그림 28]의 (a) 그림이 그 회로이다. 즉, R의 코일과 TLR의 구동부를 병렬로 연결하는 것이다. 이렇게 함으로써 R의 접점 하나가 닫히면, 전자 릴레이의 코일과 타이머의 구동부가 전원에 연결된다.

램프를 끌 때는 누름 버튼 스위치 2(BS2)를 눌러서 TLR의 구동부를 전원에서 끊으면 된다.

여기서, 주의할 것은 R의 코일과 TLR의 구동부를 직렬로 접속하면 안 된다. 각각 가해지는 전압이 전원의 전압보다도 작아져서 정상적으로 작동하지 않게 된다.

더 변형시키면, 다음 [그림 28]의 (b) 그림과 같은 회로도 생각할 수 있다. 이것은 TLR의 접점과 램프(PL)까지 병렬로 한 것이다. 결국 R의 접점이 닫히지 않으면 TLR의 접점은 닫히지 않으므로, 이와 같은 회로에서도 지연 동작 회로로서 작동하는 것이다.

이 회로들은 처음에 설명한 것과 다른 형태로 보이지만 구조는 다 같다. 단, 전자 릴레이의 접점이 하나로 끝난다는 의미에서는 장점이 있다고 할 수 있다.

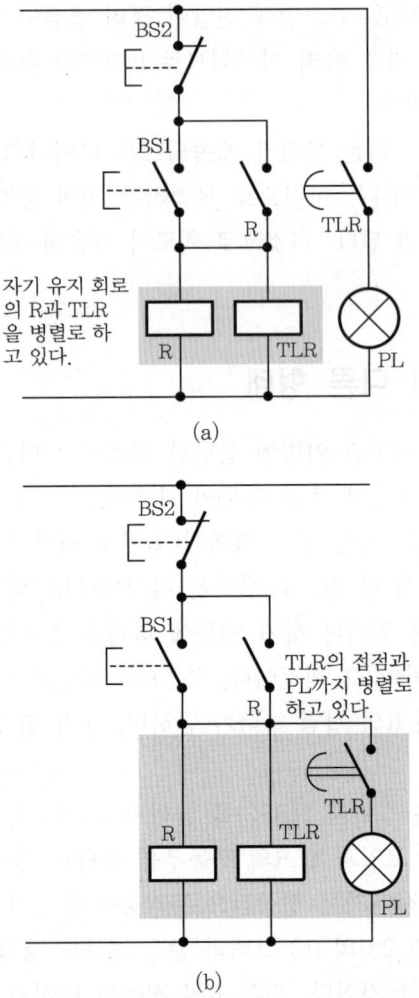

[그림 28] 지연 동작 회로의 다른 형태

 이 장에서는 타이머를 사용한 가장 간단한 회로로서 지연 동작 회로를 예로 들었다. 다음에는 타이머를 사용한 다른 회로로서 일정 시간 동작 회로에 대해서 생각해보도록 한다.

[07] '타이머'를 사용한 시퀀스 제어 회로 - 일정 시간 동작 회로

1 일정 시간 동작 회로의 개념

앞장에서는 타이머를 사용하는 가장 간단한 회로로서 지연 동작 회로를 생각해보았다. 이 회로는 시퀀스 제어의 초보자가 타이머를 사용하는 회로를 이해하는 데에는 적합하지만, 실제로 어떤 데에서 쓰이는가 상상하기 어려운 회로라는 기분이 든다.

그래서 이 장에서는 타이머를 사용하는 다른 회로로 상상하기 쉬운 일정 시간 동작 회로를 살펴보기로 한다. 즉, 기동용의 스위치를 누르면 제어 대상인 기계나 설비가 움직여서 미리 설정해 둔 시간이 경과한 때에 자동적으로 정지한다는 것이다. 이것은 보통 흔하게 볼 수 있는 회로이다.

2 지연 동작 회로의 타이머를 b 접점으로 전환

지금부터 일정 시간 동작 회로의 형태나 구조를 몇 개의 단계를 밟아서 설명한다. 그러나 바로 해답이 되는 회로로는 되지 않으므로 주의하길 바란다.

앞 장에서 설명한 지연 동작 회로는 설정한 시간이 경과하면 제어 대상이 움직이기 시작한다는 것이었다. 여기서, 생각하는 일정 시간 동작 회로는 그것과는 반대로, 설정된 시간이 되면 정지하는 것이기 때문에 지연 동작 회로와는 반대의 움직임을 하는 것처럼 생각된다.

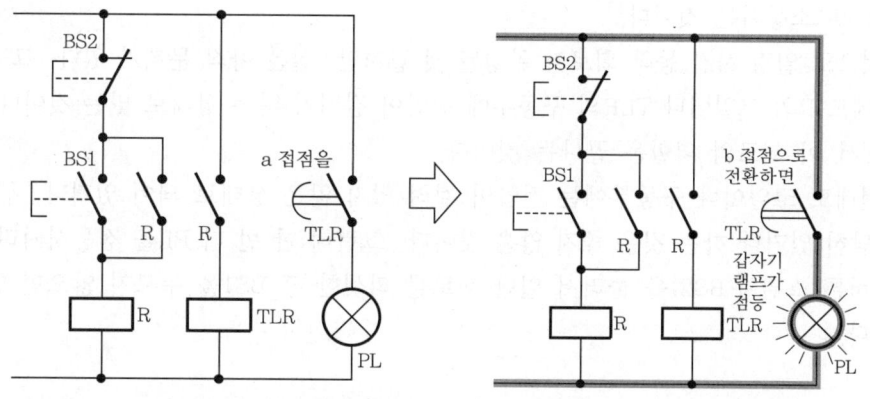

[그림 29] 지연 동작 회로 타이머의 a 접점을 b 접점으로 전환한 회로

지연 동작 회로에서는 타이머의 a 접점을 사용했기 때문에 일정 시간 동작 회로에서는 b 접점을 사용하기로 한다. 즉, 아무 것도 안할 때는 닫혀 있고, 구동부에 전압이 가해지면 소정의 시간 후에 열린다는 접점을 사용한다는 것이다.

그래서 너무 깊게 생각하지 말고, 먼저 지연 동작 회로의 타이머의 a 접점을 b 접점으로 전환해보자. 다음 [그림 29]는 앞 장에서 설명한 동작 지연 회로와 그 타이머(TLR)의 a 접점을 b 접점으로 전환한 것이다. 부하는 파일럿 램프(PL)로 예를 든다.

이렇게 해서 실제로 그림을 그려보면, 이 회로에 문제가 있음을 알 수 있다. 이 회로는 기동용 누름 버튼 스위치(BS1)를 누르기 전부터 PL이 점등해버리는 회로로 되어 있는 것이다.

3 일정 시간 동작 후 소등

BS1을 누르고 처음으로 PL이 점등하도록 하려면 어떻게 해야 할까? 전자 릴레이(R)의 a 접점을 하나 더 추가해서, TLR의 b 접점에 직렬로 연결하면 어떨까? 이렇게 하면, BS1을 누르기까지는 PL은 꺼진 상태가 된다.

이 회로의 구조에 대해서 자세하게 생각해보자. BS1을 누르면 R의 코일에 전압이 가해져, 그 접점이 닫히고 PL이 점등한다. 자기 유지 회로로 되어 있으므로, BS1에서 손을 떼어도 접점은 닫힌 채로 있게 된다.

PL이 점등함과 동시에 TLR의 구동부에도 전압이 가해지지만, 타이머이므로 그 접점은 바로는 열리지 않는다. 그 때문에 PL은 점등한 채로 있게 된다. 이윽고 설정한 시간이 경과하면 TLR의 접점이 열려서 PL이 소등된다. 즉, BS1을 누르고 타이머의 설정 시간만큼 PL이 점등하고, 그 후 소등되는 것이다.

이것으로 일정 시간 동작 회로가 완성된 것 같지만, 실은 아직 문제가 있다. 그것은 PL이 꺼진 후에도 R의 코일이나 TLR의 구동부에 전압이 걸리지 않은 상태로 있는 것이다. PL이 꺼진 시점에서 이 회로의 역할은 끝나는 것이다.

그런데도 코일이나 구동부에는 전압이 걸려 있지 않은 상태로 되어 있거나, 무의미하게 접점이 닫혀 있거나 하는 것은 좋지 않은 것이다. 그런데 한 번 더 PL을 점등시키려면 정지용의 누름 버튼 스위치(BS2)를 눌러서 일단 회로를 리셋한 후 BS1을 누르지 않으면 안 되는 불편도 있다.

시퀀스 제어 **39**

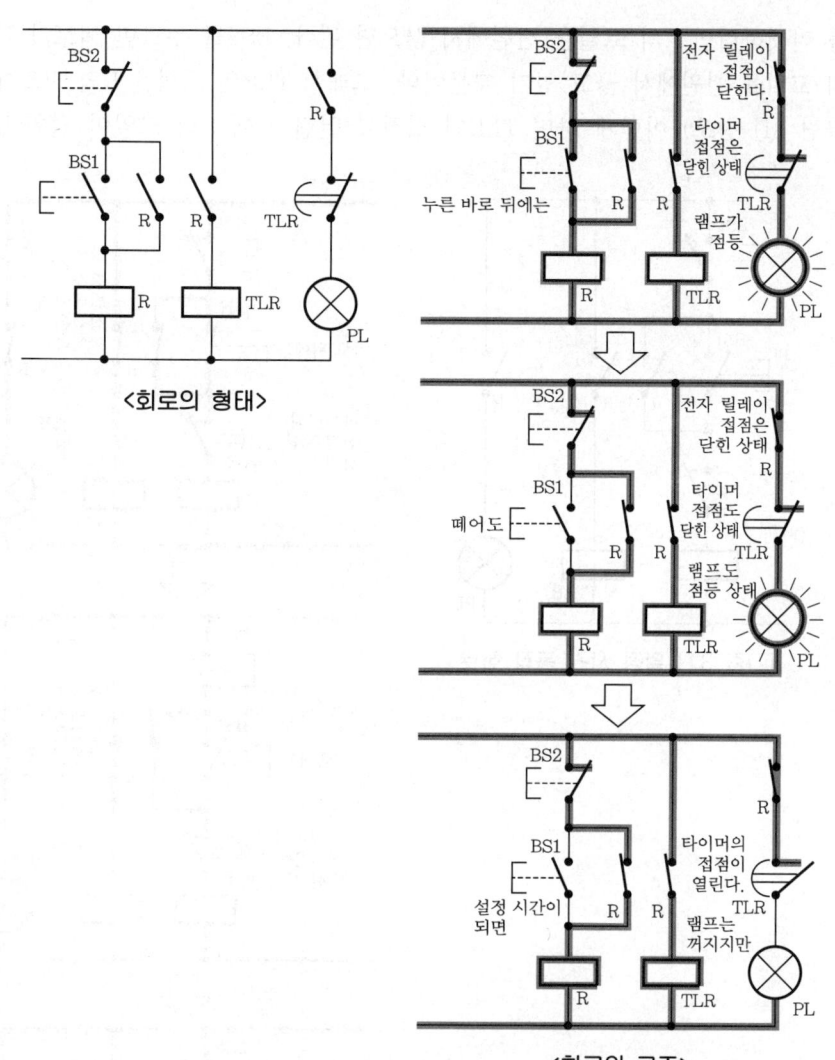

[그림 30] 타이머의 b 접점과 전자 릴레이의 a 접점을 직렬로 한 회로

4 일정 시간 동작 회로 완성

 이제 설명한 문제를 해결하기 위해서는 또 하나의 기능을 추가할 필요가 있다. 그것은 "PL이 소등하면 동시에 회로를 리셋해서 처음의 상태로 돌리는 것"이다. 회로가 리셋되면 코일에 전압이 걸린 채이거나, 소용없이 접점이 닫힌 상태로 되거나 하지 않는다. 처음의 상태로 돌아가면 BS1을 누르는 것만으로 PL을 다시 점등시키는 것도 가능하다. 이와 같은 회로로 하려면 어떻게 해야 될까? 여기서, 포인트는 PL이 꺼지면 동시에 회로를 리셋한다는 점이다.

회로를 리셋하려면 R의 코일을 전원에서 끊으면 된다. BS2를 누르면 회로가 리셋되지만, 이것은 R의 코일을 전원에서 끊고 있기 때문이다. 그래서 TLR의 접점을 R의 코일에 직렬로 연결한다.([그림 31] 참조) 이렇게 하면 TLR의 접점이 열린 때에 R의 코일이 전원에서 끊어진다.

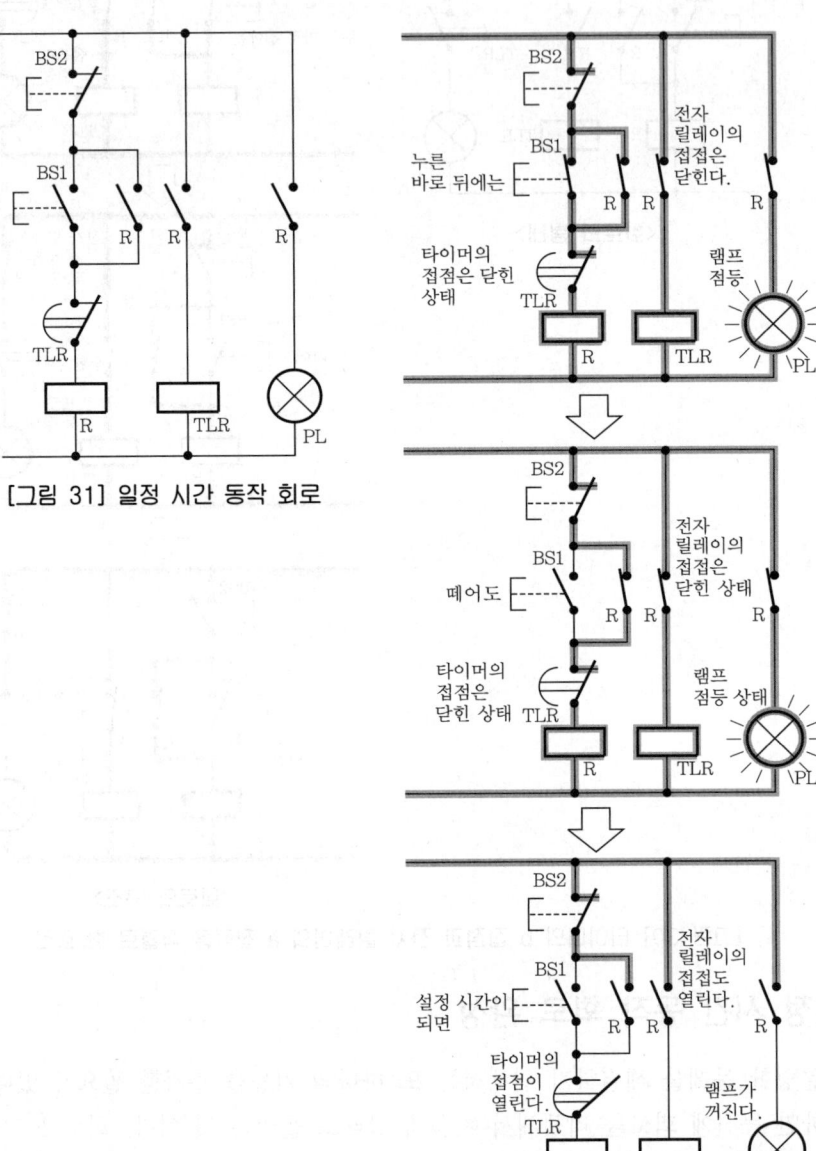

[그림 31] 일정 시간 동작 회로

[그림 32] 일정 시간 동작 회로의 구조

이것이 일정 시간 동작 회로이다. 덧붙여 TLR의 접점은 설정 시간이 경과하면 일단 열리지만, 이것과 동시에 회로가 리셋되므로 바로 원래의 닫힌 상태로 돌아간다.

5 일정 시간 동작 회로의 다른 형태

앞 장에서 지연 동작 회로의 형태에 대해서 몇 가지 소개했다. 이 장에서도 일정 시간 동작 회로의 다른 형태를 소개하기로 한다. 그 한 예가 [그림 33]의 회로이다. 지금 설명한 회로에는 R의 a 접점이 3개 포함되어 있었다. 같은 R의 접점이므로 코일에 전압이 걸리면 동시에 닫힌다. 이와 같은 경우 접점을 하나로 정리할 수 있는 경우가 있다. 이 회로에서는 그것들을 하나로 모아서 R의 코일과 TLR의 접점, TLR의 구동부, PL을 병렬로 연결한 형태로 되어 있다.

이 장에서는 타이머를 사용하는 회로로서 일정 시간 동작 회로를 예로 들었다. 다음은 좀 더 복잡한 타이머의 회로로서 반복 동작 회로에 대해서 생각해보자.

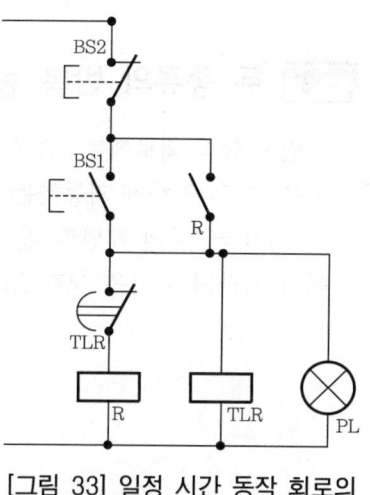

[그림 33] 일정 시간 동작 회로의 다른 형태

[08] '타이머'를 사용한 시퀀스 제어 회로 - 반복 동작 회로

1 반복 동작 회로의 개념

앞 장까지 타이머를 사용하는 시퀀스 제어 회로로서, '지연 동작 회로'와 '일정 시간 동작 회로'에 대해서 생각해보았다. 이들 회로는 타이머를 사용한 가장 기본적인 회로로, 실용적인 회로는 이들의 조합으로 성립된다.

이 장에서는 이 2개의 회로를 조합한 반복 동작 회로를 다룬다. 이것은 제어 대상인 기계나 설비가 운전, 정지를 자동적으로 반복하는 회로이다.

복잡한 회로가 되면, 최종적인 회로를 보는 정도로는 구조를 이해하는 것이 어려워진다. 그래서 이 장에서도 몇 개의 단계를 밟아서 살펴보기로 한다. 회로가 완성되기까지의 사고 방식을 이해하는 것이 중요하다.

2 지연 동작 회로와 일정 시간 동작 회로의 조합

반복 동작 회로의 운전 시간이나 정지 시간을 설정하는 데에 타이머를 사용한다. 결정된 시간만큼 정지하는 부분에는 지연 동작 회로가, 설정 시간만큼 운전하는 부분에는 일정 시간 동작 회로가 사용될 수 있을 것이다. 그리고 2개 회로의 조합 방식을 공부함으로써 '반복한다'라는 부분을 만들 수 있는 것이다.

3 두 종류의 반복 동작 회로

반복 동작 회로에는 2종류의 회로가 있다. 그것은 최초에 스위치를 누른 후, 결정된 시간 정지를 한 후 부하가 기동하는 것과 스위치를 누른 직후부터 운전을 시작한다. 즉, '정지 → 운전 → 정지 → …'의 패턴과 '운전 → 정지 → 운전 → …'의 패턴이 있다는 것이다. 이번에는 '정지'에서 시작되는 것을 생각해보자.

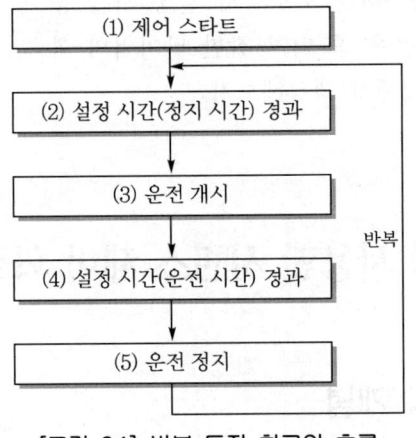

[그림 34] 반복 동작 회로의 흐름

4 지연 동작 회로의 변형부터 시작

확인을 위해 앞 장까지 보인 지연 동작 회로와 일정 시간 동작 회로를 실어 둔다. 이번에도 부하를 파일럿 램프(PL)로 한다. 타이머에 대해서는 정지해 있는 시간을 설정하는 것과, 동작하는 시간을 설정하는 것을 구별하기 위해 각각 TLR1(지연 동작 회로의 타이머), TLR2(일정 시간 동작 회로의 타이머)로 한다.

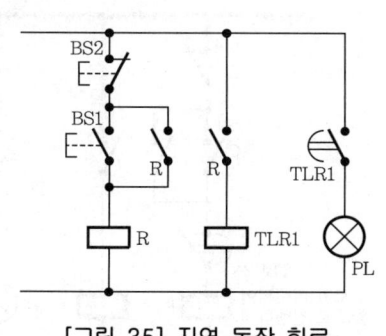
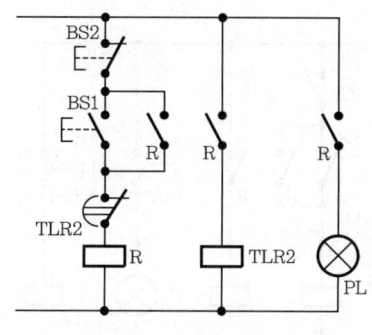

[그림 35] 지연 동작 회로   [그림 36] 일정 시간 동작 회로

 이번에 생각할 것은 '정지'의 상태에서 시작하는 회로이기 때문에, 지연 동작 회로를 기본 회로로 하고, 거기에 일정 동작 회로를 조합시킨다.
 지연 동작 회로만으로 (1) 제어 시작 → (2) 설정 시간 경과 → (3) 운전 개시(PL 점등)까지 진행한다.
 다음은 소정의 시간이 경과한 때 PL을 점등시키는 것이므로, 일정 시간 동작 회로의 구조를 도입한다. 일정 시간 동작 회로와 같이 PL과 TLR2의 구동부가 동시에 전압이 가해지도록 해 둔다.([그림 37] 회로 1) PL은 TLR1의 a 접점이 닫힘으로써 점등하므로 TLR2의 구동부에도 TLR1의 a 접점을 직렬로 연결한다.
 일정 시간 동작 회로에서는 TLR2의 b 접점을 사용해서 PL을 껐다. 반복 동작 회로에서도 그와 같이 b 접점을 사용한다면, 회로의 어느 부분에 넣으면 좋을까? 그 후보로서 A점, B점, C점을 생각해보자.
 일정 시간 동작 회로에서는 A점에 TLR2의 b 접점을 연결했기 때문에 먼저 여기에 연결하는 것을 생각한다.([그림 38] 회로 2) TLR2에서 설정한 시간이 경과해서 TLR2의 b 접점이 열리면 전자 릴레이 R의 코일이 전원에서 끊겨서 R의 a 접점이 열린다. TLR1의 구동부가 전원에서 끊기게 되므로 TLR1의 a 접점이 열려서 PL이 소등한다. 그러나 이것으로 회로 전체가 리셋되어 버려, 다음으로 계속되지는 않는다. 즉, '정지→운전→정지(초기 상태)'로 끝나버리는 것이다.
 접점을 C점에 연결해도 제어가 끝나 버린다.([그림 39] 회로 3) 이 경우에도 PL은 잘 꺼지지만, 그 이외의 부분은 아무것도 바뀌는 것이 없다. 이 역시 앞으로 진행하지 않는 회로로 되어 버린다.

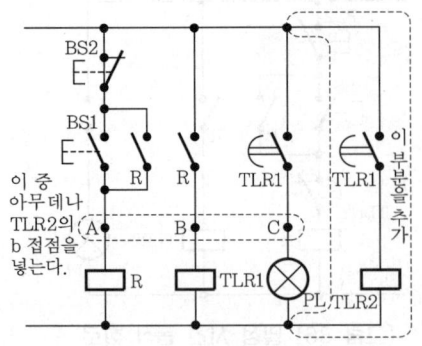

[그림 37] 지연 동작 회로의 변형 1(회로 1)

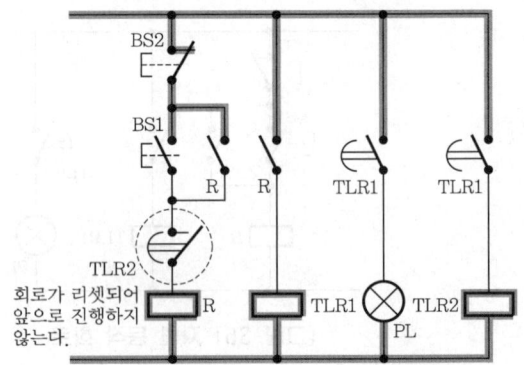

[그림 38] 지연 동작 회로의 변형 2(회로 2)

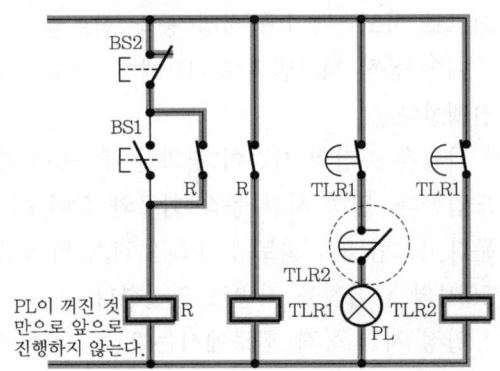

[그림 39] 지연 동작 회로의 변형 3(회로 3)

5 반복 동작 회로 완성

B점에 TLR2의 b접점을 연결하면 어떻게 될까?([그림 40] 회로 4) 일단 누름 버튼 스위치 BS1을 눌러서 제어를 진행시킨다.([그림 41] 스텝 1) TLR1의 설정 시간이 경과한 때 TLR1의 a 접점이 닫히고 PL이 점등하면 동시에 TLR2의 구동부에 전압이 가해진다.([그림 41] 스텝 2)

그 후 TLR2의 설정 시간이 경과하면 그 b 접점이 열려서 TLR1의 구동부가 전원에서 끊겨, TLR1의 a 접점이 열린다.([그림 41] 스텝 3) 이것에 의해 PL은 소등한다. 이때 TLR2의 구동부도 동시에 전원에서 끊기므로 TLR2의 b 접점이 닫히고 TLR1의 구동부에 전압이 가해진다.([그림 41] 스텝 4) 스텝 3의 동작은 매우 짧은 시간 사이에 진행되어, 바로 스텝 4로 옮겨지게 된다.

여기서, [그림 41] 스텝 4의 회로와 스텝 1이 같은 상태가 되어 있는 것을 알 수 있다. 원래의 상태로 돌아가 있는 것이다. 즉, 스텝 1에서 같은 동작을 반복하는 것이다.

6 시행 착오

지금 설명한 [그림 40] 회로 4의 동작은 완벽하다고 생각될 수도 있다. 그러나 실제로 조립해서 시험해보면, 잘 동작하지 않는다. BS1을 누른 후 TLR1의 설정 시간이 경과하고 PL이 점등하기까지는 좋지만, TLR2의 설정 시간이 경과해서 PL이 꺼질 때에 타이머의 접점이 '따라라락'하는 소리를 내며 온·오프를 반복한다. 그 후 PL이 꺼지는 일이 있고, 점등한 채로 있거나 불안정한 동작을 해버리는 것이다.

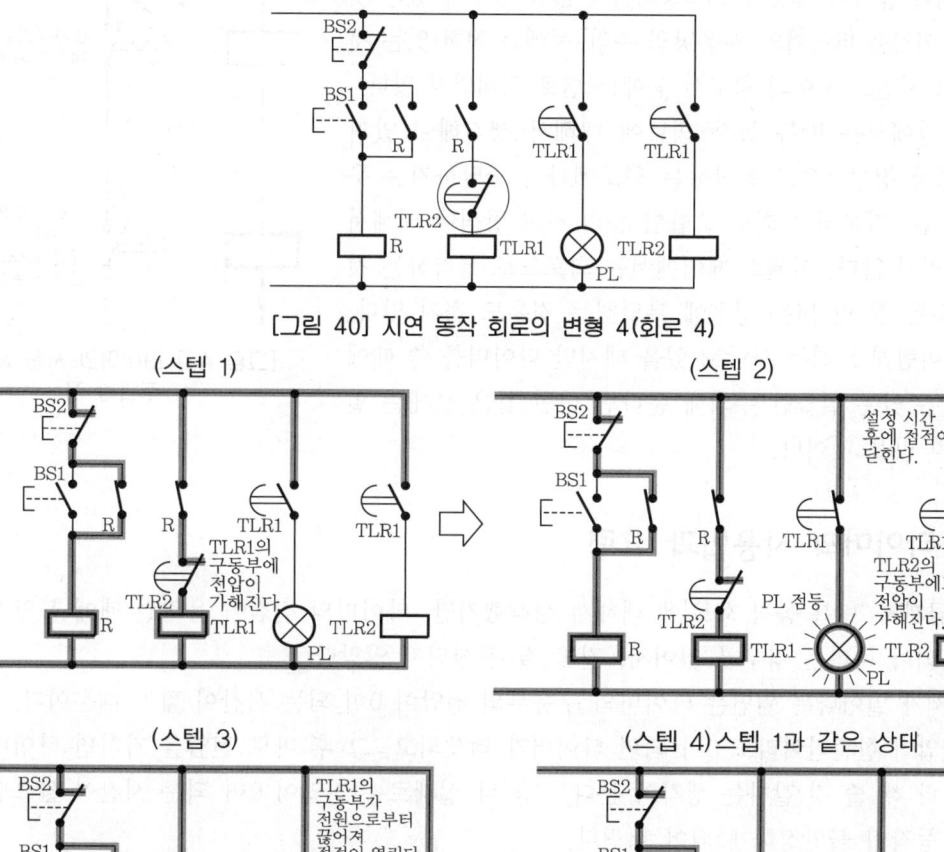

[그림 40] 지연 동작 회로의 변형 4(회로 4)

[그림 41] 회로 4의 구조

7 타이머 사용법의 주의점

[그림 40]의 회로 4가 잘 안 되는 것은 TLR1의 사용법이 나쁘기 때문이다. 이 회로에서는 제어를 진행시킨 후 거의 계속해서 TLR1의 구동부에 전압이 걸린 상태로 되어 있다. 전원에서 끊어진 것은 스텝 3의 매우 짧은 시간 동안뿐이다.

이와 같이 전압이 걸려 있지 않은 시간이 짧으면 그 후의 타이머의 동작이 정상적으로 행해지지 않을 경우가 있는 것이다. 이것은 타이머의 '사용상의 주의' 등에는 적혀 있는 것이지만 시퀀스 제어의 참고서 등에는 별로 적혀있지 않다.

이 장에서는 반복 동작 회로에 대해서 생각해 보았지만, 결국 정상적으로 동작하는 회로에까지 도달하지는 못했다. 단, 기본적인 회로 조합법 등의 사고 방식에 대해서는 틀리지 않다. 시퀀스 제어에서는 회로도로 생각하는 것만으로는 잘 안 되는 경우에 부딪히는 경우도 적지 않다. 조금 어렵게 느끼는 사람도 있을 테지만 타이머를 쓸 때에 있을 수 있는 일들만 주의해 둔다면 이번 같은 문제는 일어나지 않을 것이다.

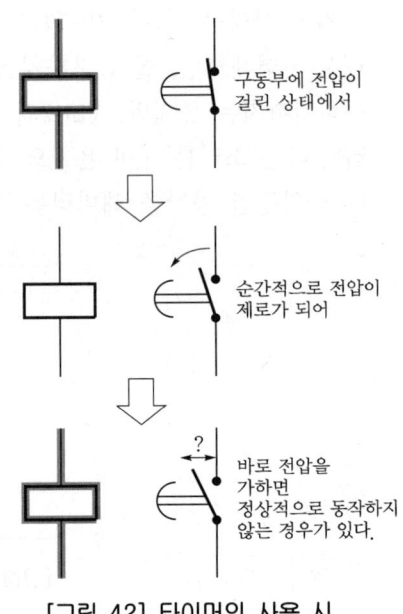

[그림 42] 타이머의 사용 시 주의할 점

8 타이머의 사용법과 요령

지금까지 '반복 동작 회로'에 대해서 생각했지만, 타이머의 접점이 움직일 때에 불안정한 상태가 되어 버리는 경우가 있어서, 결국 잘 진행되지 않았다.

문제가 일어나는 원인은 타이머의 구동부의 전압이 0이 되는 시간이 짧기 때문이다. 구동부의 전압이 한순간이라도 0이 되면 타이머가 리셋되고, 그 후 바로 전압을 가하면 타이머의 기능을 다 해 줄 것 같다는 생각이 든다. 그러나 실제로는 전압이 0이 되는 시간이 짧으면 타이머의 동작이 불안정하게 되어 버린다.

이것을 피하는 요령이 있다. 타이머의 접점이 동작하면 바로 구동부의 전압을 0으로 해주는 것이다. 즉, 구동부를 전원에서 자주 끊어주어서 전압이 한순간만 0이 되는 상황을 만들지 않도록 하는 것이다. 이것을 지키면 앞서 설명한 문제는 일어나지 않는다.

9 타이머의 접점 동작 후 구동부를 끊는 지연 동작 회로

구체적으로 어떻게 하면 좋을까 생각해보자. 앞서 설명한 것처럼 반복 동작 회로는 지연 동작 회로를 기본 회로로 하고, 그것에 일정 시간 동작 회로를 조합시키는 것으로 만들 수 있다.

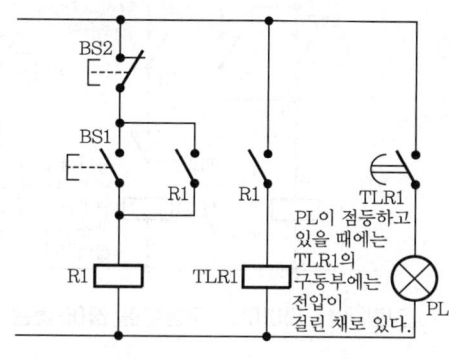

[그림 43] 지연 동작 회로

그리고 먼저 타이머의 접점이 동작한 후에 타이머의 구동부를 전원에서 끊는 지연 동작 회로를 살펴보자. 앞서 설명한 지연 동작 회로 [그림 43]은 부하인 파일럿 램프 PL이 점등한 후에는 타이머 TLR1의 구동부에 전압이 걸린 채로 있는 것이었다.

그런데 TLR1의 구동부가 끊기면 그 a 접점이 원래의 열린 상태로 리셋된다. 그 때문에 점등해 있지 않으면 안 되는 PL도 동시에 꺼져 버린다. TLR1의 a 접점이 열려도 PL을 계속 점등시키는 방법에 대해서는 뒤에 설명하기로 하고, 여기서는 먼저 타이머의 구동부를 끊는 것부터 생각하자.

TLR1의 구동부를 전원에서 끊으려면 구동부에 직렬로 b 접점을 연결하고, 그것을 열면 된다. 여기서, TLR1의 구동부에 같은 TLR1의 b 접점을 연결하면 어떨까? TLR1의 a 접점이 닫힘과 동시에 b 접점이 열리는 것이기 때문에 목적을 이루는 것이 가능할 수도 있다.

TLR1의 b 접점을 사용하는 것이 아닌, 다른 전자 릴레이 R2를 사용해서 간접적으로 TLR1의 구동부를 전원에서 끊는다는 방법도 있다. 이 경우, PL과 R2의 코일을 병렬로 연결해서 파일럿 램프 PL이 점등함과 동시에 R2의 코일에도 전압이 걸리도록 한다.([그림 44, 45] 참조)

10 자기 유지 회로로 램프 점등

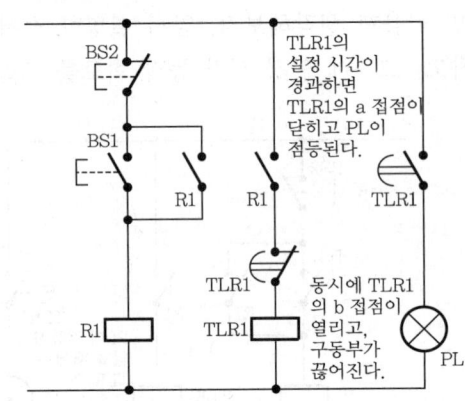

[그림 44] 타이머의 구동부를 끊어 놓은 회로 1

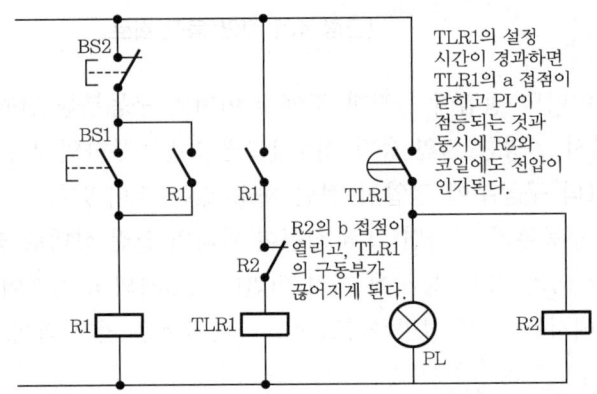

[그림 45] 타이머의 구동부를 끊어 놓은 회로 2

지금 설명한 두 회로 모두 TLR1의 구동부를 전원에서 끊은 직후에 b 접점이 닫힌 상태로 돌아와 버리기 때문에 바로 구동부가 전원에 연결되어 버린다.

다음으로 구동부를 끊은 채로 하는 방법에 대해서 생각해보자. 그러면 바로 TLR1의 b 접점을 사용하는 방법으로는 무리라는 것을 알 수 있다. TLR1의 b 접점을 사용하면 TLR1의 구동부가 끊어진 때에 b 접점이 닫혀버리기 때문이다.

R2의 b 접점을 사용하는 방법은 어떨까? 실은 이쪽이라면 좋은 방법이 있다. 문제는 TLR1의 구동부가 전원에서 끊어지면 그와 동시에 TLR1의 a 접점이 열리고 R2의 코일에 전압이 걸리지 않게 되어 버리는 것이다. 즉, TLR1의 a 접점이 열려도 R2의 코일에는 전압이 가해진 상태가 되는 것이다.

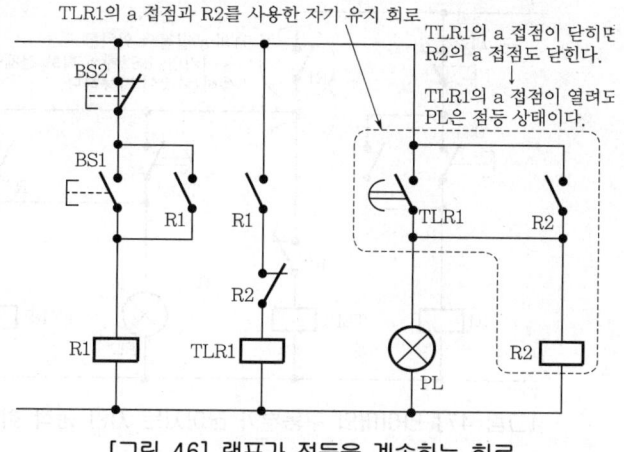

[그림 46] 램프가 점등을 계속하는 회로

그러려면 R2의 a 접점을 TLR1의 a 접점에 병렬로 연결한다. 이렇게 함으로써 TLR1이 닫힌 순간에 R2의 a 접점이 닫히므로 그 후 바로 TLR1이 열린 상태로 돌아와도 R2의 a 접점을 통해서 R2의 코일에 전압이 계속 가해져, TLR1의 구동부를 끊은 상태인 채가 된다.

R2의 a 접점이 닫힘과 동시에 b 접점이 열림으로써 TLR1의 구동부가 끊어져서 결국 잘 안되는 것처럼 보일 수도 있다. 그러나 TLR1의 구동부에 걸린 전압이 0이 되므로 TLR1의 a 접점이 열린 상태로 돌아오기까지는 아주 조금이지만 시간이 걸린다. 그 사이에 R2의 a 접점이 닫히기 때문에 문제가 없는 것이다. 이것은 중요한 것이므로 자세한 것은 다음 장 이후에 설명하기로 한다.

그런데 R2의 코일은 같은 R2의 a 접점을 통해서 전원과 연결되어 있으므로 이 부분은 자기 유지 회로로 되어 있다. 지금까지의 자기 유지 회로의 누름 버튼 스위치 BS1이 TLR1의 a 접점으로 전환되고 있었다고 생각하면 된다.

R2의 코일과 PL은 병렬로 연결되어 있기 때문에, R2의 코일에 전압이 인가되어 계속된다는 것은 PL이 점등을 계속하는 것을 의미한다.

이것으로 지연 동작 회로가 완성된 것처럼 보이지만, 하나 더 수정이 필요하다. 이 회로에는 일단 PL을 점등시키면 그것을 끄는 것이 불가능하다. 이것을 피하기 위해서는 R1의 a 접점을 다음 [그림 47]과 같이 이동시킨다. 이렇게 하면, BS2를 누름으로써 R1의 코일이 전원에서 끊어져, R1의 a 접점이 열려서 회로 전체가 리셋된다. 즉, PL을 소등할 수 있다.

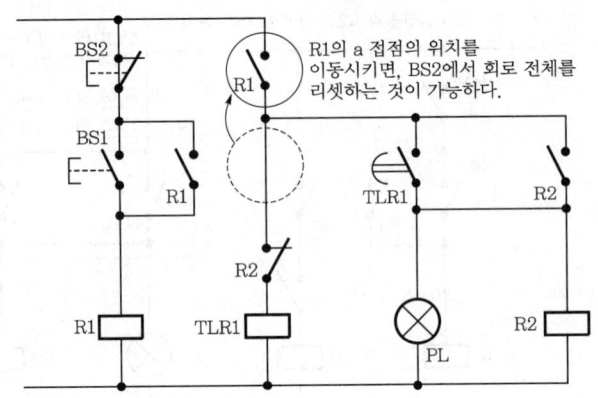

[그림 47] 타이머의 구동부가 끊어지는 지연 동작 회로

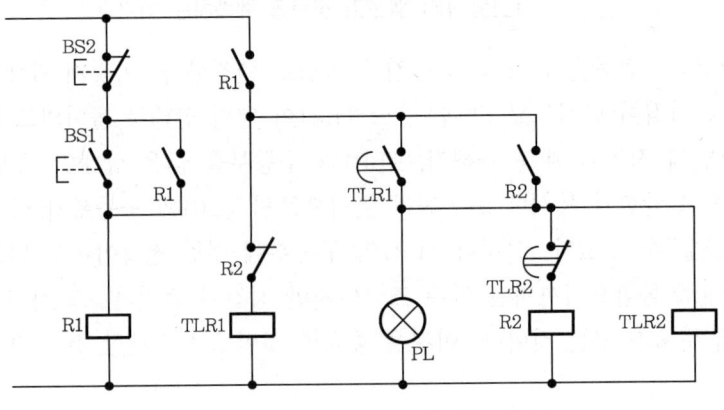

[그림 48] 반복 동작 회로

11 반복 동작 회로 완성

지금 설명한 지연 동작 회로에 일정 시간 동작 회로의 구조를 추가한다. 우선 또 하나의 타이머 TLR2의 구동부를 PL과 R2로 병렬 연결한다. 이렇게 하면 PL이 점등한 후 TLR2로 설정한 시간이 경과한 때 TLR2의 접점이 동작한다. TLR2의 b 접점을 써서 PL을 소등시키는 것이지만, 반복 동작을 시키려면 R2의 코일에 직렬로 TLR2의 b 접점을 연결할 필요가 있다. TLR2의 b 접점이 열리면 R2의 코일이 전원에서 끊겨서 a 접점이 열리고 b 접점은 닫힌다. 이로써, PL이 소등함과 동시에 TLR1의 구동부가 다시 전원과 연결되어 동작이 반복된다.([그림 49] 참조)

타이머를 사용할 때의 요령은 타이머의 접점이 동작하면 바로 구동부를 전원에서 연결을 끊는 것이다. 그리고 타이머의 구동부에 전압이 걸린 채로 있는 것은 타이머의 수명을 단축시킬 가능성이 있어 좋지 않다.

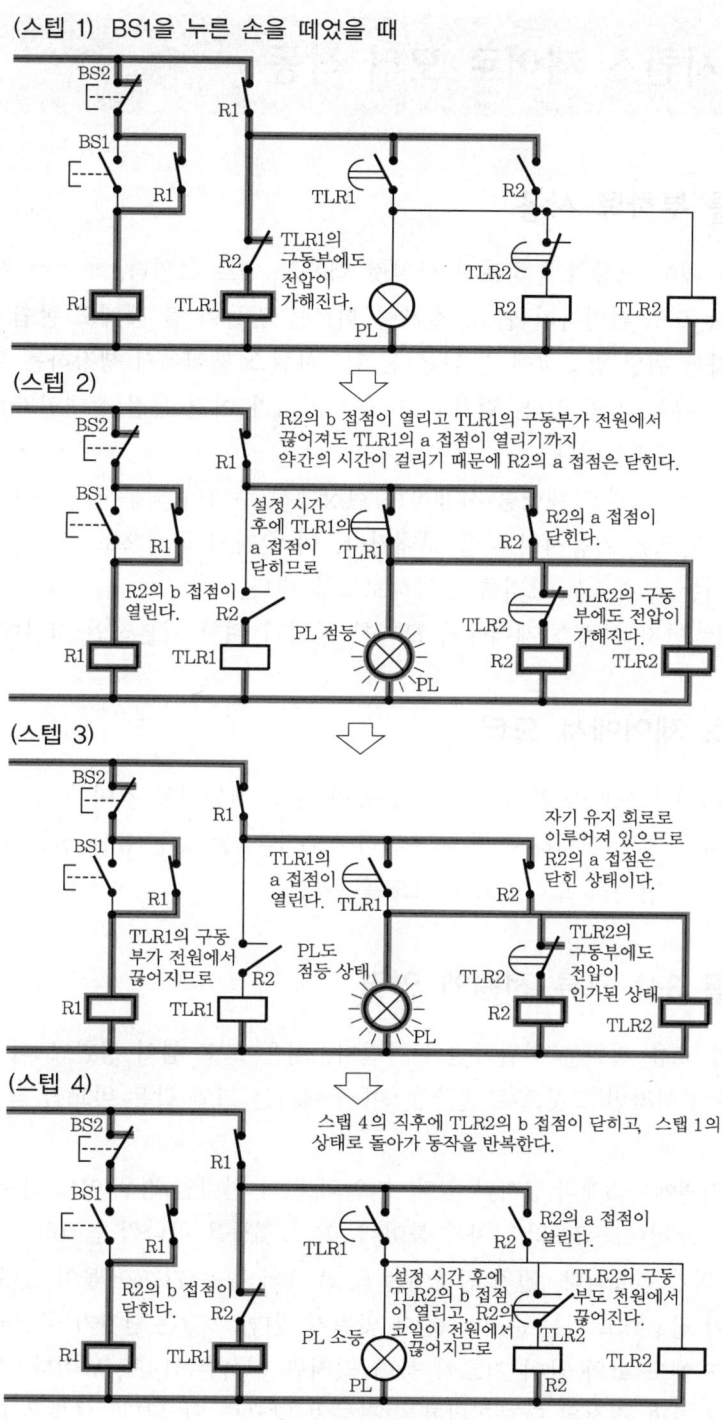

[그림 49] 반복 동작 회로의 구조

[09] 시퀀스 제어로 모터 작동

1 모터를 부하로 사용

지금까지는 제어 대상의 부하로서 파일럿 램프를 예로 들었다. 파일럿 램프는 빛나거나 꺼지거나 해서 눈으로 확인하기 쉽고, 실제로 회로를 만들어 볼 때에도 손쉽게 다룰 수 있는 것이어서 초보자를 위한 참고서에 잘 나온다. 단, 시퀀스 제어에서 생각하는 부하로서 파일럿 램프만을 쓰는 경우는 거의 없다. 램프는 기계나 설비가 어떤 운전 상태인가를 표시하는 목적으로 쓰는 경우가 대부분이다.

공장 등 실제로 시퀀스 제어를 사용하는 현장에서 주역이 되는 것은 모터일 것이다. 물건을 이동시키거나 펌프를 가동시켜 물을 보내거나, 여러 가지 목적으로 모터가 사용되고 있다. 그래서 지금부터는 부하로서 모터를 생각해보도록 한다.

이 장에서는 먼저 시퀀스 제어에서 모터를 돌리기 위한 기본적인 사항에 대해서 설명한다.

2 시퀀스 제어에서 모터

시퀀스 제어에서 모터라 하면 바로 3상 농형 유도 전동기일 것이다. 튼튼하고 고장이 적고, 다루기 쉬우며 가격도 저렴해서 잘 사용된다. '모터=3상 농형 유도 전동기'라 해도 좋을 정도이므로 여기서는 단순히 모터라고 부르도록 한다.

3 모터를 3상 교류 전원에 연결

모터는 3상 교류 전원을 연결하면 돌아간다. 실은 크고 힘이 강한 모터의 경우는 간단하지 않지만, 작은 것이라면 그것으로 괜찮다. 이 장에서는 그와 같은 비교적 작은 모터를 생각하도록 한다.

3상 교류 전원에는 3개의 단자가 있다. 저압의 전기 설비인 경우 어느 단자 사이에서도 200 V로 되고 있다. 모터에도 3개의 단자가 붙어 있고, 그것들을 하나씩 연결하는 것이지만 연결할 때의 조합에 주의가 필요하다. 전원 단자에는 R, S, T와 같은 기호가 붙여 있다. 이 경우 알파벳의 순서가 위상이 진행하고 있는 순서(상순)에 맞춰져 있다. 어쨌든 단자가 구별되고 있다는 것이다.

모터의 단자에도 그와 같이 기호가 붙어 있지만 이쪽은 U, V, W이다. 모터를 결정된 방향으로 회전시키려면 결정된 단자끼리를 연결하지 않으면 안 된다. 보통은 R과 U, S와 V, T와

W처럼 알파벳의 순서대로 합친다. 이것을 잘못하면 모터가 역회전 해버리는 경우가 있으므로 주의해야 한다.

또한, 직류의 부하라면 (+)와 (−)를 실수 없이 전원에 연결하지 않으면 안 되고, 단상 교류면 접지되어 있는 선과 접지되어 있지 않은 선을 구별해야 하는 경우도 있다.

모터를 전원에 연결하면 돌아가고, 끊으면 멈추는 것이므로 램프를 밝히거나 끄거나 하는 것과 같이 생각할 수 있다. 즉, 지금까지 공부해 온 시퀀스 제어 회로의 사고 방식을 그대로 쓸 수 있는 것이다.

단, 모터의 경우는 회전 방향을 역으로 하거나, 돌기 시작할 때에 전류가 너무 많이 흐르지 않도록 하거나, 그저 '회전', '정지'만이 아닌 '돌리는 방법'에까지 집착하는 경우가 있다. 그것이 지금까지 생각해 온 램프의 제어와 다른 점이다. 거기까지 생각하려면 그 나름의 지식이 필요하지만, 먼저 그런 제어는 놓아 두고 '회전'과 '정지'의 제어를 생각하도록 한다.

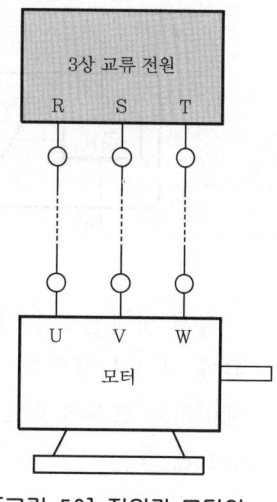

[그림 50] 전원과 모터의 연결법

4 전자 접촉기를 사용한 온·오프

전원과 모터를 연결하거나 끊거나 하는 데에 쓰는 것이 전자 접촉기(MC)이다.

전자 접촉기의 구조는 전자 릴레이와 같다. 내부의 코일에 전압을 가하면 주접점이라 부르는 접점이 동작한다. 주접점이 a 접점이면 닫히고 b 접점이면 열린다. 전압을 제로로 하면 원래의 상태로 자동적으로 복귀하는 점도 같다.

전자 개폐기의 주된 역할은 모터를 시동하거나, 정지하거나 하는 것이다. 3상 교류 전원과 모터를 연결하거나 끊거나 하므로 주접점이 3개인 전자 접촉기가 일반적이다.

전자 접촉기에는 주접점 외에 보조 접점이라 부르는 접점도 내장되어 있고, 주접점이 동작하는 것과 동시에 닫히거나 열리거나 한

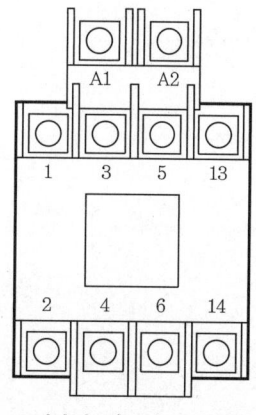

※그림의 기호와 숫자는 단자 표시

[그림 51] 전자 접촉기

다. 이 접점은 시퀀스 제어 회로를 만들 때에 쓰이지만, 자세한 것은 다음 장 이후에 설명한다.

전원과 모터 사이에 전자 접촉기를 접속하면, 전자 접촉기의 코일에 전압을 가하거나 0으로 하거나 해서, 간접적으로 모터를 운전하거나 정지할 수 있다.

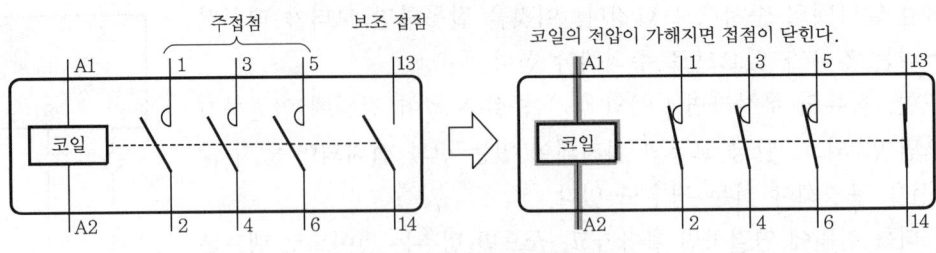

[그림 52] 전자 접촉기의 구조

앞서 설명했듯이 전자 접촉기는 모터의 시동·정지용의 스위치이므로 높은 전압이나 큰 전류에 견디지 않으면 안 된다. 그것이 전자 릴레이와의 큰 차이이다. 전자 접촉기를 쓸 때에는 제어하는 모터에 흐르는 전류의 크기를 미리 조사해 두고, 그에 맞는 것을 선택하는 것이 매우 중요해진다.

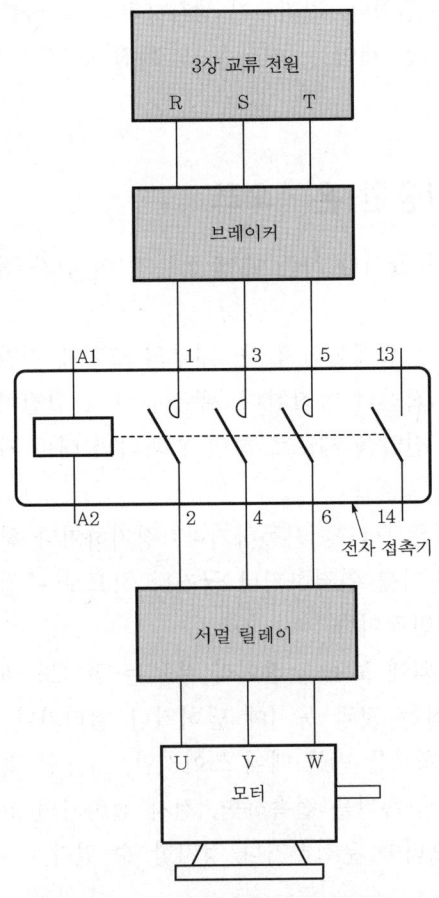

[그림 53] 전자 접촉기의 연결법

5 과전류로부터 모터 보호

 어떤 전기 기기라도 전원과의 사이의 어딘가에 반드시 브레이커가 들어 있다. 이것은 전기가 너무 많이 사용되거나 사고가 일어난 때에 흐르는 큰 전류(과전류)에서 기기나 전선 등을 보호하기 위한 것이다.
 모터를 사용할 때에는 그것과는 별도로 과전류에서 모터를 보호하기 위한 장치를 설치한다. 그 장치로서 잘 이용되는 것이 서멀 릴레이다.
 서멀 릴레이의 구조나 사용법에 대해서는 다음 장에 자세히 설명하지만, 전자 접촉기와 조합해서 이용되며, 설정한 전류보다도 큰 전류가 흐르면 전자 접촉기가 오프되도록 회로를 만든다. 전자 접촉기와 서멀 릴레이를 조합한 것을 전자 개폐기라 부른다.
 이 장에서는 모터를 제어하기 위한 기본적인 것에 대해서 설명했다. 다음 장에서는 모터를 위한 기본적인 시퀀스 제어 회로에 대해서 살펴보기로 한다.

[10] 시퀀스 제어로 모터 시동, 정지

1 모터의 시동, 정지

 앞 장에서 시퀀스 제어에서 모터를 돌리기 위한 기본적인 사항에 대해서 설명했다. 여기서는 구체적인 제어 회로를 예로 든다. 먼저, '시동 버튼을 누르면 모터가 움직이기 시작하고, 정지 버튼을 누르면 멈춘다.'는 가장 심플한 회로부터 생각해보자. 모터로는 시퀀스 제어에서 잘 사용되는 3상 교류 모터를 예로 든다.

2 자기 유지 회로의 기본

 시퀀스 제어에서 부하를 기동시키거나 정지시키거나 하는 것은, 어쨌든 자기 유지 회로였다. 지금까지는 부하로서 파일럿 램프(PL)를 사용했지만 PL 대신에 모터(M)를 연결하면 어떻게 될지 생각해보자.

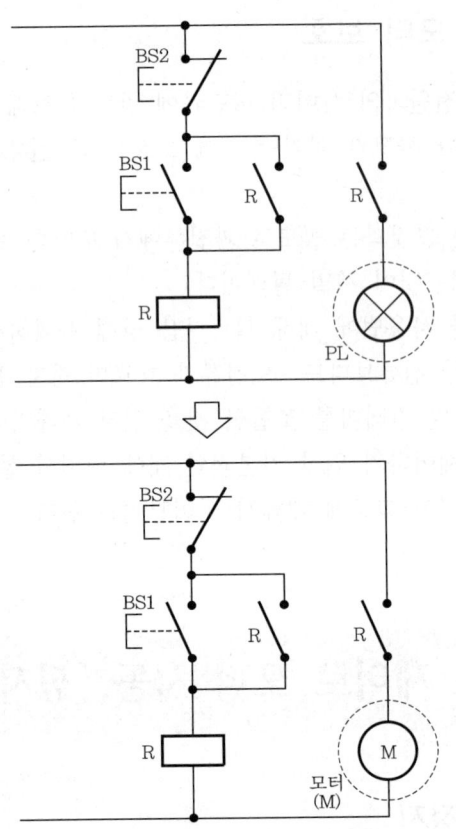

[그림 54] 자기 유지 회로의 파일럿 램프를 모터로 교체한 경우의 부하가 파일럿 램프인 유지 회로

이번에 사용할 것은 3상 교류 모터이므로 이것으로는 모터를 전원에 연결한다고 해도 작동되지 않는다. 작은 단상 교류용 모터(제어 회로의 전원이 교류일 때)라면 작동될지도 모르지만, 보통은 모터를 온·오프하려면 큰 전류에 견디는 전자 접촉기(MC)를 사용하지 않으면 안 되므로 역시 이 회로는 현실적이라고는 말할 수 없다.

모터를 온·오프하는 데에 MC를 사용한다고 하면 그것을 움직이게 하기 위한 코일을 전원에 연결하거나 끊거나 하면 된다. 즉, PL의 부분에 모터 그 자체를 연결하는 것이 아닌, MC의 코일을 연결하는 것이다. 이렇게 하면 누름 버튼 스위치(BS1)를 누르면 MC의 코일에 전압이 가해지고, MC의 주접점이 닫히고 모터가 돈다. 누름 버튼 스위치(BS2)를 누르면 MC의 코일이 전원에서 끊어지고, MC의 주접점이 열려서 모터가 멈춘다. 이것으로 목적한 결과가 나왔다고 볼 수 있다.

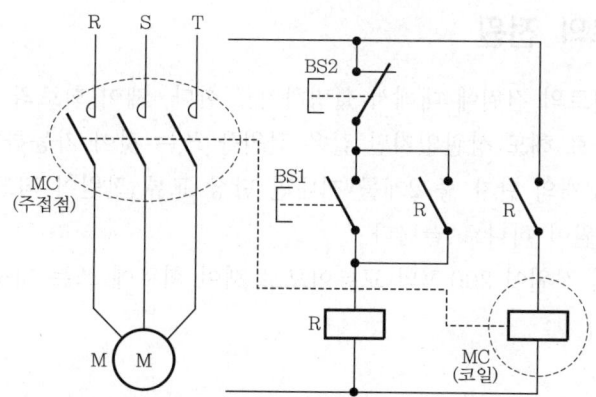

[그림 55] 전자 접촉기로 모터를 ON·OFF하는 회로

3 전자 접촉기의 보조 접점 사용

앞 장에서 MC에는 주접점 외에 보조 접점이 내장되어 있고, 코일에 전압을 가하면 주접점과 동시에 움직인다는 것을 설명했다.

보조 접점이 a 접점이면 지금 설명한 자기 유지 회로의 전자 릴레이(R) 대신에 그 보조 접점을 사용할 수 있다.([그림 56] 참조) BS1을 누르고, 직접 MC의 코일에 전압을 가한다. MC의 주접점이 닫히고 모터가 돌기 시작함과 동시에 MC의 보조 접점도 닫히므로 BS1에서 손을 떼어도 MC의 코일에는 전압이 가해진 채로 있게 되어서 모터가 계속 돈다.

이렇게 하면 R을 사용하지 않아도 되며 제어 회로도 심플해진다. MC는 이렇게 사용하는 경우가 많아서 적어도 하나의 a 접점을 보조 접점으로 내장하고 있는 것이 대부분이다.

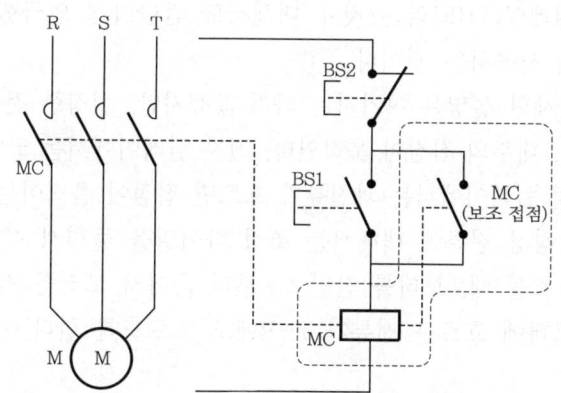

[그림 56] 전자 접촉기의 보조 접점을 사용한 회로

4 제어 회로의 전원

여기서, 제어 회로의 전원에 대해서 설명하기로 한다. 제어 회로의 전원과 모터용의 전원(주회로의 전원)을 따로 해도 상관없지만 같은 전원을 쓰는 것이 가능하다면 편리하다. 모터용의 3상 교류 전원의 3개의 단자 중 2개를 꺼내면 단상 교류 전원이 되므로, 그것을 제어 회로의 전원으로 하면 전원이 하나로 끝난다.

단, 제어 회로의 전원이 200 V의 교류이므로 제어 회로에 쓰는 기구도 그에 맞는 것으로 하지 않으면 안 된다.

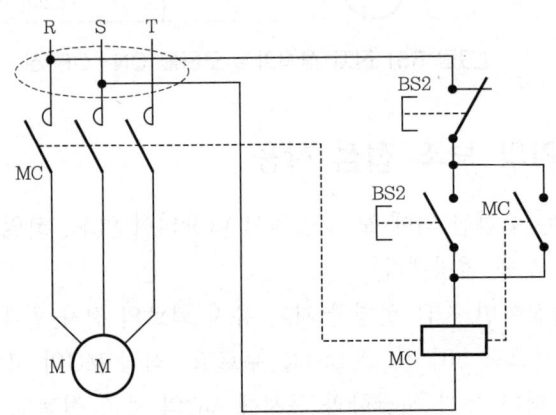

[그림 57] 제어 회로의 전원의 취급법

5 서멀 릴레이의 사용법

앞장에서 서멀 릴레이(THR)라는 것에 대해서도 간단하게 언급했다. THR은 과전류이므로 모터를 지키기 위해 사용하는 것이다.

THR의 구조의 자세한 설명은 여기서는 하지 않겠지만, 설정한 전류(정정 전류)를 넘는 과전류가 THR에 흐르면, 내부의 접점이 움직인다. 전자 릴레이에서는 코일에 전압이 인가하면 접점이 움직이지만, 서멀 릴레이에서는 과전류가 흐르면 접점이 움직이는 것이다. 접점에는 a 접점과 b 접점이 있다. 정정 전류에 대해서는 조정 다이얼을 돌려서 설정한다.

모터에 과전류가 흐를 때, 모터를 전원으로부터 끊어서 모터를 지킨다. 모터와 전원 사이에 THR을 접속해서 모터에 흐르는 전류가 THR에도 흐르도록 한다.([그림 59] 참조)

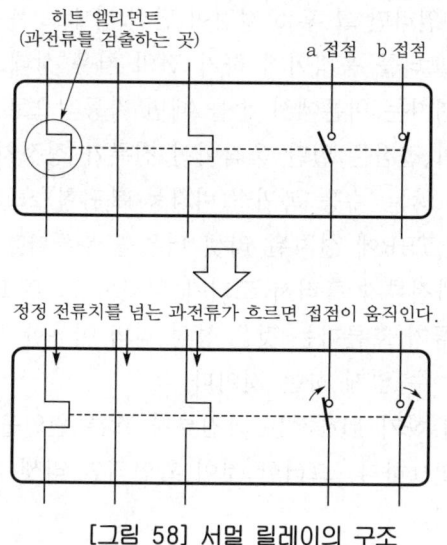

[그림 58] 서멀 릴레이의 구조

이렇게 하면 모터에 과전류가 흐를 때에 THR의 접점이 움직이게 된다. 이때 THR의 b 접점을 MC의 코일과 직렬로 연결해두면, MC의 코일에 걸려 있던 전압이 0이 되어 MC의 주접점이 열리고 모터가 전원으로부터 끊기게 된다. 즉, 모터에 과전류가 흐르면 자동적으로 모터가 멈추는 회로가 되는 것이다.

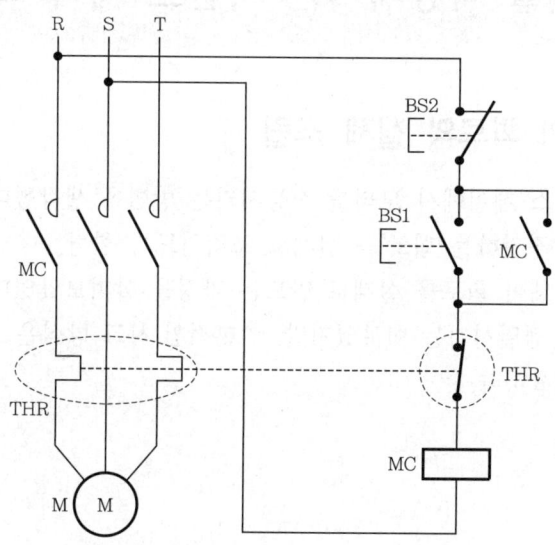

[그림 59] 서멀 릴레이를 조립한 제어 회로

THR의 b 접점이 일단 열리면 그 후 b 접점이 닫힌 상태로 복귀해도 모터는 움직이지 않는다. BS2를 누른 것과 같이 모터를 움직이게 하기 전의 처음 상태로 돌아가는 것이다.

그런데 누름 버튼 스위치는 버튼에서 손을 떼면 자동적으로 원래로 돌아오는 '자동 복귀형'의 접점이었지만, THR의 접점은 일단 움직이면 전류가 정정치 이하가 되어도 자동적으로 원래의 상태로는 돌아오지 않는 '수동 복귀형(비자동 복귀형)'으로 되어 있는 것이 보통이다. 원래의 상태로 돌아가려면 THR에 설치된 리셋 버튼을 누른다.

이렇게 하지 않으면 과전류가 흘러서 모터가 멈춰도 그 후 BS1을 누르면 바로 모터가 움직이려고 하게 된다. 과전류가 흐른다는 것은 상정 외의 이상한 상태가 될 가능성이 있다는 것이므로 간단하게 재시동할 수 없게 하는 것이다.

다시 모터를 움직이게 하기 위해서는 과전류가 흐른 원인을 조사해서 더 과전류가 흐르지 않는지 확인하는 것이 필요하다. 그러한 것이 확인되면 리셋 버튼을 누르고 모터를 움직이게 하는 상태가 되도록 한다.

이것으로 모터를 시동, 정지하는 회로가 완성되었다. 이것이 모터를 제어하기 위한 최저한의 회로가 된다.

다음 장에서는 이 장에서 설명한 제어 회로를 실제로 만들어 보도록 한다.

11 모터를 작동시키는 시퀀스 제어 회로 조립

1 시퀀스 제어 회로의 실제 조립

앞 장까지는 시퀀스 제어에서 모터를 작동시키는 방법을 생각했다. 이 장에서는 앞에서 설명한 '모터를 시동, 정지하는 회로'를 실제로 조립하도록 한다.

앞에서도 시퀀스 제어 회로를 실제로 만드는 과정을 살펴보았었다. 그때는 자기 유지 회로에서 파일럿 램프를 점멸시키는 회로였지만, 기본적인 사고 방식은 같다. 단, 사용하는 기구가 다르므로 주의가 필요하다.

2 시퀀스 제어 회로에 사용하는 기구, 재료

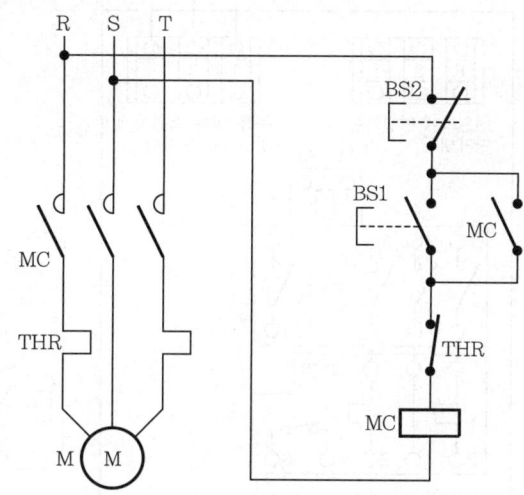

[그림 60] 모터를 시동·정지하는 시퀀스 제어 회로

[그림 60]은 앞 장에서 설명한 시퀀스 제어 회로의 회로도이다. 이 회로에 사용되고 있는 기구는 누름 버튼 스위치(BS1, BS2), 전자 접촉기(MC), 서멀 릴레이(THR)이다.

이번 누름 버튼 스위치에 대해서는 온용(BS1)과 오프용(BS2)이 하나의 박스에 들어간 것을 쓴다. MC와 THR에 대해서는 조합해서 전자 개폐기(MS)로서 사용한다.

3 조립하는 회로의 기구 배치

다음 [그림 61]이 이번에 조립하는 회로의 기구 배치이다. 제어반 대신에 한 장의 판(제어반용 판)을 써서, MS를 그 중앙에 설치한다. 그림의 MS는 설명이 쉽도록 단자의 위치 등 조금 형태를 바꿔서 그렸지만 크게 상관은 없다.

이전에 설명했지만, 전원으로부터의 전선이나 모터에 연결되는 전선 등, 제어반에서 출입하는 전선의 접속에는 단자대를 사용하면 편리하다.

전원측에 연결되는 단자대는 왼쪽 위에, 모터에 연결되는 단자대는 왼쪽 아래에 설치하도록 한다. 어느 쪽도 3상 교류의 주회로이기 때문에 3P의 단자대를 쓰고, 각 단자에는 'R, S, T', 'U, V, W'라고 써 놓는다.

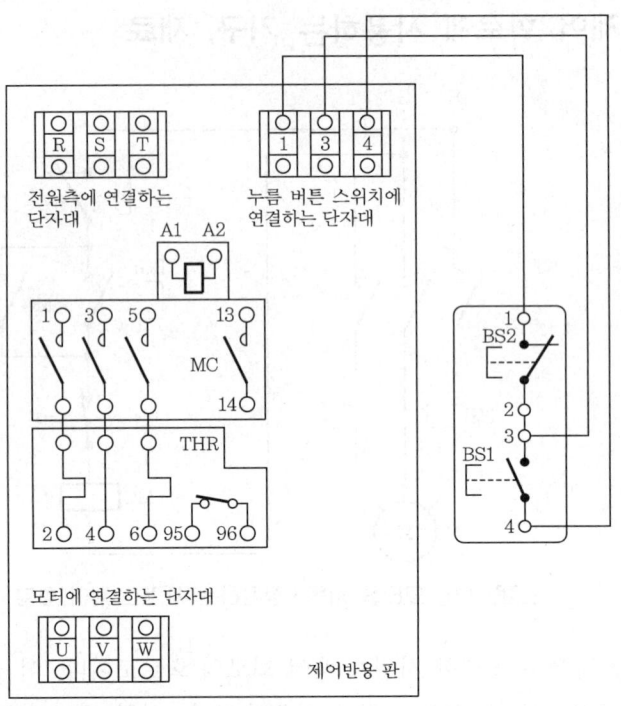

[그림 61] 이번에 조립하는 회로의 기구 배치

　누름 버튼 스위치도 단자대를 써서 접속한다. 온·오프용의 누름 버튼 스위치에도 3개의 전선이 연결되므로 단자대는 3P가 된다. BS2의 1번, BS1의 3번, 4번의 단자에 전선을 연결하는 것이 되므로(2번은 가운데에서 3번과 연결되어 있다.), 단자대에는 '1, 3, 4'로 적어둔다.

4 단자 번호에 의존해서 연결

　먼저 각 기구의 단자가 어느 단자와 연결되는가를 회로도로 확인한다. 확인했다면 다음은 단자 번호에 의존해서 실수 없이 연결하는 것뿐이다.

　이번에는 다음 [그림 62]와 같은 회로에 사용되고 있는 접점이나 코일을 펼쳐서, 각각의 단자에 붙여진 번호를 알 수 있도록 나열한 그림과 기구 배치의 그림을 사용해서 설명한다.

　먼저 주회로의 전선(전원측으로부터의 3개의 전선과 모터에의 3개의 전선)을 MS에 연결한다.([그림 63] 연결 순서 1) 전원이나 모터에 직접 연결하는 것이 아니고, 먼저 단자대까지 배선을 한다. 전원측의 단자대의 'R, S, T'의 단자를 각각 MS의 1번, 3번, 5번의 단자에 연결한다. 여기서, 전선도 색을 바꿔서 구별하면 실수가 없다.

이번에는 'R, S, T'에 연결하는 전선의 색을 '적, 백, 청'으로 한다.(전선의 종류는 IV 1.6 mm) 모터에 연결되는 쪽도 그와 같이 연결한다.

흩어져 있는 접점이나 코일 등을 회로도처럼 연결한다.

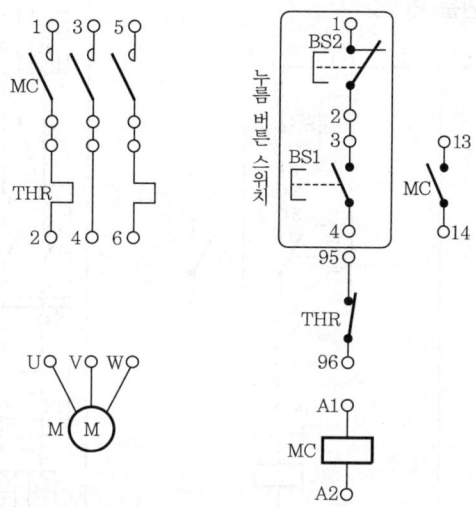

[그림 62] 접점이나 코일 등을 여기 저기 나열한 그림

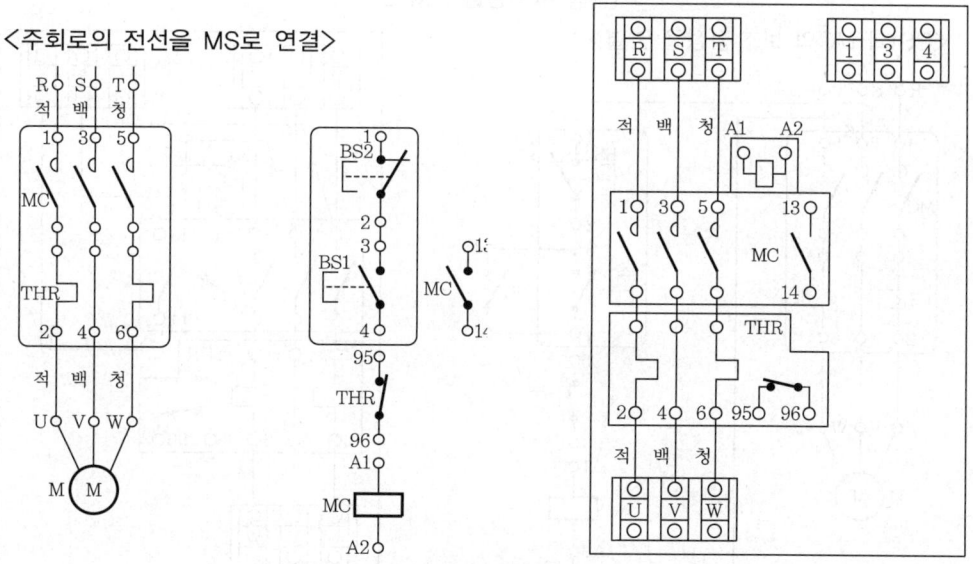

[그림 63] 연결 순서 1

다음으로 제어 회로에 전원의 선을 연결한다.([그림 64] 연결 순서 2) 이 장에서는 3상 교류 전원의 'R'과 'S'를 제어 회로의 전원으로 한다. 그림에서는 MS의 1번과 3번의 단자에 BS2의 1번과 MC의 코일의 A2를 연결하고 있지만, 전원측에 연결되는 단자대의 'R'과 'S'의 단자에 연결해도 같은 것이다. 제어 회로의 전선에는 황색의 IV 1.25 mm²를 사용한다.

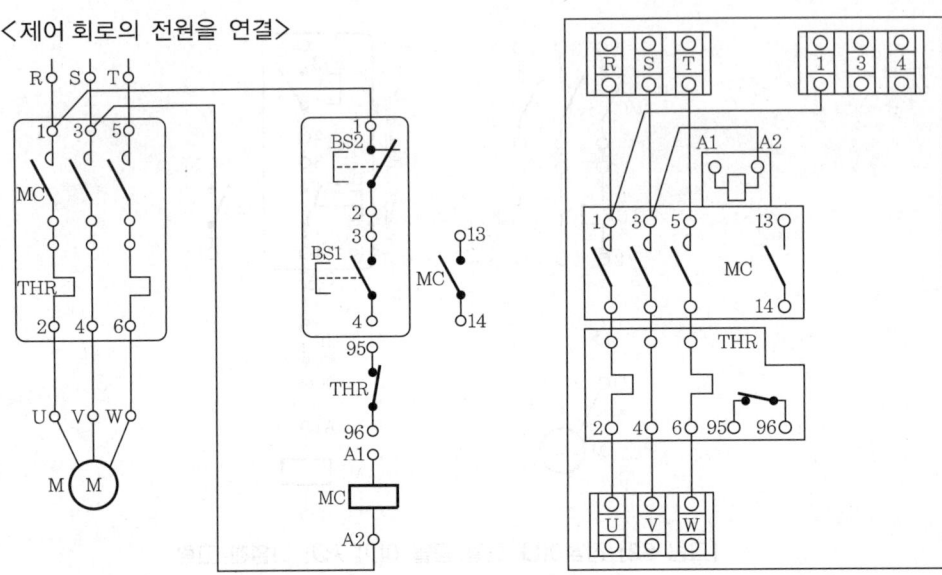

[그림 64] 연결 순서 2

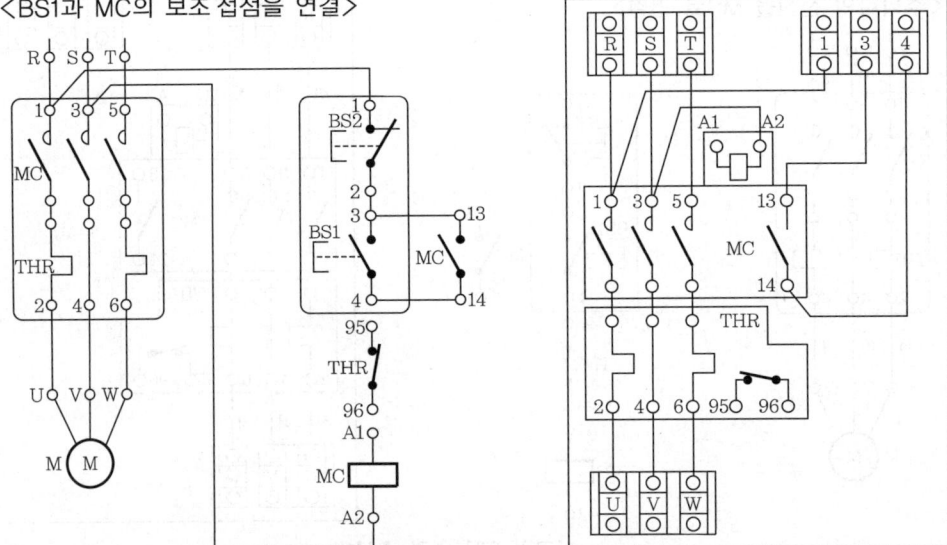

[그림 65] 연결 순서 3

이어서 BS1과 MC의 보조 접점을 연결한다. [그림 65] 연결 순서 3을 보면 병렬 연결로 되어 있으므로 BS1의 3번, 4번을, 보조 접점의 13번, 14번에 각각 연결하게 된다.

마지막으로 THR의 접점을 연결한다.([그림 66] 연결 순서 4) THR의 95번과 MC의 보조 접점의 14번을 연결한다. 회로도쪽을 보면 BS1의 4번에 연결한 쪽이 자연스런 느낌이 든다. 물론 BS1의 4번에 연결해도 틀림은 없지만, 기구 배치의 그림을 보면 14번에 연결한 쪽이 전선이 짧게 끝나므로 이번에는 이쪽으로 했다. THR의 96번과 MC의 코일의 A2를 연결하면 완성이다.

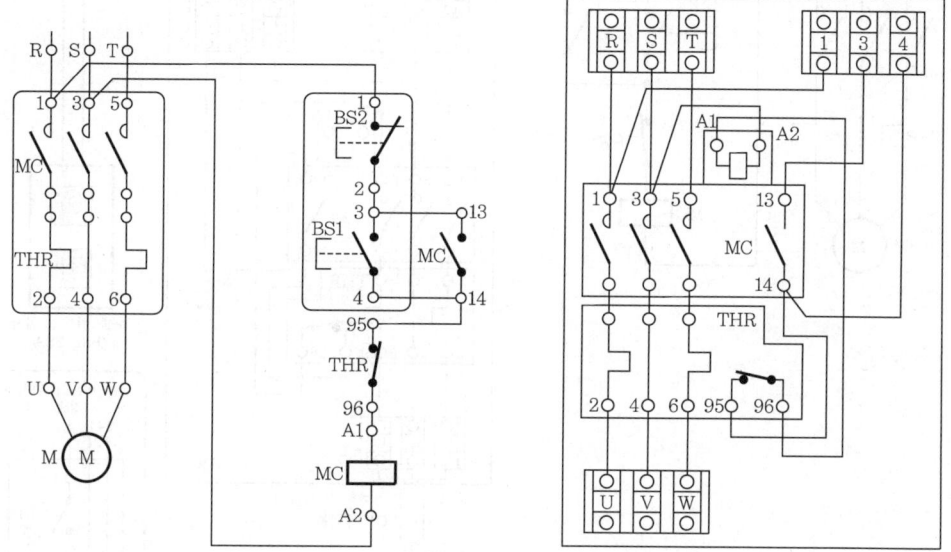

[그림 66] 연결 순서 4

이것으로 모터를 온·오프하는 회로 제어반의 부분이 완성되었다. 다음은 여기에 3상 교류 전원, 누름 버튼 스위치 그리고 모터를 연결해서 회로를 완성시킨다.

5 배선용 차단기와 누름 버튼 스위치 연결

먼저 조립하는 회로의 확인이다. 다음 [그림 67]의 〈회로도〉, 〈실제 배선도〉를 살펴보도록 한다.

앞에서는 제어반의 부분에 대해서 살펴보았는데, 여기에 전원을 연결할 때는 사이에 배선용 차단기(MCCB)를 연결한다. 3상 교류 회로이므로 배선용 차단기도 3상용이다.

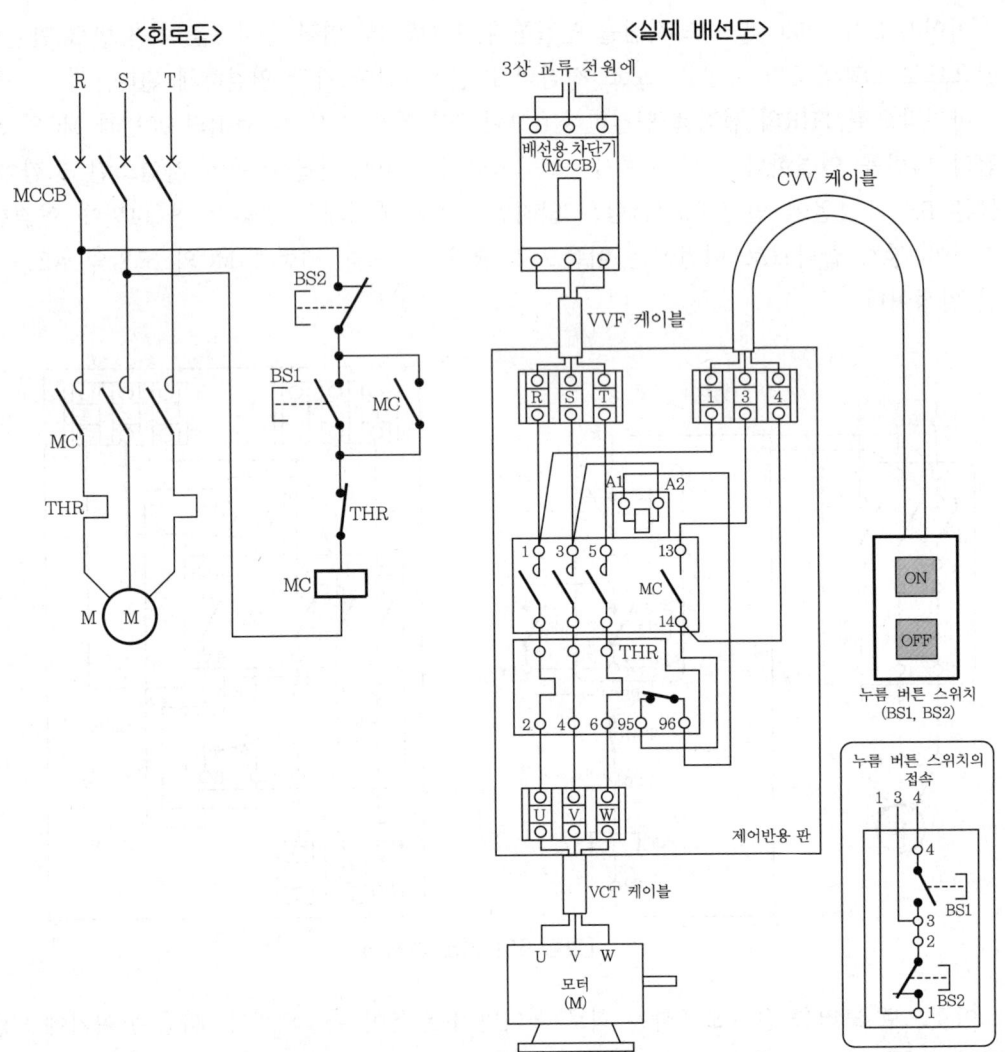

[그림 67] 모터를 시동·정지하는 시퀀스 제어 회로

이번에는 VVF 케이블(1.6 mm, 3심)을 써서 접속한다. VVF 케이블의 절연 피복의 색은 '적, 백, 청'이므로 제어반 내의 주회로의 청선에는 VVF 케이블의 흑선을 연결한다.

누름 버튼 스위치를 연결할 때는 단자대와 누름 버튼 스위치의 단자를 틀림없이 연결한다. 누름 버튼 스위치까지의 배선에는 CVV 케이블(1.25 mm^2, 3심)을 썼다. 시동용의 누름 버튼 스위치(ON)쪽이 위에 있어 회로도와는 반대가 되므로 주의해야 한다.

6 검상기로 회로 체크

모터를 연결하기 전에 회로를 확인해야 하는데, 여기서 '검상기'라는 것을 사용한다. 이것은 3상 교류 전원에 연결되어 있는 전선의 상순(相順 : 위상이 진행하고 있는 순번)을 조사하는 측정기이다.

앞에서도 설명했지만 상순이 틀리면 모터가 역회전할 위험이 있다. 그러므로 실제로 모터를 연결하기 전에 검상기로 상순을 확인해두지 않으면 안 된다.

검상기에 붙어 있는 3개의 코드를 모터가 연결하는 단자대에 접속한다. 코드에는 'R, S, T'와 같은 표시가 붙어 있으므로 그것들을 단자대의 'U, V, W'에 연결한다. 검상기에는 원판의 회전 방향으로 상순을 표시하는 것 또는 소리와 빛으로 표시하는 것 등이 있다. 여기서는 회전 원판식의 검상기를 사용해서 조사해 보았다.

검상기를 연결한 부분에 3상 교류 전압이 가해지면 원판이 돌고, 전원이 끊어지게 되면 멈춘다. 즉, 모터를 연결하는 대신에 검사용의 작은 모터를 연결한 것 같은 것이다. 검상기는 원래 상순을 조사하기 위한 것이지만, 상순만이 아닌 제어 회로가 바르게 동작하는지 확인하기 위해서도 이용 가능하다.

검상기를 연결하면 브레이커를 ON으로 해서 시동용의 누름 버튼 스위치(BS1)를 누르면, '통'하는 소리가 나고 전자 접촉기(MC)의 주접점이 닫힌다. 이것으로 검상기에 3상 교류 전압이 가해져서 원판이 돌아간다. 회전 방향이 화살표대로라면 맞다.

다음으로 정지용의 누름 버튼 스위치(BS2)를 누른다. MC의 주접점이 열리고, 검상기가 전원을 끊어서 원판이 멈춘다.

서멀 릴레이도 확인해준다. 주회로에 정정 전류를 넘는 과전류가 흐른 때의 회로의 동작은 '① 서멀 릴레이가 과전류를 검출한다, ② 서멀 릴레이의 b 접점이 열린다, ③ MC의 코일이 전원에서 끊어져 주접점이 열린다.' 등의 순으로 진행한다. 여기서는 실제로 주접점에 과전류를 흐르게는 안 하고, ②~③의 동작만을 확인한다. 먼저 BS1을 눌러서 검상기의 원판을 회전시킨다. 그 상태에서 서멀 릴레이에 붙어 있는 '트립 봉'을 누른다. 이렇게 하면 과전류가 흐르지 않아도 내부의 b 접점이 열린다. 그럼으로써 MC의 주접점이 열리고, 검상기의 원판이 멈춰지면 정상이다. 서멀 릴레이를 복귀시키려면 리셋 버튼을 누른다.

7 제어반과 모터 연결

마지막으로 제어반과 모터를 연결한다. 여기서는 VCT 케이블(2.0 mm^2, 3심)을 사용해서 접속했다. 'U, V, W'에는 각각 '빨강색, 백색, 검정색'의 전선을 연결했다. 보통 모터에는 단자함(접속함)이 붙어 있고, 그 안에서 전선에 접속한다.

모터가 연결되면 동작을 확인한다. 검상기로 확인한 때와 같은 요령으로 모터가 시동, 정지되는지 확인한다.

이번에는 모터를 무부하로 운전(공회전)시켰다. 회전 방향이 모터 연결용의 축이 나와 있지 않은 측부터 보고 시계 방향으로 돌리면 된다. 확인할 때에는 회전 부분에 손이나 물건이 말리지 않도록 주의한다.

8 회로를 만들 때의 주의점

여기서는 시퀀스 제어의 기본적인 부분에 대해서 공부하는 것을 목적으로 하고 있다. 그러므로 이번에 조립한 회로는 어디까지나 실험용일 뿐이다. 실제로 현장에서 쓰는 시퀀스 제어 회로와 다른 점을 정리해둔다.

이전에 설명한 것이 있지만, 시퀀스 제어 회로에는 안전을 위한 퓨즈 등이 설치되어 있고, 제어반 내에서의 배선도 배선용 덕트를 써서 확실히 정리하는 것이 보통이다. 모터를 사용할 경우 기본적으로는 접지하는 것으로 되어 있지만, 그것도 생략했다.

또 하나 중요한 것으로 전자 개폐기나 브레이커, 전선의 선택법에 대해서 조금 설명한다. 어떤 회로라도 그렇지만, 부하의 소비 전력 등에 맞춰서 사용하는 기구를 선정하지 않으면 안 된다. 특히 모터를 제어하는 경우는 높은 전압이나 큰 전류를 쓰므로, 적절하게 선택하지 않으면 사고로 이어지는 가능성도 있다. 자세한 설명은 생략하지만, 이번에 사용한 기구나 전선 등을 대상으로 한 모터(2.2 kW)에 맞춰서 선정하였다.

이것으로 모터를 제어하는 기본적인 회로가 완성되었다. 다음은 타이머를 사용하는 모터의 제어에 대해서 생각해보자.

[12] 타이머를 사용한 모터 제어

1 모터 제어

앞 장까지 모터를 시동, 정지하는 기본적인 시퀀스 제어 회로에 대해서 생각했다. 모터를 제어할 때에도 파일럿 램프를 제어 대상으로 하던 때와 같이 생각하면 된다. 단, 파일럿 램프를 모터 그 자체로 전환하는 것이 아니고, 모터를 온·오프하는 전자 접촉기의 코일과 전환하는 것으로 한다.

그러니까 전자 릴레이 대신에 전자 접촉기에 내장되어 있는 보조 접점을 잘 이용하여 전자 릴레이의 수를 줄일 수도 있다. 여기서는 이전에 생각한 타이머를 사용한 시퀀스 제어 회로를 사용해 모터를 온·오프하도록 한다.

2 일정 시간 동작 회로

앞에서 타이머를 사용한 시퀀스 제어 회로에 대해서 생각했다. 그때 나온 회로는 '지연 동작 회로', '일정 시간 동작 회로', '반복 동작 회로'의 3종류였다. 이것들을 사용해서 모터를 제어하는 회로를 생각해보기로 한다. 먼저 '일정 시간 동작 회로'부터 살펴보자.

[그림 68]은 이전에 생각한 일정 시간 동작 회로이다. 이 회로는 '일정 시간 동작 회로의 다른 형태'라고 소개한 것으로, 전자 릴레이(R)의 접점을 하나로 정리한 회로로 되어 있다.

부하로는 파일럿 램프(PL)를 사용하였다. 시동용 누름 버튼 스위치(BS1)를 누르면 PL이 점등하고, 타이머(TLR)로 설정한 시간이 경과하면 자동적으로 소등해서 처음의 상태로 돌아가는 것이다.

이 회로를 근거로 해서 모터를 설정 시간 만큼 운전한 후에 정지시키는 회로를 생각한 것인데 이것이 아주 간단하다.

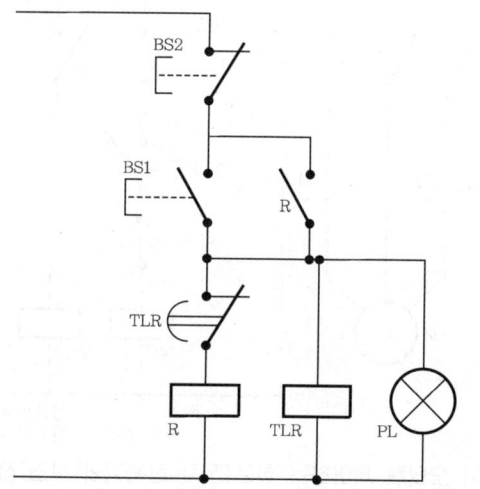

[그림 68] 일정 시간 동작 회로 파일럿 램프를 제어하는 회로

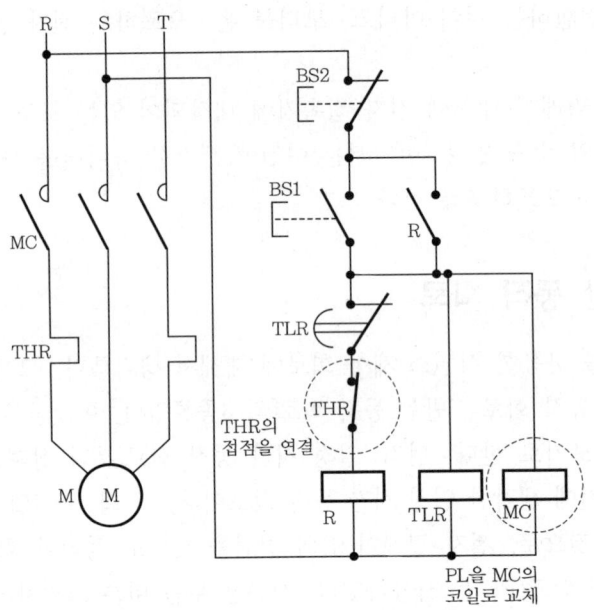

[그림 69] 모터를 제어하는 회로(전자 릴레이를 사용)

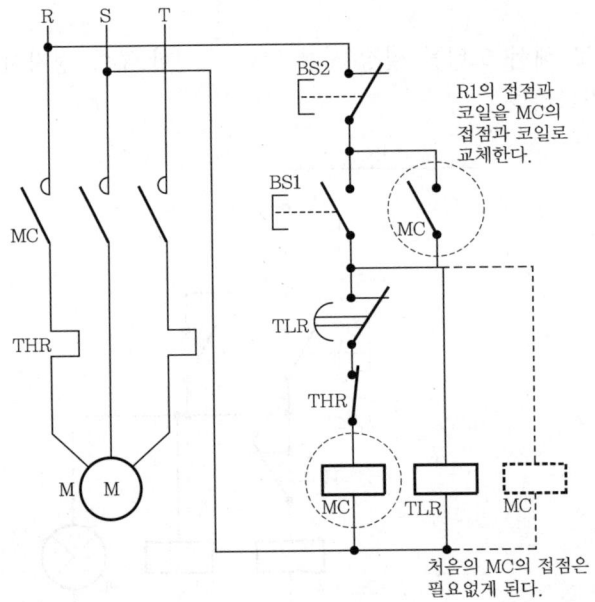

[그림 70] 모터를 제어하는 회로(전자 접촉기의 보조 접점을 사용)

PL의 부분에 전자 접촉기(MC)의 코일을 접속하면 된다.([그림 69] 참조) 단, 이전에 생각한 회로에는 서멀 릴레이(THR)을 연결하지 않고 있었기 때문에 그것을 추가해 두지 않으면 안 된다. THR을 설치하는 위치에 대해서는 여러 가지를 생각할 수 있지만, [그림 69]에서는 R의 코일의 바로 위에 설치하고 있다. 주회로에 대해서는 앞 장까지 설명한 대로 이해하면 된다.

다음은 MC의 보조 접점을 이용하는 것으로 R을 사용하지 않아도 끝내도록 할 수 없는지 살펴보도록 한다. 여기에 대해서는 R의 코일과 보조 접점 대신에 MC의 코일과 보조 접점(a 접점)을 연결하면 된다.([그림 70] 참조)

R의 코일의 위치에 MC의 코일을 연결하면 MC의 코일이 두 개가 되어버리지만, [그림 69]에서 연결한 코일은 필요 없어진다. 이 전환은 앞에서 설명한 자기 유지 회로를 사용한 모터의 제어일 때와 완전히 같다. R과 MC의 접점은 같은 타이밍에 온·오프하므로 이와 같은 전환이 가능한 것이다.

3 지연 동작 회로

다음은 지연 동작 회로이다. [그림 71] 〈파일럿 램프를 제어하는 회로〉는 이전에 생각한 회로이다.([그림 47] 참조) BS1을 누르면 TLR에서 설정한 시간이 경과한 후 PL이 점등된다.

이 회로도 PL의 부분에 MC의 코일을 연결하면 목적하는 동작을 시킬 수 있다.([그림 71] 참조) 그런데 지금부터의 회로도에서는 주회로의 부분은 생략하는 것으로 한다. 이번에 설명하는 회로에서는 어느 것이나 같기 때문이다.

다음으로 MC의 보조 접점으로 전환되는 곳을 생각해본다. 지금까지의 패턴으로 하면 R1을 MC의 코일로 전환하면 될 것 같지만, 이 회로에서는 잘 안 된다.

일정 시간 동작 회로를 다루며 설명한 것처럼 전자 릴레이의 접점과 MC의 보조 접점을 전환할 수 있으려면 온·오프의 타이밍이 같지 않으면 안 된다. R1의 접점은 BS1을 누른 순간부터 온으로 되지만, MC의 접점은 TLR의 설정 시간이 지나고서가 아니면 온이 되지 않는다.

그렇게 생각하면, R2일 경우 전환이 가능할 것이다. [그림 71] 〈모터를 제어하는 회로(전자 접촉기의 보조 접점을 사용)〉은 R2의 접점을 MC의 접점으로 전환한 회로이다.

여기서, MC의 보조 접점으로서 a 접점만이 아닌 b 접점도 사용하고 있다는 것에 주의하자. MC로서는 이들 보조 접점이 사용 가능한 것이 아니면 안 된다. 처음부터 2종류의 보조 접점을 내장하고 있는 것도 있으며, '보조 접점 유닛'을 MC에 설치하는 경우도 있다.

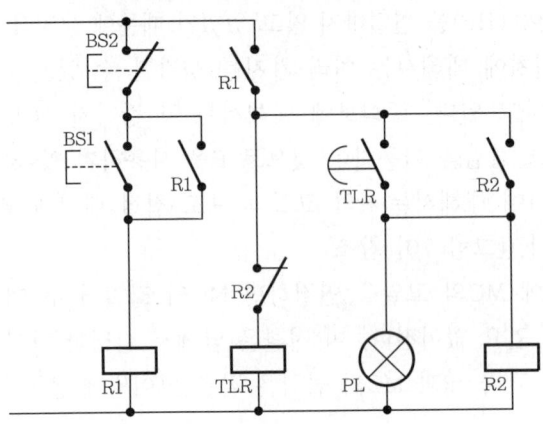

<파일럿 램프를 제어하는 회로>

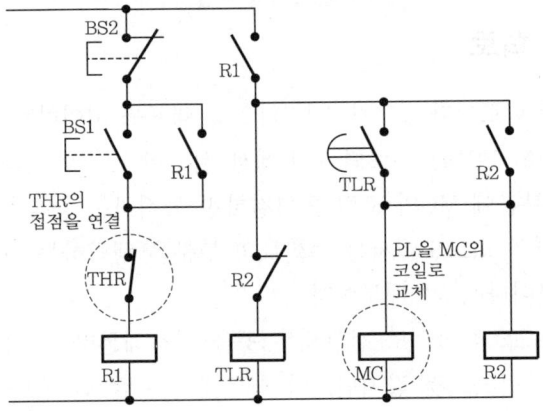

<모터를 제어하는 회로(전자 릴레이를 사용)>

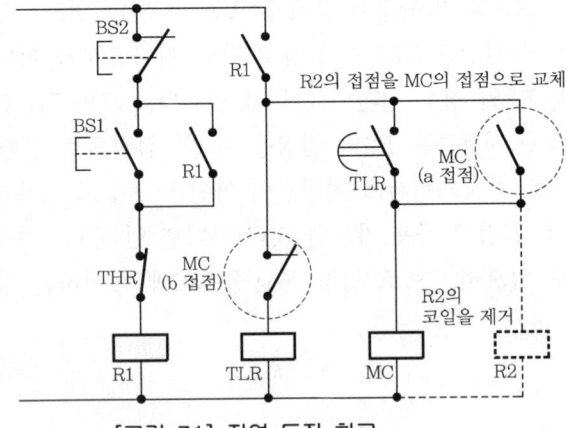

<모터를 제어하는 회로(전자 접촉기의 보조 접점을 사용)>

[그림 71] 지연 동작 회로

4 반복 동작 회로

　마지막으로 반복 동작 회로이다. 이전에 설명한 부분을 [그림 72]에 참조하도록 하였다.([그림 48] 참조) BS1을 누르면 모터의 시동, 정지를 자동적으로 반복하는 회로이다. 이 그림의 경우 BS1을 누른 직후는 정지하고, 설정 시간이 경과하면 움직이는 회로로 되어 있다. 정지해 있는 시간과 운전하고 있는 시간은 2개의 타이머 TLR1과 TLR2로 설정한다.

<파일럿 램프를 제어하는 회로>

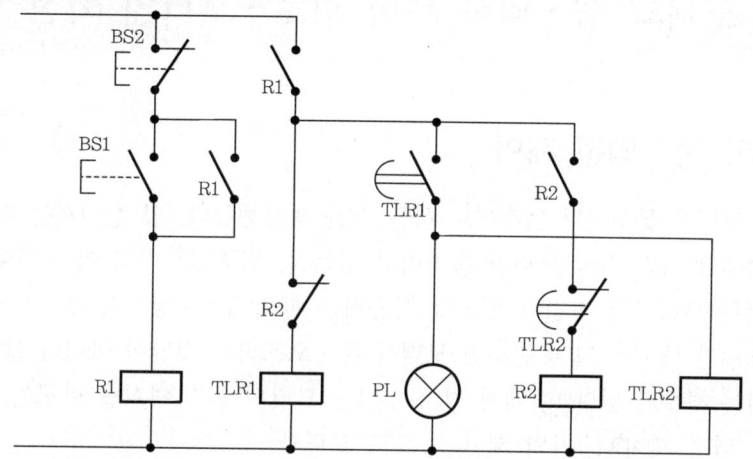

<모터를 제어하는 회로(전자 접촉기의 보조 접점을 사용)>

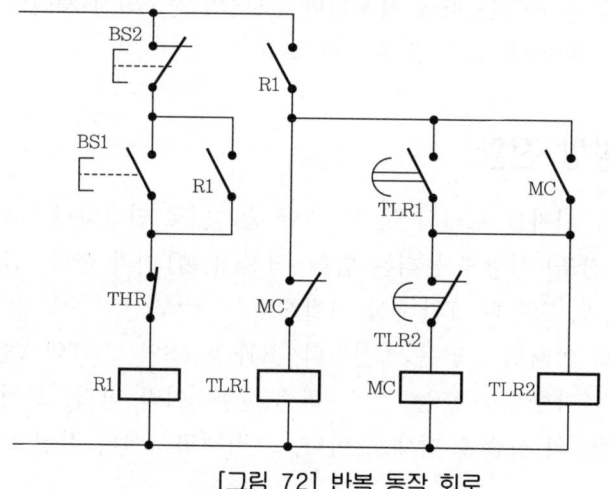

[그림 72] 반복 동작 회로

　이것에 대해서는 MC의 보조 접점도 이용해서 모터를 제어하는 회로도만을 그린다. 지금까지 설명한 것과 같이 생각할 수 있기 때문에 꼭 스스로 생각는 것이 중요하다.

이전에 생각한 타이머를 사용하여 시퀀스 제어 회로 모터의 제어에 응용하는 것에 대해서 살펴보았다. 다음 장부터는 또 새로운 모터의 제어를 소개한다. 먼저 모터의 정·역 운전 제어 회로에 대해서 알아보도록 한다.

[13] 모터의 정·역전 제어 회로 - 모터의 회전 방향 전환

1 모터의 정·역전 제어

지금까지 모터를 돌리거나 멈추거나 하는 것을 생각해왔다. 앞 장에서는 타이머를 사용하는 제어 등도 살펴봤지만 결국 모터가 움직이고 있는지, 멈춰있는지의 어느 쪽이었다. 이와 같은 경우의 제어는 부하로서 파일럿 램프를 사용하는 때와 같이 생각할 수 있다.

모터를 제어할 때에는 그저 단순히 모터를 온·오프하는 것만이 아니라 그것을 돌리는 법까지 변화시키는 경우가 있다. 그래서 이 장부터는 모터의 회전 방향을 바꾸는 제어를 생각한다. 이것은 '정·역전 제어'나 '가역 제어' 등으로 불린다.

이 제어는 예를 들면 전동식 셔터나 리프트의 승강, 벨트 컨베어의 왕복 운전 등 물건이 가거나 오는 것 같은 움직임을 시키는 때에 사용된다. 모터의 정·역전 제어에서는 부하가 파일 럿 램프일 때와는 회로의 형태나 사고 방식이 다르다.

2 모터의 회전 방향 전환

3상 교류 전원 R, S, T 단자를 모터의 U, V, W에 순서대로 연결하면 모터가 표준 회전 방향으로 돈다.([그림 73] 참조) 이렇게 돌리는 법을 '정전(正轉)'이라 한다. 연결하는 단자를 하나씩 벗어나게 해서 R과 V, S와 W, T와 U를 연결해도 '…→V→W→U→V→W→U→…' 가 되어 바뀌지 않으므로 이때도 모터는 정전한다. R과 W, S와 U, T와 V를 연결해도 같다.

정전과는 반대의 회전 방향으로 도는 것을 '역전(逆轉)'이라 한다. 모터를 역전시키려면 모터에 연결되는 3개 전선의 상순을 반대로 한다. 그러려면 3개의 전선 중 2개만을 교체하면 된다.

예를 들면 모터의 U 단자와 V 단자를 교체해서 R과 V, S와 U, T와 W를 연결하면 '…→V →U→W→V→U→W→…'가 되어 상순이 반대가 된다.([그림 73] 참조) 3개 모두를 교체해서 상순을 역으로 하는 것은 불가능하다. 한번 확인해보면 알겠지만, 어떻게 해도 원래의 상순으로 돌아오고 만다.

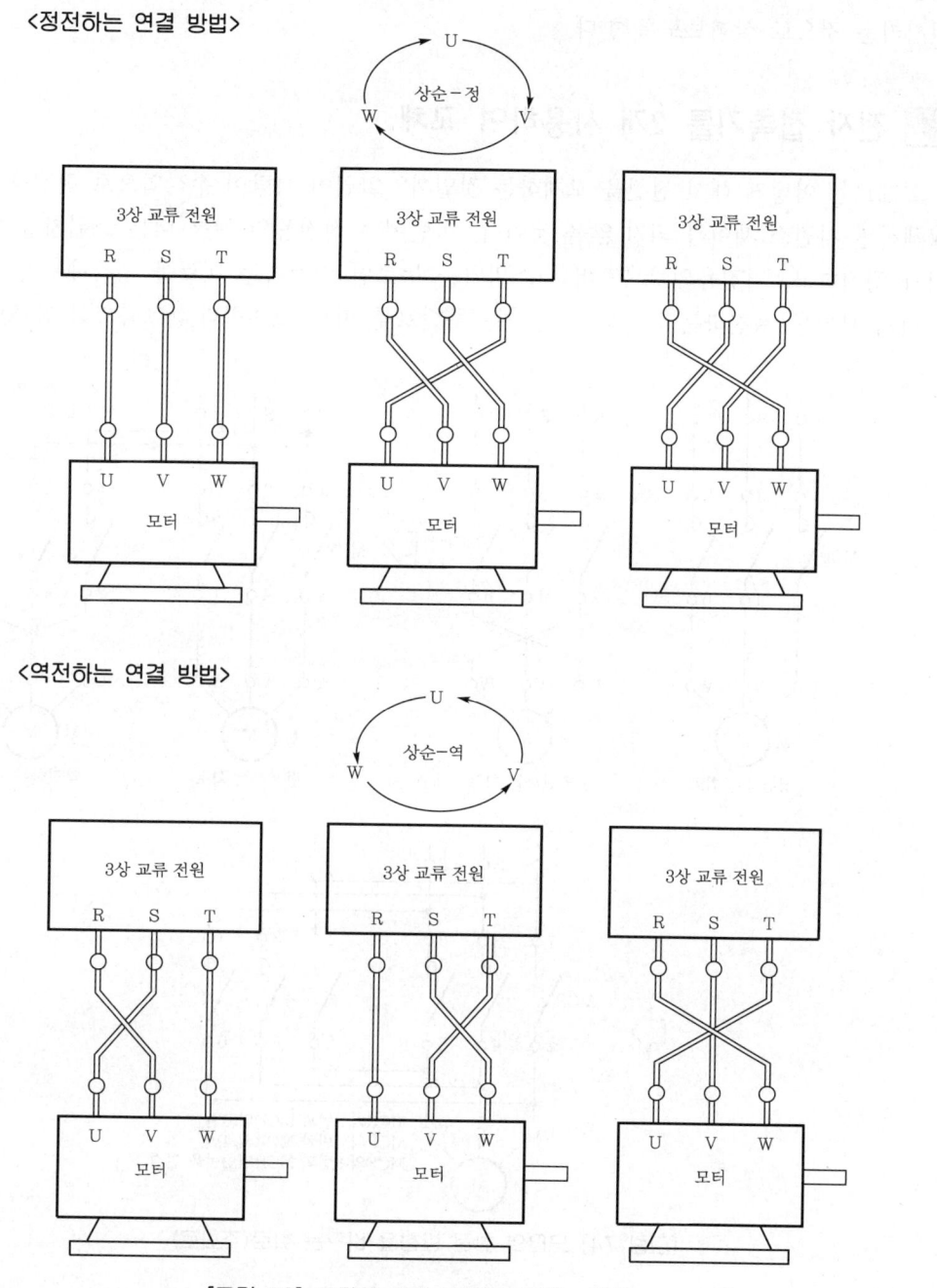

[그림 73] 모터의 회전 방향을 바꾸는 방법

2개의 전선을 교체하는 방법에는 3가지의 방법이 있지만, 어느 것과 어느 것을 교체해도 상관없다. 단, 실제로는 U와 W를 교체하는 것이 대부분이므로 여기서는 U와 W를 교체해서 역전시키는 것으로 살펴보도록 한다.

3 전자 접촉기를 2개 사용하여 교체

실제로는 어떻게 해서 전선을 교체하는 것일까? 일일이 사람이 수작업으로 전선을 연결하고 교체하면 시퀀스 제어가 되지 않을 것이다. 이번에는 정전용의 누름 버튼 스위치를 누르면 모터가 정전하고, 역전용의 누름 버튼 스위치를 누르면 역전하는 회로를 생각해보자.

먼저 모터를 정전하는 회로와 역전하는 주회로를 따로 고려한다.([그림 74] 참조)

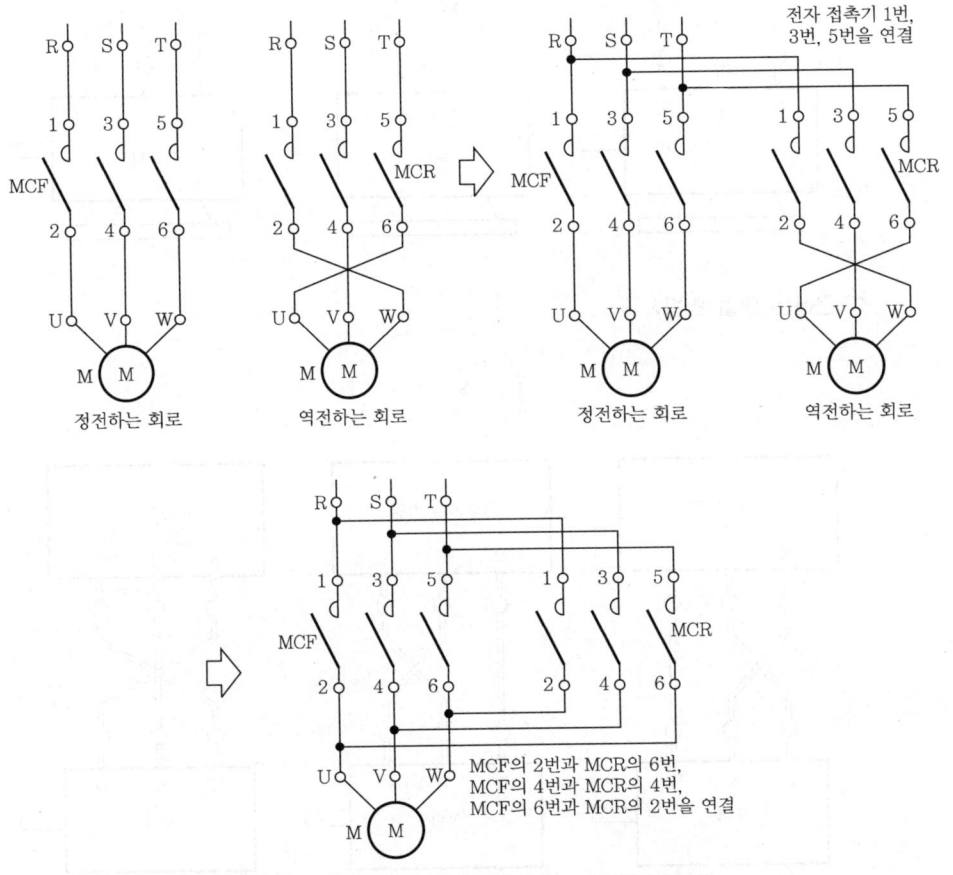

[그림 74] 모터의 회전 방향을 바꾸는 회로(주회로)

여기서는 알기 쉽게 하기 위해 서멀 릴레이를 생략하고 있다. [그림 74]의 회로는 도중에 전선이 교체되고 있는 것에 주의한다. 어느 쪽의 회로도 3상 교류 전원을 연결하는 것에는 차이가 없지만 전원을 하나로 정리해야 한다. 이때 정전하는 회로의 전자 접촉기(MCF)와 역전하는 회로의 전자 접촉기(MCR)의 1, 3, 5번 단자끼리를 연결한다.

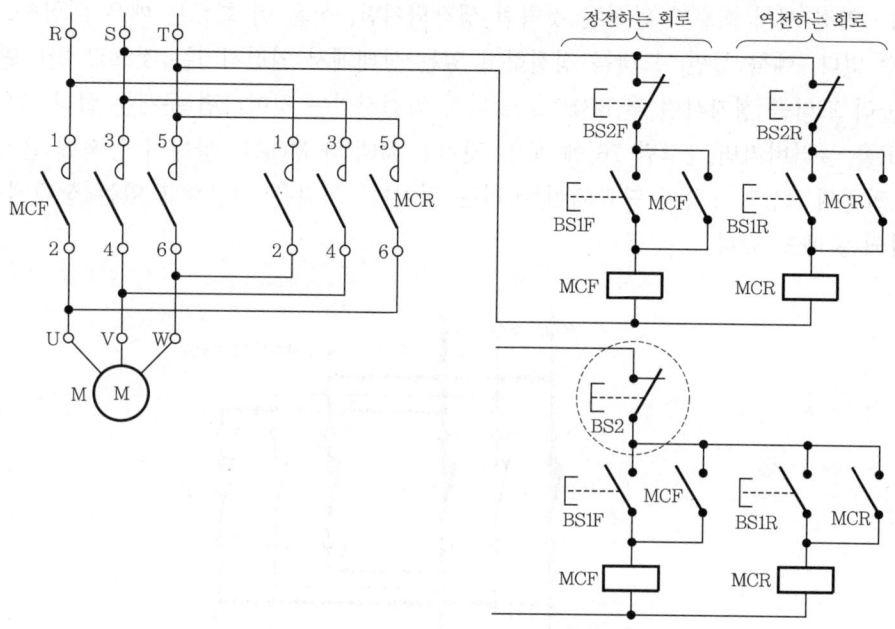

[그림 75] 모터의 회전 방향을 바꾸는 제어 회로

다음으로 모터인데, 실제로 제어하는 모터는 1대이기 때문에 이것도 하나로 정리한다. 여기서, 역전하는 회로의 전선은 U와 W를 교체하지 않으면 안 되므로 MCF의 2번과 MCR의 6번, MCF의 6번과 MCR의 2번을 연결한다. 4번은 교체하지 않는다. 이렇게 하면 MCF가 온에서 정전, MCR이 온에서 역전하는 회로가 된다. 여기서는 전자 접촉기에서 보고 모터측에서 전선을 교체하는 설명을 했지만, 이것을 전원측에서 교체해도 상관없다.

각각의 전자 접촉기를 온·오프하는 제어 회로에 대해서는 자기 유지 회로를 사용한다.([그림 75] 참조) 전자 접촉기가 2개이므로 제어 회로도 2개이다. 누름 버튼 스위치 BS1F를 누르면 MCF가 온해서 모터가 정전하고, BS1R을 누르면 MCR이 온해서 역전한다.

단순하게 2개의 자기 유지 회로를 나열한 것이라면 모터를 정지시키기 위한 누름 버튼 스위치도 2개가 된다.(BS2F와 BS2R) 이 회로에서는 모터가 정전하고 있을 때의 정지에는 BS2F를, 역전하고 있는 때의 정지에는 BS2R을 누를 필요가 있다. 따라서, 역을 누르면 모터가 멈추지 않으므로 매우 불편하다. 이것을 [그림 75]에 보인 것처럼 정지용의 누름 버튼 스위치를 하나로 정리하면 정전에서도, 역전에서도 관계 없이 모터를 멈출 수 있다.

4 2개의 전자 접촉기가 동시에 ON할 경우

정·역전 제어 회로가 완성된 것처럼 생각되지만, 실은 이 회로는 매우 위험하고, 이대로는 쓸 수 없다. 예를 들면, 모터를 정전하고 있는 상태에서 역전시키는 것으로 한다면, 일단 BS2를 눌러 모터를 정지시킨 후 BS1R을 눌러서 역전시키는 것이라면 문제는 없다. 그러나 갑자기 BS1R을 눌러버리면, [그림 76]에 보인 것처럼 MCF와 MCR의 양방이 동시에 온하는 것이 되어, 전원의 R상과 T상이 단락되어 버리는 것이다. 이것은 역전하고 있는 상태에서 정전으로 전환되는 때도 같다.

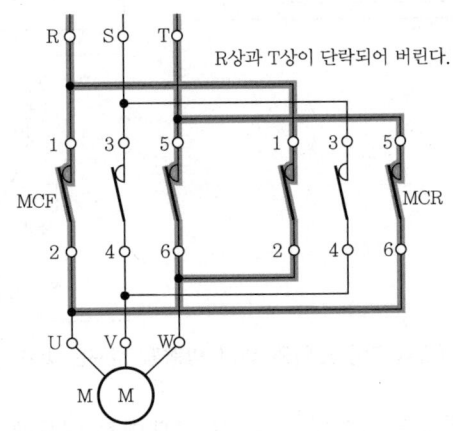

[그림 76] 2개의 전자 접촉기가 동시에 ON되는 경우

확실히 조작하는 사람이 주의하면 괜찮을지도 모른다. 그러나 사람이 행하는 것이기 때문에 잘못된 조작을 할지도 모른다는 생각을 하지 않으면 안 된다. 그런 의미에서 이 회로는 불완전한 회로인 것이다.

모터의 회전 방향을 전환할 때에는 2개의 전자 접촉기가 동시에 온하는 일이 없도록 회로를 연구할 필요가 있다. 다음 장에서는 그 방법에 대해서 설명한다.

[14] 모터의 정·역전 제어 회로 - 인터로크로 안전한 회로 구성

1 인터로크 회로를 추가해서 정·역전 제어 회로 완성

앞 장부터 모터의 정·역전 제어에 대해서 살펴보았다. 일단, 모터의 회전 방향을 전환시키는 회로를 만들어 보았지만 조작을 잘못하면 매우 위험한 회로이다. 안전한 회로로 하기 위해서는 '인터로크 회로'를 추가해야 한다. 이 장에서는 이 인터로크 회로에 대해서 공부하고, 정·역전 제어 회로를 완성시키도록 한다.

2 모터의 정·역전 제어회로의 문제점

[그림 77]은 지금까지 앞 장에서 살펴본 회로이다. 누름 버튼 스위치인 BS1F를 누르면 전자 접촉기인 MCF가 온 되어 모터가 정전하고, BS1R을 누르면 MCR이 온해서 모터는 역전한다. 이 회로는 2개의 전자 접촉기를 동시에 온시키는 것이 가능해진다. 예를 들면, 모터가 정전하고 있을 때(MCF가 온의 상태일 때)에 BS1R을 누르면, MCR까지 온이 된다. 그렇게 되면 주회로에서 단락이 일어나 매우 위험하다.

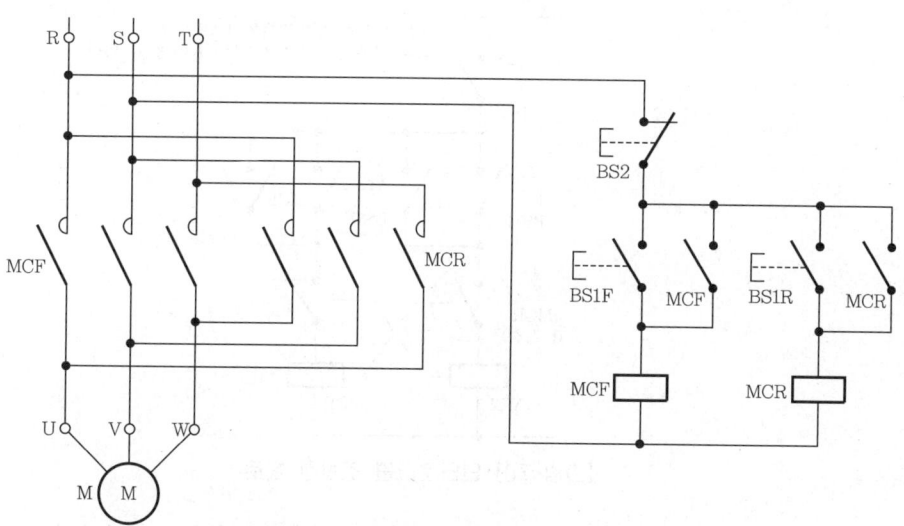

[그림 77] 앞 장에서 살펴본 모터의 정·역전 제어 회로

3 한쪽이 ON일 경우 다른 쪽은 ON이 되지 않는 방법

이 회로의 문제점은 한쪽의 전자 접촉기가 온인 상태일 때 또 다른 쪽도 온으로 되어 버리는 점이다. 그것은 한쪽이 온일 때에는 다른 한쪽은 온으로 되지 않도록 하면 된다. 예를 들어 MCF가 온일 때, MCR이 온이 되지 않도록 하려면 어떻게 해야 될까?

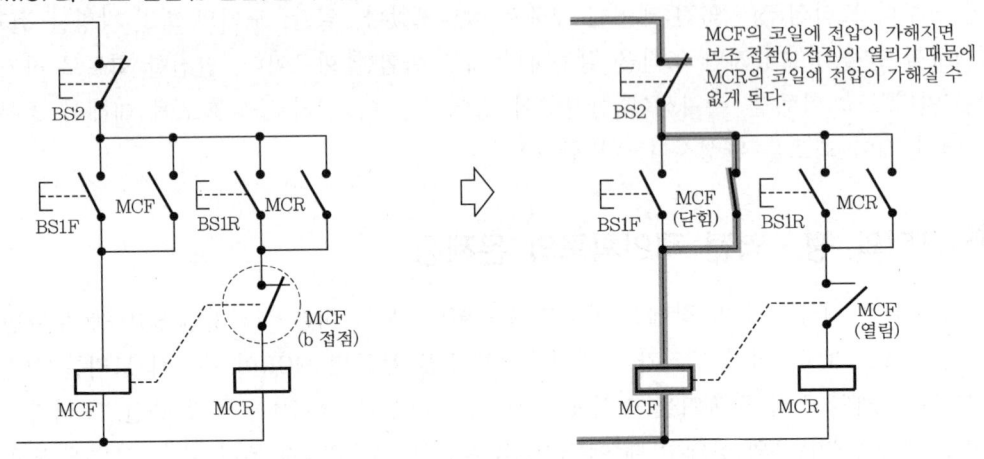

<MCF의 보조 접점(b 접점)을 추가한 회로>

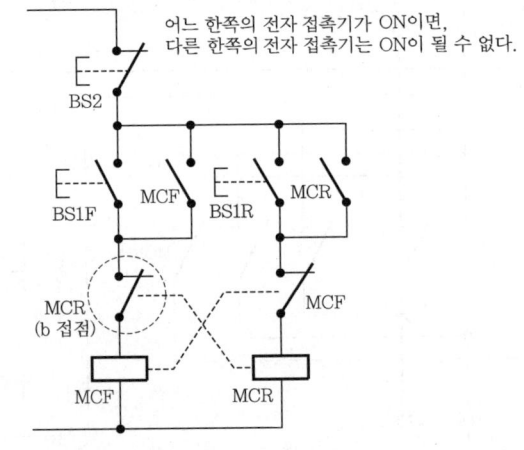

<MCR의 보조 접점(b 접점)을 추가한 회로>

[그림 78] 인터로크를 조립한 회로

[그림 78]처럼 MCR의 코일에 MCF의 보조 접점(b 접점)을 직렬로 연결하면 어떨까? 이렇게 하면 MCF가 온이 되면 보조 접점인 b 접점도 열리므로 아무리 BS1R을 눌러도 MCR은 온이 되지 않게 된다.

이처럼 MCF의 코일에 MCR의 보조 접점을 연결하면, 반대로 MCR이 온으로 되어 있을 때 MCF를 온으로 하는 것이 불가능해진다. 이것으로 한쪽의 전자 접촉기가 오프가 되지 않으면 또 한쪽이 온이 되지 않는 회로가 완성된다.

이와 같이 일정 조건이 만족되지 않으면 조작할 수 없도록 하는 회로를 인터로크 회로라 한다. 보통 인터로크 회로는 안전을 위해서 쓴다.

4 2개의 누름 버튼 스위치를 동시에 누를 경우

지금 설명한 회로로도 실은 아직 불완전하다. 즉, 아직 2개의 전자 접촉기가 동시에 온이 되어 버리는 경우가 있는 것이다.

문제가 되는 것은 모터를 움직이기 시작할 때이다. 이때 BS1F와 BS1R을 동시에 눌러 버리면, 짧은 시간이지만 양방의 전자 접촉기가 온이 된다. "정말로 그런 일이 일어날까?"라고 의문을 가지는 사람도 있을 것이므로 좀 더 자세히 설명한다.

2개의 누름 버튼 스위치를 동시에 누른다고 해도, 실제로는 완전히 같은 타이밍에 눌러질 리는 없고 조금은 틀릴 것이다.

이때 조금 빨리 누른 쪽의 전자 접촉기가 온이 되고, 또 다른 쪽의 전자 접촉기는 인터로크 회로에 의해 온이 안 되게 되는 것은 아닐까? 설령 완전히 같은 타이밍에 스위치를 눌렀다고 해도 전자 접촉기의 주접점이 닫히려는 순간에 보조 접점인 b 접점이 열려서, 결국 전자 접촉기는 온이 되지 않을 수도 있다.

이때에 일어나는 현상을 이해하려면 전자 접촉기의 '지연 시간'을 생각하지 않으면 안 된다. 이전에 전자 릴레이 등의 동작에는 '지연 시간'이라는 것이 있어서, 코일에 전압을 가해도 바로는 접점이 닫히거나, 열리거나 하지 않는 것을 설명했다.

코일을 전원에서 끊었을 때도 접점이 원래대로 돌아가는 데에 어느 정도의 시간이 걸린다. 이것은 전자 접촉기도 같다.

2개의 누름 버튼 스위치를 완전히 같은 타이밍에 눌렀을 때, 각각의 전자 접촉기의 코일에는 전압이 가해져, 접점이 움직이기 시작한다. 전자 접촉기의 주접점이나 보조 접점인 a 접점이 닫히는 것과 거의 동시에 보조 접점인 b 접점이 열려서 코일이 전원에서 끊어지지만, 주접점이나 보조 접점이 원래대로 돌아오는 데에는 지연 시간만큼 시간이 걸리기 때문에 그 사이에는 접점이 닫힌 채로 있게 된다.([그림 79] 참조)

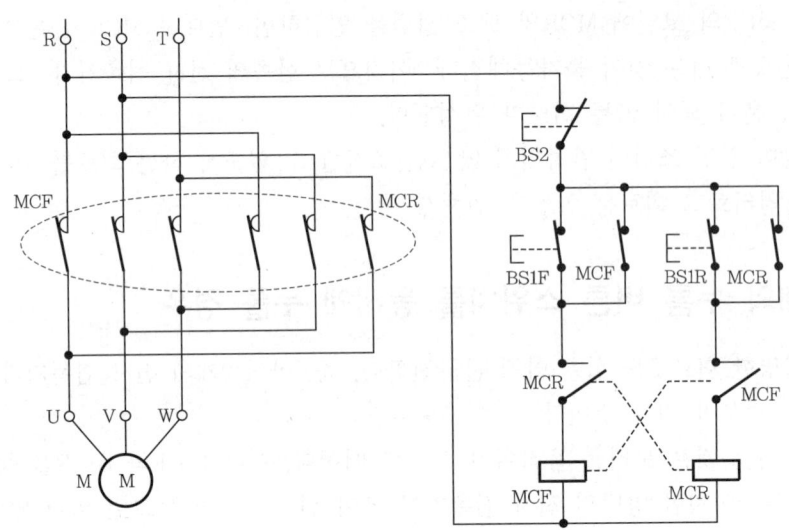

[그림 79] 2개의 누름 버튼 스위치를 동시에 누른 때의 동작

즉, 양방의 전자 접촉기가 동시에 온이 된 상태로 되어 버리는 것이다. b 접점이 한순간 빠르게 열렸다고 해도 주접점이나 a 접점은 바로 원래대로 돌아오려고 하지는 않고, 닫히려고 하는 동작을 계속하기 때문에 당장은 닫힌 상태로 된다.

한쪽편의 전자 접촉기가 완전히 온이 된 후에 다른 한쪽의 전자 접촉기를 온으로 하려고 해도 인터로크 회로가 그것을 저지하지만, 아슬 아슬한 타이밍에 누름 버튼 스위치를 누른 때에는 완전히 동시가 아니더라도 양방의 전자 접촉기가 온이 되는 경우가 있다.

이것을 실제의 회로에서 확인하는 것이 가능하다. 단, 단락이 일어날 위험이 있으므로 전자 접촉기의 주접점에는 아무것도 연결해놓지 않는다. 실제로 2개의 누름 버튼 스위치를 동시에 눌러보면, 어느 쪽인가 한편만이 온이 되는 쪽이 대부분일지 모르지만 조금 집중해서 누르면 양방의 전자 접촉기가 온이 되는 현상을 볼 수 있다. 누름 버튼 스위치를 누른 채로 있으면, '타닥 타닥'하고 전자 접촉기가 몇 번 온·오프를 반복하는 경우도 있다. 일단 열린 보조 접점의 b 접점이 원래대로 돌아오고, 코일에 다시 전압이 가해지기 때문에 이런 일이 일어나지만, 길게 지속되지는 않는다. 실제로는 각 접점의 지연 시간에 어긋남이 있어서 개폐의 타이밍이 조금씩 벗어나기 때문이다. 어느 것으로 해도, 최종적으로는 어느 쪽인가 한 편의 전자 접촉기만이 온이 되어 안정된다.

5 또 하나의 인터로크 회로

동시에 누름 버튼 스위치를 누른다는 것은 어지간하지 않으면 일어나지 않는다고 생각하지만, 그래도 안전을 생각해서 대책을 세우지 않으면 안 된다.

그러려면, 인터로크 회로를 하나 더 추가한다. 이번에는 누름 버튼 스위치가 있는 곳이다. 누름 버튼 스위치로서 a 접점만이 아닌 b 접점도 내장하고 있는 것을 사용한다. 이들 접점은 버튼을 누르면 동시에 움직인다. BS1F의 b 접점을 반대측 BS1R의 a 접점에 직렬로 연결한다. 그와 같이 BS1R의 b 접점을 BS1F의 a 접점과 연결한다.([그림 80] 참조)

이 회로에서 2개의 누름 버튼 스위치를 동시에 누르면 어떻게 될까? 각각의 a 접점이 닫히는 것과 거의 동시에 b 접점이 열리므로 전자 접촉기의 코일은 전원에 연결되지 않게 된다. 만약, 한순간에 빨리 a 접점이 닫혔다고 한다면 코일에 전압이 가해질지도 모른다. 그러나 그 시간차라는 것은 누름 버튼 스위치의 a 접점과 b 접점의 동작 시간의 차만큼으로, 극히 짧은 시간이기 때문에 전자 접촉기의 접점은 움직이지 않는다.(첫 번째의 인터로크 회로의 때와는 다르므로 주의할 것) 이 두 번째의 인터로크 회로가 있으면 동시에 누름 버튼 스위치를 누를 때는 어느 쪽의 전자 접촉기도 온이 되지 않고, 모터는 돌아가지 않는다. 이것으로 모터의 정·역전 제어 회로가 완성되었다.

이번에 생각한 첫 번째의 인터로크 회로에서는 전자접촉기를 온으로 해서, 전기적인 작용으로 b 접점을 열어서 인터로크를 거는 것으로 되어 전기적 인터로크라 부른다. 또한 모터가 움직이고 있을 때의 인터로크이므로 '동작 시의 인터로크'라고도 한다. 한편, 두 번째의 인터로크는 누름 버튼 스위치의 b 접점을 사용한다. 버튼을 누른다는 기계적인 작용으로 인터로크를 만들기 때문에 '기계적 인터로크'라 부른다. 또, 모터를 운전하기 시작할 때의 인터로크이므로 '시동 시의 인터로크'라 할 수 있다.

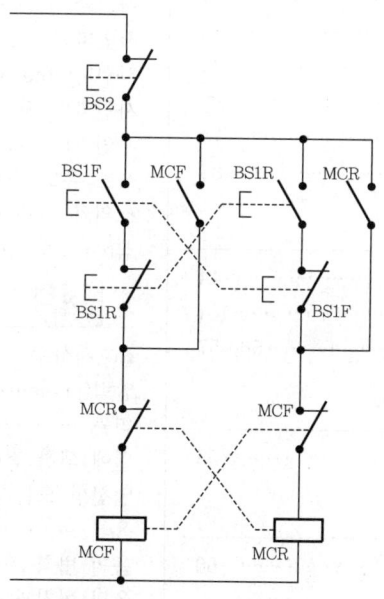

[그림 80] 정·역전 제어 회로

찾아보기

ㄱ

가동 철편형 계기 ·· 268
개로 ··· 141~143
건전지 ·· 26
검류계 ·· 78
계기 가동부 ·· 82
계기의 눈금 읽기 ··· 72
계기의 유효 눈금 범위 ····································· 69
계기의 측정 범위 ··· 80
광전지 ·· 21
광전 효과 ·· 21
교류 계기 ···································· 263, 267, 271
교류의 사이클 ··· 248
교류 용량성 회로 내에서의 전류의 흐름 ······· 332
교류 저항 회로의 전력 ·································· 280
교류 전력의 전달 ·· 242
교류 전압계 ··· 260
교류 회로의 인덕턴스 ···························· 284, 312
교류 회로의 저항 ··································· 272, 283
교류 회로의 전력 ·· 274
교류 회로의 커패시턴스 ································· 318
기기의 전력 정격 ·· 169
기본 발전기 ······················· 249, 250, 253
기본적인 계기 동작 ··· 74
기전력 ·· 83~85

ㄷ

단락 회로 ··· 144
도체 ·· 101
도체 주위에 생기는 자계 ························· 56, 57

ㄹ

루프(loop) 또는 코일의 자계 ························· 53

ㅁ

마이크로암미터 ·· 66

마찰과 정전하 ·· 18
마찰(friction)에 의한 정전하 ·························· 11
물질 ··· 3
밀리암미터 ·· 66

ㅂ

배율 전류계 ·· 81
배율 전압계 ·· 94
변압기 ··································· 259, 295
병렬 저항 ··· 185
병렬 회로의 연결 ·· 179
병렬 회로의 저항 ·· 193
병렬 회로의 전력 ·· 204
병렬 회로의 전류 ··································· 181, 192
병렬 회로의 전류 계산 ·································· 201
병렬 회로의 전압 ·· 180
분자의 구조 ··· 5
빛에 의한 전하 ··· 21

ㅅ

사이클 ·· 248
사인파의 실효치 ·· 257
사인파(sine wave)의 최대치 ························ 255
사인파의 평균치 ·· 256
사인파의 피크치 ·· 256
상호 유도 ··· 294
스위치 ·· 129
심(core)의 재료가 인덕턴스에 미치는 영향 ··· 306

ㅇ

RC 시상수 ··· 354
압력(pressure)에 의한 전하 ·························· 19
역률 ·· 276
열에 의한 전하 ··· 20
열선형 또는 열전대형 계기 ··························· 269
옴계 ·· 118
옴의 법칙 ······························ 148, 158, 161
옴의 법칙과 병렬 저항 ·································· 205

옴의 법칙과 병렬 회로 ·············· 197
용량성 리액턴스 ·············· 334, 348~352
용량성 시상수 ························· 347
용량성 회로의 전력 ··················· 353
원자 ·································· 7
유도 기전력(EMF)의 발생 ············· 307
유도 리액턴스 ························ 302
유도 시상수 ························· 299
유도 회로 ··························· 299
유도 회로의 전력 ····················· 313
유도 회로에서의 전류의 흐름 ············ 309
유도 회로에서의 역률 ·················· 316
유효 전력 ···························· 315
2차 전지 ····························· 27
인덕턴스에 영향을 주는 요소 ············· 291
인덕턴스의 기호 ······················ 290
인덕턴스의 단위 ······················ 293
1차 전지 ························· 23~25

ㅈ

자계 ································ 37
자기 ································ 30
저항 ································ 98
저항기 ··· 구조와 특성 ················ 109
저항기의 색별 표시 ···················· 113
저항 요소 ··························· 120
저항을 조정하는 요소 ·················· 102
저항을 조정하는 요소 ··· 길이 ············ 103
저항을 조정하는 요소 ··· 단면적 ·········· 104
저항을 조정하는 요소 ··· 물질의 종류 ······ 102
저항을 조정하는 요소 ··· 온도 ············ 105
저항의 단위 ························ 106
저항의 측정 방법 ····················· 108
전기 ································ 8
전기 회로 ··························· 125
전력 ······························· 166
전력계 ····························· 277
전력의 단위 ························ 167
전류 ··························· 42, 50
전류계의 측정 범위 ···················· 70
전류계의 측정 범위 확대 ················ 211
전류력계 가동부 ······················ 270
전류의 단위 ························· 61

전류의 방향 ························· 49
전류의 측정 방법 ····················· 73
전류 측정 ··························· 66
전자의 흐름 ························ 42
전압계 ····························· 90
전압계의 측정 범위 ···················· 94
전압계의 측정 범위 선택과 정확한 연결법 ··· 96
전압계의 측정 범위의 확대 ············· 162
전압과 전류의 흐름 ···················· 86
전압의 단위 ························· 88
전압의 단위와 측정 방법 ················ 97
전자기 ····························· 51
전자석 ····························· 54
전자론 ······························ 1
전하 ······························· 10
절연체 ····························· 101
정류기형 교류 전압계 ·················· 264
주파수 ····························· 254
직렬·병렬 연결 ······················ 223
직렬·병렬 회로 ······················ 223
직렬·병렬 회로의 연결 ············ 214, 223
직렬·병렬 회로의 저항 ················ 215
직렬·병렬 회로의 전류 ················ 221
직렬·병렬 회로의 전압 ················ 222
직렬 커패시터와 병렬 커패시터 ·········· 338
직렬 저항 ··························· 132
직렬 회로 ··························· 131
직렬 회로의 연결 ····················· 147
직렬 회로의 전력 ····················· 173
직렬 회로의 전류 ················ 134, 139
직렬 회로의 전압 ····················· 135
직렬 회로 저항 ······················ 136
직류와 교류 전류 ····················· 244
직류(DC) 용량성 회로에서의 전류의 흐름 ···· 329
직류 회로 ··························· 239
직류 회로의 유도 시상수 ··············· 299
직류 회로의 인덕턴스 ·················· 285
진전력의 측정 ······················ 316

ㅊ

축전지 ····························· 29

ㅋ

커패시터 ································· 334
커패시터와 용량성 리액턴스 ········· 360
커패시터의 기호 ························ 328
커패시터의 색별 표시 ·················· 345
커패시터의 종류 ························ 339
커패시턴스 ······························ 318
커패시턴스에 영향을 주는 요소 ····· 335
커패시턴스의 단위 ····················· 328
키르히호프의 제1 법칙 ········ 228, 235
키르히호프의 제2 법칙 ········ 233, 237

ㅍ

파형 ······································ 245
패러데이의 법칙 ························ 298
퓨즈 ······································ 171
퓨즈의 사용 ····························· 176
피상 전력 ································ 315

ㅎ

화학 작용에 의한 전기 ··················· 23
회로의 기호 ····························· 130

★전기실무시리즈★

당신의 꿈을 실현시키는
최고의 맞춤 교육!!

생생 전기현장 실무
김대성 지음 | 4·6배판 | 360쪽 | 30,000원

전기에 처음 입문하는 조공, 아직 체계가 덜 잡힌 준전기공의 현장 지침서!

전기현장에 나가게 되면 이론으로는 이해가 안 되는 부분이 실무에서 종종 발생하곤 한다. 이러한 문제점을 가지고 있는 전기 초보자나 준전기공들을 위해서 이 교재는 철저히 현장 위주로 집필되었다.
이 책은 지금도 전기현장을 지키고 있는 저자가 현장에서 보고, 듣고, 느낀 내용을 직접 찍은 사진과 함께 수록하여 이론만으로 이해가 부족한 내용을 자세하고 생생하게 설명하였다.

생생 수배전설비 실무 기초
김대성 지음 | 4·6배판 | 452쪽 | 38,000원

아파트나 빌딩 전기실의 수배전설비에 대한 기초를 쉽게 이해할 수 있는 생생한 현장실무 교재!

이 책은 자격증 취득 후 일을 시작하는 과정에서 생기는 실무적인 어려움을 해소하기 위해 수배전 단선계통도를 중심으로 한전 인입부터 저압에 이르기까지 수전설비들의 기초부분을 풍부한 현장사진을 덧붙여 설명하였다. 그 외 수배전과 관련하여 반드시 숙지하고 있어야 할 수배전 일반기기들의 동작계통을 다루었다. 또한, 교재의 처음부터 끝까지 동영상강의를 통해 자세하게 설명하여 학습효과를 극대화하였다.

생생 전기기능사 실기
김대성 지음 | 4·6배판 | 272쪽 | 33,000원

일반 온·오프라인 학원에서 취급하지 않는 실기교재의 새로운 분야 개척!

기존의 전기기능사 실기교재와는 확연한 차별을 두고 있는 이 책은 동영상을 보는 것처럼 실습과정을 사진으로 수록하여 그대로 따라할 수 있도록 구성하였다. 또한 결선과정을 생생하게 컬러사진으로 수록하여 완벽한 이해를 도왔다.

생생 자동제어 기초
김대성 지음 | 4·6배판 | 360쪽 | 38,000원

자동제어회로의 기초 이론과 실습을 위한 지침서!

이 책은 자동제어회로에 필요한 기초 이론을 습득하고 이와 관련한 기초 실습을 한 다음, 실전 실습을 할 수 있도록 엮었다.
또한, 매 결선과제마다 제어회로를 결선해 나가는 과정을 순서대로 컬러사진과 회로도를 수록하여 독자들이 완벽하게 이해할 수 있도록 하였다.

생생 소방전기(시설) 기초
김대성 지음 | 4·6배판 | 304쪽 | 37,000원

소방전기(시설)의 현장감을 느끼며 실무의 기본을 배우기 위한 지침서!

소방전기(시설) 기초는 소방전기(시설)의 현장감을 느끼며 실무의 기본을 탄탄하게 배우기 위해서 꼭 필요한 책이다.
이 책은 소방전기(시설)에 필요한 기초 이론을 알고 이와 관련한 결선 모습을 이해하기 쉽도록 컬러사진을 수록하여 완벽하게 학습할 수 있도록 하였다.

생생 가정생활전기
김대성 지음 | 4·6배판 | 248쪽 | 25,000원

가정에 꼭 필요한 전기 매뉴얼 북!

가정에서 흔히 발생할 수 있는 전기 문제에 대해 집중적으로 다룸으로써 간단한 것은 전문가의 도움 없이도 손쉽게 해결할 수 있도록 하였다. 특히 가정생활전기와 관련하여 가장 궁금한 질문을 저자의 생생한 경험을 통해 해결하였다. 책의 내용을 생생한 컬러사진을 통해 접함으로써 전기설비에 대한 기본지식과 원리를 효과적으로 이해할 수 있도록 하였다.

 **쇼핑몰 QR코드** ▶ 다양한 전문서적을 빠르고 신속하게 만나실 수 있습니다.

경기도 파주시 문발로 112번길 파주 출판 문화도시 (제작 및 물류)   TEL. 031) 950-6300   FAX. 031) 955-0510
서울시 마포구 양화로 127 첨단빌딩 3층 (출판기획 R&D센터)   TEL. 02) 3142-0036

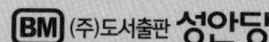

기초 전기공학

1985. 3. 25. 초 판 1쇄 발행
2021. 6. 10. 1차 전면개정증보 1판 3쇄 발행

지은이 | 김갑송
펴낸이 | 이종춘
펴낸곳 | BM ㈜도서출판 성안당

주소 | 04032 서울시 마포구 양화로 127 첨단빌딩 3층(출판기획 R&D 센터)
      10881 경기도 파주시 문발로 112 파주 출판 문화도시(제작 및 물류)
전화 | 02) 3142-0036
      031) 950-6300
팩스 | 031) 955-0510
등록 | 1973. 2. 1. 제406-2005-000046호
출판사 홈페이지 | www.cyber.co.kr
ISBN | 978-89-315-2599-1 (13560)
정가 | 24,000원

이 책을 만든 사람들
기획 | 최옥현
진행 | 박경희
교정·교열 | 김혜린
전산편집 | 이다혜
표지 디자인 | 박현정
홍보 | 김계향, 유미나, 서세원
국제부 | 이선민, 조혜란, 김혜숙
마케팅 | 구본철, 차정욱, 나진호, 이동후, 강호묵
마케팅 지원 | 장상범, 박지연
제작 | 김유석

이 책의 어느 부분도 저작권자나 BM ㈜도서출판 성안당 발행인의 승인 문서 없이 일부 또는 전부를 사진 복사나 디스크 복사 및 기타 정보 재생 시스템을 비롯하여 현재 알려지거나 향후 발명될 어떤 전기적, 기계적 또는 다른 수단을 통해 복사하거나 재생하거나 이용할 수 없음.

※ 잘못된 책은 바꾸어 드립니다.